U0419511

国际
科学技术前沿
报告2015

张晓林　张志强　主编

科学出版社

北京

内 容 简 介

本书从基础科学、生命科学与生物技术、资源环境科学与技术、战略高技术等四大科学技术领域选择拓扑绝缘体、甲烷催化转化制乙烯、钙钛矿太阳能电池、非编码 RNA、农药残留快速检测、生物基材料、城市化、海底热液系统、海洋防腐涂料、神经形态计算、空间生命科学等 11 个科技创新前沿领域或热点问题，逐一对其进行国际研究发展态势的全面系统分析，全面剖析这些前沿领域或热点问题的国际科技发展的整体进展状况、研究动态与发展趋势、国际竞争发展态势，并提出我国开展这些相关前沿领域或热点问题研究的对策建议，为我国这些领域的科技创新发展的科技布局、研究决策等提供重要的咨询依据，为有关科研机构开展这些科技领域的研究部署提供国际相关领域科技发展的重要参考背景。

本书中所阐述的科技前沿领域或热点问题，选题新颖，具有前瞻性，分析数据准确，资料数据翔实，研发对策建议可操作性强，适合政府科技管理部门和科研机构的科研管理人员、科技战略研究人员，相关领域的研究人员等阅读参考。

图书在版编目(CIP)数据

国际科学技术前沿报告 2015/ 张晓林，张志强主编 . —北京：科学出版社，2015. 6

ISBN 978-7-03-044422-6

Ⅰ. 国…　Ⅱ. ①张…②张…　Ⅲ. ①科技发展-研究报告-世界-2015　Ⅳ. ①N11

中国版本图书馆 CIP 数据核字（2015）第 103039 号

责任编辑：邹　聪　刘巧巧 / 责任校对：张凤琴
责任印制：肖　兴 / 封面设计：黄华斌
编辑部电话：010-64035853
E-mail：houjunlin@ mail. sciencep. com

科学出版社 出版
北京东黄城根北街 16 号
邮政编码：100717
http：//www. sciencep. com

中国科学院印刷厂 印刷

科学出版社发行　各地新华书店经销

*

2015 年 6 月第　一　版　开本：787 × 1092 1/16
2015 年 6 月第一次印刷　印张：25 1/2　插页：10
字数：600 000

定价：158. 00 元

（如有印装质量问题，我社负责调换）

《国际科学技术前沿报告 2015》
研 究 组

组 长	张晓林	张志强	
成 员	张 薇	冷伏海	刘 清
	高 峰	邓 勇	曲建升
	房俊民	张 军	徐 萍
	杨 帆	熊永兰	陈 方
	张 娴	赵亚娟	魏 凤
	梁慧刚	边文越	

前　言

中国科学院文献情报系统作为服务于基础科学、资源环境科学与技术、生命科学与生物技术、战略高技术和重大产业与技术创新、边缘交叉前沿科学发展，以及科技发展战略与政策的国家级科技信息与决策咨询知识服务骨干机构系统，以服务科技决策一线、科技研究一线、区域与产业发展一线为己任，在全面建设支撑科技创新的系统信息知识资源体系的同时，全面建立起了全方位、多层次、专业化、集成化、协同化的支持科技战略研究、科技发展规划和科技发展决策的战略情报研究与咨询服务体系，系统监测国际科技领域发展态势，分析判断科技领域前沿热点方向与突破，调研关注国际重大科技布局和研发计划，全面分析国际科技战略与科技政策动态，全面评价国际科技领域与国别科技发展竞争力，建立起了系统的国际科技发展态势监测分析与战略研究的决策知识咨询服务机制。

中国科学院文献情报系统在其理事会的领导下，根据中国科学院科技研发创新的战略布局，发挥其系统性、整体化优势，按照“统筹规划、系统布局、协同服务、整体集成”的原则，构建“分工负责、长期积累、深度分析、支撑决策”的战略情报研究服务体系，面向国家和中国科学院科技创新的宏观科技战略决策、面向中国科学院科技创新领域和前沿方向的科技创新发展决策，开展深层次专业化战略情报研究与咨询服务：院文献情报中心（北京）负责基础科学与交叉重大前沿领域、空间光电与大科学装置、现代农业科技等科技创新领域的战略情报研究；兰州文献情报中心负责地球科学与资源环境科学、海洋科技等科技创新领域的战略情报研究；成都文献情报中心负责信息科技、生物科技等科技创新领域的战略情报研究；武汉文献情报中心负责先进能源科技、先进制造与先进材料科技等科技创新领域的战略情报研究；上海生命科学信息中心负责生命科学及人口健康与医药科技等科技创新领域的战略情报研究。基于上述统筹规划，形成了覆盖主要科技创新领域的 10 个学科领域科技战略情报研究团队体系。服务体系建设、决策需求导向、科技前沿聚焦、专业战略分析、政策咨询研究的发展机制和措施，促进了这些学科领域科技战略情报研究与决策咨询专业化知识服务中心的快速成长和发展。

从 2006 年起，我们部署这些学科领域科技战略情报研究团队，围绕各自分工关注的科技创新领域的科技发展态势，结合中国科学院和我国科技创新的决策需求，每年选择相应科技创新领域的前沿科技问题或热点科技方向，开展国际科技发展态势的系统战略分析研究，汇编形成年度“国际科学技术前沿报告”，呈交中国科学院有关部门、研究所和国家相关科技管理部门，以供科技发展的相关决策参考。从 2010 年开始，完成的研究报告《国际科学技术前沿报告 2010》《国际科学技术前沿报告 2011》《国际科学技术前沿报告 2012》《国际科学技术前沿报告 2013》《国际科学技术前沿报告 2014》等公开出版，供更广泛的科研人员和科技管理人员参考。“国际科学技术前沿报告”的逻辑框架特色鲜明，不同于现有的其他相关的类似科技前沿发展报告，其中收录的专题领域科技发展态势分析报告，从相应领域的科技战略与规划、前沿热点与进展、发展态势与趋势、发展启示与建议等方面予以系统分析，定性定量结合、战略政策结合、启示建议结合。各年度的“国际科学技术前沿报告”汇集在一起，就形成了各相关科技领域前沿问题与方向发展的百科全书，对相关科技领域的发展战略研究、科技前沿分析、科技发展决策等具有重要参考咨询价值。

2015 年，我们继续部署这些学科领域战略情报研究团队，选择相应科技创新领域的前沿学科、热点问题或重点技术领域，开展国际发展态势分析研究，完成这些研究领域的分析研究报告 11 份。院文献情报中心完成《拓扑绝缘体国际发展态势分析》《甲烷催化转化制乙烯国际发展态势分析》《农药残留快速检测技术国际发展态势分析》和《空间生命科学研究国际发展态势分析》；兰州文献情报中心完成《城市化研究国际发展态势分析》和《海底热液系统研究国际发展态势分析》；成都文献情报中心完成《生物基材料科技国际发展态势分析》和《神经形态计算研究国际发展态势分析》；武汉文献情报中心完成《钙钛矿太阳能电池国际发展态势分析》和《海洋防腐涂料国际发展态势分析》；上海生命科学信息中心完成《非编码 RNA 国际发展态势分析》。本书将这 11 份前沿学科、热点问题或技术领域的国际发展态势分析研究报告汇编为《国际科学技术前沿报告 2015》正式出版，以供科技创新决策部门和科研管理部门、相关领域的科研人员和科技战略研究人员参考。

面对国家深入实施创新驱动发展战略、深化科技体制机制改革、加快建设中国特色新型智库、全面推进发展科技咨询服务业发展的新形势，以及大数据信息环境和知识服务环境持续快速调整变化的新挑战，围绕有效支撑和服务国家和中国科学院的科技战略研究、科技发展规划和科技战略决策的新需求，适应数字信息环境和数据密集型科研新范式的新趋势，中国科学院文献情报系统的科技战略研究咨询工作，将进一步面向前沿、面向需求、面向决策，着力推动建设科技战略情报研究的新型决策知识服务发展模式，着力推动开展专业型、计算型、战略型、政策型和方法型的战略情报分析和科技战略决策咨询研究，实时持续监测和系统分析国际最新科技进展、重要国家和国际组织关注的重要科技问题，系统开展科技热点和前沿进展、科技发展战略与规划、科技政策与科技评价等方面的研究和分析，及时把握科技发展新趋势、新方向和新变革，及时揭示国际科技政策、科技管理发展的新动态与新举措，为重大咨询研究、学科战略研究、科技领域战略研究、科技政策研究等提供战略情报分析和知识计算服务，在中国科学院科技战略咨询研究院的建设和发展中发挥不可替代的作用。

中国科学院文献情报系统的战略情报研究服务工作，一直得到中国科学院领导和院有关部门的指导和支持，得到院属有关研究所科技战略专家的指导和帮助，以及科技部、国家自然科学基金委员会等部门领导和专家的大力支持和指导，得到相关科技领域的专家学者的指导和参与，在此特别表示感谢！衷心希望我们的工作能够继续得到中国科学院和国家有关部门领导和战略研究专家的大力指导、支持和帮助。

国际科学技术前沿报告研究组
2015 年 5 月 20 日

目　录

1　拓扑绝缘体国际发展态势分析

黄龙光　刘小平　冷伏海

（中国科学院文献情报中心）

摘　要　拓扑绝缘体是最近几年发现的一种全新的量子物态，是目前凝聚态物理学最活跃的研究前沿之一。拓扑绝缘体研究不仅对探索和发现新的量子现象具有重要意义，而且具有巨大的应用前景和市场潜力，因此各国政府制订了一系列针对拓扑绝缘体的研发计划。美国通过国防部高级研究计划局（Defense Advanced Research Projects Agency,DARPA）、国家科学基金会（National Science Foundation，NSF）和美国能源部（United States Department of Energy，DOE）等机构进行了部署，已形成“自由探索—器件开发—能源应用”的研究体系，中国通过国家自然科学基金委员会（简称基金委）、科技部和中国科学院等机构对拓扑绝缘体开展了深入研究，日本、德国和欧盟也都设立了重大研究计划对拓扑绝缘体进行重点研究。

本报告对拓扑绝缘体研究论文和专利进行了定量分析，发现世界各国对拓扑绝缘体研究保持了很高的热度。美国和中国是研究论文发表最多的国家，是在拓扑绝缘体研究领域的科研活动最活跃的两个国家。中国科学院和斯坦福大学是拓扑绝缘体论文发表最多的机构。拓扑绝缘体相关技术的专利申请在2010年后才出现，其专利受理主要集中在中国国家知识产权局和美国专利商标局。专利申请量最多的3个专利权人都是中国的机构，这反映出中国科学家对拓扑绝缘体专利的重视。目前，拓扑绝缘体专利申请的主要技术方向包括半导体器件、非金属元素的二元化合物、纳米结构的制造或处理、晶体生长、霍尔效应器件、激光器等。

基于这些特点，本报告建议，中国应从国家层面对拓扑绝缘体研究进行战略布局，打造从基础研究到应用的全方位研究体系；集中资源和力量，力争取得重大原创性突破；积极开发关键技术，建立核心专利保护网，力争在未来的电子产业应用中处于领先地位。

关键词　拓扑绝缘体　量子自旋霍尔效应　量子反常霍尔效应　自旋-轨道耦合　文献计量

1.1　引言

拓扑绝缘体是最近几年发现的一种全新的量子物态，是目前凝聚态物理学最活跃的研究前沿之一。简单而言，拓扑绝缘体是一种内部绝缘、表面导电的材料。拓扑绝缘体的这种特性，即其表面金属态是由材料的体电子态的拓扑性质决定的，与表面的具体结构无关，因此该表面金属态的存在非常稳定，基本不受材料中杂质和材料所处外在条件的影响。拓扑绝缘体研究对探索和发现新的量子现象具有重要意义，如量子反常霍尔效应、拓扑超导态、马约拉纳（Majorana）费米子和磁单极等。此外，拓扑绝缘体在未来电子技术中有很好的应用前景，如低损耗输运、高速晶体管、抗干扰自旋电子学器件，甚至是拓扑量子计算机等。

拓扑绝缘体的发现可追溯到2005 年，美国宾夕法尼亚大学的 Kane 和 Mele 在理论上设想了量子自旋霍尔态，并指出在石墨烯中有可能观察到量子自旋霍尔效应（Kane and Mele，2005）。量子自旋霍尔效应系统实际上就是一种二维拓扑绝缘体，它的发现大大促进了拓扑绝缘体研究的开展。2006 年，斯坦福大学的 Bernevig、Hughes 和张守晟提出了理论预测，二维拓扑绝缘体能在 HgTe/CdTe 量子阱中实现（Bernevig et al.，2006）。2007 年，德国的 Molenkamp 研究组与张守晟研究组通过实验证实了这一理论预测（König et al.，2007）。

2007 年，宾夕法尼亚大学的 Fu、Kane 和 Mele 将量子自旋霍尔效应的概念从二维推广到三维情况，在理论上预言了一种新的拓扑绝缘态，称作为强拓扑绝缘体（Fuet al.，2007），并预测了合金 $Bi_{1-x}Sb_x$ 是一种三维拓扑绝缘体。2008 年，普林斯顿大学 Hasan 研究组实验验证了这种三维拓扑绝缘体 $Bi_{1-x}Sb_x$（Hsieh et al.，2009）。2009 年，中国科学院物理研究所的方忠、戴希与张守晟等合作，通过计算预测了一类新的拓扑绝缘体：Bi_2Se_3、Bi_2Te_3 及 Sb_2Te_3（Zhang et al.，2009）。几乎同时，普林斯顿大学的 Xia 等（2009）实验验证了这一类拓扑绝缘体 Bi_2Se_3。此外，在三元化合物如 $GeBi_2Te_4$、Bi_2Te_2Se、$Pb_2Sb_2Te_5$、$TlBiSe_2$ 等体系中也发现了强的自旋轨道耦合效应和拓扑表面态，它们也属于拓扑绝缘体家族。2010 年，中国科学院物理研究所方忠、戴希等理论预言了磁性拓扑绝缘体薄膜中的量子反常霍尔效应（Yu et al.，2010）。2013 年，中国科学院物理研究所何珂等与清华大学物理系薛其坤等合作，在拓扑绝缘体磁性薄膜中观测到了“量子反常霍尔效应”（Chang et al.，2013）。这项工作被 *Science* 杂志誉为“凝聚态物理界一项里程碑式的工作”，被杨振宁教授称为“第一次从中国实验室里发表的诺贝尔奖级的物理学论文”。最近几年来，拓扑绝缘体的领域又不断被扩展，发现了众多的拓扑量子态，包括拓扑晶体绝缘体、拓扑半金属、拓扑超导等。

至今，全球掀起的拓扑绝缘体研究热潮仍在持续。Kane 和张守晟等由于在拓扑绝缘体方面的杰出贡献，获得了 2010 年欧洲物理学会的“凝聚态物理奖”，2012 年美国物理学会的“奥利弗巴克利凝聚态物理奖”（凝聚态物理领域的最高奖）和联合国教育、科学及文化组织（简称联合国教科文组织）国际理论物理学中心的“狄拉克奖”（国际理论物理学领域最高奖），2013 年的“尤里基础物理学前沿奖”。2014 年，拓扑绝缘体成为“诺贝尔物理学奖”的热门候选。

1.2 世界各国拓扑绝缘体研究现状

由于拓扑绝缘体具有潜力巨大的应用前景，所以欧盟、美国、日本、德国和中国等多个国家和组织制订了一系列针对拓扑绝缘体的研发计划，投入大量资金资助拓扑绝缘体研究。美国通过 NSF、DARPA 和 DOE 等机构形成了“自由探索—器件开发—能源应用”的

研究体系，多方位地促进了拓扑绝缘体的研究。欧盟、日本、德国和中国在大力支持自由探索研究的同时，设立了一些重大研究计划，以对拓扑绝缘体进行重点研究。

1.2.1 美国

美国投入巨资支持拓扑绝缘体的研究，主要资助机构为 NSF、DARPA 和 DOE。

1.2.1.1 NSF

NSF 对拓扑绝缘体相关项目的资助较早地出现在 2006 年，截至 2014 年年底，NSF 对拓扑绝缘体相关项目的总资助金额为 8100 多万美元。

2006 年获 NSF 资助的项目是宾夕法尼亚大学 Kane 的“石墨烯理论和自旋霍尔效应”项目，资助金额为 24 万美元。2008 年，NSF 对普林斯顿复合材料中心进行了大力资助，资助金额为 2010 万美元，资助期限为 2008 ~ 2015 年。NSF 资助普林斯顿复合材料中心研究跨学科材料研究中的重要问题，石墨烯、铋锑合金等“狄拉克材料”是其主要研究方向之一，以直接验证拓扑绝缘体。随后，NSF 对拓扑绝缘体相关项目的资助持续增加，从 2011 年起，资助的项目数大幅增长（图 1-1），每年的资助金额也都超过了 1000 万美元。

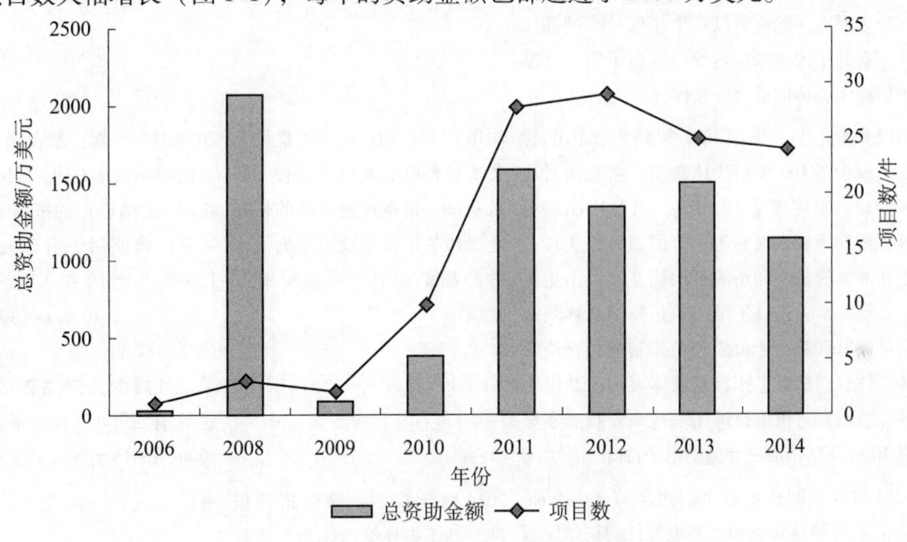

图 1-1 NSF 对拓扑绝缘体的资助情况

1.2.1.2 DARPA

2010 年 10 月，DARPA 设立了介观动力学结构（Meso）计划，旨在通过利用量子的集体行为，实现新一代的传感、通信和计算。Meso 计划将在晶体管、宽带探测器和高效热导体等一系列器件和技术上使其超越传统的功能，大多数器件的大小是在介于微米和纳米之间的介观尺度，且在室温下操作。Meso 计划开发最近发现的拓扑绝缘物态并在 4 个方面加以使用：介观尺度固有的强非线性和波动、量子集体行为、场和激发（声学、电学和光学的）之间的高效信息转导，以及相干反馈控制。Meso 计划还利用在非常小的机械系统、非线性动力学和噪声管理等方面的最新进展，以变革相关振荡器的性能。由于振荡器是现代电子工业的基本组件，它们在频率上产生的任何不确定性将限制较大系统的性能，如雷达、通信、传感器和地理定位设备等。Meso 计划的目标新器件为军事和商业领域提供了新的机遇。

Meso 计划设立时，预计资助金额为 5500 万美元，事实上，该计划获得的资助大大超过了这一预算。2010 财年，Meso 计划获得了 888. 9 万美元的资助，2011 财年为 2080. 9 万美元，2012 财年为 2582. 2 万美元，2013 财年为 1313. 9 万美元，2014 财年的预算为 1300 万美元。Meso 计划实施了 5 年，已取得了一系列的成果，表 1-1 列出了 Meso 计划历年相关的目标和取得的成果。可以看出，DARPA 已经从拓扑绝缘体的物理学研究走向了基于拓扑绝缘体的场效应晶体管的研制，乃至基于拓扑绝缘体的热电器件的原型制造。

表 1-1　Meso 计划历年的目标和取得的成果

财年	已取得的成果	下一年的计划	再下一年的计划
2012	2011 财年：Meso 计划对拓扑绝缘体的物理学进行了研究，用该技术生产的传输电力和信息的互连线比现有最好的技术低几个数量级的功率和损耗；重现了第一个可以通过外加电压来控制其磁化方向的磁体，该磁体与拓扑表面态一起将可以产生超低功率的晶体管，有助于超越摩尔定律；制造了第一个基于拓扑绝缘体的场效应晶体管	2012 财年计划：优化拓扑绝缘体材料的性能；改善材料的表面传导，同时减少其块体传导；开发和测试拓扑绝缘体、晶体管和互连线的第一个原型	2013 财年计划：大规模优化和集成材料以实现磁性门控、超低功率、超高转换速度的拓扑绝缘体晶体管，以及用于电子元件的超低损耗、可编程的互连线
2013	2012 财年：进一步理解了拓扑绝缘体的性质；减少了 100 多倍块体杂质，将表面对块体的载流率提高了 10 倍多；通过用磁场打开了拓扑绝缘表面态的一个间隙，在实现一个新晶体管概念和新的可编程互连线上走出了关键一步；验证了第一个拓扑绝缘体场效应晶体管和第一个由磁开关控制的拓扑绝缘体晶体管；验证了拓扑绝缘体可用于热电装置，该装置将可能提供比现有最好技术水平高 10 ~ 1000 倍的更有效的电子冷却	2013 财年计划：大规模优化和集成材料以实现磁性门控、超低功率、超高转换速度的拓扑绝缘体晶体管以及用于电子元件的超低损耗、可编程的互连线	2014 财年计划：验证磁性门控、超低功率（0. 1 伏）、超高转换速度（1 纳秒）的拓扑绝缘体晶体管；验证用于电子元件的超低损耗（比 10 微米铜的损耗低 4 倍以上）、可编程的互连线，该互连线的电阻将与其长度无关，可减少长距离耗散；验证比现有最好技术水平高 10 ~ 1000 倍的热互联线
2014	2013 财年：制造出首个门可调（gate- tunable）拓扑绝缘体表面态热电器件的初始原型	2014 财年计划：验证超低损耗、基于拓扑绝缘体的互连线的可编程性，并验证整个互补金属氧化物半导体（CMOS）的集成；验证超低功率、超高转换速度的磁性拓扑绝缘体晶体管，并优化每个操作的能量以获得优于在 CMOS 中实现 1000 倍的性能	—

1. 2. 1. 3　DOE

2012 财年，DOE 对基础能源科学部分项目进行了调整，设立了“凝聚态物理与材料物理研究”项目来推进对凝聚态物质和介观尺度材料的了解，从而促进对能源技术基础设施的发展。该年，DOE 投入了 1.24 亿美元对多种材料进行了研究，拓扑绝缘体和石墨烯等新材料是三大方向之一。2013 财年，DOE 继续聚焦拓扑绝缘体和石墨烯等新材料的理论和实验研究以及其他四个方面的材料的研究，资助金额为 1.49 亿美元。2014 财年，DOE 聚焦的是展现拓扑表面态新现象的材料的研究，以及新理论工具和材料发现的验证软件的开发。连同其他 3 个方面材料的研究，资助金额为 1.25 亿美元。

1.2.2 欧盟

近年来，欧盟加大了对拓扑绝缘体的资助力度，特别是 2010 年之后，主要通过第七框架计划（FP7）进行。2010 ~ 2014 年，FP7 对拓扑绝缘体相关项目的总资助金额为 3100 多万欧元。下面是资助力度较大的几个项目。

（1）探索三维拓扑绝缘体的物理学：资助金额为 242 万欧元，旨在找出能解决拓扑绝缘体表面态的输运特性和磁性的方法。首先，通过分子束外延，生长出高质量的 HgTe、Bi_2Se_3 和 Bi_2Te_3 薄膜，然后用光谱学方法分析相关的表面态，随后将侧重于制造和表征纳米结构以阐明拓扑表面的输运特性和磁性。除了采用常见的表征表面态的狄拉克带结构的方法，还将重点预测系统对测试电荷的磁性类单极子响应。此外，还将表面态与超导薄膜和磁性薄膜接触，以验证马拉约纳费米子的行为。

（2）狄拉克材料：资助金额为 170 万欧元，旨在应用狄拉克材料电子光谱中节点的敏感性来控制狄拉克点/狄拉克线的修饰。狄拉克材料，如最近发现的石墨烯和拓扑绝缘体，由于其电子的相对狄拉克分散使得功能材料和器件应用有了新的功能，显示了其巨大的科学重要性和技术前景。该项目将深化对狄拉克材料的理论研究，引导对材料和定制的几何结构的设计，从而实现狄拉克载流子的能量可调。

（3）拓扑绝缘体的计算探索：资助金额为 164.4 万欧元，旨在通过计算机模拟来探索拓扑绝缘体的特性。整体目标是通过研究拓扑绝缘体的材料科学、化学和器件相关方面，提供理论支持，以建立拓扑绝缘体的基础物理特性及其未来技术应用之间的联系，主要包括 3 个研究方向：①通过拓扑非平凡电子结构，了解拓扑绝缘体的结构性能与合理设计；②模拟真实的造型逼真的第二代拓扑绝缘体（铋硫化合物 Bi_2Se_3、Bi_2Te_3 及相关材料）；③研究拓扑绝缘体的磁性和输运特性以及其与器件应用相关的界面。

（4）拓扑约瑟夫森器件：资助金额为 199.9 万欧元，旨在实现一个可探测和控制非阿贝尔任意子的平台。该项目希望能人工创建约瑟夫森旋涡并控制和混合多个马拉约纳态，从而证明它们的非阿贝尔任意子特征。因此，该项目先通过邻近效应在拓扑绝缘体中引入超导性，随后开发出具有更高表面迁移性的拓扑绝缘体材料。

1.2.3 日本

日本学术振兴会对拓扑绝缘体相关项目的资助较早地出现在 2007 年（图 1-2），截至 2014 年年底，日本学术振兴会对拓扑绝缘体相关项目的总资助金额为 33.5 亿日元。

2009～2010 年，总资助金额大幅增加，资助的项目数持续增长中。2010～2011 年，总资助金额明显下降，但资助的项目数继续增加。

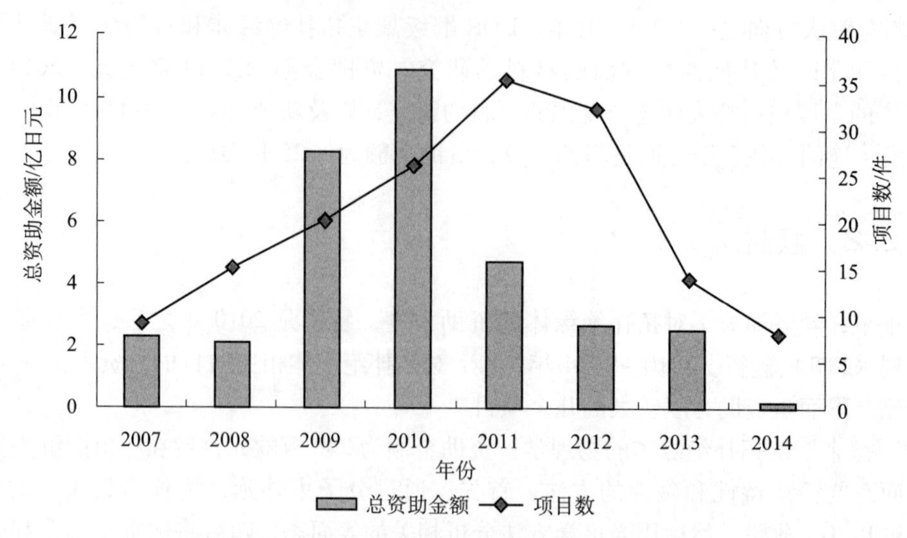

图 1-2　日本学术振兴会对拓扑绝缘体的资助情况

2009 年，日本学术振兴会投入 1000 亿日元设立了“世界一流科学技术创新研究资助计划”（FIRST），旨在推动日本的前沿研究。“强相关量子科学”是该计划资助的 30 个项目之一，资助金额为 30.99 亿日元，拓扑绝缘体表面态的电子结构以及拓扑绝缘体的界面、表面和边界态的理论研究是其研究重点之一。

1.2.4　德国

2009～2011 年，德国德意志研究联合会（DFG）在“电子结构的多体效应和半导体表面吸附物的超导性”“拓扑电子学”“新型低维半导体中的自旋电子学”等项目中支持了一些与拓扑绝缘体相关的研究。2013 年，DFG 设立了为期 6 年的优先领域项目“拓扑绝缘体：材料—基础特性—器件”，从 3 个方面来实现拓扑绝缘体的重大突破：①改进现有的拓扑绝缘体材料；②基础特性和器件结构；③新的拓扑绝缘体材料和新概念。目前，该项目设立了 36 个子项目，其子项目名称见表 1-2。根据 DFG 的 2013 年年报，优先领域项目的平均资助金额为 1800 多万欧元。

表 1-2　DFG 优先领域项目的 36 个子项目名称

HgMnTe 量子阱的量子自旋霍尔和量子反常霍尔效应	三维拓扑绝缘体输运的表面态和块体态特点	拓扑 Heusler 材料薄膜	拓扑绝缘体螺旋边界态的可控电荷和自旋电流
HgTe 拓扑绝缘体纳米线	三维拓扑绝缘体薄膜中电流诱导的自旋极化	拓扑表面态的定向太赫兹自旋电流研究	单晶 Bi_2Te_3 和 Bi_2Se_3 纳米线作为拓扑绝缘体材料：合成和性质
HgTe 线的自旋轨道相互作用	双层拓扑绝缘体的激子凝聚	拓扑保护电子对缺陷的自旋散射	铋基拓扑绝缘体的自旋和电荷输运

续表

二维拓扑绝缘体中的通用螺旋液体：输运特性与应用	协调项目	拓扑绝缘体中的超快载体动力学	基于铋、铅和铊的三元硫属化合物的新拓扑绝缘体
二维拓扑绝缘体材料 InAs/GaSb/AlSb 和器件	优化拓扑绝缘体和超导体之间的界面：以助于马约拉纳费米子的局部探测	拓扑绝缘体光探针理论	基于新型弱三维拓扑绝缘体 $Bi_{14}Rh_3I_9$ 的拓扑绝缘体的设计、合成、优化和特性
二维拓扑绝缘体的磁性输运和介观干涉现象	低温原子层沉积/外延的费米能级调谐	拓扑绝缘体表面吸附物的几何结构和电子结构的关联	蜂窝过渡金属氧化物的拓扑相
二维和三维拓扑绝缘体中太赫兹/微波辐射引起的高频非线性传输	库伦阻塞拓扑绝缘体纳米线中马约拉纳费米子的输运特征	拓扑绝缘体的电子、磁性和输运特性：从头计算描述	新拓扑绝缘体的自旋分辨和角分辨紫外线电子能谱
三维拓扑绝缘体 Bi_2Se_3 纳米结构中的量子相干	纳米结构拓扑绝缘体一维边界态的电子特性和输运特性的第一性原理研究	拓扑绝缘体的非平衡和局部光电流动力学	磁掺杂拓扑绝缘体：表面态、维度和缺陷影响
三维拓扑绝缘体的分子束外延	表面掺杂和体掺杂拓扑绝缘体的准粒子干涉	拓扑绝缘体的量子传输	磁掺杂拓扑绝缘体的自旋分辨扫描隧道谱 STS、角分辨光电子能谱 ARPES 和 X 射线磁性圆二色 XMCD

1.2.5 中国

我国对拓扑绝缘体的研究也非常重视。《国家中长期科学和技术发展规划纲要(2006—2020 年)》和《国家“十二五”科学和技术发展规划》都把拓扑绝缘体研究列为量子调控研究的重点之一。近年来，国家重点基础研究发展计划（973 计划）的量子调控研究重大科学研究计划支持了一系列与拓扑绝缘体相关的项目，如“新型量子功能体系的物性表征及其材料探索”“以 Dirac 系统为代表的低维量子体系的新奇量子现象研究”“功能关联电子材料及其低能激发与拓扑量子性质的调控研究”“新型低维体系量子输运和拓扑态的研究”等，“量子有序现象及其外场调控”资助金额都在 1000 万元以上。

从 2011 年开始，基金委在物理 I 领域增设研究方向“拓扑绝缘体材料制备及物性研究”；从 2012 年开始，拓扑绝缘体的研究列入了“单量子态的探测及相互作用”重大研究计划。2011 ~2014 年，基金委已资助了 140 多个拓扑绝缘体相关项目，总资助金额为 2.0 亿元。从图 1-3 可以看出，每年的资助金额都在 2000 万元以上，其中，2014 年的资助金额为 1.3 亿元，这是因为 2014 年资助了一个国家重大科研仪器研制项目“低维量子物质非平衡态物理性质原位综合实验研究平台的研制”，资助金额为 9800 万元。

《中国科学院“十二五”发展规划纲要》将拓扑绝缘体列为要力争取得的重大原始性突破之一。2014 年 4 月，中国科学院战略性先导科技专项（B 类）“拓扑与超导新物态调控”启动，主要设立三个研究方向，其中之一是拓扑有序态与新奇量子现象研究，旨在培

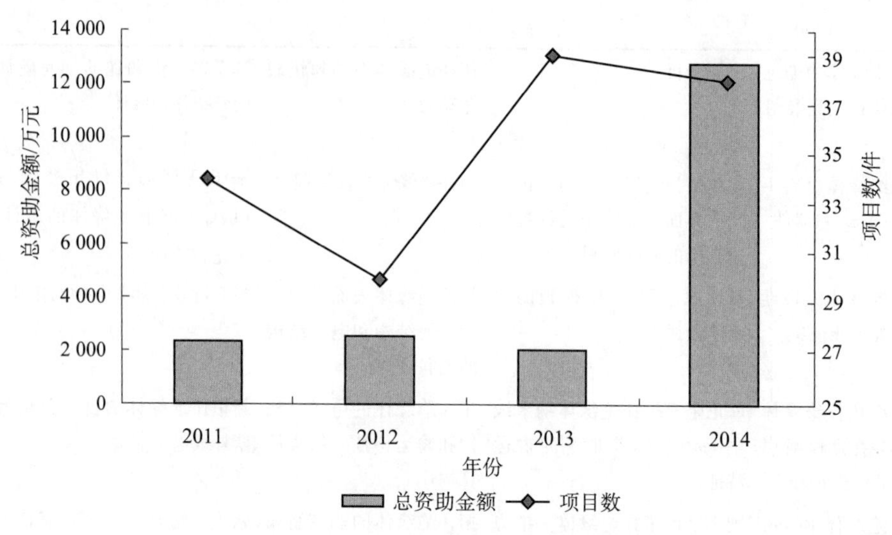

图 1-3　基金委对拓扑绝缘体的资助情况

养出一批国际领军科学家，形成国际化研究中心，引领国际拓扑领域发展方向，实现重大突破，占领国际制高点。

1.3　拓扑绝缘体研究论文计量分析

美国科学引文索引（Science Citation Index，SCI）的学术论文作为重要科研成果的载体，为分析学术领域研究动态提供了一条有效途径。通过 SCI 论文计量分析，可以反映该研究领域的研发态势。本报告以汤森路透集团的 Web of Science（WoS）数据库作为分析数据源，通过建立检索策略，并利用分析工具汤森数据分析器（Thomson Data Analyzer，TDA）分析了 1980～2014 年拓扑绝缘体领域的 SCI 论文，数据采集时间为 2014 年 12 月。根据数据的实际情况，该领域从 2005 年开始才有数据，因此，实际分析的是 2005～2014 年拓扑绝缘体领域的 SCI 论文情况。

1.3.1　论文数量的年度变化趋势

在拓扑绝缘体研究中，2005～2014 年 SCI 论文的年度变化如图 1-4 所示，可以看出，2005～2008 年的拓扑绝缘体研究处于起步阶段，论文数量很少；2009～2011 年，拓扑绝缘体研究处于一个发展阶段，发文量整体呈快速增长趋势；2012 年至今，论文数量暴增，是一个快速增长阶段，2014 年论文数量最多。结合拓扑绝缘体的发展历史来看，从二维拓扑绝缘体理论预测和实验验证，到三维拓扑绝缘体的理论预测和实验验证，乃至基于拓扑绝缘体预言的一系列新奇物理现象，都使得拓扑绝缘体的研究热度持续上涨。此外，2010～2014 年各国出台的拓扑绝缘体相关计划对该研究的开展也起到了一定的促进作用。

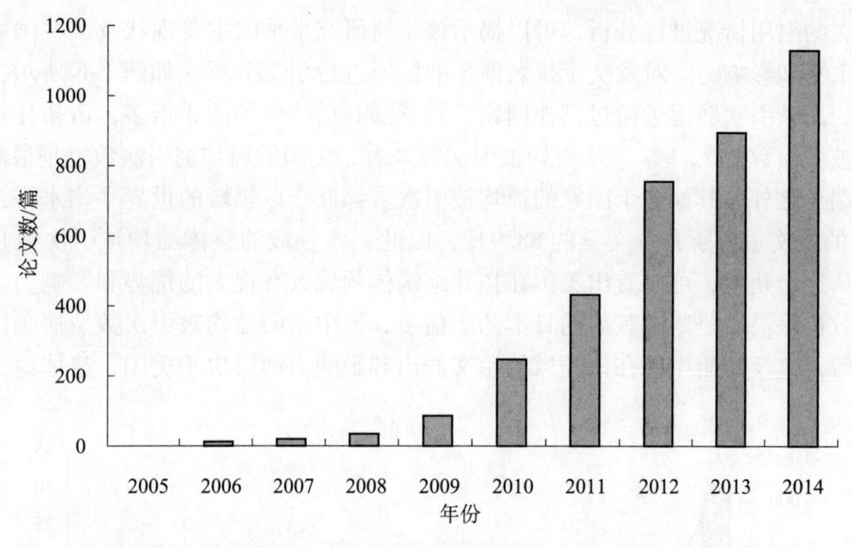

图 1-4　2005 ~ 2014 年拓扑绝缘体研究论文的年度变化趋势

1.3.2　主要国家论文情况

从各国拓扑绝缘体研究论文发文情况来看，论文数量最多的前 10 名国家，发表的论文数量占总发文量的 88.9%，而其他国家的发文量只占 11.1%，表明拓扑绝缘体研究相对比较集中在这前 10 个国家：美国、中国、德国、日本、俄罗斯、西班牙、加拿大、瑞士、韩国和法国（图 1-5）。美国和中国的拓扑绝缘体研究论文数量远超其他国家，分别占总发文量的 39.8% 和 29.3%，这在一定程度上反映了美国和中国在拓扑绝缘体研究领域的科研活动相当活跃，并且具有相当强的研究实力。德国和日本紧随其后，其发文量分别占总发文量的 13.4% 和 12.8%。这 4 个国家的发文量占总发文量的 78.6%。

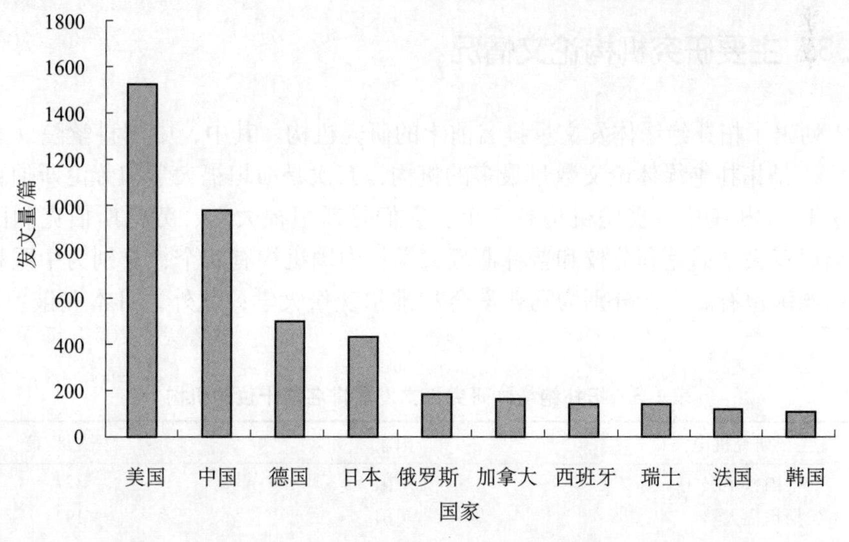

图 1-5　拓扑绝缘体研究主要国家发文量对比

对论文的引用情况进行分析，可以揭示该学科研究水平的主要现状及某些国家在该领域的研究水平和影响力。对发文量排名前十的国家进行引文分析，如图 1-6 所示，可以看出，美国的总被引次数远远超过其他国家，是紧随其后的中国的 3 倍多，占拓扑绝缘体所有论文总被引次数的 72.9%。从篇均被引次数来看，美国的篇均被引次数也是最高的，而且，除了瑞士之外，其他 8 个国家的篇均被引次数都低于该领域的世界平均水平，因为这 10 个国家的发文量占所有发文量的 88.9%，因此，该领域的整体篇均被引次数是被美国拉高的。从这个角度，可以看出美国在拓扑绝缘体领域具有很大的优势和影响力。中国的总被引次数也很高，是紧随其后的日本的 2 倍多，但中国的篇均被引次数位居美国、瑞士和日本之后，这反映出中国在该领域的论文产出和影响力都仅次于美国，整体论文质量还有待提高。

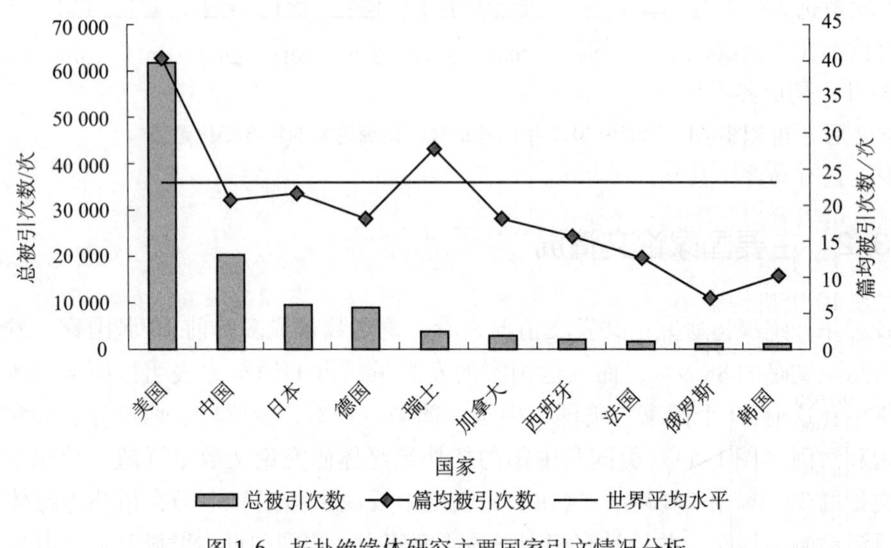

图 1-6 拓扑绝缘体研究主要国家引文情况分析

1.3.3 主要研究机构论文情况

表 1-3 列出了拓扑绝缘体发文量排名前十的研究机构。其中，中国科学院（含中国科学技术大学）是拓扑绝缘体论文数量最多的机构，其次是斯坦福大学和劳伦斯伯克利国家实验室。这 10 个机构中，美国机构有 4 个，它们是斯坦福大学、劳伦斯伯克利国家实验室、加利福尼亚大学伯克利分校和普林斯顿大学；中国机构有 2 个，分别为中国科学院和清华大学；德国也有 2 个，分别为马普学会和维尔茨堡大学；此外，日本和俄罗斯各有 1 个机构。

表 1-3 拓扑绝缘体研究论文发表排名前十位的机构

主要研究机构	国家	发文量/篇
中国科学院	中国	377
斯坦福大学	美国	192
劳伦斯伯克利国家实验室	美国	158

续表

主要研究机构	国家	发文量/篇
东京大学	日本	157
清华大学	中国	150
加利福尼亚大学伯克利分校	美国	146
马普学会	德国	140
普林斯顿大学	美国	131
俄罗斯科学院	俄罗斯	130
维尔茨堡大学	德国	105

对发文量排名前十的机构进行引文分析，如图 1-7 所示，可以看出，美国斯坦福大学的总被引次数远多于其他机构，紧随其后的是普林斯顿大学和中国科学院，这 3 个机构的总被引次数都在 1 万次以上。从篇均被引次数来看，斯坦福大学的篇均被引次数也是最高的，达 99.1，是世界平均水平的 4 倍多。普林斯顿大学的篇均被引次数为 82.2，紧随斯坦福大学之后。可以看出，美国的这两个机构在拓扑绝缘体领域具有非常大的影响力。10 个机构中，只有马普学会和俄罗斯科学院的篇均被引次数低于世界平均水平。分析中国机构的情况，可以看出，中国科学院的总被引次数位居第三，篇均被引次数略高于世界平均水平，在这 10 个机构中仅高于马普学会和俄罗斯科学院。清华大学的总被引次数和篇均被引次数在 10 个机构中都处于中游位置。这在一定程度上反映出我国机构在拓扑绝缘体领域研究中具有较好的优势，但影响力仍有待提升。

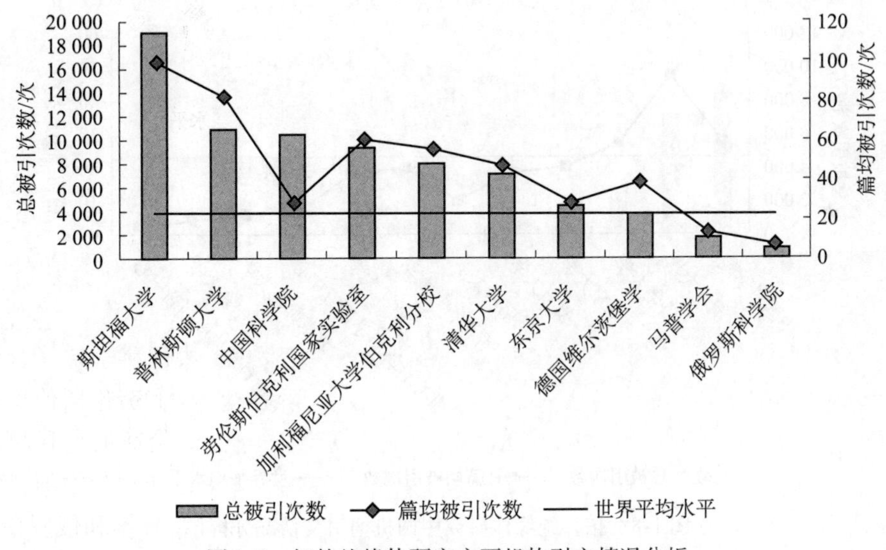

图 1-7　拓扑绝缘体研究主要机构引文情况分析

对拓扑绝缘体领域论文数量较多的中国机构进行分析（表 1-4），可以看出，中国科学院的拓扑绝缘体论文数量远多于其他机构，是排在第二位的清华大学发文量的两倍多，占中国拓扑绝缘体论文总量的 38.5%。北京大学、南京大学和香港大学分别排名第三位、第四位和第五位。

表 1-4　中国拓扑绝缘体发文数量排名前 10 位的机构

机构	发文量/篇
中国科学院	377
清华大学	150
北京大学	88
南京大学	74
香港大学	71
复旦大学	45
量子物质科学协同创新中心	45
浙江大学	33
山东大学	32
香港科技大学	30
北京师范大学	30
北京计算科学研究中心	30

对这些机构进行引文分析，如图 1-8 所示，可以看出，中国科学院和清华大学的总被引次数远多于其他机构，随后是香港大学和北京大学。从篇均被引次数来看，清华大学的篇均被引次数最高，为 47.9，是世界平均水平的 2 倍多。中国科学院和香港大学的篇均被引次数很接近，都略高于世界平均水平。其他的 8 个机构，篇均被引次数都低于世界平均水平。

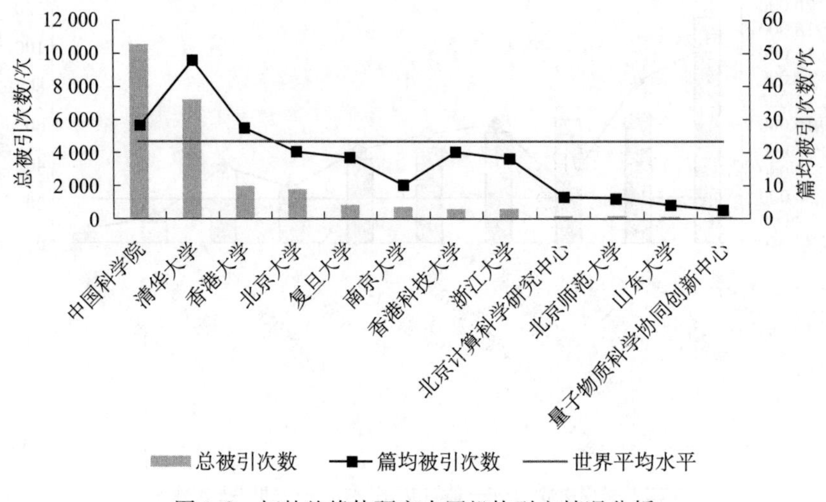

图 1-8　拓扑绝缘体研究中国机构引文情况分析

对最近 3 年才开始在拓扑绝缘体领域发表论文的机构进行分析（表 1-5），可以发现，发文数量较多的前 10 个机构中，有 5 个来自中国，分别是量子物质科学协同创新中心、湖南大学、台湾交通大学、华中科技大学和北京航空航天大学，德国有 2 个，西班牙、瑞士和沙特阿拉伯各 1 个。

表 1-5 近 3 年才开始在拓扑绝缘体领域发文的数量排名前十位的机构

机构	发文量/篇
量子物质科学协同创新中心	45
西班牙国家研究委员会—UPV/EHU 联合中心	28
瑞士苏黎世联邦理工学院	22
沙特阿拉伯阿卜杜拉国王科技大学	20
湖南大学	20
台湾交通大学	18
德国哈勒-维腾贝格大学	17
华中科技大学	16
德国科隆大学	15
北京航空航天大学	15

1.3.4 重点作者分析

对拓扑绝缘体论文进行作者分析（表 1-6），其中，论文数量在 30 篇以上的作者有 22 位，40 篇以上的有 11 位，50 篇以上的有 4 位。从表 1-6 可以看出，美国斯坦福大学的张首晟发表的论文数量最多，随后是斯坦福大学的祁晓亮、西班牙巴斯克大学的 Chulkov、普林斯顿大学的 Cava 和中国科学院物理研究所的戴希。排名前 20 名的作者中，有 8 位来自美国，有 6 位来自中国，日本有 3 位，西班牙、新加坡和俄罗斯各 1 位。此外，在拓扑绝缘体研究中作出重要贡献的 Kane 和 Molenkamp 发表的论文数量分别为 26 篇和 25 篇。从被引次数看，张首晟和祁晓亮的总被引次数最高，都超过了 1 万次，随后是 Hasan、Kane 和 Cava，被引次数超过 5000 的还有中国科学院物理研究所的方忠和戴希以及麻省理工学院的傅亮。从篇均被引次数看，这 20 位作者的篇均被引次数几乎都远远高于世界平均水平，其中，Kane 的篇均被引次数最高，达 316.3，比紧随其后的 Hasan 高出近一倍。Hasan、祁晓亮、张首晟和傅亮的篇均被引次数都在 150 以上，方忠、戴希和 Cava 的篇均被引次数也都高于 115。可以看出，这些作者在拓扑绝缘体领域中的影响力和论文质量都很高。除了方忠和戴希外，中国其他 4 位作者的表现也很亮眼，分别是清华大学的薛其坤和陈曦、中国科学院物理研究所的何珂以及香港大学的沈顺清，其篇均被引次数都在 40 以上，都远远高于世界平均水平。

表 1-6 重点作者的论文情况

排名	作者	单位	论文量/篇	总被引次数	篇均被引次数
1	张首晟	美国斯坦福大学	92	15 472	168.17
2	祁晓亮	美国斯坦福大学	73	12 627	172.97
3	Chulkov E V	西班牙巴斯克大学	62	777	12.53
4	Cava R J	美国普林斯顿大学	57	6 556	115.02
5	戴希	中国科学院物理研究所	46	5 550	120.65
6	Hasan M Z	美国普林斯顿大学	46	8 474	184.22
7	Nagaosa N	日本东京大学	46	1 615	35.11
8	方忠	中国科学院物理研究所	44	5 795	131.70

续表

排名	作者	单位	论文量/篇	总被引次数	篇均被引次数
9	Bansil A	美国东北大学	41	3 509	85.59
10	林新	新加坡国立大学	41	3 509	85.59
11	薛其坤	清华大学	40	2 084	52.10
12	Ando Y	日本大阪大学	38	1 643	43.24
13	陈曦	清华大学	38	1 975	51.97
14	何珂	中国科学院物理研究所	38	1 989	52.34
15	Segawa K	日本大阪大学	33	1 436	43.52
16	沈顺清	香港大学	33	1 330	40.30
17	Eremeev S V	俄罗斯科学院强度物理与材料科学研究所	32	506	15.81
18	傅亮	美国麻省理工学院	32	5 218	163.06
19	Hughes T L	美国伊利诺伊大学厄巴纳-香槟分校	32	3 065	95.78
20	Ryus	美国伊利诺伊大学厄巴纳-香槟分校	31	1 480	47.74
24	Molenkamp L W	德国维尔茨堡大学	26	2 425	93.27
32	Kane C L	美国宾夕法尼亚大学	25	7 907	316.28

1.3.5 研究主题分析

对研究论文的主题词进行分析，可以大致反映该领域的总体特征、发展趋势、研究热点和重点方向。利用 TDA，对拓扑绝缘体论文的主题词进行分析，可以发现该领域每年最受关注的研究主题词和当年新出现的主题词（表 1-7）。

从最受关注的主题词来看，其发展变化主要围绕量子自旋霍尔效应、拓扑绝缘体、石墨烯、HgTe 量子阱、拓扑绝缘体 Bi_2Se_3、拓扑绝缘体 Bi_2Te_3 和拓扑晶体绝缘体。从新出现的主题词来看，每年都有新的研究主题出现，其中，2006 年、2007 年和 2010 年出现新主题词较多。从新主题词的变化，可以大概看到拓扑绝缘体的发展轨迹：2005 年的量子自旋霍尔效应，2006 年的 HgTe 量子阱，2007 年“拓扑绝缘体”一词的正式出现，2008 年的量子反常霍尔效应，2009 年的拓扑绝缘体 Bi_2Te_3 和拓扑绝缘体 Bi_2Se_3，2010 年的拓扑绝缘体 $TlBiSe_2$ 和拓扑超导体，2011 年的拓扑半金属，2012 年的拓扑绝缘体结，以及 2013 年的 Weyl 金属。

表 1-7 2005～2014 年拓扑绝缘体研究最受关注的主题词和新出现的主题词

年份	最受关注的主题词	新出现的主题词
2005	量子自旋霍尔效应	量子自旋霍尔效应，Z_2 拓扑序，石墨烯
2006	量子自旋霍尔效应	HgTe 量子阱，自旋-轨道耦合，拓扑量子化，量子自旋霍尔系统，Z_2 拓扑学，拓扑相变，螺旋液体
2007	量子自旋霍尔效应，拓扑绝缘体，石墨烯	拓扑绝缘体，量子自旋态，拓扑不变量，第一性原理计算，安德森局域化，Z_2 拓扑不变量，无间隙拓扑相，量子化 Berry 相
2008	量子自旋霍尔效应，拓扑绝缘体，HgTe 量子阱，量子自旋霍尔态，量子反常霍尔效应	量子自旋霍尔相，量子反常霍尔效应，表面态，自旋-电荷分离

续表

年份	最受关注的主题词	新出现的主题词
2009	拓扑绝缘体，拓扑绝缘体 Bi_2Te_3，量子自旋霍尔系统，边界态	拓扑绝缘体 Bi_2Te_3，拓扑绝缘体 Bi_2Se_3，边界态，拓扑安德森绝缘体
2010	拓扑绝缘体，拓扑绝缘体 Bi_2Se_3，石墨烯	拓扑绝缘体 $TlBiSe_2$，拓扑超导体，全息分数拓扑绝缘体，Z_2 拓扑绝缘体，半 Heusler 拓扑绝缘体，磁性拓扑绝缘体，拓扑绝缘体纳米线，单狄拉克锥拓扑表面态，狄拉克表面态
2011	拓扑绝缘体，拓扑绝缘体 Bi_2Se_3，拓扑绝缘体 Bi_2Te_3	拓扑半金属，拓扑超导性，外延生长，弱局域化
2012	拓扑绝缘体，拓扑绝缘体 Bi_2Se_3，拓扑绝缘体 Bi_2Te_3	拓扑绝缘体结，线性磁阻，可调的狄拉克锥，铁磁绝缘体
2013	拓扑绝缘体，拓扑绝缘体 Bi_2Se_3，拓扑绝缘体 Bi_2Te_3	Weyl 金属，Chern 绝缘体，拓扑绝缘体异质结构
2014	拓扑绝缘体，拓扑绝缘体 Bi_2Se_3，拓扑晶体绝缘体	—

1.4 拓扑绝缘体专利分析

为全面了解世界各国在拓扑绝缘体领域专利技术发展的全貌，本报告以 Thomson Innovation（TI）平台数据为数据来源，从专利年度的申请趋势、专利受理机构、专利权人、专利的技术布局等对拓扑绝缘体相关技术进行了分析。

由于拓扑绝缘体研究的发展时间不长，所以拓扑绝缘体的专利申请数量并不多。图 1-9 显示了拓扑绝缘体专利申请的年度变化趋势。可以看出，拓扑绝缘体的专利申请在 2010 年

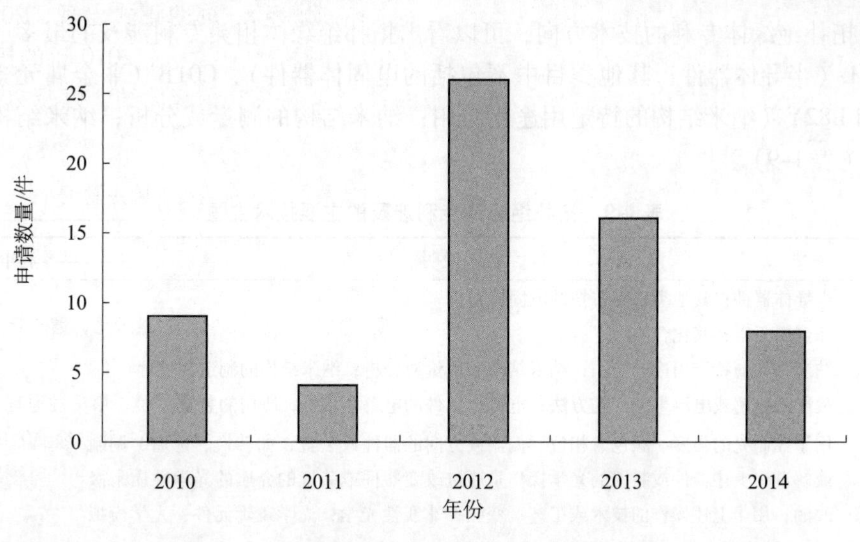

图 1-9 拓扑绝缘体相关专利申请数量的年度变化

才开始出现，到目前为止，拓扑绝缘体的专利申请总数为 63 件。其中，2010 年有 9 件；2012 年有较大的增长，有 26 件。

对拓扑绝缘体相关专利的受理机构进行分析，发现目前有受理量的共 8 个机构。其中，中国国家知识产权局受理的专利数量最多，为 31 件，美国专利商标局为 13 件，世界知识产权组织（WIPO）为 6 件，韩国专利局为 3 件，日本专利局和欧洲专利局各 2 件，加拿大知识产权局 1 件。

分析拓扑绝缘体相关专利申请量最多的专利权人及其专利申请量的情况，发现有 2 件专利申请量以上的专利权人有 15 个，其中，中国有 7 个，美国有 6 个，比利时和韩国各 1 个。专利申请量最多的 3 个专利权人都来自中国，分别是中国科学院物理研究所、清华大学和京东方科技集团股份有限公司（表 1-8）。

表 1-8　拓扑绝缘体专利申请量排名前 15 的专利权人

机构	国家/地区	专利申请量/件
中国科学院物理研究所	中国	10
清华大学	中国	10
京东方科技集团股份有限公司	中国	6
北京大学	中国	4
鸿海科技集团	中国台湾	4
斯坦福大学	美国	4
约翰·霍普金斯大学	美国	4
欧洲微电子研究中心（IMEC）	比利时	3
中国科学院上海技术物理研究所	中国	2
西南交通大学	中国	2
张守晟	美国	2
霍尼韦尔国际公司	美国	2
得克萨斯 A&M 大学	美国	2
QILIANG Li	美国	2
三星 LED 有限公司	韩国	2

分析拓扑绝缘体专利的技术方向，可以看出拓扑绝缘体相关专利涉及的最多的技术主题是 H01L（半导体器件；其他类目中不包括的电固体器件）、C01B（非金属元素；其化合物）和 B82Y（纳米结构的特定用途或应用；纳米结构的测量或分析；纳米结构的制造或处理）（表 1-9）。

表 1-9　拓扑绝缘体专利涉及的主要技术主题

IPC 小类	技术说明	专利申请量/件
H01L	半导体器件；其他类目不包括的电固体器件	33
C01B	非金属元素；其化合物	10
B82Y	纳米结构的特定用途或应用；纳米结构的测量或分析；纳米结构的制造或处理	5
C25D	覆层的电解或电泳生产工艺方法；电铸；工件的电解法接合；所用的装置	4
G02F	用于控制光的强度、颜色、相位、偏振或方向的器件或装置，如转换、选通、调制或解调，上述器件或装置的光学操作是通过改变器件或装置的介质的光学性质来修改的；用于上述操作的技术或工艺；变频；非线性光学；光学逻辑元件；光学模拟/数字转换器	4

续表

IPC 小类	技术说明	专利申请量/件
C30B	单晶生长；共晶材料的定向凝固或共析材料的定向分层；材料的区熔精炼；具有一定结构的均匀多晶材料的制备；单晶或具有一定结构的均匀多晶材料；单晶或具有一定结构的均匀多晶材料之后处理；其所用的装置	4

具体分析每个小类下的小组，可以发现，目前已申请的拓扑绝缘体专利中，其主要技术方向包括：半导体器件、非金属元素的二元化合物、纳米结构的制造或处理、晶体生长、霍尔效应器件、激光器等（表1-10）。

表1-10　拓扑绝缘体专利涉及的主要技术方向

IPC 小类	技术说明	专利数量/件
C01B19/04	非金属元素的二元化合物	7
H01L29/06	适用于整流、放大、振荡或切换的半导体器件，按其形状区分的；按各半导体区域的形状，相对尺寸，或配置区分的	5
B82Y40/00	纳米结构的制造或处理	4
C25D05/18	使用调制电流、脉冲电流或换向电流的电镀	3
C25D9/04	无机材料的非金属电镀层	3
C30B29/46	含硫、硒或碲的化合物的晶体生长	3
G06F3/044	通过用电容性方式的数字转换器	3
H01L29/66	适用于整流、放大、振荡或切换的半导体器件，按半导体器件的类型区分的	3
H01L43/06	霍尔效应器件	3
H01L43/08	磁场控制的电阻器	3
H01L43/10	应用电-磁或者类似磁效应的器件的材料的选择	3
H01L43/14	用于霍尔效应器件的器件	3
H01L51/52	使用有机材料作有源部分或使用有机材料与其他材料的组合作有源部分的固态器件的零部件	3
H01L51/56	专门适用于制造或处理这种器件（使用有机材料作有源部分或使用有机材料与其他材料的组合作有源部分的固态器件）或其部件的方法或设备	3
H01S3/11	其中光谐振器的品质因数迅速改变的激光器，即巨脉冲技术的激光器	3

1.5　研究总结与建议

经过多年的研究，拓扑绝缘体已成为并将继续是物理学领域最活跃的研究前沿之一。拓扑绝缘体具有巨大的应用前景和市场潜力，因此各国政府制订了一系列针对拓扑绝缘体的研发计划。本报告通过定性调研和分析欧盟、美国、日本、德国和中国等在拓扑绝缘体的研究现状，结合对拓扑绝缘体研究论文和专利的定量分析，发现拓扑绝缘体研究呈现出以下特点。

（1）美国是对拓扑绝缘体研究资助最多的国家，通过 NSF、DARPA 和 DOE 已形成了“自由探索—器件开发—能源应用”的研究体系。中国的资助力度也非常大，基金委、科技部和中国科学院等机构，从自由探索到器件应用等方面对拓扑绝缘体开展了深入研究。日本、德国和欧盟也纷纷设立了对拓扑绝缘体进行重点研究的重大研究计划。

（2）从研究论文来看，2012 年至今，各国对拓扑绝缘体研究保持了很高的热度。美国和中国是研究论文发表最多的国家，也是在拓扑绝缘体研究领域的科研活动最活跃的两个国家。美国论文的总被引次数远远超过其他国家，是紧随其后的中国的 3 倍多，其篇均被引次数也是最高的，可以看出美国在拓扑绝缘体领域具有很大的优势和影响力。中国的总被引次数也很高，是紧随其后的日本的 2 倍多，但中国的篇均被引次数位居美国、瑞士和日本之后，这可以反映出中国在该领域的论文产出和影响力都仅次于美国，但整体论文质量还有待提高。

（3）中国科学院是拓扑绝缘体论文数量最多的机构，是紧随其后的斯坦福大学的近 2 倍。但斯坦福大学的被引次数是中国科学院的近 2 倍，篇均被引次数是中国科学院的 3 倍多。清华大学的论文数量、总被引次数和篇均被引次数在前 10 个机构中都处于中游位置。此外，我国其他论文数量较多的机构，总被引次数都不高，篇均被引次数都低于世界平均水平。这在一定程度上反映出我国机构在拓扑绝缘体领域研究中具有较好的优势，但影响力仍有待提升。

（4）斯坦福大学的张首晟和祁晓亮是论文数量和总被引次数最多的作者，篇均被引次数最高的是 Kane 和 Hasan。我国有 6 位作者在论文数量、总被引次数和篇均被引次数上都表现突出，分别是中国科学院物理研究所的方忠、戴希、何珂，清华大学的薛其坤、陈曦，以及香港大学的沈顺清。

（5）拓扑绝缘体相关技术的专利申请在 2010 年后才出现，目前的专利申请总量为 63 件。拓扑绝缘体的专利受理主要集中在中国国家知识产权局、美国专利商标局。专利申请量最多的前 3 个专利权人都是中国的机构，分别是中国科学院物理研究所、清华大学和京东方科技集团股份有限公司，这反映出中国科学家对拓扑绝缘体专利的重视。目前，拓扑绝缘体专利申请的主要技术方向包括半导体器件、非金属元素的二元化合物、纳米结构的制造或处理、晶体生长、霍尔效应器件、激光器等。

因此，拟提出以下建议，希望能够对我国发展拓扑绝缘体研究有所借鉴。

（1）从国家层面进行战略布局，打造从基础研究到应用的全方位研究体系。美国在 DARPA 和 DOE 的推动下，已使拓扑绝缘体研究面向未来器件和能源应用，我国的拓扑绝缘体研究在基金委、科技部和中国科学院等多方推动下，也朝着这个方向迈进，但仍需要一个国家层面的战略布局。应在科学家和决策者深入研讨后，从国家未来发展的需求出发，从基础研究到实际应用进行多层次的资助和推动，逐渐形成一个全方位的研究体系，从而实现创新驱动发展。

（2）集中资源和力量，力争取得重大突破。我国在拓扑绝缘体研究上布局较早，资助力度也很大，目前，我国在拓扑绝缘体的论文产出和影响力上都处于世界领先水平，在量子反常霍尔效应、理论预测、马约拉纳费米子等方面有突出表现的机构和科学家，且有可能获得重大突破。因此，应设立国家重大项目，对拓扑绝缘体进行专项资助，确保对已有或未来有前途的优势领域的持续重点支持，力争取得重大原创性突破。

（3）积极开发关键技术，建立核心专利保护网。我国科学家对拓扑绝缘体专利申请非常重视，全球的63件专利申请中有一半是中国受理的，因此，应继续保持这种势头，确保对技术的重视和保护。然而，美国在拓扑绝缘体研究上占有很大的优势，已有的重大突破基本产自美国，而且，从DARPA的成果可以看出，其在技术上投入巨资，已获得了应用潜力很大的成果。因此，我国应集中优势，争取突破若干项关键技术，并有策略地进行专利申请，建立核心专利保护网，力争在未来的电子产业应用中处于领先地位。

致谢：中国科学院物理研究所方忠研究员对本报告初稿进行了审阅，并提出了宝贵的意见和建议，谨致谢忱！

参考文献

Bernevig B A，Hughes T L，Zhang S C. 2006. Quantum spin hall effect and topological phase transition in HgTe quantum wells. Science，314：1757-1761.

Chang C Z，Zhang J，Feng X，et al. 2013. Experimental observation of the quantum anomalous hall effect in a magnetic topological insulator. Science，340：167.

Chen Y L，Analytis J G，Chu J H，et al. 2009. Experimental realization of a three-dimensional topological insulator Bi_2Te_3. Science，325：178-181.

Fu L，Kane C L. 2007. Topological insulators with inversion symmetry. Phys Rev B，76：045302（1-17）.

Fu L，Kane C L. 2008. Superconducting proximity effect and Majorana fermions at the surface of a topological insulator. Phys Rev Lett，100096407（1-4）.

Fu L，Kane C L，Mele E J. 2007. Topological insulator in three dimensions. Phys Rev Lett，98106803（1-4）.

Hasan M Z，Kane C L. 2010. Colloquium：Topological insulators. Rev Mod Phys，82：3045-3067.

Hsieh D，Qian D，Wray L，et al. 2008. A topological Dirac insulator in a quantum spin hall phase. Nature，452：970-975.

Hsieh D，Xia Y，Qian D. et al. 2009. A tunable topological insulator in the spin helical Dirac transport Regime. Nature，460：1101-1106.

Hsieh D，Xia Y，Qian D，et al. 2009. Observation of time-reversal-protected single-dirac-cone topological-insulator states in Bi_2Te_3 and Sb_2Te_3. Phys Rev Lett，103146401（1-4）.

Hsieh D，Xia Y，Wray L，et al. 2009. Observation of unconventional quantum spin textures in topological insulators. Science，323：919-922.

Kane C L，Mele E J. 2005. Z2 topological order and the quantum spin Hall Effect. Phys Rev Lett，95146802（1-4）.

Klitzing K V，Dorda G，Pepper M. 1980. Quantum hall effect. Phys Rev Lett，45：494-497.

König M，Wiedmann S，Brüne C，et al. 2007. Quantum spin hall insulator state in HgTe quantum wells. Science，318：766-770.

Moore J E. 2010. The birth of topological insulators. Nature，464：194-198.

Moore J E，Balents L. 2007. Topological invariants of time-reversal-invariant band structures. Phys Rev B，75：121306（1-4）.

Moore J E. 2009. The next generation. Nat Phys，5：378-380.

Qi X L，Li R D，Zang J D，et al. 2009. Inducing a magnetic monopole with topological surface states. Science，323：1184-1187.

Qi X L, Zhang S C. 2010. The quantum spin hall effect and topological insulators. Phys Today, 63: 33-38.

Qi X L, Zhang S C. 2011. Topological insulators and superconductors. Rev Mod Phys, 83: 1057-1110.

Qi X L, Hughes T L, Zhang S C. 2008. Topological field theory of time-reversalinvariant insulators. Phys Rev B, 78: 195424 (1-43).

Roth A, Brune C, Buhmann H, et al. 2009. Nonlocal transport in the quantum spin hall state. Science, 325: 294-297.

Teo J C Y, Fu L, Kane C L. 2008. Surface states and topological in variants in three-dimensional in sulator: Application to Bi1-xSbx. Phys Rev B, 78: 045426 (1-15).

Tse W-K, MacDonald A H. 2010. Giant magneto-optical Kerr effect and universal Faraday effect in thin-film topological insulators. Phys Rev Lett, 105057401 (1-4).

Tsui D C, Stormer H L, Gossard A C. 1982. Two-dimensional magnetotran sport in the extreme quantum limit. Phys Rev Lett, 48: 1559-1562.

Wang M X, Liu C H, Xu J P, et al. 2012. The coexistence of superconductivity and topological order in the Bi_2Se_3 thin films. Science, 336: 52-55.

Xia Y, Qian D, Hsieh D, et al. 2009. Observation of a large-gap topological-insulator classwith a single Dirac cone on the surface. Nat Phys, 5: 398-402.

Xu S Y, Wray L A, Xia Y, et al. 2010. Discovery of several large families of topological insulator classes with backscattering-suppressed spin-polarized single-Dirac-cone on the surface. http: //arxiv. org/abs/1007. 5111 [2014-10-14].

Yang F, Miao L, Wang Z F, et al. 2012. Spatial and energy distribution of topological edge states in single Bi (111) Bilayer. Phys Rev Lett, 109016801 (1-5).

Yu R, Zhang W, Zhang H J, et al. 2010. Quantized anomalous hall effect in magnetic topological insulators. Science, 329: 61-64.

Zhang H J, Liu C X, Qi X L, et al. 2009. Topological insulators in Bi_2Se_3, Bi_2Te_3 and Sb_2Te_3 with a single Dirac cone on the surface. Nat Phys, 5: 438-442.

2　甲烷催化转化制乙烯国际发展态势分析

边文越　李泽霞　冷伏海

（中国科学院文献情报中心）

摘　要　作为基础工业原料，乙烯在石化工业中占有重要的地位，乙烯产量是衡量一个国家石油化工发展水平的重要标志之一。我国乙烯产量位居世界前列，但还不能满足我国经济保持平稳较快发展的需求，缺口仍相对较大。我国乙烯原料以石脑油为主，相比于中东和北美地区以乙烷为原料，我国存在乙烯生产成本高、竞争力不强的问题，亟须推进石油替代战略，实现烯烃原料来源多元化。

我国煤炭资源丰富，因此积极发展了煤经甲醇制烯烃技术。2010 年，我国利用中国科学院大连化学物理研究所（简称大连化物所）开发的甲醇制取低碳烯烃技术建设完成了世界首套甲醇制烯烃工业化装置——神华包头煤制烯烃国家示范项目，装置规模为每年 180 万吨甲醇生产 60 万吨烯烃。

我国也是天然气资源相对丰富的国家，截至 2013 年年底，探明储量 3.3 万亿立方米，列世界第 13 位。同时，我国积极进口天然气，2014 年与俄罗斯签订了为期 30 年的供输合同。2013 年天然气在我国能源消费结构中占比达到 5.1%，提高这一比例是我国能源战略的目标之一。

利用天然气（主要成分为甲烷）制取乙烯的方法可分为直接法和间接法。其中，直接法的经济价值最大，但也最难实现。因为甲烷的选择活化和定向转化是一个世界性难题，被誉为是催化乃至化学领域的“圣杯”。1982 年，美国联碳公司的 Keller 和 Bhasin 报道了开创性的甲烷氧化偶联直接制乙烯研究工作。此后虽经 20 余年的努力，但由于氧化偶联过程中生成的产物乙烷和乙烯（总称 C2）比原料甲烷更容易被深度氧化，限制了 C2 选择性和单程收率的提高，氧化偶联法始终没能实现工业化。直到 2010 年，美国 Siluria 技术公司宣布开发出一种新的催化剂，可在低于常规蒸汽裂解所需的操作温度下，高效催化甲烷氧化偶联反应。2014 年，Siluria 技术公司在美国得克萨斯州建设了一套该技术的工业示范装置，设计乙烯产能为 0.8 吨/天，并计划在 2015 年上半年开始建设 3.4 万~6.8 万吨/年的工业化装置。

本报告通过论文和专利分析发现甲烷氧化偶联制乙烯研究可分为三个阶段：①从 1982 年到 20 世纪 90 年代中期是快速发展时期；②从 20 世纪 90 年代中期到 2005 年左右是衰退期；③从 2005 年左右至今是复兴期。通过论文分析，本报告发现德国于 2007

年组建了“联合催化”精英研究集群，将甲烷催化制乙烯列为研究重点之一，有力地推动了德国大学和研究所在该领域的研究。以德国柏林工业大学为核心的研究集群重点研究填充床膜反应器装载 Mn-Na_2WO_4/SiO_2催化剂用于甲烷氧化偶联反应。通过专利分析，本报告发现美国 Siluria 技术公司是近期该研究领域专利申请最积极的企业，其拥有的10 项专利优先权年全部在2010 年以后，并且积极向海外布局，10 项专利中有9 项向世界知识产权组织申请了保护。Siluria 技术公司还拥有乙烯制燃料油技术，已经形成甲烷—乙烯—燃料油的天然气制汽柴油的技术路线。我国在甲烷氧化偶联制乙烯领域的主要研究机构有中国科学院和厦门大学等。中国科学院兰州化学物理研究所（简称兰州化物所）研制的催化剂具有国际先进水平。

甲烷直接催化转化制乙烯通常都是在有氧条件下进行的，大连化物所包信和院士团队成功开发了甲烷无氧催化转化制乙烯技术，创造性地构建了硅化物晶格限域的单铁中心催化剂，甲烷的单程转化率高达 48. 1%，乙烯的选择性为 48. 4%，已经申请了国际专利。

关键词 甲烷 乙烯 氧化偶联 催化 Siluria 技术公司

2.1 引言

2.1.1 研究背景

作为基础工业原料，乙烯在石化工业中占有重要的地位，乙烯产量是衡量一个国家石油化工发展水平的重要标志之一。2010 年我国乙烯产量 1419 万吨，位居世界前列，“十一五”时期年均增长率为 13. 4%。根据“十二五”规划，到 2015 年我国乙烯产量将达到 2430 万吨。我国乙烯原料以石脑油为主，约占 65%，加氢尾油及轻柴油约占 16%，轻烃不足 10%。因此，2010 年我国仅乙烯生产就需要化工轻油约 5000 万吨，而到 2015 年将增加至 8100 万吨。我国石油资源短缺，能源需求增长较快，2010 年原油对外依存度达 53%，随着国际原油价格的大幅上涨和国内供求矛盾加剧，烯烃原料供应紧张，制约了乙烯行业发展。同时，由于我国经济将继续保持平稳较快的发展，国内烯烃供给缺口相对较大。预计 2015 年，我国乙烯当量需求量约 3800 万吨，缺口达 1370 万吨（中华人民共和国工业和信息化部，2011）。而且，相比于中东和北美地区，我国存在乙烯生产成本高、竞争力不强的问题。中东地区 75% 的烯烃原料是油田伴生的轻烃资源，价格低廉。北美页岩气开采量的迅速增长也使当地乙烷裂解制乙烯的成本大幅降低。2013 年中东乙烯的生产成本仅为 100 美元/吨，美国和加拿大的乙烯成本基本维持在 300 美元/吨左右，而中国以石脑油为原料生产乙烯的成本在 900 美元/吨以上（耿旺和范延超，2014）。

为解决上述问题，我国鼓励进口凝析油、轻烃等资源，同时优化烯烃原料结构，推进石油替代战略。我国煤炭资源丰富，因此积极发展了煤经甲醇制烯烃（乙烯和丙烯）（MTO）技术。2010 年，我国利用大连化物所开发的甲醇制取低碳烯烃（DMTO）技术建设完成了世界首套甲醇制烯烃工业化装置——神华包头煤制烯烃国家示范项目，装置规模为每年180万吨甲醇生产60万吨烯烃。截至2014年年底，我国已有7套DMTO装置投产，烯烃总产能达到400万吨烯烃/年。2015年1月9日，在国家科学技术奖励大会上，DMTO技术荣获国家技术发明一等奖（大连化物所，2015a）。

除煤炭外，天然气也是制乙烯的原材料。我国是天然气资源相对丰富的国家，探明储量为3.3万亿立方米，列世界第13位（表2-1）。同时，我国积极进口天然气。2014年5月21日，中俄两国政府签署《中俄东线天然气合作项目备忘录》，中国石油天然气集团公司和俄罗斯天然气工业股份公司签署了《中俄东线供气购销合同》。根据合同，从2018年起，俄罗斯开始通过中俄天然气管道东线向中国供气，输气量逐年增长，最终达到每年380亿立方米，累计合同期为30年（新华网，2014a）。在使用方面，2013年中国天然气消费量为1616亿立方米，天然气在我国能源消费结构中占比达到5.1%，比2012年提高0.3个百分点（BP，2014）。

表2-1　天然气探明储量*

排名	国家	储量/万亿米^3	占世界比例/%
1	伊朗	33.8	18.2
2	俄罗斯	31.3	16.8
3	卡塔尔	24.7	13.3
4	土库曼斯坦	17.5	9.4
5	美国	9.3	5.0
6	沙特阿拉伯	8.2	4.4
7	阿联酋	6.1	3.3
8	委内瑞拉	5.6	3.0
9	尼日利亚	5.1	2.7
10	阿尔及利亚	4.5	2.4
11	澳大利亚	3.7	2.0
12	伊拉克	3.6	1.9
13	中国	3.3	1.8

* 截至2013年年底，资料来源：BP Statistical Review of World Energy 2014

天然气的主要成分是甲烷。甲烷制取乙烯的方法可分为直接法和间接法，间接法又分为两步法和三步法。如图2-1所示，三步法分为甲醇路线、二甲醚路线和乙醇路线，即将甲烷先转化成合成气，经催化反应分别生成甲醇、二甲醚和乙醇，再生成乙烯。两步法主要有合成气路线、氧化路线和氯化路线。合成气路线，将甲烷经合成气转化为乙烯；氧化路线，即将甲烷氧化生成甲醇，用MTO法制成乙烯；氯化路线，首先将甲烷转化为一氯甲烷，再转化为乙烯。直接法主要是氧化偶联法，即在有氧条件下甲烷直接催化转化生成乙烯（宋帮勇等，2013）。相比间接法的烦琐的过程，显然直接法最具吸引力，但也最难于实现。具有高度对称性的甲烷分子是自然界中最为稳定的有机分子之一，它的活化和转化需要非常苛刻的条件。而且，甲烷选择氧化最关键的问题不仅仅是活化，更重要的是要对生成的较活泼产物的进一步氧化作有效抑制。因此，甲烷的选择活化和定向转化是一个世界性难题，被誉为催化乃至化学领域的“圣杯”（国家自然科学基金委员会等，2011）。

在直接法甲烷制乙烯研究方面，美国走在世界前列。1982年，美国联碳公司的Keller和Bhasin报道了开创性的甲烷氧化偶联直接制乙烯研究工作。此后虽经20余年的努力，但由于氧化偶联过程中生成的产物乙烷和乙烯（总称C2）比原料甲烷更容易被深度氧化，

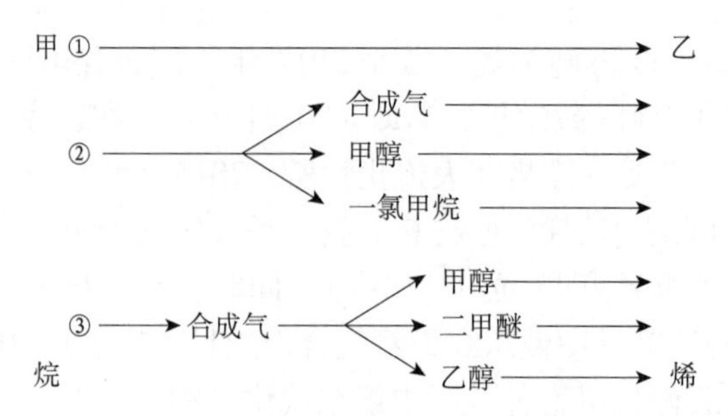

图 2-1 甲烷催化转化制乙烯路线图

①为直接法；②③为间接法，其中②是两步法，③是三步法

限制了 C2 选择性和单程收率的提高，氧化偶联法始终没能实现工业化。

2008 年成立的美国 Siluria 技术公司是甲烷氧化偶联制乙烯领域的后起之秀。2010 年 6 月，Siluria 技术公司宣布开发出一种新的催化剂合成方法，可调整催化剂表面的形态，从而可在低于传统蒸汽裂解法操作温度 200～300℃的情况下，高效催化甲烷氧化偶联反应（Markoff, 2010）。随后，Siluria 技术公司在其官网上宣布掌握了突破性的甲烷氧化偶联工艺技术，是第一种将甲烷直接转化为乙烯的实用工艺技术。2014 年 1 月，巴西热塑性树脂生产商 Braskem 支持 Siluria 技术公司在美国得克萨斯州建设一套该技术的工业示范装置，设计乙烯产能约为 1 吨/天，计划于 2014 年第四季度投产。如可行性研究顺利，Siluria 技术公司将在 2015 年上半年开始建设 3.4 万～6.8 万吨/年的工业化装置（耿旺和范延超，2014）。6 月，全球最大的气体和工程集团德国林德集团与 Siluria 技术公司达成合作协议，双方将在 Braskem 示范厂合作进行氧化偶联技术最后的放大和验证过程。根据协议，双方将把各自的技术和专业方案优化整合成一个一揽子方案，林德集团将负责向石化行业授权这个一揽子方案的使用许可，用于改造或扩建现有的乙烯工厂，或新建世界级的乙烯工厂，授权工作预计将从 2015 年下半年开始（Siluria Technologies, 2014a）。8 月，世界领先的一体化能源化工企业——沙特阿美石油公司投资 Siluria 技术公司，并计划在沙特阿拉伯率先部署 Siluria 技术公司的氧化偶联技术（石景文，2014）。

2.1.2 各国投资研发计划

美国国家科学基金会（NSF）持续多年资助甲烷氧化偶联制乙烯研究。1995 年 NSF 化学、生物工程、环境和运输系统部（CBET）设立了“具有离子传输性能的钙钛矿型材料作甲烷氧化偶联催化反应膜”项目，为期 3 年，资助额度约 11 万美元。该项目主要由华盛顿州立大学承担，研究用致密的具有离子传输性能的钙钛矿材料作甲烷氧化偶联膜反应器的催化薄膜的可行性（NSF，1995）。1999 年，CBET 支持了“用于甲烷氧化偶联反应的改进型钙钛矿催化薄膜”项目，资助额度为 18 万美元，共资助 3 年。该项工作仍由华盛顿州立大学承担，其研究目标是在之前的基础上，研发具有更高反应稳定性和选择性的钙钛矿型膜材料（NSF，2000）。2010 年，NSF 化学部与德国科学基金会共同设立了“稀土氧化物表面的氧化化学——决定甲烷氧化偶联反应选择性的因素”项目，资助额度为 54 万美元，为期 4 年，由美国佛罗里达大学和德国不来梅大学共同承担。双方合作研究稀土元素氧化物影响甲烷氧化反应产物选择性的原因，结合超高真空中的模型研究和反应过程中的原位表征，探索通过碱金属掺杂和纳米效应调节选择性的方法（NSF，2011）。2014 年，CBET 支持了“用于甲烷直接氧化转化的活性氧渗透羟磷灰石薄膜”项目，资助额度为 40 万美元，为期 5 年，由马里兰大学负责承担。该项目研究目标是研发用于甲烷氧化偶联制乙烯的羟磷灰石薄膜，要求实现催化活性与氧渗透性的良好统一（NSF，2013）。

美国陶氏化学公司于 2007 年 3 月设立了“甲烷挑战”项目（Dow Methane challenge），旨在开发具有技术革命性的甲烷转化路线。2008 年 1 月，英国卡迪夫大学和美国西北大学的研究团队共同获得为期三年超过 640 万美元的资助，主要研究内容即为甲烷直接氧化制烯烃（Dow，2008）。在此资助下，西北大学开发了硫化物催化剂，以硫为氧化剂将甲烷转化成乙烯。研究虽然取得了一定进展，但远没达到工业生产要求（Science Daily，2012）。

欧盟于 2009 年在第七框架计划中资助了“甲烷氧化偶联制乙烯，再转化为液体燃料”（OCMOL）多国联合研究项目，共资助约 1130 万欧元，其中欧盟支持约 759 万欧元，资助时间为 5 年，由比利时根特大学主持。该项目研究目标是建立一个基于天然气的液体燃料制造路线，从而推进石油替代战略。新路线以甲烷氧化偶联反应为核心，产物乙烯随后被合成为液体燃料。该项目研究计划包括两个方面：①开发一个小规模的工艺流程，利用先进的微反应器进行过程强化，从而验证 OCMOL 路线的可行性，为企业决策提供支持。②研发一个全集成过程，可回收和重复利用副产物，特别是 CO_2。新路线的技术指标包括：年产 10 万吨液体燃料；运行成本经济合理；产品多样性；温室气体低排放甚至零排放。该研究项目已结束，甲烷氧化偶联催化剂研究取得一定进展，但乙烯产率仍有待提高（OCMOL，2014）。

德国联邦和州政府于 2005 年推出“德国大学卓越计划”，2007 年在“精英研究集群”资助层面设立了“联合催化”（Unifying Concepts in Catalysis，UniCat）研究项目，2012 年对该项目再追加 3300 万欧元的研究经费，并延长至 2017 年。来自柏林工业大学、柏林自由大学、柏林洪堡大学、波茨坦大学四所大学和马普学会弗里茨·哈伯研究所、胶体与界面研究所两个研究所的 250 多名研究人员组成跨学科的研究团队，研究重点之一即是甲烷氧化偶联制乙烯。为了加快研究成果转移转化，2009 年在核心高校柏林工业大学建立了微型试验工厂（TU-Berlin，2012）。2011 年，化工巨头德国巴斯夫集团投资约 1300 万欧元，与柏林工业大学建立联合实验室——BasCat，旨在加速推进甲烷氧化偶联制乙烯研究迈向工业化实际应用（TU-Berlin，2011）。

英国工程与自然科学研究理事会（EPSRC）在 2000 年支持了“甲烷偶联反应陶瓷中空纤维膜反应器”研发项目，资助 61 320 英镑，为期两年，由巴斯大学负责承担。该项目主要研究高效固体氧化物中空纤维膜反应器的制备，并通过优化操作压力、温度和气体流量等反应条件提高甲烷氧化偶联制乙烯反应的活性和选择性（EPSRC，2000）。

我国自 1993 年以来先后在国家攀登计划和国家自然科学基金“八五”重大研究项目“煤炭、石油、天然气资源优化利用的催化基础”（1993—1997）、国家攀登计划“九五”预选项目“甲烷、低碳烷烃及合成气转化的催化基础”（1997—1999）、国家重点基础研究发展计划（973 计划）项目“天然气、煤层气优化利用的催化基础”（1999—2004）和项目“天然气及合成气高效催化转化的基础研究”（2005—2010）中部署了甲烷氧化偶联制乙烯研究（张慧心和唐晋，1993；大连化物所，2001；中国科学院，2004；中国科学院，2005）。中国科学院于 2013 年设立“变革性纳米产业制造技术聚焦”A 类战略性先导科技专项（2013 年至今），甲烷高效转化研究是研究方向之一（中国科学院，2014；大连化物所，2015b）。

2.2 甲烷氧化偶联制乙烯国际发展态势分析

甲烷直接催化转化制乙烯的绝大多数研究都是采用氧化偶联法。因此，本报告主要分析研究氧化偶联法的国际发展态势情况。

2.2.1 甲烷氧化偶联制乙烯研究论文计量分析

本报告以 WoS 为数据源，选择全时间段，通过检索式检索论文（检索式见附录）。从 1982 年至今，共检索到甲烷氧化偶联制乙烯研究论文 1564 篇（部分 2013 年和 2014 年文章尚未收录入数据库）。如图 2-2 所示，甲烷氧化偶联制乙烯研究可以分为 3 个阶段。从 1982 年美国联碳公司 Keller 和 Bhasin 发明氧化偶联法至 20 世纪 90 年代中期（1982 ~ 1994 年）是第一阶段，为氧化偶联法快速发展时期，发文量快速增长，涌现出一批优秀的研究人员，如 Baerns、Lunsford、Otsuka 等。他们利用固定床反应器在实验室中筛选符合工业需要的催化剂，但受反应过程过于困难制约，C2 收率没能达到工业生产要求。受此影响，研究人员对氧化偶联法的热情明显减弱，从 20 世纪 90 年代中期到 2005 年左右，论文的年发表量迅速下降，氧化偶联法研究进入第二阶段——衰退期。2005 年左右至今是第三阶段，为复兴期。从 2006 年开始，伴随着新技术和新设计理念的出现，氧化偶联法研究呈现逐渐复兴的态势，论文数量逐年增加。

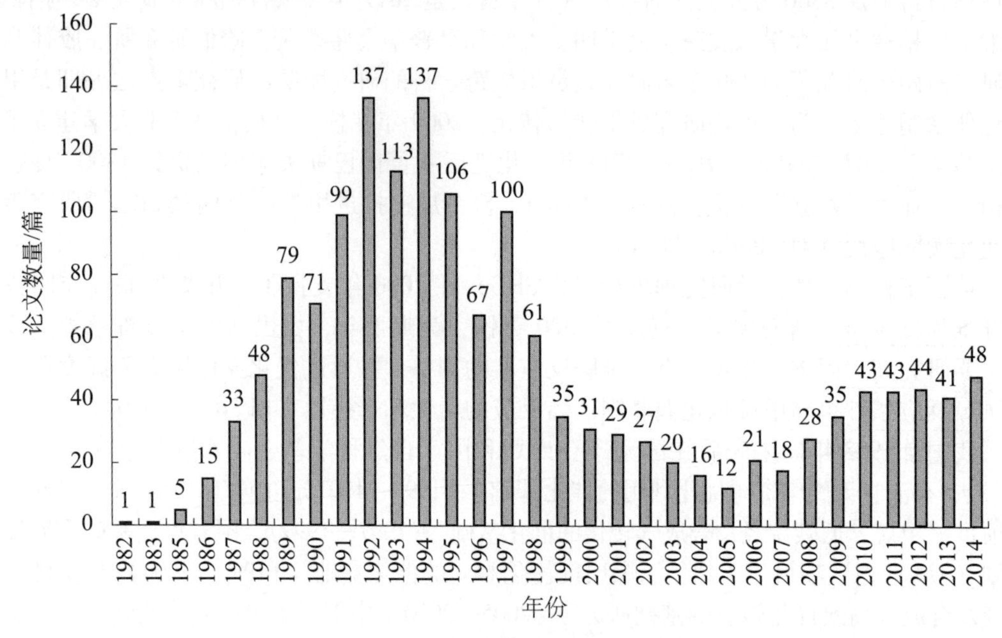

图 2-2 甲烷氧化偶联制乙烯研究论文发展态势

1984 年未见相关研究论文发表

2.2.1.1 主要研究国家

表2-2是甲烷氧化偶联制乙烯研究论文发文量排名前十的国家情况。这些国家中既包括美国、德国、法国、英国等科技发达的国家，也包括俄罗斯、伊朗等天然气资源丰富的国家。根据甲烷氧化偶联制乙烯研究的三个阶段，本报告又分别统计了每个阶段发文量前十名的国家。如表2-3所示，美国、日本、俄罗斯、中国、法国与德国6个国家在3个阶段发文量始终位于前十名。美国率先开展该领域研究，在第一阶段论文数量遥遥领先，在第二个阶段还位列第二，而到第三阶段却下滑至第五位，这与同一时期的美国页岩气革命有关。随着页岩气（天然气的一种）的大量开采，美国有了大量价格低廉的乙烷原料，从而主要利用页岩气中的乙烷制乙烯。相比表中其他国家在三个阶段排名的逐渐下滑，德国和伊朗却逆势而上，在第三阶段分列第一、二位。特别是德国，在发文量上远远将其他国家抛在身后。德国的这一表现与该国2005年推出的“大学卓越计划”有重大关系。2007年组建的“联合催化”精英研究集群将甲烷催化制乙烯列为研究重点之一，有力地推动了德国大学和研究所在该领域的研究。伊朗在2006～2014年发表了57篇论文，排在这一阶段的第二位，而在之前的20多年间，该国只发表了6篇SCI论文。伊朗近期的积极进取，反映了该国利用天然气探明储量世界第一的优势，积极发展天然气化工的发展态势。

表2-2　甲烷氧化偶联制乙烯研究论文TOP10国家　（单位：篇）

排名	国家	论文数量
1	美国	239
2	中国	222
3	日本	172
4	德国	153
5	俄罗斯	147
6	法国	80
7	伊朗	63
8	加拿大	62
9	英国	61
10	荷兰	46

表2-3　甲烷氧化偶联制乙烯研究论文分阶段TOP10国家　（单位：篇）

排名	1982～1994年		1995～2005年		2006～2014年	
	国家	论文数量	国家	论文数量	国家	论文数量
1	美国	146	中国	112	德国	77
2	日本	99	美国	71	伊朗	57
3	俄罗斯	66	日本	60	中国	53
4	中国	57	俄罗斯	50	俄罗斯	31
5	法国	41	德国	35	美国	22
6	德国	41	法国	25	法国	14
7	英国	39	印度	23	日本	13

续表

排名	1982～1994年		1995～2005年		2006～2014年	
	国家	论文数量	国家	论文数量	国家	论文数量
8	加拿大	37	波兰	19	波兰	13
9	荷兰	27	韩国	19	韩国	13
10	澳大利亚/西班牙	23	加拿大	18	马来西亚	12

2.2.1.2 主要研究机构

表2-4是甲烷氧化偶联制乙烯研究论文发文量TOP10的机构。俄罗斯科学院以126篇SCI论文高居榜首，发文量占该国总量的比例超过85%，呈现出在俄罗斯一家独大的态势。从莫斯科到新西伯利亚，分布了众多的化学类研究所，它们或在俄罗斯科学院体系内或与高校合作从事甲烷氧化偶联制乙烯研究。中国科学院名列第二，厦门大学排名第七，二者是中国在该领域实力最强、最有代表性的研究机构/高校。结合表2-5分阶段统计数据，在总排行榜列第四位的柏林工业大学是从2007年才开始该领域的研究，至2014年短短7年间发表SCI论文53篇，是近年来最活跃的研究机构。柏林工业大学是德国“联合催化”精英研究集群的核心高校，马普学会也是参与机构，两者在第三阶段的迅速崛起反映了“联合催化”项目的巨大推动作用。与之相反，曾经比较活跃的波鸿鲁尔大学和东京工学院等高校近几年却销声匿迹，主要原因是核心研究人员的退休或离开。2006～2014年，伊朗有三家研究机构位列发文量前十名，反映了其国内在甲烷转化研究上多点开花的态势。

表2-4 甲烷氧化偶联制乙烯研究论文TOP10机构 （单位：篇）

排名	机构	所在国家	论文数量
1	俄罗斯科学院	俄罗斯	126
2	中国科学院	中国	84
3	柏林工业大学	德国	56
4	波鸿鲁尔大学	德国	53
5	东京工学院	日本	50
6	法国科学院	法国	47
7	厦门大学	中国	43
8	得克萨斯A&M大学	美国	42
9	东京大学	日本	36
10	国家化学实验室	印度	35
	滑铁卢大学	加拿大	35

表2-5 甲烷氧化偶联制乙烯研究论文分阶段TOP10机构 （单位：篇）

排名	1982～1994年		1995～2005年		2006～2014年	
	机构	论文数量	机构	论文数量	机构	论文数量
1	俄罗斯科学院	64	中国科学院	48	柏林工业大学	56
2	东京工学院	41	俄罗斯科学院	35	俄罗斯科学院	27
3	得克萨斯A&M大学	31	厦门大学	24	伊朗德黑兰大学	14

续表

排名	1982～1994 年		1995～2005 年		2006～2014 年	
	机构	论文数量	机构	论文数量	机构	论文数量
4	波鸿鲁尔大学	28	波鸿鲁尔大学	22	中国科学院	13
5	东京大学	28	印度国家化学实验室	19	俄罗斯国立石油天然气大学	12
6	滑铁卢大学	25	法国科学院	17	德国马普学会	12
7	中国科学院	23	名古屋大学	17	法国科学院	11
8	澳大利亚联邦科学与工业研究组织	20	美国辛辛那提大学	15	伊朗聚合物和石油化工学院	11
9	法国科学院	19	俄罗斯托木斯克国立大学	13	伊朗石油工业研究所	11
10	荷兰屯特大学	19	得克萨斯 A&M 大学	11	厦门大学	9

表 2-6 是国内从事甲烷氧化偶联制乙烯研究的主要机构情况。以研究所、高校为单位进行比较，厦门大学的发文量排名第一。中国科学院内从事这方面研究的主要是大连化物所和兰州化物所。兰州化物所研制的 Mn-Na_2WO_4/SiO_2 系列催化剂是目前公开的甲烷氧化偶联制乙烯各种催化剂中综合性能领先的一种，甲烷单程转化率可达 40% 以上，C2 烃选择性在 60% 左右。该催化剂不但具有良好的流化床长期稳定性试验结果，而且可以在加压的条件下进行反应。Lansford 曾利用该催化剂在两套循环反应系统中，以连续加入甲烷和氧气的方式获得 70% 的收率（张志翔等，2007）。除表 2-6 中的高校、机构外，天津大学、北京化工大学、中国科学院长春应用化学研究所、四川大学、北京大学、清华大学、浙江大学、云南大学、中国科学院成都有机化学研究所等高校和研究机构也在该领域有研究成果。具体到 2006～2014 年，国内比较活跃的高校和机构有厦门大学、兰州化物所、北京化工大学、北京大学、四川大学、浙江大学等。

表 2-6　甲烷氧化偶联制乙烯研究论文国内 TOP5 机构（1982～2014 年）

（单位：篇）

排名	机构	论文数量
1	厦门大学	45
2	中国科学院大连化物所	38
3	中国科学院兰州化物所	32
4	南京大学	18
5	吉林大学	15

2.2.1.3　主要研究人员

表 2-7 是甲烷氧化偶联制乙烯领域发文量在 20 篇以上的作者名单，图 2-3 给出了这些作者的发文时间。结合二者分析，表 2-7 中大部分作者都是从第一阶段即研究早期就开始研究的，如 Baerns、Lunsford、Otsuka 等在研究早期著名的人物。但也有如德国柏林工业大学 Wozny 和 Arellano-Garcia，虽然从第三阶段才进入该领域，但依靠突飞猛进的进展也进入榜单，Wozny 更以 34 篇论文的佳绩并列发文量第五位。目前，德国柏林工业大学已经形成了一个优秀的研究群体，主要研究填充床膜反应器装载 Mn-Na_2WO_4/SiO_2 催化剂用

于甲烷氧化偶联反应。在第三阶段值得注意的还有俄罗斯国立石油天然气大学的研究群体，该校 Dedov、Loktev 等研究者虽然没进入榜单，但发文量也接近 20 篇。发文量超过 20 篇的中国作者有厦门大学的万惠霖院士、蔡启瑞院士和兰州化物所的李树本教授，从一个侧面也反映了两家机构在国内的领先地位。

另外，从图 2-3 中也可以清晰地看到，核心研究人员对于维持一个机构在某个研究领域保持一定地位的重要作用。Baerns 在 20 世纪 90 年代末离开德国波鸿鲁尔大学，使得该校在甲烷氧化偶联制乙烯研究的第三阶段默默无闻。后来，德国成立“联合催化”精英研究集群，Baerns 应邀加入了德国马普学会弗里茨·哈伯研究所，推动了“联合催化”项目在甲烷转化方向的研究。同理，美国得克萨斯 A&M 大学和日本东京工学院等机构在第三研究阶段的衰落也与各自核心研究人员如 Lunsford、Otsuka、Aika 等的离开或退休有密切关系。

表 2-7 甲烷氧化偶联制乙烯 SCI 论文主要研究作者 （单位：篇）

排名	作者	所在机构	论文数量
1	Baerns	德国波鸿鲁尔大学	48
2	Lunsford	美国得克萨斯 A&M 大学	38
3	万惠霖	厦门大学	37
4	Moffat	加拿大滑铁卢大学	35
5	Choudhary	印度国家化学实验室	34
6	Fujimoto	日本东京大学	34
7	Wozny	德国柏林工业大学	34
8	Anshits	俄罗斯科学院	30
9	Ross	荷兰屯特大学	30
10	Sinev	俄罗斯科学院	25
11	Otsuka	日本东京工学院	24
12	Mirodatos	法国科学院	23
13	Rane	印度国家化学实验室	23
14	Vanommen	荷兰屯特大学	23
15	Aika	日本东京工学院	21
16	Arellano-Garcia	德国柏林工业大学	21
17	李树本	中国科学院兰州化物所	21
18	蔡启瑞	厦门大学	21
19	Wolf	美国圣母大学	20

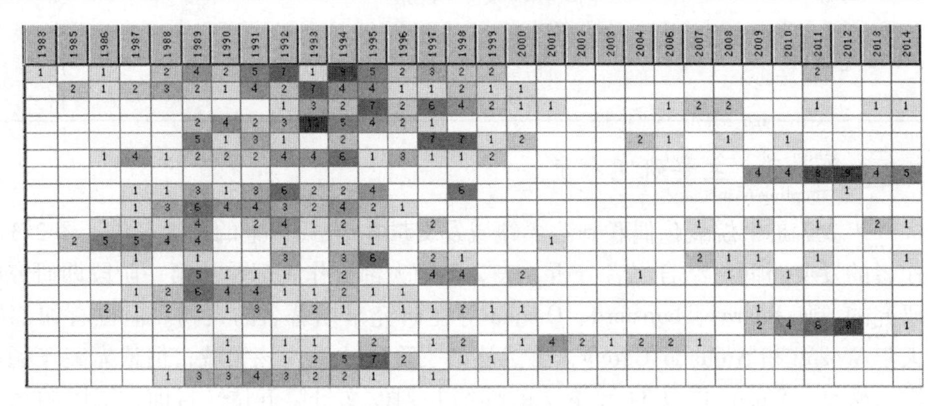

图 2-3 甲烷氧化偶联制乙烯 SCI 论文主要研究作者发文时间图

2.2.1.4　高被引论文

本报告总结了各研究阶段的甲烷氧化偶联制乙烯高被引论文，分别汇总成表2-8、表2-9和表2-10。从被引次数看，美国联碳公司的Keller和Bhasin因其开创性的研究而成为该领域最高被引作者。紧随其后的是美国得克萨斯A&M大学的Ito和Lunsford，其率先提出了Li-MgO催化剂，在很长时期内引领了甲烷氧化偶联制乙烯研究的方向。第一阶段的高被引论文都是关于催化剂的研究，而第二阶段的高被引论文则有一半是关于反应器的设计，陶瓷膜反应器是研究的热点。进入第三阶段，高被引论文中出现了对过去催化剂研究的整理和总结。德国研究人员基于大量数据认为Li-MgO催化剂的前景尚不明朗，相比而言含锰元素的催化剂被更为看好。另外，比利时根特大学主持了欧盟OCMOL多国合作研究项目，负责构建甲烷氧化偶联反应的微观反应动力学模型，发表的论文受到关注。

表2-8　甲烷氧化偶联制乙烯研究第一阶段（1982～1994年）高被引论文（200次以上）

被引次数	文章题目	发表期刊	主要作者	所在机构
721	Synthesis of ethylene via oxidative coupling of methane . I. determination of active catalysts	Journal of Catalysis, 1982, 73 (1): 9-19	Keller G E, Bhasin M M	美国联碳公司
709	Oxidative dimerization of methane over A lithium-promoted magnesium-oxide catalyst	Journal of the American Chemical Society, 1985, 107 (18): 5062-5068	Ito T, Lunsford J H	美国得克萨斯A&M大学
432	Synthesis of ethylene and ethane by partial oxidation of methane over lithium-doped magnesium-oxide	Nature, 1985, 314 (6013): 721-722	Ito T, Lunsford J H	美国得克萨斯A&M大学
398	Conversion of Methane by oxidative coupling	Catalysis Reviews-Science and Engineering, 1990, 32 (3): 163-227	Amenomiya Y	加拿大渥太华大学
374	Oxidative coupling of methane to higher hydrocarbons	Catalysis Reviews-Science and Engineering, 1988, 30 (2): 249-280	Lee J S, Oyama S T	美国Catalytica公司
279	Oxidative coupling of methane using oxide catalysts	Chemical Society Reviews, 1989, 18 (3): 251-283	Hutchings G J	英国利物浦大学
272	Active and selective catalysts for the synthesis of C_2H_4 and C_2H_6 via oxidative coupling of methane	Journal of Catalysis, 1986, 100 (2): 353-359	Otsuka K	东京工学院
217	Oxidative dimerization of methane over lanthanum oxide	Journal of Physical Chemistry, 1986, 90 (4): 534-537	Lunsford J H	美国得克萨斯A&M大学
205	The catalysts active and selective in oxidative coupling of methane	Chemistry Letters, 1985, (4): 499-500	Otsuka K	东京工学院

表 2-9　甲烷氧化偶联制乙烯研究第二阶段（1995～2005 年）高被引论文（100 次以上）

（单位：篇）

被引次数	文章题目	发表期刊	主要作者	所在机构
398	Catalytic conversion of methane to more useful chemicals and fuels: a challenge for the 21st century	Catalysis Today, 2000, 63 (2-4): 165-174	Lunsford J H	美国得克萨斯 A&M 大学
292	The catalytic oxidative coupling of methane	Angewandte Chemie-International Edition in English, 1995, 34 (9): 970-980	Lunsford J H	美国得克萨斯 A&M 大学
165	Oxidative coupling of methane in a mixed-conducting perovskite membrane reactor	Applied Catalysis A-General, 1995, 130 (2): 195-212	Tenelshof J E	荷兰屯特大学
165	Performance of a mixed-conducting ceramic membrane reactor with high oxygen permeability for methane conversion	Journal of Membrane Science, 2001, 183 (2): 181-192	熊国兴	中国科学院大连化物所
133	Perovskite-type ceramic membrane: synthesis, oxygen permeation and membrane reactor performance for oxidative coupling of methane	Journal of Membrane Science, 1998, 150 (1): 87-98	Lin Y S	美国辛辛那提大学
111	Periodic density functional theory study of methane activation over La_2O_3: Activity of O^{2-}, O^-, O_2^{2-}, oxygen point defect, and Sr^{2+}-doped surface sites	Journal of the American Chemical Society, 2002, 124 (28): 8452-8461	Neurock M	美国弗吉尼亚大学

表 2-10　甲烷氧化偶联制乙烯研究第三阶段（2006～2014 年）高被引论文（35 次以上）

（单位：篇）

被引次数	文章题目	发表期刊	主要作者	所在机构
48	Comparative study on oxidation of methane to ethane and ethylene over Na_2WO_4-Mn/SiO_2 catalysts prepared by different methods	Journal of Molecular Catalysis A-Chemical, 2006, 245 (1-2): 272-277	李树本	中国科学院兰州化物所
39	Statistical analysis of past catalytic data on oxidative methane coupling for new insights into the composition of high-performance catalysts	Chemcatchem, 2011, 3 (12): 1935-1947	Baerns M	德国马普学会弗里茨·哈伯研究所
38	A critical assessment of Li/MgO-based catalysts for the oxidative coupling of methane	Catalysis Reviews-Science and Engineering, 2011, 53 (4): 424-514	Baerns M, Schomacker R	德国柏林工业大学
38	Microkinetics of methane oxidative coupling	Catalysis Today, 2008, 137 (1): 90-102	Thybaut J W, Marin G B	比利时根特大学

2.2.1.5　主路径分析

本报告对甲烷氧化偶联制乙烯论文进行了主路径分析（图 2-4）。主路径分析以文献之间的引用关系为基础，绘制出多个从最初发表的文献延续到最近发表文献的文献链，通

过算法选择在文献链形成过程中最常出现的节点或者边，将之串联起来即构成了学科发展的主路径。主路径不仅反映了信息和知识的传递过程，也体现了该学科主题研究传统

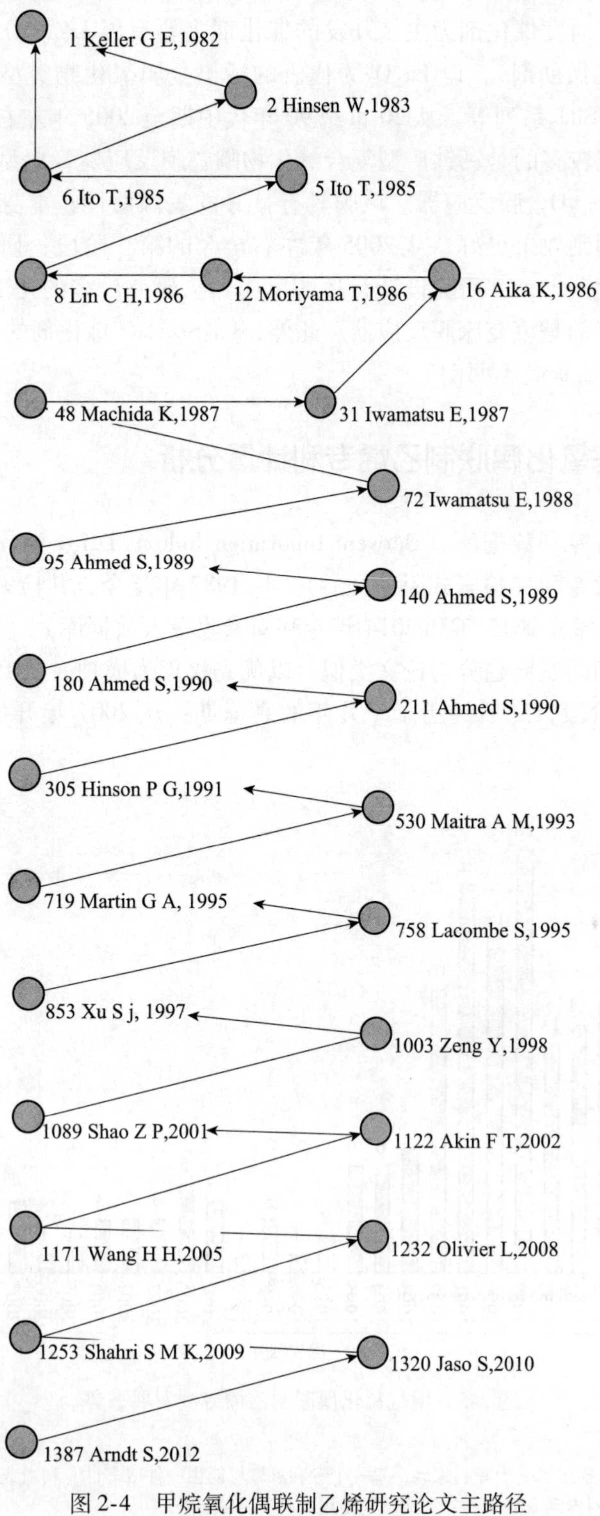

图 2-4　甲烷氧化偶联制乙烯研究论文主路径

的主干。分析图 2-4，从研究内容角度也可将甲烷氧化偶联制乙烯研究大体分为三个阶段。从 1982 年美国联碳公司的 Keller 和 Bhasin 开发了氧化偶联法至 20 世纪 90 年代中期，这一阶段的研究主要以研发催化剂为主。开发的催化剂主要有以 Li-MgO 为代表的碱土金属氧化物类型（碱金属做助剂），以 La_2O_3 为代表的稀土金属氧化物类型，以及兰州化物所开发的 $Mn\text{-}Na_2WO_4/SiO_2$ 系列等。从 20 世纪 90 年代中期至 2005 年左右，研究的重心转向了反应器设计，研究较多的是钙钛矿型复合氧化物陶瓷膜反应器，典型的如大连化物所设计的 $Ba_{0.5}Sr_{0.5}Co_{0.8}Fe_{0.2}O_{3-\delta}$ 膜反应器。该膜具有良好的氧渗透性，本身也有一定的催化活性，搭配催化剂使用则效果更好。从 2005 年左右至今的第三阶段，研究人员将注意力集中到了少数几种催化剂上，并研究设计合适的反应器。研究最多的是 $Mn\text{-}Na_2WO_4/SiO_2$ 催化剂，与之搭配最好的是填充床膜反应器。此外，La-Sr/CaO 催化剂的前景也被普遍看好，而 Li-MgO 催化剂的前景尚不明朗。

2.2.2 甲烷氧化偶联制乙烯专利计量分析

本报告以德温特专利数据库（Derwent Innovation Index，DII）为数据源，选择全时间段，构建检索式检索专利（检索式附于文后）。从 1982 年至今，共检索到甲烷氧化偶联制乙烯专利 218 项①（部分 2013 年和 2014 年专利尚未收录入数据库）。如图 2-5 所示，甲烷氧化偶联制乙烯专利的发展趋势与论文类似：以优先权年为横轴，从 1982 年到 20 世纪 90 年代初是快速发展阶段；之后经历了十几年的衰退期；从 2007 年开始，研究开始回暖，

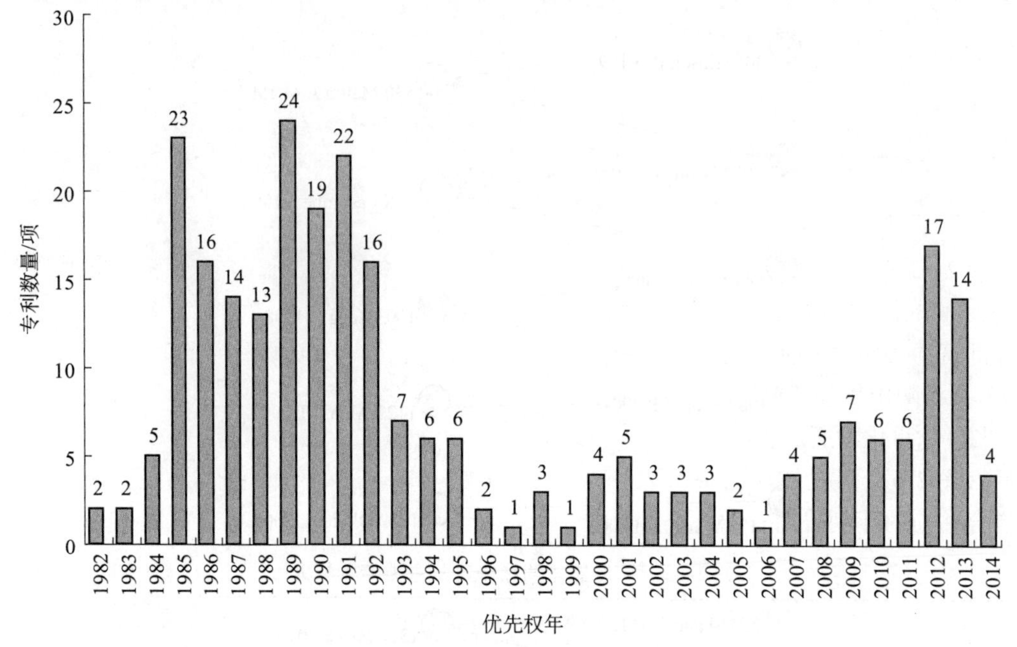

图 2-5 甲烷氧化偶联制乙烯专利发展态势

① DII 的每一项记录描述了一个专利家族，每一个专利家族可能由一件或多件专利组成。为了区分，本报告称一个专利家族为一项专利，对专利家族中的专利成员则使用“件”来表示。

特别是2012年和2013年，专利数量快速增长，数量接近20世纪80~90年代高峰时期的水平。

2.2.2.1 主要受理机构

表2-11列出了甲烷氧化偶联制乙烯专利受理量位居前十的机构。美国专利商标局、日本专利局和欧洲专利局位列前三位，这与这三个国家/地区开展该领域研究较早有关。中国国家知识产权局和世界知识产权组织位列总排行榜第四、第五位。本报告特别分析了2007~2014年的专利数据，相比总排行榜，这一时期专利受理量的排名变化很大，前五名依次为世界知识产权组织（21项）、美国专利商标局（20项）、中国知识产权局（15项）、欧洲专利局（10项）和俄罗斯专利局（7项）。从1982年至2014年，世界知识产权组织33年间总共受理了甲烷氧化偶联制乙烯45项专利，其中2007~2014这8年就占了21项，接近一半。近期的这种态势表明甲烷氧化偶联制乙烯研究重新受到重视后，专利权人积极寻求在世界范围内、在该领域研究实力较强的国家和地区、在有丰富天然气资源的国家和地区实施专利保护。

表2-11 甲烷氧化偶联制乙烯专利主要受理机构 （单位：项）

排名	专利机构	受理数量
1	美国专利商标局	105
2	日本专利局	76
3	欧洲专利局	59
4	中华人民共和国国家知识产权局	46
5	世界知识产权组织	45
6	澳大利亚知识产权局	40
7	德国专利局	31
8	加拿大专利局	22
9	挪威专利局	19
10	俄罗斯专利局	17

2.2.2.2 主要专利权人

表2-12列出了甲烷氧化偶联制乙烯领域的主要专利权人。英国BP石油公司的28项专利大部分来自收购的公司：阿莫科石油公司（13项）、大西洋富田公司（7项）、俄亥俄标准石油公司（3项）。美国陶氏化学公司于2001年完成与联碳公司的合并，现拥有专利13项（陶氏4项、联碳9项）。中国科学院拥有专利12项，其中6项来自大连化物所，5项来自兰州化物所。美国Siluria技术公司拥有10项专利，而且优先权年全部在2010年以后（图2-6），是近期该领域专利申请最积极的机构。康菲石油公司拥有9项专利，全部来自合并前的菲利普斯石油公司。

表2-12 甲烷氧化偶联制乙烯主要专利权人 （单位：项）

排名	专利权人	所属国家	专利数量
1	BP石油公司	英国	28
2	陶氏化学公司	美国	13
3	中国科学院	中国	12
4	俄罗斯科学院	俄罗斯	11

续表

排名	专利权人	所属国家	专利数量
5	Siluria 技术公司	美国	10
6	出光石油化学株式会社	日本	9
7	康菲石油公司	美国	9
8	石油资源开发株式会社	日本	9
9	东京天然气公司	日本	6
10	法国石油研究院	法国	5
11	株式会社コスモ综合研究所	日本	5
12	HRD 公司	美国	5

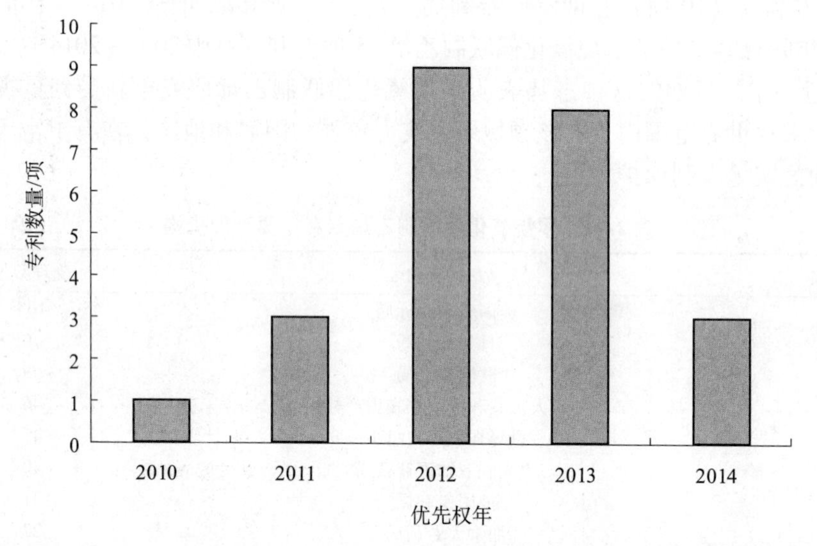

图 2-6 美国 Siluria 技术公司拥有的甲烷氧化偶联制乙烯专利的优先权年分布

本报告利用 Innography 专利分析平台中的专利信息和邓白氏的商业数据库中的企业数据，从技术实力和经济实力双重角度分析甲烷氧化偶联制乙烯专利权人的竞争力。从图 2-7

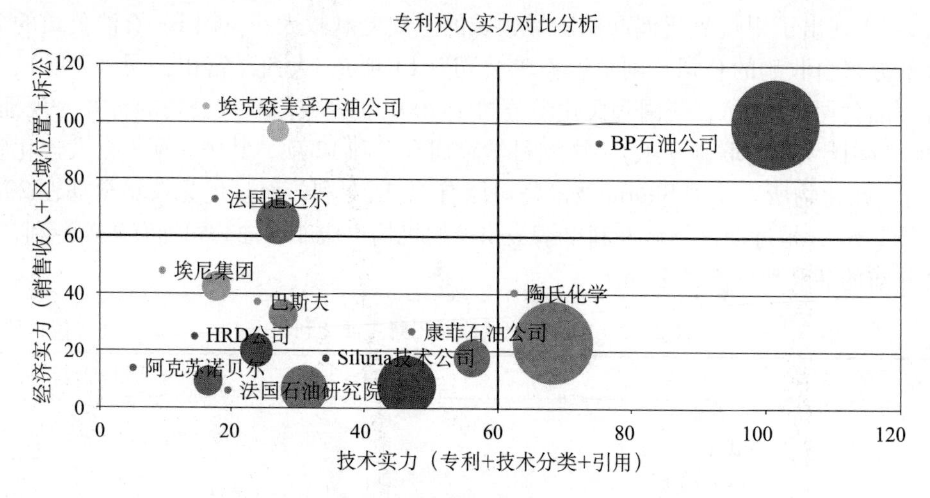

图 2-7 甲烷氧化偶联制乙烯专利权人实力对比

可以看出，受企业实力和拥有的专利数量影响，英国 BP 石油公司在甲烷氧化偶联研究方面具有明显的竞争力优势。美国 Siluria 技术公司成立时间较短，资金无法与大集团比拟，但凭借拥有的多项专利技术，是非常有潜力的企业。美国陶氏化学公司既有经济实力又有技术储备。除合并的联碳公司的专利技术外，陶氏化学公司还在 2007 年开发了以甲烷为原料、经中间体氯甲烷生产烯烃的工艺。在氧气存在下，甲烷与氯化氢经三氯化镧催化生成氯甲烷，产物氯甲烷再转化为乙烯等。该路线在总化学反应式上与氧化偶联等同（Podkolzin et al.，2007）。

2.2.2.3 主要技术方向

表 2-14 总结了甲烷氧化偶联制乙烯专利中的主要技术方向。C07C-002/84、C07C-011/04、C07C-002/00、C07C-002/82、C07C-011/02、C07C-009/02 和 C07C-011/00 综合起来指向甲烷氧化偶联催化制乙烯。C07C-009/06、C07C-011/04、C07C-011/02、C07C-009/02、C07C-011/00 和 C07C-005/327 综合起来指向乙烷裂解制乙烯。因为原料气中往往既有甲烷也有乙烷，所以在设计工艺流程时既要考虑甲烷氧化偶联也要考虑利用乙烷裂解制乙烯。表 2-13 中 B01J 小类的专利全部是涉及催化剂组成的，包括活性组分和载体两部分。分析这些技术方向，大体可看出专利中涉及的催化剂的活性组分包括碱金属、碱土金属和过渡金属等，涉及的载体有二氧化硅等。

表 2-13 甲烷氧化偶联制乙烯专利涉及的主要技术方向

排序	IPC	专利数量/项	技术说明
1	C07C-002/84	156	从含碳原子数较少的烃制备烃，带有部分脱氢的烃的缩合，氧化偶联催化
2	C07C-011/04	115	产物含有乙烯
3	C07C-009/06	77	反应物含有乙烷
4	C07C-002/00	63	从含碳原子数较少的烃制备烃
5	C07B-061/00	51	不属于 C07B 其他小项的有机化学一般方法
6	B01J-023/10	37	催化剂（含载体）组成包括稀土族元素或其氧化物或其氢氧化物
7	C07C-002/82	34	从含碳原子数较少的烃制备烃，带有部分脱氢的烃的缩合，氧化偶联
8	B01J-023/02	32	催化剂（含载体）组成包括碱金属或碱土金属元素或其氧化物或其氢氧化物
9	C07C-011/02	32	产物含有烯烃
10	B01J-023/04	24	催化剂（含载体）组成包括碱金属或其氧化物或其氢氧化物
11	B01J-023/14	19	催化剂（含载体）组成包括锗、锡或铅元素或其氧化物或其氢氧化物
12	B01J-023/34	18	催化剂（含载体）组成包括锰元素或其氧化物或其氢氧化物
13	C07C-009/02	17	反应物为 1～4 个碳原子的无环饱和烃
14	B01J-027/232	12	催化剂（含载体）组成包含碳酸盐
15	B01J-021/06	11	催化剂（含载体）组成包括硅、钛、锆或铪元素或其氧化物或其氢氧化物
16	B01J-021/10	11	催化剂（含载体）组成包括镁元素或其氧化物或其氢氧化物
17	C07C-011/00	11	产物含有无环不饱和烃
18	C07C-005/327	10	从含相同碳原子数的烃制备烃，同时生成游离氢的脱氢，只形成非芳碳—碳双键

2.2.2.4 高价值专利

本报告计算了甲烷氧化偶联制乙烯专利的专利强度。Innography 专利分析平台根据每项专利的他引次数、审查时长、保护权限项数、诉讼次数等十多项指标，提出了专利强度的计算概念，最高为 10 级，强度越高则说明该专利价值越高，可被视为该领域的重点专利。表 2-14 列出了 Innography 专利分析平台筛选出的甲烷氧化偶联制乙烯领域专利强度大于 6 级的专利。

表 2-14 甲烷氧化偶联制乙烯高价值专利（专利强度从高到低排列）

专利号	专利名称	主要专利权人
US6518476 B1	Production of olefins (e. g. ethylene and/or propylene) from lower alkane (e. g. ethane) involves converting lower alkane by oxidative dehydrogenation, and recovering olefin product by complexation separation	美国联碳公司（已与陶氏化学合并）
US6403523 B1	Catalyst for oxidative dehydrogenation of lower hydrocarbon comprises oxycarbonate, hydroxycarbonate or carbonate of rare earth element, and has a disordered or defect structure	美国联碳公司（已与陶氏化学合并）
US5959170 A	Conversion of methane to higher hydrocarbons such as ethane and ethylene	美国大西洋富田公司（已被 BP 石油公司收购）
US7291321 B2	Production of perovskite catalyst, used for converting methane to ethylene, involves forming aqueous slurry of alkaline earth metal salt, powdered metal salt and powdered transition metal oxide and adding a polymeric binder to the slurry	美国 HRD 公司，伊朗国家石化公司
US5160502 A	Oxidative conversion of methane and dehydrogenation of hydrocarbon (s) - with a catalyst comprising cobalt, alkali metal, silicon and oxygen	美国菲利普斯石油公司（已合并为康菲石油公司）
US2012041246 A1	Catalyst useful in catalytic reactions, comprises an inorganic catalytic polycrystalline nanowire, where the nanowire comprises one or more elements from any of Groups 1-7, lanthanides, actinides or combinations	美国 Siluria 技术公司
US5012028 A	Conversion of lower hydrocarbon (s) esp. methane - by oxidative coupling followed by pyrolysis, with heat transfer between reaction zones	美国俄亥俄标准石油公司（已被 BP 石油公司收购）
US5073656 A	Oxidative coupling of methane to ethylene and ethane - using barium and/or strontium and metal oxide combustion promoter in presence of vapour phase halogen additive	美国联碳公司（已与陶氏化学合并）
US2014171707 A1	Producing hydrocarbon products involves introducing methane and oxidant into reactor system; converting methane to product gas having ethylene; introducing the product gas into integrated ethylene conversion reaction systems	美国 Siluria 技术公司
US4658077 A	Contact material or catalyst for oxidn., esp. of methane - comprises e. g. titanium di: oxide or alkali or alkaline earth metal titanate, with another alkali or alkaline earth metal cpd.	美国菲利普斯石油公司（已合并为康菲石油公司）

续表

专利号	专利名称	主要专利权人
US4950827 A	Mixed basic metal oxide catalyst - used for oxidative coupling of methane, increasing mol. wt. of substd. aromatic cpds. and for dehydrogenation reactions	美国伊利诺伊斯州天然气技术研究所
US7250543 B2	Oxidative coupling of methane for formation of heavier hydrocarbons involves producing perovskite catalyst by forming slurry of alkaline earth metal salt, metal salt and transition metal oxide; and contacting methane and oxygen in catalyst	美国 HRD 公司
US5157188 A	Converting methane, pref. as natural gas, to ethylene and ethane - in high selectivity by passing with oxygen over alkaline earth oxide, opt. mixed with e. g. alkali metal oxide	美国菲利普斯石油公司（已合并为康菲石油公司）
JP5238961 B2	Prepn. of 2-carbon hydrocarbon, e. g. ethylene@, with high selectivity - by oxidn. coupling reaction of methane on activated side of complex oxide membrane while oxygen@ is supplied to other side	日本东京天然气公司
US6096934 A	Conversion of methane to ethane and ethylene by oxidative coupling of methane and carbon conservation	美国 UOP 公司
US2010331595 A1	Oxidative coupling method of methane for producing ethylene, by feeding hydrocarbon feedstream comprising methane and oxygen source to reactor, and carrying oxidative coupling of methane to methane over oxidative catalyst	美国 Fina 技术公司
EP0418971 A1	High ethylene to ethane processes for oxidative coupling	美国联碳公司（已与陶氏化学合并）
DE3237079 C	Ethane and ethylene prodn. from methane and oxygen over catalyst - using low oxygen partial pressure, giving high selectivity	德国波鸿鲁尔大学
US2006135838 A1	Formation of a perovskite composition for converting paraffinic hydrocarbons to alkenes involves preparing a solution of specified metals dissolved in an organic acid, followed by heating, drying and calcining steps	美国 HRD 公司
US4634800 A	Conversion of methane to higher hydrocarbon (s) - by contact with oxidising gas and metal oxide in presence of halogen or halide as promoter	美国大西洋富田公司（已被 BP 石油公司收购）
US4939310 A	Conversion of methane to higher hydrocarbon (s) esp. ethylene- with a catalyst comprising a manganese oxide and a further specified element	英国 BP 石油公司
US5077446 A	Oxidative conversion of methane, esp. to ethylene and ethane- by contact with oxygen over contact material contg. lithium salt and magnesia	美国菲利普斯石油公司（已合并为康菲石油公司）
US4665261 A	Conversion of methane to higher hydrocarbon (s) - by contact with a mix. of a molten metal salt and a reducible metal oxide	美国大西洋富田公司（已被 BP 石油公司收购）

续表

专利号	专利名称	主要专利权人
US7902113 B2	Catalyst for production of ethane and ethylene from methane comprises reducible metal oxide, sodium and tungsten on silica base; and as promoter an inner transition metal selected from niobium, europium, yttrium and neodymium	伊朗石油工业研究所

在24项高价值专利中，美国联碳公司（已与陶氏化学合并）和美国菲利普斯石油公司（已合并为康菲石油公司）各拥有4项专利，位居各专利权人的首位，其中美国联碳公司拥有价值最高的两项专利。美国联碳公司开发的工艺采用固定床列管式反应器，催化剂为 $BaCO_3/Al_2O_3$，原料气中 CH_4 与 O_2 摩尔比为7∶1。为提高乙烯的产率，在原料气中加入体积分数为0.002%的氯乙烯，反应温度为725℃，甲烷转化率为18%，C2烃选择性为77%，产物中乙烯与乙烷摩尔比（烯烷比）为3∶1，乙烷再被裂解制成乙烯。该工艺操作温度较低，产物的烯烷比较高，原料气中氧气的浓度较低，过程的安全性较好。但加入的微量氯元素对设备要求较高，还存在除热困难、反应器结构复杂、投资高等缺点（张志翔等，2007）。

作为新兴企业，美国 Siluria 技术公司拥有两项高价值专利体现了该公司的研发实力。Siluria 技术公司研发的催化剂可在低于传统蒸汽裂解法操作温度200～300℃的情况下、在5～10个大气压下催化甲烷氧化偶联制乙烯反应。催化剂的使用寿命达到工业级别，以年为计量单位。Siluria 技术公司研发的反应器分为两部分：一部分用于将甲烷氧化偶联成乙烯和乙烷；另一部分用于将副产物乙烷裂解成乙烯，裂解反应所需的热量来自氧化偶联反应放出的热量。这种设计使反应器的给料既可以是天然气也可是乙烷（Tullo，2014）。

2.2.2.5 重点分析——Siluria 技术公司专利分析

本报告对 Siluria 技术公司在甲烷氧化偶联制乙烯领域的10项专利作了进一步分析。如表2-15所示，Siluria 技术公司积极布局其专利，不仅在美国范围内申请保护，更积极面向全球，其10项专利中有9项向世界知识产权组织申请了保护。

表2-15 美国 Siluria 技术公司甲烷氧化偶联制乙烯专利的主要受理国家/机构

国家/机构	美国	世界知识产权组织	澳大利亚	加拿大	中国	欧洲专利局	印度尼西亚	印度	墨西哥
受理数量/项	10	9	4	4	3	3	1	1	1

表2-16是美国 Siluria 技术公司甲烷氧化偶联制乙烯专利涉及的主要技术类别，特别需要注意 B82Y 纳米小类，Siluria 技术公司在制造其高活性催化剂时采用了纳米技术。其催化剂合成过程是以遗传改性的噬菌体做模板，活性组分（含过渡金属氧化物）在模板表面形成晶核，进而生长成纳米线催化剂，再通过高通量技术筛选出活性最高的化学组成、结晶结构和表面形貌（章文，2011）。合成催化剂的技术来源于美国麻省理工学院 Belcher 教授的实验室，她是 Siluria 技术公司创始人之一。

表 2-16 美国 Siluria 技术公司甲烷氧化偶联制乙烯专利的主要技术类别

专利数量/项	技术类别
9	C07C 有机化学
7	B01J 催化作用
3	C01F 金属铍、镁、铝、钙、锶、钡、镭、钍的化合物，或稀土金属的化合物
3	C10G 含烃类为主的混合物的精制
2	C01G 除碱金属和 C01F 小类以外的金属化合物
1	B01D 分离过程
1	B82Y 纳米结构的特定用途或应用；纳米结构的测量或分析；纳米结构的制造或处理
1	C01B 非金属元素；其化合物

甲烷氧化偶联制乙烯技术发展的瓶颈在于经济可行。Siluria 技术公司开发的甲烷氧化偶联技术具有很强的经济合理性。对于以石脑油为原料的乙烯工厂，当原油价格是天然气价格的 8 倍或以上时（例如，当天然气价格为每百万英热单位 5 美元时，原油价格大于等于每桶 40 美元），Siluria 技术公司的技术就具有经济优势。而对于以乙烷为原料的地区，当把乙烷运送至裂解装置的纯运输成本高于每加仑 12 美分时，Siluria 技术公司的技术就具有经济优势。以在美国墨西哥湾沿岸的世界级乙烯工厂装置为例计算，Siluria 技术公司的氧化偶联技术与石脑油裂解技术相比在固定投资和工业成本上每年能节省约 12.5 亿美元，与乙烷裂解相比每年能节省约 2.5 亿美元（Siluria Technologies，2014b）。

Siluria 技术公司同时掌握乙烯制液体燃料技术，已形成甲烷—乙烯—液体燃料的天然气制汽柴油的技术布局（图 2-8），目前正在进行最后的放大试验，计划于 2017 ~2018 年正式投产。该工艺路线相比基于费托合成法的天然气制液体燃料工艺，投资成本节省 25% ~30%，对于实现天然气部分替代石油具有重要意义（耿旺和范延超，2014）。在完成技术布局的同时，Siluria 技术公司也在进行产业合作布局，正在形成 Siluria 技术公司（甲烷转化技术）—德国林德集团（乙烯产品及下游产业）—沙特阿美石油公司（液体燃料）的企业合作链条。

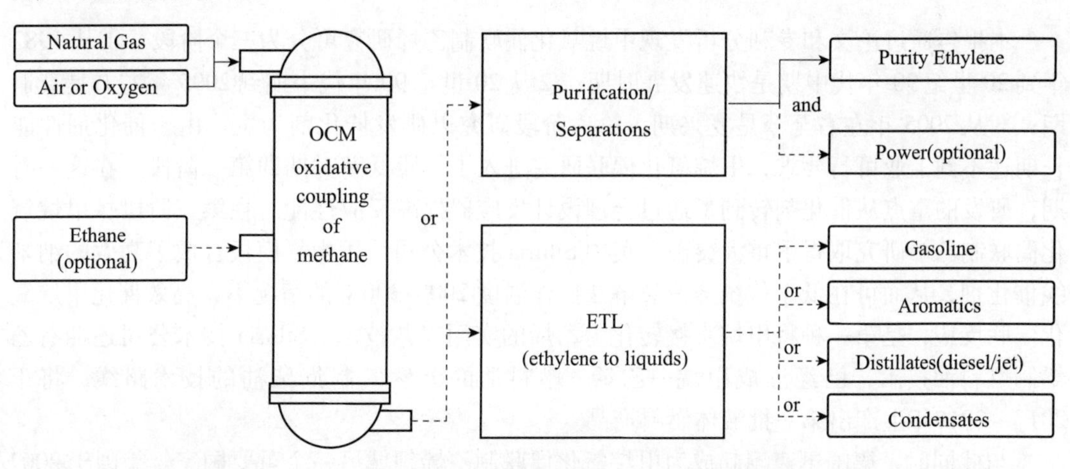

图 2-8 Siluria 技术公司的产品流程图

资料来源：来自 Siluria 技术公司网站

总体来看，Siluria 技术公司的甲烷氧化偶联制乙烯技术的优势主要体现在以下五个方面。

（1）与石脑油裂解制乙烯相比，成本低，温室气体排放少，节能，经济价值高。

（2）生产的乙烯可进一步转化为液体燃料，从而进一步提高整条路线的经济价值。

（3）原料要求不苛刻，甲烷可来自天然气也可来自生物质，氧源可以是纯氧也可以是富氧空气、压缩空气等。

（4）能利用已有的乙烯生产装置和回收设备，改造成本低。

（5）对于天然气资源丰富的国家，具有重要的战略价值。

2.3 甲烷无氧催化转化制乙烯研究进展

以氧分子作为甲烷活化的助剂或介质，在反应过程中不可避免地会形成和排放大量温室气体 CO_2，一方面影响生态环境，另一方面致使总碳的利用率大大降低，通常不会超过一半。2014 年，大连化物所包信和院士团队成功开发了甲烷无氧催化转化制乙烯技术。包信和院士团队创造性地构建了硅化物晶格限域的单铁中心催化剂，当反应温度、空速分别为 1090℃ 和 $21.4L \cdot g^{-1} \cdot h^{-1}$ 时，甲烷的单程转化率高达 48.1%，生成产物乙烯、苯和萘的选择性大于 99%，其中乙烯的选择性为 48.4%。催化剂在测试的 60 小时内，保持了极好的稳定性（Guo et al.，2014）。包信和院士团队已就该技术在国内申请了专利，国际专利申请已进入美国、俄罗斯、日本、欧洲和中东等国家和地区。

2.4 总结和建议

本报告通过论文和专利分析发现甲烷氧化偶联制乙烯研究可分为三个阶段：①从 1982 年到 20 世纪 90 年代中期是快速发展时期；②从 20 世纪 90 年代中期到 2005 年左右是衰退期；③从 2005 年左右至今是复兴期。第一阶段研究以研发催化剂为主。由于催化剂性能长期达不到工业可行要求，甲烷氧化偶联研究进入了一段低潮时期即第二阶段。在这一时期，研发的重点从催化剂转到了通过合理设计反应器提高反应性能。在第三阶段，甲烷氧化偶联制乙烯研究取得了重大突破。美国 Siluria 技术公司采用生物模板合成了高效的纳米线催化剂，从而可在低于传统蒸汽裂解法操作温度 200 ~ 300℃ 的情况下，高效催化甲烷氧化偶联反应，是第一种将甲烷直接转化为乙烯的实用工艺技术。Siluria 技术公司还拥有乙烯制燃料油技术，已经形成甲烷—乙烯—燃料油的天然气制汽柴油的技术路线，将于 2017 ~ 2018年生产出第一批液体燃料产品。

与此同时，德国迅速崛起成为甲烷氧化偶联制乙烯领域另一个重要国家。德国于 2007 年组建了“联合催化”精英研究集群，将甲烷催化制乙烯列为研究重点之一，组织 4 所高校和马普学会的两个研究所合力展开攻关研究，并兴建小型工厂积极推动研究成果工业实用化。以德国柏林工业大学为核心的研究集群目前重点研究填充床膜反应器装载 Mn-Na_2WO_4/SiO_2催化剂用于甲烷氧化偶联反应。

总结美国 Siluria 技术公司和德国“联合催化”精英研究集群的经验。从技术角度讲，两者研发的催化剂都是过渡金属类型，也都采用了化学与生物相结合的研究方法，都建立了小型工厂试验催化剂效果。从发展模式讲，Siluria 技术公司是典型的技术型公司，利用实验室研发的技术组建了小企业，通过募集投资研发技术，实现滚雪团式发展壮大。德国则是国家立项模式，设立“联合催化”精英研究集群，由基金会负责管理，同时鼓励企业投资参与。

需要特别说明的是，Siluria 技术公司的成功与科技的进步是密不可分的。在研制过程中，Siluria 技术公司充分发挥了先进的纳米技术和高通量筛选技术的优势，创造性地使用生物模板精确合成纳米线催化剂，使用高通量技术从大量备选催化剂中筛选出最合适的元素组成。而这些在 20 世纪 80～90 年代是很难做到的。

2014 年 6 月 13 日，习近平总书记在中央财经领导小组第六次会议上指出我国必须推动能源生产和消费革命。在能源技术革命部分，习总书记强调要以绿色低碳为方向推动技术创新（新华网，2014b）。同年，在 APEC 会议上，习总书记明确提出推动科技创新带动能源革命（新华网，2014c）。发展天然气（甲烷）直接制乙烯符合科技创新带动能源革命思想，符合绿色低碳创新发展方向。特别是在我国积极布局国际国内天然气输送管道、实施石油替代战略、提高天然气消费在能源结构中的比重背景下和我国乙烯产量不能满足我国经济保持平稳较快发展需求、乙烯生产成本高、竞争力不强的现实情况下，更具有现实的、积极的意义。建议有以下三点：

（1）积极发展甲烷氧化偶联制乙烯催化剂，发展配套相关工艺，迅速追上国际领先国家。我国在该领域具有雄厚的研究实力和良好的研究传统，拥有以中国科学院和厦门大学为代表的一批优秀研究机构，兰州化物所研制的催化剂体系具有国际先进水平。我国可借鉴德国组建“精英研究集群”的经验，组织有关研究机构和研究力量进行集体攻关研究，迅速追上国际领先国家。

（2）积极发展甲烷无氧催化转化制乙烯技术，尽快达到工业应用水平。作为我国拥有核心专利的技术，甲烷无氧催化转化制乙烯路线蕴含着巨大的潜力，一经公开就引起包括国际化工巨头在内的广泛关注和积极评价。积极发展无氧催化转化催化剂、提高催化剂的使用寿命、尽快达到工业应用水平应为下一步的发展目标。

（3）将天然气直接制乙烯研究列入国家“十三五”有关发展规划中，让从天然气出发的甲烷制乙烯和从煤出发的经甲醇制乙烯都成为我国突破乙烯生产瓶颈的抓手。我国在《石化和化学工业“十二五”发展规划》和《烯烃工业“十二五”发展规划》中均提出发展甲醇制烯烃技术，取得非常好的效果。“十二五”期间，甲醇制烯烃技术不仅取得科技突破，而且工业投产装置遍地开花。可以预见，在“十三五”期间，国际上将出现成熟的天然气直接制乙烯工业生产装置，乙烯生产成本大幅降低，对我国传统乙烯工业及相关产业具有一定冲击。当此之际，将天然气直接制乙烯研究纳入国家“十三五”有关发展规划中不仅有利于推动我国能源生产和消费革命，而且有利于我国乙烯工业升级技术、扩充产能、提高国际竞争力。

致谢：中国科学院大连化学物理研究所郭晓光老师对本报告提出了宝贵的意见和建议，谨致谢忱！

参考文献

大连化物所．2001-12-17．攀登项目“甲烷、低碳烷烃及合成气转化的催化基础”结题验收获优秀（A）级评定．http：//sklc. dicp. ac. cn/news/20011217. html.

大连化物所．2015-01-08a．我所甲醇制取低碳烯烃技术喜获国家技术发明一等奖．http：//www. dicp. cas. cn/xwzx/zhxw/201501/t20150108_ 4295552. html.

大连化物所．2015-02-02b．“甲烷高效转化研究获重大突破”入选2014年中国十大科技进展新闻．http：//www. dicp. cas. cn/xwzx/zhxw/201502/t20150202_ 4307772. html.

耿旺，范延超．2014．北美页岩气化工产业链最新进展．石油化工，43（9）：1098-1104.

国家自然科学基金委员会，中国科学院．2011．未来10年中国学科发展战略·能源科学．北京：科学出版社：172.

石景文．2014-08-26．沙特阿美入股Siluria公司．http：//www. ccin. com. cn/ccin/news/2014/08/26/302982. shtml.

宋帮勇，程亮亮，许江，等．2013．页岩气综合利用探讨．现代化工，33（4）：15-20.

新华网．2014-05-21a．中俄签东线天然气合作备忘录中国完成天然气进口战略布局．http：//news. xinhuanet. com/world/2014-05/21/c_ 1110799579. htm？prolongation = 1.

新华网．2014-06-13b．习近平主持召开中央财经领导小组会议．http：//news. xinhuanet. com/video/2014-06/13/c_ 126616850. htm.

新华网．2014-11-11c．习近平在APEC第二十二次领导人非正式会议上的开幕辞．http：//news. xinhuanet. com/world/2014-11/11/c_ 1113203721. htm.

张志翔，王凤荣，苑慧敏，等．2007．甲烷氧化偶联反应制乙烯的研究进展．现代化工，27（3）：20-25.

章文．2011．Siluria科技公司开发出一种使甲烷转化成乙烯的新催化剂．石油炼制与化工，42（4）：61.

张慧心，唐晋．1993．国家自然科学基金重大项目“煤炭、石油、天然气资源优化利用的催化基础”通过评审论证．催化学报，14（6）：496.

中国科学院．2004-10-09．“天然气、煤层气优化利用的催化基础”项目完成．http：//www. cas. cn/ky/kyjz/200410/t20041009_ 1031935. shtml.

中国科学院．2005-12-30．天然气及合成气高效催化转化的基础研究项目启动．http：//www. cas. cn/ky/kyjz/200512/t20051230_ 1026725. shtml.

中国科学院．2014-06-03．先导科技专项“变革性纳米产业制造技术聚焦”启动会在京召开．http：//www. bmrdp. cas. cn/alzx/XDA_ 08/201406/t20140603_ 4130697. html.

中华人民共和国工业和信息化部．2011-12-13．烯烃工业“十二五”发展规划．http：//www. miit. gov. cn/n11293472/n11293832/n11294072/n11302450/n14451420. files/n14450226. pdf.

BP. 2014-08-26. BP Statistical Review of World Energy 2014. http：//www. bp. com/content/dam/bp/pdf/Energy-economics/statistical-review-2014/BP-statistical-review-of-world-energy-2014-full-report. pdf.

Dow. 2008-01-24. Dow Chemical Awards “Methane Challenge” Grants to Cardiff and Northwestern Universities. http：//www. dow. com/innovation/news/2008/20080124a. htm.

EPSRC. 2000-10-04. Development Ceramic Hollow Fibre Membranes for Methane Coupling Reactions. http://gow. epsrc. ac. uk/NGBOViewGrant. aspx? GrantRef = GR/N38640/01.

Guo X, Fang G, Li G, et al. 2014. Direct, Nonoxidative Conversion of Methane to Ethylene, Aromatics, and Hydrogen. Science, 344 (6184): 616-619.

NSF. 1995-11-20. Ion Conducting Perovskites as Catalytic Membranes for the Oxidative Coupling of Methane. http://www. nsf. gov/awardsearch/showAward? AWD_ ID = 9521721.

Markoff J. 2010-06-29. Team's Work Uses a Virus to Convert Methane to Ethylene. The New York Times.

NSF. 2000-01-11. Improved Perovskite Membranes for the Stable and Selective Oxidative Coupling of Methane. http://www. nsf. gov/awardsearch/showAward? AWD_ ID = 9812380.

NSF. 2011-03-23. International Collaboration in Chemistry: Oxidation Chemistry of Model Rare Earth Oxide Surfaces- Factors Determining Selectivity for the Oxidative Coupling of Methane. http://www. nsf. gov/awardsearch/showAward? AWD_ ID = 1026712.

NSF. 2013-11-21. Surface Crystallization of Reactive Oxygen Permeable Hydroxyapatite-based Membranes for Direct Methane Oxidative Conversion. http://www. nsf. gov/awardsearch/showAward? AWD_ ID = 1351384&HistoricalAwards = false.

OCMOL. 2014-12-31. Oxidative Coupling of Methane followed by Oligomerization to Liquids. http://www. ocmol. eu/index. php.

Podkolzin S G, Stangland E E, Jones M E, et al. 2007. Methyl Chloride Production from Methane over Lanthanum-Based Catalysts. Journal of the American Chemical Society, 129 (9): 2569-2576.

ScienceDaily. 2012-12-20. Engineers seek ways to convert methane into useful chemicals. http://www. sciencedaily. com/releases/2012/12/121220153505. htm.

Siluria Technologies. 2014-06-02a. Siluria Technologies and Linde announce ethylene technology partnership. http://www. the-linde-group. com/en/news_ and_ media/press_ releases/news_ 20140602. html.

Siluria Technologies. 2014-12-31b. Our Portfolio. http://siluria. com/Commercial_ Applications/Our_ Portfolio.

TU-Berlin. 2011-12-08. Natural Gas Instead of Crude Oil. http://www. unicat. tu-berlin. de/2011-12-08-Natural-Gas. 869. 0. html.

TU-Berlin. 2012-06-15. UniCat classed as excellent once more. http://www. unicat. tu-berlin. de/index. php? id = 15&tx_ ttnews [pointer] = 29&tx_ ttnews [tt_ news] = 269&tx_ ttnews [backPid] = 14&cHash = c6d172cfa9.

Tullo A H. 2014-07-07. Siluria's Oxidative Coupling Nears Reality. http://cen. acs. org/articles/92/i27/Silurias-Oxidative-Coupling-Nears-Reality. html? h = 567597735.

附　录

1. 论文检索式

检索式1：TS = ("oxidative coupling of methane" or "oxidative methane coupling" or "methane oxidative coupling" or "oxidative coupling process of methane")

检索式2：TS = ("oxidative dimerization of methane" or "oxidative methane dimerization" or "methane oxidative dimerization")

检索式3：TS = ("oxidative condensation of methane" or "oxidative methane condensation" or "methane oxidative condensation")

检索式4：TS = (("partial oxidation of methane" or "methane partial oxidation") and (ethylene or C2H4 or

C2）not "ethylene glycol"）

（检索式 1 or 检索式 2 or 检索式 3 or 检索式 4）AND 文献类型：（Article OR Letter OR Meeting Abstract OR Note OR Proceedings Paper OR Review）

索引 = SCI - EXPANDED，CPCI - S 时间跨度 = 所有年份

2. 专利检索式

检索式 1：IP =（C07C - 002/84 or C07C - 002/82）and TS =（"oxidative coupling of methane" or "oxidative methane coupling" or "methane oxidative coupling" or "oxidizing condensation of methane" or "oxidative condensation of methane"）

检索式 2：TS =（（"oxidative coupling of methane" or "oxidative methane coupling" or "methane oxidative coupling" or "oxidizing condensation of methane" or "oxidative condensation of methane"）and（ethylene or ethene or "C2* hydrocarbon*"））

检索式 3：IP =（C07C - 002/84 or C07C - 002/82）and TS =（methane and（ethylene or ethene or "C2* hydrocarbon*"））

检索式 1 or 检索式 2 or 检索式 3

索引 = CDerwent，EDerwent，MDerwent 时间跨度 = 所有年份

3 钙钛矿太阳能电池国际发展态势分析

潘 璇 陈 伟 张 军 方小利

（中国科学院武汉文献情报中心）

摘 要 高效低成本太阳能电池是太阳能技术研究的前沿，受到全世界的关注与重视。2013 年以来，以钙钛矿相有机金属卤化物（$CH_3NH_3PbX_3$（X = Cl, Br, I））作为吸光材料的薄膜太阳能电池因其制备工艺简单、成本低廉、能量回报周期短，以及光电转换效率高等优点引起学术界的高度关注，相关主题 SCI 发文量、引文量，以及参与研究的国家和机构数量呈现爆发式增长态势。虽然钙钛矿太阳能电池（perovskite solar cells，PSCs）研究历史很短，但其光电转换效率上升速度却十分惊人，2009 年才首次制成 PSCs，在短短几年时间里效率已迅速达到 20.1%，超过了非晶硅、染料敏化、有机太阳能电池等新一代薄膜电池历经十多年研究的成果，成为最快突破 20% 转换效率的太阳能电池类型。这一效率的演变使得 PSCs 被 *Science* 评为 2013 年十大科学突破之一。

为了进一步提升效率，获得实际应用，PSCs 的工作机制、新材料、温和制备工艺和稳定性是研究者们最为关注的研究方向。解决这些问题，对 PSCs 今后的发展起着指导和借鉴作用。本报告综合利用论文定量计量分析和文献资料定性调研方法对美国、欧洲、日本、韩国等领先国家/地区在钙钛矿太阳能电池的项目部署情况、领先机构和科学家进行了介绍，并对国内外 PSCs 在工作机制研究、结构工程设计、新材料开发、温和制备工艺和提高稳定性等方面的研究进展进行了总结和分析，最后对未来的研究工作重点进行了展望，包括以下几个方面。

（1）彻底弄清 PSCs 光生载流子的产生，电子、空穴的扩散、漂移、传输和复合等工作机制。解决关于钙钛矿材料强吸光能力的微观机理、光生载流子产生机理、高效能量转换的主导机理，以及电子/空穴输运通道与机理等关键科学问题。

（2）探索新的性能稳定、无污染的吸光材料。

（3）研究价格低廉的传输材料。

（4）开发新型结构的 PSCs。

（5）从制备工艺上进一步降低 PSCs 的成本。

关键词 钙钛矿 有机金属卤化物 太阳能电池 光电转换效率

3.1 引言

作为重要的可再生能源，太阳能具有独特的优势和巨大的发展空间，是地球上可利用存量最多的能源资源。未来太阳能大规模利用的主要形式是发电，其中光伏发电具有最广阔的发展前景，是世界主要国家普遍关注和重点发展的战略性新兴产业。近 20 年来，全球光伏组件年度产量增加了 500 倍以上，自 2008 年来光伏装机年均增长率达到了 60%。2013 年全球光伏系统新增装机量超过 38 吉瓦，截至 2013 年年底全球光伏累计装机量达到近 139 吉瓦（图 3-1），欧洲、中国、美国和日本是主要的应用市场（European Photovoltaic Industry Association，2014）。据国际能源署 2014 年发布的《光伏发电技术路线图》预测，到 2050 年太阳能发电有望成为全球最大的电力来源，其中光伏发电将满足约 16% 的电力需求（IEA，2014）。

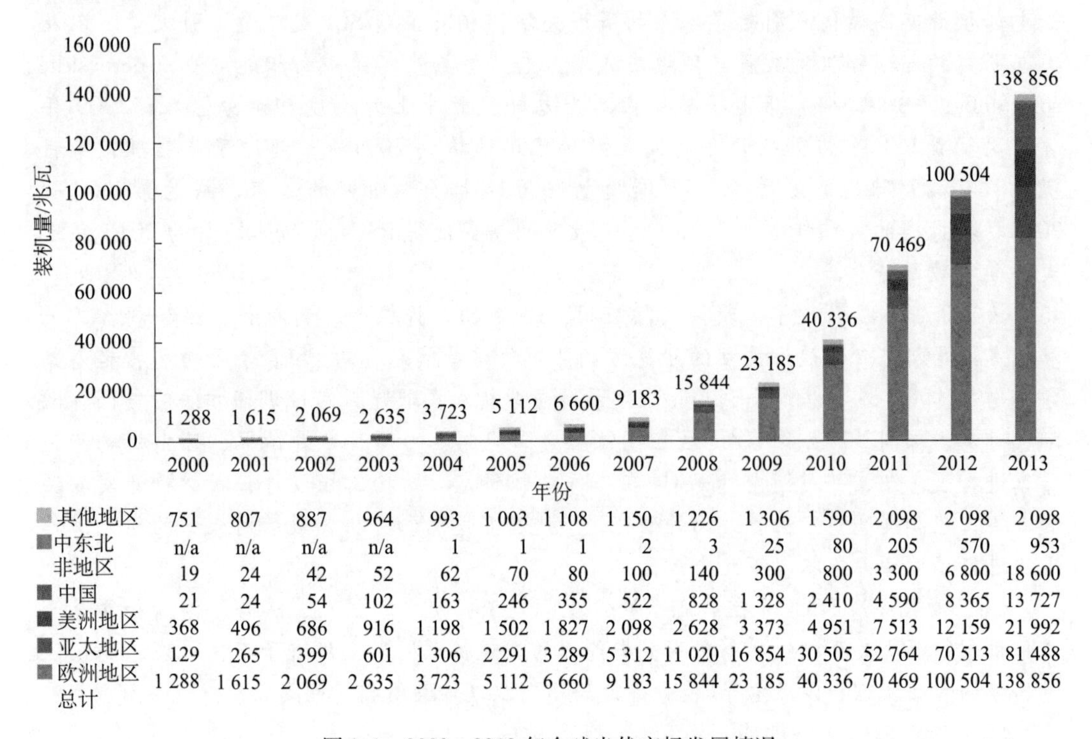

	2000	2001	2002	2003	2004	2005	2006	2007	2008	2009	2010	2011	2012	2013
其他地区	751	807	887	964	993	1 003	1 108	1 150	1 226	1 306	1 590	2 098	2 098	2 098
中东北非地区	n/a	n/a	n/a	n/a	1	1	1	2	3	25	80	205	570	953
中国	19	24	42	52	62	70	80	100	140	300	800	3 300	6 800	18 600
美洲地区	21	24	54	102	163	246	355	522	828	1 328	2 410	4 590	8 365	13 727
亚太地区	368	496	686	916	1 198	1 502	1 827	2 098	2 628	3 373	4 951	7 513	12 159	21 992
欧洲地区	129	265	399	601	1 306	2 291	3 289	5 312	11 020	16 854	30 505	52 764	70 513	81 488
总计	1 288	1 615	2 069	2 635	3 723	5 112	6 660	9 183	15 844	23 185	40 336	70 469	100 504	138 856

图 3-1 2000～2013 年全球光伏市场发展情况

资料来源：European Photovoltaic Industry Association（2014）

光伏发电技术的核心是提高太阳能电池转换效率，进而降低整体发电成本，实现平价上网。光伏发电技术的关键科学问题在于如何提高太阳光的吸收率和光激发电子空穴的产生率，以及有效促进光生电子、空穴的转移。涉及的关键技术包括：提高太阳能电池能量转换效率的新概念、新机制研究；光伏材料开发与性能改善；光伏器件结构设计；光伏材料和器件的制备与表征技术等。目前，占据市场主流的晶体硅太阳能电池技术已较为成熟，商业化电池效率最高超过20%，组件价格已降至1美元以下，未来晶硅电池将继续向高效率和薄片化方向发展，但转换效率进一步提高的难度很大。以碲化镉（CdTe）、非晶硅、铜铟镓硒（CIS/CIGS）为代表的第二代薄膜太阳能电池已实现商业化，成本也在快速下降，未来向着高效率、稳定和长寿命的方向努力，但受到稀有元素资源量的天然约束难以广泛应用。而高效、低成本、不受资源限制的第三代新概念太阳能电池是太阳能技术研究的前沿，受到全世界的关注与重视。

被 *Science* 评为2013年度十大科学突破之一的PSCs是目前新概念太阳能电池最热门的研究方向，其以钙钛矿相有机金属卤化物作为吸光材料，因其兼具较高的光电转换效率和潜在极低的制备成本等优点引起学术界的高度关注，相关主题SCI发文量、引文量，以及参与研究的国家和机构数量呈现爆发式增长态势。虽然PSCs研究历史很短，但其光电转换效率上升速度却十分惊人，2009年才首次在实验室制成PSCs，而到2014年年底经认证的电池效率已迅速突破20%（图3-2），仅5年时间超过了非晶硅、染料敏化、有机太阳能电池等新一代薄膜电池历经十多年研究的成果（National Renewable Energy Laboratory, 2014）。因PSCs材料特点具备大规模、低成本制造的可能，也引起了光伏业界的极大关注，在美国、欧洲等国家/地区已涌现了多家创新企业（包括由科学家创立的）致力于PSCs的产业化研究。

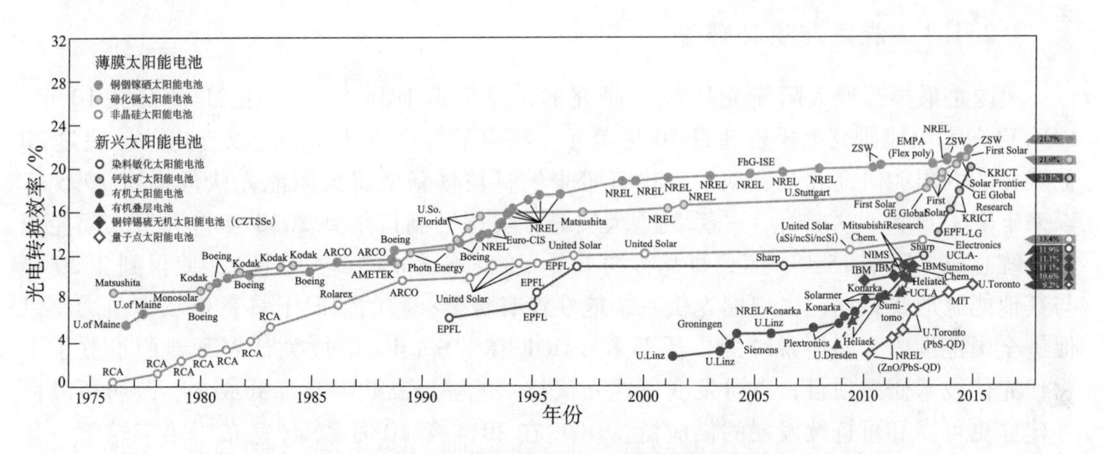

图3-2 PSCs光电转换效率的演变及与其他薄膜太阳能电池的对比

资料来源：National Renewable Energy Laboratory（2014）

PSCs是在染料敏化太阳能电池（DSC）的器件结构上发展起来的，其结构如图3-3（a）所示。通常，PSCs的负极由导电基底（fluorine-doped tin oxide, FTO）上的多孔二氧化钛（TiO_2）膜构成，起着骨架作用以填充钙钛矿吸光材料，从而实现电子从钙钛矿到TiO_2的快速注入；作为吸光层的有机金属卤化物构成，一般为$CH_3NH_3PbX_3$（X = Br, I, Cl）[结构如图3-3（b）、图3-3（c）]等，起着吸收光、光电转换、传输电子和空穴到对应的界面的作用；空穴传输层一般为固态的有机空穴传输材料（hole transport material, HTM）；对电极通常采用金、银、碳等薄膜。通常为了防止电荷复合，在多孔TiO_2薄膜与导电FTO之间加一层致密的TiO_2薄膜。

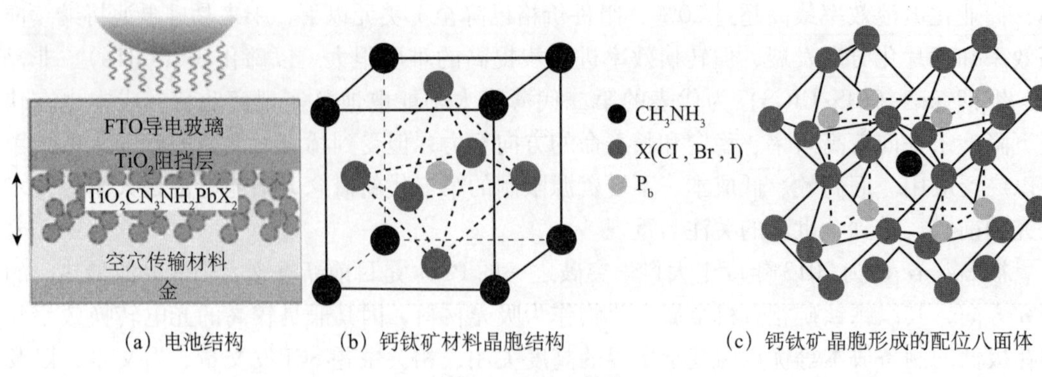

(a) 电池结构 (b) 钙钛矿材料晶胞结构 (c) 钙钛矿晶胞形成的配位八面体

图 3-3 PSCs 结构

3.2 主要国家/地区竞争力分析

3.2.1 美国

3.2.1.1 能源部项目部署

美国是最早开展太阳能光伏技术研究的国家，据 DOE 统计，在 21 世纪头 10 年，DOE 已在太阳能研究上投资超过 10 亿美元，吸引了可观的私人资金以支持总计超过 20 亿美元的太阳能研究和开发项目，投资带来的科技创新使得太阳能光伏成本自 1995 年以来下降了 60%，并产生了一系列重大突破。美国已制订了到 2020 年将大型太阳能光伏系统总成本降低 75%，达到每瓦特约 1 美元的“Sunshot”攻关计划，使得到 2020 年与其他能源形式相比，大规模光伏系统能在没有资金补贴的情况下具备市场竞争力，以促进全国范围内太阳能系统的广泛部署。DOE 在“Sunshot”攻关计划下专门设立了下一代光伏技术研发项目，以研发变革性光伏技术能够提高效率、降低成本、改善可靠性并建立更可靠和可持续发展的供应链。DOE 在 2014 年 10 月 22 日宣布了第三轮下一代光伏技术研发项目资助情况，其中有 5 个项目是资助 PSCs 相关研究的，投资额近 700 万美元（表 3-1）。

表 3-1 DOE 资助 PSCs 前沿研究项目概况

承担单位	研发重点	资助金额/美元
杜克大学	支持铅卤化物钙钛矿相材料开发，促进商业化：①优化电池效率；②替代铅元素；③改进材料/器件抵抗湿度、空气和温度变化的稳定性	1 300 002
斯坦福大学	开发钙钛矿相半导体薄膜材料（禁带宽度为 1.6 ~ 2.3 电子伏），并沉积到硅基太阳能电池顶部。通过优化薄膜沉积减少缺陷并获得最佳结晶尺寸与取向，改进电池性能；通过优化接触能级改进钙钛矿结开路电压。确定钙钛矿器件的主要降解机制，开展加速老化试验定量化暴露于水和氧气的稳定性上限	1 484 623

续表

承担单位	研发重点	资助金额/美元
国家可再生能源实验室	开发高效单结 PSCs，开展理论建模获得对卤化物钙钛矿基本材料（如掺杂与缺陷）与器件性质的认知，示范基于卤化物钙钛矿的超高效叠层薄膜器件。将使用两种互补方法（溶液处理和共蒸发沉积）来实现特定目标，包括：①窄带隙（0.9～1.4 电子伏）底电池效率大于20%，宽带隙（1.7～1.9 电子伏）顶电池效率大于15%；②一个太阳光强条件下两结叠层电池效率大于25%	1 360 000
内布拉斯加-林肯大学	开发叠层多结电池，高效有机铅三卤化物 PSCs 作为顶电池，晶硅电池作为底电池。新设计将转换效率提高到30%以上，成本增幅最小化	1 211 075
华盛顿大学	开发宽带隙复合钙钛矿材料和新型两端块体叠层器件架构，能够实现超过25%的转换效率。为实现目标，将：①利用组合试验快速发现构成和工艺条件，产生高光电品质的复合钙钛矿薄膜，具有理想的禁带宽度（1.74 电子伏）；②工程化稳定高效的电子传输材料、空穴传输材料和界面，实现复合钙钛矿顶电池更好的能带排列和钝化界面；③开发替代结构和复合层，推动叠层结构组装	1 500 000

资料来源：DOE（2014）

3.2.1.2　NSF 项目部署

NSF 自2012年开始具体资助钙钛矿材料在光伏中应用的基础研究，迄今已总计投入约250万美元，资助机构达8家。关于 PSCs 的项目资助情况参见表3-2。

表3-2　NSF 资助 PSCs 研究项目概况

项目课题	承担单位	研究概要	项目负责人	资助年限	资助金额/美元
用于光伏的氧化物半导体的光生载流子动力学	德雷塞尔大学	采用先进的薄膜沉积和超快光谱技术，确定能最大化光激载流子寿命和迁移率的方案。为设计和选择应用于太阳能转换的新的钙钛矿氧化物提供理论基础	Steven May	2012.9.1～2015.8.31	380 000
新固态太阳能电池的陶瓷科学	布朗大学	解决有关新高效固态染料敏化太阳能电池的陶瓷科学问题，取代传统的液态电解液和铂	Nitin Padture	2014.5.6～2017.8.31	400 000
混合有机-无机钙钛矿系统作为未来能源材料的现状和前景	普林斯顿大学	探求钙钛矿材料的制备、表面缺陷、稳定性、光吸收，以及载流子分离和收集等关键问题的机理，并确定未来研究方向	Antoine Kahn	2014.6.30～2015.6.30	24 000
有机金属三卤化钙钛矿的表面分析研究	罗切斯特大学	利用表面分析工具来研究有机金属卤化钙钛矿材料的光伏性能机理	Yongli Gao	2014.8.1～2017.7.31	330 000
无铅钙钛矿光电中的激子研究	伊利诺伊大学厄巴纳-香槟分校	通过先进的计算模型来认识有机金属钙钛矿的激子和光学性质，并用这种方法在基体材料中取代铅	Andre Schleife	2014.8.15～2017.7.31	329 395

续表

项目课题	承担单位	研究概要	项目负责人	资助年限	资助金额/美元
有机金属卤化物钙钛矿：为生产高效薄膜太阳能电池的连续气相沉积和设备研究	得克萨斯理工大学	开发连续气相沉积工艺用于合成高结晶质量的有机金属卤化物薄膜，并且研究电荷传输与复合过程	Zhaoyang Fan	2014. 9. 1 ~ 2017. 8. 31	330 000
有机异质结钙钛矿太阳能电池中的受主和电极界面研究	田纳西大学－诺克斯威尔分校	通过特殊的磁场测量技术研究在材料界面的复合损耗机理	Bin Hu	2014. 10. 1 ~ 2017. 9. 30	365 866

注：检索自 NSF（http：//www. nsf. gov/awardsearch），检索日期为 2014 年 12 月 29 日

3. 2. 1. 3　领先机构科学家

美国加利福尼亚大学洛杉矶分校 Yang Yang 教授课题组主要研究通过溶液加工的薄膜电子器件，包括太阳能电池、数字存储单元、发光二极管和薄膜晶体管等，追求以极低的成本制造最高性能的薄膜。目前，该团队主要致力于四个研究方向：有机光伏器件、钙钛矿光伏器件、铜锌锡硫（CZTS）光伏器件和薄膜晶体管。该团队在 PSCs 领域的代表性研究成果包括：研究出应用于钙钛矿吸光层可控制的钝化技术，可减少载流子复合以提高光电转换效率（Chen et al.，2014）。通过控制钙钛矿吸光层的形成和选择合适的材料，在没有抗反射涂层的情况下反向扫描的平均效率达到 16. 6%（Zhou et al.，2014）。

美国圣母大学 Kamat 教授课题组主要利用多学科方法从理论基础研究和应用层面研究材料的纳米结构和能量转换过程，主要应用包括太阳能电池、制氢、电池和化学传感器。该团队在 PSCs 领域的代表性研究成果包括：团队借助飞秒瞬态吸收光谱测量手段，研究了 $CH_3NH_3PbI_3$ 钙钛矿薄膜的激发态性质，证明了主要的弛豫过程是通过自由电子和空穴的复合。并且研究了以上的复合机制和禁带边缘漂移与光致载流子密度的关系，为进一步阐明载流子在混合钙钛矿中的传输机理打下了理论基础（Manser，Kamat，2014）。目前，该课题组另一个重点方向是量子点太阳能电池的研发（Hoffman et al.，2014；Kamat，2013）。

美国西北大学 Kanatzidis 教授课题组一直致力于无铅钙钛矿在光伏方面的应用，并通过研究电池构造和材料的光电性能以求深入认识载流子传输动力学机理。其他的研究方向包括：硫族化合物、γ 射线探测器材料、新热电材料、非氧化物固体与开放式框架结构（纳米科学）、熔融铝镓铟的金属间化合物、氧化还原活性焦炭溶胶。该团队在 PSCs 领域的代表性研究成果包括：2014 年 6 月首次报道了利用禁带工程技术用 Br 替换 I 合成了 $CH_3NH_3SnI_{3-x}Br_x$ 钙钛矿半导体作为吸光材料以吸收更多的可见光，并制作出无铅固态太阳能电池。其中，$CH_3NH_3SnIBr_2$ 相对于其他样品其在模拟全太阳光下达到 5. 73% 的光电转换效率（Hao et al.，2014）。

美国内布拉斯加大学 Jinsong Hang 教授课题组致力于钙钛矿材料本身、界面和晶粒大

小的控制、器件工艺的优化方面的研究工作，揭示了钙钛矿材料的铁电特性对器件测试过程和稳定输出过程的影响，发现了通过电子传输层 PCBM 等材料可以有效渗透到表面处钙钛矿的晶界缺陷，钝化缺陷能级，从而减小电池器件的滞后现象。该课题组目前的另一研究方向是大面积（1 英寸 × 1 英寸）太阳能电池组件的开发（Xiao et al.，2015；Shao et al.，2014）。

3.2.2 欧洲

3.2.2.1 欧盟项目部署

欧盟自 2013 年起在第七框架计划（FP7）下开始资助 PSCs 研究，迄今已总计投入近 1700 万欧元，资助机构达 5 家（表 3-3）。

表 3-3 欧盟 FP7 有关 PSCs 项目概况

项目课题	承担单位	研究概要	资助年限	资助金额/欧元
用于高效全固态混合太阳能电池的无铅钙钛矿	德国慕尼黑大学	通过新的原位结晶溶剂热自底向上方法，在不同衬底上从无毒溶剂中生长无铅钙钛矿薄膜	2015.2.1 ~ 2017.1.31	1 619 688
钙钛矿型混合光电：迈向原创纳米技术	瑞士保罗谢尔研究所	深入了解钙钛矿薄膜的生长机理和性质，以能精确控制材料结晶和薄膜生长，实现工业规模化策略	2014.6.1 ~ 2016.5.31	1 993 176
利用单线态裂变材料的纳米工程学高性能低成本钙钛矿太阳能电池	剑桥大学	结合单线态裂变和现有钙钛矿技术研发低成本高效率的太阳能光伏器件	2014.10.13 ~ 2017.10.12	2 942 196
更高效、稳定的新型介观超结构太阳能电池	牛津大学	通过引入快速液态电解质使新型介观超结构太阳能电池的效率达到 12.4% 以上	2014.1.22 ~ 2016.1.21	2 995 584
介观超结构混合太阳能电池	牛津大学	基于钙钛矿吸光层和有机空穴传输体，研发新型低成本介观超结构混合太阳能电池	2013.11.1 ~ 2016.10.31	4 647 417
有机-无机钙钛矿晶体原子级薄膜的电学性质和在太阳能电池中的应用	以色列理工学院	通过光学光谱和载流子传输实验，研究有机-无机钙钛矿晶体单层的电学性质	2014.6.1 ~ 2017.5.31	2 748 102

注：检索自欧盟研发信息服务网络（http：//cordis.europa.eu/projects/home_en.html），检索日期为 2014 年 12 月 29 日

3.2.2.2 领先机构科学家

瑞士洛桑联邦理工学院 Michael Grätzel 教授课题组在光电领域一直保持着领军地位，近来其一直致力于研究如何降低太阳能电池的生产成本。研究重点包括：利用太阳光产生电力或燃料的光电系统，通过其逆过程从电力中产生光的有机发光二极管（OLED），以及利用半导体氧化物介观结构的光电化学系统生产太阳能燃料。该团队在 PSCs 领域的代表性研究成果包括：采用高效且价格低廉的无机 p 型空穴传输材料硫氰酸铜（CuSCN），成功制备了含铅卤化物 PSCs，达到 12.4% 的光电转换效率（Qin et al.，2014），

相比于有机空穴传输材料，其成本降低 100 倍，具有大规模生产的前景。在低温（70℃）下通过化学浴沉积方法制作出基于 $TiO_2/CH_3NH_3PbI_3$ 的太阳能电池，其光电转换率为 13.7%，开路电压达到 1.11 伏为迄今为止最高值（Yella et al.，2014）。研发了一种新型空穴传输材料 H101，相比于常用的 Spiro-OMeTAD，其更廉价而且合成方式更简单（Li et al.，2014）。

牛津大学 Henry J. Snaith 教授课题组主要利用有机、陶瓷材料及溶液加工无机半导体前体和纳米粒子，研究下一代光伏概念及相关光电子器件。在提高概念设备的绝对性能的同时，合成功能性纳米结构复合物，并深入研究其电荷生成、传输、收集和复合原理。该团队在 PSCs 领域的代表性研究成果包括：主要研究有机钙钛矿吸光层的吸光原理（Stranks et al.，2013），载流子传输中的各种反应机理（Lee et al.，2012），以及低温下（<150℃）致密 TiO_2 薄膜的制备方法（Wojciechowski et al.，2014），在 *Science* 和 *Nature* 杂志上共发表了 8 篇高水平论文。该团队于 2014 年 4 月报道了用同族的锡（Sn）代替铅（Pb）合成锡卤化物钙钛矿，首次制成无铅的 PSCs（吸光材料 $CH_3NH_3SnI_3$），其光电转换效率为 6%（Noel et al.，2014）。

意大利理工学院纳米科学与技术中心以 Annamaria Petrozza 研究员为首的课题组也致力于钙钛矿太阳能电池的研究。该团队研究方向包括：印刷和分子电子学，蛋白质晶体学的生物成像应用和生物材料特性，智能材料合成，生物应用和仿生器件的有机材料，应用于能源的纳米材料与界面，第三代光伏技术。意大利国家研究理事会分子科学与技术研究所的 Filippo de Angelis 课题组主要研究课题涉及利用理论和模拟研究钙钛矿型材料，染料敏化太阳能电池和有机发光二极管。该团队在 PSCs 领域的代表性研究成果包括：通过借助光谱技术重点研究钙钛矿材料的结构性质和电学性质（Mosconi et al.，2013；Amat et al.，2014），并分析发现介孔氧化物与钙钛矿材料界面处存在的有序结构很有可能是钙钛矿薄膜中载流子高效传输的决定因素（Roiati et al.，2014）。

西班牙海梅一世大学 Mora-Sero 和 Bisquert 教授课题组的主要研究方向是开发用于高效生产和利用清洁能源的材料和器件，通过研究纳米半导体和有机导体，建立并理解太阳能电池和太阳能燃料生产系统的运行方式。该团队在 PSCs 领域的代表性研究成果包括：利用阻抗谱研究了 PSCs 中光生载流子积聚、分离和复合机理，并首次证实了长达 1 微米的载流子扩散长度是降低复合率的因素，为进一步提高光电转换效率提供了理论基础（Kim，2013；Gonzalez-Pedro，2014）。该团队还利用低温溶液沉积法合成了石墨烯-TiO_2 复合纳米材料用作 PSCs 中的电子集流层，取得了 15.6% 的光电转换效率（Wang et al.，2014）。

3.2.3 日韩

领先机构科学家

日本国立材料科学研究所（NIMS）于 2014 年 10 月在纳米材料科学环境能源全球研究中心（GREEN）下设立了 PSCs 特别研究小组，小组负责人为宫野健次郎（Kenjiro Miyano）。

该研究小组旨在通过理解钙钛矿结构材料的独特光电特性来发展可实际应用的指导原则。在研究离子性晶体的化学问题的同时，使用通常的固体物性研究方法和计测手段，对高性能PSCs工作机制展开研究，已经确立了计测PSCs电流及电压特性的基础技术（丸山正明，2015）。

韩国成均馆大学Park Nam-Gyu教授课题组的研究方向包括PSCs、染料敏化太阳能电池，以及量子点太阳能电池。该团队在PSCs领域的代表性研究成果包括：研究了钙钛矿晶粒大小和TiO_2介孔层对PSCs的I-V迟滞特性的影响（Kim et al.，2014），用$CH(NH_2)_2PbI_3$取代目前常用的$CH_3NH_3PbI_3$作为钙钛矿吸光层材料，将吸收波长增加至840纳米，光电转换效率提高到16%以上（Lee，2014）。并且与Michael Grätzel教授的团队合作利用两步旋涂方法来制备吸光层并控制$CH_3NH_3PbI_3$立方晶体的尺寸，显著地提高了光捕获率和载流子萃取效率，平均光电转换效率超过16.4%，最高效率为17.01%的PSCs（Im et al.，2014）。

韩国化学技术研究所Sang Il Seol教授课题组主要的研究方向是PSCs的吸光层和载流子传输层，并一直保持在全球领先水平。通过用硫代乙酰胺（TA）对Sb_2S_3吸光层表面硫化处理，制作出了目前光电转换效率最高为7.5%的固态硫族敏化太阳能电池，其开路电压可达到711.0毫伏（Choi et al.，2014）。通过合成Spiro-OMeTAD衍生物作为空穴传输材料，PSCs的光电转换效率达到16.7%，短路电流为21.2毫安/厘米^2，达到1.02伏的开路电压（Jeon，2014）。该团队研究发明了一种新型溶剂工程技术能沉积高度致密均匀的钙钛矿结晶薄膜层，吸光层表现出很高的吸光系数，使得仅330纳米厚的薄膜就可以吸收全波段的可见光。并且由该方法制作的无机-有机杂化PSCs可达到16.5%的光电转换效率（Jeon，2014）。2014年，该团队开发出了一种效率达17.9%的非有机混合物PSCs和低成本的制造工艺技术。美国国家可再生能源实验室于2014年12月8日公布的最新经认证的各种类型太阳能电池效率纪录显示，该机构开发的PSCs效率已提高到20.1%，创造了PSCs最高效率纪录。

3.3 关键前沿技术与发展趋势

3.3.1 发展历程

PSCs的发展历史仅有短短5年时间，这一期间的里程碑式工作包括：日本桐荫横滨大学宫坂力（Tsutomu Miyasaka）课题组在2009年率先通过钙钛矿相材料（$CH_3NH_3PbI_3$和$CH_3NH_3PbBr_3$）当作吸光层应用于染料敏化太阳能电池，制造出了PSCs，但是钙钛矿吸光层在液态电解质中稳定性较差，最高光电转换率仅为3.8%（Kojima et al.，2009）。后来研究人员陆续深入开展了传输机理基础研究，以及从界面工程、制备工艺及材料等方面继续改进，2011年韩国成均馆大学Park Nam-Gyu课题组优化了TiO_2表面和钙钛矿的制作工艺，将PSCs效率提高到6.5%（Im et al.，2011）。2012年，牛津大学Snaith课题组提出了“介孔超结构太阳能电池”的概念，用绝缘的Al_2O_3替代TiO_2作为钙钛矿吸光材料的骨架，用固态空穴传输材料替代传统液体电解液，PSCs 效率首次突破 10%，达到 10.9%（Lee et al.，2012）。2013 年，瑞士洛桑联邦理工学院 Michael Grätzel 课题组和牛津大学 Snaith 课题组分别利用两步顺序沉积新工艺和简单气相法制备平面异质结结构，将 PSCs 的效率提高到 15% 和 15.4%（Burschka et al.，2013；Liu et al.，2013）。而到 2014 年年底韩国化学技术研究所 Sang Il Seok 课题组的转换效率已迅速提高至 20.1%。有科学家认为，这种电池还有改进的空间，与硅基电池构成叠层电池，效率可达到 30% 以上（Service，2013）。

目前，PSCs 的研究重点主要有 5 个方面：①工作机制研究，包括光生载流子产生机理、高效能量转换机理与制约因素、电子/空穴输运通道与机理、界面作用探讨等；②结构工程设计，微纳多级结构是进一步提升 PSCs 转换效率的基础；③新材料开发，包括寻找替代铅元素的吸光材料，低成本电子/空穴传输材料等；④开发原料利用率高、过程简单可控，可以大面积制备吸光层的温和条件制备工艺；⑤提高器件稳定性和寿命。目前，所报道的 PSCs 稳定性都是在实验室条件下测试的，没有考虑到外界自然环境的影响。研究和解决这些问题，将会加速 PSCs 实际应用的步伐，在太阳能行业引发新的革命。

3.3.2 工作机制研究

理解 PSCs 光诱导电荷转移、载流子输运和复合等工作机制，对于指导下一步开发更高转换效率的 PSCs 至关重要，目前关于钙钛矿材料强吸光能力的微观机理、光生载流子产生机理、高效能量转换的主导机理，以及电子/空穴输运通道与机理等关键科学问题的探讨上尚存在争议。Grätzel 课题组在 2013 年利用飞秒瞬态吸收光谱测量技术，首次发现在较低温度液相合成的 $CH_3NH_3PbI_3$ 溶液中，钙钛矿相 $CH_3NH_3PbI_3$ 具有近乎完美的结晶性，平衡电子空穴对的扩散长度大于 100 纳米，比在传统电池材料中高出一个数量级，与吸光材料的光学吸收深度可比拟，因此使得 PSCs 中电荷复合少，从而开路电压较高，产生较高的光电转换效率，并提出调控吸光层的结构可以获得较高效率的 PSCs（Stranks et al.，2013）。该课题组还利用瞬时激光光谱和微波光导测量技术分析了 TiO_2 基 PSCs 和 Al_2O_3 基 PSCs 的光生载流子传输机制，发现当光生载流子从钙钛矿吸光材料注入收集极 TiO_2 或 Al_2O_3 和空穴传输层时，载流子在吸光材料与这两个部位的界面迅速分离，并且这种电荷分离机制与材料的制备方法有关；TiO_2 基 PSCs 中的电荷复合速率小于 Al_2O_3 基 PSCs 中的电荷复合速率（Marchioro et al.，2014）。几乎与 Grätzel 课题组在同一时间，Snaith 课题组也报道了利用瞬态吸收和荧光猝灭光谱测量技术分析比较了 $CH_3NH_3PbI_3$ 与混合钙钛矿材料 $CH_3NH_3PbI_{3-x}Cl_x$，发现后者电子-空穴对扩散长度更是高达 1 微米以上，该团队还指出，只要通过合理调控 PSCs 吸光层的性能参数，即使不用任何骨架材料，依然可以获得光电转换效率较高的 PSCs（Xing et al.，2013）。美国圣母大学 Prashant Kamat 课题组借助飞秒瞬态吸收光谱测量技术，研究了 $CH_3NH_3PbI_3$ 钙钛矿薄膜的激发态性质，证明了主要的弛豫过程是通过自由电子和空穴的复合，并且研究了以上复合机制和禁带边缘漂移与光生载流子密度的关系，为进一步阐明载流子在混合钙钛矿材料中的传输机理打下了理论基础（Manser，Kamat，2014）。意大利分子科学与技术研究所的 Filippo de Angelis 课题组通过借助各种光谱技术重点研究钙钛矿材料的结构性质和电学性质，并分析发现介孔氧化物与钙钛矿材料界面处存在的有序结构很有可能是钙钛矿薄膜中载流子高效传输的决定因素（Mosconi et al.，2013；Amat et al.，2014；Roiati et al.，2014）。西班牙海梅一世大学的 Mora-Sero 和 Bisquert 课题组利用阻抗谱研究了 PSCs 中光生载流子积聚、分离和复合机理，并首次证实了长达 1 微米的载流子扩散长度是降低复合率的因素（Kim，2013；Gonzalez-Pedro et al.，2014）。美国内布拉斯加大学林肯分校研究人员发现钙钛矿材料表面和晶界陷阱态是光电流迟滞现象的产生原因，通过沉积富勒烯层能有效地钝化电荷陷阱态（**使陷阱态密度降低了两个数量级**）并消除迟滞现象。该实现方法简单且具有很高的可重复性，将 PSCs 的光电转换效率从 7.3% 提高到 14.9%（Shao，2014）。这些研究成果为深入认识有机金属卤化物钙钛矿吸光材料的工作机制，指导进一步提高 PSCs 效率提供了理论依据。

3.3.3 结构工程设计

PSCs 起源于染料敏化太阳能电池，起初钙钛矿材料因其良好的光吸收能力作为量子点用于敏化如 TiO_2的宽禁带半导体。Snaith 与 Miyasaka 合作，Park 与 Grätzel 合作均采用 Spiro-OMeTAD 作为空穴传输材料取代液态电解液，并将钙钛矿材料作为吸光层，可将薄膜厚度降至 2 微米以下，研发出固态染料敏化太阳能电池，其效率为 8% ~10%（Kim et al.，2012）。后期研究表明可在 TiO_2的内表面涂覆一层 2 ~10 纳米的极薄吸光材料取代传统染料以增加光电流密度和开路电压（Itzhaik et al.，2009）。2012 年 Snaith 课题组提出了"介孔超结构太阳能电池"（MSSC）的概念，用绝缘的 Al_2O_3替代 TiO_2作为钙钛矿吸光材料的骨架，PSCs 效率首次突破 10%，达到 10.9%（Lee et al.，2012）。2013 年 Grätzel 课题组和 Snaith 课题组分别利用两步顺序沉积新工艺和简单气相法制备平面异质结结构，将 PSCs 效率提高到 15% 和 15.4%（Burschka et al.，2013；Liu et al.，2013）。Snaith 提出了 PSCs 未来发展的三类结构（图 3-4）（Snaith，2013）：①多孔钙钛矿 p-n 异质结太阳能电池，不再使用 Al_2O_3或 TiO_2材料，而将钙钛矿制备成多孔薄膜并由载流子传输材料填充其中；②p-i-n 薄膜 PSCs，不再采用孔状结构，钙钛矿薄膜作为夹层置于 p 型和 n 型载流子萃取电极之间；③半导体介孔超结构太阳能电池（MSSC），任何可用溶液处理的半导体（如 SbS）均可以制备成多介孔超结构。科学家认为 PSCs 与硅基电池构成叠层电池结构，效率可达到 30% 以上（Service，2013）。斯坦福大学领导的一个研究小组将转换效率为 12.7% 的 PSCs 作为顶电池，与转换效率为 11.4% 的低品质多晶硅底电池构成固态多晶叠层电池，实现转换效率达到 17%。研究人员还将此 PSCs 与转换效率为 17% 的铜铟镓硒太阳能电池构建叠层电池，实现转换效率提高到 18.6%。此项研究为构建低成本、高效率（>25%）钙钛矿叠层太阳能电池铺平了道路（Bailie et al.，2015）。

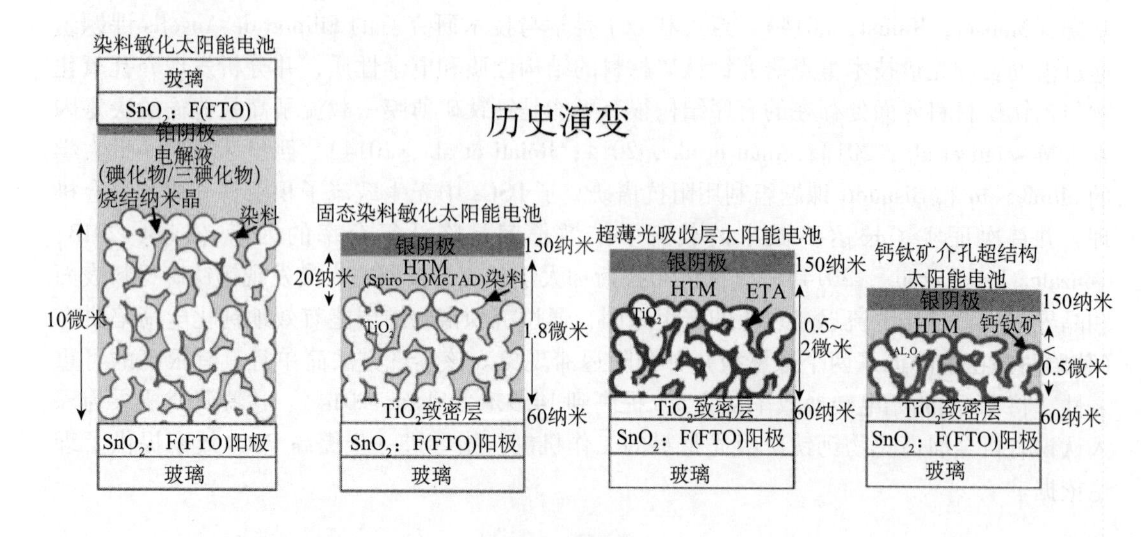

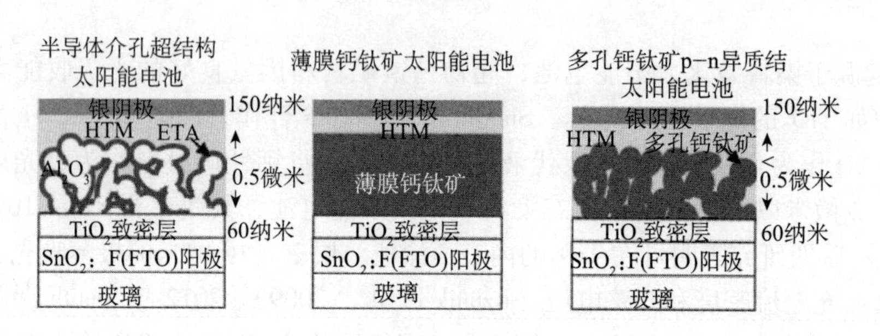

图 3-4　PSCs 结构设计发展历程

ETA——超薄光吸收层

资料来源：Snaith（2013）

3. 3. 4　新材料开发

钙钛矿结构材料作为吸光材料具有直接带隙宽禁带，并且通过改变其化学组成带宽可调（Colella et al.，2013；Eperon et al.，2014）。通常使用的吸光材料为 $CH_3NH_3PbI_3$（$MAPbI_3$）和 $CH_3NH_3PbBr_3$（$MAPbBr_3$）。新加坡南洋理工学院、欧洲的 Snaith 和 Grätzel 课题组，以及中国科学院青岛生物能源与过程研究所是世界上最早研究新型钙钛矿材料 $NH_2CH=NH_2PbI_3$（$FAPbI_3$）的机构，其中青岛生物能源与过程研究所研制出的 $FAPbI_3$ 具备比 $MAPbI_3$ 更小的禁带宽度，达到 1.43 电子伏（Lv et al.，2014）。韩国化学技术研究所 Sang Il Seok 课题组研究了新的钙钛矿材料 $NH_2CH=NH_2PbI_3$（$FAPbI_3$），并将 $MAPbBr_3$ 掺入 $FAPbI_3$ 合成出钙钛矿相稳定的复合吸光材料 $(FAPbI_3)_{1-x}(MAPbBr_3)_x$，具有致密均匀的表面形态和良好的晶粒结构，制成 PSCs 效率为 18.4%（Jeon et al.，2015）。美国洛斯阿拉莫斯国家实验室科学家 Aditya Mohite 领导的研究团队采用了基于溶液的热铸造技术生长出连续的、无针孔的有机金属钙钛矿毫米级晶粒薄膜，研发出有机-无机杂化钙钛矿平板太阳能电池，将效率提高到18%，并解决了长久以来影响钙钛矿性能的光伏响应滞后现象（Nie et al.，2015）。

目前的钙钛矿材料普遍以有毒的铅作为原料，这为环境带来了极大的潜在危害。目前的研究热点之一在于如何通过金属元素替代的方法找到同等或更高转换效率的无铅钙钛矿吸光材料。Snaith 课题组利用锡（$CH_3NH_3SnI_3$）替代吸光材料中的有毒铅元素，实现了6%的转换效率，开路电压达到0.88伏（Noel et al.，2014），但由于锡二价氧化态存在不稳定性，原型电池需要在氮气环境下制备和封装。几乎与此同时，美国西北大学 Mercouri Kanatzidis 团队也报道了利用锡（$CH_3NH_3SnI_{3-x}Br_x$）替代铅，实现转换效率达到5.73%（Hao et al.，2014）。虽然研究人员认为理论上锡基 PSCs 转换效率也能达到20%以上，但跟铅系钙钛矿材料相比，其较差的热稳定性使其发展受到很大的限制。

另外，PSCs 通常使用的与吸光层相匹配的是有机空穴传输材料 Spiro-OMeTAD，但其合成价格很高，是黄金价格的5倍以上。因此，寻找、开发低成本电子/空穴传输材料成为不少课题组致力于降低 PSCs 成本的重要工作。Kamat 课题组首次提出利用具有高电导率的廉价碘化铜（CuI）无机材料来替代 Spiro-OMeTAD 做 PSCs 的传输层，虽然其效率只有6%，但是 CuI 具有较高的导电性和稳定性，可以提高 PSCs 的稳定性，降低电池成本，并且研究人员认为利用 CuI 作为空穴传输材料 PSCs 效率较低的原因是开路电压较低，在提高开路电压并满足电池各项性能参数最优的条件下，其效率可以通过优化手段提高到10%（Christians et al.，2014）。Grätzel 课题组采用高效且价格低廉的无机 p 型空穴传输材料硫氰酸铜（CuSCN），成功制备了含铅卤化物 PSCs，达到12.4%的光电转换效率，相比于有机空穴传输材料，其成本了降低100倍，具有大规模生产的前景（Qin et al.，2014）。

3.3.5　温和制备工艺

开发原料利用率高、过程简单可控，可以大面积制备吸光层的温和制备工艺是实现 PSCs 最终能够规模应用的关键因素。实验室中常采用液相沉积、气相沉积，以及液相/气相混合沉积工艺制作。目前，通过真空沉积工艺生产出的钙钛矿结构薄膜质量最高，但因需要同时沉积有机和无机材料容易造成校准问题和靶交叉污染，而且对实验设备要求较高。低温溶液沉积方法的研制有一种更简单的方法：Snaith 课题组通过优化 TiO_2 层旋涂液，降低其退火温度，报道了一种在150℃低温下生成致密 TiO_2 薄膜的方法，获得了15.9%的光电转换效率（Wojciechowski et al.，2014）。Grätzel 课题组在低温（70℃）下通过化学浴沉积方法制作出基于 $TiO_2/CH_3NH_3PbI_3$ 的太阳能电池，其光电转换率为13.7%，开路电压达到1.11伏，为迄今最高值（Yella et al.，2014）。美国加利福尼亚大学洛杉矶分校 Yang Yang 课题组通过精确控制湿度，在 <150℃ 低温下制备完成的 PSCs 平均效率达到16.6%，这为简化工艺、降低成本，以及大批量生产创造了很好的条件（Zhou et al.，2014）。

3.3.6 稳定性研究

钙钛矿吸光材料多是卤素八面体共顶点连接的卤化物钙钛矿结构，比共棱、共面连接更稳定，并在大尺寸离子嵌入脱嵌过程中仍能够保持结构稳定。而且，固态有机空穴传输材料 Spiro-OMeTAD 的出现代替了传统的碘电解液，大大提高了电池的稳定性和工艺可重复性。然而在现阶段的技术条件下，氧气、水分、紫外线、溶液处理（溶剂、溶质、添加剂），以及温度等因素都可能破坏 PSCs 的化学稳定性，从而使 PSCs 仍然停留在实验室阶段，还不能投入大规模生产。Snaith 课题组研究发现，TiO_2基的 PSCs 在紫外线照射下，TiO_2产生本征激发，形成电子-空穴对，TiO_2中深电子使主能级处的电子与空气中的氧分子反应，形成一种 $O_2^- - Ti^{4+}$ 复杂带电体，该复杂带电体与 TiO_2本征激发出的空穴反应，释放出氧分子，留下自由电子和 TiO_2中未被占据的氧空位，自由电子与空穴传输层的空穴复合，导致 PSCs 性能下降，其稳定性降低，通过用 Al_2O_3代替 TiO_2，或者在前加一层紫外线过滤膜都可以有效降低因紫外线照射而导致 PSCs 性能的衰减（Leijtens et al.，2013）。Sang Il Seol 课题组通过掺杂制备了 $CH_3NH_3Pb(I_{1-x}Br_x)_3$（$x = 0.2, 0.29$），其可提高材料本身在湿度环境中的稳定性，实现 12.3% 的转换效率，并通过提升封装防潮工艺延长电池使用寿命（Noh et al.，2013）。

3.3.7 商业应用现状

尽管目前市面上还没有 PSCs 成品，相关领域公司也还是主要在为实验室研发服务，但是很多创新型公司都在致力于 PSCs 的产业化研究，主要的新兴公司大多分布在欧洲。2010 年，从英国牛津大学发展出来的牛津光伏有限公司（Oxford PV）由 Snaith 教授创办并提供科学技术支持，目前重点研究无铅 PSCs，以及薄膜钙钛矿技术以生产半透明太阳电池，可集成于建筑玻璃中实现光伏建筑一体化，用于全球大型商业发展（Oxford Photovoltaics，2015）。英国 Ossila 有限公司也与学术界紧密联系，致力于 PSCs 设备和相关材料的生产（Ossila Ltd. Perovskites.，2015）。瑞士 Solaronix 公司一直与 Grätzel 教授的团队合作，主要致力于染料敏化太阳能电池的研发，目前的研究重点是用于 PSCs 的 TiO_2致密薄膜及其相关配套产品（Solaronix，2014）。厦门惟华光能有限公司成立于 2010 年，是我国第一家将有机薄膜太阳能电池由实验室研发向工业化生产转型的公司，目前公布已研发出 PSCs 光电转换效率达 19.6%，但尚未投入商业化生产（厦门惟华光能有限公司，2014）。

3.4 研发创新能力定量分析

由于科研论文能够从一定程度上反映科学研究的客观事实，本报告利用定量计量的方法，通过对相关数据库收录的 PSCs 研究论文进行分析，以期能够从文献计量角度揭示出研发现状、特征和发展趋势。

3.4.1 数据来源与分析方法

本报告采用 WoS 数据库数据构建了全球科研人员发表的与 PSCs 相关的 SCI 论文分析数据集，数据采集时间为 2014 年 12 月 10 日，文献类型限定为 article、letter、review，共得到 331 篇论文。利用 TDA 进行文献数据挖掘和分析。

3.4.2 整体发展态势

该领域第 1 篇 SCI 论文（不含会议论文）是日本桐荫横滨大学 Tsutomu Miyasaka 研究团队于 2009 年首次报道研制出 PSCs，但直到 2012 年牛津大学 Henry Snaith 研究团队开发的 PSCs 效率首次突破 10% 后才逐渐引起其他科学家的重视，在 2013 年尤其是 2014 年发文量、引文量、参与国家和机构急剧增长（图 3-5）（由于数据库收录的滞后性，2014 年的数据不完整，仅供参考），PSCs 已迅速成为前沿热点研究方向。

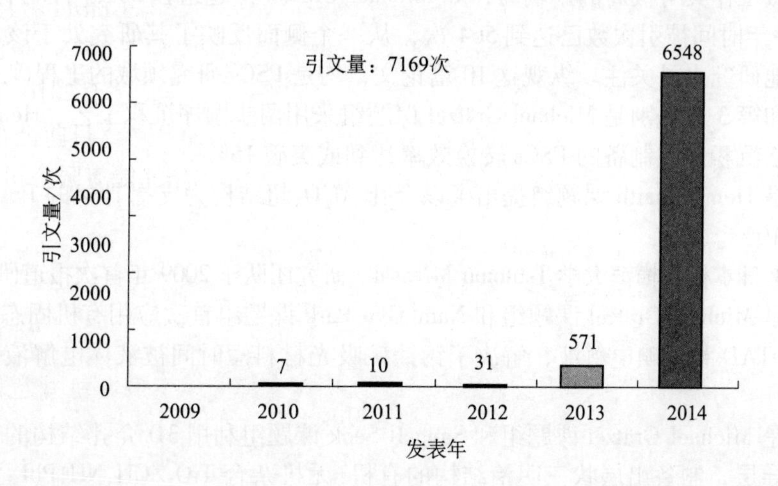

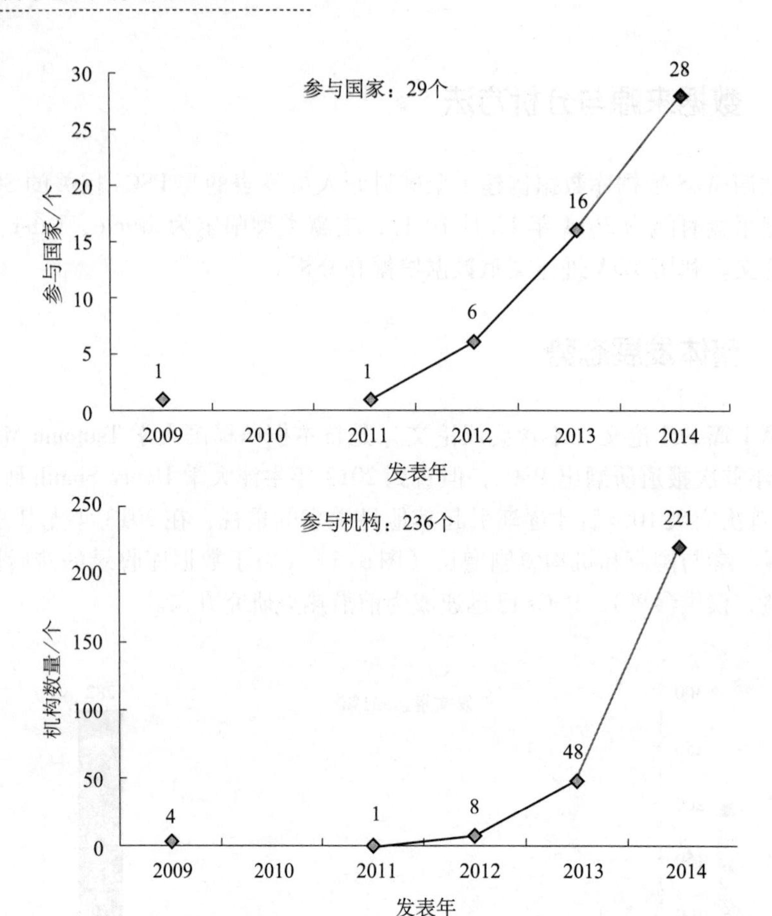

图 3-5　全球 PSCs 研究 SCI 论文发文量、引文量、参与国家与机构数量年度变化态势

从全球 PSCs 研究被引次数最高的前 10 篇 SCI 论文来看（表 3-4），瑞士洛桑联邦理工学院 Michael Grätzel（3 篇通讯作者）、牛津大学 Henry Snaith（3 篇通讯作者）、韩国成均馆大学 Nam-Gyu Park（2 篇通讯作者）、韩国化学技术研究所 Sang Il Seok（2 篇通讯作者）等课题组所做工作具有极高的影响力，如 Michael Grätzel 课题组在 2013 年 7 月发表的一篇 SCI 论文仅一年时间被引次数已达到 564 次，从一个侧面反映了其研究处于该领域顶尖水平，备受其他研究人员关注。纵观这 10 篇论文，均是 PSCs 研究领域的里程碑式成果。

第 1 篇和第 3 篇分别是 Michael Grätzel 课题组采用两步顺序沉积工艺、Henry Snaith 课题组采取真空沉积工艺制备的 PSCs 转换效率达到或突破 15%。

第 2 篇是 Henry Snaith 课题组提出了以介孔 Al_2O_3 超结构为支撑骨架的 PSCs 概念，效率首次突破 10%。

第 4 篇是日本桐荫横滨大学 Tsutomu Miyasaka 研究团队于 2009 年首次报道研制出 PSCs。

第 5 篇是 Michael Grätzel 课题组和 Nam-Gyu Park 课题组首次应用有机固态空穴传输材料 Spiro-OMeTAD 替代碘电解液，解决了钙钛矿吸光材料短时间被液体电解液分解从而失效的问题。

第 6 篇是 Michael Grätzel 课题组和 Sang Il Seok 课题组利用 3D 介孔结构的 TiO_2 和三芳胺为空穴传导层，制备出层状三明治结构的有机–无机杂合 $TiO_2/CH_3NH_3PbI_3$ 异质结太阳

能电池，达到12%的光电转换效率。

第7篇是Henry Snaith课题组利用先进的表征手段从光物理机制上分析了PSCs效率较高的原因，钙钛矿吸光材料电子-空穴对扩散长度高达1微米以上，远高于传统太阳能电池材料，为之后钙钛矿平面异质结电池的设计提供了理论参考。

第8篇是Nam-Gyu Park课题组优化了TiO_2表面和钙钛矿材料的制作工艺，将PSCs效率提高到了6.5%。

第9篇是以色列耶路撒冷希伯来大学Lioz Etgar课题组与Michael Grätzel及新加坡研究人员合作，首次报道通过溶液方式制备的无需空穴传输层的$CH_3NH_3PbI_3/TiO_2$异质结太阳能电池，其光电转换效率为7.3%。

第10篇是Sang Il Seok课题组制作出了$CH_3NH_3Pb(I_{1-x}Br_x)_3$的钙钛矿材料，通过禁带工程可以控制其覆盖几乎整个可见光波段，达到12.3%的光电转换效率。

表3-4　全球PSCs研究被引次数最高的前10篇SCI论文

序号	论文题目	通讯作者	所在机构	来源期刊	被引次数
1	Sequential deposition as a route to high-performance perovskite-sensitized solar cells	Michael Grätzel	瑞士洛桑联邦理工学院	Nature，2013，499(7458)：316-319	564
2	Efficient hybrid solar cells based on meso-superstructured organometal halide perovskites	Henry J. Snaith	牛津大学	Science，2012，338(6107)：643-647	484
3	Efficient planar heterojunction perovskite solar cells by vapour deposition	Henry J. Snaith	牛津大学	Nature，2013，501(7467)：395-398	385
4	Organometal halide perovskites as visible-light sensitizers for photovoltaic cells	Tsutomu Miyasaka	日本桐荫横滨大学	Jacs，2009，131(17)：6050-6051	345
5	Lead iodide perovskite sensitized all-solid-state submicron thin film mesoscopic solar cell with efficiency exceeding 9%	Michael Grätzel，Nam-Gyu Park	瑞士洛桑联邦理工学院，韩国成均馆大学	Scientific Reports，2012，2：591	334
6	Efficient inorganic-organic hybrid heterojunction solar cells containing perovskite compound and polymeric hole conductors	Michael Grätzel，Sang Il Seok	瑞士洛桑联邦理工学院，韩国化学技术研究所	Nature Photonlcs，2013，7(6)：487-492	238
7	Electron-hole diffusion lengths exceeding 1 micrometer in an organometal trihalide perovskite absorber	Henry J. Snaith	牛津大学	Science，2013，342(6156)：341-344	233
8	6.5% efficient perovskite quantum-dot-sensitized solar cell	ParkNam-Gyu	韩国成均馆大学	Nanoscale，2011，3(10)：4088-4093	208
9	Mesoscopic $CH_3NH_3PbI_3/TiO_2$ heterojunction solar cells	LiozEtgar	以色列耶路撒冷希伯来大学	Jcas，2012，134(42)：17 396-17 399	195
10	Chemical management for colorful, efficient, and stable inorganic-organic hybrid nanostructured solar cells	Sang Il Seok	韩国化学技术研究所	Nano Letters，2013，13(4)：1764-1769	193

3.4.3 主要国家分析

本次分析的331篇文献共涉及29个国家/地区，表3-5给出了发文量排名前十位的国家（本节的后续排名仅限于这些国家）的发文量及其被引情况。可以看出，中国、美国发文量同为61篇，在论文总数上领先其他国家。但在总被引次数、篇均被引次数、被引率等被引指标方面则是英国、瑞士和韩国处于领先地位，这主要是由于上述3个国家拥有目前PSCs领域最顶尖的研究机构，开展的高质量工作备受其他机构的关注。从发文量年均变化情况来看（图3-6），主要国家在2014年发文量均出现暴涨，反映对该领域的关注度显著增强。

表3-5 PSCs领域主要研究国家

国家/地区	论文总数/篇	总被引次数/次	篇均被引次数/次	论文被引率/%
美国	61	754	12.4	63.9
中国	61	304	5.0	54.1
英国	48	2012	41.9	83.3
瑞士	43	1856	43.2	76.7
韩国	38	1372	36.1	65.8
日本	29	887	30.6	48.3
西班牙	27	292	10.8	59.3
德国	22	711	32.3	72.7
意大利	22	442	20.1	81.8
以色列	19	396	20.8	68.4

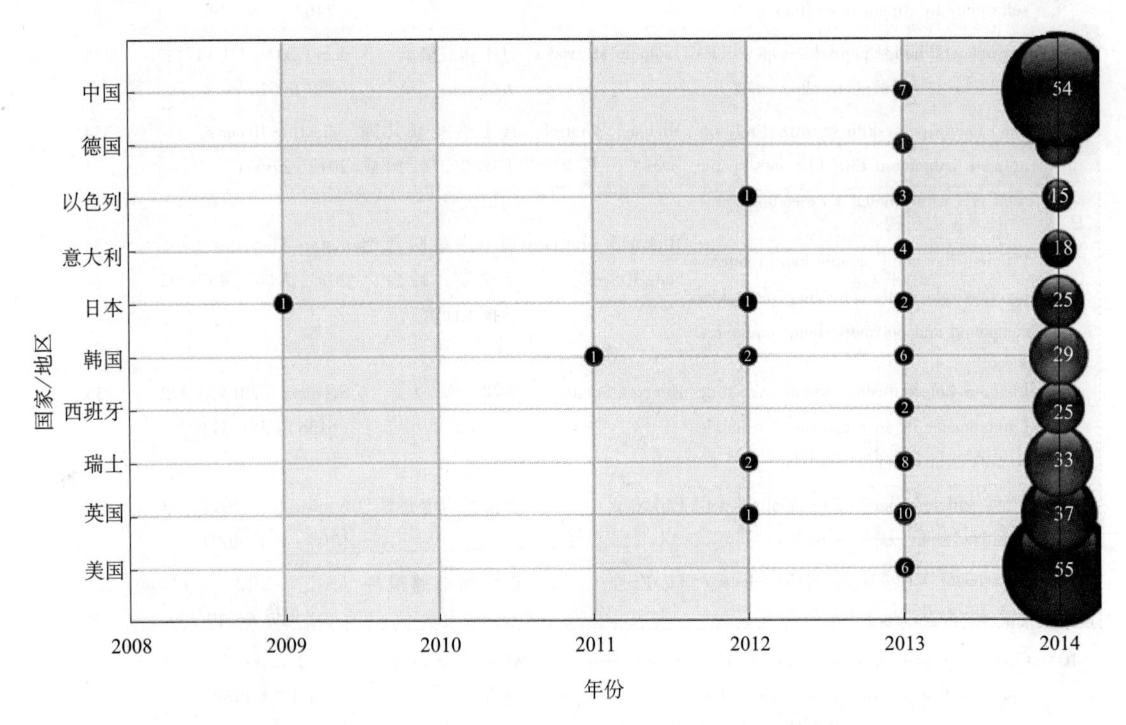

图3-6 主要国家PSCs研究SCI论文数量年度变化趋势

3.4.4　主要机构分析

本次分析的331篇文献共涉及236个机构，表3-6给出了发文量在8篇以上机构的被引情况。排名前三的瑞士洛桑联邦理工学院、英国牛津大学和韩国成均馆大学均较早进入PSCs研究领域，无论是从论文数量指标还是被引指标来看，都是该领域的最顶尖机构。韩国化学技术研究所发文量不多，但其影响力一流，篇均被引次数达到了63次，甚至超过前三甲。美国尽管在该领域总体发文较多，但研究力量较为分散，没有1家机构发文量超过8篇，最多的为国家可再生能源实验室，有7篇，影响力一般。中国科学院整体在该领域的发文量排名第四，但论文影响力离顶尖机构还有很大差距，下属研究所中共有8家涉及PSCs领域研究[①]，其中发文量最多的是物理研究所，发文量有7篇；而被引次数最高的一篇论文是大化所张文华课题组于2013年发表在*Energy & Environmental Science*上的一篇文章（Bing et al.，2013），总被引76次，采用PCBTDPP作为空穴传输材料比P3HT性能更好，实现1.15伏开路电压（$CH_3NH_3PbBr_3$）和5.55%转换效率（$CH_3NH_3PbI_3$）。

表3-6　PSCs领域主要研究机构

研究机构	论文总数/篇	总被引次数/次	篇均被引次数/次	论文被引率/%
瑞士洛桑联邦理工学院	40	1833	45.8	77.5
英国牛津大学	39	1947	49.9	89.7
韩国成均馆大学	25	1324	53.0	72.0
中国科学院	19	153	8.1	68.4
物理研究所	7	34	4.9	71.4
青岛生物能源与过程研究所	3	14	4.7	33.3
化学研究所	2	13	6.5	100.0
大连化学物理研究所	2	76	38.0	50.0
等离子体物理研究所	2	8	4.0	50.0
新加坡南洋理工大学	16	217	13.6	62.5
意大利国家研究理事会	14	172	12.3	71.4
意大利理工学院	11	323	29.4	81.8
西班牙海梅一世大学	11	179	16.3	72.7
以色列魏兹曼科学研究所	10	171	17.1	70.0
日本科学技术振兴机构	10	56	5.6	40.0
韩国化学技术研究所	8	504	63.0	87.5
以色列耶路撒冷希伯来大学	8	224	28.0	62.5
北京大学	8	11	1.4	50.0
沙特阿卜杜勒阿齐兹国王大学	8	30	3.8	50.0
英国剑桥大学	8	70	8.8	62.5
西班牙巴伦西亚大学	8	73	9.1	62.5

从主要研究机构的合作情况来看，开展广泛的合作研究已成为普遍现象。例如，瑞士洛桑联邦理工学院与其他机构的合作论文有35篇，占到其论文总数的87.5%；牛津大学的合作论文有22篇，占到其论文总数的56.4%；韩国成均馆大学的合作论文有20篇，占到其论文总数的75%。再深入挖掘发文量排名前15名研究机构的合作对象（图3-7）可以发现，基本形成了以瑞士洛桑联邦理工学院、牛津大学和韩国成均馆大学为核心的3个

① 中国科学院的研究所除表3-6中5家机构外，还有上海应用物理研究所（1篇）、新疆理化技术研究所（1篇）和长春应用化学研究所（1篇）。

主要合作网络。一方面是由于这 3 家机构在领域内的高影响力和领先地位吸引其他机构与之开展合作；另一方面与顶尖机构的合作交流也促进了自身水平快速提高。这三家机构的合作论文大部分是和排名前 15 名的研究机构合作完成，如瑞士洛桑联邦理工学院的合作论文中与前 15 位机构合作完成的有 22 篇，占到 62.8%；牛津大学为 12 篇（54.5%）；韩国成均馆大学为 14 篇（70%）。需要注意的是，中国科学院合作论文尽管占比很高（15 篇，占 78.9%），但其中仅有 1 篇是与前 15 名机构合作完成的，其他大部分（10 篇）是与国内机构合作的，亟须扩大与国际先进机构的合作力度，提升研究水平。

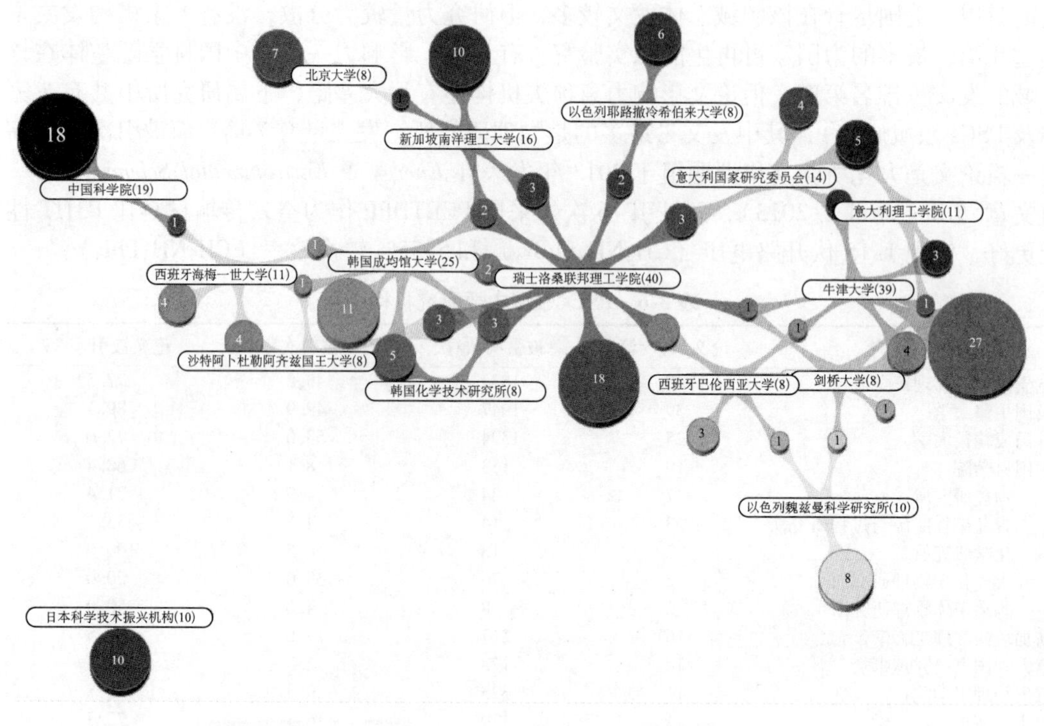

图 3-7 主要研究机构合作网络

3.4.5 主要研究人员分析

表 3-7 给出了主要研究人员（课题组成员以斜体表示）论文的被引情况。综合比较可以看出（图 3-8），Henry Snaith、Michael Grätzel 在该领域最具有影响力，无论从发文量还是被引情况均位居前列。第二梯队是韩国成均馆大学的 Park Nam-Gyu 和韩国化学技术研究所的 Sang Il Seok，虽然发文量不多，但在论文影响力方面处于领先地位。意大利国家研究理事会分子科学技术研究所的 Filippo de Angelis、西班牙海梅一世大学的 Ivan Mora-Sero 和 Juan Bisquert、新加坡南洋理工大学的 Subodh Mhaisalkar 和 Nripan Mathews、以色列耶路撒冷希伯来大学的 Lioz Etgar、以色列魏兹曼科学研究所的 David Cahen 和 Gary Hodes 等处于第三梯队。中国科学家发文较多的是中国科学院物理研究所的孟庆波研究员和上海交通大学的“青年千人计划”入选者赵一新（后者研究基本是在美国国家可再生能源实验室期间完成的），在影响力上离国际先进水平还有一定差距。

表 3-7　PSCs 领域主要研究人员

研究人员	论文总数/篇	总被引次数/次	篇均被引次数/次	论文被引率/%	H 指数
Henry Snaith	39	1947	49.9	89.7	16
Samuel D Stranks	17	505	29.7	82.4	10
Giles E Eperon	12	510	42.5	91.7	9
Tomas Leijtens	10	368	36.8	80.0	7
Michael Grätzel	32	1787	55.8	78.1	15
Mohammad Khaja Nazeeruddin	28	1310	46.8	75.0	13
Peng Gao	10	830	83.0	80.0	8
Park Nam-Gyu	15	818	54.5	66.7	7
Filippo de Angelis	11	165	15.0	81.8	6
Edoardo Mosconi	10	160	16.0	80.0	6
Ivan Mora-Sero	11	179	16.3	72.7	6
Subodh Mhaisalkar	10	165	16.5	80.0	6
Nripan Mathews	10	105	10.5	70.0	5
Sang Il Seok	8	504	63.0	87.5	6
Lioz Etgar	8	224	28.0	62.5	4
David Cahen	8	171	21.4	87.5	5
Juan Bisquert	8	142	17.8	62.5	5
Henk Bolink	8	73	9.1	62.5	3
Gary Hodes	7	171	24.4	100.0	5
孟庆波	7	34	4.9	71.4	3
赵一新	7	73	10.4	57.1	4

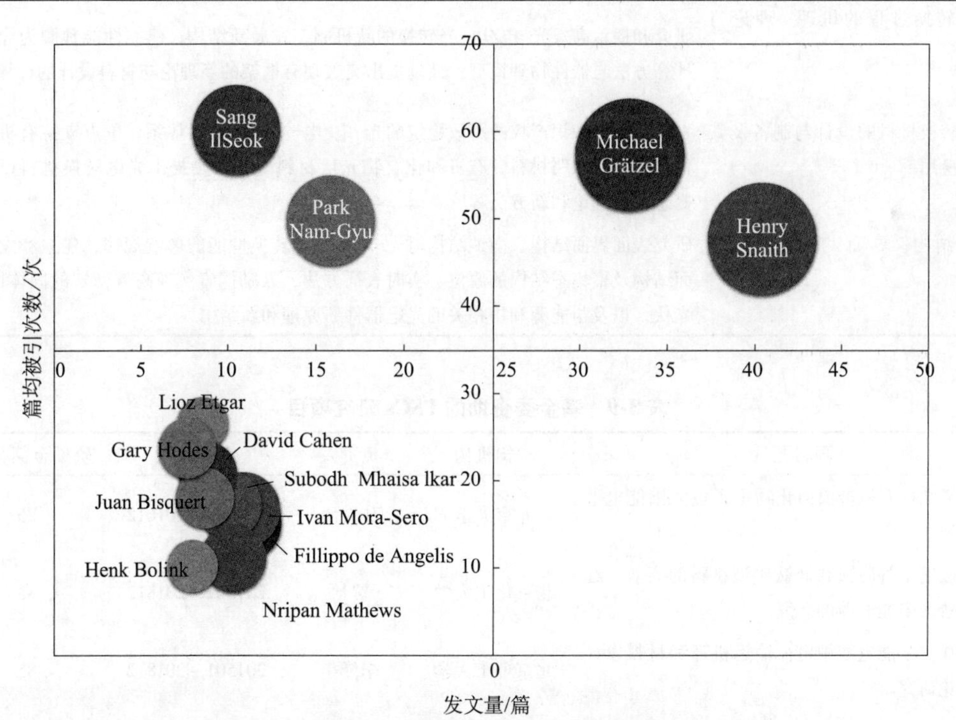

图 3-8　主要研究人员综合比较

注：圆圈大小代表研究人员的 H 指数

3.5 我国研究现状及发展展望

3.5.1 研究现状

3.5.1.1 项目部署

基金委较早即资助了国内研究机构开展钙钛矿型材料在光电领域的基础研究，但具体资助 PSCs 研究是从 2014 年开始的。基金委“面向能源的光电转换材料”的重大研究计划在 2014 年度提出了围绕“钙钛矿型太阳能电池”的新材料、机理、效率、器件工艺及稳定性等方面，以培育项目与重点支持项目的形式予以资助并形成子项目群（表 3-8），专门资助“培育项目”20 项，资助强度为 100 万 ~ 120 万元/项，资助期限为 3 年；拟资助“重点支持项目”5 项，资助强度为 300 万 ~ 400 万元/项，资助期限为 4 年。通过在基金委官方网站检索项目资助情况，迄今可查询到 PSCs 研究项目总计投入 1564 万元，资助机构达 26 家（表 3-9）。

表 3-8 基金委“面向能源的光电转换材料”重大研究计划 2014 年资助领域

领域	研究内容
光电转换过程的机理、理论与模拟	研究和揭示高效光-电/电-光转换的新机制，发展新结构；建立性能预测为导向的计算方法与器件物理模型；鼓励提出突破现有框架的新理论与材料设计的计算方法
光电转换材料的设计与制备及其器件应用	发展有自主知识产权的高效稳定的光-电/电-光转换材料体系，重点支持有机和氧化物半导体照明材料、有机和化合物光伏材料等；鼓励提出光电转换材料设计新概念、新理论和新方法等
微纳结构、界面工程及其功能调控	研究表面界面结构、微纳结构对光-电/电-光转换性能的影响规律，建立和发展界面结构及聚集态结构的原位、实时表征方法，鼓励探索实现高效稳定的固体照明、光伏，以及与能源利用相关的光电器件新原理和新结构

表 3-9 基金委资助的 PSCs 研究项目

项目题目	承担机构	负责人	资助年限	资助金额/万元
钙钛矿结构有机金属卤化物量子点太阳能电池的研究	北京大学	孙文涛	201401 ~ 201612	25
基于碳纳米管薄膜和钙钛矿型材料的高效、红外可透太阳能电池的研究	北京化工大学	贾怡	201501 ~ 201812	83
钙钛矿太阳能电池中电荷输运机理和材料设计的理论研究	北京理工大学	李泽生	201501 ~ 201812	85
柔性钙钛矿太阳能电池新型器件的构建及其光伏特性研究	大连理工大学	史彦涛	201501 ~ 201712	25

续表

项目题目	承担机构	负责人	资助年限	资助金额/万元
高性能钙钛矿固态太阳能电池的研究	合肥工业大学	刘节华	201401~201612	25
钙钛矿太阳能电池致密层和吸收层的制备与光伏性能关系的研究	合肥工业大学	史成武	201501~201812	83
溶液路线构筑混合钙钛矿薄膜太阳能电池及其性能研究	河南理工大学	孟哈日巴拉	201501~201812	80
共轭有机元对杂化钙钛矿基异质结太阳能电池性能的影响机制	湖北大学	万丽	201501~201712	25
上转换纳米颗粒@多孔单晶 TiO_2 的构建及在钙钛矿基太阳能电池中的作用机制	华东理工大学	朱以华	201501~201812	85
窄禁带氧化物钙钛矿太阳能电池研究	华东师范大学	杨平雄	201501~201812	85
全钛基背投式 PIN 异质结钙钛矿型太阳能电池研究	华侨大学	吴季怀	201501~201812	83
在器件工作条件下探索有机体异质结和钙钛矿太阳能电池动态给体-受体分子界面和电极界面处光伏过程	华中科技大学	胡斌	201501~201812	84
钙钛矿太阳能电池中载流子产生及传输过程的超快光谱研究	吉林大学	高炳荣	201501~201812	80
$CuBr_2$ 基无铅杂化钙钛矿敏化太阳能电池的制备与性能研究	景德镇陶瓷学院	杨志胜	201501~201712	25
通过直接测量半导体膜电子准费米能级研究钙钛矿太阳能电池界面能级分布	南京理工大学	张树芳	201501~201712	25
基于 p 型纳米硅氧无机空穴传输层的平面异质结钙钛矿太阳能电池的结构设计、实现及载流子输运机制研究	南开大学	张晓丹	201501~201812	80
无机-有机杂化钙钛矿半导体在纳米结构太阳能电池上的应用	宁波大学	张京	201401~201612	25
全钙钛矿相量子点敏化太阳能电池的组装与性能表征	青岛科技大学	孙琼	201501~201712	25
薄膜钙钛矿太阳能电池中电子传输层与活性层动力学标度行为研究	山东理工大学	刘云燕	201501~201712	30
开发基于钙钛矿材料的高效率低成本全固态太阳能电池	上海交通大学	赵一新	201401~201712	80
钙钛矿/铁电异质结太阳能电池的光伏效应及电荷传输机制研究	上海交通大学	郭益平	201501~201812	84
基于单晶锐钛矿 TiO_2 纳米棒的固态钙钛矿敏化太阳能电池研究	西北师范大学	秦冬冬	201501~201712	25
基于 p-NiO/$CH_3NH_3PbI_3$/n-ZnO 简易三明治结构钙钛矿太阳能电池的界面调控与性能优化	新余学院	肖宗湖	201501~201812	47

续表

项目题目	承担机构	负责人	资助年限	资助金额/万元
基于介孔氧化物纳米纤维的新型高效钙钛矿太阳能电池研究	浙江理工大学	杜平凡	201501～201712	25
计算筛选应用于固态敏化太阳能电池中的钙钛矿材料	中国科学院大连化学物理研究所	孙磊	201501～201712	25
基于无机钙钛矿吸光体的太阳能电池材料及器件研究	中国科学院合肥物质科学研究院	朱俊	201501～201712	25
杂化钙钛矿太阳能电池中的光电转换过程研究	中国科学院合肥物质科学研究院	王命泰	201501～201812	95
钙钛矿敏化太阳能电池中微/纳结构的光阳极构筑及新模式电子传输机制研究	中国科学院新疆理化技术研究所	徐涛	201501～201612	20
界面结构组成对钙钛矿太阳能电池光电转换动力学的影响	中国人民大学	艾希成	201501～201812	80

注：检索自基金委科学基金网络信息系统（http：//isisn. nsfc. gov. cn/egrantindex/funcindex/prjsearch-list），检索日期为 2015 年 1 月 10 日

3.5.1.2 领先机构科学家

香港科技大学 Yang Shihe 课题组是国内首先报道研制出 PSCs 的研究团队，在 2013 年利用 TiO_2纳米线阵列结合 $CH_3NH_3PbI_2Br$ 钙钛矿吸光层，采用 Spiro-MeOTAD 作为空穴传输材料，效率达到 4.87%（Qiu et al.，2013）。随后中国科学院大连化学物理研究所、等离子体物理研究所、物理所和华中科技大学等相继开展了研究工作。

华中科技大学韩宏伟课题组致力于研发 $TiO_2/CH_3NH_3PbI_3$ 异质结太阳能电池，2014 年利用 TiO_2和 ZrO_2双层微孔结构制作出的 PSCs 达到了 12.8% 的光电转换效率（Mei et al.，2014），电池采用双层支架材料，对电极采用可印刷碳层，ZrO_2层起到阻隔光生电子回流并且降低复合率的作用，所以该电池不需要使用价格昂贵的空穴传输层及金反射层，并且在全光照的空气中能保持超过 1000 小时的稳定性。

中国科学院物理研究所孟庆波研究员带领的太阳能材料与器件研究组于 2013 年开始开展 PSCs 的相关研究工作，研究人员通过使用 AZO 对 ZnO 进行界面修饰，抑制 $ZnO/CH_3NH_3PbI_3$异质结界面的载流子复合，极大地提高了开路电压，最高光电转换效率达到 10.7%（Dong et al.，2014）。并且制作出的无空穴传输材料 PSCs 效率为 10.49%，结合单异质结理想二极管模型及阻抗技术证明了该类无空穴传输材料的 PSCs 是一种典型的异质结电池（Shi et al.，2014）。

中国科学院青岛生物能源与过程研究所崔光磊课题组是世界上首批研究 $NH_2CH=NH_2PbI_3$（$FAPbI_3$）新型钙钛矿材料的团队之一，其 1.43 电子伏的禁带宽度比 $CH_3NH_3PbI_3$钙钛矿 1.51 伏的带宽更接近理论最优值（1.4 电子伏），具有良好的热稳定性和光电转换性能，利用 P3HT 作为空穴传输材料研制的 PSCs 转换效率达到 7.5%（Pang et al.，2014；Lv et al.，2014）。

中国科学院等离子体物理研究所潘旭、戴松元课题组和大连化学物理研究所张文华课

题组在探索新型有机空穴传输材料方面进行了研究，分别采用 P3HT/多壁碳纳米管和 PCBTDPP 作为空穴传输材料，获得了 6.45%（Chen et al.，2013）和 5.55% 的光电转换效率（Cai et al.，2013）。

3.5.1.3　与国际先进水平的差距

综合来看，我国科学家关于 PSCs 的研究起步较国外同行晚，但我国对国外研究团队新成果的跟进、复制方面反应迅速，在改进电池结构和新材料的研发等方面做出了一些有显示度的工作，为我国 PSCs 的研究打下了基础，也为后来研究者提供了实践经验。但是，相关原创性工作仍然缺乏，发表的论文数量很多，但是高水平研究论文数量还明显不足，有关 PSCs 工作机制原理性基础研究还存在明显缺陷，科研成果从实验室到商业产品的转化相对滞后，以钙钛矿电池为代表的新型太阳能电池真正走向市场并且大规模生产应用，还有很多基础科学问题有待解决。

3.5.2　发展展望

PSCs 研究的最终目标是：通过高效率和极低成本太阳能电池实现平价光伏发电，引发能源结构重大变革。目前，科学家已通过多种材料和结构优化手段将 PSCs 的光电换效率提高到了 20% 以上，并且初步从工作机理层面分析了 PSCs 转换效率较高的原因，也对 PSCs 稳定性开展了一定的研究，但是这些研究不够全面，也未提供完善的解决办法，从而无法快速实现 PSCs 的实际应用。从太阳能技术最关键的三大要素（效率、成本和稳定性）来看，PSCs 面临的最大问题还是稳定性：第一个是前文提到的 PSCs 易受自然环境的影响，在各种条件下测试器件整体的稳定性和理解可能发生的变化是一个重要课题。第二个是由于涂布工艺导致的材料形态差异过大，难以形成大面积均匀的钙钛矿连续膜，影响实际应用，需要进一步优化工艺。此外，PSCs 中最关键的钙钛矿相有机金属卤化物存在铅污染的问题，科学家们提出用锡、铜等其他材料替代，但转换效率还处于较低水平。

PSCs 目前的发展尚处于初级阶段，要达到实用化的水平，还需要大量的人力和资金投入。根据目前 PSCs 的研究进展和已取得的成果，未来可以在以下方面开展相关研究工作。

（1）彻底弄清 PSCs 光生载流子的产生，电子、空穴的扩散、漂移、传输和复合等工作机制。解决关于钙钛矿材料强吸光能力的微观机理、光生载流子产生机理、高效能量转换的主导机理，以及电子/空穴输运通道与机理等关键科学问题。

（2）探索新的性能稳定、无污染的吸光材料。目前，PSCs 所用的吸光材料都是铅系的钙钛矿相有机金属卤化物，其用在 PSCs 中会使电池具有很高的开路电压和填充因子，电池效率高，但是该材料本身并不稳定，无法在恶劣的自然环境下持续稳定的工作，导致 PSCs 稳定性较差，并且存在铅污染问题。因此，开发探索性能稳定、不含铅的吸光材料是 PSCs 研究的一个重要方向。

（3）研究价格低廉的传输材料。PSCs 中一般都是用有机材料作为传输层，这种材料价格昂贵、导电性较差。因此，开发价格低廉的无机材料作为传输层是 PSCs 的另一研究方向。

（4）开发新型结构的PSCs。PSCs的结构主要由四个部分组成：光阳极（一般由导电基底、致密层和多孔 TiO_2 组成）、吸光层（主要为钙钛矿相有机金属卤化物）、传输层（主要为有机空穴传输材料）和对电极（作为空穴收集极，一般是导电性较好的金属或非金属材料）。据报道（Lee et al.，2012），光阳极层中的纳米多孔结构对电荷传输贡献不大，主要是做吸光层的骨架，因此可以通过结构工程制备多孔钙钛矿 p-n 异质结结构电池、p-i-n 薄膜结构电池，利用微纳多级结构进一步提升转换效率（Snaith，2013）。

（5）从制备工艺上进一步降低PSCs的成本。目前，PSCs中的金属氧化物骨架都是在较高温度下制备的，其烧结工艺较复杂、耗时长，甚至需要特殊的设备，不利于降低PSCs的成本。因此，开发新工艺有望大幅度降低其成本，实现大规模产业化。

致谢：特别感谢美国得克萨斯理工大学范朝阳教授、美国国家可再生能源实验室高级研究员朱凯博士，以及中国科学院青岛生物能源与过程研究所逄淑平博士对本报告提供宝贵的意见和建议！

参考文献

丸山正明．2015．日本NIMS建立钙钛矿型太阳能电池研发体制．http：//china. nikkeibp. com. cn/news/eco/73229-201501091716. html［2015-01-12］．

厦门惟华光能有限公司．2014．惟华研制出全球最高效率钙钛矿电池．http：//www. weihua-solar. com/show_news. aspx? NewsId=74［2014-09-03］．

Amat A，Mosconi E，Ronca E，et al. 2014. Cation-induced band-gap tuning in organohalide perovskites：Interplay of spin-orbit coupling and octahedra tilting. Nano Letters，14（6）：3608-3616.

Anouymous. 2013. Newcomer juices up the race to harness sunlight. Science，342（6165）：1438-1439.

Bailie C D，Christoforo M G，Mailoa JP，et al. 2015. Semi-transparent perovskite solar cells for tandems with silicon and CIGS. Energy & Environmental Science，Advance Article，DOI：10. 1039/C4EE03322A.

Burschka J，Pellet N，Moon S J，et al. 2013. Sequential deposition as a route to high-performance perovskite-sensitized solar cells. Nature，499（7458）：316-319.

Cai B，Xing Y D，Yang Z，et al. 2013. High performance hybrid solar cells sensitized by organolead halide perovskites. Energy & Environmental Science，6（5）：1480-1485.

Chen H W，Pan X，Liu W Q，et al. 2013. Efficient panchromatic inorganic-organic heterojunction solar cells with consecutive charge transport tunnels in hole transport material. Chemical Communications，49（66）：7277-7279.

Chen Q，Zhou H P，Song T B，et al. 2014. Controllable self-induced passivation of hybrid lead iodide perovskites toward high performance solar cells. Nano Letters，14（7）：4158-4163.

Choi Y C，Lee D U，Noh J H，et al. 2014. Highly improved Sb_2S_3 sensitized-inorganic-organic heterojunction solar cells and quantification of traps by deep-level transient spectroscopy. Advanced Functional Materials，24（23）：3587-3592.

Christians J A，Fung R C M，Kamat P V. 2014. An inorganic hole conductor for organo-lead halide perovskite solar cells. Improved hole conductivity with copper iodide. Journal of the American Chemical Society，136（2）：758-

764.

Colella S, Mosconi E, Fedeli P, et al. 2013. Mapbl$_{(3-x)}$ CL$_{-x}$ mixed halide perovskite for hybrid solar cells: The role of chloride as dopant on the transport and structural properties. Chemistry of Materials, 25 (22): 4613-4618.

DOE. 2014. Energy department announces $53 million to drive innovation, cut cost of solar power. http://www. energy. gov/articles/energy-department-announces-53-million-drive-innovation-cut-cost-solar-power [2014-10-22].

Dong J, Zhao Y H, Shi J J, et al. 2014. Impressive enhancement in the cell performance of ZnO nanorod-based perovskite solar cells with AL-doped ZnO interfacial modification. Chemical Communications, 50 (87): 13 381-13 384.

Eperon G E, Stranks S D, Menelaou C, et al. 2014. Formamidinium lead trihalide: A broadly tunable perovskite for efficient planar heterojunction solar cells. Energy & Environmental Science, 7 (3): 982-988.

European Photovoltaic Industry Association. 2014. Global Market Outlook for Photovoltaics 2014—2018. http://www. epia. org/index. php? eID = tx_ nawsecuredl&u = 0&file = /uploads/tx_ epiapublications/44_ epia_ gmo_ report_ ver_ 17_ mr. pdf [2014-06-02].

Gonzalez-Pedro V, Juarez-Perez E J, Arsyad W S, et al. 2014. General working principles of $CH_3NH_3PBX_3$ perovskite solar cells. Nano Letters, 14 (2): 888-893.

Hao F, Stoumpos C C, Cao D H, et al. 2014. Lead-free solid-state organic-inorganic halide perovskite solar cells. Nature Photonics, 8 (6): 489-494.

Hoffman J B, Choi H, Kamat P V. 2014. Size-dependent energy transfer pathways in CdSe quantum dot-squaraine light-harvesting assemblies: Förster versus dexter. Journal of Physical Chemistry C, 118 (32): 18 453-18 461.

Im J-H, Jang I-H, Pellet N, et al. 2014. Grouth of $CH_3NH_3PbI_3$ cuboids with controlled size for high-officiency perovskite solar cells. Nature nanotechndogy, 9 (11): 927-932.

Im J H, Lee C R, Lee J W, et al. 2011. 6.5% efficient perovskite quantum-dot-sensitized solar cell. Nanoscale, 3 (10): 4088-4093.

International Energy Agency. 2014. Technology Roadmap: Solar Photovoltaic Energy. http://www. iea. org/publications/freepublications/publication/TechnologyRoadmapSolarPhotovoltaicEnergy_ 2014edition. pdf [2014-09-29].

Itzhaik Y, Niitsoo O, Page M, et al. 2009. Sb_2S_3-sensitized nanoporous TiO_2 solar cells. The Journal of Physical Chemistry C, 113 (11): 4254-4256.

Jeon N J, Lee H G, Kim Y C, et al. 2014. O-methoxy substituents in spiro-ometad for efficient inorganic-organic hybrid perovskite solar cells. Journal of the American Chemical Society, 136 (22): 7837-7840.

Jeon N J, Noh J H, Kim Y C, et al. 2014. Solvent engineering for high-performance inorganic-organic hybrid perovskite solar cells. Nature Materials, 13 (9): 897-903.

Jeon N J, Noh J H, Yang W S, et al. 2015. Compositional engineering of perovskite materials for high-performance solar cells. Nature, 517 (7535): 476-480.

Kamat P V. 2013. Quantum dot solar cells. The next big thing in photovoltaics. Journal of Physical Chemistry Letters, 4 (6): 908-918.

Kim H S, Lee C R, Im J H, et al. 2012. Lead iodide perovskite sensitized all-solid-state submicron thin film mesoscopic solar cell with efficiency exceeding 9%. Scientific Reports, 2: 591.

Kim H S, Mora-Sero I, Gonzalez-Pedro V, et al. 2013. Mechanism of carrier accumulation in perovskite thin-absorber solar cells. Nature Communications, 4: 2242.

Kim H S, Park N G. 2014. Parameters affecting I- V hysteresis of $CH_3NH_3PbI_3$ perovskite solar cells: Effects of perovskite crystal size and mesoporous TiO_2 layer. Journal of Physical Chemistry Letters, 5 (17): 2927-2934.

Kojima A, Teshima K, Shirai Y, et al. 2009. Organometal halide perovskites as visible-light sensitizers for photovoltaic cells. Journal of the American Chemical Society, 131 (17): 6050-6051.

Lee J W, Seol D J, Cho A N, et al. 2014. High-efficiency perovskite solar cells based on the black polymorph of HC (NH_2) ($_2$) PbI_3. Advanced Materials, 26 (29): 4991-4998.

Lee M M, Teuscher J, Miyasaka T, et al. 2012. Efficient hybrid solar cells based on meso-superstructured organometal halide perovskites. Science, 338 (6107): 643-647.

Leijtens T, Eperon G E, Pathak S, et al. 2013. Overcoming ultraviolet light instability of sensitized TiO_2 with meso-superstructured organometal tri-halide perovskite solar cells. Nature Communications, 4: 2885.

Li H R, Fu K W, Hagfeldt A, et al. 2014. A simple 3, 4-ethylenedioxythiophene based hole-transporting material for perovskite solar cells. Angewandte Chemie-International Edition, 53 (16): 4085-4088.

Liu M Z, Johnston M B, Snaith H J. 2013. Efficient planar heterojunction perovskite solar cells by vapour deposition. Nature, 501 (7467): 395-398.

Lv S L, Pang S P, Zhou Y Y, et al. 2014. One-step, solution-processed formamidinium lead trihalide ($FAPbI_{(3-x)}Cl_x$) for mesoscopic perovskite-polymer solar cells. Physical Chemistry Chemical Physics, 16 (36): 19206-19211.

Manser J S, Kamat P V. 2014. Band filling with free charge carriers in organonietal halide perovskites. Nature Photonics, 8 (9): 737-743.

Marchioro A, Teuscher J, Friedrich D, et al. 2014. Unravelling the mechanism of photoinduced charge transfer processes in lead iodide perovskite solar cells. Nature Photonics, 8 (3): 250-255.

Mei A Y, Li X, Liu L F, et al. 2014. A hole-conductor-free, fully printable mesoscopic perovskite solar cell with high stability. Science, 345 (6194): 295-298.

Mosconi E, Amat A, Nazeeruddin M K, et al. 2013. First-principles modeling of mixed halide organometal perovskites for photovoltaic applications. Journal of Physical Chemistry C, 117 (27): 13902-13913.

National Renewable Energy Laboratory. 2014. Best Research- Cell Efficiencies. http: //www. nrel. gov/ncpv/images/efficiency_ chart. jpg [2014-12-08].

Nie W, Tsai H, Asadpour R, et al. 2015. High-efficiency solution-processed perovskite solar cells with millimeter-scale grains. Science, 347 (6221): 522-525.

Noel N K, Stranks S D, Abate A, et al. 2014. Lead-free organic-inorganic tin halide perovskites for photovoltaic applications. Energy & Environmental Science, 7 (9): 3061-3068.

Noh J H, Im S H, Heo J H, et al. 2013. Chemical management for colorful, efficient, and stable inorganic-organic hybrid nanostructured solar cells. Nano Letters, 13 (4): 1764-1769.

Ossila Ltd. 2015. Perovskites. http: //www. ossila. com/oled_ opv_ ofet_ catalogue3/perovskites. php [2015-01-26].

Oxford Photovoltaics. 2015. Photovoltaic Cell Technology. http: //www. oxfordpv. com/photovoltaic- cell- technology. html [2015-01-26].

Pang S P, Hu H, Zhang J L, et al. 2014. $NH_2CH=NH_2PBI_3$: An alternative organolead iodide perovskite sensitizer for mesoscopic solar cells. Chemistry of Materials, 26 (3): 1485-1491.

Qin P, Tanaka S, Ito S, et al. 2014. Inorganic hole conductor-based lead halide perovskite solar cells with 12. 4% conversion efficiency. Nature Communications, 5: 3834.

Qiu J H, Qiu Y C, Yan K Y, et al. 2013. All-solid-state hybrid solar cells based on a new organometal halide perovskite sensitizer and one-dimensional TiO_2 nanowire arrays. Nanoscale, 5 (8): 3245-3248.

Roiati V, Mosconi E, Listorti A, et al. 2014. Stark effect in perovskite/TiO_2 solar cells: Evidence of local interfacial order. Nano Letters, 14 (4): 2168-2174.

Service R F. 2013. Turning up the light. Science, 342 (6160): 794-797.

Shao Y C, Xiao Z G, Bi C, et al. 2014. Origin and elimination of photocurrent hysteresis by fullerene passivation in CH3NH3PbI3 planar heterojunction solar cells. Nature Communications, 5: 5784.

Shi J J, Dong J, Lv S T, et al. 2014. Hole-conductor-free perovskite organic lead iodide heterojunction thin-film solar cells: High efficiency and junction property. Applied Physics Letters, 104 (6): 063901.

Snaith H J. 2013. Perovskites: the emergence of a new era for low-cost, high-efficiency solar cells. Journal of Physical Chemistry Letters, 4 (21): 3623-3630.

Solaronix. 2014. New Spin-Coating Formulations of Titania Nano-Particles For Perovskite Solar Cells. http://www.solaronix.com/news/new-spin-coating-formulations-of-titania-nano-particles-for-perovskite-solar-cells [2014-09-26].

Stranks S D, Eperon G E, Grancini G, et al. 2013. Electron-hole diffusion lengths exceeding 1 micrometer in an organometal trihalide perovskite absorber. Science, 342 (6156): 341-344.

Wang J T W, Ball J M, Barea E M, et al. 2014. Low-temperature processed electron collection layers of graphene/TiO_2 nanocomposites in thin film perovskite solar cells. Nano Letters, 14 (2): 724-730.

Wojciechowski K, Saliba M, Leijtens T, et al. 2014. Sub150℃ processed meso-superstructured perovskite solar cells with enhanced efficiency. Energy & Environmental Science, 7 (3): 1142-1147.

Xiao Z G, Yuan Y B, Shao Y C, et al. 2015. Giant switchable photovoltaic effect in organometal trihalide perovskite devices. Nature Materials, 14, 193-198.

Xing G C, Mathews N, Sun S Y, et al. 2013. Long-range balanced electron- and hole-transport lengths in organic-inorganic $CH_3NH_3PbI_3$. Science, 342 (6156): 344-347.

Yella A, Heiniger L P, Gao P, et al. 2014. Nanocrystalline rutile electron extraction layer enables low-temperature solution processed perovskite photovoltaics with 13.7% efficiency. Nano Letters, 14 (5): 2591-2596.

Zhou H P, Chen Q, Li G, et al. 2014. Interface engineering of highly efficient perovskite solar cells. Science, 345 (6196): 542-546.

4 非编码 RNA 国际发展态势分析

李祯祺 苏 燕 许 丽 王 玥 徐 萍

（中国科学院上海生命科学信息中心）

摘 要 进入21世纪以来，随着人类基因组计划的完成，非编码核糖核酸（non-coding RNA，ncRNA）逐渐成为生命科学领域的研究热点。自2000年以来，非编码RNA的相关研究连续多次入选*Science*杂志年度十大科学突破。此后，美国等国家联合开展了DNA元件百科全书（encyclopedia of DNA elements，ENCODE）计划，系统研究非编码DNA及其产物非编码RNA的结构、功能和调节作用，并进行解析与注释。2012年9月，ENCODE计划前两个阶段的完成，完善了人们对基因组功能元件结构和功能的基本认识。随着研究的开展，越来越多的非编码RNA被发现，包括微RNA（microRNA，miRNA）、长链非编码RNA（long non-coding RNA，lncRNA）和环形RNA（circular RNA，circRNA）等。研究已经证明非编码RNA在生命中承担着重要功能，参与了胚胎发育、干细胞维持、细胞分化、代谢、信号转导、免疫应答、癌症、衰老等几乎所有生理或病理过程的基因表达调控。

本报告通过对非编码RNA的相关计划、资助、文献进行分析，梳理非编码RNA领域的发展方向，同时对美国、日本、中国、欧盟出台的重要规划、系列资助、学科布局进行分析，提出我国在该领域的发展建议。

随着各国不断推出非编码RNA重大计划与资金资助，该领域正在蓬勃发展。在人类基因组计划完成后，欧盟提出“RNA调控网络与健康和疾病”计划分工协调发展欧洲整体的RNA基础与应用研究以确立欧洲在RNA领域的领导地位，通过欧洲框架计划与地平线2020（Horizon 2020）计划展开对该领域的资助。随后，美国牵头启动了ENCODE计划以迎接后基因组时代的到来，以美国国家科学基金会（National Science Foundation，NSF）和国立卫生研究院（National Institutes of Health，NIH）为主导机构进行资助。日本也同样启动了功能RNA研究项目、哺乳动物基因组功能注释计划等重要研究，通过科学文部省和科学技术振兴委员会资助理化学研究所和国立遗传学研究所等重点机构。我国在《国家中长期科学和技术发展规划纲要（2006—2020年）》中体现了对非编码RNA研究的重视，此后的“十一五”“十二五”时期的各项规划也贯彻落实了该领域的重点前沿方向布局，通过科技部和基金委形成以国家重点基础研究发展计划、国家重大科学研究计划、国家高技术研究发展计划和国家自然科学基金等为代表的有层次、有重点、有计划的持续性资助。

通过对非编码 RNA 领域的文献计量分析发现，非编码 RNA 的学科研究历程总体上可以分为萌芽阶段、发展阶段和快速增长阶段。通过近年论文发表数量的比较，美国在该领域的发文数量遥遥领先，中国紧随其后，日本超过德国位居第三，韩国赶超英国、法国，跃居第五位。通过对机构的学术影响力水平分析，中国科学院和上海交通大学跻身全球发文数量领先机构，我国机构学术影响力相对较低，学术整体水平有待进一步提升。根据近年的关键词与突发词展开学术前沿剖析，其热点研究方向主要集中在非编码 RNA 的系统识别与鉴定、细胞分化和发育中非编码 RNA 的结构与功能、表观遗传中的非编码 RNA 调控、非编码 RNA 与疾病关联、信使 RNA 的可变剪接、非编码 RNA 基因资源与相关技术及其应用等方面。

通过与其他国家在此学科上的对比分析，建议我国在当前科技体制改革的大背景下，将非编码 RNA 纳入“国家重点研发计划”，并明确学科的研究目标与方向，还要综合考量配套基础设施的配置、区域性研究网络的构建及研究型人才的培养等因素的影响。在发展我国研究优势的同时，研发该领域的相关技术。最终，在非编码 RNA 基础研究的基础上，结合临床诊疗的需求，开展转化医学研究，开发以非编码 RNA 为基础的治疗药物、高效疗法等新型治疗模式。

关键词 非编码 RNA 文献计量分析 长链非编码 RNA 微 RNA 学科发展态势

4.1 引言

非编码 RNA 是指不编码蛋白质的 RNA，从长度上来划分可以分为小于 50 nt①、50 ~ 500 nt、大于 500 nt 三种类型。狭义上的非编码 RNA 主要是指不包括 mRNA、转运 RNA（transfer RNA，tRNA）和 rRNA 的其他 RNA 分子。而广义上的非编码 RNA 还包括细胞中含量最高的、获得较为透彻研究的两种常见非编码 RNA——核糖体 RNA（ribosomal RNA，rRNA）与 tRNA。

非编码 RNA 的研究始于最初的 rRNA、tRNA、小核 RNA（small nuclear RNA，snRNA）和小核仁（small nucleolar RNA，snoRNA），逐渐发展到后来的微 miRNA、小干扰 RNA（small interfering RNA，siRNA）及与 Piwi 蛋白相互作用的 RNA（Piwi-interacting RNA，piRNA），再到 lncRNA 与 circRNA 等。这些种类繁多、长短各异、功能多样的非编码 RNA 被认为是基因组的“暗物质”（Pennisi，2010），对其最终的认识和理解将对整个生命科学的发展产生难以估量的影响。

进入 20 世纪 90 年代，随着基因组研究的不断开展与测序能力的持续提升，海量而又繁杂的基因组序列数据提示我们，编码蛋白质的 DNA 区域在人类基因组中的比例少于 3%，而非编码序列虽然不能编译蛋白质与多肽，但能够以非编码 RNA 的形式进行表达

① nt 即核苷酸（nucleotide）。

（陈润生，2013）。这些发现引起了研究人员的关注，相关研究发展迅速，尤其近10年，非编码RNA的研究取得了一系列突破性成果，已经成为生命科学领域的热点之一。自2000年起，非编码RNA的相关研究内容连续多次入选*Science*杂志年度十大科学突破：2000年的“地球上的生命可能起源于RNA”、2001年的基因沉默和RNA干扰（RNA interference，RNAi）、2002年的小RNA（small RNA）与RNAi的研究成果连续列入当年*Science*十大科学突破；2003年，科学家从早期的基因表达到发育过程进一步探索小RNA对细胞行为的影响；2004年，研究人员证实基因组中的所谓“垃圾DNA”作用要比原先认为的更重要，而这些“垃圾DNA”的产物便是非编码RNA；2006年，科学家们发现一类新的非编码RNA分子piRNA能够与Piwi蛋白家族成员相结合，参与生殖细胞生长发育过程中的调控；2012年，耗时9年的ENCODE项目研究成果表明，人类进一步认识了非编码RNA调控基因功能网络；2013年，CRISPR成为炙手可热的基因组编辑技术，而发挥RNA介导的DNA切割作用所必不可少的辅助因子——CRISPR RNA（crRNA）与反式激活嵌合RNA（trans-activating chimeric RNA，tracrRNA）——均为非编码RNA。此外，两名美国科学家Andrew Z. Fire和Craig Mello因证实了siRNA所引起的RNA干扰机制而荣获2006年度的诺贝尔生理学或医学奖（Fire et al.，1998）。

研究已经表明，非编码RNA起着非常重要的生物学功能，参与了胚胎发育、干细胞维持、细胞分化、代谢、信号转导、免疫应答、癌症、衰老等几乎所有生理或病理过程的基因表达调控（Blaxter，2010）。非编码RNA也与重大疾病（如癌症、心血管疾病）、神经退行性疾病（如阿尔茨海默病、帕金森病）和慢性病（如糖尿病、高血压）等疾病的发生有关，很多非编码RNA可作为药物治疗的潜在靶点。除此之外，由非编码RNA介导的RNAi技术与当下炙手可热的基因组编辑技术的CRISPR能够从基因沉默和基因组改造的角度对生物医学的发展做出重大贡献。非编码RNA研究既是生命科学的重要基础前沿，也是促进技术开发和实际应用的典型范例。

4.2 国际重要政策规划与资助

4.2.1 相关政策规划

在人类基因组计划完成后，欧盟提出了“RNA调控网络与健康和疾病”计划分工协调发展欧洲的RNA基础和应用研究，从而在RNA领域确立欧洲的领导地位。随后，美国便牵头启动了ENCODE计划以迎接后基因组时代的到来。日本同样启动了功能RNA研究项目、哺乳动物基因组功能注释计划等重要研究。我国相对起步较晚，在《国家中长期科学和技术发展规划纲要（2006—2020年）》中体现了对非编码RNA研究的重视，此后的“十一五”“十二五”时期的各项规划也贯彻落实了该领域的重点前沿方向布局，并形成有层次、有重点、有计划的持续性资助。

4.2.1.1　美国 ENCODE 计划

ENCODE 计划（ENCODE Project Consortium，2004；Maher，2012）是由 NIH 的下属机构国立人类基因组研究所（National Human Genome Research Institute，NHGRI）于 2003 年 9 月发起的一项国际性协作研究项目，着眼于寻找人类基因组中的全部功能元件（Raney et al.，2010；ENCODE Project Consortium，2010；Birney et al.，2007；Guigó et al.，2006）。这是后基因组时代最重要的项目之一。2012 年 9 月，ENCODE 研究的初步结果被整理成 30 篇论文，相继发表在 *Nature*、*Genome Biology* 及 *Genome Research* 等期刊上（Maher，2012；ENCODE Project Consortium，2012）。这些论文表明人类基因组内的非编码 DNA 并非像之前认为的仅仅是“垃圾”，其中至少有 80% 是具有生物活性的（IUM，2012）。

1）计划概况

人类基因组计划揭示了在人类基因组中能够编码蛋白质的基因只占整个人类基因组的 2% 左右，研究人员发现 DNA 片段不仅可以编码蛋白质，还可以和蛋白质结合调控基因活性；可以转录成 RNA 调节基因的表达；可以进行基因的修饰发挥沉默基因的作用等。为了解析这些所谓“垃圾 DNA”的结构和功能，2003 年 9 月，由 NHGRI 和欧洲分子生物学实验室欧洲生物信息研究所（European Molecular Biology Laboratory- European Bioinformatics Institute，EMBL-EBI）牵头，开展 ENCODE 计划的研究，目的在于对人类基因组进行更为全面而详细的结构、功能和调节的注释，特别是对所谓“垃圾 DNA”的结构和功能的分析，旨在识别出人类基因组序列中的所有功能区，包括转录、转录因子联合、染色质结构和组蛋白修饰区，也就是说为非编码 DNA 序列编制目录，以了解它们会在什么时候、在哪些细胞里被激活，并追踪它们对染色体包装、调节和读取产生的影响。

ENCODE 计划吸引了来自美国、英国、西班牙、日本和新加坡 5 个国家 32 个研究机构的 440 余名科学家的参与，由一个来自政府、科研院所及企业的研究人员所组成的联盟（ENCODE Consortium）来具体实施。ENCODE 计划进行到第二阶段时，NHGRI 投资高达 2.88 亿美元，包括用于相关技术开发和模式生物研究的 1.25 亿美元。

经过 9 年的努力，ENCODE 计划的相关成果成为 2012 年 *Science* 评选的十大突破之一。研究人员将从基因组中转录的 RNA 进行分离、测序，识别出约 120 种转录因子的 DNA 结合位点；还绘制了基因组中被甲基团覆盖的区域图；检验了组蛋白的化学修饰方式，这种修饰有助于将 DNA 包装成染色体、增强或抑制信号区（基因表达区）；确定了 400 万个基因开关，明确了哪些 DNA 片段能打开或关闭特定的基因，以及不同类型细胞之间的“开关”存在的差异等超过 15 万亿字节的原始数据。这些研究成果证实所谓“垃圾 DNA”都是十分有用的基因成分，担任着基因调控的重任，约 80% 的基因组都具备某种功能，不过目前已经明确功能的占总量的 10% 左右。ENCODE 计划产生了海量数据，所有数据均全部公开，可免费获取和使用。

2）实施阶段

ENCODE 计划的目标是识别人类基因组的所有功能元件，旨在解析非编码 DNA 的结构和功能。最初，该计划被作为试验项目，开发新方法和策略对人类基因组的 1% 进行研究，2007 年扩展到整个人类基因组。根据这一整体规划思路来看，ENCODE 计划是分阶段实施、循序渐进的过程，下一阶段能否实施取决于上一阶段的成功与否。

计划的第一阶段为 2003 年 9 月 ~2007 年 6 月（以成果集中发表的时间为节点来划分）[①]，主要包括一个中试阶段项目和一个技术开发阶段项目。2007 年 6 月，该中试阶段的成果形成 30 篇论文发表在 *Nature* 和 *Genome Research* 杂志上，此阶段成功鉴定和描述人类基因组中的功能元件。同时，技术开发阶段的项目也获得了成功，开发了一些新技术，产生了一系列功能元件的高通量数据。此阶段 NHGRI 共投入经费约 4000 万美元。

计划的第二阶段为 2007 年 9 月 ~2012 年 9 月，持续 5 年。正由于该计划初始阶段两个项目的成功，2007 年 9 月，为使 ENCODE 计划规模化，NHGRI 投资新的项目，包括两部分：一部分是整个基因组的成果产出阶段项目（a production phase on the entire genome）；另一小部分为区别初级阶段的中试规模的试验研究（pilot-scale studies）。正如前面的中试阶段项目，ENCODE 计划的成果产出以开放式的联盟形式加以组织，包括具备多种学科背景和知识的专业研究人员和分析型数据库。这一成果产出阶段还包括一个数据合作中心（data coordination center）以便跟踪、存储和展示 ENCODE 计划的数据，同时利用数据合作中心来促进分析数据的整合。这一阶段总投入约为 1.23 亿美元。

2011 年 10 月 4 日，NHGRI 计划又向新增的 3 个 ENCODE 项目（表 4-1）投资 1.2 亿美元。使研究成果以完整数据库目录形式用于开发先进技术，使 ENCODE 计划数据能继续被研究人员迅速获取、利用，支持 ENCODE 计划的数据分析。ENCODE 项目创建的功能元件目录能帮助研究人员理解基因组如何发挥作用，并为全世界的研究人员提供公共资源，帮助他们深入探索基因组功能（王慧媛，2011）。

表 4-1 ENCODE 计划新增资助领域情况（2011 年）

资助方向	涵盖内容	2012 财年资助
扩展人类和模式生物的 ENCODE 计划	资助高通量实验室方法，旨在扩大多种基因组研究活动所需的细胞和组织数量，包括：所有类型的功能性 RNA 分子、开放的染色质、DNA 甲基化、转录因子结合位点及其他	2300 万美元 6 ~8 个项目
对数据进行计算分析	资助研究人员开发新的 ENCODE 计划数据分析方法，改进 ENCODE 计划的数据分析，使其应用于疾病研究中	300 万美元 5 ~8 个项目
建立数据协调与分析中心	建立一个 ENCODE 计划数据协调与分析中心，该中心由数据协调部分和数据分析部分组成，前者将促进 ENCODE 计划数据管理，并创建一个用于传播数据的 ENCODE 计划门户网站；后者对 ENCODE 计划数据进行综合分析，方便研究人员使用，方便特定疾病研究使用	550 万美元

截至第二阶段，如果将 ENCODE 计划包括在内的话，NHGRI 为该计划投入接近 3 亿美元。

计划的第三阶段始于 2012 年 9 月下旬，该阶段获得 1.23 亿美元的资助以展开新一轮的资助项目（表 4-2）。此阶段的第一笔经费是 3030 万美元，为期 4 年，旨在对 ENCODE

① 本报告所描述的第一阶段约为 4 年时间，实际上项目实施时间是 3 年，这是根据 ENCODE 计划实际进展情况及具体资助颁布时间来划分的。

计划已公布的人类全基因组图谱进一步完善：①选取更大数量的人体细胞和组织进行功能元件的鉴定，以获得一系列不同类型的更深层次的数据集；②进一步分析小鼠基因组，目的是在利用人类不易获取的组织开展的研究中推广使用这种模式生物，并发掘比较基因组分析的潜力，以加大对人类基因组功能的理解；③资助建立一个数据协调中心和一个数据分析中心，支持开发新的计算方法，改善对 ENCODE 计划数据的分析水平，提高这些数据对科学界及对人类生物学和疾病研究的实用性。

表 4-2　ENCODE 计划新一轮资助项目（任务内容更新至 2014 年 7 月 25 日）

ENCODE 计划生产中心		
承担人	机构	项目描述
Bradley Bernstein	哈佛大学-MIT Broad 研究所	绘制组蛋白修饰及控制修饰的蛋白图谱，从而对人体细胞内的染色质进行编目
Thomas Gingeras	冷泉港实验室	通过高通量测序方法，获取人体细胞中编码和非编码 RNA 的转录本
Brenton Graveley	康涅狄格大学健康中心	分析人类 RNA 转录本，识别并鉴定蛋白结合位点，研究其功能
Richard Myers	HudsonAlpha 生物技术研究所	识别人类基因组中的转录因子结合位点；识别人类和小鼠细胞中 RNA 的转录本；识别人类基因组中的 DNA 甲基化位点
Bing Ren	Ludwig 癌症研究所	绘制小鼠基因组中的组蛋白修饰图谱，鉴定 DNA 甲基化位点
Michael Snyder	斯坦福大学医学院	鉴定人类基因组中的转录因子结合位点
John Stamatoyannopoulos	华盛顿大学	绘制人类和小鼠基因组中的染色质结构图谱
ENCODE 计划数据协调中心		
承担人	机构	项目描述
J. Michael Cherry	斯坦福大学	与数据生产中心共同收集、整理和储存 ENCODE 数据，并为研究界提供获得 ENCODE 计划数据的渠道
ENCODE 计划数据分析中心		
承担人	机构	项目描述
Zhiping Weng	马萨诸塞州大学医学院	与数据生产中心共同对 ENCODE 计划数据进行综合分析，提高这些数据对科研人员的易用性
ENCODE 计划计算与分析基金		
承担人	机构	项目描述
Peter Bickel	美国加利福尼亚大学伯克利分校	开发新的统计与计算方法，降低 ENCODE 计划数据的复杂性，并实现 ENCODE 计划多个数据集之间同时比对
David Gifford	麻省理工学院	开发新的计算方法用于鉴定 ENCODE 计划数据中的调控元件，研究每个调控元件的工作机制
Sunduz Keles	美国威斯康星大学麦迪逊分校	开发新的统计方法和软件用于鉴定人类基因组中的调控元件
Robert Klein	Sloan-Kettering 癌症研究所	开发新的计算方法，利用 ENCODE 计划数据，识别对疾病做出应答的细胞类型和基因变化

续表

ENCODE 计划计算与分析基金		
承担人	机构	项目描述
Jonathan Pritchard	芝加哥大学	开发新的计算方法，探索 ENCODE 计划数据中 DNA 序列变化引起基因表达变化的机制
Xinshu Grace Xiao	美国加利福尼亚大学洛杉矶分校	对改变 RNA 转录后加工过程的遗传差异进行鉴定
ENCODE 计划技术开发工作		
承担人	机构	项目描述
Christopher Burge	麻省理工学院	开发全基因组范围内识别 RNA 剪接分支点的技术
Barak Cohen	华盛顿大学圣路易斯分校	在细胞系和原代细胞中利用高通量检测法功能性表征调控元件
Peggy Farnham	南加利福尼亚大学	利用位点特异性核酸技术于原位功能性表征转录因子热点
Raymond Hawkins	华盛顿大学	提高 ChIP-seq 测定的敏感性，以增强识别功能元件的能力
Christina Leslie	纪念斯隆-凯特琳癌症中心	开发转录因子结合位点的计算预测方法，并预测细胞特异基因表达
Jason Lieb	北卡罗来纳州教堂山分校	增强子、启动子、隔离子和沉默子的高度并行功能表征
Mats Ljungman	密歇根大学	开发新的测定方法（BruChase-seq 和 BrUV-seq）以识别启动子和增强子，以及检测 RNA 的代谢
Tarjei Mikkelsen	哈佛大学-麻省理工学院 Broad 研究所	利用综合报道的高通量检测技术功能性表征增强子、沉默子、隔离子、剪接调控子和 RNA 的稳定性/翻译
Jay Shendure	华盛顿大学	在细胞系与小鼠中利用大规模并行检测方法功能化表征调控元件
Alexey Wolfson	先进 RNA 技术有限公司	利用 self-deliverable RNA 开发改进的 RNAi 方法
Guo-Cheng Yuan	哈佛大学公共卫生学院	开发新型计算方法来表征染色质状态，并预测染色体的相互作用
其他的 ENCODE 计划参与者		
承担人	机构	项目描述
Michael Beer	约翰·霍普金斯大学	开发基于序列的模型来预测调控元件，并确定其功能
Jennifer Harrow	威康信托基金会桑格研究所	GENCODE 计划：利用计算方法、目录注释和靶向实验注释基因特征
David Gilbert	佛罗里达州立大学	研究复制时机与其他染色体性质的关系，以及不断发展的基因表达模式
Anton Valouev	南加利福尼亚大学 Keck 医学院	生成并分析核小体结合与基因调控数据，并开发此类分析的新型计算方法

3）深远影响

ENCODE 计划的研究结果对生物学的许多领域产生了以下重要影响。

（1）为基因组研究提供了基础数据。

ENCODE 计划开展了广泛的研究，主要包括：①研究了 DNA 甲基化和组蛋白化学修饰程度对 DNA 转录成 RNA 的影响；②研究了远程染色质相互作用，如染色质形成环状，从而改变不同染色体区域在三维空间的相对接近程度（proximities），同时也影响转录；③描述了转录因子蛋白的结合位点以及基因调节的 DNA 元件的结构（位置和序列），其中包括了开始转录 RNA 分子位点上游的启动子区域以及更远的远程调控元件；④测试了

DNA 裂解蛋白 DNase I 可到达的基因组，这些可到达的区域，称为 DNase I 敏感位点，这些位点显示出特定的序列，在此转录因子和转录器蛋白结合引起核小体置换；⑤列出了非编码区和蛋白质编码区的 RNA 转录本的序列和数量。该计划提供的相关信息远远超出了人类基因组计划提供的 DNA 序列信息。

（2）增进对基因表达控制的认识。

ENCODE 计划在基因组层面，提出了调控通路的新见解，识别出许多调控元件，尤其是 DNase I 高敏感位点（DHS）和转录因子的 DNA 结合位点。这些都是具有细胞类型特异性的增强子，通常远离启动子。ENCODE 计划研究论文显示，每个细胞有 20 多万个 DHS，远远超过启动子数量，而且不同类型的细胞所含的 DHS 有差异。利用 ENCODE 计划产生的数据，可以绘制转录网络的逻辑与结构图。由于不同类型的细胞存在不同的调控元件，因而研究时需要使用合适的生物学材料。未来面临的挑战包括在特定的发育通路中了解调控的动态变化，以及理解在含有不同种细胞的组织中的染色质结构。

（3）识别非编码但有功能的基因组区域。

人类基因组的大部分不编码蛋白质。ENCODE 计划的研究结果显示，在这些非编码区域大多数与蛋白质和 RNA 分子结合，它们相互合作，调节编码蛋白的基因的功能和表达水平。ENCODE 计划绘制了详细的、人类基因组中拥有额外功能的非编码单元目录。这些研究意味着在解释全基因关联研究结果时，需要考虑非编码区域，那些聚焦于编码区序列有可能漏掉了重要部位，从而难以识别出真正的致病变异。尽管 ENCODE 计划提供了许多重要信息，但科学家们在寻找致病变异方面仍有一些挑战有待解决：获得与所研究疾病相关的细胞类型和组织的数据；理解这些非编码的功能单元如何影响远处的基因；需要将这类结果推广到整个机体。

（4）演化与编码。

进化生物学中的巨大挑战之一是要了解物种间的 DNA 序列差异如何决定其表型差异。改变蛋白质编码序列或通过基因序列变化改变基因调控，都可能引起演化发生变化。越来越多的研究人员认识到调控演化的重要性。然而，目前有关哪个/哪些基因组区域有调控活性的信息很少。ENCODE 计划草拟了各种细胞类型中关于这些调控元件的“部分清单”。另外，ENCODE 计划开发出新方法，改良了对调控元件的鉴定工作，大大加快了该领域的发展。这些数据也可以让研究人员识别同时在多个基因组区域发生的序列变化。

尽管 ENCODE 计划和其他研究取得了重要进展，但是仍然很难识别研究所假定的调控区区中哪个变异会产生功能变化，以及产生何种变化。另外，后转录调控或许也会产生演化变化，还有待进一步探索。

（5）从目录列表到功能。

人类基因组计划、ENCODE 计划产生了前所未有的海量数据，产生了新的计算和数据分析挑战，成为驱动基因组学中计算方法发展的主要动力。人类基因组计划中每个 DNA 碱基对产生一点信息，引起了序列匹配和比对算法的发展。在 ENCODE 计划产生的 1640 个全基因组数据集中，为每个碱基对提供了甲基化、转录状况、染色质结构以及结合分子等信息。处理该计划的原始数据以便获得功能信息需要巨大的努力。ENCODE 计划研究人员使用各种分子鉴定方法，开发了新颖的处理算法去除异常值和特定偏倚，以确保产生的功能信息的可靠性。这些处理方式和质量控制措施已经被研究界进行了调整，从而作为这类数据分析的标准。此外，ENCODE 计划整合了多种数据类型的计算方法。使用这些计算方法，整合相关蛋白质、RNA 和染色质组成部分的定量分析模型，可以在特定时间和特定条件下不直接测量而能够预测基因组的功能。

ENCODE 计划总的领导和协调人 Ewan Birney 讨论了大型研究联盟开展科学研究面临的机遇和挑战。ENCODE 计划未来面临的挑战包括：①加上时间维度，捕捉基因调控动态，但这需要依赖于技术的发展；②确定各基因组组成元件如何合作，组成基因网络，形成能够发挥复杂功能的生物化学通路；③如何利用快速增长的基因组测序项目产生的海量数据来理解各种人类表型（特性）。他总结 ENCODE 计划的运作经验时指出，研究联盟要想取得成功，需要创建一个人人参与的、透明的管理架构，需要针对一些共同的问题制定参与人员一致同意的、书面和公开的行为守则，参与者要为共同的利益密切合作。

4.2.1.2 美国胞外核酸信息通讯计划

在“后 ENCODE 计划”时代，美国仍在不断寻找 RNA 领域新的研究方向。一项发现显示，细胞可以以胞外核酸（Extracellular RNA，exRNA）形式将 RNA 释放到细胞外，在体液中穿梭并可影响其他细胞。因此，exRNA 可以作为一个信号分子与其他细胞交流并且在体内细胞与细胞之间携带信息。

2012 年 7 月 1 日，美国 NIH 共同基金宣布资助“胞外核酸信息通讯计划”（Extracellular RNA Communication program）。该计划在 2013 财年启动，研究对象为 exRNA，为期 5 年，总投资约 1.3 亿美元。该计划将探索细胞与细胞之间新的通信方式，这对理解细胞基础功能和人体健康都至关重要。最新研究表明，编码 RNA 和非编码 RNA 都可以由细胞分泌，而且能影响较远处的其他细胞。由于非编码 RNA 在 RNA 中占有相当的比重，且其对于生物体具有重要的调控功能，该计划有望成为非编码 RNA 研究的另一个前沿方向。

“胞外核酸信息通讯计划”执行之初具体开展如下研究：RNA 如何被细胞释放出来，如何被包装、运输到全身；来源于食物或环境中的 RNA 能否进入人体细胞，以及它们如何进入人体，这些外源性 RNA 如何影响各种细胞；研究人体液（如血液）中的 RNA 分子含量；探索将 exRNA 应用于临床，作为诊断工具或治疗制剂（徐萍，2012）。该计划的主要资助方向有五个：exRNA 的数据管理和资源库、人类 exRNA 循环的综合参考资料、exRNA 的生物合成/生物分布/摄入和效应功能、针对生物标志物开发的 exRNA 临床工具以及针对疗法开发的 exRNA 临床工具。

2013 年 8 月 6 日，NIH 宣布正式设立基于 exRNA 细胞间信息联系的重大研究计划，首批 24 个研究项目（表 4-3）。2013 财年，该计划的资助额度达到 1700 万美元。这项重大研究计划由 NIH 共同基金资助，NIH 下属国立转化科学推进中心（National Center for Advancing Translational Sciences，NCATS）、国立癌症研究所（National Cancer Institute，NCI）、国立药物滥用研究所（National Institute on Drug Abuse，NIDA）等机构共同参与。首批项目将会探索 exRNA 基础生物学，并开发相关技术工具用于多种相关疾病的诊断和治疗。这批项目采取基于阶段性成果的合作项目形式，多数项目将会连续资助 5 年。此外，NIH 还计划发布 exRNA 参考目录项目招标。围绕若干关键领域，NIH 将会资助和组织

跨学科研究团队开展研究。其中，由 NCATS 牵头资助的 18 项项目，主要开展基于 exRNA 的生物标志物及医学应用开发研究。由 NCI 牵头资助的 5 项项目，主要研究细胞怎样产生并释放 exRNA（exRNA 的生物合成），细胞在体内怎样传播到其他细胞上（生物分布），细胞是怎样摄入 exRNA 的（摄入），exRNA 是怎么转换细胞机能的（效应功能）等内容。NIDA 将会资助创建一个数据管理和资源库（DMRR），储存所有相关项目生成的资料，包括一个公共 exRNA 图谱网站（刘晓，2013）。

表 4-3　美国 NIH 资助 exRNA 研究首批项目

研究领域	承担机构	项目名称
exRNA 数据管理和资源库	贝勒医学院	exRNA 数据管理和资源库
exRNA 的生物合成、生物分布、吸收和效应功能	加利福尼亚大学旧金山分校	体内胞外小分子 RNA 受控释放和功能
	麻省总医院	胶质母细胞释放 exRNA 改变脑微环境
	范德比尔特大学医学中心	结直肠癌形成过程中分泌 RNA 的生物合成、功能和临床标记物
	加利福尼亚大学旧金山分校	exRNA 信息通信的遗传模型
exRNA 生物标志物开发与临床应用	洛克菲勒大学	血清核蛋白成分、调控及功能
	加利福尼亚大学圣地亚哥分校	人脑胶质瘤的 exRNA 生物标志物
	贝丝以色列迪肯尼斯医疗中心	心肌梗死后心脏机械和电重构不良反应的血浆 miRNA 预测
	麻省大学沃斯特分校	心血管风险和疾病的 exRNA 生物标志物
	转化基因组学研究院	脑损伤后预后 exRNA 标志物
	加利福尼亚大学圣地亚哥分校	胎盘功能不全风险下怀孕早期识别 exRNA
	梅奥诊所	肝癌细胞外非编码 RNA 标志物
	俄勒冈健康与科学大学	诊断痴呆症标志物 miRNA 的临床应用
	洛克菲勒大学	肾脏疾病标志物 exRNARNA 的临床应用
	布莱根妇女医院	循环 miRNA 作为多发性硬化症疾病的标志物
	加利福尼亚大学洛杉矶分校	用于胃癌检测的唾液 exRNA 标志物的临床应用
exRNA 药物开发和临床应用	杜兰大学	大规模筛选肿瘤来源含 exRNA 微泡
	麻省大学沃斯特分校	亨廷顿疾病基于外体（exosome）的药物
	芝加哥大学	外体 RNA 治疗促进中枢神经系统髓鞘化
	斯坦福大学	靶向 HER2 治疗性 mRNA 的外体输送
	罗德岛医院	调节肾脏和骨髓损伤外囊泡非编码 RNA
	俄亥俄州立大学	加载小分子 RNA 的微泡靶向治疗癌症
	得克萨斯大学安德森癌症中心	新型 exRNA 为基础的组合 RNA 抑制疗法
	路易斯维尔大学	外体样颗粒用于胞外 miRNA 的治疗性输送

4.2.1.3　欧盟 RNA 调控网络与健康和疾病计划

2002 年，在第六框架计划（sixth framework programme，FP6）中"用于健康的基因组学与生物技术"优先主题的支持下，欧盟组织 18 个国家提出了"RNA 调控网络与健康和疾病"（RNA in health and disease"RiboNet"）计划，分工协调发展欧洲的 RNA 基础和应用研究。该计划由法国国家科学研究中心（Centre National de la Recherche Scientifique）发起，着眼构建 RNA 研究的卓越网络。欧洲科学家是探索 RNA 结构与功能复杂多样性的重要贡献者，但由于研究方向与机构分布等原因产生的研究碎片化，使得欧洲 RNA 研究正在丧失其原有的领军地位。该计划的目标是创造多学科研究的协同效应，并组织有针对性的整合活动，从而在 RNA 领域确立欧洲的领导地位。

4.2.1.4 日本非编码 RNA 相关计划

1995 年，当日本开始“小鼠百科全书计划”（the mouse encyclopedia project）时，美国已经在大规模的人类基因组计划上遥遥领先，且日本在基因组科学研究方面落后于美国和欧洲国家。对日本而言，在此领域开展一个原始项目并开发一个新的技术显得尤为重要。因此，日本启动了转录组测序项目。通过该研究，科研人员发现新的成果：大约70%的小鼠基因组被转录到 RNA，而超过一半的 RNA 最终并不能翻译为蛋白质，即众所周知的非编码 RNA。随着小鼠转录组分析中的最新进展，科学家发现了意想不到的结果——由 RNA 聚合酶Ⅱ读取的小鼠基因组序列的数量要比之前预计得高六倍以上，“RNA 大陆”（RNA continent）[①] 日渐浮出水面，功能 RNA 研究项目（functional RNA research program）由此启动。该项目旨在通过基于表型的筛查实验识别和描述 ncRNA 的功能，发现表达导致恶性表型的功能 ncRNA 并揭示这些功能的潜在分子机制，为人类癌症的特异分子治疗提供药物靶点及高效方法。

为了在 RNA 研究领域保持竞争性，日本于 2000 年发起了先后有 15 个国家 50 个研究机构参加的大型多国协作计划——“哺乳动物基因组功能注释”（functional annotation of the mammalian genome，FANTOM）。由日本理化学研究所（Institute of Physical and Chemical Research，RIKEN）牵头开展人类和小鼠 RNA 转录组的系统研究。FANTOM 计划第三阶段（FANTOM 3）于 2002 年年底启动，从大约 1 万个不同的基因座中鉴定出数量为 3.5 万条左右的非编码转录物。FANTOM 计划第四阶段（FANTOM 4）进一步采用大规模 RNA 测序技术研究 RNA 转录的调控网络，其中包括大量新的小分子非编码 RNA 家族，如微小的转录起始 RNA（tiRNA）。FANTOM 计划第五阶段（FANTOM 5）旨在揭示人类基因组如何编码组成人体的不同细胞，共有来自全球的 20 个国家和地区、分属于 114 个科研机构的超过 250 名生物细胞学和生物信息学领域的专家参与。目前，FANTOM 5 的相关研究论文（共计 18 篇）分别发表在 *Nature* 杂志（2 篇）和其他 10 本学术期刊（16 篇）上。其中 *Nature* 杂志上发表的具有里程碑意义的两篇论文展示了人类基因组中启动子和增强子图谱，以及二者在不同细胞和组织中的活性。

随着 2000 年 FANTOM 计划的开展与 2001 年人类基因组计划的基本完成，全球基因组研究的焦点转移到功能基因组学分析上。因此，日本文部科学省于 2004 年启动了基因组网络计划（genome network project）。该计划拥有 RIKEN 和日本国家遗传学研究所（National Institute of Genetics，NIG）两个核心研究机构，由五个研究项目组成，包括“功能学基因组信息分析”“下一代基因组分析技术的发展”“特异生物学功能的分析”“人类基因组网络平台的构建”和“动态网络的分析技术的发展”，其研究内容均与 ncRNA 有着直接或间接的联系。通过将小鼠百科全书计划与基因组网络计划这两者的结果和技术结合，可

---

① 该术语用于表达小鼠转录组出乎意料的复杂与庞大。

以加深对生命现象的理解。

2005 年，日本推出了为期五年的功能 RNA 计划（functional RNA project），仅 2006 年即投入 8.6 亿日元，主要目标是发展预测、分析和检测非编码 RNA 及其功能的技术。此后，日本 RIKEN 承担了生命科学加速器（life science accelerator，LSA）计划等与 ncRNA 相关的重大研究项目。LSA 计划着眼于构建一个快速解码“生命程序”的系统或是细胞中分子互作的网络，不仅是软件和硬件的组合，还是一个包含必要的技术、设施、技能和人力资源的集成平台，通过收集和分析细胞上的各种研究数据来阐明分子网络。LSA 计划已经揭示了在此前网络研究中发现的大量非编码 RNA 的作用。

4.2.1.5 中国非编码 RNA 相关政策与项目

我国在政策方面对非编码 RNA 的支持起步于 2006 年。2006 年 2 月，国务院发布了《国家中长期科学和技术发展规划纲要（2006—2020 年）》，在基础研究的科学前沿问题中指出，“表观遗传学及非编码 RNA”是生命过程的定量研究和系统整合中的主要研究方向之一。为了贯彻《国家中长期科学和技术发展规划纲要（2006—2020 年）》的政策方针，《国家“十一五”基础研究发展规划》在基础科学前沿领域的重点方向“生命过程的定量研究与系统整合”中，将“非编码核糖核酸的表达调控与功能”列为“十一五”期间的主要研究方向。此后的《国家基础研究发展“十二五”专项规划》同样沿袭了在生命科学的基础前沿中将非编码 RNA 作为研究的重点之一。

基金委于 2011 年 7 月发布了《国家自然科学基金“十二五”发展规划》，在重点领域的化学与生物医学交叉研究中，非编码 RNA 结构与功能研究是主要研究方向之一。在生命科学部中，核酸的结构与功能主要研究方向包括：DNA、RNA 的结构与修饰、复制、重组与代谢；非编码 DNA 和非编码 RNA 对核酸和蛋白质活性与功能的调控机制；非编码 DNA 和非编码 RNA 在细胞、组织、器官和个体等生命活动过程及疾病发生中的功能及其调控机制。

2012 年 4 月，科技部在《蛋白质研究国家重大科学研究计划“十二五”专项规划》的主要任务中，从“结构生物学”和“蛋白质合成、降解与调控机制研究”两个角度分别提出开展“生物超分子复杂体系的结构与功能研究”，特别关注非编码 RNA 和蛋白质复合物；进行“染色质修饰和非编码 RNA 的表观遗传效应研究”，研究非编码 RNA 的分子调控机理。同时，科技部在发布的《干细胞研究国家重大科学研究计划“十二五”专项规划》中，在“干细胞自我更新及多能性维持的机理研究及新物种多能干细胞的建立”部分提出“分离鉴定干细胞特有的包括非编码 RNA 在内的多种分子标记，检测与干细胞自我更新相关的特有的表观遗传状态”。

随着国家相关政策的不断出台，近年来的国家重点基础研究发展计划（973 计划）和重大科学研究计划重要支持方向、国家高技术研究发展计划（863 计划）生物和医药技术领域项目征集指南、基金委项目指南中均列出非编码 RNA 相关研究内容，将其作为资助的重要方向。例如，“研究非编码 RNA 在蛋白质生成、加工和降解过程中的调控作用”“与关键蛋白质调控相关的非编码 RNA 生物学功能”“非编码 RNA 的系统识别与鉴定关键技术研发”，以及“非编码 RNA 的结构、功能与调控机制”等。

4.2.2 相关资助

随着各国不断推出与非编码 RNA 相关的重大计划，该领域的项目资助正在不断地攀升。其中，美国在 NSF 和 NIH 的资助下，对该领域进行大规模、持续性的投入；欧盟在第六/七框架计划（FP6/FP7）和地平线 2020 计划中助力该学科的蓬勃发展；我国科技部和基金委通过 973 计划、国家重大科学研究计划、863 计划等相关计划，在我国非编码 RNA 的基础前沿与技术应用领域不断布局；德国、日本、韩国等国家也通过本国的科技部[①]、科学基金委员会等机构资助该领域的研究，建立相关的基础设施与研究中心，并带动学科转化型研究的产业发展模式。

4.2.2.1 美国

美国 NSF 和 NIH 是美国科学研究的主要资助机构。NSF 的资助主要用于支持除医学领域外的科学和工程学基础研究和教育，而 NIH 的资助领域恰恰与其互为补充。近年来，NSF 与 NIH 对非编码 RNA 领域的研究越来越重视，所资助的项目数量与金额整体上呈现出稳步增长的趋势，略有波动；资助主题主要集中在 microRNA、疾病候选基因、RNA 结合蛋白与干细胞等方面。

2006 年以来（截至 2014 年 12 月 1 日），NSF 对 ncRNA 的相关资助[②]共计 2190 项，资助金额达 12.06 亿美元（图 4-1）。资助数量与资助金额在整体呈上升趋势，2013 年的资助数量虽然有所减少，但资助金额仍在上涨。其中，在资助数量的增长比率上，2013 年呈现负增长（−3.03%），其他年度涨幅均超过 43.48%，年复合增长率高达 123.16%；在

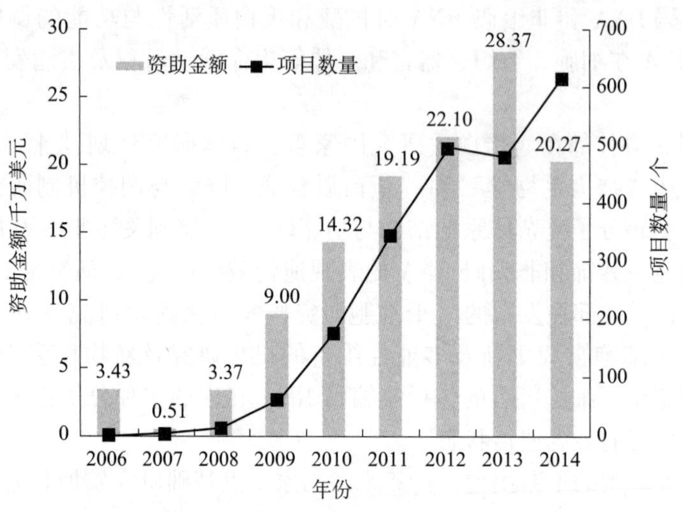

图 4-1　2003 ~ 2014 年美国 NSF 资助 ncRNA 相关项目数量和资金额度

注：由于数据库录入滞后，2014 年数据尚不全面，仅供参考

① 日本为科学文部省，韩国为未来创造科学部。

② 为了确保项目资助的查全率与查准率，检索字段为项目标题和项目摘要。

资助金额的增长比率上，除 2007 年呈现出资助力度的衰减（-85.06%），其他年度涨幅均超过 15.13%，年复合增长率高达 24.87%①。

美国 NIH 聚焦资助大型 ncRNA 研究计划，乃至 RNA 组学与表观遗传学的大规模、全球性合作研究，ENCODE 计划即是其发起的。

2003~2014 年②，美国 NIH 资助的 ncRNA 相关项目③共计 5351 项，资助金额累计达 20.68 亿美元（包括子项目 1.78 亿美元），项目发表文章 44 688 篇，申请专利 229 件，促进了 438 项临床试验研究。

美国 NIH 对 ncRNA 的资助经费金额和项目数量从 2007 年开始激增（图 4-2，图 4-3）。2003~2006 年，NIH 资助的 ncRNA 项目仅 14 个；但在 2007 年，资助项目急速增长到 300 个，超过此前资助数量总和的 20 倍；2014 年相关资助数量为 944 个，资助金额为 4.35 亿美元。除 2011 年项目资助的金额有所下降（约 1700 万美元），NIH 对 ncRNA 的资助历经了“从无到有、从少到多、稳健增长”的整体趋势，表明了该领域逐渐受到重视。

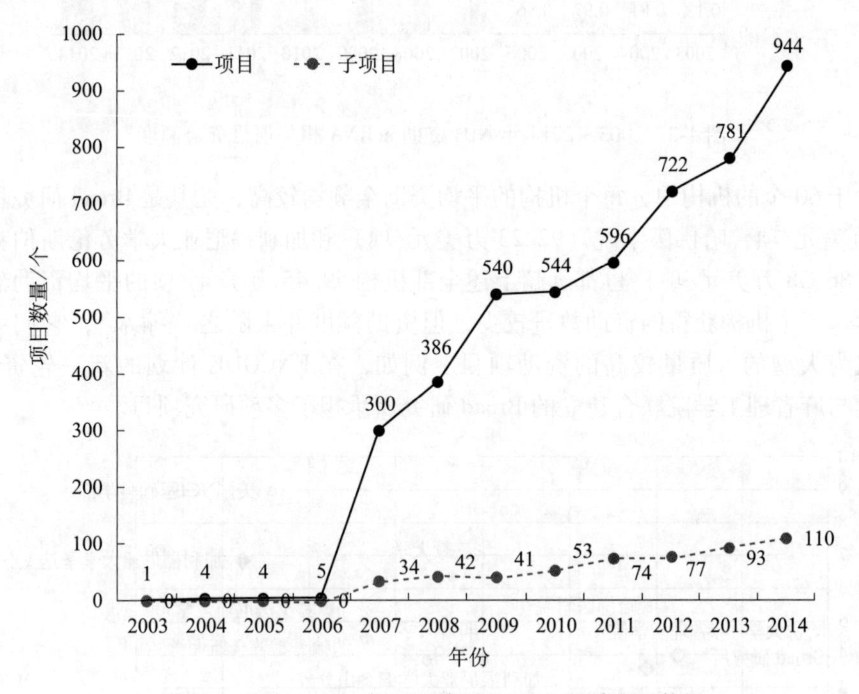

图 4-2　2003~2014 年 NIH 资助 ncRNA 相关项目数量

从资助金额与项目数量的机构分布（图 4-4）来看，美国 NCI 基础科学部获得了最高的资助金额，加利福尼亚大学圣迭戈分校获得了最多的资助项目。这两所机构位于资助的第一梯队。在项目数量超过 100 个的机构中，NCI 基础科学部的表现最佳（69.68 万美元/项）；在项目数量为 60~100 个的机构中，华盛顿大学表现优异（73.59 万美元/项）；在项

① 由于数据库收录滞后，此处未将 2014 年的数据同其他年度进行对比，仅供参考。

② NIH 在项目资助处所提到的“年”均指“财政年度”，即从当年 10 月 1 日起至下年 9 月 30 日止。

③ 为了确保项目资助的查全率与查准率，检索字段为项目标题和项目术语。

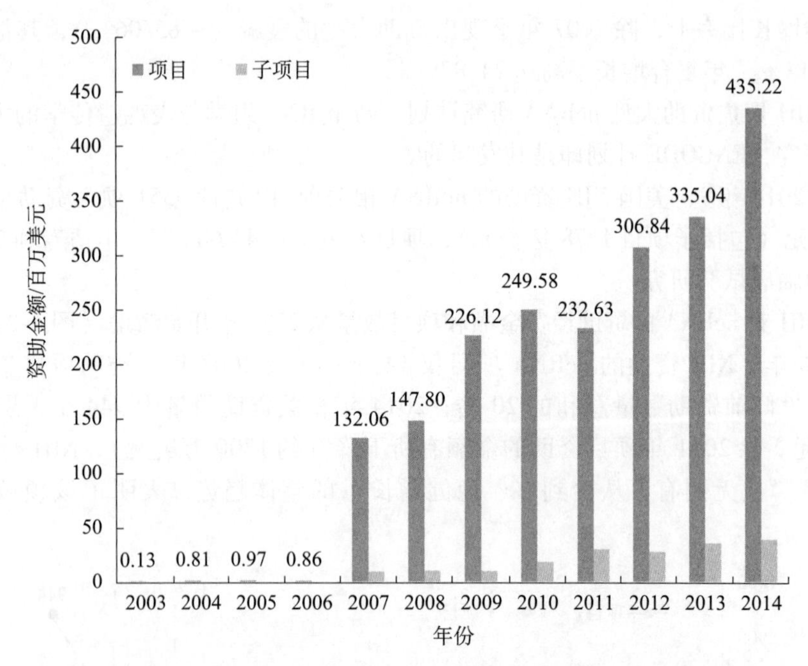

图 4-3 2003 ~ 2014 年 NIH 资助 ncRNA 相关项目资金额度

目数量少于 60 个的机构中，每个机构的平均资助金额均较高，尤其是 Broad 研究所达到了 116.36 万美元/项，哈佛医学院（92.23 万美元/项）和加利福尼亚大学劳伦斯伯克利国家实验室（86.38 万美元/项）也都远超上述全部机构 59.45 万美元/项的平均资助额度。这说明虽然这三个机构获得的资助数量较少，但资助额度并未随之“缩水”，它们可能获得了一些较为大型的、质量较高的资助项目。例如，在 ENCODE 计划的新一轮资助当中，哈佛大学与麻省理工学院联合建立的 Broad 研究所承担了多项研究项目。

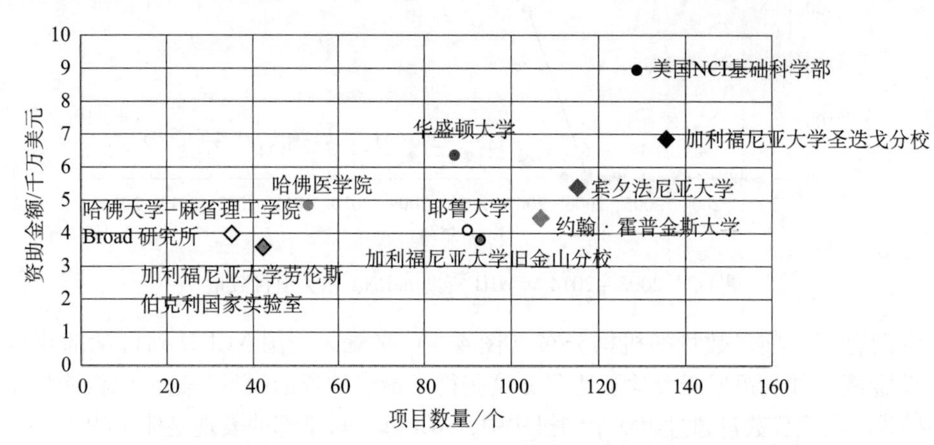

图 4-4 2003 ~ 2014 年 NIH 资助 ncRNA 相关项目的前十名机构分布

2003 ~ 2014 年，NIH 资助 ncRNA 相关项目的主题集中在非编码 RNA、microRNA、疾病候选基因、RNA 结合蛋白与干细胞等五个领域（图 4-5）。其中，非编码 RNA 资助领域涉及 ncRNA 的测序（高通量技术）、主要研究种类（miRNA 与 lncRNA）、结构（RNA 结构）与功能（RNA 分子基础）；microRNA 资助领域主要包括 miRNA 的作用（如与转录因子的共调控、表达模式、涉及的信号通路等）；疾病候选基因资助领域主要涵盖 miRNA 等非编码基因对于靶基因调控方面等；RNA 结合蛋白资助领域主要包括 RNA 结合蛋白和非编码 RNA 在细胞发育、分化及命运决定过程中的关键调控作用；干细胞资助领域主要是 ncRNA 在不同干细胞中的调控作用。

图 4-5　2003 ~ 2014 年 NIH 资助的 ncRNA 相关项目主题分布图

4. 2. 2. 2　欧盟

欧盟的框架计划对 RNA 研究进行了持续性的资助，FP5、FP6、FP7 对 RNA 研究领域资助项目数十项（表 4-4），资金超过 6 亿欧元，资助领域集中在病毒、细菌和动植物中非编码 RNA、医用 RNA 干涉或调控技术、RNA 结构等研究领域。

表 4-4　欧盟框架计划资助 ncRNA 相关项目例举

编号	项目标题
46988	BACRNAS（Non-coding RNAs in bacterial pathogenicity）
51607	RIBOREG（Novel roles of non-coding RNAs in differentiation and disease）
140865	INTEGER（Integrated approaches to study gene regulation during cellular differentiation）
148346	NCRNALUNGCANCER（Function of Non-coding RNAs in Lung Cancer）
57649	ONCOMIRS（MicroRNAs and Cancer: From Bench to Bedside）

续表

编号	项目标题
59712	HAR1MC (Structure determination of human and chimpanzee HAR1F RNA by NMR)
57568	HSC SELF-RENEWAL (Global microRNA profiling of normal and Pbx1-null hematopoietic stem cells and progenitors for the identification of new regulators)
56620	NARCISUS (Noncoding RNA comparative searching system)
51224	NCRNALUNGCANCER (Function of Non-coding RNAs in Lung Cancer)
59604	SEARCH (A study of the epigenetic alterations that result in cardiac hypertrophy)
52771	BIO-NMD (Identifying and validating pre-clinical biomarkers for diagnostics and therapeutics of Neuromuscular Disorders)
150044	DARK. RISK (Studies on a cohort of Serbian children exposed to x-irradiation to determine the contribution of the non-coding genome to susceptibility at low doses)
55433	PROSPER (Prostate cancer: profiling and evaluation of ncRNA)
58582	CARE-MI (Cardio repair European multidisciplinary initiative)
53942	MICROENVIMET (Understanding and fighting metastasis by modulating the tumour microenvironment through interference with the protease network.)

4.2.2.3 中国

我国科技部通过973计划、国家重大科学研究计划、863计划及基金委等持续资助非编码RNA研究，资助的项目数量与额度不断增加。研究内容主要涉及lncRNA、microRNA、转录调控、疾病研究等。

2005~2014年，973计划和国家重大科学研究计划对非编码RNA资助总额达到了1.67亿元，研究内容涉及非编码RNA的分子生物学机制及其在发育过程中调控功能的实现、非编码RNA在干细胞命运调控中的作用和非编码RNA的疾病关联与临床应用（表4-5）。2012年，863计划生物和医药技术领域中的前沿生物技术主题开展了小RNA技术项目的研究资助；2014年，又启动了“代谢物组与非编码RNA的系统识别与鉴定关键技术研发”项目，旨在建立非编码RNA的系统识别与鉴定关键技术、构建基于信号通路、大分子相互作用等的非编码RNA识别和功能分析的算法软件平台、建立长链非编码RNA数据库及应用软件平台。经费资助总额约为2000万元，设立了2个课题，项目为期3年。

表4-5 973计划和国家重大科学研究计划对于非编码RNA的相关资助

项目编号	项目名称	项目首席科学家	项目第一承担单位	项目依托部门/单位	资助金额/万元
2005CB724600	人类非编码RNA及其介导的基因表达调控	屈良鹄	中山大学	广东省科技厅、教育部	2106.51
2007CB946900	非编码RNA在神经和肌肉早期发育过程中的功能研究及其体内示踪的研究	彭小忠	中国医学科学院基础医学研究所	卫生部	1069.74
2007CB947000	微小RNA在若干重要器官发育中的网络调控机理及其功能	刘廷析	中国科学院上海生命科学研究院	中国科学院	2417.37

续表

项目编号	项目名称	项目首席科学家	项目第一承担单位	项目依托部门/单位	资助金额/万元
2009CB825400	新非编码 RNA 及其基因的系统发现和“双色网络”构建	陈润生	中国科学院生物物理研究所	中国科学院	2282
2010CB912800	恶性肿瘤非编码 RNA 相关蛋白的功能网络与调控机制的研究	宋尔卫	中山大学	教育部	2536
2011CBA01100	非编码 RNA 在干细胞命运调控中的功能及分子机制	朱大海	中国医学科学院基础医学研究所	卫生部	4204
2011CB811300	人类微 RNA 的调控机制及在细胞功能与命运决定中的作用	屈良鹄	中山大学	教育部	1409
2014CB542300	循环 miRNA 生物学功能及临床应用	张辰宇	南京大学	教育部	654

2002～2014 年，基金委对非编码 RNA 总资助金额为 3.56 亿元（图 4-6）。从 2006 年开始资助力度增幅加大，2007 年资助数量与金额开始稳健增长，2014 年资助金额达到了 1.35 亿元。除了 2007 年之前资助金额和项目数量有所波动外，此后均呈现正增长的趋势，尤其是 2011 年资助金额同比增长 194.51%。整体来看，资助金额和资助项目数量的年复合增长率分别为 40.70% 和 51.31%；在“十二五”期间，这两者的年复合增长率分别达到 53.95% 与 52.79%。这说明我国在“十二五”期间发布的科技政策导向作用非常明显，对非编码 RNA 领域的资助力度正在不断增加。

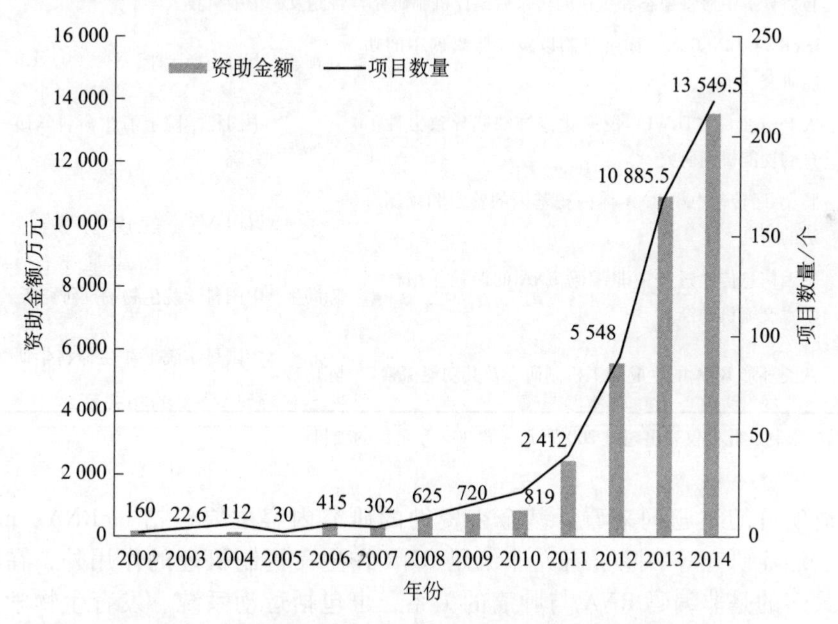

图 4-6　2002～2014 年基金委非编码 RNA 相关资助项目数量与资助金额

近年来，该领域的基金委资助金额的不断增加不仅与项目数量的增长有关，还与重大项目的资助力度有着密切联系。2012 年，该领域重大项目为 1 项，资助金额为 450 万元；2014 年，基金委资助了 4 个重大项目，资助总额达 3600 万元。2014 年，资助力度较大的重大研究计划在数量上也迅速增长到27项，资助总额为4090万元（表4-6）。

表4-6　2014年基金委非编码RNA重大项目与重大研究计划资助列举

项目批准号	项目名称	负责人	依托单位	金额/万元
	重大项目			
81490753	肿瘤转移相关lncRNA的系统识别和功能研究	詹启敏	中国医学科学院肿瘤医院	420
81490751	肿瘤微环境的长链非编码RNA调控恶性肿瘤转移的作用和机制研究	宋尔卫	中山大学	960
81490750	长链非编码RNA调控网络在恶性肿瘤转移中的功能和机制研究	宋尔卫	中山大学	1800
81490752	长链非编码RNA调控恶性肿瘤转移信号传导的分子机制研究	黎孟枫	中山大学	420
	重大研究计划*			
91440205	调控细胞增殖与死亡的lncRNA的鉴定及其作用机制研究	庄诗美	中山大学	300
91440201	crRNA介导的免疫系统的结构与功能研究	王艳丽	中国科学院生物物理研究所	300
91440204	链霉菌两类亮氨酸tRNA与相关蛋白质的相互作用	王恩多	中国科学院上海生命科学研究院	300
91439203	心力衰竭中血管稳态和重构的转录后调控机制研究	汪道文	华中科技大学	270
91440203	LncRNA-LINC01133作用机制以及在胆囊癌中的功能研究	刘颖斌	上海交通大学	300
91419307	人Piwi蛋白（HIWI）泛素化修饰缺陷导致男性不育的功能机制研究	刘默芳	中国科学院上海生命科学研究院	200
91429301	肠炎-癌转化中小RNA体内靶基因的鉴定和预测算法的研究	韩家淮	厦门大学	250
91440000	基因信息传递过程中非编码RNA的调控作用机制学术交流机动经费	陈润生	中国科学院生物物理研究所	200
91440202	两类环形RNA的生成加工机制研究及其功能探索	陈玲玲	中国科学院上海生命科学研究院	300

*由于篇幅限制，此处仅列出超过200万元（含200万元）的项目

从申请项目的主题词来看，基金委资助的研究内容主要包括lncRNA、microRNA、转录调控、癌症研究等。除了研究非编码RNA在生命机制机理的作用外，在学科应用领域研究最多的是非编码RNA与肿瘤的关系，也包括运动系统、发育生物学与生殖生物学、医学病原微生物与感染、循环系统、神经系统和精神疾病等相关研究（图4-7）。中山大学、中国人民解放军第二军医大学和南京医科大学等机构获得了较多的非编码RNA研究基金（图4-8）。

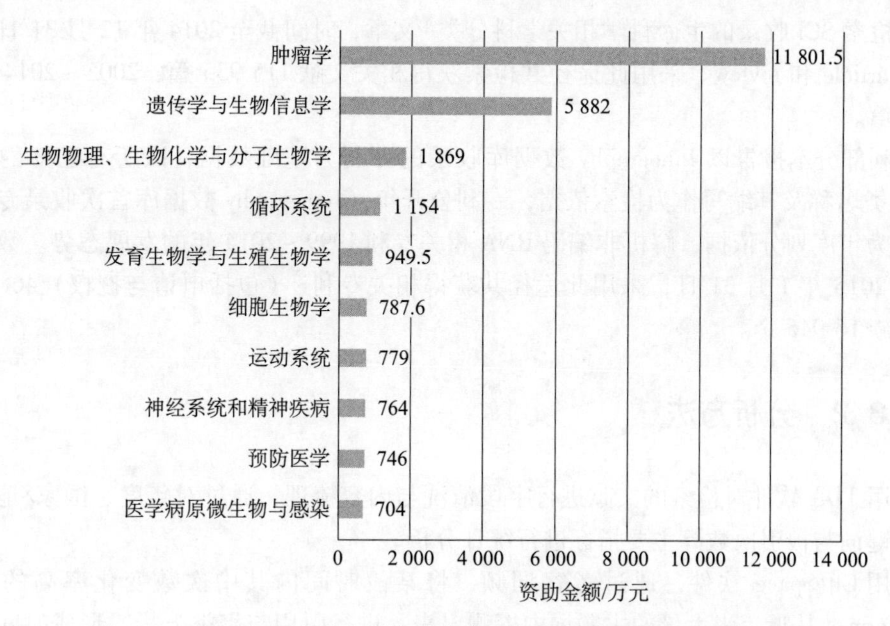

图 4-7 2002 ~ 2014 年基金委资助非编码 RNA 相关领域分布前十排名

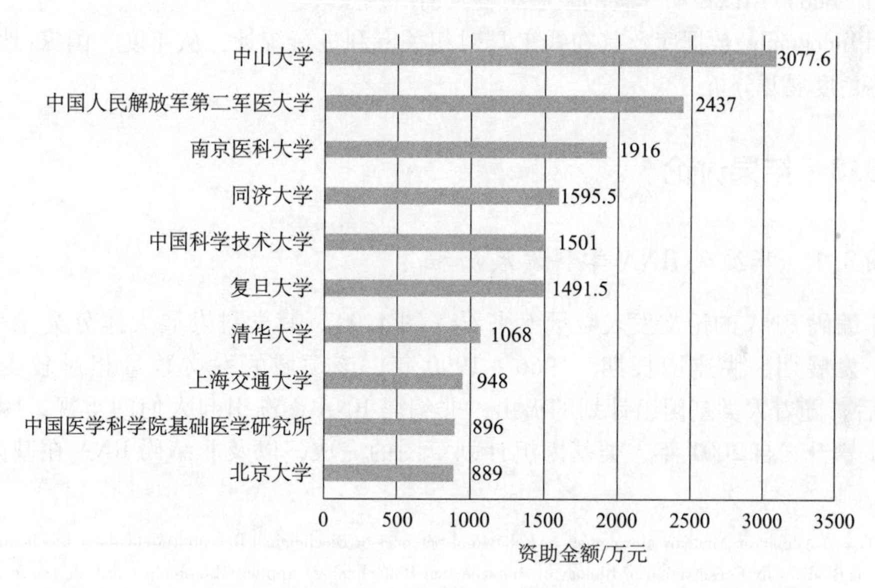

图 4-8 2002 ~ 2014 年基金委资助非编码 RNA 相关研究经费前十机构排名

4.3 非编码 RNA 相关科学计量分析

4.3.1 数据来源

文献部分利用 WoS 数据库，以所有已知的非编码 RNA 种类名称及其缩写形式作为关键词，检索SCI收录的生命科学相关学科分类[①]文章，时间截至2014年12月31日，文献类型为article和review。采用此途径共检索获得相关文献115 935篇，2005～2014年文献89 487篇。

专利部分本报告以Innography数据库收录的专利为基础数据，以所有已知的非编码RNA种类名称及其缩写作为检索依据，专利公开年（Innography数据库首次收录专利的公开年）为年度划分依据，解析非编码RNA相关专利1999～2014年的发展态势。数据下载日期为2015年1月31日，采用此途径共获得相关专利[②]（包括申请与授权）46 744件，专利家族16 946个。

4.3.2 分析方法

利用TDA软件对检索的文献进行字段清洗与内容梳理，通过对年度、国家/地区、机构、关键词与被引次数等主要指标进行统计分析。

利用CiteSpace软件，通过考察词频，将某段时间内其中次数变化率高的突发词（burst term）从近年来大量的主题词中探测出来，进行引用与聚类分析，形成时间轴与词云（word cloud）用以说明学科的发展历程及前沿热点。

利用Innography数据库及其在线工具对相关专利进行统计，从年度、国家/地区和专利布局等角度展开分析。

4.3.3 结果讨论

4.3.3.1 非编码RNA学科发展历程

从非编码RNA的论文发表数量上来看（图4-9），其学科发展大体分为三个阶段：萌芽期、发展期、快速增长期。1966～1990年，该领域的发文数量相对较少；进入1990年后，随着人类基因组计划的提出，非编码RNA逐渐引起人们的重视，因此发文数量稳步攀升；自2001年人类基因组计划草图的完成，以及非编码RNA在基因调控、

① WC =（Allergy or Anatomy Morphology or Behavioral Sciences or Biochemical Research Methods or Biochemistry Molecular Biology or Biodiversity Conservation or Biology or Biophysics or Biotechnology Applied Microbiology or Cell Tissue Engineering or Cell Biology or Developmental Biology or Ecology or Engineering Biomedical or Entomology or Evolutionary Biology or Genetics Heredity or Immunology or Infectious Diseases or Marine Freshwater Biology or Materials Science Biomaterials or Mathematical Computational Biology or Microbiology or Mycology or Neuroimaging or Neurosciences or Nutrition Dietetics or Ornithology or Parasitology or Pathology or Pharmacology Pharmacy or Physiology or Plant Sciences or Psychology Biological or Reproductive Biology or Toxicology or Virology or Zoology or Andrology or Anesthesiology or Cardiac Cardiovascular Systems or Clinical Neurology or Critical Care Medicine or Dentistry Oral Surgery Medicine or Dermatology or Emergency Medicine or Endocrinology Metabolism or Gastroenterology Hepatology or Geriatrics Gerontology or Hematology or Medical Laboratory Technology or Medicine General Internal or Medicine Research Experimental or Obstetrics Gynecology or Oncology or Ophthalmology or Orthopedics or Otorhinolaryngology or Pediatrics or Peripheral Vascular Disease or Psychiatry or Psychology Clinical or Radiology Nuclear Medicine Medical Imaging or Respiratory System or Rheumatology or Substance Abuse or Surgery or Tropical Medicine or Urology Nephrology）.

② 由于专利申请审批周期及专利数据库录入迟滞等原因，2013～2014年数据可能尚未完全收录，仅供参考。

基因沉默等生物学机制中重要作用的凸显，相关领域的科研进展与学术研究进入快速增长期。

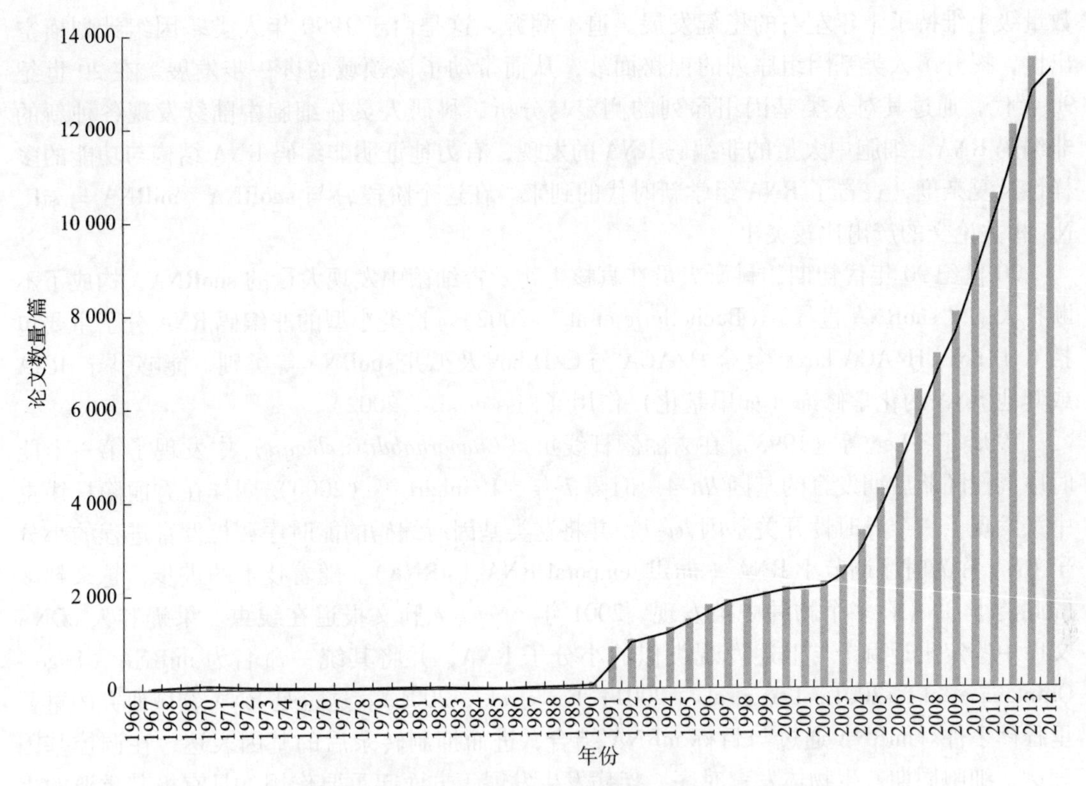

图 4-9 全球非编码 RNA 相关论文数量的年度变化

注：因数据库收录滞后，2014 年数据不全，仅供参考

1）国际整体发展态势

（1）第一阶段——萌芽。

事实证明，RNA 的研究浪潮往往是由 DNA 的某个重大突破引起的（屈良鹄，2009）。20 世纪 50 年代，rRNA 和 tRNA 作为最早的非编码 RNA 被人们发现。此次发现并非偶然，正是由于 1953 年 DNA 分子双螺旋结构的解析引起了人们在转录和翻译水平对遗传信息的进一步解读，从而促进了这两类非编码 RNA 的发现。1977 年，断裂基因的发现（Mandel et al.，1978）让人们认识到，在基因组水平的遗传信息编码并非是连续性的。随着 snRNA 的发现（Zhuang and Weiner，1986；Parker et al.，1987），从 RNA 转录后加工水平来解读遗传信息表达的过程及机制日渐明晰。1982 年，Cech 等研究原生动物四膜虫 rRNA 时，首次发现 RRNA 基因转录产物的Ⅰ型内含子剪切和外显子拼接过程可在无任何蛋白质存在的情况下发生（Kruger，1982），该研究预示细胞中存在大量具有催化功能的调控 RNA。起初，人们认为基因研究中最重要的对象是 DNA 和蛋白质，而 RNA 只起到传送 DNA 信息的作用，但 RNA 编辑现象的发现颠覆了这种认知。1986 年，Benne 等（1986）在锥虫动质体线粒体中发现了 RNA 编辑现象，自此打破了基因与蛋白质的线性传递规则，从而进一步证实非编码 RNA 能够调控遗传信息的表达。

（2）第二阶段——发展。

1990 年，该领域的相关论文仅有 118 篇，而 1991 年爆发式地增长至 881 篇，并在此数量级上维持了十年左右的稳健发展。追本溯源，这是由于 1990 年人类基因组计划横空出世，揭开了人类基因组序列的神秘面纱，从而带动了该领域的进一步发展。在 20 世纪 90 年代，通过其对人类基因组序列的测定与分析，科研人员在细胞中陆续发现各种新的非编码 RNA。细胞中大量的非编码 RNA 的发现，有力地证明非编码 RNA 结构与功能的多样性及复杂度，宣告了 RNA 组学新时代的到来。在这个阶段，与 snoRNA、miRNA 与 siRNA 相关论文的产出比较突出。

20 世纪 90 年代初期，科研人员在真核生物及古细菌中发现大量的 snoRNA，构成了不断扩大的“snoRNA 世界”（Bachellerie et al.，2002）。这类小型的非编码 RNA 分子主要包括 C/D box、H/ACA box、复合 H/ACA 与 C/D box 及孤儿 snoRNA 等类别，能够引导 rRNA 或其他 RNA 的化学修饰（如甲基化）作用（Kiss et al.，2002）。

1993 年，Lee 等（1993）在秀丽隐杆线虫（*Caenorhabditis elegan*）中发现了第一个能时序调控胚胎后期发育的基因 *lin*-4。时隔 7 年，Reinhart 等（2000）同样在秀丽隐杆线虫中又发现了一个异时性开关基因 *let*-7，并将这类基因所编码的能时序调控发育进程的小分子 RNA 称为时序调节小 RNA（small temporal RNA，stRNA）。随着技术的进步，越来越多的此类小 RNA 在多个物种中被发现。2001 年，*Science* 刊文报道在线虫、果蝇和人 cDNA 文库中鉴定出近百个与上述发现类似的小分子 RNA，并将其统一命名为 miRNA（Lagos-Quintana et al.，2001；Lau et al.，2001；Lee et al.，2001）。这也是 RNA 领域研究的重要里程碑事件。miRNA 通过与目标 mRNA 结合，进而抑制转录后的基因表达，在调控基因表达、细胞周期、生物体发育时序、疾病发生发展等方面起重要作用，具有极其重要的生物学功能与意义。

RNA 干扰现象是 1990 年由 Jorgensen 研究小组在研究查尔酮合成酶对花青素合成速度的影响时发现的（Napoli et al.，1990）。1992 年，Romano 和 Macino（1992）在粗糙链孢霉中发现这样一个事实——外源导入基因能够抑制具有同源序列的内源基因的表达。1995 年，Guo 和 Kemphues（1995）在线虫中也发现了 RNA 干扰现象。经过上述研究的铺垫，Fire 等（1998）于 1998 年在秀丽隐杆线虫中发现，加入 siRNA 能够产生比正义或反义 RNA 更强的基因表达抑制效果，并将这种现象正式命名为 RNAi。由于 RNAi 在基因沉默方面的简易高效，所以成了基因功能研究的重要工具，并在药物标靶发现、确认及疾病治疗方面获得了广泛应用。

1990～2001 年，正是由于上述非编码 RNA 及其相关生物学功能的不断发现再次燃起了人们对“RNA 世界”的向往与关注，该领域的文章数量自此得以稳步增长。

（3）第三阶段——快速增长。

2001 年，人类基因组计划的基本完成宣告了后基因组时代的开始，科研人员从非编码 RNA 的角度对遗传信息进行解读，从而展开了功能基因组学的研究。这预示着又一轮 RNA 研究高潮即将到来，而事实也恰恰如此。自 2002 年起，该领域文献的年均增长幅度达到了 17.08%；受 miRNA 与 RNAi 进入 2002 年 *Science* 杂志十大科学突破的影响，2003～2007 年的该领域论文数量增长幅度均在 15% 以上，其中后 4 年增长幅度至

少为22%；当ENCODE计划于2012年9月发布其当前完成阶段的成果之后，2010年相关论文涨幅再次达到20%。在这个阶段，与piRNA、lncRNA和circRNA相关的论文产出也比较突出。

2006年7月，Aravin等（2006）发现了piRNA的存在。随后，Girard等（2006）也检测到了这种非编码RNA，并发现它们与生殖细胞发育密切相关。诸多研究表明，数以百万计的piRNA序列存在于生殖细胞之中，其数目远远超过其他非编码RNA的总和。因此，piRNA肩负着在生殖细胞发育中调控基因表达的重要任务。它可以与Piwi蛋白结合形成piRNA复合物（piRNA complexes，piRCs），具备沉默转录基因过程、维持生殖系和干细胞功能、调节mRNA的稳定性等生物学功能。

与此同时，受到小RNA研究的启示与新型技术的助力，lncRNA也由于其与人类疾病具有密切联系，逐渐引起了人们的浓厚兴趣。尽管具有基因特异性调控作用的lncRNA（如H19和Xist）在20世纪90年代早期就已经被发现，但随着2005年“转录噪声”的观点普及（Hüttenhofer et al.，2005），lncRNA的研究才逐渐引起人们的重视。1990年，Brannan等（1990）在哺乳动物的细胞中鉴定出首个lncRNA（H19），并发现其与癌症和胎儿生长有关。随后，Brockdorff等（1992）也发现*Xist*能够关闭第二个雌性X染色体，以确保基因的正确活性。此后，多种lncRNA如雨后春笋般不断涌现在人们面前。它们主要分为（原佳沛等，2013）：①相对独立的不与编码基因重叠的RNA，如MALAT1（Ji et al.，2003）和HOTAIR（Rinn et al.，2007）；②天然反义转录本，如*Xist*和*Tsix*共同控制X染色体的失活（Lee et al.，1999）；③假基因；④长的内含子区非编码RNA，如COLD-AIR（Heo，Sung，2011）；⑤与启动子联系的转录本或增强子RNA，如pasRNAs（Kanhere et al.，2010）和eRNAs（Wang et al.，2011）。lncRNA不仅能够调控基因转录及表达、调控调控基础转录元件，还可以参与转录后的剪接调控、翻译调控及基因调控，此外还在表观遗传调控中起着重要作用。随着研究的不断深入，科研人员发现大多数lncRNA在癌症和其他重大疾病中的表达，因此它具备作为诊疗生物标记物和药物靶点的巨大潜力。正基于此，这带动了lncRNA研究热潮的迅速兴起。

近年来，颇受关注的circRNA的研究历程与lncRNA类似——发现时间相对较早，相关研究主要集中在最近几年。circRNA是一类不具有5' 末端帽子和3' 末端poly（A）尾巴，并以共价键形成环形结构的非编码RNA分子（张杨等，2014）。自1976年起，研究人员曾先后在病毒（Kolakofsky，1976；Sanger et al.，1976）和真菌（Matsumoto et al.，1990）中发现它们的存在。但在此后的数十年中，由于其表达丰度较低，circRNA仅在个别基因中被鉴定出来。随着技术的发展，研究人员先后在多种模式生物、哺乳动物和人类自身发现大量circRNA的存在（Wang et al.，2014）。近年来，通过新一代的高通量测序技术与专门针对circRNA的实验计算方法的融合，大量circRNA分子在不同物种中被发现（Danan et al.，2012；Salzman et al.，2012），并识别出其充当miRNA分子海绵、参与基因转录调控、与RNA结合蛋白相互作用，以及翻译蛋白质等作用。

2）我国非编码RNA领域的发展情况

我国对于RNA的研究曾经一度处于全球领先水平。始于20世纪60年代，国际生物学领域刚刚开始进行RNA的结构解析和功能理解，我国科学家就逐步开始跟进RNA相关研究。随着在RNA领域研究的不断深入，我国于1981年出色地完成了酵母丙氨酸tRNA的全人工合成，并且在其具有生物活性、能够进行全部碱基修饰的基础上，获得了全球最高的产率与活性。

从发文数量上来看，我国非编码RNA学科的起步相对较晚，当全球处于稳健发展期（1990年左右）的时候，我国的ncRNA研究刚刚起步（图4-10）。虽然我国的学科发展步伐略有滞后，但增长速度令人欣喜。从1998年开始至2002年，论文数量开始稳步攀升。2003年以来，我国的非编码RNA相关文章数量增长迅速，2003～2014年的平均增长幅度为40.87%，年复合增长率达40.17%。这与科技部及基金委等机构的大力资助有着密切的关系。

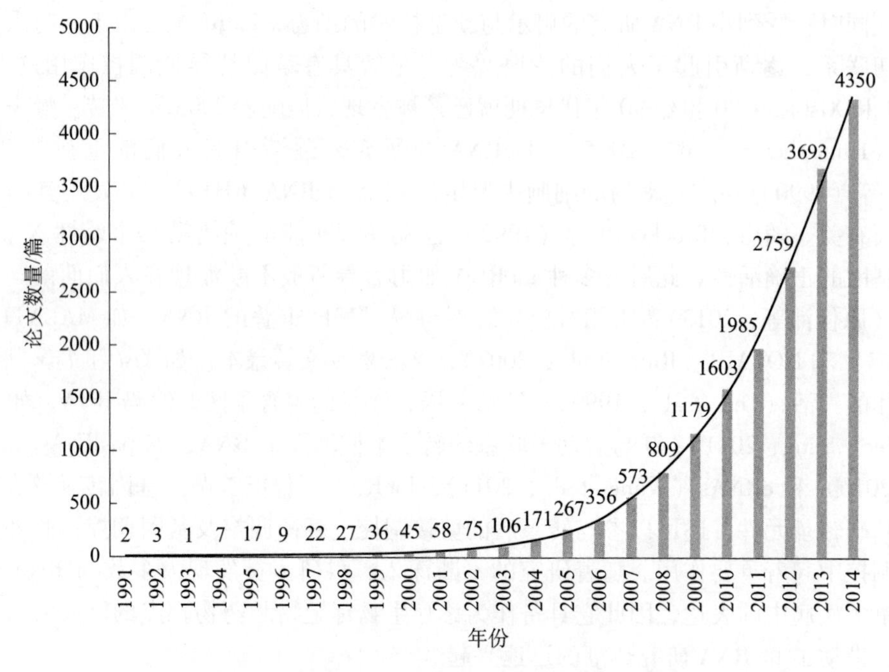

图4-10　中国ncRNA相关论文数量的年度变化

4.3.3.2　国家与机构的综合水平对比

从全球在该领域的发文数量分布（图4-11）可以看出，由于美国在非编码RNA领域的研究开始较早，且资助力度很大，所以在该领域占据领军地位，论文数量为40 582篇，远超其他各国。我国在发文数量上为美国的一半左右（18 076篇），排名第二位。德国（11 188篇）、日本（10 748篇）和英国（7456篇）分别列第三、第四、第五位。通过近十年的数据变化（图4-12），可以发现虽然英国与法国等RNA研究的传统研究强国起步较早，但近年来正在并已经被韩国赶超。这与韩国相关的政策倾斜是密不可分的，如韩国于2014年2月启动一项耗资约5.4亿美元的后基因组计划。日本在近十年发表的非编码RNA领域文章数量已经超过德国，同样与FANTOM等大型计划的开展有关。

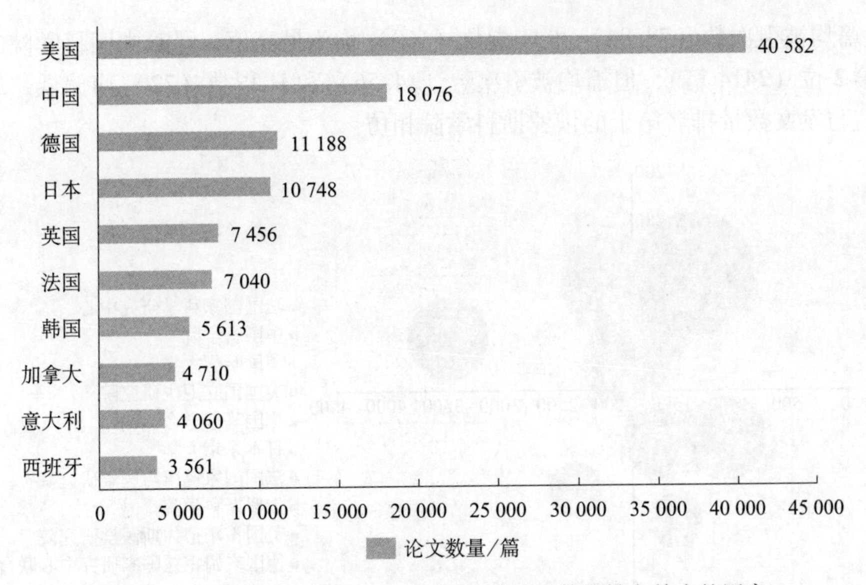

图 4-11　1966 ~ 2014 年全球 ncRNA 相关论文数量排名前十的国家

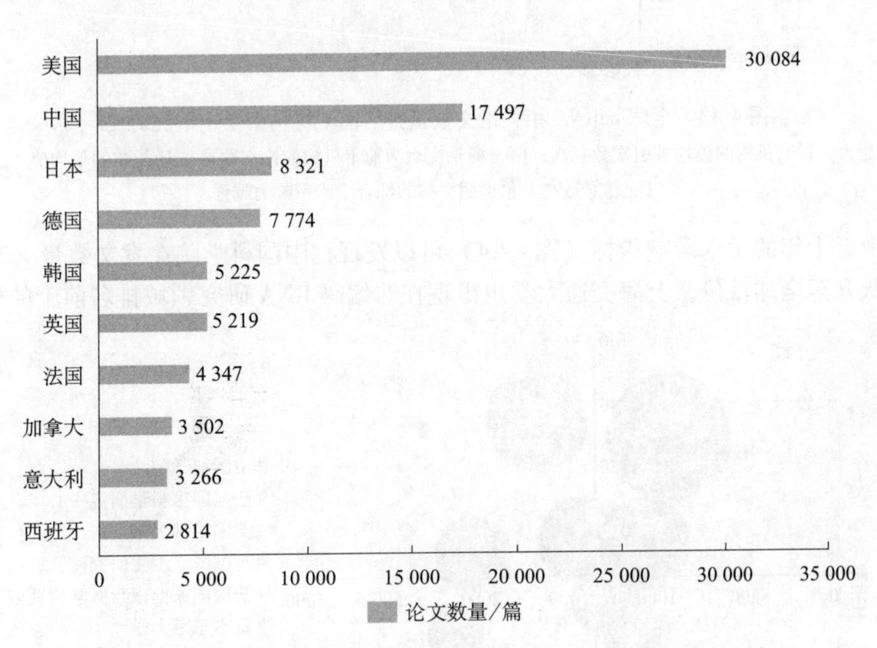

图 4-12　2005 ~ 2014 年全球 ncRNA 相关论文数量排名前十的国家

综合论文的发表数量、篇均被引次数和 H 指数[①]能够衡量不同机构的科研竞争力与学术影响力。论文数量排名前十的机构中（图 4-13、图 4-14），法国国家科学中心的发文数量最多（3517 篇）。在该领域，美国机构的学术影响力相对较强。美国哈佛大学（2089 篇）、美国 NIH（1968 篇）的发文数量和篇均被引频次分别排在第 3 名和第 4 名，并且 H 指数分别达到 156 和 124。美国霍华德休斯医学研究院虽然发文数量仅排在第 9 位（1360

① H 指数是指每篇论文至少被引了 h 次的 h 篇文章。

篇），但篇均被引次数（78.84）和H指数（160）均为最高值。尽管中国科学院的发文数量排名第2位（2414篇），但篇均被引次数（14.56）和H指数（72）均偏低，后两项指标的数值与发文数量排名第十的俄罗斯科学院相仿。

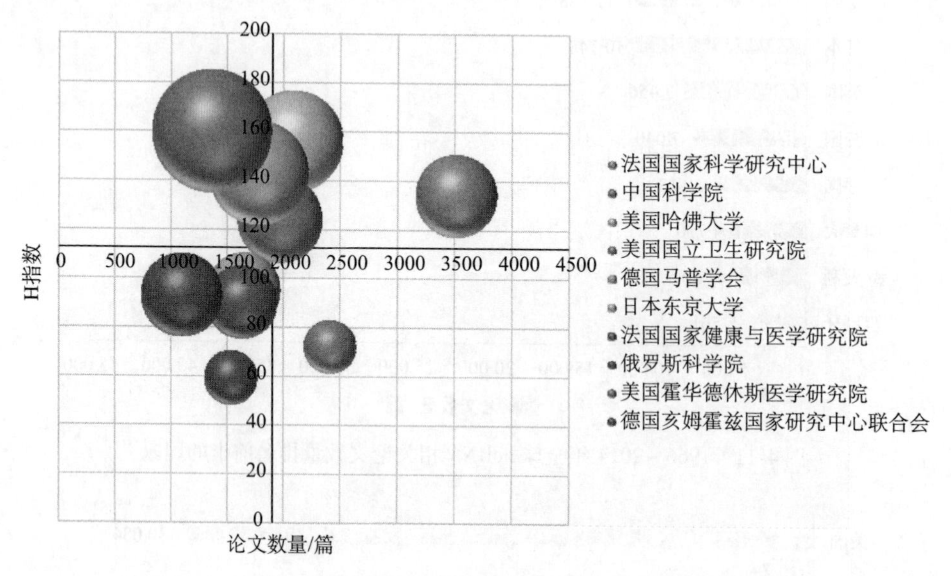

图4-13　全球ncRNA相关论文数量排名前十机构的学术情况对比

气泡越大，说明机构的篇均被引次数越高；两坐标轴交点为前十机构的论文数量与H指数的平均值，因此气泡越靠近右上角说明机构的综合学术影响力越强

纵观近十年的学术影响指标（图4-14）可以发现，中国科学院在发文数量（2181篇）上已经跃升至全球首位，上海交通大学也出现在非编码RNA研究领域排名前十的机构榜

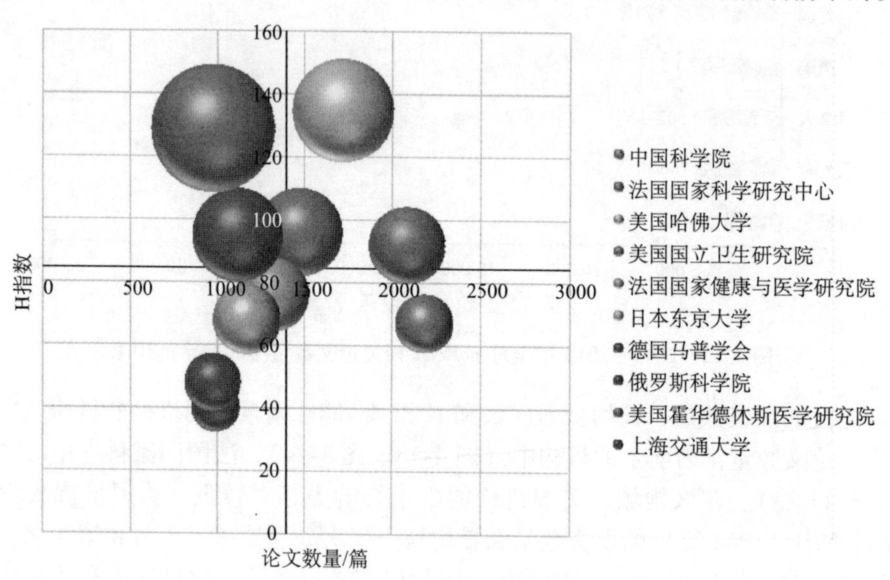

图4-14　2005～2014年全球ncRNA相关论文数量排名前十机构的学术情况对比

气泡越大，说明机构的篇均被引次数越高；两坐标轴交点为前十机构的论文数量与H指数的平均值，因此气泡越靠近右上角说明机构的综合学术影响力越强

单之上。在这些机构中，哈佛大学近十年的高质量研究较多，H 指数达到 135。在发文数量上处于同一数量级的俄罗斯科学院（981 篇）、霍华德休斯医学研究院（969 篇）和上海交通大学（966 篇）在文章影响力上有很大差异，霍华德休斯医学研究院的篇均被引次数高达 69. 45，而俄罗斯科学院和上海交通大学此项指标分别为 10. 04 和 13. 69。

综合考量国内研究机构的学术影响力（图 4-15）能够看出，中国科学院的发文数量（2414 篇）领先于其他国内机构，H 指数（72）同样排名首位。这说明尽管中国科学院不仅发表的文章数量较多，而且其中不乏高影响力的论文。香港大学的发文数量（425 篇）虽然仅占中国科学院的五分之一左右，但 H 指数（48）和篇均被引次数（22. 09）分别列第 2 名和第 1 名，这说明香港大学的在此领域的学术影响力相对较高。中山大学（H 指数 53，篇均被引次数 15. 81）、复旦大学（H 指数 44，篇均被引次数 14. 14）和中国医学科学院（H 指数 40，篇均被引次数 15. 53）在学术影响力方面表现突出。

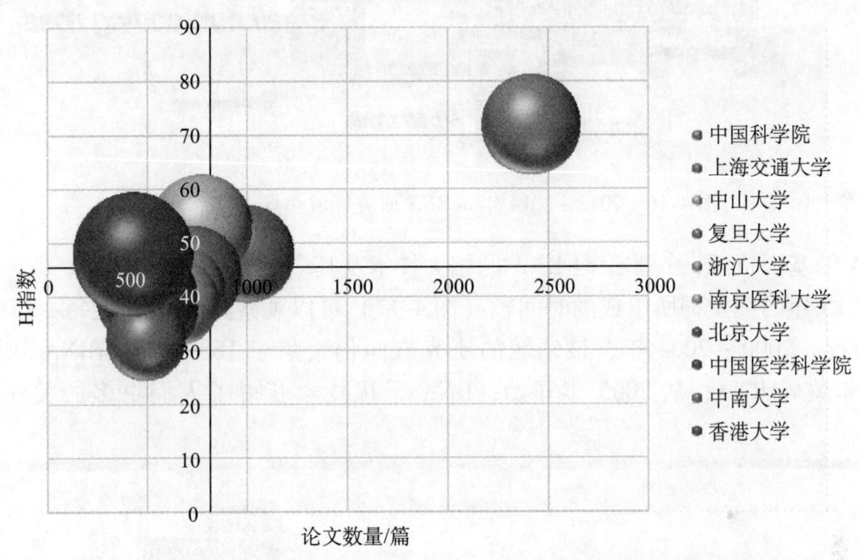

图 4-15　中国 ncRNA 相关论文数量排名前十机构的学术情况对比

气泡越大，说明机构的篇均被引次数越高；两坐标轴交点为前十机构的论文数量与 H 指数的平均值，因此气泡越靠近右上角说明机构的综合学术影响力越强

4. 3. 3. 3　非编码 RNA 学科前沿热点

对 2012 ~2014 年的关键词进行频次与共现关系统计分析（图 4-16），可以看到在非编码 RNA 研究领域，近三年研究中出现频率比较高的是小 RNA、小非编码 RNA、特异 miRNA、长链非编码 RNA、转录因子、干细胞、靶基因和癌细胞等研究对象；科研人员关注信号通路、调控网络、RNA 干扰、生物学过程、表观遗传机制、DNA 甲基化、转录后调控和 miRNA 表达等相关的基础研究；而从转化医学和临床角度出发，研究聚焦于治疗靶点、临床特征、癌症疗法、人类疾病、发病过程和早期诊断等研究方向。

根据以上分析，非编码 RNA 研究热点为：①非编码 RNA 的识别与鉴定；②非编码 RNA 的结构与功能；③非编码 RNA 的表观遗传调控；④非编码 RNA 与疾病的关联；⑤非

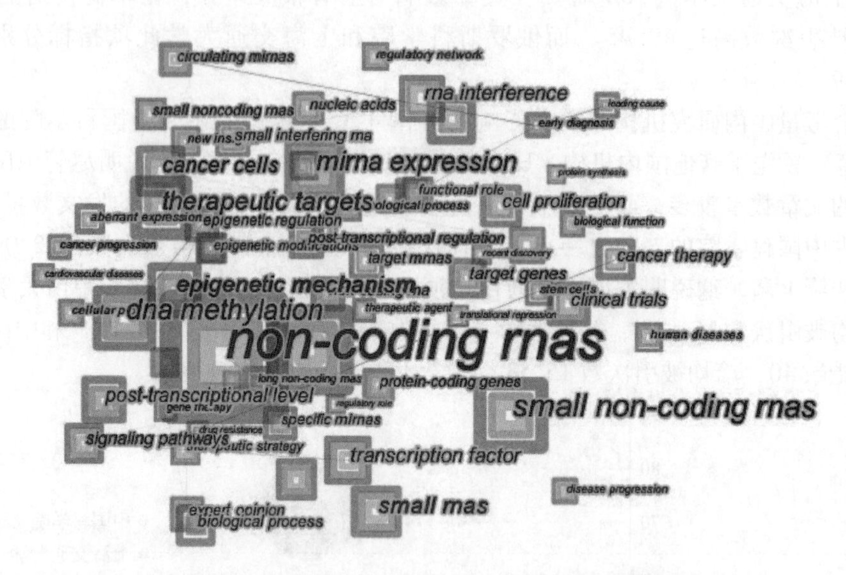

图 4-16　2012～2014 年 ncRNA 研究领域热点词频率分布

编码 RNA 的基因资源；⑥非编码 RNA 的相关技术及其应用。

从近 15 年的突发词所组成的时间轴（图 4-17）可以观察到 ncRNA 在每一年的研究前沿变化情况。2000～2004 年，该领域的研究方向仍聚焦于 16S RNA、rRNA 和 tRNA 等“传统”非编码 RNA；从 2005 年开始，RNA 干扰技术获得了人们更多的关注与青睐；

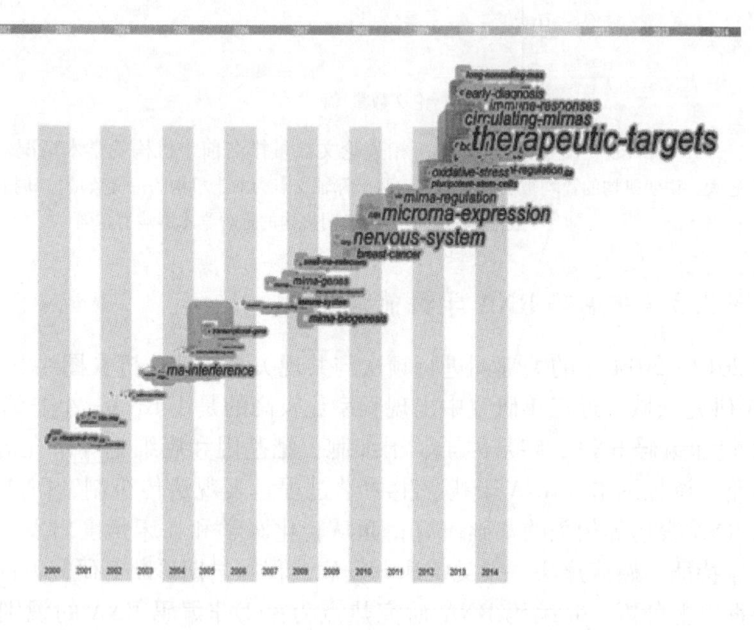

图 4-17　2000～2014 年 ncRNA 研究领域突发词频率分布

2008 年，科研人员又将目光转向了小 RNA 分子、miRNA 的生物学机制、miRNA 与基因的关系，以及 ncRNA 对免疫系统的影响；2010 年，聚焦在非编码 RNA 在乳腺癌中的生物学机制及其对神经系统的影响；2011 年，miRNA 的表达与调控和 ncRNA 在多能干细胞中的作用研究趋热；2013 年之后，疾病的早期诊断、长链非编码 RNA、免疫应答和治疗靶点演化为新一轮的研究趋势。

综上所述，近年来的非编码 RNA 领域前沿变化包括：①研究对象丰富多样。从 rRNA、tRNA 等“传统”非编码 RNA 发展到以 miRNA、lncRNA 和 circRNA 等种类与功能多元化的“现代”非编码 RNA。②研究角度层次分明。既开展非编码 RNA 的系统识别、功能确定等基础研究，又进行非编码 RNA 资源平台建设及相关技术的开发。③研究目标向应用转移。从非编码 RNA 的分子机制到以临床治疗、药物开发为导向的转化医学研究，该学科的研究目标与人类的健康需求结合得越发密切。

4.3.3.4 非编码 RNA 专利情况

1）整体态势

2000 年以来，全球和中国非编码 RNA 相关专利的申请和授权数量均呈现上升趋势（图 4-18、图 4-19）。2014 年，全球非编码 RNA 专利申请数量和获授权数量分别为 3815 件和 1403 件，申请量和授权量分别是 2010 年的 15.64 倍和 14.03 倍。2014 年，中国专利申请数量和获授权数量分别为 667 件和 232 件，申请量和授权量分别是 2010 年的 166.75 倍和 77.33 倍。2000 年以来，中国申请和授权的专利数量全球占比呈现波动上升趋势，2014 年申请和授权数量占全球数量比值分别为 17.48% 和 16.54%。

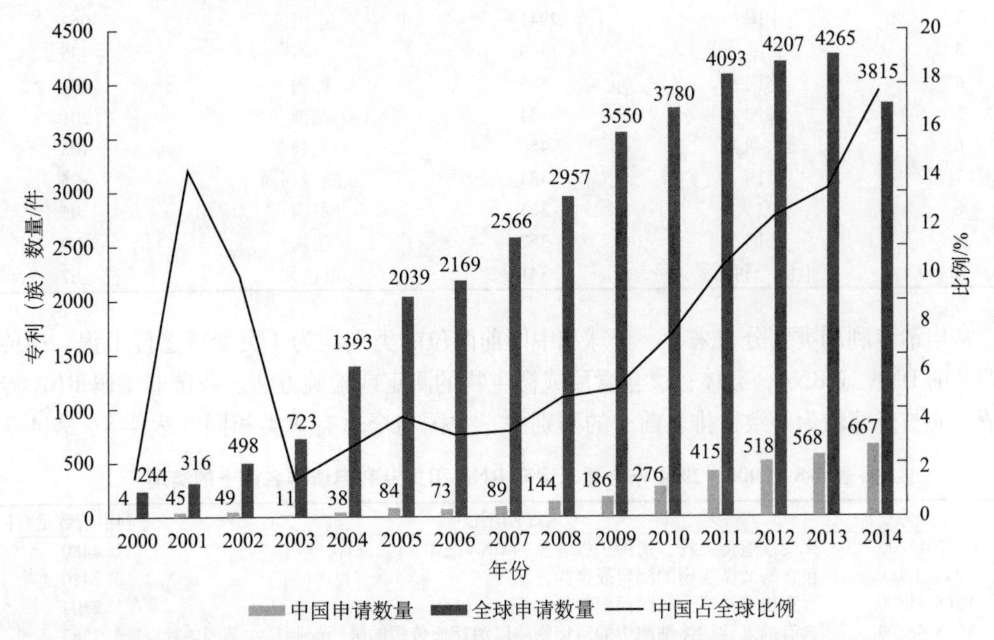

图 4-18　2000 ~ 2014 年全球及中国非编码 RNA 相关专利申请数量年度趋势

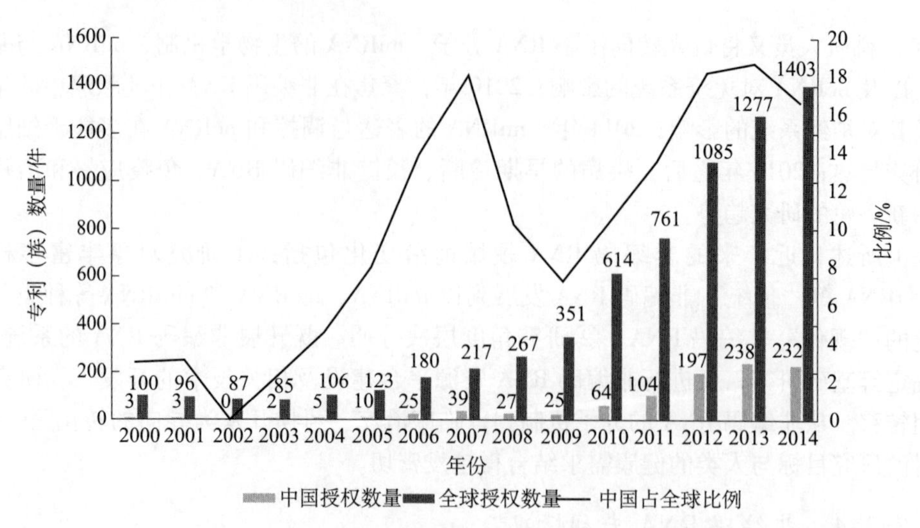

图4-19 2000～2014年全球及中国非编码RNA相关专利申请数量年度趋势

2）国家分析

2000～2014年美国申请和获得授权的非编码RNA相关专利分别为7704件和1995件，在数量上均远超其他国家，位居全球首位。我国申请和获得授权的专利数量分别为2941件和963件，均居全球第二位（表4-7）。

表4-7 2000～2014年全球非编码RNA相关专利申请和授权数量排名前十的国家/机构

排名	国家/机构	申请数量/件	国家/机构	授权数量/件
1	美国	7704	美国	1995
2	中国	2941	中国	963
3	日本	1338	日本	435
4	德国	883	韩国	231
5	韩国	734	德国	201
6	澳大利亚	456	澳大利亚	108
7	英国	434	欧洲专利局	95
8	加拿大	363	英国	95
9	法国	357	法国	79
10	欧洲专利局	341	以色列	67

从申请专利的类别分布来看，全球和中国前两位的类别均为①突变或遗传工程，遗传工程涉及的DNA或RNA，载体；②包含酶或微生物的测定或检验方法。我国非编码RNA专利申请方向与全球较为一致，排名前十的类别中，中国与全球有7类相同（表4-8、表4-9）。

表4-8 2000～2014年全球非编码RNA相关专利申请排名前十的类别

CPC分类号	类别描述	专利申请数量/件
C12N 15/00	突变或遗传工程，遗传工程涉及的DNA或RNA，载体	4480
C12Q 1/00	包含酶或微生物的测定或检验方法	3480
A61K 31/00	含有机有效成分的医药配制品	2304
A61K 48/00	含有插入到活体细胞中的遗传物质以治疗遗传病的医药配制品，基因治疗	1587
A61K 38/00	含肽的医药配制品	1166
A61K 39/00	含有抗原或抗体的医药配制品	1164
G01N 33/00	利用不包括在G01N 1/00至G01N 31/00组中的特殊方法来研究或分析材料	1025

续表

CPC 分类号	类别描述	专利申请数量/件
C07K 14/00	具有多于 20 个氨基酸的肽，促胃液素，生长激素释放抑制因子，促黑激素，其衍生物	623
C07H 21/00	含有两个或多个单核苷酸单元的化合物，具有以核苷基的糖化物基团连接的单独的磷酸酯基或多磷酸酯基，例如核酸	609
A61K 9/00	以特殊物理形状为特征的医药配制品	585

表 4-9　2000～2014 年中国非编码 RNA 相关专利申请排名前十的类别

CPC 分类号	类别描述	专利申请数量/件
C12N 15/00	突变或遗传工程，遗传工程涉及的 DNA 或 RNA，载体	950
C12Q 1/00	包含酶或微生物的测定或检验方法	764
A61K 48/00	含有插入到活体细胞中的遗传物质以治疗遗传病的医药配制品；基因治疗	191
C12N 1/00	微生物本身，如原生动物及其组合物	149
A61K 31/00	含有机有效成分的医药配制品	58
C07H 21/00	含有两个或多个单核苷酸单元的化合物，具有以核苷基的糖化物基团连接的单独的磷酸酯基或多磷酸酯基，例如核酸	56
A61K 38/00	含肽的医药配制品	56
C07K 14/00	具有多于 20 个氨基酸的肽，促胃液素，生长激素释放抑制因子，促黑激素，其衍生物	53
C12R 1/00	微生物	50
A61P 35/00	抗肿瘤药	50

3）机构分析

2000 年以来全球非编码 RNA 领域申请数量前 3 位的机构是美国加利福尼亚大学、Sirna① 治疗公司和诺华制药有限公司，申请专利数量分别为 236 件、232 件和 172 件。排名前 20 位的机构有且仅有一个中国机构——浙江大学，共申请专利 80 件，排名全球第 20 位（图 4-20）。

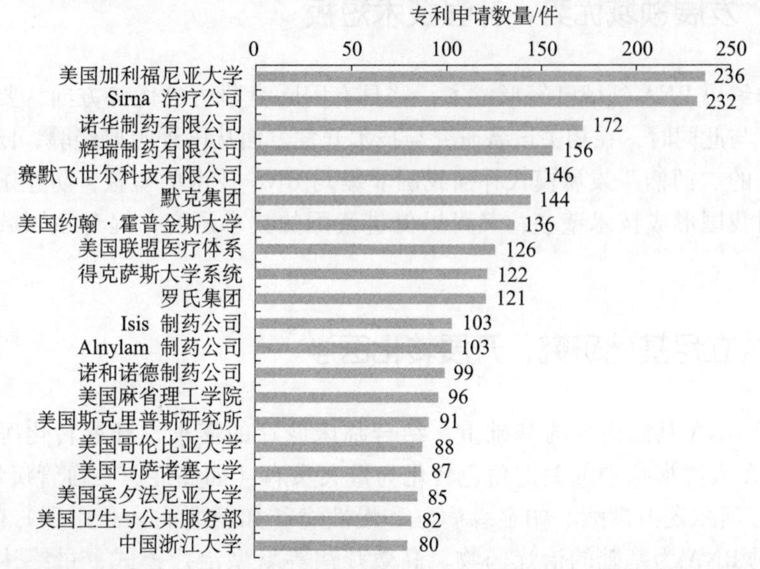

图4-20　2000～2014 年全球非编码 RNA 相关专利申请排名前二十的机构

① Sirna 治疗公司于 2006 年被德国默克集团收购。

4.4 建议

随着各国不断推出非编码 RNA 相关的重大计划与资金资助，该领域逐渐成为生命科学研究中的热点，正在形成一门从基因组水平研究细胞中非编码 RNA 结构与功能的学科“RNA 组学”。通过对美国、欧盟、日本和中国相关政策规划的解读、项目资助的分析、学术论文的统计，本报告对该学科的发展提出以下建议。

4.4.1 加强战略部署，纳入重点计划

通过政策解读，本报告发现美国、日本从国家层面对该领域的发展进行了部署，采用的方式是加大力度支持本国牵头的专项国际合作计划（如 ENCODE 计划和 FANTOM 计划），开展持续性的研究性计划与资助辅助学科领域的进一步拓宽与深入。

在当前科技体制改革的大背景下，我国应当早日将非编码 RNA 纳入“国家重点研发计划”，既结合了其学科“源于基础、用于转化”的自身特点，又符合该计划“从基础前沿、重大共性关键技术到应用示范全链条设计”的要求，而且实现“为基础前沿最新成果对创新下游的渗透提供持续性的支撑”的计划初衷。同时，明确学科的研究目标与方向，从总体导向上对其作出规划。此外，要加强国际性的大型合作，推动计划做大做强。对学科的重视程度，不仅要从项目资助的角度去调整，还要从配套基础设施的配置、区域性研究网络的构建及研究型人才的培养等方面综合考量。

4.4.2 发展领域优势，补强技术短板

我国在非编码 RNA 领域已经形成了一些具有国际竞争力的优势方向，要不断加强此方面的研究。与此同时，在相关设备研究与技术开发方面从国外吸取经验，既可以通过这种基础与研发的“两栖”发展模式补强我国非编码 RNA 技术的短板，防止国外通过知识产权等形式对我国形成技术壁垒，又可以促进我国的技术研究，提升该领域的科技综合实力。

4.4.3 立足基础研究，开展转化医学

在非编码 RNA 基础研究的基础上，结合临床诊疗的需求，开展转化医学研究。将非编码 RNA 在人类疾病中的关键角色转化为重大疾病（如癌症、心血管疾病）、神经退行性疾病（如阿尔茨海默病、帕金森病）和慢性病（如糖尿病、高血压）的治疗策略，开发以非编码 RNA 为基础的治疗药物、高效疗法等新型治疗模式，最终达到揭示非编码 RNA 在疾病中的作用目的的同时，发现相关疾病生物标记物，并展开药物研发和临床治疗。

4.4.4 建设数据平台，推动开放共享

随着生物大数据时代的到来，在非编码 RNA 领域应加强符合我国国情、具有我国特色的 RNA 数据中心与数据资源平台的建设，以促进数据共享，以此来加快数据转化为可改善健康的知识、产品和程序，同时保护研究参与者的隐私。数据平台可以通过相关数据的汇交、存储、加工和服务，实现多维数据的资源整合与开放共享，从而为科研部门、医疗机构等众多单位提供数据支撑和服务，让研究人员和患者共同受益。

致谢：中国科学院生物物理研究所陈润生院士、中国科学院上海生命科学研究院生物化学与细胞生物学研究所王恩多院士、中山大学屈良鹄教授等专家对本报告初稿进行了审阅，并提出了宝贵的修改意见，谨致谢忱！

参考文献

陈润生 . 2013. 非编码 RNA. Progress in Biochemistry and Biophysics，40（7）：591-592.

刘晓 . 2013. 美国 NIH 资助胞外 RNA 研究重大计划 . 科学研究动态监测快报——生命科学专辑，（17）：2-4.

屈良鹄 . 2009. RNA 组学：后基因组时代的科学前沿 . 中国科学：C 辑，（1）：1-2.

王慧媛 . 2011. 美国扩大 ENCODE 项目资助范围 . 科学研究动态监测快报——生命科学专辑，（21）：6-7.

徐萍 . 2012. NIH 共同基金新增资助未诊断疾病研究和胞外 RNA 通讯研究 . 科学研究动态监测快报——生命科学专辑，（14）：4-5.

原佳沛，张浩文，鲁志 . 2013. 新型长链非编码 RNA（lncRNA）的生物信息学研究进展 . Progress in Biochemistry and Biophysics，40（7）：634-640.

张杨，王海滨，陈玲玲 . 2014. 环形 RNA 分子揭秘 . 生命的化学，4：002.

Aravin A，Gaidatzis D，Pfeffer S，et al. 2006. A novel class of small RNAs bind to MILI protein in mouse testes. Nature，442（7099）：203-207.

Bachellerie J P，Cavaillé J，Hüttenhofer A. 2002. The expanding snoRNA world. Biochimie，84（8）：775-790.

Benne R，van den Burg J，Brakenhoff J P J，et al. 1986. Major transcript of the frameshifted coxll gene from trypanosome mitochondria contains four nucleotides that are not encoded in the DNA. Cell，46（6）：819-826.

Birney E，Stamatoyannopoulos J A，Dutta A，et al. 2007. Identification and analysis of functional elements in 1% of the human genome by the ENCODE pilot project. Nature，447（7146）：799-816.

Blaxter M. 2010. Revealing the dark matter of the genome. Science，330（6012）：1758-1759.

Brannan C I，Dees E C，Ingram R S，et al. 1990. The product of the H19 gene may function as an RNA. Molecular and cellular biology，10（1）：28-36.

Brockdorff N，Ashworth A，Kay G F，et al. 1992. The product of the mouse Xist gene is a 15 kb inactive X-specific transcript containing no conserved ORF and located in the nucleus. Cell，71（3）：515-526.

Danan M，Schwartz S，Edelheit S，et al. 2012. Transcriptome-wide discovery of circular RNAs in Archaea. Nucleic Acids Res，40（7）：3131-3142.

ENCODE Project Consortium. 2011. A user's guide to the encyclopedia of DNA elements（ENCODE）. PLoS biology, 9 (4): e1001046.

ENCODE Project Consortium. 2012. An integrated encyclopedia of DNA elements in the human genome. Nature, 489 (7414): 57-74.

ENCODE Project Consortium. 2004. The ENCODE (ENCyclopedia of DNA elements) project. Science, 306 (5696): 636-640.

Fire A, Xu S Q, Montgomery M K, et al. 1998. Potent and specific genetic interference by double-stranded RNA in *Caenorhabditis elegans*. Nature, 391 (6669): 806-811.

Girard A, Sachidanandam R, Hannon G J, et al. 2006. A germline-specific class of small RNAs binds mammalian Piwi proteins. Nature, 442 (7099): 199-202.

Guigó R, Flicek P, Abril J F, et al. 2006. EGASP: the human ENCODE genome annotation assessment project. Genome Biol, 7 (Suppl 1): S2.

Guo S, Kemphues K J. 1995. par-1, a gene required for establishing polarity in C. elegans embryos, encodes a putative Ser/Thr kinase that is asymmetrically distributed. Cell, 81 (4): 611-620.

Heo J B, Sung S. 2011. Vernalization-mediated epigenetic silencing by a long intronic noncoding RNA. Science, 331 (6013): 76-79.

Hüttenhofer A, Schattner P, Polacek N. 2005. Non-coding RNAs: hope or hype? TRENDS in Genetics, 21 (5): 289-297.

Pennisi E. 2012. ENCODE project writes eulogy for junk DNA. Science, 337 (6099): 1159.

Ji P, Diederichs S, Wang W, et al. 2003. MALAT-1, a novel noncoding RNA, and thymosin beta 4 predict metastasis and survival in early-stage non-small cell lung cancer. Oncogene, 22 (39): 8031-8041.

Kanhere A, Viiri K, Araújo C C, et al. 2010. Short RNAs are transcribed from repressed polycomb target genes and interact with polycomb repressive complex-2. Molecular cell, 38 (5): 675-688.

Kiss T. 2002. Small nucleolar RNAs: an abundant group of noncoding RNAs with diverse cellular functions. Cell, 109 (2): 145-148.

Kolakofsky D. 1976. Isolation and characterization of Sendai virus DI-RNAs. Cell, 8 (4): 547-555.

Kruger K, Grabowski P J, Zaug A J, et al. 1982. Self-splicing RNA: autoexcision and autocyclization of the ribosomal RNA intervening sequence of Tetrahymena. Cell, 31 (1): 147-157.

Lagos-Quintana M, Rauhut R, Lendeckel W, et al. 2001. Identification of novel genes coding for small expressed RNAs. Science, 294 (5543): 853-858.

Lau N C, Lim L P, Weinstein E G, et al. 2001. An abundant class of tiny RNAs with probable regulatory roles in *Caenorhabditis elegans*. Science, 294 (5543): 858-862.

Lee J, Davidow L S, Warshawsky D. 1999. Tsix, a gene antisense to Xist at the X-inactivation centre. Nature genetics, 21 (4): 400-404.

Lee R C , Feinbaum R L , Ambros V. 1993. The C. elegans heterochronic gene lin-4 encodes small RNAs with antisense complementarity to lin-14. Cell , 75 : 843-854.

Lee R C, Ambros V. 2001. An extensive class of small RNAs in Caenorhabditis elegans. Science, 294 (5543): 862-864.

Maher B. 2012. ENCODE: The human encyclopaedia. Nature, 489 (7414): 46.

Mandel J L, Breathnach R, Gerlinger P, et al. 1978. Organization of coding and intervening sequences in the chicken ovalbumin split gene. Cell, 14 (3): 641-653.

Matsumoto Y, Fishel R, Wickner R B. 1990. Circular single-stranded RNA replicon in *Saccharomyces cerevisiae*. Proc Natl Acad Sci USA, 87 (19): 7628-7632.

Napoli C, Lemieux C, Jorgensen R. 1990. Introduction of a chimeric chalcone synthase gene into petunia results in reversible co-suppression of homologous genes in trans. The Plant Cell Online, 2 (4): 279-289.

Parker R, Siliciano P G, Guthrie C. 1987. Recognition of the TACTAAC box during mRNA splicing in yeast involves base pairing to the U2-like snRNA. Cell, 49 (2): 229-239.

Pennisi E. 2010. Shining a light on the genome's' dark matter'. Science, 330 (6011): 1614-1614.

Raney B J, Cline M S, Rosenbloom K R, et al. 2011. ENCODE whole-genome data in the UCSC genome browser (2011 update). Nucleic acids research, 39 (2): 871-875.

Reinhart B J, Slack F J, Basson M, et al. 2000. The 21-nucleotide let-7 RNA regulates developmental timing in *Caenorhabditis elegans*. Nature, 403 (6772): 901-906.

Rinn J L, Kertesz M, Wang J K, et al. 2007. Functional demarcation of active and silent chromatin domains in human HOX loci by noncoding RNAs. Cell, 129 (7): 1311-1323.

Romano N, Macino G. 1992. Quelling: transient inactivation of gene expression in Neurospora crassa by transformation with homologous sequences. Molecular Microbiology, 6 (22): 3343-3353.

Salzman J, Gawad C, Wang P L, et al. 2012. Circular RNAs are the predominant transcript isoform from hundreds of human genes in diverse cell types. PloS One, 7 (2): e30733.

Sanger H L, Klotz G, Riesner D, et al. 1976. Viroids are single-stranded covalently closed circular RNA molecules existing as highly base-paired rod-like structures. Proc Natl Acad Sci USA, 73 (11): 3852-3856.

Wang D, Garcia-Bassets I, Benner C, et al. 2011. Reprogramming transcription by distinct classes of enhancers functionally defined by eRNA. Nature, 474 (7351): 390-394.

Wang P L, Bao Y, Yee M C, et al. 2014. Circular RNA is expressed across the eukaryotic tree of life. PloS One, 9 (3): e90859.

Zhuang Y, Weiner A M. 1986. A compensatory base change in U1 snRNA suppresses a 5′splice site mutation. Cell, 46 (6): 827-835.

5 农药残留快速检测技术国际发展态势分析

邢　颖　董　瑜　袁建霞　杨艳萍　唐果媛　孙轶楠

（中国科学院文献情报中心）

摘　要　食品安全关系到广大人民群众的身体健康和生命安全，关系到经济发展和社会稳定。近年来，我国食品安全形势日益严峻，接连不断发生的食品安全事件引起了人们对食品安全的高度关注。农药残留超标是我国一个突出的食品安全问题。我国由于农药使用量巨大、使用不规范及难以监管等，导致农药残留超标现象严重，因此对适用于从生产到流通全过程监控农药残留的快速检测技术有很大的需求。近年来，能够实现快速、实时、现场农药检测的各种小型化、便携式、移动式、集成化的新方法、新技术及产品不断涌现出来。

本报告对最近10年世界主要领先国家在快速、便携、现场农药残留检测技术领域的国际研发态势进行了以定量分析为主、定性分析为辅的研究，具体包括在全面梳理农药快速检测技术体系的基础上，利用TDA、TI、Innography、SPSS、Ucinet等工具开展文献计量分析、聚类和多维尺度分析、社会网络分析等，同时结合资料调研和SWOT方法进行定性分析。通过分析该领域前沿热点技术及其时间发展脉络，系统研究了农药残留快速检测技术从基础研究到技术开发的发展趋势，以及领域内领先国家、研究机构和技术公司的产出规模和质量，并对我国农药残留快速检测技术行业的发展进行了战略分析。研究表明：

（1）近10年来，随着免疫化学技术、传感器技术、纳米技术、高分子材料技术及光学技术等多学科新兴技术的发展和应用，农药残留快速检测技术发展迅速，各种新方法、新技术不断涌现，包括研究论文和专利技术在内的研究产出大幅增长。

（2）农药残留快速检测技术目前主要的关注对象是有机磷农药、除草剂和氨基甲酸酯类农药。生物传感器和以酶联免疫吸附分析为主的免疫分析技术是该领域的主要研究热点；表面等离子体共振、石英晶体微天平、微流控、表面增强拉曼散射、量子点（quantum dots，QDs）等新方法、新技术也逐步引起关注；分子印迹技术、新型纳米材料如石墨烯等近来兴起的热点技术也不断得到应用，相关论文和专利成果增加明显。这些技术涉及生物、化学、物理等多学科，体现了农药残留快速检测技术领域的高度学科交叉性和前沿性。

(3) 从农药残留快速检测技术研发的实施国家来看，我国是具有较大优势的国家，拥有数量较多、实力较强的研发机构和相对大量的成果产出，近5年来产出成果增幅格外显著。这与我国对农药残留快速检测技术的需求大、国家的重视支持、食品安全的严峻形势密不可分。除我国外，相关领域的理论与基础研究以美国、西班牙等国实力较强，技术开发以美国、日本等国实力较强。我国基本表现为研发产出多而质量有待提高，美国则表现为研究质量明显更高。

(4) 农药残留快速检测技术领域研发的高产出机构主要包括中国科学院、华中师范大学、西班牙国家研究委员会、日本富士公司和江南大学等，我国的高产出机构显著多于美国、西班牙等国家。此外，中国研究机构在成果产出上增长更快。美国西北太平洋国家实验室、华中师范大学、西班牙国家研究委员会发表的论文质量较高，篇均被引次数较高；美国加利福尼亚大学、英特尔公司和塔夫斯大学等机构的专利强度高，体现出专利价值更大。该领域研发的论文和专利产出以大学和研究机构为主，公司、企业的产出较少，我国分析检测技术公司普遍规模较小，多为民营的中小型科技公司，研究能力仍有上升空间。

为提高我国该领域研究水平，促进行业发展，提高国际竞争力，本报告提出5点建议：①抓住国家大力发展农药残留快速检测技术行业的契机，鼓励研究机构和企业积极争取承担国家科研项目，产生更多科研成果，提高研究水平，改善研究条件，锻炼研究队伍，鼓励交叉研究和前沿研究。②针对目前的技术发展瓶颈开展攻关研究，面向农药检测的实际需求开展研发，在我国大规模建设食品安全检验检测体系的过程中积极提供多种成本低、适用性好、易于推广的仪器设备，借此扩大企业的生产能力和规模，提高其市场竞争力和国际竞争力。③引导大学和研究机构与企业的研发合作，促进大学、研究机构的成果转化为商业化产品，通过提供高技术水平、高质量、多功能的产品来拓展市场、提高产品盈利能力。④在行业蓬勃兴起的大趋势下，引导支持具备一定市场竞争力的检测技术公司参与国际竞争，利用金融手段、市场购并、营销等方式与国际大公司抗衡。⑤从政策、机制层面采取风险投资、税收优惠、中介服务等措施鼓励扶持依托突破性技术的创新创业，培育高科技初创企业。

关键词 农药残留 农药残留快速检测 免疫分析 生物传感器 酶联免疫吸附 纳米 乙酰胆碱酯酶 文献计量

5.1 引言

近30年来，我国农业生产取得举世瞩目的成就，农业生产力连年提高，主要粮食作物产量实现了大幅提升，基本满足了国家粮食需求。然而，应当注意到，我国农业保持高产的一个重要条件是农药、化肥等农业投入品的大量使用。我国是世界上农药使用量最大的国家，每年农药总用量在130万吨以上，相当于世界平均水平的2倍；单位面积农药用量居世界第6位，每公顷耕地上的农药使用量达到10.3千克（Science，2013）。

我国部分农业生产者不按规定剂量或安全间隔期滥用农药或非法使用禁用或限用农药现象十分普遍，此外，农产品运输、储藏等环节也可能大量使用农药，导致农产品、食品的农药污染状况比较严重。而我国农业生产以小农户为主，生产分散、农户众多，对农业生产者的农药使用行为难以监管，农药残留超标引起的食品安全事件时有发生，农药残留超标已经成为国家食品安全的突出问题，日益引起广泛关注。

因此，加强对农药残留的监测和检测，对于合理开发和正确使用农药，保障食品安全和人体健康，避免和减少不必要的农业损失等十分重要。2014 年中央发布了一号文件《关于全面深化农村改革加快推进农业现代化的若干意见》，提出要强化农产品质量和食品安全监管，加快推进食品、农产品质量安全检测体系和监管能力建设，表明了我国政府大力整治食品安全、控制农药残留超标的决心。2014 年，农业部与国家卫生计生委还联合发布了食品安全国家标准《食品中农药最大残留限量》（GB2763-2014），规定了 387 种农药在 284 种食品中的 3650 项限量指标，较现行标准增加了 65 种农药、43 种（类）食品、1357 项限量指标，基本覆盖了农业生产常用农药品种和公众经常消费的食品种类。标准的制定为农药残留检测技术研发和检测能力带来了新的需求。

传统的食品安全检测流程中，一般需要现场取样、待测物预处理、仪器检测、数据处理等诸多步骤，其中除现场取样外，后续步骤往往在实验室内进行。目前，实验室常用的农药检测技术包括气相色谱法、高效液相色谱法、质谱法、红外光谱法、毛细管电泳、超临界流体色谱、薄层色谱等，以及这些方法的联用，以适应不同的检测对象和分析需求。虽然常规实验室仪器检测可以检测目前绝大多数农药残留，而且灵敏度和精度都很高，但其前处理程序繁复，仪器复杂，价格昂贵，操作烦琐，分析费时长，对技术人员要求高，因而难以满足现场快速实时检测的需求。

要保证从农田到餐桌的食品安全，除了对农产品成品进行农药残留检测之外，更需要从种植基地到众多流通环节的整个产品生命周期都进行质量控制。此外，食品公共安全的预警预防也需要建立快速预报系统、开发大批食品快速检测技术（魏益民等，2005）。在这样的需求下，我国迫切需要运用新的原理和方法去开发特异性强、灵敏度高、方便快捷、准确安全的快速检测新技术。农药残留快速检测、移动检测技术对加强国家食品污染监管能力尤其具有重要意义，必将在中国食品安全保障体系中扮演重要角色。

近年来，农药检测分析技术有向快速测定、高灵敏度、低成本化、便携化、环保化发展的趋势，出现了一些新型的农药残留快速检测分析技术。这些技术往往利用最新的生物、化学、物理学技术，根据不同原理、针对不同的分析对象而设计开发。本报告将针对农药残留快速检测技术的国际发展态势，分析其研究热点、研究趋势、研究实施机构和各国发展态势，以期对相关工作及决策提供参考。

5.1.1 主要研究内容

本报告的主要内容是调研分析世界主要国家在快速、便携、现场农药残留检测技术领

域的国际研发态势。具体包括在全面梳理农药快速检测技术体系的基础上，通过分析该领域前沿热点技术及其时间发展脉络，系统研究农药残留快速检测技术从基础研究到技术开发的发展趋势，以及领域内主要领先国家、研究机构和技术公司的产出规模和质量，并对我国农药快速检测技术行业的发展进行战略分析。

报告主要针对的技术领域为能够实现快速、实时、现场农药检测的各种小型化、便携式、移动式、集成化的方法、技术，以及各种试剂盒、试纸条、速测卡、速测箱、快速测定仪、生物传感器、车载设备等产品。技术所针对的农药限定在用于作物的杀虫剂、杀菌剂、杀螨剂、杀线虫剂、除草剂、植物生长调节剂和熏蒸剂等。

5.1.2 主要方法和数据来源

本报告围绕分析的问题，主要采用以定量分析为主、定性分析为辅的方法。定量分析针对论文和专利开展，方法包括文献计量方法、聚类和多维尺度统计分析方法、社会网络分析方法等，分析工具包括 TDA、TI、Innography、SPSS、Ucinet 等，数据主要来自 WoS、DII 等数据库。定性分析采用资料调研和 SWOT 分析法。资料主要来自重要研究机构、公司的网站及政府网站等网络信息。分析的时间区间限定在 2004 年至 2013 年。

检测技术所针对的农药名录来自国家标准《食品中农药最大残留限量》（GB 2763—2012）所列全部农药，以及近年来农业部第 194 号、第 199 号、第 274 号、第 322 号、第 747 号、第 1157 号、第 1586 号和第 2032 号及国家发展和改革委员会 2008 年 1 号公告所发布的国家禁用限用农药。

5.2 农药残留快速检测技术体系分类

农药残留检测技术一直是国际农产品质量安全领域的重要研究热点。近年来，随着免疫化学技术、传感器技术、纳米技术、高分子材料技术及光学技术等多学科新兴技术的发展和应用，农药残留快速检测技术获得了不断创新发展所需的先进的科学和技术支撑，众多新方法、新技术不断涌现。

农药残留快速检测技术主要分为免疫分析技术、生物传感器技术、分子印迹技术等几大类。本报告以朱国念（2008）所归纳的技术分类为主要分类体系的架构，综合相关文献（陈令新等，2002；管华等，2007；Jiang et al.，2008；朱国念，2008；韦明元和郭良宏，2009；刘建云等，2010；何建安等，2011；刘继超等，2011；汪美凤等，2011；孙旭东等，2012；左海根等，2012；朱赫，纪明山，2014）及专家判断就农药残留快速检测的技术体系进行分类概述和综合梳理，并给出农药残留快速检测技术分类体系图（图 5-1）。

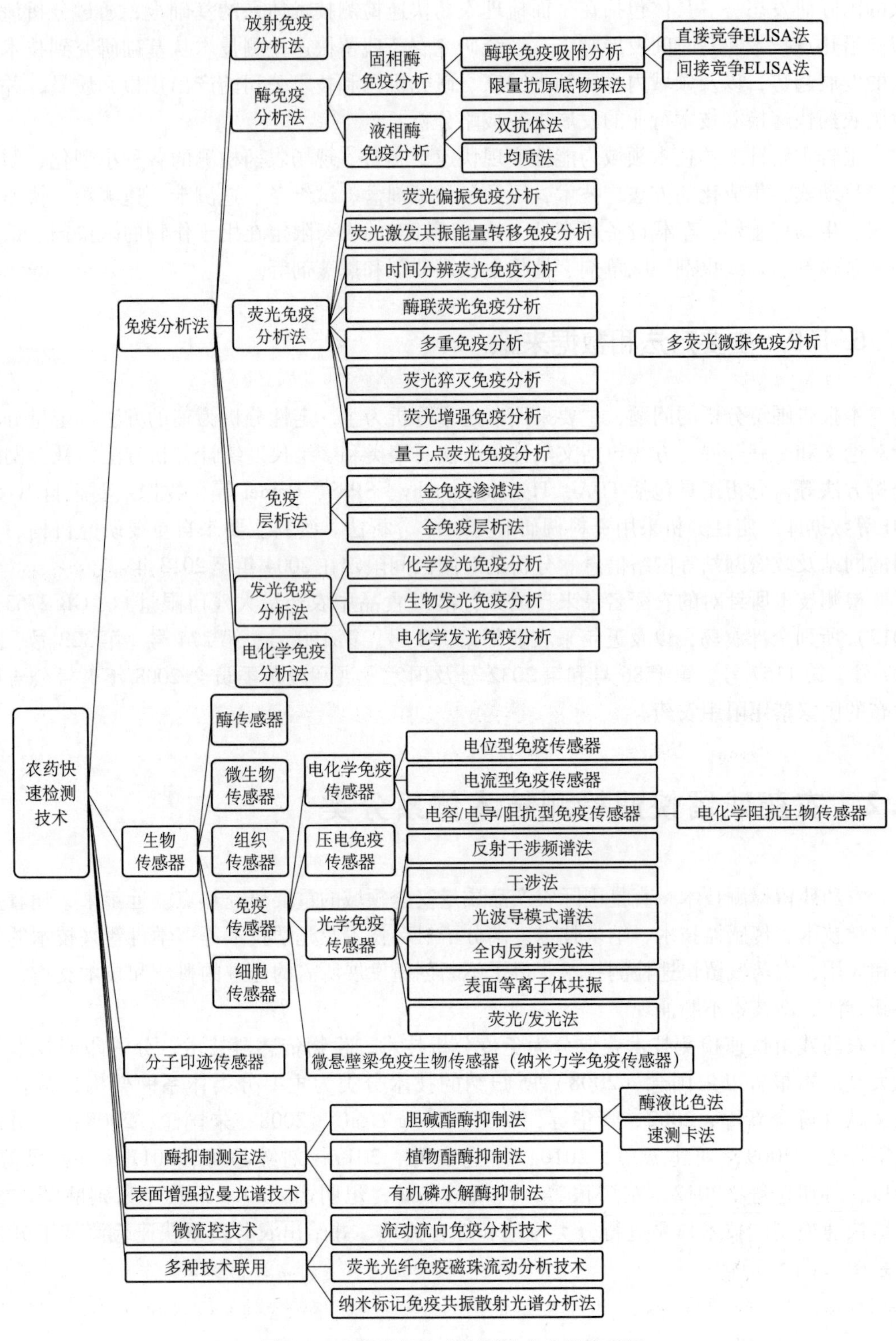

图5-1　农药残留快速检测技术分类体系图

5.2.1 免疫分析技术

免疫分析技术（immunoassay, IA）是以抗原与抗体的特异性结合反应为基础，对化合物、酶或蛋白质等物质进行定性和定量分析的一门技术。免疫分析根据标记与否分为标记免疫分析法和非标记免疫分析法。根据标记物的不同，可以将标记免疫分析方法分为放射免疫分析法（radioimmunoassay，RIA）、酶免疫分析法（enzyme immunoassay，EIA）、荧光免疫分析法（fluorescence immunoassay，FIA）、电氏学免疫分析法（electrochemical immunoassay，ECIA）、免疫层析法（immuno-chromatography assay，ICA）和发光免疫分析法（luminescent immunoassay，LCIA）等。

酶免疫分析法有多种分类体系。根据抗原和抗体在反应体系内的存在方式分类，可分为固相酶免疫分析（solid-phase enzyme immunoassay）和液相酶免疫分析（liquid-phase enzyme immunoassay）。固相酶免疫分析又被称为非均质法，最典型、最常用的固相酶免疫分析法有酶联免疫吸附分析法（enzyme linked immunosorbent assay，ELISA）和限量抗原底物珠法（defined antigen substrate sphere，DASS）。其中，ELISA 是目前农药残留检测中应用最广泛的酶免疫分析技术，其基本原理是抗原或抗体吸附到固相载体表面并保持其免疫活性；酶与抗原或抗体结合形成仍具有免疫和酶活性的酶结合物，即酶标记；酶结合物与底物反应，底物被酶催化形成有色产物，产物的量与标本中受检物质的量直接相关，由此可根据反应颜色进行定性或定量分析。ELISA 又可以分为间接竞争 ELISA 法和直接竞争 ELISA 法。在液相酶免疫分析法中，常见的有双抗体法（double antibody method）和均质法（homogeneous enzyme immunoassay，HEIA）。

5.2.2 生物传感器

生物传感器（biosensor）是用固定化的生物成分或生物体作为敏感元件的传感器，其结构包括一种或数种生物活性敏感材料（如酶、蛋白质、DNA、抗体、抗原、生物膜等）及能把生物活性表达的信号转换为电信号的物理或化学换能器（传感器）。生物传感器的基本原理是待测物质经扩散作用进入生物活性材料，经分子识别发生生物学反应，产生的信息继而被相应的物理或化学换能器转变成可定量和可处理的电信号，再经二次仪表放大并输出，便可显示待测物浓度。

生物传感器主要有两种分类命名方式。根据生物传感器中信号检测器上的敏感物质不同，分为酶传感器（enzymesensor）、微生物传感器（microbialsensor）、组织传感器（tissue sensor）、免疫传感器（immunosensor）和细胞传感器（organallsensor）。其中，免疫传感器在农药残留快速检测中应用较广泛。

根据生物传感器的换能器不同，可以分为生物电极传感器（bioelectrode biosensor）、半导体生物传感器（semiconduct biosensor）、电化学生物传感器（electrochemical biosensor）、光生物传感器（optical biosensor）、热生物传感器（calorimetric biosensor）、压电生物传感器（piezoelectric biosensor）和微悬臂梁生物传感器（microcantileverbiosensor）等。

其中，电化学生物传感器研究较早，应用较多。根据电化学信号检出原理不同，电化学传感器可分为电位型传感器（potentiometric）、电流型（或安倍型）传感器（amperometric）、电导型、电容/电导/阻抗型传感器（capacitance/conductance/impedance）和表面电荷场致效应晶体管（FETs）型。根据基底电极的不同可以分为汞电极（主要是悬汞电极）和固体电极（包括半导体金属氧化物电极，金电极，碳电极等）；根据生物材料修饰（或固定）电极的方法不同，主要有共价键结合法、LB 膜法、自组装膜法、化学免疫法、静电吸附结合法、表面富集法等。近年丝网印刷电极（sereen printed electrode）或厚膜电极广泛应用，微阵列电极、纳米材料修饰电极、分子印迹膜修饰电极技术也迅速发展。纳米材料如碳纳米管、纳米复合材料、量子点等作为电极修饰材料近来成为新兴热点。其中，量子点作为一种新型的纳米材料，由于其具有独特的物化性质、光学和电学特性，在电化学生物传感器的应用中越来越得到青睐。量子点电化学生物传感器具有响应灵敏高、速度快且选择性优良等优点，目前已广泛地应用于生物分析研究中。

压电生物传感器依靠石英晶体微天平（quartz crystal microbalance，QCM）作为传感元件，其基本原理就是将生物识别物质固定于石英晶体表面，当待测物与所固定的识别物相互作用而产生特异吸附时就会导致晶体表面质量负载增加，所吸附的抗体或抗原的量可以通过传感器的频率变化加以监测。

微悬臂梁生物传感器的原理是基于固定化配体（如抗体）和分析物（如抗原）之间相互作用导致纳米结构的微悬臂梁表面应力变化或质量负荷变化，进而能够按梁挠度的变化进行检测。

5.2.3 分子印迹传感器

分子印迹技术（molecular imprinting technique，MIT）是一种为获得在空间结构和结合位点上与某一特定的目标分子（模板分子、印迹分子或烙印分子）完全匹配的、具有特异选择性分子印迹聚合物（molecular imprinted polymers，MIPs）的制备技术。根据模板分子同聚合物单体官能团之间作用形式不同，该技术主要分为预组织法（preorganization）（或共价法）和自组装法（self-assembling）（或非共价法）、牺牲空间法和金属螯合法等。以分子印迹聚合物为识别元件，结合不同种类转换器而制得的分子印迹传感器（molecularly imprintedsensor）既有生物传感器的专一识别性，又有化学传感器的机械稳定性和热稳定性，已广泛应用于农药残留检测。

5.2.4 酶抑制测定技术

主要根据有机磷和氨基甲酸酯类农药抑制昆虫体内乙酰胆碱酯酶的活性、造成昆虫中毒死亡的毒理学反应原理，将乙酰胆碱酯酶与待测物反应，乙酰胆碱酯酶会受到不同程度的抑制，在酶反应试验中加入可被酶水解的底物和显色剂，观察颜色的变化即可判断农药含量。酶抑制测定技术根据酶的种类不同，除包括胆碱酯酶抑制法（ChE）外，还包括植物酯酶抑制法（phytoesterase）和有机磷水解酶抑制法（OPH）等。其中，胆碱酯酶抑制

法还分为酶液比色法（colorimetry）和纸片速测卡法。主要的胆碱酯酶包括乙酰胆碱酯酶（AChE）等。酶抑制法具有较高的专一性、灵敏性和准确性等优点，在简便、快速和检测成本等方面都有较大优越性，目前在我国有广泛的应用。

5.2.5 表面增强拉曼光谱技术

表面增强拉曼光谱技术（surface-enhanced Raman spectroscopy，SERS）是利用粗糙物质表面具有的拉曼散射增强效应进行农药快速检测的一种高灵敏度的指纹光谱技术。表面增强基底的纳米结构质量是获取高质量的 SERS 信号的关键。目前主要的表面增强基底制备方法包括电化学氧化还原法、沉积法、化学刻蚀法、金属溶胶法、平板印刷法、金属/氧化物核壳法等。表面增强拉曼光谱技术具有高灵敏度、高分辨率、水干扰小、可猝灭荧光、稳定性好等优点，在农药快速检测领域具有很大的应用潜力。

5.2.6 微流控技术

微流控技术利用微流控芯片（microfluidic chip），又称芯片实验室（lab on a chip）展开分析。该技术把样品制备、反应、分离、检测等基本操作单元集成或基本集成到一块很小的芯片上，由微通道形成网络，可以控制流体贯穿整个系统，用以取代常规化学或生物实验室的各种功能的一种技术平台。微流控芯片的主要检测方式包括激光诱导荧光检测、电化学检测、紫外吸收光度检测、化学发光检测、质谱检测、传感器检测等。与传统分析技术相比，微流控技术是一种“微”而“全”的分析技术平台，具有样品需要量小、分离效率高、分析速度快、设备体积小、自动化程度高等优点，在食品安全等领域已逐步得到应用。

5.2.7 各种技术联用的分析技术

流动注射免疫分析技术（flow injection immunoassays，FIIA），将免疫分析与流动注射分析技术相结合。

荧光光纤免疫磁珠流动分析技术，结合了荧光免疫分析、光纤传感器、流动注射和免疫磁球分离四项技术。

纳米标记免疫共振散射光谱分析法（immune resonance scattering spectral method），结合了纳米标记反映和共振散射效应技术。

5.3 农药残留快速检测技术研究论文分析

研究论文分析以汤森路透（Thomson Reuters）的 WoS 数据库中的科学引文索引扩展版（Science Citation Index Expanded，SCI-E）为数据源，利用关键词对 2004 ~ 2013 年农药残留快速检测技术领域发表的论文进行检索（检索式见附录，检索时间为 2014 年 12 月 10

日），结合手工剔除不相关记录，最后得到相关文献 2268 条。然后，利用美国汤森路透的分析工具 TDA 对数据集进行清洗和文献计量分析。此外，对论文的研究结构还利用 SPSS 20.0 进行聚类和多维尺度分析，对论文的国家合作利用 Ucinet 进行合作网络分析。

5.3.1 论文产出

2004～2013 年，农药残留快速检测技术领域的发文量基本呈逐年增长趋势，增长幅度较平稳，仅 2009 年比上一年度发文数量减少。其间，2004 年发文量最少，为 146 篇，2013 年最多，为 330 篇，比 10 年前翻了一番多，总体增长速度较快（图 5-2）。

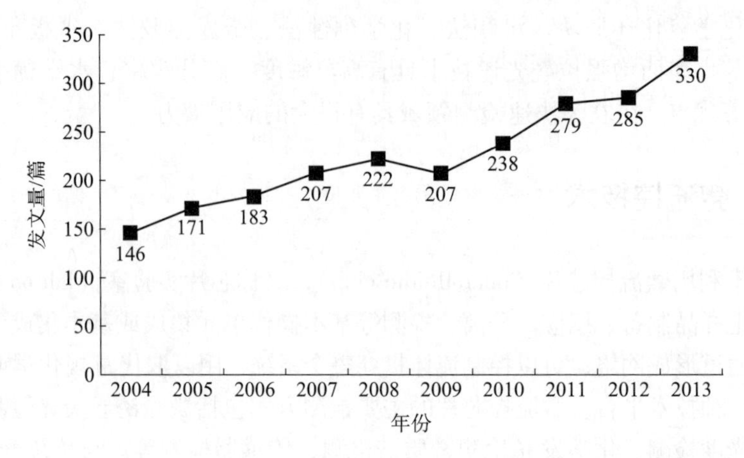

图 5-2　2004～2013 年农药残留快速检测技术发文量的年度变化趋势

5.3.2 基于论文的研究热点分析

5.3.2.1 研究主题的数量分布

统计 2004～2013 年农药残留快速检测技术发文的关键词，分析所涉及的技术领域类别、热点技术和针对的农药类别，计算各类别或技术点的发文量，结果列于表 5-1～表 5-3 中。其中，表 5-1 中的技术类别包括了隶属该技术类别的各种子技术类别，表 5-2 中的技术点指作者给出的关键词及其同义词的合并，仅表示该技术点本身，不包括其下位类技术和其他相关技术，因此表 5-1 和表 5-2 中部分技术词写法相同但含义不同，因而统计的发文量有所不同。同时，本报告还分析了 2004～2008 年、2009～2013 年两个时间段农药残留快速检测技术各技术类别、技术点的发展状况，统计相关技术所针对农药的关键词，结果也分别列于表 5-1～表 5-3 中。

表 5-1 数据显示，农药残留快速检测技术发文量最多的技术是生物传感器技术，达到 611 篇，远远超过其他技术领域，表明生物传感器是农药残留检测的主要研究方向。其中，电化学生物传感器技术是其子技术领域中最主要的技术，有 247 篇，光学生物传感器发文也较多，有 94 篇。发文量排名第 2 的技术领域是免疫分析技术，达到 334 篇，其中

酶免疫分析技术是最主要的技术，有208篇。分子印迹技术发文排名第3，有120篇。酶抑制技术有107篇，排名第4。在以上统计之外，有大量发文涉及酶相关研究，该类研究没有明确技术领域指向，包括以乙酰胆碱酯酶为主的各种酶、酶传感器、酶固定、酶活性、酶重组等研究。免疫学技术中没有明确技术领域指向的发文也很多，包括抗体、单克隆抗体、多克隆抗体、人工抗体和半抗原合成、抗体固定识别及特异性等研究。随着近年纳米技术研发的兴起，纳米相关技术在该领域的研究也成为研究热点，相关研究不断涌现，主要包括碳纳米管、金纳米材料及各种金属和非金属纳米颗粒、纳米修饰电极、纳米传感器、磁性纳米材料等。

分析2004～2008年、2009～2013年两个时间段农药残留快速检测技术的各技术类别的发展趋势，生物传感器技术、分子印迹技术、其他酶相关研究、其他免疫学技术及纳米相关技术的发文在后5年有较大幅度增长，尤其是纳米技术发文量比前5年增长了2.8倍，分子印迹技术增长了1.2倍。生物传感器技术的增长主要体现在电化学生物传感器、压电生物传感器及酶传感器等的增长。免疫分析技术前后两个5年时间段的发文量变化不大。

表5-1 农药残留快速检测技术各主要技术类别的发文及时间变化趋势（单位：篇）

技术类别	全部	2004～2008年	2009～2013年
生物传感器	611	269	342
其中：电化学生物传感器	247	102	145
光学生物传感器	94	51	43
压电生物传感器	35	13	22
免疫传感器	51	24	27
酶传感器	38	13	25
其他生物传感器	269	127	142
免疫分析技术	334	165	169
其中：酶免疫分析技术	208	104	104
发光免疫分析技术	37	19	18
免疫层析技术	27	11	16
荧光免疫分析技术	16	6	10
其他免疫分析技术	109	61	48
分子印迹技术	120	38	82
酶抑制技术	107	53	54
流动注射免疫分析	54	37	17
表面增强拉曼光谱	15	5	10
微流控	15	5	10
其他酶相关研究[1)]	444	183	261
纳米相关技术[2)]	214	45	169
其他免疫学技术[3)]	144	56	88

1）没有明确技术领域指向的酶相关研究；2）没有明确技术领域指向的纳米技术相关研究；3）没有明确技术指向的抗体抗原相关免疫学技术

分析农药快速检测技术领域发文主要涉及的技术点，统计关键词词频，结果列于表5-2中。数据显示，发文量最多的技术点为以乙酰胆碱酯酶为主的胆碱酯酶相关研究，其他发文较多的酶还包括有机磷水解酶。研究最多的技术方法还包括酶联免疫吸附分析、分子印迹技术、酶抑制法、流动注射分析、化学发光免疫分析等。安倍法是应用最多的电化学信号检出方法，其他较多的电化学信号检出方法还包括伏安法、方波伏安法、电化学阻抗谱。丝网印刷电极是利用最多的电极类型。检测技术应用的材料研发方面发文最多的是碳纳米材料和金纳米材料，其他材料及制备方法的研发还包括石墨烯、壳聚糖、自组装单层膜等。一些新型研究方法，如表面等离子体共振、石英晶体微天平、微流控、表面增强拉曼散射、量子点等，也有一定数量的发文。这些技术涉及生物、化学、物理等多学科，体现了农药残留快速检测技术领域的高度学科交叉性和前沿性。

分析 2004 ~ 2008 年、2009 ~ 2013 年两个时间段的主要技术点，胆碱酯酶、生物传感器、分子印迹、金和碳等纳米材料及生物标记相关研究不仅发文量多，且发文量有所增长，某种程度上显示这些技术作为热点技术领域正不断增长。此外，伏安法、方波伏安法、电化学阻抗谱等电化学信号检测方法有一定增加，抗体、抗原相关研究出现增加。新兴技术如石英晶体微天平、石墨烯、纳米传感器和离子液体也有所增加。其中，纳米材料、石墨烯等近来国际科技领域的研究热点在农药残留快速检测领域的研发增加尤为明显，体现了农药残留快速检测技术领域的发展受到国际科技发展的有力推动，农药残留快速检测技术的研发成果得益于其他学科领域和技术的发展成果。量子点、微流控、表面增强拉曼散射的相关论文数量不多，前后两个时间段数量差距不大或不明显，可能意味着相关技术作为前沿技术仍处于探索阶段。

表 5-2　农药残留快速检测技术发文的主要技术点及时间趋势

关键词	发文量			关键词	发文量		
	全部	2004 ~ 2008 年	2009 ~ 2013 年		全部	2004 ~ 2008 年	2009 ~ 2013 年
胆碱酯酶	354	142	212	荧光	29	14	15
生物传感器	208	92	116	石英晶体微天平	29	10	19
酶联免疫吸附分析	197	99	98	伏安法	27	7	20
分子印迹	119	37	82	多克隆抗体	26	11	15
酶抑制	107	53	54	有机磷水解酶	24	15	9
免疫分析	101	56	45	分光光度计	22	10	12
金纳米结构	74	15	59	溶胶凝胶法	21	11	10
碳纳米结构	64	14	50	酶传感器	20	6	14
安倍法	60	32	28	自组装单层膜	19	10	9
丝网印刷电极	56	28	28	方波伏安法	19	5	14
单克隆抗体	48	21	27	抗体	18	6	12
免疫传感器	46	22	24	电化学阻抗谱	18	6	12
生物标记	45	16	29	酶	18	8	10
流动注射分析	45	33	12	固定化	17	7	10
表面等离子体共振	41	25	16	免疫层析法	16	4	12
传感器	40	21	19	微流控	15	5	10
半抗原	37	13	24	表面增强拉曼光谱	15	5	10
化学发光免疫分析	36	19	17	胆碱酯酶生物传感器	14	5	9
纳米材料	35	8	27	石墨烯	14	0	14
电化学	31	14	17	壳聚糖	13	8	5

续表

关键词	发文量			关键词	发文量		
	全部	2004~2008年	2009~2013年		全部	2004~2008年	2009~2013年
交叉反应	13	7	6	普鲁士蓝	11	3	8
基体效应	13	4	9	重活化剂	11	6	5
量子点	13	5	8	选择性	11	5	6
酶固定	12	4	8	离子液体	10	1	9
多残留分析	12	5	7	纳米传感器	10	2	8
电化学传感器	11	2	9	酪氨酸酶	10	5	5

2004~2013年农药残留快速检测技术所针对的农药发文量最多的是有机磷农药，包括甲基对硫磷、毒死蜱、对氧磷、对硫磷、马拉硫磷、二嗪农、杀螟硫磷、三唑磷、敌敌畏、久效磷、乐果等高毒、禁用限用农药。此外，针对除草剂和氨基甲酸酯类的农药发文也较多。在发文的时间发展趋势上，关于有机磷农药的发文数量有较大增长，关于氨基甲酸酯类农药的发文有所减少，而拟除虫菊酯类农药、烟碱类农药和杀真菌剂农药均有一定增加。

表5-3　农药残留快速检测技术发文主要针对的农药类别

农药类别	发文量			主要涵盖的农药
	全部	2004~2008年	2009~2013年	
有机磷农药	480	193	287	包括甲基对硫磷、毒死蜱、对氧磷、对硫磷、马拉硫磷、二嗪农、杀螟硫磷、三唑磷、敌敌畏、久效磷、乐果等
除草剂	233	107	126	包括阿特拉津、草甘膦、2，4-D、三嗪类、百草枯、敌草隆等农药
氨基甲酸酯类农药	137	73	64	包括西维因等
拟除虫菊酯类农药	51	19	32	
烟碱类农药	49	19	30	包括吡虫啉和新烟碱类农药等
有机氯农药	44	23	21	包括硫丹等
杀真菌剂	31	10	21	

5.3.2.2　研究主题的结构分析

共词分析法利用文献集中词汇对共同出现的情况来确定该文献集所代表学科中各主题之间的关系。统计一组文献的主题词两两之间在同一篇文献出现的频率，频率越高，则代表这两个主题的关系越紧密；由这些词对关联可形成共词网络，网络内节点之间的远近便可以反映主题内容的亲疏关系（钟伟金等，2008）。依据这一原理，本报告以清洗后的作者关键词为统计对象，构建次数为前20位的高频词共词矩阵和相异矩阵，进行聚类分析和多维尺度分析，以图形表示各研究主题间的结构关系，剖析农药残留快速检测技术领域的研究热点和研究主题类别。

研究利用Ochiia系数法将共词矩阵转换为相关矩阵，在此基础上构建相异矩阵。聚类分析采用分层聚类，聚类方法选择Ward法，度量标准选择Euclidean距离。多维尺度分析的度量水平选择序数，度量模型选择Euclidean距离。拟合结果为Stress值为0.147 06，低于0.2，RSQ值为0.894 59，高于0.8，拟合效果较好。图5-3及图5-4分别给出了农药残留快速检测领域联系紧密的热点技术聚类结果和反映主要热点技术类团在领域内的相对位置、研究结构的多维尺度分析拟合结果。农药残留快速检测可以分为5个主要类团。

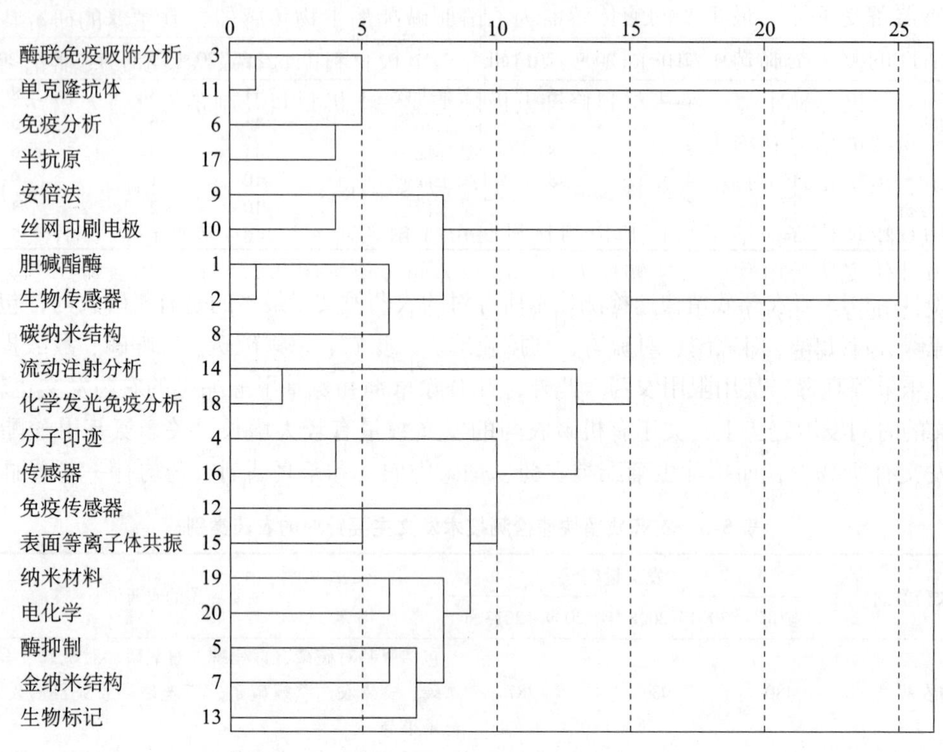

图 5-3　农药快速检测技术研究主题的聚类图

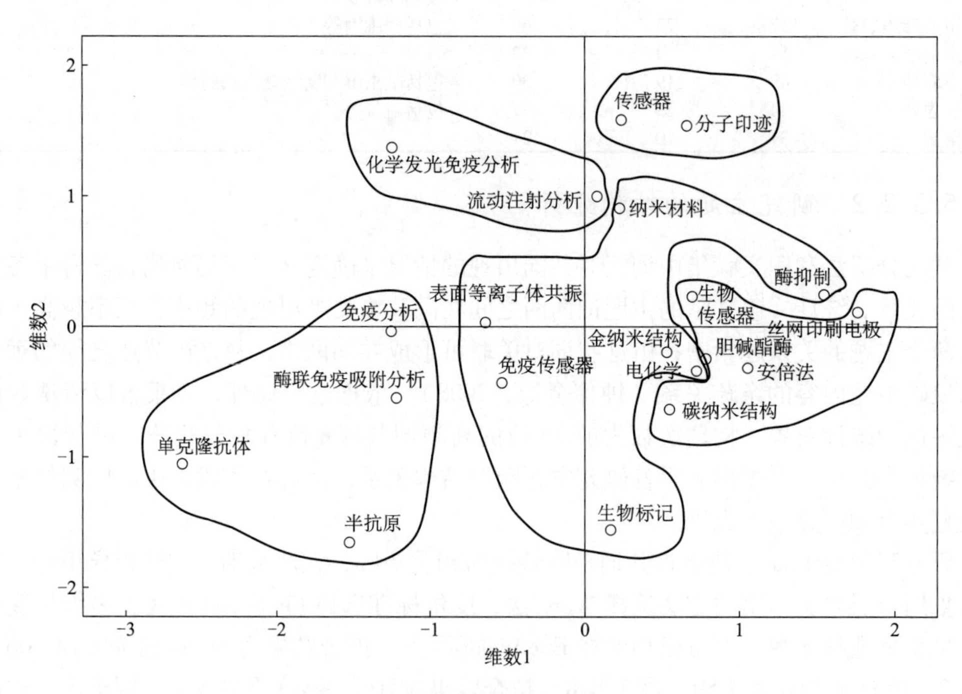

图 5-4　农药快速检测技术多维尺度分析图

第1类为胆碱酯酶生物传感器相关研究。目前国内外基于特定酶活性抑制原理设计的酶传感器备受关注。最主要的酶传感器为乙酰胆碱酯酶生物传感器，其主要的研究内容包括酶活性的测定与筛选、酶的固定方法的研究、电极材料的选择及改良和传感器信号转换模式等。丝网印刷电极、纳米材料修饰电极是重要的电极材料及制备方法，安倍法、伏安法等是重要的信号转换方法。

第2类为免疫生物传感器相关研究。免疫传感器在农药残留快速检测中应用较广泛。研究内容包括传感器信号转换和检测材料制备等相关研究。信号转换包括安倍法、伏安法、方波伏安法等电化学方法转换方法，以及表面等离子体共振等光学传感方法。器件材料制备的热点方法涉及纳米材料修饰电极等。

第3类为酶联免疫吸附分析等免疫分析相关研究。免疫分析是农药检测最有发展和应用潜力的方法之一，其中酶联免疫吸附分析方法将抗原、抗体的特异性反应与酶对底物的高效催化作用结合起来，敏感性很高，是目前农药残留检测中应用最广泛的酶免疫分析技术。而根据农药结构设计合成适当结构的半抗原及制备效价高、特异性强的抗体对分析效果十分关键。

第4类是流动注射化学发光免疫分析技术。该技术是将化学发光免疫分析和流动注射相结合的一种高灵敏度的微量及痕量分析技术，其分析速度快、仪器设备简单，是当前分析化学领域中研究的热点。

第5类为分子印迹传感器技术。该技术以分子印迹聚合物为识别元件，结合不同种类转换器而制得分子印迹传感器，既有生物传感器的专一识别性，又有化学传感器的机械稳定性和热稳定性，在农药快速检测领域应用广泛。

综合来看，酶生物传感器、免疫生物传感器、酶联免疫吸附分析、流动注射化学发光免疫分析、分子印迹技术等研究是农药残留快速检测技术领域的核心主题。

5.3.2.3　高被引论文分析

高被引论文体现了相关研究领域发文中最为基础、核心的文献。通过分析高被引论文能够在一个侧面反映领域的研究热点、重点。表5-4列出了农药残留快速检测技术领域的高被引论文的题目和被引次数及相应的发文机构。高被引论文的主题基本围绕生物传感器的制备和应用，包括电化学生物传感器、酶生物传感器、量子点生物传感器、表面等离子体共振生物传感器等。此外，与生物传感器有关的重要技术还包括碳纳米管修饰电极、普鲁士蓝修饰电极、丝网印刷电极等，以及分子印迹等技术。

表5-4　农药残留快速检测技术排名前15位的高被引论文

序号	论文中文题目	论文英文题目	被引次数	发文机构
1	基于普鲁士蓝修饰电极的传感器和生物传感器的制备、优化和应用	Sensor and biosensor preparation, optimisation and applications of Prussian Blue modified electrodes	340	意大利罗马第二大学

续表

序号	论文中文题目	论文英文题目	被引次数	发文机构
2	用于流动注射/安倍检测有机磷农药和神经毒剂的基于碳纳米管上自组装乙酰胆碱酯酶的生物传感器	Biosensor based on self- assembling acetylcholinesterase on carbon nanotubes for flow injection/amperometric detection of organophosphate pesticides and nerve agents	234	美国西北太平洋国家实验室
3	酶抑制生物传感器用于食品安全和环境监测	Enzyme inhibition- based biosensors for food safety and environmental monitoring	206	摩洛哥 Fac Sci & Tech，意大利罗马第二大学
4	发光半导体量子点生物传感	Biosensing with luminescent semiconductor quantum dots	179	美国乔治梅森大学，美国约翰·霍普金斯大学，美国海军部
5	一次性碳纳米管修饰丝网印刷生物传感器用于有机磷农药和神经毒剂的安倍检测	Disposable carbon nanotube modified screen-printed biosensor for amperometric detection of organophosphorus pesticides and nerve agents	146	美国新墨西哥州立大学，美国西北太平洋国家实验室
6	综述：分子印迹聚合物在选择性检测环境污染物中的作用	Role of molecularly imprinted polymers for selective determination of environmental pollutants-a review	142	巴黎工业物理化学学校
7	基于分子印迹凝胶膜的对硫磷传感器	Parathion sensor based on molecularly imprinted sol-gel films	134	以色列希伯来大学，以色列生物研究所
8	利用聚合物封装的 Eu 掺杂 Gd_2O_3 作为荧光标签对苯氧基苯甲酸进行微阵列免疫分析	Microarray immunoassay forphenoxybenzoic acid using polymer encapsulated Eu：Gd_2O_3 nanoparticles as fluorescent labels	128	美国加利福尼亚大学戴维斯分校
9	基于碳纳米管修饰厚膜电极的一次性有机磷神经毒剂生物传感器	A disposable biosensor for organophosphorus nerve agents based on carbon nanotubes modifiedthick film strip electrode	123	美国新墨西哥州立大学，美国加利福尼亚大学河滨分校
10	表面等离子体共振生物传感器的简要综述	Surface plasmon resonance for biosensing：a mini-review	117	以色列内盖夫本吉瑞大学，加拿大 Biophage Pharma 公司，美国宾夕法尼亚州立大学
11	利用碳纳米管/有机磷水解酶电化学生物传感器分析有机磷农药	Determination of organophosphate pesticides at a carbon nanotube/organophosphorus hydrolase electrochemical biosensor	116	德国格赖夫斯瓦尔德大学，美国新墨西哥州立大学，美国西北太平洋国家实验室，美国加利福尼亚大学河滨分校，波兰华沙大学
12	功能性碳纳米管和纳米纤维在生物传感领域的应用	Functionalized carbon nanotubes and nanofibers for biosensing applications	116	美国西北太平洋国家实验室
13	丝网印刷碳电化学传感器/生物传感器用于生物医药、环境和工业品分析中的进展	Some recent designs and developments of screen-printed carbon electrochemical sensors/biosensors for biomedical，environmental，and industrial analyses	113	英国西英格兰大学

续表

序号	论文中文题目	论文英文题目	被引次数	发文机构
14	生物传感器用于环境监测的进展	Recent advances in biosensor techniques for environmental monitoring	108	美国环保局
15	利用基于普鲁士蓝修饰的丝网印刷电极技术的胆碱酯酶生物传感器检测水中氨基甲酸酯和有机磷农药	Detection of carbamic and organophosphorous pesticides in water samples using a cholinesterase biosensor based on Prussian Blue-modified screen-printed electrode	106	摩洛哥 Fac Sci & Tech，意大利罗马第二大学

5.3.3 论文产出主要国家分析

统计主要国家 2004～2013 年的发文数量，排名前 15 位的国家分别为中国、美国、西班牙、印度、法国、意大利、英国、德国、巴西、韩国、日本、捷克、加拿大、伊朗和俄罗斯，这些国家所发表的 SCI 论文占论文总数的 95.3%。主要国家中，我国是发文量最多的国家，达到 618 篇，远远超过位于第 2 位的美国（362 篇）和第 3 位的西班牙（201 篇）（图 5-5）。

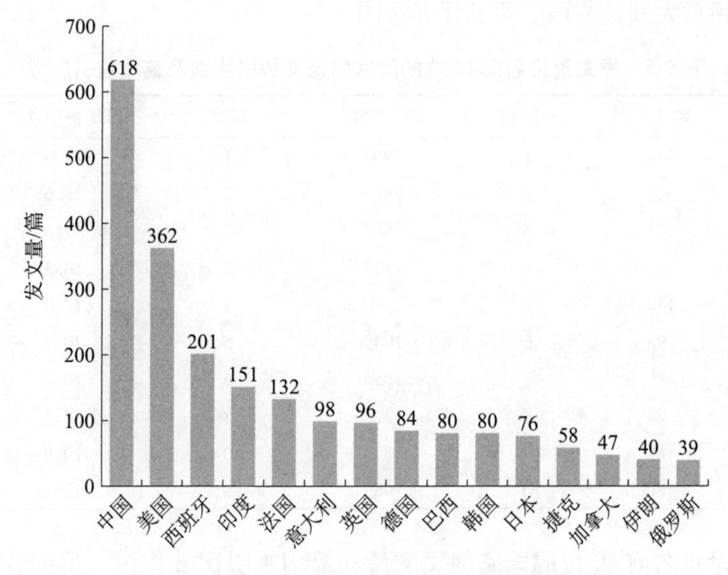

图 5-5 主要国家农药残留快速检测技术的发文量

将 2004～2013 年的 10 年时间分为以 5 年为一个周期的前后两个阶段，统计两个阶段各个国家的发文情况（图 5-6）。数据显示，我国在后 5 年发文量激增，后 5 年发文量总计达 458 篇，是前 5 年 160 篇的近 3 倍。相比较而言，其他国家发文量在两个阶段变化不大，只有美国、印度、巴西等国在 2008～2013 年有少量增加，也有国家论文数量有所下降。

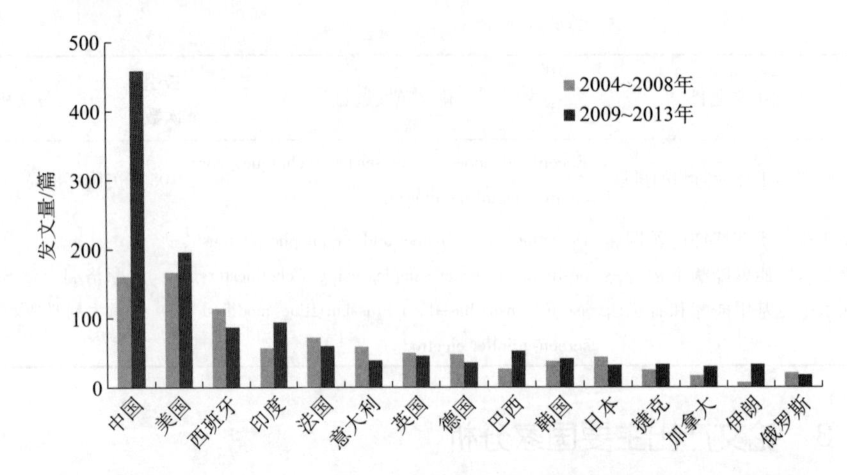

图5-6　2004～2008年、2009～2013年主要国家农药快速检测技术的发文量

统计2004～2013年发文量排名前10位的国家的论文被引情况，分析被引次数与篇均被引次数（表5-5）。结果可见，发文量排名第1的中国总被引次数达到7958次，排名第1，但篇均被引次数只有12.9次，下降到第7；发文量排名第2的美国总被引次数接近中国，为7819次，排名第2，而其篇均被引次数达21.6次，位列第1；其他篇均被引次数较高的国家还包括意大利、英国、西班牙和法国。

表5-5　发文量排名前10位的国家的论文被引次数及篇均被引次数

国家	发文量	排名	被引次数	排名	篇均被引次数	排名
中国	618	1	7958	1	12.9	7
美国	362	2	7819	2	21.6	1
西班牙	201	3	3582	2	17.8	4
印度	151	4	1557	7	10.3	10
法国	132	5	2310	4	17.5	5
意大利	98	6	2046	5	20.9	2
英国	96	7	1753	6	18.3	3
德国	84	8	1220	8	14.5	6
巴西	80	9	873	10	10.9	9
韩国	80	10	969	9	12.1	8

根据发文量排名前10位的国家的发文量和篇均被引次数作图，得到各个国家在二维坐标上的相对位置（图5-7）。美国和西班牙属于发文量和篇均被引次数都较高的国家，研究产出和质量较高，在10个国家中属于领先型国家；中国属于发文量较高、篇均被引次数较低的国家，研究产出较多，但质量还有待提升；意大利、法国和英国属于篇均被引次数较高的国家，虽然研究产出不突出，但研究质量较高；德国、印度、韩国和巴西的发文量和篇均被引次数相对较低。

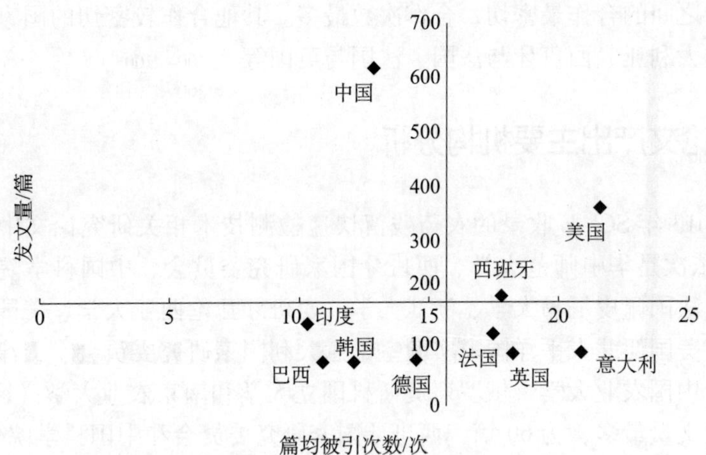

图 5-7　发文量排名前 10 位的国家的发文与被引证相对位置

分析各个国家/地区在论文合作方面的表现，选取发文量排在前 30 位的国家/地区，利用 Ucinet 计算合作网络的度数中心度，显示于图 5-8。美国是合作网络中心度最高的国家，合作中心度较高的其他国家/地区依次是中国、西班牙、法国、英国、德国和意大利

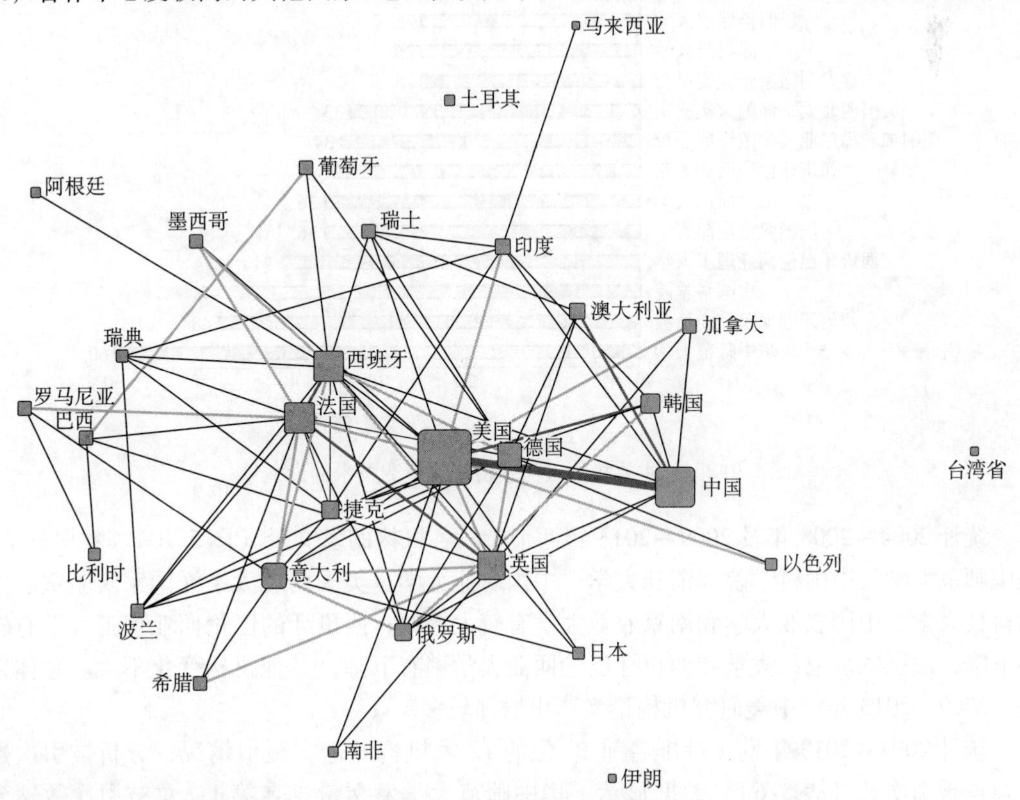

图 5-8　发文量前 30 位的国家/地区的论文合作网络图

国家/地区节点大小代表度数中心度，即根据合作次数计算的中心度，节点之间连线的颜色和粗细代表合作的次数，棕色连线代表合作次数大于 1 次，绿色代表合作次数大于 4 次，红色代表合作次数大于 8 次，连线越粗合作次数越多

等。美国与中国之间的合作最密切，合作次数最多。其他合作较密切的国家还包括美国与韩国、中国与澳大利亚、西班牙与法国、法国与英国等。

5.3.4 论文产出主要机构分析

在2004～2013年SCI-E收录的农药残留快速检测技术相关研究论文中，发文量位居前15位的机构依次是华中师范大学、西班牙国家研究委员会、中国科学院、西班牙瓦伦西亚理工大学、法国佩皮尼昂大学、浙江大学、西班牙瓦伦西亚大学、美国加利福尼亚大学戴维斯分校、美国西北太平洋国家实验室、意大利国家研究委员会、天津科技大学、巴西圣保罗大学、中国农业大学、俄罗斯莫斯科国立大学和南京农业大学（图5-9）。其中，华中师范大学发文量最多，为60篇，西班牙国家研究委员会和中国科学院分别以48篇和47篇列第2、3位。位居前15位的机构中，属于中国的机构有6家，属于西班牙的机构有3家，隶属美国的机构有2家，此外，法国、意大利、巴西和俄罗斯各有1家机构。

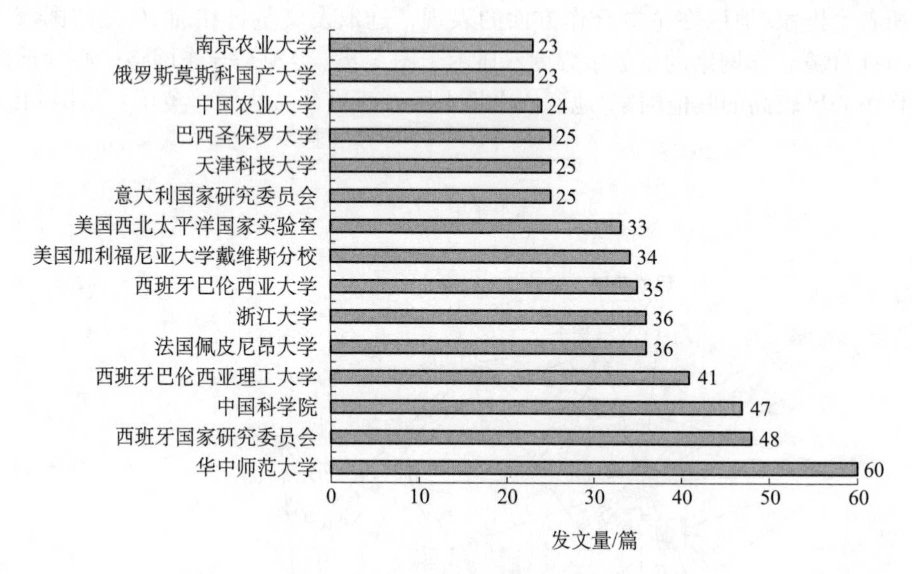

图5-9　国际主要机构农药残留快速检测技术的发文量

统计2004～2008年及2009～2013年两个阶段各机构的发文量（图5-10）。数据显示，华中师范大学、中国科学院、浙江大学、中国农业大学、美国西北太平洋国家实验室、天津科技大学、中国农业大学和南京农业大学有较大增幅；西班牙的巴伦西亚理工大学有较多下降，法国佩皮尼昂大学和西班牙巴伦西亚大学稍有下降，其他机构变化不大。总体来说，2009～2013年，中美研究机构论文产出增加较多。

统计2004～2013年发文量排名前10位的12家机构的论文被引情况，分析被引次数与篇均被引次数（表5-6）。数据显示，华中师范大学发文量排名第1，总被引次数达到1612次，排名也是第1，篇均被引次数为26.9次，排名第2，在研究产出和研究质量上都较好；美国西北太平洋国家实验室发文量排名第9，总被引次数达到1450次，排名第2，而其篇均被引次数达43.9次，远远超过其他机构，位列第1。

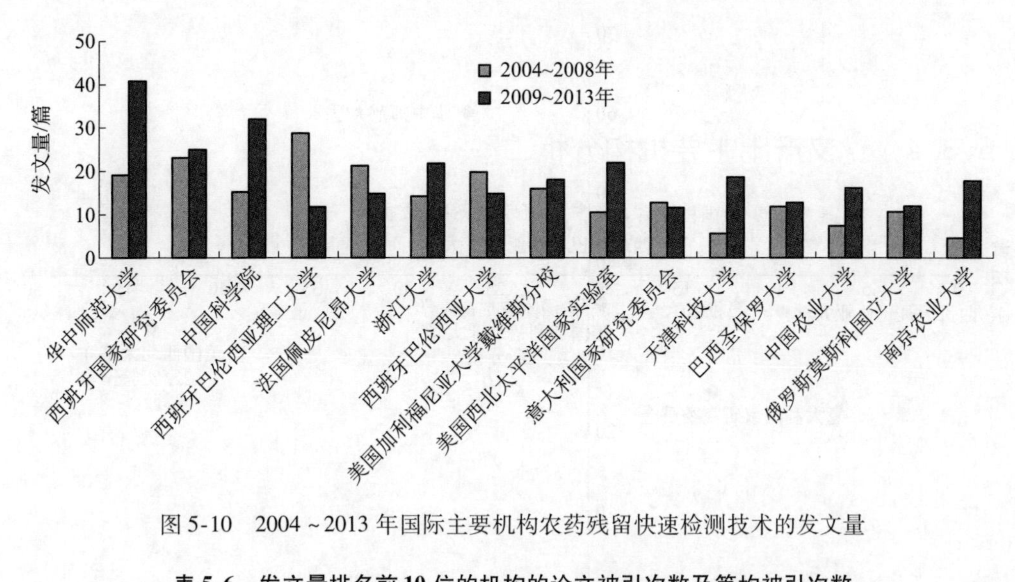

图 5-10 2004～2013 年国际主要机构农药残留快速检测技术的发文量

表 5-6 发文量排名前 10 位的机构的论文被引次数及篇均被引次数

机构名称	发文量	排名	被引次数	排名	篇均被引次数	排名
华中师范大学	60	1	1612	1	26.9	2
西班牙国家研究委员会	48	2	1004	3	20.9	3
中国科学院	47	3	871	4	18.5	6
西班牙巴伦西亚理工大学	41	4	744	5	18.1	7
法国佩皮尼昂大学	36	5	707	6	19.6	4
浙江大学	36	6	444	8	12.3	9
西班牙巴伦西亚大学	35	7	347	9	9.9	10
美国加利福尼亚大学戴维斯分校	34	8	634	7	18.6	5
美国西北太平洋国家实验室	33	9	1450	2	43.9	1
意大利国家研究委员会	25	10	340	10	13.6	
天津科技大学	25	10	194	12	7.76	12
巴西圣保罗大学	25	10	250	11	10	10

根据发文量排名前 10 位的机构的发文量和篇均被引次数作图，得到各个机构在二维坐标上的相对位置（图 5-11）。美国西北太平洋国家实验室相对发文量不高但篇均被引次数特别高，研究质量最高；华中师范大学和西班牙国家研究委员会属于发文量和篇均被引次数都较高的机构，研究产出和质量均较高；中国的机构普遍表现出发文量多、论文被引情况居中的现象。

分析主要机构间的论文合作情况，统计机构发文合作次数。表 5-7 列出了发文量多于 10 篇的机构间合作发文次数多于 5 次的机构。较密切的合作发生在华中师范大学与美国西北太平洋国家实验室、华中师范大学与武汉钢铁公司之间，其合作发文数量占发文总量的 30% 和 20% 。西班牙的机构间合作也比较密切，西班牙国家研究委员会与西班牙瓦伦西亚理工大学、西班牙瓦伦西亚大学的合作发文分别为 17 次和 8 次。中国科学院也主要与本国的机构合作较多，主要合作对象为中国科技大学和华南农业大学。

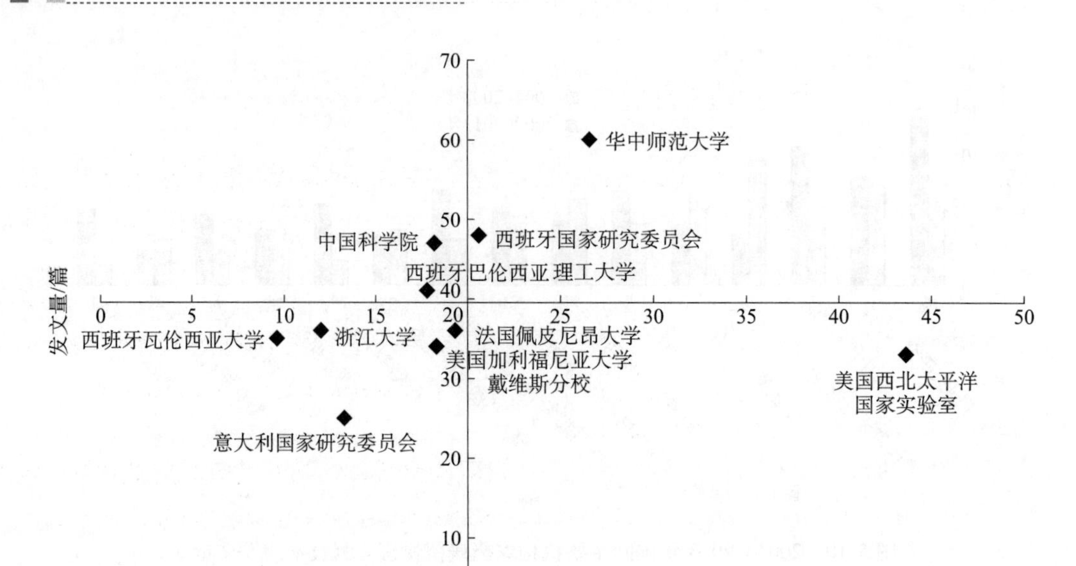

图 5-11　发文量排名前 10 位的机构的发文与被引证相对位置

表 5-7　合作发文次数高于 5 次的机构及其间合作次数

机构名称	发文量/篇	主要合作对象及合作发文次数
华中师范大学	60	美国西北太平洋国家实验室（18），武汉钢铁公司（12）
西班牙国家研究委员会	48	西班牙瓦伦西亚大学（17），西班牙瓦伦西亚理工大学（8）
中国科学院	47	中国科技大学（7），华南农业大学（6）
西班牙巴伦西亚理工大学	41	西班牙国家研究委员会（8）
西班牙巴伦西亚大学	35	西班牙国家研究委员会（17）
美国西北太平洋国家实验室	33	华中师范大学（18）

5.4　农药残留快速检测技术专利分析

专利分析以汤森路透的 DII 为数据源，利用关键词和 IPC 国际分类相结合的检索策略，检索 2004～2013 年农药残留快速检测技术的专利（检索式见附录，检索时间为 2014 年 12 月 10 日），手工剔除不相关专利，最后得到专利家族 756 项[①]。随后利用 TDA 从专利的申请数量年度变化趋势、技术布局、主要专利受理国家/地区、主要申请机构等角度对专利进行总体态势分析。同时，本报告还将 756 项 DII 专利的入藏号导入汤森路透的专利分析平台 TI（Thomson Innovation），获得 1602 件专利作为数据集，利用

① DII 的每一项记录描述了一个专利“家族”，每一项记录可能有一个或多个专利组成这个专利“家族”。为了区分，本报告将一个专利家族称为一项专利，对于专利家族中的专利成员则使用“件”来表示。

TI 的聚类和可视化功能结合专利内容判读，分析了该领域的技术研发热点。此外，本报告还利用 Dialog 开发的 Innography 专利分析工具及其后台数据库，通过导入 756 项 DII 专利的申请号，获得 1276 件农药残留快速检测技术相关专利，进行了核心专利的专利强度分析。

5.4.1　专利产出

专利家族的优先权年反映了一项专利技术最早产生的时间。利用 DII 数据库中的优先权年指标统计 2004 ~ 2013 年农药残留快速检测技术领域的专利发展趋势。数据显示，相关专利家族最早的优先权年为 1997 年，从 2002 年开始，专利产生数量出现大幅上升，2005 ~ 2009 年专利数量处于波动状态，2011 年专利数量达到最高，为 114 项，此后，专利数量下降（图 5-12）。由于专利公开有 18 个月的时滞，所以 2013 年、2014 年的专利数据仅作参考。总体来说，农药残留快速检测技术的专利产出成果处于上升阶段。

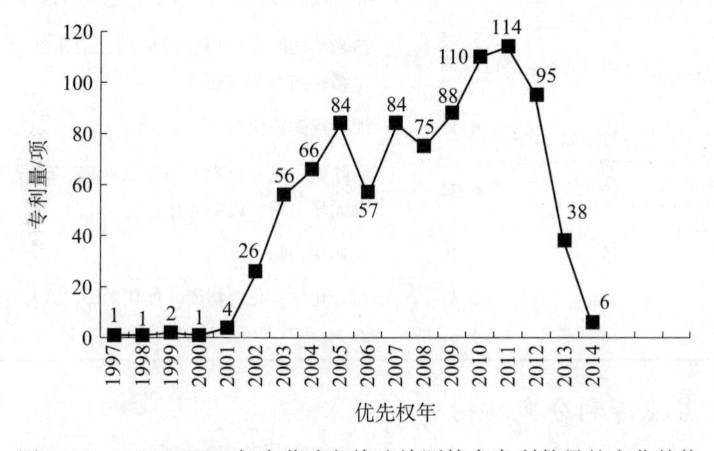

图 5-12　2004 ~ 2013 年农药残留快速检测技术专利数量的变化趋势

5.4.2　基于专利的研究热点分析

5.4.2.1　专利技术领域数量分布

结合 IPC 国际专利分类，分析 2004 ~ 2013 年农药残留快速检测技术专利的主要热点，在表 5-8 中列出专利家族数量居前 15 位的 IPC 国际专利分类号及对应的含义。数据显示，农药残留快速检测技术专利的主要热点为利用农药的物理或化学性质、利用酶或微生物、高分子材料合成、光学测量、纳米材料等相关技术开发。

表 5-8 同时给出了各 IPC 专利分类号对应的技术相对成长率指标值。该指标为单一技术领域专利申请数的年平均增长率与所有技术领域专利申请数的年平均增长率的比值，反映各技术领域相对于全部技术领域的成长幅度的高低。数据表明，利用化学或物理方法如

催化作用和胶体化学，加工、配料的一般工艺过程，利用碳-碳不饱和反应制备高分子材料等在最近 10 年相对全部专利增长较快。

表 5-8　农药残留快速检测技术专利的 IPC 国际专利分类号

排序	IPC 分类号	专利量/项	技术相对成长率	含义
1	G01N	625	0.98	借助于测定材料的化学或物理性质来测试或分析材料
2	C12Q	109	0.28	包含酶或微生物的测定或检验方法
3	C12N	54	3.87	微生物或酶；其组合物
4	C12M	47	0.13	酶学或微生物学装置
5	C07K	42	6.30	肽
6	B01J	37	12.01	化学或物理方法，如催化作用、胶体化学；其有关设备
7	C08J	30	7.79	加工；配料的一般工艺过程
8	C08F	27	7.18	仅用碳-碳不饱和键反应得到的高分子化合物
9	G01J	21	-0.82	红外光、可见光、紫外光的强度、速度、光谱成分，偏振、相位或脉冲特性的测量；比色法；辐射高温测定法
10	B82Y	19	2.24	纳米结构的特定用途或应用；纳米结构的测量或分析；纳米结构的制造或处理
11	C07C	19	6.55	无环或碳环化合物
12	C07F	19	5.24	含除碳、氢、卤素、氧、氮、硫、硒或碲以外的其他元素的无环，碳环或杂环化合物
13	C07D	15	2.49	杂环化合物
14	C40B	15	2.47	组合化学；化合物库，如化学库、虚拟库
15	B01D	14	-2.91	分离

5.4.2.2　热点专利分布结构

本报告利用汤森路透专利分析平台 TI 的聚类和可视化功能给出了技术热点布局图（图 5-13）。结合对专利的内容判读，分析农药残留快速检测技术领域的热点分布，结果表明，农药残留快速检测仪器制备、胶体金速测条/速测卡、利用乙酰胆碱酯酶的检测技术、抗原与抗体制备、生物传感器技术等是主要的技术研发热点。

5.4.2.3　核心专利分析

Innography 数据库提供了专利强度（patent strength）分析指标，该指标是根据专利权利要求数量、引用先前技术文献数量、专利被引用次数、专利及专利申请案的家族情况、专利申请时长、专利年龄、专利诉讼等 10 余个专利价值相关指标计算得到。专利强度高的专利代表了该技术领域具有高价值的核心专利。本报告分析了数据库中的 1276 件专利，获得专利强度大于 9（专利强度最高为 10）的 7 件专利，列于表 5-9 中。核心专利的主题主要是均质酶免疫分析法、拉曼光谱表面增强基底的制备、微流控技术、光学检测技术等。

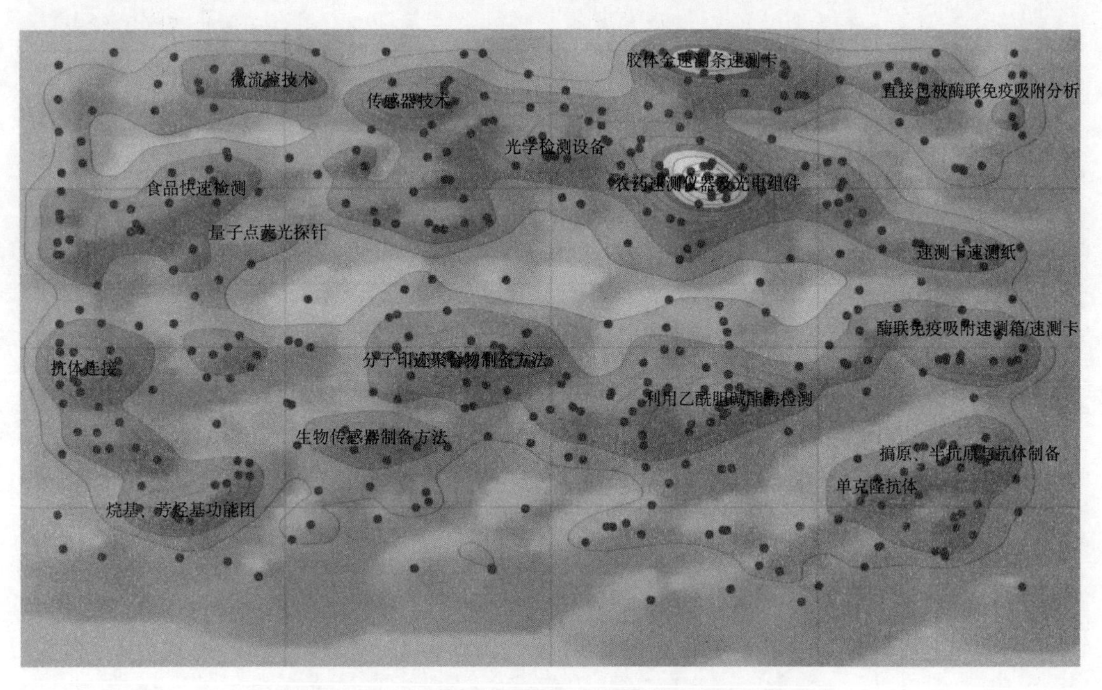

图 5-13　基于专利的农药残留快速检测技术热点分布图

表 5-9　专利强度大于 9 的核心专利名称及优先权年

	专利申请号	专利名称	专利权人	优先权年
1	US7560239 B2	均质酶免疫分析法同时检测多种物质	Lin-zhi International Inc. 美国生物技术公司，专业领域为临床检验试剂的研发	2002
2	US7361313 B2	将金属均匀浸渍到硅基纳米多孔材料以增强拉曼光谱散射的方法	Intel Corporation，Inc. 英特尔公司	2003
3	US20100089529 A1	一种微流控设备制备方法	Scandinavian Micro Biodevices A/s 丹麦公司，基于微流控技术开发出诊断试剂盒	2005
4	US7846391 B2	利用光源系统的生物分析设备	Lumencor，Inc. 美国公司，利用光学技术进行生物分析的生命科学公司	2006
5	US8343437 B2	基于金属薄膜或金属微粒蚀刻技术的检测系统和过程	Jp 实验室公司	2008

续表

	专利申请号	专利名称	专利权人	优先权年
6	US8455844 B2	时间分割多路复用光学检测生物传感器系统及方法	Colorado State University Research Foundation 美国科罗拉多州立大学研究基金会，私营非营利性机构	2009
7	US8211715 B1	可为消费者使用并可发送远程信息的便携式食品污染检验设备	Harrogate Holdings, Ltd. Co. 哈罗盖特控股有限公司	2011

5.4.3 主要机构的专利产出

各机构在2004～2013年专利拥有量位居前15位的机构有16家，排在前4位的依次是中国科学院（17项）、日本富士公司（15项）、江南大学（13项）和上海交通大学（9项），印度科学与工业研究理事会、军事医学科学院卫生学环境医学研究所、天津科技大学和浙江大学均有8项专利，并列第5位，中国农业大学、江苏大学、南京农业大学和华南农业大学均有7项专利，并列第9位，江苏省农业科学院、美国加利福尼亚大学、山东理工大学和上海科技大学以6项专利列第13位（图5-14）。

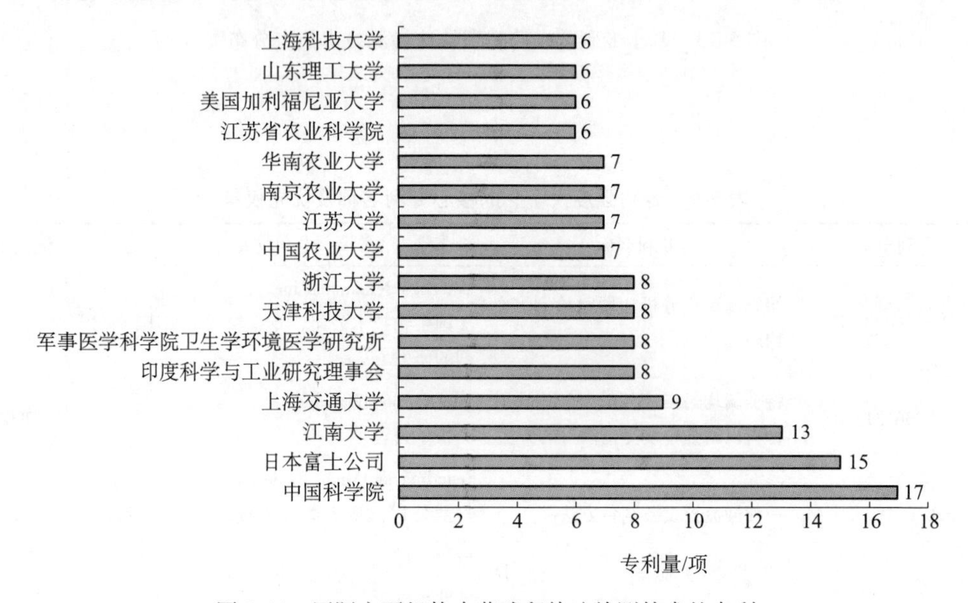

图5-14 国际主要机构农药残留快速检测技术的专利

位居前15位的机构中，属于中国的机构有13家，属于日本、印度和美国的机构各有1家，可见，相关领域技术开发机构的主体主要来自中国。值得注意的是，中国的11家机构在地域分布上都集中于经济发达地区，除了在北京、上海、天津等直辖市各有2家机构外，江苏省还分布有4家机构，即江南大学、江苏大学、南京农业大学和江苏省农业科学院。16家机构中有11家为大学，4家为研究机构，仅有1家为来自日本的公司。总体而言，中国科学院等中国的研究机构和大学在农药残留快速检测领域的专利产出具有较大优势。

统计专利家族数量位居前10位的公司，共有11家，分别是日本富士公司、长春吉大·小天鹅仪器有限公司、北京智云达科技有限公司、常州创伟电机电器有限公司、英特尔公司、无锡安迪生物工程有限公司、北京勤邦生物技术有限公司、荷兰百测生物科技公司(Biochek)、日本堀场有限公司（HORIBA)、美国美艾利尔集团（Alere Inc.)、云南无线电有限公司等（图5-15)。其中，富士公司专利家族数量最多，其他公司的专利数量较少。11家公司中有6家来自中国，来自日本和美国各有2家，还有1家来自荷兰（以公司总部所在地确定公司的国家归属)。

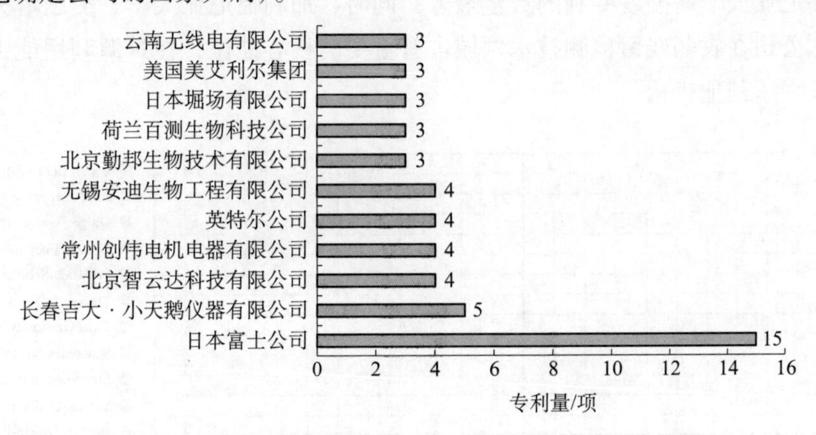

图5-15　农药残留快速检测技术专利数量排名前10位的公司

专利数量排名前10位的公司中6家中国公司多为民营的中小型科技型公司，主营业务方向主要为仪器仪表行业和生物技术行业，主要分布地区为北京和江苏。表5-10给出了6家公司的基本信息。

表5-10　专利数量最多的6家中国公司简况

公司名称	隶属地区	成立时间	性质	规模	信息来源
长春吉大·小天鹅仪器有限公司	吉林长春		吉林大学第一家以技术资本设立的高新技术企业		长春吉大·小天鹅仪器有限公司，2014
北京智云达科技有限公司	北京		民营，高新技术企业		北京智云达科技有限公司，2014
常州创伟电机电器有限公司	江苏常州	1995年	民营，仪器仪表及工业自动化企业	100～499人	常州创伟电机电器有限公司，2014
无锡安迪生物工程有限公司	江苏无锡	2007年12月	民营，科技型中小型企业和高新技术企业	注册资金500万元	无锡安迪生物工程有限公司，2014
北京勤邦生物技术有限公司	北京		民营，国家火炬计划重点高新技术企业	员工400余人，其中科研技术人员占50%以上	北京勤邦生物技术有限公司，2014
云南无线电有限公司	云南昆明	约20世纪70年代成立，2005年改制	国有控股企业，主营军工、专业装备研发生产	注册资金5352万元，职工314余人，其中专业技术人员150余人，2013年产值超2亿元	云南信息港，2013；应届生求职网，2014

总体来看，农药检测技术领域研发的重要机构以大学和研究机构为主，公司、企业的实力较小，国内外公司的专利产出都比较薄弱。大型跨国分析检测技术公司的研发重点是大型高端实验室检测设备，农药残留快速检测领域涉足较少；我国分析检测技术公司普遍规模较小，多为民营的中小型科技公司。

分析拥有高专利强度的专利权人，得到专利强度大于 8（最高为 10）的专利权人气泡图（图 5-16）。图 5-16 显示，专利强度大于 8 的专利权人有 15 个，均为国外机构。其中，美国加利福尼亚大学高强度专利的数量最多；同时，加利福尼亚大学、美国塔夫斯大学和美国英特尔公司在农药残留检测技术领域占有重要的核心地位，在资源利用能力上，英特尔公司明显强于其他机构。

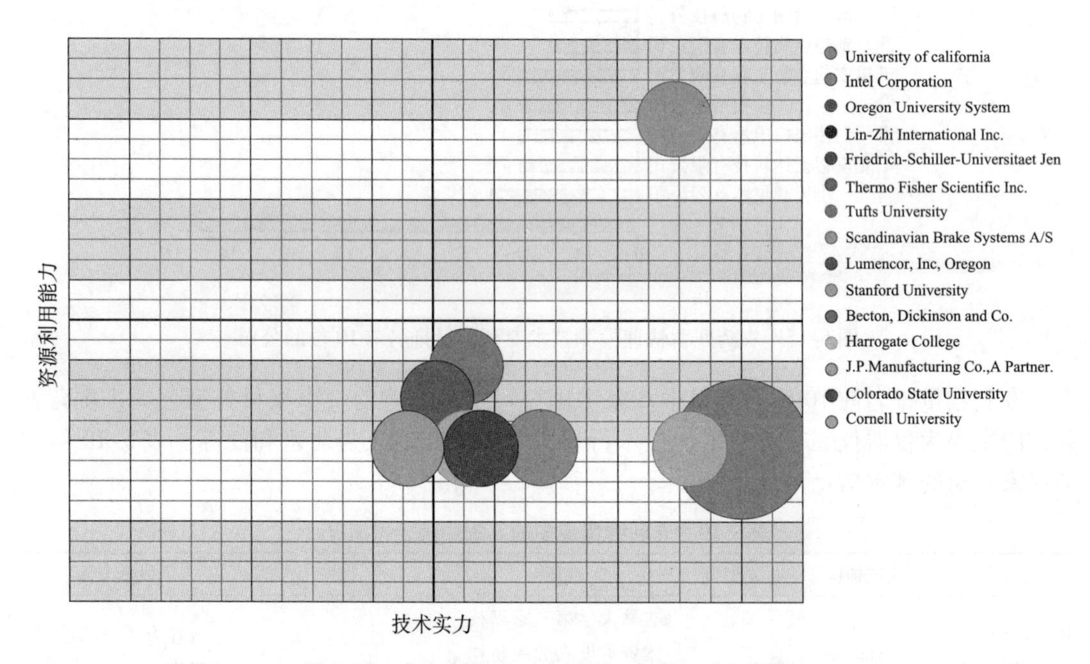

图 5-16　高专利强度（大于 8）专利权人气泡图

图中横轴包括专利权人专利总量、IPC 分类号数量、单篇引用的相对数量的综合信息，在图中越靠右，表示目标公司越关注和参与到所分析的技术领域中。纵轴包含专利权人总收入、诉讼量和发明人区域相对数量等综合信息，图中越靠上，表明该公司利用专利的能力就越强。气泡大小表示专利权人的专利量

5.4.4　主要受理国家/组织分布

分析相关专利的主要受理国家/组织，排在前 10 位的国家/组织分别为中国、美国、世界知识产权组织、日本、欧洲专利局、韩国、澳大利亚、加拿大、印度和德国。有 458 项专利在中国受理，占全部专利总数的 60.6%，远高于其他受理国家/组织；分别有 185 项（24.5%）和 125 项（16.5%）专利在美国和世界知识产权组织受理（图 5-17）。中国是农药检测技术的主要市场。

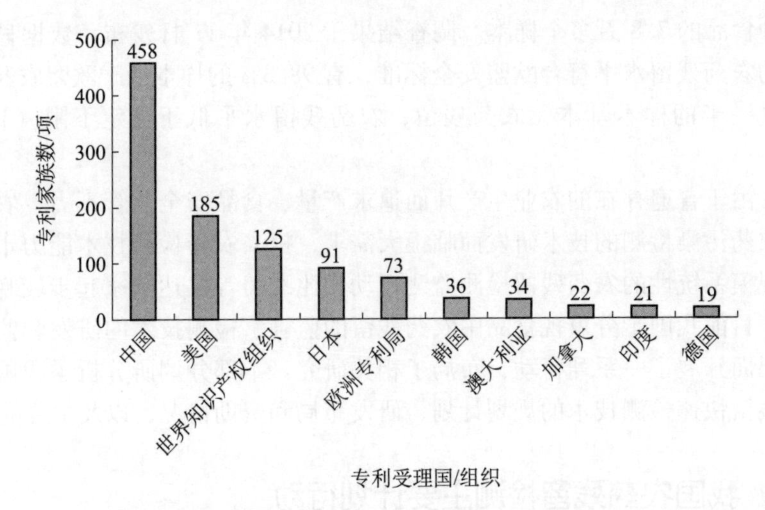

图 5-17　农药残留快速检测技术专利的主要受理国/组织

5.5　我国农药残留快速检测技术的研发布局

农药残留污染及检测的国内外情况有所不同。农药残留在中国是一个重点食品安全问题，而在发达国家，其影响没有国内这样突出。欧美等许多发达国家由于高度重视农药残留监测，早在 20 世纪就采取了针对农药残留的系统监测计划。表 5-11 给出了欧美主要发达国家开展的重要农药残留监测计划和行动（聂继云等，2005）。

表 5-11　欧美主要发达国家开展的重要农药残留监测计划

国家/地区	起始时间	行动内容
欧盟	1996 年	滚动的涵盖所有主要农药和农产品的欧盟协同监测计划
瑞士	20 世纪 80 年代中期	连续开展 3 个政府“农药风险消减计划”
比利时	1991 ~ 1993 年	实施测定植物性食品和总膳食中的农药残留并评价其危害的官方研究
德国	1995 年	由联邦政府和 16 个州联合实施食品监测项目
美国	20 世纪 80 年代	开展年度市场菜篮子监测，连续对市场上自产和进口农产品中的农药残留进行监测，实施农药残留统计性研究、例行监测和污染水平监测等农药残留监测计划
加拿大	1989 年	实施自产和进口食品农药残留监测计划（Agriculture and Agri-food Canada，2014）

这些系统监测行动使发达国家的果品农药残留状况大为改善。农药检出率很少超过 80%，有的甚至不足 5%；农药残留超标率极低，多数情况下不超过 2%，甚至没有农药残留超标样品。从美国、瑞士和加拿大的监测结果看，通常自产果品农药残留超标率明显低于进口果品（聂继云等，2005）。美国农业部 2010 年发布的农药数据计划的最新年度农药残留监测数据显示，所检测的 11 644 例农产品样品中有 0. 25% 超标，结果证明美国的食品农药残留尚未对民众构成安全威胁。欧洲食品安全局从 2012 年开始对欧洲食品农药残留情况进行了抽样调查，调查范围覆盖了欧盟成员国及挪威和冰岛等国家，一共检测了

来自 750 多种食品的 7.8 万多个样本。调查结果于 2014 年 11 日发布。数据显示，欧洲绝大部分食品的农药残留水平符合欧盟安全标准，有 98.3% 的样本低于欧盟农药残留法定上限，其中超过一半的样本基本无农药残留，农药残留水平低于法定下限（世界种业网，2014）。

在我国，由于普遍存在的农业生产片面追求产量、食品安全监管不力、农药残留情况严重，针对农药污染检测的技术研发面临很大需求，提高农药检测技术能力十分迫切。然而，我国大规模系统性的农药残留检测监测行动相比欧美等发达国家起步较晚，检测监测能力尚不足。目前我国十分重视食品中农药残留的监管、检测技术的研发和监测能力的建设，在国家层面开展了一系列行动，布局了相关研究。本部分调研分析了我国国家层面上食品中农药残留快速检测技术的规划计划、研发布局和资助情况，以及主要的研究内容。

5.5.1 我国农药残留检测主要计划行动

为适应不断变化的食品安全监管需求，我国近几年开展了新一轮食品安全法律法规的修订调整，包括：2009 年设立了食品安全委员会，负责协调和指导各部门的监管工作；2013 年 3 月组建了国家食品药品监督管理总局，整合了食品安全委员会办公室、食品药品监管局、质检总局、工商总局的相关职责，承担食品安全综合协调与监督管理。在立法方面，2009 年 2 月，我国颁布了《食品安全法》，其规定范围涵盖了从田间到餐桌的全过程；2013 年 10 月，国家发布了《食品安全法》修订草案。2014 年，农业部与国家卫生计生委还联合发布了食品安全国家标准《食品中农药最大残留限量》（GB2763-2014）。这些行动积极促进了食品中农药污染的控制。

在国家技术规划层面，我国《国家中长期科学和技术发展规划纲要》确定将食品安全作为科学研究开发的优先主题。国家《“十二五”科学和技术发展规划》提出要全面发展食品安全保障技术，逐步建立从源头到餐桌的食品生产全过程安全检测、控制及管理技术，加强食品污染物高新检测技术与装备研发。

2012 年 6 月，国务院发布了《国家食品安全监管体系“十二五”规划》，提出食品污染物和有害因素监测将覆盖全部县级行政区域，监测点由 344 个扩大到 2870 个，监测样本量从 12.4 万个/年扩大到 287 万个/年。在优势农产品主产区建立食用农产品质量安全风险监测点，蔬菜、水果、茶叶、生鲜乳、蛋、水产品和饲料国家级例行监测和监督抽检数量达到每万吨 3 个样品，监测抽检范围扩大到全国所有大中城市和重点产区。规划还提出将推进检验仪器设备自主化，将通过国家科技计划、基金或专项等渠道，加大食品安全科技研发投入，集中力量重点开展科技攻关，在检验检测技术和装备研发方面，重点研究食品和食用农产品中有毒有害物质及非法添加物检测技术，研发新型快速检测、在线监测控制技术和设备（中国政府网，2012）。

5.5.2 我国农药残留快速检测技术研发布局

在具体研发项目布局资助上，根据目前获得的信息，食品农药残留快速检测技术的研

发通过两个方向进行资助。一个方向是通过科技部资助的科技攻关计划、科技支撑计划这样的对重大公益技术及产业共性技术研发进行支持的大型计划，连续多年设置多项重大课题和重点课题资助食品安全的快速检测技术的研发，主要的项目布局列于表5-12中。研究重点关注基础性、广泛适应性、高通量的检测技术、方法，包括农药快速检测平台、标准化的抗体库、试剂盒、速测仪等。

表5-12　我国农药残留检测相关的大型科技攻关、科技支撑计划

计划名称	时期	研发内容
国家重大科技专项“食品安全关键技术”	“十五”	以食品安全监控技术研究为突破口，大力加强检测技术和方法的研究，重点部署了农兽药多残留系统检测方法和快速检测方法的研究（吴永宁等，2007） 中国检验检疫科学研究院承担了子课题“农药残留检测技术”，在检测方法开发、样品前处理装置及快速检测设备的研制、农药残留检测试纸条和试剂盒的开发及食品安全监测车等方面取得了大量成果。成功研发出酶抑制法、酶联免疫法、胶体金免疫法等农药残留快速检测试纸条、速测卡及试剂盒共计23个。共开发研制出高效快速浓缩仪、新型多功能微量化处理仪、ASPE自动固相萃取仪、自动样品净化仪（GPC）、酶抑制法速测仪等5台（套）前处理设备和快速检测设备及易于现场移动使用的食品安全监测专用车（中国检验检疫科学研究院，2005）
国家科技支撑计划重大项目“食品安全关键技术”	“十一五”	子课题“化学残留物检测技术及相关产品的开发”的研究内容包括建立农药、兽药抗体高效制备技术平台和标准化的抗体库，开展农药、兽药与饲料添加剂残留检测试剂（盒）的研究与开发；开展食品残留的生物芯片、生物传感等快速高通量检测技术研究，并开发相应高通量检测设备。子课题“食品中有害残留集成检测设备的研究”内容包括研究开发便携式多通道组合式酶联免疫胶体金试纸条专用检测设备及其试剂；对“十五”研究的成果如食品安全监测车等检测设备进行集成与规范化应用。项目还支持相关技术的综合示范（科学技术部，2006a）
国家科技支撑计划重大项目“食品加工关键技术研究与产业化开发”	“十一五”	开展两项攻关内容：一是小型食品快速检测仪器的开发，其中一个重点是开展水果、蔬菜及加工产品中的氨基甲酸酯类农药（西维因等）和有机氯农药（硫丹等）的便携式现场快速检测试剂盒和仪器的开发研究；二是食品中主要有害物快速检测技术的开发，重点开发食品安全检测中部分农药、兽药和生物毒素的酶标、金标及多残留免疫检测技术与纳米人工抗体，建立新的免疫分子印迹检测技术、在线快速检测与质量控制技术等（科学技术部，2006b）
国家科技支撑计划重点项目“食品质量安全控制关键技术研究与示范”	“十一五”	子课题“食品安全快速检测技术研究与新产品开发”的研究内容有4项：①食品中广泛存在和新出现有害物质快速检测技术研究，在酶联免疫、量子点标记、免疫化学发光、浅表面荧光分析技术、生物传感器、分子印迹仿生免疫分析技术等方面研发一批新型成套适用的快速检测技术。②有害物质的多残留快速检测技术研究，利用通用抗体制备及特异性抗体共包被等免疫分析技术建立多残留检测技术，提高方法的检测效率和实用性。③快速检测新产品研制，开发快速实用的试剂盒、试纸条、传感器等检测技术产品。④新型样品前处理技术研究和产品开发（科学技术部，2009a）
国家科技支撑计划重点项目“产品质量安全检测技术与仪器设备研发”	“十一五”	设置“食品安全现场快速检测急需的设备研制”子课题，研究内容包括便携式拉曼光谱仪研发等（科学技术部，2009b）

续表

计划名称	时期	研发内容
国家科技支撑计划“食品安全高新检测技术研究与产品开发”	“十二五”	设置了食品中化学污染物样品前处理技术及其设备研发、食品中重要危害物抗体库的建立及其产品研发等子课题（食品安全检测试剂与装备产业技术创新战略联盟，2014），目前开发了车载移动实验室样品处理及检测集成平台、便携式食品安全速测箱和食品安全事故现场诊断掌上电脑查询系统等（科学技术部，2013a）
国家科技支撑计划“食品质量安全控制及检测关键技术与产品”	“十二五”	重点研究农产品食品质量安全控制检测关键技术和产品，开展食品加工过程质量安全在线监测与控制技术研究示范（国家质量监督检验检疫总局科技司，2012，2013）

另一个方向是通过基金委、科技部的科学仪器研发专项资助检测设备仪器的研发，主要针对自动化、多目标、快速分析的仪器设备（表 5-13）。

表 5-13　我国农药残留检测相关的科学仪器研发计划

资助机构	计划名称	时间
基金委 科学仪器基础研究专项	食品安全分析用在线式全自动样品前处理装置研制 （国家自然科学基金委员会，2010）	2009 年
	新型微悬臂梁阵列免疫传感器的研制 （国家自然科学基金委员会，2012）	2011 年
科技部 国家重大科学仪器设备开发和应用专项	水中有毒污染物多指标快速检测仪器（仪器信息网，2013）； 基于飞秒激光的太赫兹时域光谱仪开发（仪器信息网，2012）	2012 年
	全自动化学发光免疫分析仪工程化开发及应用； 模块化固体样品全程智能前处理仪器的开发； 多用途样品前处理仪器的开发和应用； 微分迁移谱-质谱快速检测仪的开发与应用 （科学技术部，2013b）	2013 年

此外，在科技部等机构的推动下，我国还于 2010 年成立了食品安全检测试剂和装备产业技术创新战略联盟。联盟成员共有 32 家从事食品安全领域研究和技术开发的企事业单位，其中企业 14 家，包括无锡中德伯尔生物技术有限公司、北京陆桥技术有限责任公司、北京维德维康生物技术有限公司、博奥生物有限公司等；国内知名的高校、科研院所有 18 家，包括中国农业大学、中国疾病预防控制中心营养与食品安全所、中国检验检疫科学研究院、中国兽医药品检查所、南昌大学、江南大学等。联盟的宗旨是以食品安全检测试剂和装备产业化为主要目标，依托联盟成员间已有的技术经济实力并积极争取国家引导资金及政策扶持的优势，以多样化、多层次的自主研发与开放合作创新相结合，建立食品安全检测试剂和装备行业产学研结合的技术创新体系，推动提高我国食品安全检测试剂和装备产业整体水平，引领食品安全检测试剂和装备产业的持续发展（食品安全检测试剂与装备产业技术创新战略联盟，2010a，2010b）。

5.6 我国农药残留快速检测技术行业的战略分析

我国是农药快速检测技术国际研发的重要国家，拥有一批重要研发机构和企业，近年来相关领域的论文和专利产出总量在国际上居于优势地位，也具备一定的研发影响力。同时，我国又是全球农药残留快速检测技术的最大市场，有大量的技术需求，该技术行业的发展是我国高技术行业的一个新兴增长点。对农药残留快速检测技术行业进行战略层面的系统分析有助于促进行业发展，提高我国农药监管能力和技术水平。

SWOT分析法是一种通过确定企业或行业自身的竞争优势（strength）、竞争劣势（weakness）、机会（opportunity）和威胁（threat），从而将企业或行业的战略与其内部资源、外部环境有机结合起来的战略规划工具。本报告利用SWOT分析法对我国农药残留快速检测技术行业进行全面、系统的战略研究，进而发现问题，促进决策。表5-14给出了我国农药残留快速检测技术行业优势、劣势、机会和威胁的矩阵。

表5-14 我国农药残留快速检测技术行业SWOT矩阵

优势 （1）拥有大量研发成果，形成了一批高研发产出的机构和企业，储备了技术 （2）近年我国研发活跃，技术实力有所提高 （3）我国科学检测仪器产业快速发展，已推出众多农药快速检测产品	劣势 （1）高质量研究成果少，研究水平偏低 （2）技术转移转化机制不顺畅 （3）企业规模较小，产品多为中低端，利润低 （4）技术发展尚未成熟，本身仍存在不足
机会 （1）公众关注可促进相关技术及行业的发展 （2）国家法规调整和检测体系建设规划带来了巨大的内需 （3）科技研发规划及资助有助于提高行业的研发水平 （4）国家鼓励行业层面的产学研结合，企业和研究机构都面临新机遇 （5）我国企业在本土市场拥有更好的竞争资源	威胁 （1）高水平成果仍然主要掌握在美国等发达国家 （2）世界著名科学仪器公司开始在国内市场攻城掠地 （3）国外企业具备强大的技术和市场战略 （4）技术发展迅速不断催生国际高科技检测技术公司

5.6.1 优势

我国农药残留快速检测技术行业技术研发产出数量大，在论文和专利成果数量上都有很好的表现，甚至超过了欧美等发达国家。我国目前已经形成了一批高产出的研究机构和企业，如中国科学院、华中师范大学、江南大学、浙江大学、天津科技大学等研究机构和大学与其他国际机构相比有相对较多的基础研究成果，长春吉大·小天鹅仪器有限公司、北京智云达科技有限公司、常州创伟电机电器有限公司、无锡安迪生物工程有限公司、北京勤邦生物技术有限公司等国内仪器厂家均拥有相对较多的技术开发产出。这些机构和企业为我国该领域的国际竞争积累了一定的技术储备。

此外，近年来我国该领域研发成果产出增加，研发活跃，表现优于其他国家；我国机构如华中师范大学、中国科学院、江南大学和军事医学科学院卫生学环境医学研究所等成果产出增长较快。我国论文的影响力和专利的重要度近期都得到提高，论文篇均被引次数的相对排名上升，核心专利近期的产出增加，总体上技术实力有所提升。

我国科学检测仪器产业发展较快，近年来已经逐步建立并完善了科学仪器设备自主创新原理研究、技术开发、产业化研究和应用示范的完整链条，取得了许多令人瞩目的成绩。2010 年，我国科学测试仪器行业工业总产值 1899 亿元，同比增幅 27.3%，其中实验分析仪器行业规模以上企业数 315 家，工业总产值 165.07 亿元，同比增幅 34.24%（王静，2011）。国产检测仪器市场占有率也逐年攀升。国内各仪器厂家和生物技术公司相继研发并推出了多种食品安全快速检测仪，在处理突发性食品安全事件、市场流通领域、进出口岸现场筛查上发挥了重要作用。

5.6.2 劣势

虽然我国研发机构和企业的研发产出数量多，但高质量研究成果少，研究水平偏低。相比美国、意大利、西班牙和英国等国家，我国从论文影响力来看该领域的研究质量不高，仅有少数机构的论文影响力较高；重要论文、核心专利主要来自美国等国家，我国贡献很少；研发有较多的模仿创新和跟踪创新，原创性的重大成果少，依靠新型纳米技术、光学、电子学、材料学、生物学及传感器的复杂技术的创新少。

农药残留快速检测技术有大量成果隶属于研究机构和大学，无论是对于论文还是专利，研发成果的数量、质量及其提高幅度，研究机构和大学的表现都远远优于企业。而目前国内研究机构和大学的技术成果向企业转移转化的机制尚不完善，技术转化效果不好，研发成果难以快速有效地为企业和行业所用，导致行业缺乏市场竞争力。

我国分析检测技术公司普遍规模较小，多为民营的中小型科技公司，研发竞争力薄弱，其产品相对国外企业来说仍多为中低端，同时价格也相对低廉，利润较低，进一步限制了企业快速发展及开发高端产品。

在技术层面，我国农药残留快速检测技术尚不成熟，往往存在准确度不够、检出限高、再现性不强、抗干扰性不佳等问题，只适用于一类农药的快速检测，对于多类别农药的同时快速检出还有一定的困难，有时还会出现假阳性的现象。同时，快速检测设备尚未实现理想的模块化和微型化。此外，食品安全检测技术和设备与其他相关设备、技术配套兼容等标准化问题有待解决。这些技术弱点影响了产品的市场应用（中研网，2014）。

5.6.3 机会

近年来，我国公众对食品安全问题十分重视。农药残留污染是我国的突出食品安全热点问题，尤其受到了广泛关注。在食品生产、存储、销售现场对食品进行非实验室的、大范围的快速检测大大迎合了公众需求。

目前我国十分重视食品安全监管工作。为适应不断变化的食品安全监管需求，我国近几年开展了新一轮食品安全管理机构与法规调整。同时，相关部门发布了一系列农产品监

管体系建设规划，一些专项规划均提出投入巨额资金建设各级食品安全检测机构。这些举措将对食品安全检测技术和设备研发提出大量需求，为行业发展起到巨大的推动作用。

在科技发展领域，我国对食品安全检测技术和仪器研发十分重视，先后发布了多项重要规划指导该领域的研发。近年来，国家还相继资助了多项重大计划支持相关检测技术和仪器装备的研发，必将提高行业的整体研发水平。

国家鼓励农药残留快速检测技术研发的产学研合作，推动领域内高新技术企业的快速发展和技术研发，相关领域技术研发企业和研究机构都将面临新的机遇。

中国是农药检测技术的主要市场。我国相关行业在本土市场会对体制、规则及信息等条件更加熟悉，易于获得更优质的资源，某种程度上将拥有得天独厚的竞争优势。

5.6.4 威胁

农药残留快速检测技术的重要成果仍然主要掌握在发达国家的高水平研究机构手中，体现在高被引论文的来源机构主要为美国、意大利等国的研究机构，高强度专利主要来源于美国公司，美国仍然是该领域的技术强国。

虽然大型跨国分析检测技术公司的研发重点是大型高端实验室检测设备，以往在农药残留快速检测领域涉足较少，但近来不断向便携式检测仪器领域拓展。发达国家的进口检测仪器商逐步向中低端扩张，极大地威胁了以低端产品为主的本土企业。

世界著名科学仪器公司具备先进的技术水平、完善的市场规划、富有成效的营销手段和强大的盈利能力，一直都在争夺中国市场（弗戈包装网，2014）。国外企业通常还具备很强的专利封锁能力，我国企业很难抗衡。

近年来，随着免疫化学技术、传感器技术、纳米技术、高分子材料技术及光学技术等多学科新兴技术的发展和应用，农药残留快速检测技术发展迅速，各种新方法、新技术不断涌现，在国际上不断催生高科技水平的生物技术检测公司和仪器设备公司。这些公司往往依靠几项核心技术就占领了某一方向的制高点，在市场上获得很大的竞争力。

5.7 结论与建议

5.7.1 结论

本报告主要基于文献计量学对农药残留快速检测技术的国内外发展态势进行了系统分析，研究结果表明：

(1) 近年来，随着免疫化学技术、传感器技术、纳米技术、高分子材料技术及光学技术等多学科新兴热点技术的发展和应用，农药残留快速检测技术发展迅速，各种新方法、新技术不断涌现，包括研究论文和专利技术在内的研究产出大幅增长。

(2) 农药残留快速检测技术主要针对有机磷农药、除草剂和氨基甲酸酯类农药。农药残留快速检测技术主要的研究热点是生物传感器，以酶联免疫吸附分析为主的免疫分析技术。一些新型研究方法如表面等离子体共振、石英晶体微天平、微流控、表面增强拉曼散射等得到逐步开发。生物传感器、纳米技术、分子印迹技术、石墨烯、量子点等近来国际科技领域的新兴热点技术不断应用于农药检测技术领域，相关论文和专利成果增加明显。这些技术涉及生物、化学、物理等多学科，体现了农药残留快速检测技术领域的高度学科交叉性和前沿性。

（3）从农药残留快速检测技术研发的实施国家来看，我国是具有较大优势的国家，拥有数量较多、实力较强的研发机构和相对大量的成果产出，近 5 年来产出成果增幅格外显著。这与我国对农药残留快速检测技术的需求大、国家的重视支持、食品安全的严峻形势密不可分。除我国外，相关领域的理论与基础研究以美国、西班牙等国实力较强，技术开发以美国、日本等国实力较强。我国基本表现为研发产出多而质量有待提高，美国则表现为研究质量明显更高。

（4）农药残留快速检测技术领域研发的高产出机构主要包括中国科学院、华中师范大学、西班牙国家研究委员会、日本富士公司和江南大学等，我国的高产出机构显著多于美国、西班牙等国家。此外，中国研究机构在成果产出上增长更快。美国西北太平洋国家实验室、华中师范大学、西班牙国家研究委员会发表的论文质量较高，篇均被引次数较高；美国加利福尼亚大学、英特尔公司和塔夫斯大学等机构的专利强度高，体现出专利价值更大。该领域研发的论文和专利产出以大学和研究机构为主，公司、企业的产出较少，我国分析检测技术公司普遍规模较小，多为民营的中小型科技公司，研究能力仍有上升空间。

5.7.2 建议

目前我国对食品安全监管十分重视，对农药残留快速检测技术有巨大的需求空间。就提高我国该领域研究水平，促进行业发展，提高国际竞争力，本报告根据以上分析提出如下建议。

（1）抓住国家大力发展农药残留快速检测技术行业的契机，鼓励研究机构和企业积极争取承担国家科研项目，产生更多的科研成果，提高研究水平，改善研究条件，锻炼研究队伍。将生物学、材料学、化学和物理学等学科的新技术、新方法的最新成果应用于农药残留快速检测技术的研发，鼓励交叉研究和前沿研究。

（2）针对目前的技术发展瓶颈开展攻关研究，面向农药检测的实际需求开展研发，重点针对目前农药快速检测技术的局限和不足，开发稳定性好、灵敏度高、集成化水平高、满足多残留快速检测的分析技术。在我国大规模建设食品安全检验检测体系的过程中积极提供多种成本低、适用性好、易于推广的仪器设备，借此扩大企业的生产能力和规模，做大做强，提高其市场竞争力和国际竞争力。

（3）引导大学和研究机构与企业的研发合作，促进大学、研究机构的成果转化为商业化产品，通过提供高技术水平、高质量、多功能的产品来拓展市场、提高产品盈利能力。

（4）在行业蓬勃兴起的大趋势下，引导支持具备一定市场竞争力的检测技术公司参与国际竞争，利用金融手段、市场购并、营销等方式与国际大公司抗衡。

（5）从政策、机制层面采取风险投资、税收优惠、中介服务等措施鼓励扶持依托突破性技术的创新创业，培育高科技初创企业。

致谢： 中国科学院生态环境研究中心赵利霞副研究员、北京联合大学刘洋副教授等专家对本报告初稿进行了审阅并提出了宝贵的修改意见，谨致谢忱！

参考文献

北京勤邦生物技术有限公司 . 2014. 企业介绍 . http：//www. kwinbon. com/qyjs. asp［2014-12-29］.

北京智云达科技有限公司 . 2014. 公司介绍 . http：//bjzhiyunda. foodmate. net/［2014-12-29］.

长春吉大・小天鹅仪器有限公司 . 2014. 公司简介 . http：//www. ccjx. com/gsjj. aspx［2014-12-29］.

常州创伟电机电器有限公司 . 2014. 公司介绍 . http：//company. zhaopin. com/CC465934718. htm［2014-12-29］.

陈令新，关亚风，杨丙成 . 2002. 压电晶体传感器的研究进展 . 化学进展，14（1）：68-76.

弗戈包装网 . 2014. 食品安全检测仪器行业的发展现状与挑战 . http：//pack. vogel. com. cn/2012/0106/news_ 266385. html［2014-12-15］.

管华，石茂健，崔亚男 . 2007. 免疫分析技术研究进展 . 亚太传统医药，3（10）：33-36.

国家质量监督检验检疫总局科技司 . 2012. "十二五"国家科技支撑计划"食品质量安全控制及检测关键技术与产品"项目启动会在京召开 . http：//kjs. aqsiq. gov. cn/kydt/201209/t20120928_ 234030. htm［2014-10-15］.

国家质量监督检验检疫总局科技司 . 2013. "食品质量安全控制及检测关键技术与产品"项目 2012 年度进展报告 . http：//www. cisa. gov. cn/cxtd/ggtd/tddt/201301/t20130117_ 338520. htm［2014-10-15］.

国家自然科学基金委员会 . 2012. 第五部分国家自然科学基金 2011 年度申请和资助情况 . http：//www. nsfc. gov. cn/nsfc/cen/ndbg/2011ndbg/05/13. html［2014-10-15］.

国家自然科学基金委员会 . 2010. 第五部分国家自然科学基金 2009 年度申请和资助情况 . http：//www. nsfc. gov. cn/nsfc/cen/ndbg/2009ndbg/05/13. html［2014-10-15］.

何建安，付龙，黄沫，等 . 2011. 石英晶体微天平的新进展 . 中国科学：化学，41（11）：1679 -1698.

科学技术部 . 2009a. 关于发布"十一五"国家科技支撑计划"食品质量安全控制关键技术研究与示范"重点项目申请指南的通知 . http：//program. most. gov. cn/htmledit/CA03329F- 9335- CFE0- DB14-435588DF5730. html［2014-10-15］.

科学技术部 . 2013a. 2012 年食品安全科技论坛暨"十二五"国家科技支撑计划"食品安全高新检测技术研究与产品开发"项目中期汇报会在江苏无锡召开 . http：//www. most. gov. cn/kjbgz/201301/t20130129_ 99395. htm［2014-10-15］.

科学技术部 . 2009b. 关于发布"十一五"国家科技支撑计划重点项目"产品质量安全检测技术与仪器设备研发"课题申报指南的通知 . http：//program. most. gov. cn/htmledit/94C948AB- F01B- DE39- DAE6-90A97D9447E3. html［2014-10-15］.

科学技术部 . 2013b. 2013 年度国家重大仪器设备开发专项拟立项项目清单 . http：//www. most. gov. cn/tztg/201309/W020130904555917039950. pdf［2014-10-15］.

科学技术部 . 2006b. 关于发布"十一五"国家科技支撑计划"食品加工关键技术研究与产业化开发"重大项目申请指南的通知 . http：//program. most. gov. cn/htmledit/5A0DEEB1- A0AA- B5D6- 0F5A-895392ECA766. html［2014-10-15］.

科学技术部 . 2006a. 关于发布“十一五”国家科技支撑计划重大项目“食品安全关键技术”课题申报指南的通知 . http://program. most. gov. cn/htmledit/D82A0030- D937- B063- 6ADB- 74E1692490A6. html [2014-10-15] .

刘继超，姜铁民，陈历俊，等 . 2011. 电化学免疫传感器在食品安全检测中的研究进展 . 中国食品添加剂，1：216-222.

刘建云，黄乾明，王显祥，等 . 2010. 量子点在电化学生物传感研究中的应用 . 化学进展，22（11）：2179-2190.

聂继云，丛佩华，董雅凤 . 2005. 国外果品农药残留状况与监测 . 现代科学仪器，1：27-29.

食品安全检测试剂与装备产业技术创新战略联盟 . 2010a. “十二五”国家科技支撑计划“食品安全高新检测技术研究与产品开发”项目 . http://www. fsdafood. com/sitePages/subPages/page. action? pid = 5198&sour- ceChannelId = 1209&did = 6681 [2014-10-15] .

食品安全检测试剂与装备产业技术创新战略联盟 . 2010b. “食品安全检测试剂和装备产业技术创新战略联盟”简介 . http://www. fsdafood. com/sitePages/channelPages/page. action? pid = 5163 [2014-10-15] .

世界种业网 . 2014. 欧洲 98% 的食品农药残留水平达标 . http://theworldseeds. com/index. php? p = 54040 [2014-12-15] .

孙旭东，郝勇，刘燕德 . 2012. 表面增强拉曼光谱法检测农药残留的研究进展 . 食品安全质量检测学报，3（5）：421-426.

汪美凤，胡娟，郑刚，等 . 2011. 微流控芯片在食品安全分析中的应用 . 食品工业科技，32（2）：401-407.

王静 . 2011. 民生安全之重中国科学检测何以承受？中国科技财富，13：28-30.

韦明元，郭良宏 . 2009. 环境污染物的免疫传感检测方法进展 . 化学进展，21（2/3）：492-502.

魏益民，吴永宁，周乃元，等 . 2005. 中国食品安全科技发展方向讨论 . 中国工程科学，7（11）：1-4.

无锡安迪生物工程有限公司 . 2014. 公司简介 . http://www. antixchina. com/_ d270901287. htm [2014-12-29] .

吴永宁，周乃元，陈君石 . 2007. 十五国家重大科技专项“食品安全关键技术”. 中国食品卫生杂志，2：97-101.

仪器信息网 . 2012. 大恒新纪元获 6780 万元国家重大仪器专项 . http://www. instrument. com. cn/news/20121207/086336. shtml [2014-10-15] .

仪器信息网 . 2013. 4700 万安恒环境科技重大科学仪器专项获批 . http://www. instrument. com. cn/news/20130109/088900. shtml [2014-10-15] .

应届生求职网 . 2014. 云南无线电有限公司 2015 招聘 . http://www. yingjiesheng. com/job-001-976-300. html [2014-12-29] .

云南信息港 . 2013. 云南无线电有限公司 . http://yn. yninfo. com/message/data/201308/t20130827_2126519. html [2014-12-29] .

中国检验检疫科学研究院 . 2005. 国家“十五”食品安全重大专项——“农药残留检测技术”课题通过验收 . http://www. caiq. org. cn/kydt/661621. shtml [2014-10-15] .

中国政府网 . 2012. 国务院办公厅关于印发国家食品安全监管体系“十二五”规划的通知 . http://www. gov. cn/zwgk/2012-07/21/content_ 2188309. htm [2014-10-15] .

中研网 . 2014. 新农残留标准下食品安全快速检测技术成瓶颈 . http://www. chinairn. com/news/20141008/11204987. shtml [2014-10-29] .

钟伟金，李佳，杨兴菊 . 2008. 共词分析法研究（三）——共词聚类分析法的原理与特点 . 情报杂志，7：118-120.

朱国念 . 2008. 农药残留快速检测技术 . 北京：化学工业出版社：90-130.
朱赫，纪明山 . 2014. 农药残留快速检测技术的最新进展 . 中国农学通报，30（4）：242-250.
左海根，苗珊珊，杨红 . 2012. 分子印迹技术在农药残留检测中的研究进展 . 南京农业大学学报，35（5）：175-182.
Agriculture and Agri-food Canada. 2014. Pesticide Risk Reduction Program. http：//www. agr. gc. ca/eng/？id = 1288277891464［2014-12-29］.
Jiang X S，Li D Y，Xu X. 2008. Immunosensors for detection of pesticide residues. Biosensors and Bioelectronics，23：1577-1587.
Science. 2013. Infographic：pesticide planet. Science，341（16）：730-731.

附 录

论文检索式
时间：2004 ~2013 年
数据库：SCI-E
语言：英语
文献类型：研究论文、综述

TS =（（（（"rapid" or "direct" or "fast" or "quick" or "speedy" or "On-site" or "On-line" or "in-situ" or "real time" or "portable" or "vehicle-mounted" or "hand held"）near/10（"detect＊" or "Determination" or "analy*" or "monitoring" or "measurement＊" or "assay*" or "screen*" or "test*" or "recogni*"））or（"Test Strip*" or "Test box" or "strip* based" or "colloidal gold" or "colorimetric" or "enzym* inhibition" or "Sensor Array $" or "Microarray*" or "biosensor" or "*immunoassay*" or "Immunoradiometric" or "acetylcholinesterase*" or "phytoesterase*" or "Enzyme-linked immunosorbent" or "ELISA*" or "Enzyme-monitored immunotest" or "enzyme immunosorbent" or "Immunoenzymometric" or "immunochromatograph*" or "immuno filtration" or "immune resonance scattering" or "immune chip" or "Protein Chip" or "microfluidic" or "quartz crystal microbalance" or "molecular imprint*"））near（"Pesticide*" or "insecticide*" or "herbicide*" or "phytocide*" or "weedicide*" or "fungicide*" or "antifungal agent*" or "mycocide*" or "bactericide*" or "germicid*" or "sterilant*" or "Acaricide*" or "miticide*" or "ixodicide*" or "nematicide*" or "rodenticide*" or "raticide*" or "plant growth regulator*" or "Growth regulating preparation*" or "Agro*chemical $" or "organophosphorus" or "organic phosphorus" or "organophosphate" or "Organochloride" or "organochlorine " or "Organic chlorine" or "Carbamic ester*" or "carbamate*" or "carbamic acid ester*" or "pyrethroid*" or "nereistoxin*" or "benzimidazole" or "benzoglioxaline" or "fumigation agent*" or "fumigant" or "abamectin" or "acephate" or "acetamiprid" or "acetochlor" or "acifluorfen" or "alachlor" or "aldicarb" or "aldrin" or "ametryn" or "amidosulfuron" or "amitraz" or "amobam" or "anilazine" or "asomate" or "atrazine" or "azadirachtin" or "azocyclotin" or "azoxystrobin" or "benfuracarb" or "benomyl" or "bentazone" or "benziothiazolinone" or "benzoximate" or "bifenazate" or "bifenthrin" or "boscalid" or "bromopropylate" or "bromothalonil" or "bromoxynil" or "buprofezin" or "butachlor" or "butralin" or "cadusafos" or "camphechlor" or "captan" or "carbaryl" or "carbendazim" or "carbofuran" or "carbosulfan" or "carboxin" or "cartap" or "chlo rbenzuron" or "chlordane" or "clordane" or "chlordimeform" or "clordimeform" or "chlorfenapyr" or "clorfenapyr" or "chlorfluazuron" or "clorfluazuron" or "chlormequat" or "clormequat" or "chloropicrin" or "cloropicrin" or "chlorothalonil" or "clorothalonil" or "chlorpropham" or "clorpropham" or "chlorpyrifos" or "Clorpyrifos" or "chlorsulfuron" or "clorsulfuron" or "chlortoluron" or "clortoluron" or "cinosulfuron" or "clethodim" or "clofentezine" or "clomazone" or "clopyralid" or "coumaphos" or "cyanamide" or "cyanazine" or "cyazofamid" or "cyclosulfamuron" or "cyfluthrin" or "cyhalothrin" or "cymoxanil" or "cypermethrin" or "cyromazine" or "Daminozide" or "DDT" or "deltamethrin" or "demeton" or "desmedipham" or "diafenthiuron" or "diazinon" or "dibromochloropane" or "dicamba" or "dichlorvos" or "dicofol" or "dieldrin" or "diethofencarb" or "difenoconazole" or "difenzoquat" or "diflubenzuron" or "dimepiperate" or "dimethoate" or "dimethomorph" or "diniconazole" or "diphenylamine" or "diquat" or "dithianon" or "diuron" or "EDB" or "edifenphos" or "endosulfan" or "endrin" or "epoxiconazole" or "esfe nvalerate" or "ethametsulfuron" or "ethephon" or "ethion" or "ethiprole" or "ethirimol" or "ethoprophos" or "ethoxysulfuron" or "etofenprox" or "etoxazole" or "famoxadone" or "fenamiphos" or "fenarimol" or "fenbuconazole" or "fenitrothion" or "fenobucarb" or "fenothiocarb" or "fenoxanil" or "fenpropathrin" or "fenpyroximate" or "fenthion" or "fenvalerate" or "fipronil" or "florasulam" or "fluazifop" or "fluazinam" or "flucetosulfuron" or "flucythrinate" or "fludioxonil" or "flufenoxuron" or "flumetsulam" or "flumiclorac" or "flumioxazin" or "flumorph" or "fluoroacetamide" or "fluroxypyr" or "flusilazole" or "flutolanil" or "flutriafol" or "fomesafen" or "fonofos" or "forchlorfenuron" or "fosthiazate" or "gliftor" or "glyphosate" or "HCB" or "HCH" or "heptachlo" or "hexaconazole" or "hexaflumuron" or "hexazinone" or "hexythiazox" or "hymexazol" or "imazalil" or "imazamox" or "imazapic" or "imazaquin" or "imazethapyr" or "imibenconazole" or "imidacloprid" or "indoxacarb" or "iprobenfos" or "iprodione" or "isazofos" or "isocarbophos" or "isoprocarb" or "isoprothiolane" or "isoproturon" or "ivermectin" or "kasugamycin" or "lactofen" or "lindane" or "malathion" or "mancozeb" or "mefenace" or "mepronil" or "Mercurycompounds" or "mesotrione" or "metalaxyl" or "metaldehyde" or "methamidophos" or "methidathion" or "methomyl" or "methoxyfenozide" or "metolachlor" or "metriam" or "metribuzin" or "mirex" or "molinate" or "monocrotophos" or "monzet" or "myclobutanil" or "nicosulfuron" or "nicotine" or "nitenpyram" or "nitrofen" or "omethoate" or "oxadiargyl" or "oxadiazon" or "oxadixyl" or "oxaziclomefone" or "oxyfluorfen" or "paclobutrazol" or "paraquat" or "parathion" or "pendimethalin" or "permethrin" or "phenmedipham" or "phenthoate" or "phorate" or "phosalone" or "phosfolan" or "phosmet" or "phosphamidon" or "phoxim" or "pirimicarb" or "pretilachlor" or "prochloraz" or "procymidone" or "profenofos" or "propamocarb" or "propanil" or "propargite" or "propiconazol" or "propineb" or "propisochlor" or "pymetrozine" or "pyraclostrobin" or "pyridaben" or "pyrimethanil" or "quinalphos" or "quinclorac" or "quintozene" or "quizalofop" or "rimsulfuron" or "rotenone" or "semiamitraz" or "sethoxydim" or "silatrane" or "simazine" or "simetryn" or "sodiumfluoroacetate" or "spinetoram" or "spi nosad" or "spirodiclofen" or "spirotetramat" or "sulfotep" or "tebuconazole" or "tebufenozide" or "teflubenzuron" or "terbufos" or "tetradifon" or "tetramine" or "thiabendazole" or "thiacloprid" or "thiamethoxam" or "thidiazuron" or "thiobencarb" or "thiocyclam" or "thiodicarb" or "thiram" or "tolfenpyrad" or "triadimefon" or "triadimenol" or "triallate" or "triazophos" or "trichlorfon" or "tricyclazole" or "trifloxystrobin" or "triflumizole" or "triflumuron" or "trifluralin" or "Urbacide" or "vamidothion" or "vinclozolin" or "xiwojunan" or "zineb" or "ziram" or "1-naphthylacetic acid" or "2, 4-D" or "2, 4-D butylate" or "2, 4-D Na" or "aluminium phosphide" or "benazolin-ethyl" or "bensulfuron-methyl" or "beta-cyfluthrin" or " beta-cypermethrin" or "Bis-ADTA" or "Bis-A-tda" or "bisultap thiosultap-disodium" or "blasticidin-S" or "calcium phosphide" or "carf entrazone-ethyl" or "chlorimuron-ethyl" or "chlorpyrifos-methyl" or "clodinafop-propargyl" or "cyhalofop-butyl" or "diclofop-methyl" or "emamectin benzoate" or "fenbutatin oxide" or "fenoxaprop-P-ethyl" or "fentin hydroxide" or "fluazifop-P-butyl" or "flucarbazone-sodium" or "fluoroglycofen-ethyl" or "fluroxypyr-mepthyl" or "fosetyl-aluminium" or "fthalide phthalide" or "glufosinate-ammonium" or "halosulfuron-methyl" or "haloxyfop-methyl" or "haloxyfop-P-methyl" or "iminoctadinetris albesilate" or "iodosulfuron-methyl-sodium" or "isofenphos-methyl" or "kresoxim-methyl" or "lambda-cyhalothrin" or "MCPA sodium" or "megnesium phosphide" or "mesosulfuron-methyl" or "metalaxyl-M" or "metam-sodium" or "methyl bromide" or "bromomethane" or "metsulfuron-methyl" or "oxine-copper" or "parathion-methyl" or "phosfolan-methyl" or "pirimiphos-methyl" or "prochloraz-manganese chloride complex" or "propamocarb hydrochloride" or "pyraflufen-ethyl" or "pyrazo sulfuron-ethyl" or "quizalofop-P-ethyl" or "semiamitraz chloride" or "s-metolachlor" or "sodium 1-naphthalacitic acid" or "tau-fluvalinate" or "thifensulfuron-methyl" or "thiophanate-methyl" or "thiosultap-monosodium" or "tolclofos-methyl" or "tribenuron-methyl" or "Zinc phosphide" or "Magnesium phosphide" or "methylarsine" or "bis-dimethyl" or "dithiocarbamate" or "Lead* acetate" or "arsenite" or "arsenate"))

专利检索式

时间：2004~2013年

数据库：DII

TS=(((((("rapid" or "direct" or "fast" or "quick" or "speedy" or "Onsite" or "Online" or "in-situ" or "real time" or "portable" or "vehicle-mounted" or "hand held") same (" detect* " or "Determination" or "analy*" or "monitoring" or "measurement*" or "assay*" or "screen*" or "test*" or "recogni*")) Or (" Test Strip*" or "Test box" or "strip* based" or "colloidal gold" or "colorimetric" or" enzym* inhibition" or "Sensor Array $" or "Microarray*" or "biosensor" or "*immunoassay*" or "Immunoradiometric" or "acetylcholinesterase*" or "phytoesterase*" or "Enzyme-linked immunosorbent" or "ELISA*" or "Enzyme-monitored immunotest" or "enzyme immunosorbent" or "Immunoenzymometric" or "immunochromatograph*" or "immuno filtration" or "immune resonance scattering" or "immune chip" or "Protein Chip" or "microfluidic" or "quartz crystal microbalance" or "molecular imprint*")) and (" Pesticide*" or "insecticide*" or "herbicide*" or "phytocide*" or "weedicide*" or "fungicide*" or "antifungal agent*" or "mycocide*" or "bactericide*" or "germicid*" or "sterilant*" or "Acaricide*" or "miticide*" or "ixodicide*" or "nematicide*" or "rodenticide*" or "raticide*" or "plant growth regulator*" or "Growth regulating preparation*" or "Agro* chemical $" or "organophosphorus" or "organic phosphorus" or "organophosphate" or "Organochloride" or "organochlorine "or "Organic chlorine" or "Carbamic ester*" or "carbamate*" or "carbamic acid ester*" or "pyrethroid*" or "nereistoxin*" or "benzimidazole" or "benzoglioxaline" or "fumigation agent*" or "fumigant" or" abamectin" or "acephate" or "acetamiprid" or "acetochlor" or "acifluorfen" or "alachlor" or "aldicarb" or "aldrin" or "ametryn" or "amidosulfuron" or "amitraz" or "amobam" or "anilazine" or "asomate" or "atrazine" or "azadirachtin" or "azocyclotin" or "azoxystrobin" or "benfuracarb" or "benomyl" or "bentazone" or "benziothiazolinone" or "benzoximate" or "bifenazate" or "bifenthrin" or "boscalid" or "bromopropylate" or "bromothalonil" or "bromoxynil" or "buprofezin" or "butachlor" or "butralin" or "cadusafos" or "camphechlor" or "captan" or "carbaryl" or "carbendazim" or "carbofuran" or "carbosulfan" or "carboxin" or "cartap" or "chlorbenzuron" or "chlordane" or "clordane" or "chlordimeform" or "clordimeform" or "chlorfenapyr" or "clorfenapyr" or "chlorfluazuron" or "clorfluazuron" or "chlormequat" or "clormequat" or "chloropicrin" or "cloropicrin" or "chlorothalonil" or "clorothalonil" or "chlorpropham" or "clorpropham" or "chlorpyrifos" or "Clorpyrifos" or "chlorsulfuron" or "clorsulfuron" or "chlortoluron" or "clortoluron" or "cinosulfuron" or "clethodim" or "clofentezine" or "clomazone" or "clopyralid" or "coumaphos" or "cyanamide" or "cyanazine" or "cyazofamid" or "cyclosulfamuron" or "cyfluthrin" or "cyhalothrin" or "cymoxanil" or "cypermethrin" or "cyromazine" or "Daminozide" or "DDT" or "deltamethrin" or "demeton" or "desmedipham" or "diafenthiuron" or "diazinon" or "dibromochloropane" or "dicamba" or "dichlorvos" or "dicofol" or "dieldrin" or "diethofencarb" or "difenoconazole" or "difenzoquat" or "diflubenzuron" or "dimepiperate" or "dimethoate" or "dimethomorph" or "diniconazole" or "diphenylamine" or "diquat" or "dithianon" or "diuron" or "EDB" or "edifenphos" or "endosulfan" or "endrin" or "epoxiconazole" or "esfenvalerate" or "ethametsulfuron" or "ethephon" or "ethion" or "ethiprole" or "ethirimol" or "ethoprophos" or "ethoxysulfuron" or "etofenprox" or "etoxazole" or "famoxadone" or "fenamiphos" or "fenarimol" or "fenbuconazole" or "fenitrothion" or "fenobucarb" or "fenothiocarb" or "fenoxanil" or "fenpropathrin" or "fenpyroximate" or "fenthion" or "fenvalerate" or "fipronil" or "florasulam" or "fluazifop" or "fluazinam" or "flucetosulfuron" or "flucythrinate" or "fludioxonil" or "flufenoxuron" or "flumetsulam" or "flumiclorac" or "flumioxazin" or "flumorph" or "fluoroacetamide" or "fluroxypyr" or "flusilazole" or "flutolanil" or "flutriafol" or "fomesafen" or "fonofos" or "forchlorfenuron" or "fosthiazate" or "gliftor" or "glyphosate" or "HCB" or "HCH" or "heptachlo" or "hexaconazole" or "hexaflumuron" or "hexazinone" or "hexythiazox" or "hymexazol" or "imazalil" or "imazamox" or "imazapic" or "imazaquin" or "imazethapyr" or "imibenconazole" or "imidacloprid" or "indoxacarb" or "iprobenfos" or "iprodione" or "isazofos" or "isocarbophos" or "isoprocarb" or "isoprothiolane" or "isoproturon" or "ivermectin" or "kasugamycin" or "lactofen" or "lindane" or "malathion" or "mancozeb" or "mefenace" or "mepronil" or "Mercurycompounds" or "mesotrione" or "metalaxyl" or "metaldehyde" or "methamidophos" or "methidathion" or "methomyl" or "methoxyfenozide" or "metolachlor" or "metriam" or "metribuzin" or "mirex" or "molinate" or "monocrotophos" or "monzet" or "myclobutanil" or "nicosulfuron" or "nicotine" or "nitenpyram" or "nitrofen" or "omethoate" or "oxadiargyl" or "oxadiazon" or "oxadixyl" or "oxaziclomefone" or "oxyfluorfen" or "paclobutrazol" or "paraquat" or "parathion" or "pendimethalin" or "permethrin" or "phenmedipham" or "phenthoate" or "phorate" or "phosalone" or "phosfolan" or "phosmet" or "phosphamidon" or "phoxim" or "pirimicarb" or "pretilachlor" or "prochloraz" or "procymidone" or "profenofos" or "propamocarb" or "propanil" or "propargite" or "propiconazol" or "propineb" or "propisochlor" or "pymetrozine" or "pyraclostrobin" or "pyridaben" or "pyrimethanil" or "quinalphos" or "quinclorac" or "qui ntozene" or "quizalofop" or "rimsulfuron" or "rotenone" or "semiamitraz" or "sethoxydim" or "silatrane" or "simazine" or "simetryn" or "sodiumfluoroacetate" or "spinetoram" or "spinosad" or "spirodiclofen" or "spirotetramat" or "sulfotep" or "tebuconazole" or "tebufenozide" or "teflubenzuron" or "terbufos" or "tetradifon" or "tetramine" or "thiabendazole" or "thiacloprid" or "thiamethoxam" or "thidiazuron" or "thiobencarb" or "thiocyclam" or "thiodicarb" or "thiram" or "tolfenpyrad" or "triadimefon" or "triadimenol" or "triallate" or "triazophos" or "trichlorfon" or "tricyclazole" or "trifloxystrobin" or "triflumizole" or "triflumuron" or "trifluralin" or "Urbacide" or "vamidothion" or "vinclozolin" or "xiwojunan" or "zineb" or "ziram" or "1-naphthylacetic acid" or "2, 4-D" or "2, 4-D butylate" or "2, 4-D Na" or "aluminium phosphide" or "benazolin-ethyl" or "bensulfuron-methyl" or "beta-cyfluthrin" or "beta-cypermethrin" or "Bis-ADTA" or "Bis-A-tda" or "bisultap thiosultap-disodium" or "blasticidin-S" or "calcium phosphide" or "carfentrazone-ethyl" or "chlorimuron-ethyl" or "chlorpyrifos-methyl" or "clodinafop-propargyl" or "cyhalofop-butyl" or "diclofop-methyl" or "emamectin benzoate" or "fenbutatin oxide" or "fenoxaprop-P-ethyl" or "fentin hydroxide" or "fluazifop-P-butyl" or "flucarbazone-sodium" or "fluoroglycofen-ethyl" or "fluroxypyr-mepthyl" or "fosetyl-aluminium" or "fthalide phthalide" or "glufosinate-ammonium" or "halosulfuron-methyl" or "haloxyfop-methyl" or "haloxyfop-P-methyl" or "iminoctadinetris albesilate" or "iodosulfuron-methyl-sodium" or "isofenphos-methyl" or "kresoxim-methyl" or "lambda-cyhalothrin" or "MCPA sodium" or "megnesium phosphide" or "mesosulfuron-methyl" or "metalaxyl-M" or "metam-sodium" or "methyl bromide" or "bromomethane" or "metsulfuron-methyl" or "oxine-copper" or "parathion-methyl" or "phosfolan-methyl" or "pirimiphos-methyl" or "prochloraz-manganese chloride complex" or "propamocarb hydrochloride" or "pyraflufen-ethyl" or "pyrazosulfuron-ethyl" or "quizalofop-P-ethyl" or "semiamitraz chloride" or "s-metolachlor" or "sodium 1-naphthalacitic acid"

or "tau-fluvalinate" or "thifensulfuron-methyl" or "thiophanate-methyl" or "thiosultap-monosodium" or "tolclofos-methyl" or "tribenuron-methyl" or "Zinc phosphide" or "Magnesium phosphide" or "methylarsine" or "bis-dimethyl" or "dithiocarbamate" or "Lead * acetate" or "arsenite" or "arsenate"))) and IP = (G01N * or C12Q * or C07K * or C12N * or C07F * or C09K * or C08J * or B01J * or C12R * or B82Y * or C01B * or C07D * or C07C * or C12M * or C08F * or B01D * or H05B * or G01J * or B01L * or C40B * or B82B * or H01F * or C12P * or G05D * or C08K * or C08L * or G06F *)

6　生物基材料科技国际发展态势分析

郑　颖　陈　方　陈云伟　丁陈君　邓　勇

（中国科学院成都文献情报中心）

摘　要　近年来，化石资源消耗、气候变化和环境污染日趋加剧，已经严重影响全球经济的可持续发展。作为来源于可再生生物质，包括农作物、树木、其他植物及其残体和内含物为原料，通过生物、化学及物理等方法制造的一类新材料（国家发展和改革委员会办公厅，2007），生物基材料将成为石化塑料、橡胶、纤维的主要替代产品，对解决上述问题具有重大意义，是全球绿色经济的重要组成部分。

本报告定性调研和分析了欧洲、美国、英国和中国在生物基材料科技和产业发展方面的战略规划，发现各国高度重视生物基材料相关科技和产业的发展。2014年3月欧盟委员会专门发文《工业现状，欧盟工业政策分类概述与执行实施》确立了生物基科技产业的重要地位，并将投资37亿欧元推动生物基产业发展计划的实施。美国在修订农业法案（Farm Bill）的基础上，大力加强生物基相关科研的投入，加速生物基材料新技术的推广和应用。英国研究理事会也通过设立研发项目支持生物基材料相关技术的推广和应用。在“十二五”规划的指导下，我国拟定了《生物产业发展规划》，提出至2015年和2020年的生物制造、生物质能产业发展路线图。生物制造产业以培育生物基材料、发展生物化工产业和做强现代发酵产业为重点，大力推进酶工程、发酵工程技术和装备创新的总体目标。国家发展和改革委员会、科技部、工业和信息化部等多部委也联合发布了“生物基材料产业专项规划”和“生物基化学纤维专项”等专项计划来推动相关创新技术的开发和示范工程的开展。

本报告调研了生物基材料4种重要类型——生物塑料（Bioplastics）、活性多糖类材料、氨基酸类材料及木塑复合材料（WPC）的最新科研进展，并就前3类材料的代表产品聚乳酸（Polylactic Acid，PLA）、黄原胶（Xanthan）和大豆蛋白开展文献计量分析，发现这3种生物基材料的研究热度均呈现上升趋势，说明该领域研究已经成为全球科技创新热点之一。目前，中国对这3种产品的研发水平已处于全球前列，聚乳酸和黄原胶的相关SCI论文的发文量位列世界首位，大豆蛋白排名第2。分析重点科研机构的发文量数据表明，近5年中国科学院和华南理工大学发表的聚乳酸和黄原胶的SCI论文数量分别排名世界第1。通过论文合著数据来判断国际科研合作情况，发现中国与国外机构的合作也日趋紧密，许多机构都与国外同领域的重点机构建立了合作关系，甚至形成了广泛的合作网络。从研究方向和高频词汇的变化可以看出，生物基材料相关学术论文中新兴技术和应用方向不断出现，说明该领域研究正处于快速增长期。

本报告还选取世界著名企业嘉吉公司的公开专利进行分析，发现在该公司公开的专利技术分类号中，与生物基产品密切相关的 C12P（通过发酵或使用酶的方法合成目标化合物或组合物）和 C12N（微生物或酶）分别位列第 2、3 位；从专利技术主题分布图可以看出聚乳酸、聚酯、多元醇和黄原胶等生物基材料都显示为峰值，提示该公司的研发重点已涉及多种类型的生物基材料。通过对专利权人的分析，发现该公司与 NatureWorks 和 Bioamber 两家著名的专业生物基材料公司建立了密切的合作关系，这也从侧面证实生物基材料相关技术已成为该公司的研发重点之一。我国生物基材料相关产业的产能在近年来得到飞速发展，重点产品产能已达到全球领先水平，生产技术也取得了重大突破。例如，中国科学院青岛生物能源与过程研究所生物基及仿生高分子团队成功开发出新型聚氨酯水凝胶，填补了我国该类产品的空白；中国科学院长春应用化学研究所与浙江海正集团正联合攻关建设亚洲最大的聚乳酸生产基地。同时，在国家和地方政策的大力支持下，许多新的大型设施和企业集群也正在兴建中，这将有利于集中产业优势，发挥整体效应。

基于这些特点，本报告建议，中国应继续大力支持生物基材料科技和产业的发展，在取得的成果基础上更上一层楼，突破关键技术壁障，加快新兴技术和成果向市场的转化，提高我国生物基产品相关产业的国际竞争力。

关键词 生物基材料 政策规划 生物塑料 活性多糖类 氨基酸类 产业发展

6.1 引言

经过多年的研发，尤其是在近年来生物技术突飞猛进的背景下，科学家们利用生物技术生产的最有前景的平台化合物中 C_3、C_4 和 C_5 等化学品的生物法路线很多已实现产业化（张晓强，2013），并被进一步用于塑料、纤维、尼龙、橡胶等材料的生产。许多生物基材料的生产成本已具备了与石化产品竞争的能力，这些项目已经成为新的投资热点。全球很多化工业的行业巨头如美国杜邦、德国巴斯夫等公司也转而加入生物基产业的竞争行列。

随着生物基材料及其原料生产技术的不断提升，材料性能的不断提高，生物基材料及其原料的生物菌种、合成技术、生物炼制工艺、加工改性技术等核心知识产权的竞争也将越发激烈（马延和，2013）。为此，很多发达国家纷纷制订生物基材料科技与产业发展规划，确认生物基材料发展的战略地位，推动生物基材料科技市场化的进程，完善生物基材料产业价值链的建设。

6.2 国际生物基材料科技规划

当前，各国政府都充分认识到发展生物基材料在有效利用生物质资源、节能减排和保护环境方面的作用，并积极采取相关举措。例如，美国一直将生物基材料的研发作为其“生物质多年计划”和生物基产品与生物能源研发相关项目的重要内容，并在近年来通过农业部（USDA）、DOE及国防部等多家政府机构联合开展项目资助与产业促进；欧盟企业在2014年7月实施生物基产业发展计划，以加速生物基产品的市场化进程；英国研究理事会也通过增加项目投入加快科研成果的转化；我国科技部在2012年5月发布《生物基材料产业科技发展“十二五”专项规划》，明确提出了在相关技术、产业、标准、平台、人才及企业发展方面的目标。

6.2.1 欧盟

2014年3月，欧盟委员会发布的《工业现状，欧盟工业政策分类概述与执行实施》工作文件，对欧盟的农业食品工业、制药行业、生物基产品行业等18个产业的现状、面临的挑战和发展策略进行了系统分析，强调生物基产品行业标准和风险普及的重要性。与此同时，欧盟委员会还在“地平线2020”的框架下构建了一个联合技术倡议，实施生物基产业发展计划，构建生物产业公私伙伴关系（PPP），促使生物基产品生产规模从试验到工业化逐步扩大。

6.2.1.1 欧盟生物基产业发展计划

2014年7月9日，欧盟企业领袖发起欧洲联合生物基产业发展计划（European Joint Undertaking on Bio-based Industries，BBI），旨在促进投资和创造生物基产品与原材料的“欧洲制造”竞争市场环境（BBI，2014）。

2014~2024年，该计划将向欧盟经济注入37亿欧元，其中9.75亿欧元来自欧盟委员会，27亿欧元来自生物基产业伙伴（BIC），用以发展新兴生物经济。通过资助研究和创新项目，BBI将在各界寻求新的合作伙伴，如农业、农产品、技术提供商、林业/纸浆和纸、化学和能源。BBI的目标是运用欧洲未开发的生物质和废料作为原料制造非化石能源和绿色日用品，其核心是先进的生物精炼厂，以及将可再生资源转化为生物基化学品、材料和燃料的创新技术。

BBI包含从初始产品到消费市场的价值链（图6-1），其将有助于弥补从技术开发到市场的创新空白，实现生物基产业潜力在欧洲的可持续发展。

首轮BBI征集高潜力和高影响力的投资项目，为社会、经济和环境的长期战略注入共5000万欧元（除企业份额预期为1亿欧元以外）的资金，项目分为16个主题：其中10个研究创新行动总预算为1500万欧元；6个创新行动（5个试点项目和1个旗舰项目）总预算为3500万欧元。这些项目的目标为：

（1）建造基于可持续生物质收集和供应系统的新价值链，提高产量和促进生物质的利用；

（2）开放废料和纤维素生物质的利用与维持；

（3）通过优化原料利用和产业侧流提升现有价值链的水平，向市场提供新赋加值的产品，从而拉动市场和增强欧盟农业与林业竞争力；

生物质和有机废料

- 工业副产品：
  - 来自林业/锯木厂和其他生物基加工业的残留物
  - 来自生物精炼厂的副产品
  - 农业副产品、部分饲料、其他消费前副产品和废料流
- 来自森林、风景区和自然界的木材、再生纸和副产品
- 农业残留物、目前留在地里或燃烧的部分
- 农作物
- 木质纤维素/纤维专用农作物
- 加工用废水
- 市政有机垃圾
- 欧盟各国产生的农业残留物
- 牲畜粪便

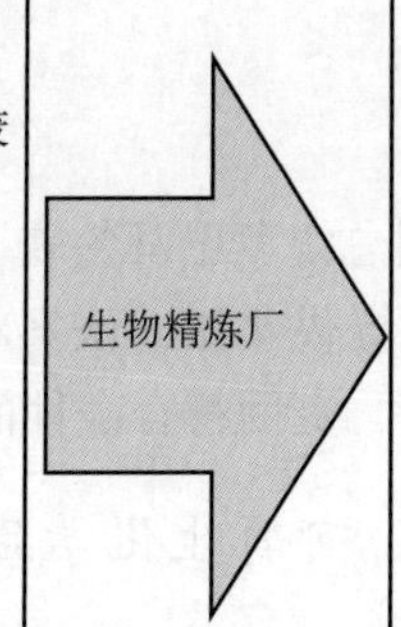

生物基产品和市场

- 生物基化学品
- 生物塑料/生物材料/包装
- 先进生物燃料
- 特殊产品（生物表面活性剂、润滑剂、药品等）
- 食品添加剂和饲料
- 生物能源

图 6-1 生物基价值链的构想

（4）通过研究创新促进技术成熟，升级和建立模范与旗舰生物精炼厂来处理生物质和生产创新生物基产品。

6.2.1.2 欧盟可再生资源研究计划

欧盟 2014 年 2 月 28 日发布新的可再生资源研究计划 BIO-QED，旨在提升生化制剂的生产能力（EU，2014）。欧盟生化制剂战略的重点是再次调整欧洲经济结构和可持续利用资源。来自意大利、德国、法国、荷兰、克罗地亚和西班牙 6 个欧洲国家的 10 家机构——德国弗劳恩霍夫协会、德国可回收资源市场调查与经济研究所、意大利 Novamont 公司、嘉吉公司、路博润公司、Rina 公司、荷兰应用科学研究院、Miplast 公司、Patentopolis 公司和 Mater-Biotech 公司参与了该计划。这些机构希望能通过该计划降低生物基化学品的大批量生产成本，并提高其可持续性。该计划还获得了欧盟第七框架计划的支持。

该计划将重点研发可再生资源工业化生产化学品 1，4-丁二醇（BDO）和甲叉丁二酸（IA）的关键路径，它们是参与该计划的 7 家企业的重点产品。研究计划将获得欧盟第七框架计划为期 4 年的资助，并已于 2014 年 1 月 1 日开始执行。

6.2.1.3 欧盟生物技术生物基欧洲示范工厂计划

欧盟研究计划“Nano3Bio”的“生物技术生物基欧洲示范工厂”（Biotechnology Bio Base Europe Pilot Plant）计划已正式启动，这是在石油即将耗尽，可再生能源变得越来越重要时期的一项国际联合计划（BBEU，2014）。

未来原材料的生物制备必定发挥更大作用，并将以环境更加友好的方式来满足需求。生物技术生物基欧洲示范工厂项目的目标是生物制备壳聚糖，这是一种可用于医药、农业、水处理、化妆品、造纸和纤维工业及许多其他领域的重要原料。2017 年以前，欧盟委员会将给予“Nano3Bio”计划共计 900 万欧元的经费支持。来自多所大学和研究所的专家，以及比利时、丹麦、法国、德国、印度、荷兰、西班牙和瑞典的多家公司都将参与该计划，该计划位于德国明斯特的项目已开始运作。

6.2.2 美国

2014 年 2 月 7 日，美国总统奥巴马签署了美国 2014 农业法案（2014 Farm Bill），首次对生物化学品等生物基产品提供奖励。法案将为美国农村能源计划提供可行的实施方案，并设立生物基作物援助计划，资助符合条件的项目（USDA，2014）。

6.2.2.1 生物精炼、可再生化学品和生物基产品制造计划

生物炼制援助计划的目的是支持先进生物燃料产业发展新技术。2014 年农业法案扩大了生物炼制援助计划的范围，并将其更名为“生物精炼、可再生化学品和生物基产品制造计划”（Biorefinery, Renewable Chemical, and Biobased Product Manufacturing Program）。并对计划目标和内容做出了相应的调整：扩展计划的目标，将发展可再生化学品和生物基产品制造业纳入其范畴；要求农业部保证贷款担保项目类型的多样化，以确保广泛的技术、产品和方法获益；将生物基产品制造业定义为在技术层面上开发、构建和改型新工艺与制造设备及所需的设施，在商业规模将可再生化学品和其他通过生物精炼生产的生物基产品转化为终端用户产品的产业；将可再生化学品定义为源自可再生生物质的单体、聚合物、塑料、配方产品或化学物质；将可再生生物质定义为任何来自可再生的有机材料，包括饲料谷物、其他农业日用品、植物、藻类及废弃材料等。

6.2.2.2 生物基市场项目

生物基市场项目定义了农业部购买生物基产品的采购流程。2014 年修订的《农业法案》制定了联邦政府的生物基产品采购需求，包括纸浆、纸板、木材等林产品，以及林产品派生的可再生产品。生物基市场计划很可能对颗粒燃料及木质生物质产业提供额外奖励。

美国农业部经农场法案 9001 条授权生物基市场项目，推动政府和消费者使用生物质产品生物优先标签（BioPreferred），2015 年度的建议预算为 300 万美元（USDA，2014）。10 月 7 日，美国农业部发布了首份 BioPreferred 综合性研究报告《为何是生物基》，旨在整合现有文献，探索新兴生物经济机遇。报告还重新定义生物经济的概念：生物经济是为了促进经济、环境、社会发展和保障国家安全，可持续性利用可再生水生和陆生资源，生产能源、中间体和最终产品的全球产业转化过程。

主要研究发现包括：

（1）政府政策、商业贸易和行业可持续计划正促进生物基经济发展。

（2）世界各国正投资公共或私营伙伴计划，以扩张国内和国际生物基经济的规模。

（3）在美国，BioPreferred 和受联邦资助的其他研发项目正扩大生物基消费品的应用。

（4）虽然人们已经掌握大量影响欧盟国家生物经济的经济数据和信息，仍然缺乏对生

物经济收益数量和美国特殊非燃料生物经济的了解。

(5) 生物经济持续增长时仍面临许多困难，这包括在气候变化和恶劣天气的影响下原材料、水资源的保障，以及稳定的市场环境等。

(6) 建立生物基的基础设施，保障持续投入，才能使生物基原料具备与现有石油基原料经济竞争的能力。

(7) 研究生物经济和促进投资政策的潜力需要利用经济影响力模型。该模型必须包括因素和许多预测变化。

6.2.2.3 清洁能源制造计划

2014 年 2 月 3 日，DOE 宣布拨款 1200 万美元，资助开发由可再生非粮原料（如农业残余物、木质生物质等）生产具有成本效益的高性能碳纤维材料的技术（DOE，2014）。与以天然气和石油等为原料的生产工艺相比，来源于生物质的碳纤维生产成本将可能更低，更具环境效益。这笔资金用于支持 DOE 的“清洁能源制造计划”（Clean Energy Manufacturing Initiative，CEMI），旨在保持美国制造商在全球市场中的竞争力。

碳纤维是一种强韧的轻量级材料，可替代钢材和其他较重的金属，从而降低运行成本，提高产品性能，如在节能型汽车和可再生能源系统中的应用。通过投资基于轻质碳纤维材料的车辆，DOE 正在帮助美国制造商降低汽车重量，提高燃油效率，节约司机的成本。如果汽车重量减少 10%，燃油经济性将从 6% 提高至 8%。

除了应用于节能型汽车，碳纤维也可以改良其他清洁能源技术，包括作为风力涡轮机叶片、燃料电池中的高压储氢容器和用于节能建筑的保温材料等。

6.2.3 英国

英国生物技术和产业的综合实力位居世界前三强之列，是国际生物科技的领先国家，目前英国近 10% 的 GDP 直接受益于生物技术的应用。近年来，英国生物科学研究理事会（BBSRC）与英国工程和物理科学研究理事会（EPSRC）十分重视生物基材料的科技研发，逐步加大对相关领域科技研发项目的投入，用以加快科研成果的快速转化和市场化进程。

6.2.3.1 生物塑料研究计划

2014 年 2 月，EPSRC 宣布向约克大学绿色化学研究中心拨款 300 万英镑研发以橘皮、松针、木屑等废弃生物质为原料的石油基聚合物替代物（EPSRC，2014）。

该项目为期 5 年，主要研究内容是将来自农业和林业的废弃生物质与二氧化碳转化成塑料产品，尤其是聚链烷、聚醚、聚酯、聚碳酸酯和聚氨酯等。除约克大学外，乐天化学、英国 Plaxica 及化工巨头拜耳也是该计划的合作伙伴。

该项研究的理念来源于食品废料中的“灰”淀粉衍生物。该计划的最终目标是进一步开发出具有适当硬质和透明性的淀粉基塑料（star-based plastic），并制成首个单相淀粉与醋酸纤维复合而成的水稳定材料。计划还将检测这些生物塑料的物理和化学特性，并评估它们在各类应用中的表现，以及这些新材料分解的条件等。

6.2.3.2 生物技术产品和工艺市场化计划

2014 年 2 月，BBSRC 和 EPSRC 宣布未来将联合投入 2.5 亿英镑加速新的工业生物技术产品和工艺的市场化进程（BBSRC，2014）。该计划将支持可持续生物原料转化为材料、化学和能源的技术和产品研发。主要目标是对生物工艺和工业过程的改造，以高效可持续地满足人们对化学品和材料的需求。生物塑料是该计划的重点研究对象。目前，Biome Bioplastics 公司与沃里克大学生物技术和生物精炼中心的研究人员正在该计划支持下研究运用木质素生产化学品的新方法。

6.2.4 中国

中国的生物基材料产业在国家大力支持下，近年来发展迅猛，关键技术突破不断，产业规模的水平也在逐年上升。2012 年 7 月，国务院印发了《“十二五”战略新兴产业发展规划》（国务院，2012），提出至 2015 年和 2020 年生物制造、生物质能产业发展路线图，生物制造产业以培育生物基材料、发展生物化工产业和做强现代发酵产业为重点，大力推进酶工程、发酵工程技术和装备创新的总体目标。

6.2.4.1 生物产业发展规划

2012 年 12 月 29 日，国务院印发《生物产业发展规划》，提出至 2015 年生物产业增加值占中国生产总值的比重比 2010 年翻一番、工业增加值显著提升的目标（国务院，2012）。

推动生物基产品的规模化发展应用。加快推动生物基材料、生物基化学品与新型发酵产品的规模化发展，提高生物基产品的经济竞争力。重点推进非粮生物醇、有机酸、生物烯烃等生物基化工原料的产业化，推动生物基产品及其衍生物在化工行业的应用。提升氨基酸、维生素等新型发酵产品的国际化发展水平。大力推进生物塑料、生化纤维等生物基材料的规模化发展与应用。加快构建典型生物基产品的产业链，推动集聚发展，初步形成生物基产品规模化发展能力。

实施生物基产业发展计划，实现一批重要生物基产品的非粮原料生产，形成年产百万吨级生物基材料、千万吨级生物基产品的生产能力。

（1）非粮工业糖产业化示范：推进薯类、秸秆、工程玉米等生物质处理、酶解糖化等高品质规模化制备技术的研发与应用，建设非粮工业糖产业化示范线，形成非粮可发酵糖的规模化供应。

（2）生物基化学品产业化示范：推进微生物工程菌与热化学技术的产业化应用，建设化工醇、有机酸、生物烯烃及其衍生物等生物基化学品的规模化生产线，提高对石油化学品的经济竞争力。

（3）生物基材料产业化示范：推进生物基材料生物聚合、化学聚合等技术的发展与应用，建设聚乳酸、聚丁二酸丁二醇酯（PBS）、聚羟基脂肪酸酯（PHA）、生物基热熔胶、

新型生物质纤维等生物塑料与生化纤维的产业化示范工程，推广应用生物基材料。

（4）政策配套：建立生物基产品的认证机制，研究制定生物基产品消费的市场鼓励政策，研究农业原料对工业领域的配给制度。

6.2.4.2　生物基材料产业科技发展“十二五”专项规划

2012年6月，科技部发布了《生物基材料产业科技发展“十二五”专项规划》，提出依据国内外生物基材料产业发展的重大技术需求，以制造高品质、高价值材料并进行化石资源的高效替代为目的，以综合利用生物质资源制造高性能生物基化学品和生物基材料为重点，加强生物基材料和化学品制造过程中的生物转化、化学转化、复合成型等核心关键技术攻关，超前部署生物基材料前沿先进制造技术，稳定支持生物基材料高值化的基础研究，构建科技产业创新研发平台，延长农业产业链条，支撑和引领生物基材料战略性新兴产业又好又快发展的总体思路，规划材料领域的工业生物技术发展（科学技术部，2012）。

2014年9月，国家发展和改革委员会办公厅发布了《国家发展和改革委员会办公厅、财政部办公厅关于组织实施2014年生物基材料专项的通知》（国家发展和改革委员会办公厅和财政部办公厅，2014）。专项重点支持有生物基材料资源、技术和产业基础的典型区域，通过自主选择优先发展的重点项目，分别开展以下工作。

（1）实施需求侧拉动，开展生物基材料制品应用示范。以日用包装材料为突破口，开展生物降解的食品包装材料、一次性餐具、酒店易耗品、购物袋与垃圾袋等生物基塑料制品的产业化、规模化推广应用，支持生物基材料制品的新商业模式，实现塑料购物袋与垃圾袋等传统日用塑料制品替代。

（2）扶持生产侧供给，开展生物基材料产业化集群建设。建设从原料加工、关键单体合成到生物基材料及其终端制品的多条产业链，推动产业链协同发展，开展产业链配套体系和支撑集群发展的创新平台建设，建成以龙头企业带动、产学研结合、配套体系完善的产业集群，实现50万吨级以上生物基材料规模。

6.2.4.3　生物基材料重大创新发展工程

2013年12月29日，国家发展和改革委员会、财政部、工业和信息化部、科技部和中国科学院联合推动的“生物基材料重大创新发展工程实施方案”通过专家组审议，项目进入审批程序（中国纺织报网络版，2014）。

生物基材料重大创新发展工程实施方案，以推动生物基材料产业的创新、规模化与产业协调发展为核心，着力发展生物基材料产业体系，突破微生物合成和绿色加工等核心技术，创新发展生物基材料，壮大产业总体规模，降低材料工业对石油资源的过度依赖，加快转型升级和绿色增长，为推动生态文明建设、实现经济社会与环境全面协调发展做出实质性贡献。“生物基材料重大创新发展工程实施方案”将涉及220多亿元的产业投资。其中，中央财政拨款40亿元，地方及企业筹资119亿元，银行贷款65亿元。

作为生物基材料重大创新发展工程实施方案的组成部分，生物基化学纤维及原料专项实施方案受到化纤业界的广泛关注。此前，中国化学纤维工业协会成立了生物基化学纤维及其原料专业委员会，并组织业内专家学者和企业代表召开了生物基化学纤维及其原料专项实施方案座谈会。把“三个替代、三个结合、三个重点”作为当前发展生物基化学纤维的重要任务，加快生物基化学纤维的开发应用，促进化纤工业产业升级。

6.3 国际生物基材料研究与应用现状

生物基材料以材料来源和功能特性可分为生物塑料、活性多糖类材料、氨基酸类材料、木塑复合材料等多种类型。本报告分别以聚乳酸、大豆蛋白、黄原胶为代表对生物塑料、功能多糖类和氨基酸基类生物基材料进行 SCI 论文文献计量分析，并结合文献调研分别描述各类生物基材料的主要科研进展。

本报告采用的数据源为汤森路透公司的 WoS 数据库，通过建立检索策略，利用 TDA、社会网络分析工具 Ucinet 和统计软件开展文献计量分析。数据采集时间为 2014 年 12 月。

6.3.1 生物塑料

生物塑料指以淀粉等天然物质为基础在微生物作用下生成的塑料。它具有可再生性，因此十分环保。近年来，随着消费者环保观念的加强，以及消费者对塑料产品偏好的逐渐转移，可再生环保材料受市场追捧热度不断升温，生物基塑料市场需求将显著增大。2013 年 12 月，RnR Market Research 咨询公司的市场分析师预测，未来 4 年全球生物基塑料需求将以 19% 的年增长率上涨，预计 2017 年全球生物塑料产量将由 2012 年的 140 万吨上升至 620 万吨。目前，淀粉基塑料、聚乳酸、聚丁二酸丁二醇酯作为世界三大主要类型的生物可降解塑料，占总产量的 90% 左右。预计到 2015 年，PLA 和 PBS 产品将占全球生物可降解塑料总产量的 55% 。

6.3.1.1 淀粉基塑料

淀粉是应用最早也是最多的一种可降解天然高聚物，目前研究多集中在通过物理和化学方法，减小淀粉大分子内和分子间的作用，增加其物理和化学性能。淀粉基塑料就是利用化学反应对淀粉进行化学改性，减少淀粉的羟基、改变其原有的结构，从而改变淀粉相应的性能，把原淀粉变成热塑性淀粉。与热塑性淀粉共混的聚合物主要有聚乙烯醇（PVA）、聚乳酸、聚羟基丁酸酯（PHB）、聚羟基戊酸酯（PHV）、羟基丁酸-羟基戊酸共聚酯（PHBV）、聚己内酯（PCL）、脂肪族二元醇（如 1，4-丁二醇）与脂肪族二元酸（如琥珀酸、己二酸、壬二酸、癸二酸、芜二酸等）反应生成的聚酯、聚酯酰胺、聚酯氨酯、聚氧乙烯，以及纤维素、壳聚糖及其衍生物等，共混物中淀粉的含量可达 50% 以上。

芬兰阿尔托大学的 Virginia Nykänen 等研发了一种以大米淀粉为基质的生物基塑料，在制取生物基塑料的过程中加入了一种名为 AEEP 的塑化剂。该物质具有星型的分子结构，与中央核心区紧密相连，能够有效阻止淀粉微粒在物理变化中对新型塑料性能带来的

负迁移影响。该项研究成功克服了淀粉基塑料薄膜遇热变脆的缺陷（Nykänen et al.，2014）。Mestresl 等也研究了自然发酵对木薯淀粉的改性，发现改性后的木薯淀粉膨润能力增强，能形成质地良好的凝胶（Mestresl et al.，2000）。

6.3.1.2 聚乳酸

聚乳酸是20世纪90年代迅速发展起来的新一代可完全降解的新型高分子材料，它是以微生物发酵产物L-乳酸为单体，经过化学或生物合成方法聚合而成的一类热塑料脂肪族树脂。它具有优良的生物相容性和可吸收性，且无毒和刺激性性，在自然界的微生物、酸碱作用下能完全分解，对环境无污染，因此是用于医药、环保等行业传统高聚物材料的最佳替代品之一，因而也成为近年来研究发展最快的生物可降解材料，是目前唯一具有与石油基塑料竞争能力的生物基塑料。

目前，世界聚乳酸生产商有近20家，主要集中于美国、德国、日本和中国。2010年，全球PLA总生产能力约为18万吨/年，与2009年的15.7万吨/年相比，净增加2.3万吨，提高了14.6%。2010年全球PLA消费量约12万吨（纯树脂），需求以西欧、北美为主，亚洲的消费量正在不断增长。目前，PLA的主要消费领域是包装材料，占总消费量的65%左右；其次为生物医学领域，约占总消费量的26%。

1）乳酸单体的生产

生产聚乳酸单体原料乳酸或丙交酯可以通过可再生资源发酵、脱水、纯化获得。其工业生产法有化学合成法、酶法和微生物发酵法。由于化学合成法的原料是有毒物质的乙醛和氢氛酸且成本较高，化学合成方法的发展受到一定的限制。而酶法生产乳酸虽然可以获得旋光性单一的乳酸，但工艺较为复杂，因而工业应用尚待进一步验证。而目前应用最广泛、成本最低的是微生物发酵法。该方法也可以获得光学纯度高、安全可靠的乳酸单体。当前的全球研发热点集中在菌种选育、发酵工艺及分离技术等方面。

（1）乳酸发酵细菌的选育。

生产L-乳酸的微生物发酵法根据发酵微生物的种类不同可分为根霉发酵和细菌发酵两类。根霉发酵主要使用米根霉，它可在氧气充足的情况下，直接利用淀粉原料产生L-乳酸，但其理论转化率较低，且菌体形态易发生变化而使生产效率降低，发酵过程需通风搅动而耗能较大（Soccol et al.，1994），因此根霉发酵正逐步被细菌发酵所替代。

朱大恒等从甘薯淀粉加工废水中分离到1株L-乳酸产生菌XJL，初步鉴定其为干酪乳杆菌（Lactobacillus casei，L. casei）。XJL能够发酵废弃烟梗提取液（tobacco stem extraction，TSE）产生L-乳酸。在装载量100毫升/150毫升、接种量7.5%、35℃条件下静置培养48小时，废弃烟梗发酵产L-乳酸的最高值为143克/千克（朱大恒等，2014）。王义强等通过单因素试验、Plackett-Burman设计与响应面试验，对戊糖乳杆菌ATCC 8041产乳酸的发酵培养基及发酵条件进行了优化。并进一步以戊糖乳杆菌ATCC 8041为出发菌株，通过原生质体进行紫外诱变，经多重筛选，最终获得一株遗传稳定性好的高产乳酸突变株，命名为戊糖乳杆菌Lactic UVC-02，该突变株Lactic UVC-02经葡萄糖发酵，乳酸产量达64.17克/升，比出发菌株ATCC 8041（54.12克/升）提高18.6%（王义强等，2014）。

芽孢杆菌也是近年来报道较多的乳酸生产菌，目前，已报道的具有 L-乳酸生成能力的芽孢杆菌为地衣芽孢杆菌 *Bacillus licheniformis*，和多株凝结芽孢杆菌，如 *B. coagulans* 2-6、*B. coagulans XZL4*、*B. coagulans* 36*D*1 和 *B. coagulans P*4-102*B* 等（于波等，2013）。Qin 从土壤中分离得到一株 *Bacillus coagulans* 2-6，该菌株可在 55℃条件下发酵 123.1 克/升的葡萄糖产生 182 克/升的 L-乳酸（Qin，2009）。Su 等对该菌株的基因组进行测序，试图从基因角度解释其产物 L-乳酸的光学纯度，认为 *ldh*D 序列的移码突变很可能是导致其产生高光学纯度乳酸的原因（Su et al.，2011）。Wang 等进一步阐释了该菌株产高光学纯 L-乳酸的机制（Wang et al.，2014）。

（2）发酵工艺革新。

发酵方式的不同会直接影响菌体的生长和产物的累积，目前比较常见的发酵方式有菌种定化、液体深层游离等几种方法。

Nguyen 等利用副干酪乳杆菌和棒状乳杆菌同步糖化和发酵甘薯生产 L- 和 D-乳酸。研究人员调整了酶和氮原浓度，以及原料介质的比例，使 136.36 ~ 219.51 克/升浓度的原材料生产 L-乳酸的产率达到 198.32 克/升（Nguyen et al.，2013）。陈晓佩等优化了米根霉无载体固定化产 L-乳酸条件：初始葡萄糖质量浓度 100 克/升，$(NH_4)_2SO_4$ 质量浓度 2 克/升，接种量 2%（体积分数），$CaCO_3$ 30 克/升，KH_2PO_4 0.1 克/升，$MgSO_4 \cdot 7H_2O$ 0.25 克/升，$ZnSO_4 \cdot 7H_2O$ 0.1 克/升。以纯葡萄糖为碳源的米根霉发酵过程，形成平均直径 1 毫米的微球，L-乳酸产量为 76.6 克/升，转化率为 81.6%。以玉米秸秆酸爆渣酶解葡萄糖浓缩至 60 克/升进行 L-乳酸发酵，米根霉形成直径约 1.2 毫米的微球，L-乳酸产量为 36.4 克/升，转化率为 63.5%（陈晓佩等，2014）。

随着对乳酸需求量的不断增多，需要加强低成本非粮生物质生产工艺的开发，以适应原料价格不断上涨和保障粮食安全的需求。目前，利用廉价原料发酵生产 L-乳酸的研究主要集中在纤维素、木薯、糖蜜和菊芋等。其中，纤维素因其价廉易得的特点具备良好的发展前景。于波等总结了近年来利用纤维素生物质发酵乳酸的最新进展（表 6-1）（于波等，2013）。

表 6-1 利用纤维生物质资源生产 L-乳酸

底物	菌株	发酵过程	乳酸浓度/（克/升）	产率/[克/（升·小时）]	产量/（克/克）
晶状纤维素	*Bacillus coagulans 36D1*	同步糖化发酵	80.0	—	0.80
木质纤维素水解产物	*Bacillus coagulans NL01*	分批补料	75.0	1.04	0.75
木糖	*Bacillus coagulans NL01*	非灭菌	75.0	—	0.75
西伯利亚落叶松热水提取物	*Bacillus coagulans MXL-9*	同步糖化发酵	33.0	0.55	0.73
玉米纤维水解产物	*Bacillus coagulans MXL-9*	分批补料	45.6	0.21	0.46
玉米秸秆水解产物	*Bacillus coagulans XZL4*	批量	81.0	1.86	0.98
玉米糖浆	*Bacillus coagulans XZL9*	分批补料	74.7	0.38	0.50
玉米秸秆水解产物	*Pediococcus acidilactici DQ2*	同步糖化发酵	101.9	1.06	0.77
纤维二糖	*Enterococcus mundtii QU25*	批量	20.4	3.44	1.04
木糖	*Enterococcus mundtii QU25*	批量	86.8	—	0.83
小麦秸秆水解产物	*Rhizopus oryzae NBRC 5378*	同步糖化发酵	8.9	—	0.23

传统发酵生产乳酸的过程中，为了降低乳酸对菌株的抑制，普遍采用钙盐调酸技术，

有提取工艺流程长、污染大，产品质量差等缺陷。而且加碱生成的乳酸盐对细胞代谢有抑制作用，随着乳酸盐浓度的升高，对细胞的生理活性的抑制也在不断加剧，会造成细胞最后停止生长。发酵和分离耦合的新型连续发酵工艺因可有效减少产物的反馈抑制，有效提高发酵产率，已成为了国内外研究的热点（Madzingaidzo et al.，2002）。人们还利用 NaOH 代替 $CaCO_3$作为乳酸发酵的中和剂，以解决目前“钙盐法”乳酸发酵传统工艺对环境的污染问题（Sarethy et al.，2011）。

2）聚乳酸的合成

各种异构 PLA 的合成方法相同，均以乳酸或其衍生物乳酸酯为原料，其具体合成工艺主要分为直接缩聚法和丙交酯开环聚合法两类。由于直接缩聚法反应产物水难以从体系中排除，产物分子量较低而难以满足实际要求。而采用两步两交酯开环聚合法时，虽可以制备出相对高分子量的 PLA，但其流程冗长，成本较高。PLA 合成的高成本及其疏水性、脆性等性能缺陷限制了其应用范围，所以目前对 PLA 的研究主要集中在对具体工艺改进和完善上（陈佑宁等，2009）。

Achmad 等在真空无催化剂、溶剂和引发剂的条件下直接用熔融聚合法生成了乳酸。是一种发生在聚合物熔点温度以上，不采用任何介质的本体聚合反应。具有单体转化率高、工艺简单、不需要分离介质，可以得到较纯净的产物，生产成本低的优点（Achmad et al.，2009）。董团瑞等以 L-乳酸为原料、$SnCl_2$为催化剂、季戊四醇为引发剂，在负压和氮气保护条件下合成了具有直链和星形结构的 L-聚乳酸。其中，星形结构的 L-聚乳酸具有应变小、受力后外形恢复快等特点，比直链结构的 L-聚乳酸更适合作医学骨质替代物。该方法操作简单，流程短、成本低，且无废液产生，有望成为高分子聚乳酸规模化生产的清洁工艺（董团瑞等，2010）。

迄今为止，聚乳酸改性常见的有共聚改性、共混改性和复合改性多种（沙桐等，2014）。

（1）共聚改性：利用两种单体活性和极性相近的性质，将两种单体混合。何静等将微晶纤维素溶于 1-烯丙基-3-甲基氯代咪唑离子液体中，4-二甲氨基吡啶作为催化剂，采用开环聚合的方法，成功合成了纤维素接枝 L-聚乳酸和纤维素接枝 DL-聚乳酸，使聚合物具有良好的降解性能，并且在生物降解材料方面具有潜在的应用前景。（何静等，2013）。

（2）共混改性：单独的聚乳酸机械性能、柔性都较差，限制其应用范围，而加入其他一些聚酯类材料，如聚已内酯、聚氧化乙烯（PEO）、聚基乙醇酸（PGA）等，其共混改性材料可以弥补它们各自应用上的限制。利用熔融成型法制得不同聚乳酸质量分数的低密度聚乙烯/聚乳酸（PE-LD/PLA）共混物，并对 PE-LD/PLA 共混物的结构和性能进行研究。共混物中的 PLA 含量对其力学性能和亲水性均有很大影响。随着 PLA 含量的增加，共混物的断裂伸长率逐渐降低而拉伸强度和拉伸弹性模量逐渐增大，共混物的亲水性增加，且随着降解时间的增加，共混物的断裂伸长率轻微增加而拉伸强度和拉伸弹性模量小幅度降低，这些现象均与 PLA 是一种强度高但柔韧性较差的亲水性高分子材料有关（高颖等，2014）。

（3）复合改性：聚乳酸的脆性问题是限制其作为骨伤固定材料的主因之一，将聚乳酸与其他材料复合改性，可使该问题得以解决。孙康等发明了一种改性甲壳素纤维增强聚乳酸复合材料的方法，该种复合材料可以很好地与界面结合，并降低了聚乳酸的降解速率，具有更好的强度（孙康，吴人洁，2004）。

6.3.1.3 文献计量分析

1）SCI 发文量年度分析

近 15 年来，聚乳酸类生物基材料的 SCI 发文量共有 15 215 篇，在 3 类生物基材料中论文量最多，且总体呈增长趋势（图 6-2）。2000 ~ 2004 年阶段论文产出量增幅较缓；2005 年以后开始增幅明显加快，并于 2013 年达到峰值 1696 篇。这说明 2004 年前科学研究仍处于基础积累阶段，而 2005 年由于技术应用的拓展和产业的大幅增长，论文产出也随之有较大增长，而且近年来一直保持增长态势。

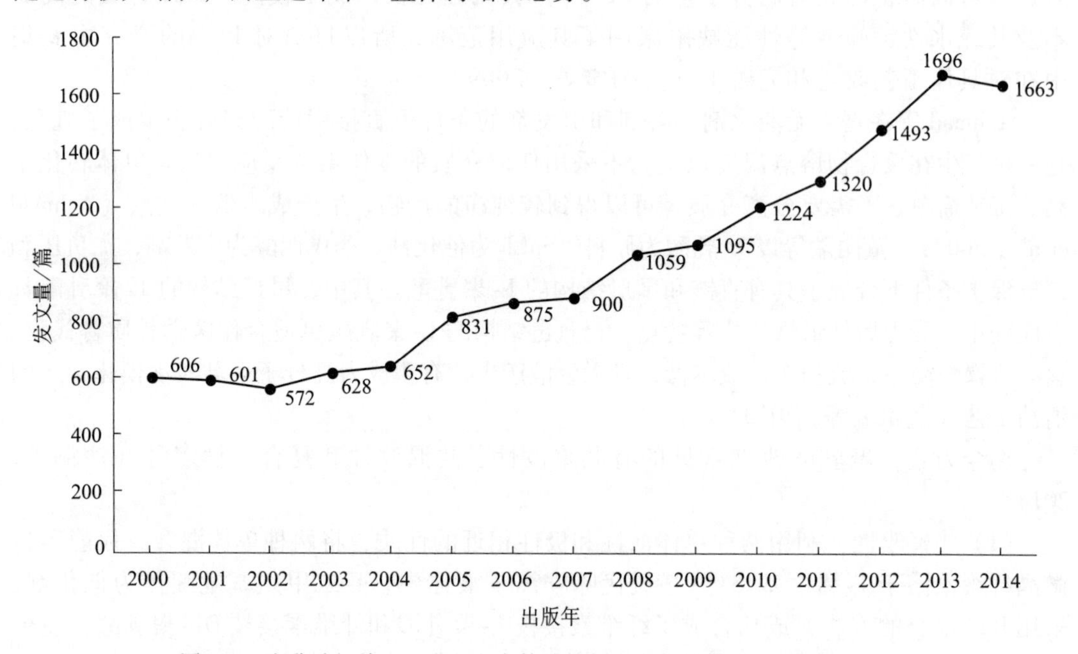

图 6-2 聚乳酸相关 SCI 论文发表数量的年度变化趋势（2000 ~ 2014 年）

2）重点国家分析

（1）重点国家年度发文趋势。

近 5 年来，聚乳酸类生物基材料 SCI 发文量年均超过 1000 篇，共 5773 篇。其中，发文数量排名前 10 位的国家依次为中国、美国、日本、法国、韩国、意大利、西班牙、英国、德国、印度（图 6-3）。其中，中国和美国的发文量分别为 1697 篇和 1364 篇，分别占发文总数的 29.4% 和 23.8%，远远高于排名第 3 位的日本（516 篇）。

从这 10 个国家的年度发文量变化趋势可看出，中国的发文量呈快速增长趋势，说明我国的该项材料技术研究热度正迅速上升；而美国和法国的发文量变化较小，说明两国的研究已经正步入平稳期；日本 2012 年前后的发文量呈先升后降的状态；其余国家也呈现缓慢增长状态。从总体来说，聚乳酸的研发仍是领域热点之一。

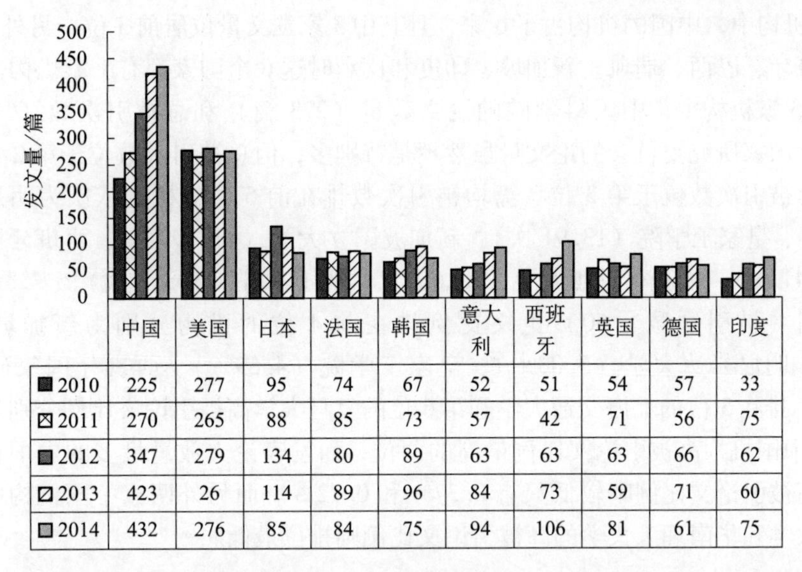

图 6-3 重点国家发表聚乳酸相关 SCI 论文数量的年度变化趋势（2010 ~ 2014 年）

（2）重点国家发表论文被引情况。

近 5 年来，聚乳酸类生物基材料在重点国家的被引情况如表 6-2 所示。中国发表的论文最多，总被引次数 9 440 次排名第 2，篇均被引次数最低仅为 5.56 次；美国的总被引次数最高为 11 754 次，篇均被引次数为 8.62 次位于第 2 位；虽然法国和英国的论文数量不多，但篇均被引次数位居第 1 位（8.90 次）和第 3 位（8.30 次）。高被引论文比例排在前 3 位的国家是法国（2.67%）、韩国（2.00%）和德国（1.93%）；而与论文数量排名正好相反，中国的高被引论文比例最低（0.59%），说明中国在该材料的研究中仍缺乏国际领先的研究成果。

表 6-2 重点国家发表聚乳酸相关 SCI 论文被引情况（2010 ~ 2014 年）

国家/地区	论文数量/篇	总被引次数/次	篇均被引次数/次	高被引论文比例/%（≥50）
中国	1 697	9 440	5.56	0.59
美国	1 364	11 754	8.62	1.91
日本	516	2 886	5.59	0.58
法国	412	3 738	8.90	2.67
韩国	400	2 405	6.01	2.00
意大利	350	2 466	7.05	1.14
西班牙	335	2 318	6.91	1.49
英国	328	2 720	8.30	1.83
德国	311	2 269	7.25	1.93
印度	275	2 131	7.75	1.82

3）重点机构分析

（1）重点机构论文被引情况。

近 5 年来，聚乳酸类生物基材料 SCI 论文中，发文量居前 15 位的机构如表 6-3 所示。

在这 15 家机构中，中国的机构占了 6 家，且其中 3 家发文量位居前 3 位；另外有 2 个美国机构，西班牙、巴西、瑞典、新加坡、印度和比利时这 6 个国家都有 1 家机构。

在这 15 家机构中，中国科学院的论文数量（273 篇）和总被引次数（1818 次）最多；西班牙国家研究委员会的论文量虽然不是特别多，但总被引次数位于第 2 位；上海交通大学的总被引次数位于第 3 位。篇均被引次数排在前 6 位的机构依次为明尼苏达大学（14.88 次）、皇家工学院（13.91 次）、新加坡国立大学（11.79 次）、西班牙国家研究委员会（11.41 次）、加利福尼亚大学（10.65 次）、复旦大学（10.13 次）。

高被引（被引次数≥50）论文比例排在前 4 位的机构分别为新加坡国立大学（5.36%）、明尼苏达大学（5.08%）、皇家工学院（4.69%）、西班牙国家研究委员会（4.00%）；排在 3 位的上海交通大学和第 6 位的复旦大学高被引论文比例分别为 2.97% 和 1.3%，是中国机构高被引论文比例最高的两位，而发表论文数量最多的中国科学院和四川大学的高被引论文比例则较低只有 0.37% 和 0.72%。而另外两家中国机构中国人民解放军军医大学和华南理工大学的高被引论文比例则排位最低。

表 6-3　重点机构发表聚乳酸相关 SCI 论文被引情况（2010～2014 年）

重点机构	国家/地区	论文数量/篇	总被引次数/次	篇均被引次数/次	高被引论文比例/%（≥50）
中国科学院	中国	273	1818	6.66	0.37
四川大学	中国	139	870	6.26	0.72
上海交通大学	中国	101	998	9.88	2.97
西班牙国家研究委员会	西班牙	100	1141	11.41	4.00
加利福尼亚大学	美国	85	905	10.65	2.35
复旦大学	中国	77	780	10.13	1.30
圣保罗大学	巴西	77	301	3.91	0.00
中国人民解放军军医大学	中国	69	371	5.38	0.00
美国国家研究中心	美国	69	183	2.65	0.00
皇家工学院	瑞典	64	890	13.91	4.69
华南理工大学	中国	62	285	4.60	0.00
明尼苏达大学	美国	59	878	14.88	5.08
新加坡国立大学	新加坡	56	660	11.79	5.36
印度科技研究所	印度	54	314	5.81	1.85
蒙斯大学	比利时	54	534	9.89	3.70

（2）重点机构合作关系。

聚乳酸相关 SCI 论文的发文量排名前 15 位的机构的论文合著网络如图 6-4 所示。从图 6-4 中可以看出，15 家机构间多数都有合著论文产出，只有比利时蒙斯大学未与其他机构合著论文；其中，中国科学院是合著论文数量最多的机构，它与国内和国外多家机构均有合著论文产出，且多数合著论文数量大于 1；复旦大学和上海交通大学的合著论文最多，合作论文数量达到 21 篇。整体来看，除中国人民解放军军医大学以外，排名前 10 位的 4 家国内机构间均建立了较强的合作关系；而所有国内机构以中国科学院为代表，均与国外同领域的领先科研机构如加利福尼亚大学、美国国家研究中心和新加坡国立大学等形成了

国际科研合作网络。

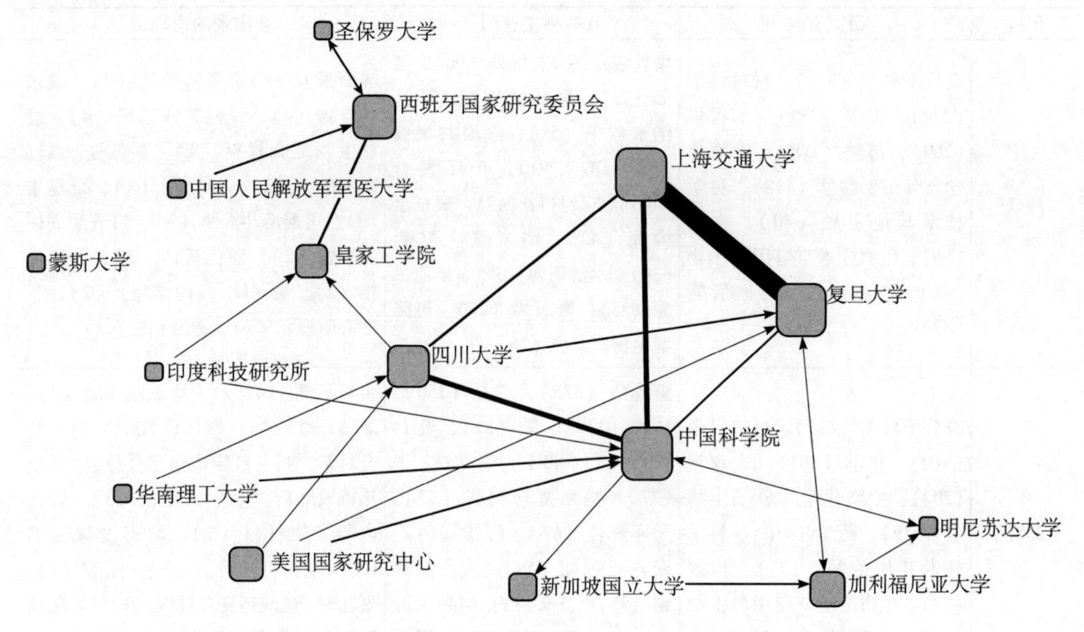

图 6-4 重点机构发表聚乳酸相关 SCI 论文合著网络（2010 ~ 2014 年）

4）关键词分析

从聚乳酸类生物基材料近 5 年来的研究方向变化、年度高频主题词及年度新出现的主题词（表 6-4）可以看出，近 5 年来研究方向主要为高分子科学、材料科学、化学、工程学和药学等，表明这些研究方向一直是研究人员关注的方向，变化不大；2013 年和 2014 年新增医学研究和医学实验方向，而细胞生物学方向的论文数量未进入前 10。年度高频关键词主要有聚乳酸、纳米复合材料、聚 L-丙交酯、支架材料和可降解生物聚合物等，说明聚酸作为可降解医用生物材料的研究较为广泛，而通过复合材料改性也是研究重点；另外，每年都有很多新主题词出现，说明该领域的研究还处在不断发展之中。特别是近年来高效催化剂、光催化、高效催化剂等关键词的出现，说明聚乳酸材料制备工艺中的催化剂改良已成为研发热点。

表 6-4 聚乳酸相关 SCI 论文中的研究方向及高频词年度分析（2010 ~ 2014 年）

年份	研究方向	高频主题词	新出现的主题词
2010	高分子科学（335）、材料科学（274）、化学（209）、工程学（185）、药学（140）、生物化学与分子生物学（122）、科、技术其他主题（54）、生物技术与应用微生物（45）、细胞生物学（41）、物理（37）	聚乳酸（249）、体外（114）、结晶（59）、嵌段共聚物（59）、开环聚合（56）、纳米粒子（54）、酸（45）、聚 ε-己内酯（43）、聚 L-丙交酯（42）、纤维（41）、可降解生物聚合物（41）、纳米复合材料（36）、支架材料（29）、水解降解（24）、聚丙烯（22）	多嵌段共聚物（8）、高分子薄膜（5）、淀粉样蛋白 β 肽（5）、玻聚合物（4）、青枯-杆菌（4）、热塑性淀粉（4）、微晶纤维素（4）、环氧树脂（3）、有机催化剂（3）、P 糖蛋白（3）、聚乙二醇化纳米粒子（3）、纤维细胞生长因子（3）、食品包装应用（3）、聚乙烯亚胺（3）、聚乳酸支架（3）

续表

年份	研究方向	高频主题词	新出现的主题词
2011	高分子科学（379）、材料科学（274）、化学（255）、工程学（209）、药学（128）、生物化学与分子生物学（118）、科学技术其他主题（80）、物理（56）、生物技术与应用微生物（41）、心血管系统心血管病（37）	聚乳酸（286）、体外（96）、结晶（73）、聚L-丙交酯（69）、纳米粒子（58）、嵌段共聚物（51）、酸（50）、开环聚合（44）、支架材料（43）、聚ε-己内酯（42）、纳米复合材料（39）、水解降解（35）、聚乙二醇（28）、聚丙烯（27）、可降解生物聚合物（26）	界面张力（8）、聚磷酸铵（4）、碳水化合物（4）、聚偏二氟乙烯（4）、层状生物复合材料（4）、晶体变（3）、磷脂酶A（2）、抑制剂（3）、凝集素（3）、可混溶共混物（3）、聚乳酸立体复合物（2）、催化活性（2）、大麻纤维（2）、聚（D，L-丙交酯）（2）、急性心肌梗死（2）、碳酸钙盐（2）
2012	高分子科学（483）、材料科学（310）、化学（303）、工程学（202）、生物化学与分子生物学（119）、药学（116）、科学技术其他主题（105）、物理（58）、生物技术与应用微生物（45）、细胞生物学杂志（39）	聚乳酸（375）、结晶（150）、体外（119）、酸（82）、聚L-丙交酯（80）、纳米粒子（77）、纳米复合材料（73）、开环聚合（67）、纤维（64）、聚ε-己内酯（59）、嵌段共聚物（55）、支架材料（44）、可降解生物聚合物（37）、聚丙烯（35）、水解降解（31）	生物基聚合物（9）、环氧基树脂（4）、玻璃纤维（4）、聚（L-乳酸）纳米复合材料（4）、纤维增强复合材料（3）、热机械降解（3）、素蛋白（3）、聚己内酯支架材料（3）、高密度聚乙烯（3）、线性粘弹行为（3）、醋酸（3）、聚乳酸/硫酸钙复合材料（3）、熔融缩聚（3）、细乳液聚合（3）、乳酸乙酯（2）
2013	高分子科学（534）、材料科学（400）、化学（322）、工程学（234）、药学（136）、科学技术其他主题（125）、生物化学与分子生物学（109）、生物技术与应用微生物（72）、物理（64）、医学研究和医学实验（40）	聚乳酸（495）、体外（126）、结晶（123）、纳米复合材料（112）、纳米粒子（86）、聚L-丙交酯（79）、酸（74）、纤维（71）、聚ε-己内酯（57）、聚丙烯（55）、开环聚合（53）、支架材料（49）、嵌段共聚物（45）、水解降解（44）、可降解生物聚合物（39）	功能化纳米粒子（4）、天然抗氧化剂（3）、聚乳酸纳米复合材料（3）、塑料复合材料（3）、补充膳食硝酸盐（3）环氧乙烷（3）、磷脂酶A2（3）、硼氢化镧系络合物（3）、高效催化剂（2）、乙烯（2）、聚乳酸基纳米颗粒（2）、激素（2）、SiO_2纳米材料（2）、光催化活性（2）、光子晶体（2）
2014	高分子科学（467）、材料科学（390）、化学（320）、工程学（220）、药学（128）、科学技术其他主题（96）、生物化学与分子生物学（94）、物理（67）、生物技术与应用微生物（48）、医学研究和医学实验（41）	聚乳酸（530）、体外（124）、结晶（117）、纳米复合材料（111）、纳米粒子（96）、聚L-丙交酯（80）、酸（73）、纤维（64）、嵌段共聚物（64）、支架材料（64）、聚丙烯（59）、开环聚合（57）、水解降解（47）、聚ε-己内酯（43）、可降解生物聚合物（37）	柠檬烯共混物（4）、B-聚乳酸纳米粒子（3）、共轭亚油酸，ACID（3）、粘弹行为（3）、线性粘弹性（3）、酶联免疫吸附测定（2）、纳米凝胶（2）、溶剂诱导结晶（2）、环氧大豆油（2）、癸内酯（2）、天冬氨酸盐（2）、腹膜粘连（2）、脂质体（2）、电解质摄入（2）、香芹酚（2）

6.3.2 活性多糖类材料

随着人们对活性多糖的研究不断深入，许多具有高商业价值的多糖物质如壳聚糖、透

明质酸、黄原胶等已成为新型材料的开发热点，已广泛用于石油开采、食品工业和纺织化工产业等诸多方面（谭天伟等，2012）。这类天然高分子材料，不但可再生、来源丰富、价格低廉，还具有完全的可降解性，合成的聚合物有更大的发展空间。

6.3.2.1 黄原胶

黄原胶是一种较为新型的生物基材料，目前已有美国、英国、法国、日本、俄罗斯等10多个国家或地区生产。我国起步较晚，1992年我国的生产能力仅为100吨。此后，随着技术突破，我国150立方米单罐年产能力已达到350吨，淀粉投料浓度5%左右，多糖得率达2.6% ~2.8%，转化率达55% ~65%（谭天伟等，2012）。黄原胶的科技开发热点主要集中在对其生物反应器的改造和发酵条件的优化上。

1）生物反应器改造

黄原胶具有高黏弹性，即使黄原胶浓度很低时，发酵液黏度也较大，从而导致溶氧减少，黄原胶产率和质量下降。生物反应器的类型与溶氧密切相关，目前国内常用的生物反应器为搅拌型发酵罐。许多研究致力于通过改变搅拌体系和气体分布器提高溶氧，如李增生等（2009）用改进的气体分布器使分散出的气泡变小，延长气体在发酵液中的滞留时间，加大气液接触面积，从而增加溶氧；另外将传统的六直叶圆盘涡轮改为下压式双折叶圆盘涡轮（上层桨）和六叶布鲁马金或单独最大叶片桨（下层桨），提高了底物转化率，增大黄原胶产率（赵丽娟和凌沛学，2014）。

2）发酵条件优化

发酵条件的优化主要集中在温度、搅拌速度、溶氧等方面。Gunasekar等通过硫酸预处理木薯纸浆的方法来制备黄原胶，实验证明酸性的强度对黄原胶的产量和质量均有较大影响（Gunasekar et al.，2014）。Larissa Alves de Sousa Costa等利用黄单胞菌发酵虾壳提取物（SSAE）来生产黄原胶。研究发现，中等浓度（10% w/v）的SSAE在1182菌株作用下显示出最高的产率（4.64克/升）和黏度（48.53兆帕·秒）（de Sousa Costa et al.，2014）。

6.3.2.2 文献计量分析

1）发文量年度分析

近15年来，黄原胶类生物基材料的SCI发文量共有2635篇，总体呈增长趋势（图6-5）。2000~2005年增长变化较小，说明此期间内该类材料的研究还处于起步阶段；2006~2009年该类材料研究或应用热度有大幅提升，论文发表数量进入快速增长期；2010~2014年为波动期，但总体趋势仍保持增长，并于2013年达到峰值286篇。

2）重点国家分析

（1）重点国家年度发文趋势。

近5年来，黄原胶类生物基材料SCI发文量最多的10个国家如表6-5所示。其中，中国在该领域中发文量居首位，共计142篇，约占总发量的16.5%；另外两个金砖国家印度和巴西仅次于中美两国，分别排名第3和第4位，说明这两个发展中国家在该领域的研究活动也十分活跃，并具有一定的研究实力。

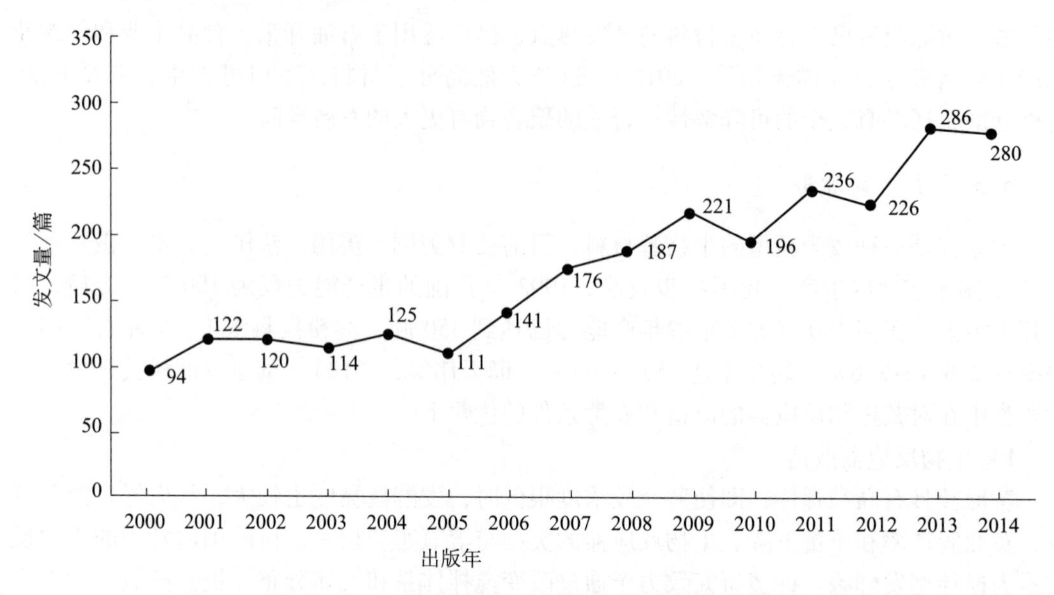

图 6-5　黄原胶相关 SCI 论文发表数量年度变化趋势（2000～2014 年）

表 6-5　重点国家发表黄原胶相关 SCI 论文的被引情况（2010～2014 年）

国家/地区	论文数量/篇	总被引次数/次	篇均被引次数/次	高被引论文比例/%（≥25）
中国	142	392	2.76	0.70
美国	134	685	5.11	4.48
印度	130	330	2.54	0.00
巴西	90	214	2.38	1.11
伊朗	89	338	3.80	2.25
加拿大	68	349	5.13	4.41
法国	53	249	4.70	1.89
西班牙	53	301	5.68	3.77
韩国	51	114	2.24	0.00
土耳其	49	215	4.39	4.08

从这 10 个国家的年度发文量趋势（图 6-6）可看出，中国的发文量最多，2013 年前发文数量较为稳定，而 2014 年较 2013 年成倍增长，达到近 5 年的峰值；印度、伊朗、法国和韩国的论文量也基本呈现增长趋势；而美国的发文量于 2011 年达到峰值后有所下降。这可能与黄原胶的产业发展相关，目前黄原胶主要产区已经由原来的欧美地区转移到亚洲和南美等地的发展中国家。2013 年 6 月，美国政府曾因中国黄原胶出口量大增，而向中国产品征收反倾销税。

（2）重点国家论文被引情况。

近 5 年来，黄原胶相关 SCI 论文在重点国家的被引情况如表 6-5 所示。美国发表论文的总被引次数最高，为 685 次，篇均被引次数为 5.11 次；中国发表论文的总量最多，但总被引次数为 392 次，位于第 2 位，篇均被引次数为 2.76 次，相对较低；虽然西班牙和

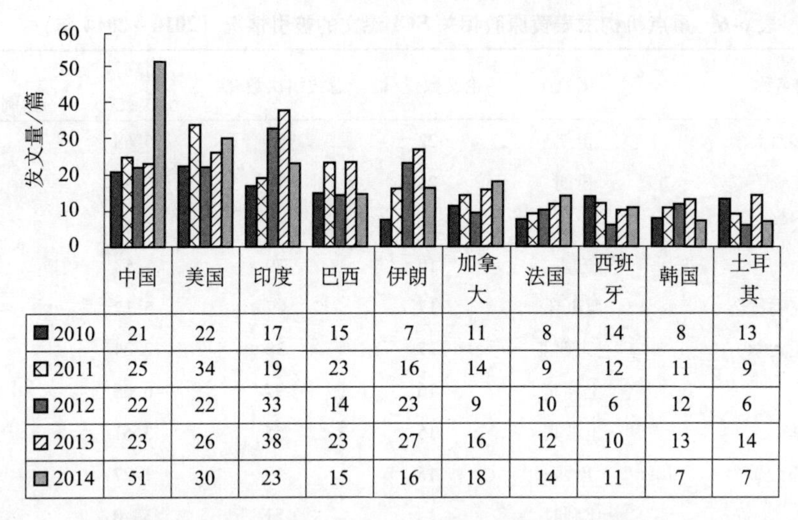

	中国	美国	印度	巴西	伊朗	加拿大	法国	西班牙	韩国	土耳其
2010	21	22	17	15	7	11	8	14	8	13
2011	25	34	19	23	16	14	9	12	11	9
2012	22	22	33	14	23	9	10	6	12	6
2013	23	26	38	23	27	16	12	10	13	14
2014	51	30	23	15	16	18	14	11	7	7

图6-6 重点国家发表黄原胶相关SCI论文数量的年度变化趋势（2010～2014年）

加拿大的论文数量不多，但是篇均被引次数却位居第1（5.68次）和第2（5.11次）；其中，巴西（2.38次）和韩国（2.24次）的篇均被引次数最低。

高被引（被引次数≥25次）论文比例排在前三位的国家是美国（4.48%）、加拿大（4.41%）、土耳其（4.08%）。而中国的高被引论文比例为0.70%，排在第8位；印度和韩国的高被引论文比例最低。

3）重点机构分析

（1）重点机构论文被引情况。

近5年来，黄原胶类生物基材料SCI论文数量居前15位的机构如表6-6所示。在这15家机构中，伊朗的机构数最多，共有3家，且发文量都位于前3位；中国的机构有2家，分别位于第12位与第15位。另外有3家巴西机构和2家土耳其机构，西班牙、马来西亚、比利时、印度和加拿大这5个国家各有1家机构。

在这15家机构中，马什哈德菲尔多西大学的论文数量（22篇）和总被引次数（125次）最多；德黑兰大学的论文数量（21篇）和总被引次数（113次）位于第2位；农业及农业食品部的论文量虽然不多，但总被引次数位于第3位。篇均被引次数排在前5位的机构依次为：农业及农业食品部（8.23次）、中东科技大学（6.06次）、马什哈德菲尔多西大学（5.68次）、德黑兰大学（5.38次）、西班牙国家研究委员会（5.12次）。

高被引论文比例排在前4位的机构有加拿大农业及农业食品部（7.69%）、中东科技大学（6.25%）、伊斯兰阿萨德大学（5.26%）和马什哈德菲尔多西大学（4.55%）。其余机构的高被引论文比例均为0。伊朗两家的发文量与引文水平均较高，说明该国的这两家机构的该项研究水平位于世界前列，而加拿大农业及农业食品部和中东科技大学虽然发文量并不是最多，但其学术影响力较高。中国的两所大学的篇均被引次数和高被引论文比例都排名靠后，说明中国黄原胶的学术研究影响力仍有待提升。

表 6-6 重点机构发表黄原胶相关 SCI 论文的被引情况（2010～2014 年）

机构名称	国家	论文数量/篇	总被引次数/次	篇均被引次数/次	高被引论文比例/%（≥25）
马什哈德菲尔多西大学	伊朗	22	125	5.68	4.55
德黑兰大学	伊朗	21	113	5.38	0.00
伊斯兰阿萨德大学	伊朗	19	70	3.68	5.26
圣保罗大学	巴西	19	29	1.53	0.00
西班牙国家研究委员会	西班牙	17	87	5.12	0.00
马来西亚博特拉大学	马来西亚	17	38	2.24	0.00
中东科技大学	土耳其	16	97	6.06	6.25
埃尔吉耶斯大学	土耳其	15	55	3.67	0.00
储佩洛塔斯联邦大学	巴西	15	19	1.27	0.00
根特大学	比利时	15	51	3.40	0.00
印度农业科学工业研究委员会	印度	14	43	3.07	0.00
山东大学	中国	14	57	4.07	0.00
农业及农业食品部	加拿大	13	107	8.23	7.69
江南大学	中国	12	24	2.00	0.00
储帕拉纳联邦大学	巴西	12	34	2.83	0.00

（2）重点机构合作关系。

由图 6-7 可以看出，全球领先的 15 家机构黄原胶相关的研究合作关系并不紧密，有 8 家机构未与其他机构有合著论文产出，且有合作关系的机构中的 3 家的合著论文数量也仅为 1。其中，圣保罗大学是合著论文产出最多的一家机构，其次是马什哈德菲尔多西大学和马来西亚博特拉大学。这说明全球领先的 15 家机构的黄原胶相关研究相对独立，多数未与其他领先机构建立合作或密切的合作关系，或者与其他未列入前 15 位的机构建立了合作关系而并未在图中表现出来。这 15 家机构中的两家中国机构山东大学和江南大学也均未与另外的 10 多家机构有合作关系。

4）关键词分析

从黄原胶类生物基材料近 5 年来的研究方向变化、年度高频主题词及年度新出现的主题词（表 6-7）可以看出，近五年来研究方向主要为食品科学技术、化学、工程学、高分子科学和药学等，表明这些研究方向一直是研究人员关注的方向；年度高频关键词主要有流变性能、粘弹性质和水乳剂等这些与发酵条件优化相关的主题，其次，黄单胞菌、胞外多糖等与菌株优选相关的主题也是研发热点；近年来新出现了许多主题词，如丁香假单胞菌、细菌菌落、芽孢杆菌 SP 等，说明研究黄原胶的发酵菌株有了新的改良发展，而 SiO_2 纳米复合材料、纳米杂化材料、生物乳化剂等新词的出现，说明材料的性能和制备工艺的提升也是研究热点，而胆固醇、谷氨酸等医药学常见主题词的出现，则说明黄原胶应用领域也扩展了。

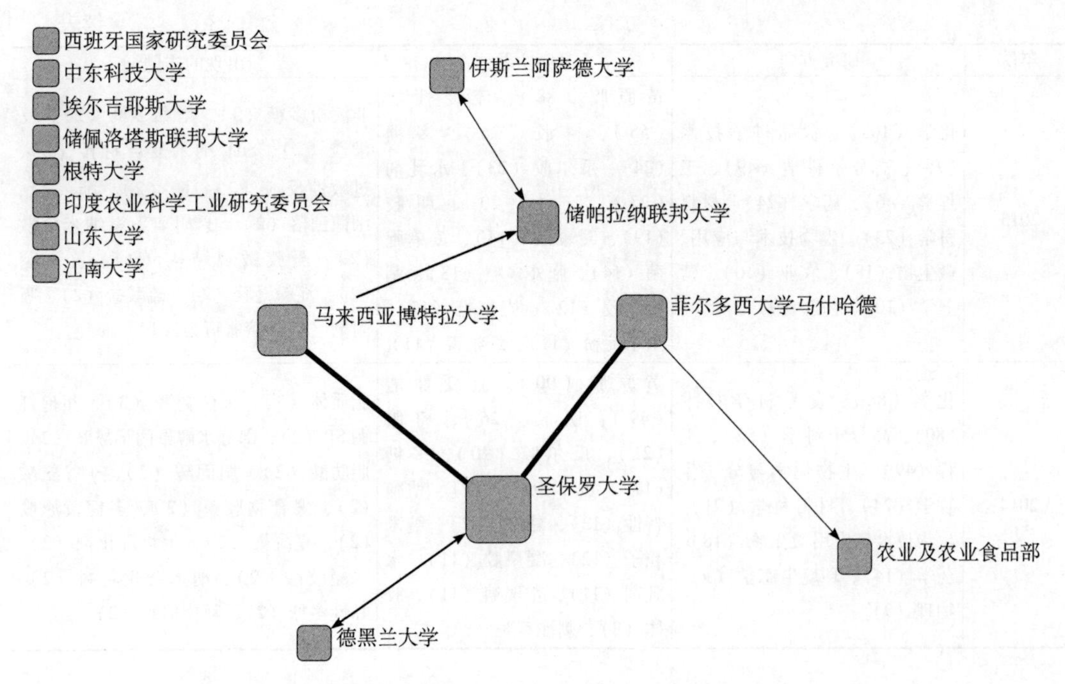

图 6-7 重点机构发表黄原胶相关 SCI 论文合著网络（2010~2014 年）

表 6-7 黄原胶相关 SCI 论文中的研究方向及高频词年度分析（2010~2014 年）

年份	研究方向	高频主题词	新出现的主题词
2010	食品科学技术（65）、化学（46）、工程学（33）、高分子科学（31）、药学（24）、生物技术与应用微生物（16）、材料科学（13）、生物化学与分子生物学（10）、农业（9）、力学（9）	黄原胶（63）、流变性能（25）、多糖（20）、树胶（17）、胶体（15）、黄单胞菌（12）、明胶（11）、凝胶剂（10）、刺槐豆胶（9）、体外（9）、黏度（8）、胞外多糖（8）、粘弹特性（8）、壳聚糖（7）、瓜尔胶（6）	发酵（5）、凝胶点（3）、等离子体（2）、黏土纳米复合材料（2）、气相色谱（2）、甘油（2）、啤酒酵母（2）、淀粉塑料片（2）、抗氧化活性（2）、乳清（2）、木葡聚糖（2）、低蛋白（2）、麦芽糊精（2）、羧甲基纤维素（2）、海藻酸钠（2）
2011	食品科学技术（84）、化学（75）、工程学（42）、高分子科学（36）、生物技术与应用微生物（25）、药学（22）、生物化学与分子生物学（12）、材料科学（10）、能源燃料（9）、物理（9）	黄原胶（84）、流变性能（36）、多糖（22）、瓜尔胶（19）、树胶（17）、明胶（16）、胶体（16）、凝胶剂（14）、胞外多糖（13）、黄单胞菌（11）、黏度（11）、水乳剂（10）、蛋白质（8）、刺槐豆胶（9）、粘弹特性（7）	葡甘聚糖（4）、絮凝剂（3）、马铃薯淀粉（3）、无麸质面包（3）、直链淀粉（2）、抗性淀粉（2）、甘薯淀粉（2）、黄芥末黏液（2）、细菌（2）、丁香假单胞菌（2）、复合膜（2）、表观黏度（2）、聚电解质（1）、细菌多糖（1）、钠水溶液氯化（1）
2012	化学（75）、食品科学技术（63）、高分子科学（41）、工程学（32）、药学（28）、生物技术与应用微生物（12）、生物化学与分子生物学（11）、材料科学（9）、物理（9）、力学（8）	黄原胶（77）、流变性能（37）、多糖（20）、瓜尔胶（16）、树胶（14）、刺槐豆胶（13）、明胶（12）、凝胶剂（10）、黏度（10）、体外（10）、胶体（9）、水乳剂（8）、黄单胞菌（7）、胞外多糖（7）、淀粉（7）	阿拉伯树胶（5）、聚丙烯酰胺（3）、热诱导凝胶（3）、聚合物凝胶（3）、透明质酸钠（2）、胶凝性能（2）、物理凝胶（2）、烘烤过程（2）、聚阴离子（2）、生物黏附（2）、生物膜（2）、微囊益生菌（2）、纳米复合材料（1）、氧化稳定性（1）、结晶（1）

续表

年份	研究方向	高频主题词	新出现的主题词
2013	化学（103）、食品科学技术（91）、高分子科学（49）、工程学（46）、药学（24）、材料科学（23）、生物技术与应用、微生物（18）、农业（10）、营养学（10）、物理（9）	黄原胶（88）、流变性能（55）、树胶（26）、多糖（24）、瓜尔胶（23）、水乳剂（23）、胶体（20）、明胶（19）、凝聚胶（14）、黄单胞菌（14）、胞外多糖（13）、刺槐豆胶（12）、壳聚糖（12）、玉米淀粉（11）、纤维素（11）	非淀粉多糖（3）、增黏多糖（2）、反渗透（2）、SiO_2纳米复合材料（2）、过敏性反应（2）、酶（2）、酯（2）、细菌菌落（2）、β-胡萝卜素纳米分散（2）、凝胶微观结构（2）、抗真菌（2）、淀粉凝胶（2）、硫酸盐（2）、吸附剂（1）、溶胀行为（1）
2014	化学（88）、食品科学技术（80）、高分子科学（52）、工程（49）、生物化学与分子生物学（24）、材料科学（21）、生物技术与应用微生物（18）、药学（14）、环境生态学（9）、物理（9）	黄原胶（90）、流变性能（49）、明胶（26）、树胶（21）、瓜尔胶（20）、多糖（17）、黄单胞菌（15）、粘弹特性（13）、黏度（12）、纳米粒子（12）、凝聚胶（11）、水乳剂（11）、壳聚糖（11）、胶体（8）、刺槐豆胶（8）	脂质体（3）、天然树胶（3）、芽孢杆菌SP（2）、部分水解聚丙烯酰胺（2）、脂肪酸（2）、胆固醇（2）、γ谷氨酸（2）、聚合物胶束（2）、多糖黄原胶（2）、复凝聚（2）、生物乳化剂（2）、水凝胶酸（2）、纳米杂化材料（2）、黏性多糖（2）、阿拉伯胶（2）

6.3.3 氨基酸类材料

天然可降解高分子材料，如胶原、血清纤维蛋白等，由于其降解产物易于被吸收而不产生炎症，同时，它本身来自生物体，其细胞亲和性和组织亲和性均较强，在医学应用中有着巨大优势。但是这类材料也有缺陷，强度较差，降解时间不能精确计算与控制，另外力学与可加工性能也不好。另外，原料来源、产地差异易造成质量不稳定。因而，需要采取化学和生物方法改性材料，以适应不同目的的应用。这类材料按其聚合方式不同可以分为两大类，一类为聚氨基酸，另一类为拟聚聚氨酸。

6.3.3.1 聚氨基酸

氨基酸是人体蛋白的主要组成部分，基组分为天然代谢产物。氨基酸之间通过肽键相连形成长链聚合物被称为聚氨基酸或聚肽。这类聚合物很容易降解为氨基酸易于代谢出体外，具有生物相容性和无免疫原性，从19世纪60年代开始被用于生物医药领域，酯化的聚谷氨酸作为可吸收的手术缝合线，用作人工皮肤、药物载体材料等（黄霞等，2007）。根据全球工业分析公司（Global Industry Analysts Inc.）的一份最新的有关大豆化学品市场的报告得知，2017年全球对大豆化学品的需求将达到130亿美元，促进因素包括市场对生物柴油和可再生塑料需求的增加，以及工业上更多地转向对可再生能源的关注（Biodiesel Magazine，2012）。

6.3.3.2 拟聚氨基酸

1984年，Langer和Kohn等提出了拟聚氨基酸的概念，为生物材料领域开辟了新空间。

它的特点是主链上肽键与非肽键交替排列。主键上的非肽键的出现赋予了这类聚合物更好的物化性能，从而克服了聚氨基酸材料的难溶解、难加工的缺陷。同保留了氨基酸类聚合物无毒、生物相容性好、生物降解性好的优点（黄霞等，2007）。Guptat 和 Lopina 等以天然 L-酪氨酸为原材料，用二酰亚氨间接固相合成技术合成了联酚单体，这一单体分子与合适的二氯磷酸酯聚合生成了新的 L-酪氨酸基磷酸酯（Gupta，Lopina，2004；Gupta et al.，2005）。

6.3.3.3 大豆蛋白

大豆中蛋白质含量可高达40%，远高于其他谷物，且其氨基酸组成与牛奶蛋白相近，除蛋氨酸外，其余必需氨酸的含量均较丰富，是一种植物性完全蛋白质。为了改善其功能特性，使其符合应用的特殊要求，通常需要改变蛋白质理化性能。目前对大豆蛋白进行改性的主要目的有两个：一是提高其可塑性和加工流动性；二是提高材料疏水性和力学性能。改性方法主要有物理改性、化学改性、酶法改进和共混改性等。

1）物理改性

物理改性几乎不降低大豆蛋白的相对分子质量，只改变其可塑性、疏水性及力学性能。主要方法有加热、共混、加压、微波、辐照、高频电场、强烈振荡等。此类方法一般不会破坏蛋白质的一级结构，具有成本较低、操作简单、无毒副作用、作用时间短等优点。但其一般专一性较差。

Pednekar 等对豆腐和豆浆中的大豆蛋白进行辐射处理后，发现其溶解性、乳化作用和凝胶化作用都有较大的提高（Pednekar et al.，2010）。张民等研究了单宁、可溶性淀粉、微波、超声波及干热处理对大豆蛋白成膜性能的影响，发现微波能降低膜的抗拉伸强度，而可溶性淀粉可提高膜的抗拉伸强度；微波与超声波处理均可降低膜的水溶性、氧气透过性，并能提高膜的透光率；60℃干热处理可极显著降低膜的水溶性、抗拉伸强度及氧气透过性，提高膜的透光率（张民等，2011）。

2）化学改性

化学改性的实质是利用化学方法向蛋白质中引入功能性基团，如带负电基团、亲水亲油基团、巯基等，从而使蛋白大分子空间结构和理化性质变化。化学改性具有效果显著、试剂选择性较大的优势。但由于化学反应过程中可能残留有害物质，存在一定的安全隐患。

邹文中等以大豆分离蛋白为原料，通过十二烷基硫酸钠（SDS）改性处理和模压成型，制备出 SDS 改性大豆蛋白塑料，并研究了塑料的性能、结构和形貌。实验证实 SDS 改性可显著改善大豆蛋白塑料的内部组织结构，并提高其韧性（邹文中等，2014a）。

3）酶法改性

石晓等通过单因素和正交试验研究了温度、pH、底物浓度和酶浓度4因素对木瓜蛋白酶水解大豆蛋白工艺的影响，并优化了工艺条件。实验结果表明，最佳工艺参数组合为温度60℃，pH7.5，酶浓度3.5%，底物浓度5%。在此工艺条件下，木瓜蛋白酶水解大豆蛋白40分钟，水解度达到6.58%，大豆肽的氨基酸平均数目为15，平均分子量为1875（石晓，豆康宁，2014）。

4）共混改性

此外，通过纤维、淀粉、聚羟基酯醚等与大豆蛋白直接共混或共熔，也可使大豆蛋白复合材料力学性能和可加工性等性能得以提升。这种改性方法效率较高，操作简单。Lee 和 Kumar 均采用纳米蒙脱土对大豆分离蛋白（soy protein isolate，SPI）进行改性，制备了纳米复合材料薄膜，结果发现，蒙脱土的加入可增加材料的机械性能和阻隔性能。以大豆分离蛋白为原料，研究纳米微粒对大豆蛋白胶黏剂的干态胶接强度、耐水强度及防腐性能的影响。添加纳米 TiO_2、SiO_2、Al_2O_3 均可提高大豆蛋白胶黏剂的干态胶接强度、耐水强度及防腐性能。

邹文中等通过模压成型方法制备了一系列大豆蛋白（SP）/谷朊粉（WGP）和大豆蛋白/高直链淀粉共混物（邹文中等，2014b，2014c），并采用红外光谱仪、扫描电子显微镜、动态力学分析仪、热重分析仪、万能材料试验机表征了共混物的动态力学性能、热稳定性、力学性能、吸水性能、微观结构和形态。

6.3.3.4 文献计量分析

1）发文量年度分析

近 15 年来，大豆蛋白类生物基材料的 SCI 发文量共有 7816 篇，总体呈增长趋势（如图 6-8）。2000～2001 年发展缓慢，先后在 2003 年、2005 年、2009 年及 2012 年的发文量有所下降，并于 2013 年达到峰值 623 篇。

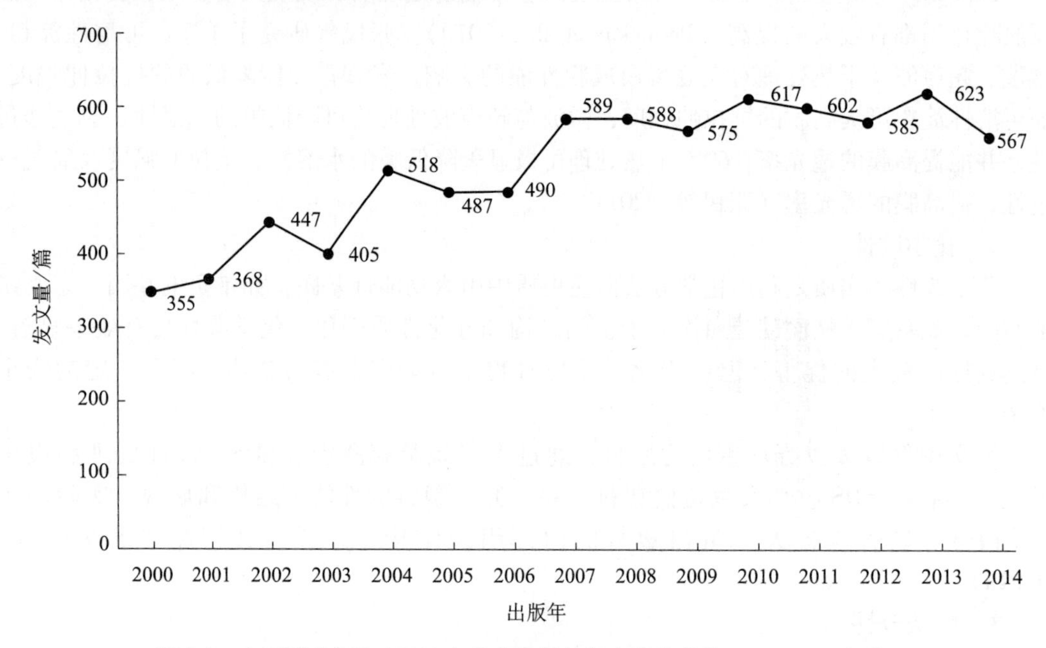

图 6-8 大豆蛋白相关 SCI 论文发表数量的年度变化趋势（2000～2014 年）

2）重点国家分析

（1）发文量前 10 位国家及其发文趋势。

近 5 年来，大豆蛋白类生物基材料 SCI 发文量最多的 10 个国家如表 6-8 所示。其中，

美国和中国的发文量分别占发文总数的 28% 和 26%，远远高于排在第 3 位的加拿大(8%)。总被引次数最高的 3 个国家分别为美国、中国和加拿大。但从篇均被引次数来看，中国（3.94 次）则远落后于美国（5.38 次）与加拿大（6.14 次），而高被引论文比例也同样如此。这说明中国的学术影响力与发达国家相比仍有一定差距。

表 6-8 重点国家发表大豆蛋白相关的 SCI 论文的被引情况（2010～2014 年）

国家/地区	论文数量/篇	总被引次数/次	篇均被引次数/次	高被引论文比例/%（≥25）
美国	733	3945	5.38	3.55
中国	686	2705	3.94	0.87
加拿大	228	1401	6.14	3.51
巴西	210	692	3.30	1.43
日本	183	676	3.69	0.55
西班牙	142	765	5.39	2.82
印度	121	434	3.59	2.48
韩国	119	470	3.95	3.36
法国	81	558	6.89	3.70
阿根廷	80	438	5.48	5.00

从这 10 个国家的年度发文量趋势（图 6-9）可看出，美国的发文量最多，但是在 2011 年和 2012 年发文量有所降低；中国的发文量呈很明显的增长趋势，说明我国不断加大在该领域的研究力度；巴西和法国的发文量呈现逐渐递减的趋势；西班牙的发文量处于相对稳定的状态。

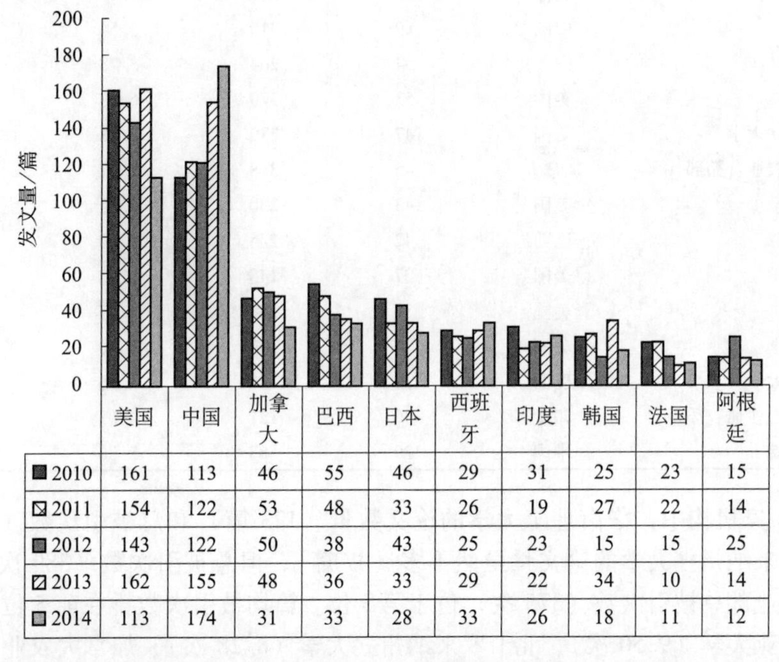

	美国	中国	加拿大	巴西	日本	西班牙	印度	韩国	法国	阿根廷
2010	161	113	46	55	46	29	31	25	23	15
2011	154	122	53	48	33	26	19	27	22	14
2012	143	122	50	38	43	25	23	15	15	25
2013	162	155	48	36	33	29	22	34	10	14
2014	113	174	31	33	28	33	26	18	11	12

图 6-9 重点国家发表大豆蛋白相关 SCI 论文数量的年度变化趋势（2010～2014 年）

（2）重点国家论文被引情况。

近5年来，大豆蛋白类生物基材料在重点国家的被引情况如表6-8所示。美国发表的论文最多，总被引次数也最高，为3945次，篇均被引次数为5.38次；中国发表论文的总被引次数为2705次，但篇均被引次数为3.94次，相对较低；虽然法国和加拿大的论文数量不多，但是篇均被引次数却位居第1（6.89次）和第2（6.14次）；其中巴西（3.30次）和印度（3.59次）的篇均被引次数最低。

虽然阿根廷的论文量和总被引次数都不高，但是其高被引论文所占比例却是最高的，为5.00%；美国以3.55%位居第2位；而中国和日本的高被引论文所占比例最低，分别为0.87%和0.55%。

3）重点机构分析

（1）重点机构论文被引情况。

近5年来，大豆蛋白类生物基材料SCI论文中，发文量居前15位的机构如表6-9所示。在这15家机构中，中国有华南理工大学、江南大学、中国农业大学和中国农业科学院4家机构排名前15位以内，其中华南理工大学、江南大学和中国农业大学的发文量分别位于第1、第3和第4位；美国的机构有7家，另外有2家巴西机构、1家加拿大机构和1家印度机构。

表6-9　重点机构发表大豆蛋白相关SCI论文的被引情况（2010～2014年）

机构名称	国家/地区	论文数量/篇	总被引次数/次	篇均被引次数/次	高被引论文比例/%（≥25）
华南理工大学	中国	123	522	4.24	0.00
美国农业部	美国	98	375	3.83	2.04
江南大学	中国	89	315	3.54	1.12
中国农业大学	中国	54	204	3.78	0.00
伊利诺伊大学	美国	53	370	6.98	3.77
北卡罗来纳州立大学	美国	47	389	8.28	4.26
加拿大农业及农业食品部	加拿大	45	318	7.07	2.22
爱荷华州立大学	美国	43	230	5.35	4.65
圣保罗大学	巴西	42	235	5.60	4.76
阿肯色医药大学	美国	37	145	3.92	2.70
圭尔夫大学	美国	37	258	6.97	5.41
加利福尼亚大学	美国	36	342	9.50	16.67
阿尔坎皮纳斯大学	巴西	32	146	4.56	3.13
印度农业科学工业研究委员会	印度	30	121	4.03	3.33
中国农业科学院	中国	29	83	2.86	0.00

在这15家机构中，华南理工大学的论文数量（123篇）和总被引次数（522次）最多；北卡罗来纳州立大学的论文量虽然不多（47篇），但总被引次数（389次）位于第2位；美国农业部总被引次数（375次）位于第3位。篇均被引次数排在前5位的机构依次为加利福尼亚大学（9.50次）、北卡罗来纳州立大学（8.28次）、加拿大农业及农业食品部（7.07次）、伊利诺伊大学（6.98次）和圭尔夫大学（6.97次）。中国农业科学院篇均被次数仅为2.86次，排名最末，另外2家机构篇均被引次数分别为4.24次和3.54次，排

名第10位和第14位。

加利福尼亚大学的高被引（被引次数≥25次）论文比例为16.67%，远远高于其他机构，位于第1位；圭尔夫大学以5.41%位于第2位；华南理工大学、伊利诺伊大学和中国农业科学院的高被引论文比例最低。

（2）重点机构合作关系。

从图6-10可以看出，全球领先的15家机构间已形成交叉状网络；其中，美国农业部是合作最多的机构，且与其合作的机构合著论文产出均较多；伊利诺伊大学与北卡罗来纳州立大学、圣保罗大学与阿尔坎皮纳斯大学的合著论文数量也较多，共计6篇；中国农业大学、江南大学和华南理工大学与其他国外机构也有合著论文发表；其中江南大学与国外合著论文数量最多，除与美国农业部较多的合著论文以外，还与印度农业科学工业研究委员会和加拿大农业及农业食品部有多篇合著论文，说明其国际交流与合作机构较为广泛。

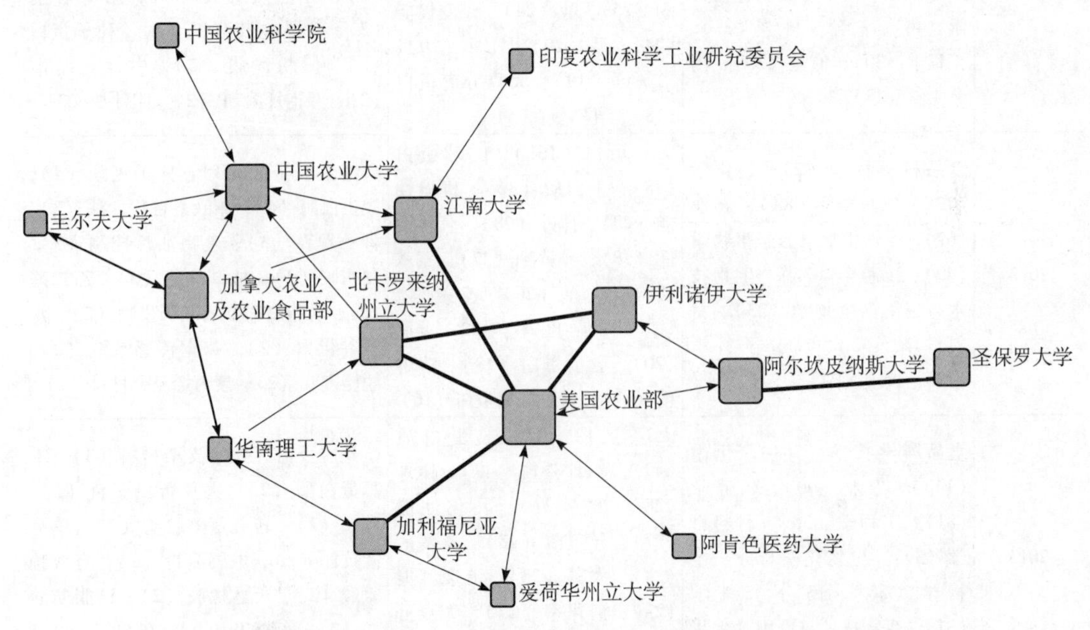

图6-10 重点机构发表大豆蛋白相关SCI论文合著网络（2010～2014年）

4）关键词分析

从大豆蛋白类生物基材料近5年来的研究方向变化、年度高频主题词及年度新出现的主题词（表6-10）可以看出，近五年来研究方向主要为食品科学技术、化学、农业、营养学、生物化学与分子生物学等；年度高频关键词主要有大豆蛋白、β-球蛋白、大豆分离蛋白、乳化性能、异黄酮和乳清蛋白等对大豆蛋白主要成分的分析，以及溶解度和流变性等理化特性的研究，说明物理和化学改性研究是大豆蛋白的主要研发热点；而近年来出来的新高频词汇则有碳纳米管、纤维板、BSA纳米粒等，说明大豆蛋白的应用已经由传统营养学、医学应用转向更广泛的工农业应用。

表6-10　大豆蛋白相关SCI论文中的研究方向及高频词年度分析（2010~2014年）

年份	研究方向	高频主题词	新出现的主题词
2010	食品科学技术（265）、化学（135）、农业（102）、营养学（76）、生物化学与分子生物学（65）、工程学（42）、生物技术与应用、生物学（41）、材料科学（27）、高分子科学（26）、渔业（21）	大豆蛋白（192）、蛋白质（48）、β-球蛋白（36）、异黄酮（28）、酸（26）、饮食（26）、氨基酸（25）、消化率（22）、体外（21）、大豆分离蛋白（19）、球蛋白（18）、肽（17）、流变性能（16）、乳化性能（15）、乳清蛋白（15）	细胞膜（6）、N-联聚糖（4）、渗透性（4）、益生菌（4）、胰蛋白酶（4）、血管紧张素转换酶（3）、高密度脂蛋、胆固醇（3）、补充牛磺酸（3）、血脂（3）、骨损失（3）、二硫键（3）、雌激素作用（2）、巢式聚合酶链反应（2）、非酶脱酰胺（2）、非离子表面活性（2）
2011	食品科学技术（273）、化学（133）、农业（86）、营养学（82）、生物化学与分子生物学（65）、生物技术与应用微生物学（46）、高分子科学（31）、工程学（30）、渔业（20）、内分泌学（18）	大豆蛋白（167）、蛋白质（39）、β-球蛋白（37）、大鼠（31）、乳化性能（29）、氨基酸（27）、消化率（27）、异黄酮（26）、酸（24）、流变性能（24）、肽（20）、体外（20）、溶解度（19）、大豆分离蛋白（18）、乳清蛋白（16）	大肠杆菌（6）、色谱（5）、诱导凝胶（5）、黄原胶（5）、大豆蛋白塑料（3）、甲基丙烯酸甲酯（3）、纳米粒子（2）、等电点沉淀（2）、脂氧合酶（2）、食品包装应用（2）、种子蛋白（2）、淀粉薄膜（2）、中性氨基酸（2）、芽孢杆菌SP（2）、胆汁盐（2）
2012	食品科学技术（239）、化学（125）、营养学（88）、农业（67）、生物化学与分子生物学（49）、工程学（36）、生物技术与应用微生物学（33）、材料科学（32）、高分子科学（27）、渔业（24）	大豆蛋白（161）、β-球蛋白（38）、蛋白质（36）、机械性能（29）、体外（28）、乳化性能（28）、异黄酮（27）、氨基酸（27）、酸（26）、流变性能（26）、消化率（22）、肽（20）、乳清蛋白（18）、溶解度（17）、大豆分离蛋白（16）	血糖生成指数（4）、分子克隆（4）、糜蛋白酶（4）、雌激素替代疗法（3）、种子发育（3）、生物油污控制（3）、皮明胶（2）、枯草杆菌（2）、乙二醛（2）、乳脂（2）、转基因生物（2）、水稻谷蛋白（2）、味觉传感系统（2）、脱脂麦胚（2）、聚丙烯复合材料（1）
2013	食品科学技术（268）、化学（140）、农业（90）、营养学（81）、工程学（56）、材料科学（39）、生物化学与分子生物学（36）、高分子科学（31）、生物技术与应用微生物学（25）、渔业（24）	大豆蛋白（182）、蛋白质（49）、β-球蛋白（47）、体外（28）、酸（27）、乳化性能（27）、异黄酮（25）、氨基酸（24）、大鼠（23）、流变性能（23）、消化率（22）、大豆分离蛋白（21）、乳清蛋白（19）、肽（16）、溶解度（16）	C-反应蛋白（4）、支架材料（3）、木瓜蛋白酶（2）、大豆蛋白塑料（2）、胶体（2）、转谷氨酰胺酶（2）、单克隆抗体（2）、木薯淀粉（2）、有效赖氨酸（2）、天然橡胶（2）、链脂肪酸酸（2）、纤维板（2）、氨肽酶（2）、酚类物质（2）、聚乙烯（2）
2014	食品科学技术（267）、化学（125）、农业（72）、营养学（72）、生物化学与分子生物学（41）、工程学（38）、生物技术与应用微生物学（33）、高分子科学（27）、材料科学（23）、植物科学（16）	大豆蛋白（163）、β-球蛋白（46）、蛋白质（37）、体外（36）、大豆分离蛋白（28）、酸（25）、乳化性能（25）、异黄酮（23）、乳清蛋白（23）、流变性能（22）、大鼠（21）、凝胶化（19）、可食性膜（18）、氨基酸（14）、溶解度（14）	碳纳米管（4）、BSA纳米粒子（3）、分光光度分析（2）、肽组分（2）、起泡性（2）、纳米明胶（2）、基因克隆（2）、曲霉（2）、皂树皮皂素（2）、菜籽蛋白（2）、肠道微生物（2）、肠道菌群（2）、β-还原酶（2）、抗氧化物酶活性（2）、维生素a（2）

6.3.4 木塑复合材料

木塑复合材料是国内外近年蓬勃兴起的一类新型复合材料，它是利用聚乙烯（PE）、聚丙烯（PP）和聚氯乙烯等，代替通常的树脂胶黏剂，与超过50%以上的木粉、稻壳、秸秆等废植物纤维混合成新的木质材料，经挤压、模压、注射工艺过程而生产出的板材或型材，可广泛用于建材、家具和包装等行业。它使用环保，成本经济，并可以回收再利用，因而也解决了复合材料、木材行业废弃资源的再生利用问题。在如今倡导低碳经济的大环境下，木塑复合材料的可回收特点使其越来越受到重视。“十二五”期间，随着我国低碳经济的深入，木塑复合材料更是顺应了国家节能减排、循环经济的大趋势，凸显出巨大潜力。为了推动木塑复合材料的发展，提高秸秆等农作物废弃物和废塑料的利用率，国家发展和改革委员会于2011年12月10日下发通知，要求“十二五”期间在国内建立若干木塑复合材料产业基地，扶持4~5家木塑复合材料装备生产企业和100~150家木塑复合材料生产企业。

首先，木粉中由于含有大量的羟基官能团，呈现较强的化学极性，导致其与PE、PP这样的非极性基体相容性差；其次，大量的羟基在木材纤维表面形成分子间氢键，使木材不易于在非极性聚合物基体中分散，在复合材料的制备过程中，木材纤维趋于聚集成团，而使产品的力学性能的下降；最后，复合材料中的木材表面的羟基基团吸附水分后会使材料的尺寸稳定性变差。因此，如何提高木塑复合材料中木材组分与树脂基体的界面结合力成为木塑复合材料研究的关键（付文等，2010）。

目前，木塑复合材料的研发重点多集中在对材料本身的阻燃性能、抗老化性能、胶结性和增加材料的韧性等物化性能的改良上。例如，Suppakarn 等用 $Mg(OH)_2$ 作为阻燃剂加入到聚丙烯/剑麻的复合材料中，实验结果表明该阻燃剂表现出更好的阻燃效果，明显降低了材料的燃烧速率。同时，阻燃剂不会降低材料的弯曲和拉伸等物理力学性能（Suppakarn，Jarukumjorn，2009）。El-Shekeil 等研究了纤维性成分对热塑性聚氨酯复合材料的机械强度的影响（El-Shekeil et al.，2012）。李珊珊等将聚乙烯进行接枝改性，研究了改性PE用量对高填充木塑复合材料耐化学腐蚀性的影响。结果表明：保持改性PE和未改性PE总用量不变，三种化学试剂（HCl、NaOH及 H_2O_2）对高填充WPC质量变化率的影响随着改性PE用量的增加而逐渐减弱（李珊珊等，2014）。

6.4 国际生物基材料产业发展态势

6.4.1 国际领先生物基研发与生产企业发展现状

根据全球工业分析公司（Global Industry Analysts Inc.，2011）发布的《全球可再生化学品市场报告》显示，到2017年全球可再生化学品市场有望达到768亿美元。原油价格的持续增长及对环境友好能源需求的不断增加也将进一步激发投资者在全球范围内投资生物基技术的热情。此外，政府的项目计划和贷款担保等也将支持商业项目开发并加快可再生化学品部门的发展。

尽管可再生化学品的发展前景不容置疑，但是可再生化学品市场在获得充分快速发展之前还需克服一些阻碍。其中包括政府对非可再生化学品的财政补贴远远高于当前对可再生化学品的补贴。虽然目前许多国家已经要求逐渐降低非可再生资源在 GDP 中所占的比例，但若要实现完全替代尚有相当长的路要走。例如，在多数国家，特别是许多发展中国家里，非可再生资源的使用仍然随着人均 GDP 的增长而持续增加。

该报告指出，欧洲和美国占据了全球可再生化学品的主要市场份额，在未来几年，亚太、中东、拉美的发展中国家预期将成为全球可再生化学品市场的主体。

行业内领先企业主要包括：美国阿彻丹尼尔斯米德兰公司（Archer Daniels Midland）、德国巴斯夫集团（BASF）、法国 Bioamber 公司、美国嘉吉公司（Cargill）、美国 NatureWorks 公司、美国雪佛龙公司（Chevron）、美国 Codexis 公司、美国陶氏化学公司（Dow Chemical）、美国杜邦公司（Dupont）、美国杰能科公司（Genencor）、美国 Metabolix 公司、丹麦诺维信集团（Novozymes）及美国 PureVision Technology 公司等。

6.4.1.1 美国嘉吉公司

美国嘉吉公司是世界上最大动物营养品和农产品制造商之一。总部设在美国明尼苏达州，创立于1865 年，经过百余年的经营，嘉吉已成为大宗农业、医药、生物材料商品贸易、加工、运输和风险管理的跨国集团公司。嘉吉除形成了相对完善的产业链条以外，还建立了较为全面的科研体系，公司及其旗下子公司均具有较强的自主研发能力，掌握了大量创新技术的知识产权。公司目前在 67 个国家拥有 143 000 名员工。2014 财年，嘉吉销售和其他收入为 1 349 亿美元，持续经营业务的盈利为 18.7 亿美元（Cargill Inc.，2014）。

2012 年 8 月，巴斯夫、嘉吉和诺维信公司宣布，他们将联合开发一种用可再生原料制备丙烯酸的技术。2013 年 7 月，联合团队展示了可生产丙烯酸的 3-羟基丙酸（3-HP）并进行了中试。2014 年 9 月 15 日，嘉吉、巴斯夫和诺维信 3 家公司宣布联合开发可再生资源生产丙烯酸技术再获突破，研发人员成功地将 3-HP 转换成冰晶级丙烯酸和高吸水性聚合物（SAP），三方已决定进一步扩大实验规模。2014 年，嘉吉公司新收购了美国和土耳其 2 家专业生物基产品的制造商，使其生物基产品的生产能力得以大幅提升（Cargill Inc.，2014）。

1）IPC 专利分类分布及变化趋势

本报告对专利权人为嘉吉公司公开的专利进行分析，发现该公司累积公开了 1088 项专利。从表 6-11 可以看出生物技术相关的 C12P（通过发酵或使用酶的方法合成目标化合物或组合物）、C12N（微生物或酶）是除 A23 食品加工类以外，授权数量较多的两类，说明该方向是该公司技术研发的重点，并且这两类皆是与生物基材料密切相关的分类。此外，A01H 的专利申请数量较多，此分类也与生物基材料的原料生产有关。A61K 专利申请数量排名第 4 位，说明医药健康类技术和产品也是该公司的重点研发方向。

表 6-11 嘉吉公司公开专利排名前 10 位的 IPC 分类

排名	IPC	数量	含义
1	A23L	306	不包含在 A21D 或 A23B 至 A23J 小类中的食品、食料或非酒精饮料；它们的制备或处理，如烹调、营养品质的改进、物理处理
2	C12P	137	发酵或使用酶的方法合成目标化合物或组合物或从外消旋混合物中分离旋光异构体
3	C12N	115	微生物或酶；其组合物
4	A61K	111	医用、牙科用或梳妆用的配制品
5	A23K	107	专门适用于动物的喂养饲料；其生产方法
6	C07C	99	无环或碳环化合物
7	A23G	91	可可；可可制品，如巧克力；可可或可可制品的代用品；糖食；口香糖；冰淇淋；其制备
8	A01H	89	新植物或获得新植物的方法；通过组织培养技术的植物再生
9	A23D	82	食用油或脂肪，如人造奶油、松酥油脂、烹饪用油
10	C07H	81	糖类；及其衍生物；核苷；核苷酸；核酸

从图 6-11 可以看出，从 2000 年以来，C12P 和 C12N 这两类专利的申请数量整体呈现上升态势，并在 2003 年前后达到峰值，说明公司在这一时间段内保持了较高的研究水平，而后保持较为平稳的发展态势。而传统产业如食品加工（A23L）、动物饮料（A23K）类专利则波动较小，总体趋于下降趋势，说明该公司的研究重点已经在向生物基产品相关的技术转移。

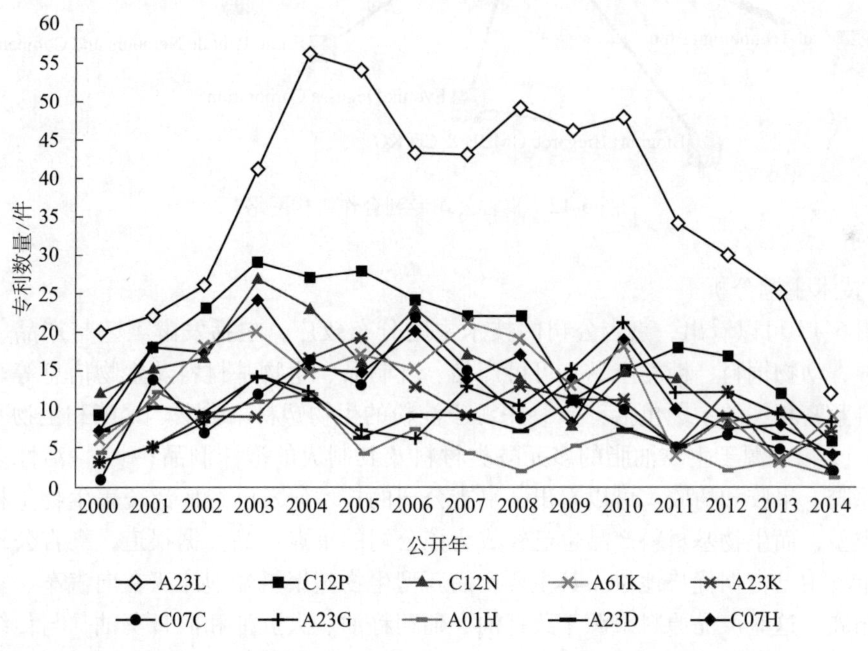

图 6-11 嘉吉公司申请专利的 IPC 分类号分布变化趋势

2）机构合作情况

作为全球四大粮食生产商之一，嘉吉公司与全球各国的企业建立了合作关系，通过世界各国的研发机构组建了高水平的技术研发团队。

嘉吉公司与拥有共同专利权最多的 15 家专利权人机构之间的合作情况如图 6-12 所示。从国家分布来看，排名前 15 位的机构的总部大多位于北美和欧洲区域，说明其主要的研发伙伴仍在发达国家。在这些机构中，除比利时荷语天主教鲁汶大学（University Katholieke Leuven）、美国匹兹堡州立大学（University Pittsburg Sate）为大学外，其余均为企业。其中，Elevance Renewable SCI 公司、德固赛公司（Degussa Corp oration）、拜奥格赫特·拜奥格瑞德两合公司（Bioghurt Biogarde Gmbh&Co KG）、杜邦公司（Du Pont De Nemours&Co EI）均是全球著名的化学品公司。排名第 3 位和第 16 位的 NatureWorks 公司和 Bioamber 公司则是两家全球领先的专业生物基材料公司，这也从一个侧面反映了嘉吉公司近年来的技术开发热点与发展趋势。

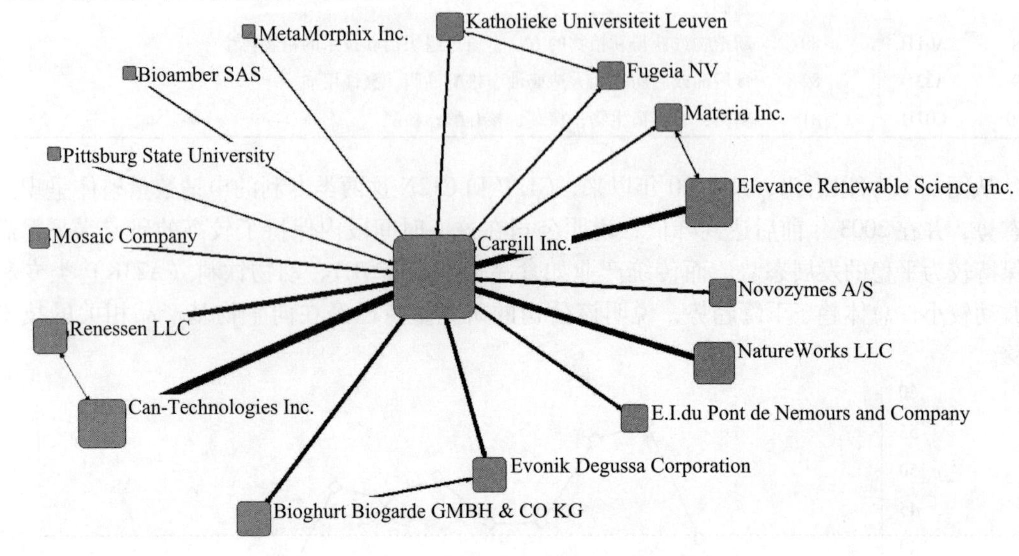

图 6-12　嘉吉公司专利合作机构网络

3）技术主题分析

由图 6-13 可以看出，嘉吉公司的技术主题分布较广，包括发酵工艺与产品、动植物遗传育种、动物饲料、糖类产品、可可产品、乳制品、生物基材料及生物信息等。而与生物基材料紧密相关的主题包括：[1] 来源于淀粉的生物塑料聚乳酸、聚酯和生物基化学品乙二醇；[2] 来源于生物油脂的多元醇类材料及其制成的泡沫制品；[3] 活性多糖类的材料黄原胶、果胶和树胶。可以看出，嘉吉公司的技术研发已经广泛覆盖生物基材料的几大重点类型，而生物基材料产品也已经成为该公司的重点产品。据报道，嘉吉公司在全球多元醇市场中已占据优势地位。其主要产品新型生物基聚氨酯泡沫正在向汽车、家具和装饰市场拓展。这些产品原料来源于菜籽油、葡萄籽油、大豆油和向日葵油，与传统石油基产品对比具有可持续发展能力强、可生物降解等优势。2011 年，Klaussner 家居公司与嘉吉公司合作，共同推出了一款用可再生材料制成的泡沫软垫。据该公司统计，生产床垫和家具产品时，使用 100 万磅的多元醇至少可以节省 92 000 加仑的石油。

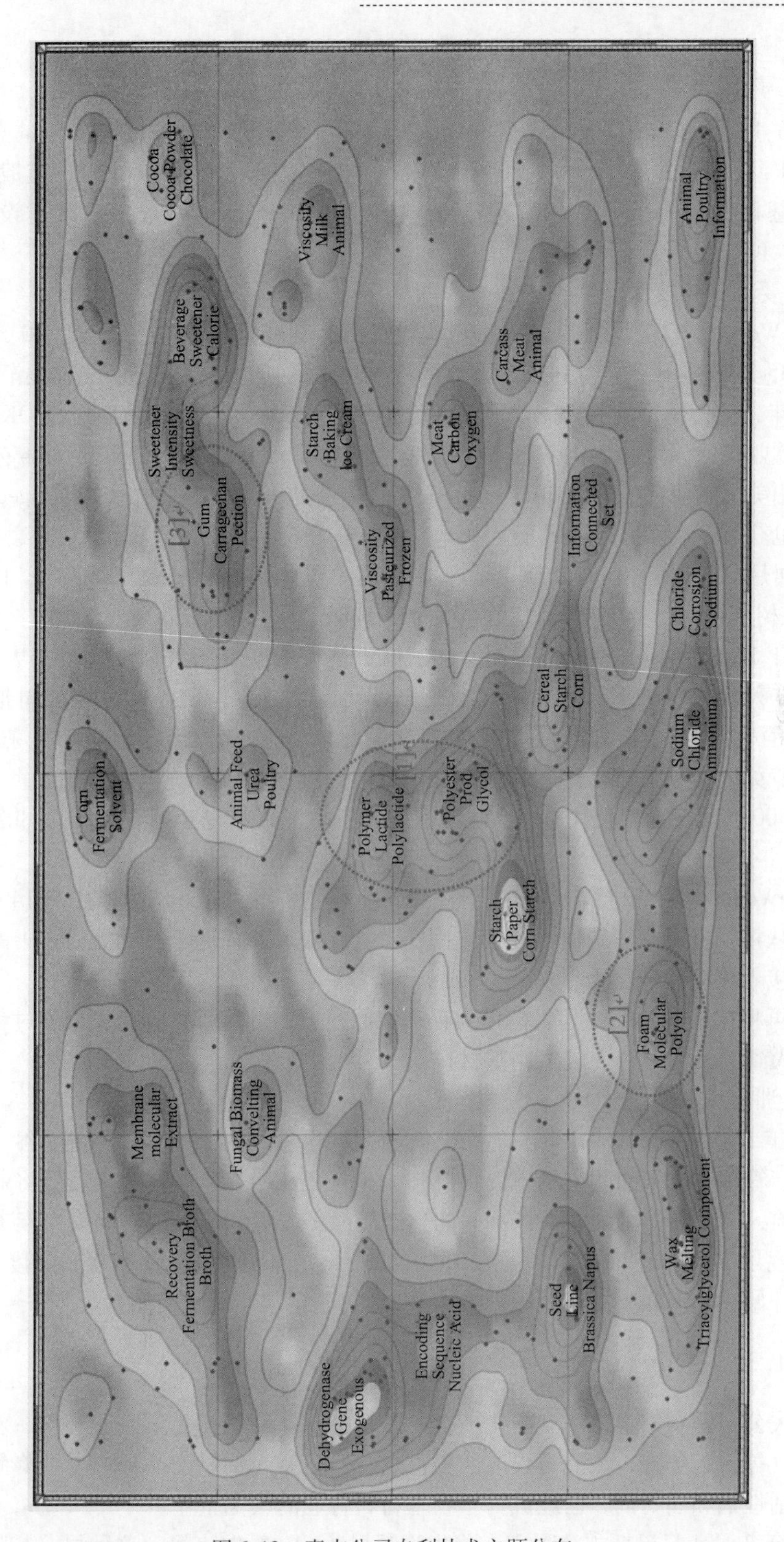

图 6-13 嘉吉公司专利技术主题分布

6.4.1.2 美国 NatureWorks 公司

从图 6-12 可以看出，NatureWorks 公司与嘉吉公司建立了非常密切的合作关系。NatureWorks 公司是由嘉吉公司和泰国 PTT 全球化工控股有限公司共同控股的一家独立的生物基材料专业企业。2003 年，公司在内布拉斯加州的布莱尔市建设全球首家利用 100% 可再生资源制造聚乳酸工厂。

1）主要产品与技术

NatureWorks 是目前世界上最大的 PLA 生产商，其聚乳酸年总产量已达 20 万吨，并准备扩产到 45 万吨，用于生产 Ingeo™聚乳酸纤维生产的切片产量和种类也在逐渐增加。

2011 年，该公司产品获得了比利时菲德福尔 Vincotte 颁发的首个四星级 OK biobase 标识，成为欧盟权威认可的生物基材料生产商。2014 年 3 月 11 日，NatureWorks 公司成为首批获准使用美国农业部的最新 BioPreferred 产品标签的 11 家公司之一，其 Ingeo 产品的生物基含量也获得了认可。Ingeo 可应用于多种行业和产品类别，包括包装品、电子产品、服装、家居用品、保健和个人护理产品、半耐用品及食品餐具行业。2012 年，以玉米为原料的 Ingeo 树脂销量已经突破 10 亿磅（约 45 万吨）。

2011 年 12 月，NatureWorks 公司参加了德班举行的联合国气候变化框架大会第 17 次全体缔约方大会（COP-17），成为气候变化行动组织的合作伙伴。据该公司报道，使用 Ingeo 制成消费产品的总销售量可减少的二氧化碳排放量相当于一辆汽车在美国行驶 312 708 697英里，节约的石化能源相当于 534 138 位美国居民一个月的用电量。目前，世界上已有 500 多家企业在使用 Ingeo 材料生产其产品，其中也包括很多国际知名品牌，如 Avianca 航空公司、Electrolux（伊莱克斯）、Henkel（汉高）和 NEC 等。

NatureWorks 生物基材料 100% 来源于可再生植物资源（NatureWorks，2014）：

（1）从植物资源中捕获通过光合作用在大气中获取并存储于植物淀粉粒中的碳元素；

（2）接着将淀粉转化为天然糖分；

（3）再将这些植物糖或葡聚糖作为唯一的原料，通过发酵、分离和聚合过程将碳和其他元素加入到天然糖中转变成生物基材料。

2）亚洲市场战略

2013 年 1 月，NatureWorks 公司宣布该公司将其首个亚太区总部设在曼谷，并增加了高级营销、管理和技术团队人员，以提升整个地区的 Ingeo 客户服务素质，将业务进一步拓展。目前，其建在美国内布拉斯加州的生产厂已经接近产能极限，而第二座工厂（选址泰国）的规划工作已进入最后阶段。2014 年 12 月，NatureWorks 宣布将和印度 Nature-Tec 公司一起开始在印度和周边亚洲国家推广 Ingeo 树脂包装用品的使用。

6.4.1.3 德国巴斯夫公司

巴斯夫公司是一家全球著名的化工企业。其主要产品包括化学品、塑料、农产品、原油、天然气等。近年来，该公司投入巨资重点开发新型生物基产品——生物降解聚酯、生物基表面活性剂和润滑剂，已经成为生物基材料行业的领先企业。

2010 年 7 月 4 日巴斯夫公司宣布将生物基尼龙 610 推向市场，这种尼龙 610 产品的合

成原料是己二胺和癸二酸，癸二酸从蓖麻油来制取。该公司已在德国路德维希港建成约1000吨/年的尼龙610的生产装置。2012年10月，巴斯夫及CSM旗下普拉克（Purac）成立了一家生产和销售生物基琥珀酸的合资企业Succinity GmbH，公司总部设于德国杜塞尔多夫，已于2013年正式投产。2013年11月，巴斯夫公司宣布第一次从可再生原材料商业化生产出生物基1，4-丁二醇（BDO），并将该产品交付客户进行测试和用于商业用途。该生产过程以葡萄糖作为可再生原料并使用美国Genomatica公司专利的发酵技术。巴斯夫还计划将其产品扩大至生物基BDO的聚合物，如聚四氢呋喃（PolyTHF）（石油商报，2013）。

6.4.2　中国生物基材料产业发展动态

生物产业作为战略新兴产业的重要板块，得到了我国政府的大力支持。2014年9月3日国家发改委下发通知，力推生物基材料应用，并支持生物基材料制品新商业模式（国家发展改革委办公厅，财政部办公厅，2014）。针对新兴生物基材料即将大规模爆发式增长的发展需求，培育一批拥有核心关键技术、创新能力强、具有国际竞争力的骨干企业，建设一批布局合理、结构优化、特色鲜明、产学研用有机结合、引领示范作用显著的产业集群。同时还要推动商业模式创新。充分发挥市场主体的积极性，推动要素整合和技术集成，统筹关键技术研发、创新成果产业化和市场培育，创新生物基材料在重点行业、重点区域、重点民生领域的示范应用商业模式，显著提升应用水平和应用规模。

6.4.2.1　生物塑料产能跻身世界前列

至2012年，全球生物聚合物产能约在100万～150万吨/年，预计2017年全球生物基聚合物产量将由2012年的140万吨升至620万吨。与其他国家相比，我国生物基材料产能最大、品种最多，2012年我国生物基聚合物产能为30万吨/年左右。

淀粉基塑料是目前技术最成熟、产业化规模最大、市场占有率最高的一种生物降解塑料，也是我国生物基聚合物产品的主要产品类型。目前我国淀粉基材料产能在2万吨/年以上。国内主要的生产厂家是武汉华丽、南京比澳格、天津丹海、广东上九等，其产品出口日本、韩国、马来西亚、澳大利亚、美国和欧盟各国。2013年，武汉华丽环保科技有限公司建成亚洲最大的生物塑料研发生产基地，达到年产10万吨淀粉基塑料的规模。

聚乳酸是全球应用最广的可降解生物基塑料，2012年中国PLA年产能达到2.5万～5.0万吨，其中产能最大的生产企业包括光华伟业、浙江海正等；同时，上海同杰良、江苏九鼎、吉林粮食集团收储经销有限公司等企业还有多个在建和拟建的聚乳酸生产线，因此我国有望在未来3～5年内成为聚乳酸生产及加工大国。有专家预测2020年之前世界聚乳酸需求量将达到1000万吨，这为我国乳酸行业提供了良好的发展空间。

聚羟基脂肪酸酯是目前最有发展前景的生物基塑料之一，其性能优良但生产工艺较复杂，目前处于市场起步阶段。其中，目前已经实现工业化生产的主要包括PHB和PHBV。经过几个五年计划攻关及国家自然科学基金的支持，我国在微生物合成可降解聚酯PHA领域已取得了重要进展，同时，我国具有雄厚的发酵产业基础，不需要重新建设发酵设备就能形成多种PHA产品的规模化生产，并能够进一步形成良好的产业链，PHA产业化种类和产量都处于国际领先地位。我国宁波天安和天津国韵生物材料有限公司分别拥有1万吨的PHA产能，深圳意可曼生物科技有限公司有5000吨的产能。随着未来下游应用的逐渐拓展，PHA的市场潜力巨大。

PBS的原料也可以经由生物质发酵获取，已成为可推广应用的完全生物降解塑料研究的热点材料之一。当前，PBS产业面临的发展瓶颈主要是相对于巨大需求之下的有限产能。我国PBS生产企业主要有金发科技、鑫富药业、和兴化工等，三大企业合计产能达6万吨/年，占中国PBS总产能的50%以上。2013年6月，山东汇盈公司采用中国科学院一步法聚合专利技术建设的2万吨/年PBS装置正式投产，形成2.5万吨PBS的年产能，成为全球最大的PBS生产基地。

此外，近年来，PCL、二氧化碳共聚物（PPC）等新型生物聚合物正在迅速发展，正在改变以变形淀粉塑料为主体的生物基材料产业格局。目前我国的PCL生产企业主要有光华伟业实业有限公司和深圳市易生新材料有限公司，年产能约数百吨。国内实现二氧化碳共聚物工业化生产的企业主要包括内蒙古蒙西集团公司、江苏中科金龙和河南天冠集团，预计到2015年国内产能将达到30万吨/年，成为重要的生物降解塑料新品种。我国部分生物基材料企业2013年的产能如表6-12所示。

表6-12 部分生物基聚合物生产能力概况

	生产公司	生产能力/（吨/年）
淀粉基塑料	武汉华丽环保科技有限公司	70 000，二期100 000
	南京比澳格环保材料有限公司	30 000～50 000
	天津丹海股份有限公司	30 000
	广东上九生物降解塑料有限公司	10 000
	浙江华发生态科技有限公司	10 000
	成都新柯力化工科技有限公司	3 000
PLA	深圳市光华伟业实业有限公司	万吨级
	浙江海正生物材料股份有限公司	5 000，50 000待建
	吉林粮食集团收储经销有限公司	50 000待建
	江苏九鼎新材料股份有限公司	20 000待建
	上海同杰良生物材料有限公司	10 000待建
	常熟市长江化纤有限公司	10 000待建
PHA	宁波天安生物材料有限公司	10 000
	天津国韵生物材料有限公司	10 000
	深圳市意可曼科技有限公司	5 000，二期75 000
PBS	山东汇盈新材料科技有限公司	25 000
	广州金发科技股份有限公司	30 000（PBSA）
	杭州鑫富药业有限公司	20 000
	安徽安庆和兴化工公司	10 000
PCL	深圳市光华伟业实业有限公司	百吨级
	深圳市易生新材料有限公司	百吨级
PPC	内蒙古蒙西高新技术集团公司	3 000
	江苏中科金龙化工股份有限公司	万吨级
	河南天冠集团	万吨级

6.4.2.2 发展生物基材料生产技术

在产业产能迅速增长的同时，我国生物基材料生产技术也在得到快速发展。2014 年 10 月，中国科学院青岛生物能源与过程研究所生物基及仿生高分子团队成功开发出新型聚氨酯水凝胶，不仅吸水能力强，而且具有较高的机械强度，可广泛应用于荒漠化治理、边坡生态防护、水土流失防治等领域，使这种一直以来由日本垄断的凝胶材料首次实现了国产化，而且通过工艺简化，与进口材料 60 000 元/吨的价格相比，该材料的成本价大约降低了 30%（青岛财经日报，2014）。

2015 年 1 月 6 日，中国科学院长春应用化学研究所与浙江海正集团联合攻关的年产 5 万吨聚乳酸产业链项目，近日由海正集团下属浙江海诺尔公司在台州正式开工建设。建成后，这一项目将成为亚洲最大的聚乳酸生产基地。该项目的规划建设，将有效引领我国生物医药产业转型升级，推动生物新材料产业再上新台阶。该项目总投资 9.5 亿元，占地面积 313 亩[①]，建设期为 18 个月，投产后可形成年均销售额 16.5 亿元，年均利税 4 亿元。预计两年之后能够实现正式投产，建成后将成为亚洲最大的聚乳酸材料及下游制品配套齐全的产业园区（中国科学院，2015）。

生物基乙烯是生产聚乙烯材料的单体原料。随着可再生能源成为燃料生产的主要焦点，现在乙醇脱氢转化为乙烯工艺、Atol 的乙醇转化制乙烯工艺等新的生物基乙烯技术正在发展。2014 年 4 月 29 日，受国家发展和改革委员会委托，中国石化组织专家对上海石油化工研究院、四川维尼纶厂和南京工业大学共同承担的“1 万吨/年生物基乙烯高技术产业化示范工程”项目进行了验收（中国石化新闻网，2014）。该项目在高性能催化剂、绝热床反应器、精制分离、能量综合利用等关键技术方面取得了较大突破，乙醇单程转化率达 99%，乙烯选择性达 99%。精馏后乙烯质量达到聚合级的要求。

2014 年 2 月，江苏洁净环境科技有限公司和捷克共和国纳菲盖特（Nafigate）公司在北京签订合作协议，将捷克布尔诺科技大学（Brno University of Technology）Ivana Marova 教授团队开发的 Hydal 技术实现商用化（苏州市政府，2014）。利用 Hydal 技术将废弃的食用油（地沟油）通过发酵转化为聚羟基脂肪酸酯生物聚合物。目前，两公司正联合建设中试线，并同时建设首个大型工厂。该技术之前已经通过了半中试规模的检验。项目正式投产后，预计一年能生产 PHA1.5 万吨，产值约合人民币 5.2 亿元。1 吨地沟油可转化生成 0.6 吨 PHA，与利用地沟油生产生物柴油相比，每吨地沟油产生的经济效益提高了 1.2 万元左右，还可创造更大的社会价值。

6.4.2.3 建设生物基材料产业化集群

2014 年 9 月，国家发展和改革委员会发文支持生物基材料制品的新商业模式（国家发展和改革委员会办公厅，财政部办公厅，2014）。围绕新型生物基材料产业化和生物质资源的循环利用，支持生物基新材料、新工艺集中开展产业化示范，构建具有竞争优势的产业链。同时鼓励产业集聚区提供公共服务，创造良好的创新创业平台，培育壮大特色产

① 1 亩≈666.7 平方米。

业集群。

2014 年 12 月 16 日，山东省发展和改革委员会宣布山东省申报的潍坊市生物基材料产业化集群建设实施方案成功获批（山东省发展和改革委员会，2014）。潍坊市生物基材料产业化集群建设依托多家当地企业，实现聚丁二酸丁二酯、聚乳酸、生物基热塑复合材料、海洋生物基纤维材料等产业链建设，开展生物基材料及其应用创新公共服务平台建设和生物基材料产业研用配套体系建设，建成以寿光为核心区的潍坊生物基材料产业集群，年产 50 万吨生物基材料。同时开展非粮原料生物法 12 万吨/年琥珀酸及生物基产品 PBS 项目、10 万吨/年乳酸及 5 万吨/年聚乳酸项目、6 万吨/年生物质热塑复合材料项目、2 万吨/生物基 PBS 系列产品示范应用项目、3 万吨/年溶剂法纤维素纤维项目、年产 200 万份海洋生物基壳聚糖纤维止血材料项目等重点项目，建设期 3 年。

2014 年 12 月，长春获批国家生物基材料制品应用示范城市，开始实施《生物基材料制品应用示范实施方案》。方案项目总投资 10.58 亿元，国家计划补助资金 7 000 万元，2014 年安排 2 800 万元。重点项目包括：中粮生化有限公司计划投资 8.51 亿元的 3 万吨聚乳酸制品项目；长春必可成生物材料有限公司计划投资 1.74 亿元的 6 万吨生物质热塑复合材料及制品项目；长春盛达生物材料有限公司计划投资 2 200 万元的万吨级生物基全降解塑料包装膜专用料改性及制品项目；长春雷冠环保塑料制品有限公司计划投资 1 100 万元的 700 吨降解塑料制品项目（中国吉林网，2014）。

6.5 总结与建议

近年来，随着相关技术的不断进步和市场潜力的深入挖掘，生物基材料产业得以迅猛发展。本报告通过定性调研的方法分析了生物基材料科技先进国家与地区，包括欧盟、美国、英国和我国的科技研发现状，结合对生物基材料研究的论文和专利定量分析，发现以下几个特点。

（1）从论文发表和引用情况可以看出，中国的生物基材料 SCI 论文发表数量已经处于世界先进行列。所选的 3 类材料的 SCI 论文发表数量均位于世界前列。其中，中国发表的聚乳酸和黄原胶的相关 SCI 论文数量最多，大豆蛋白相关 SCI 论文数量也仅次于美国排在第 2 位，且数量均保持每年递增的趋势。高被引论文分析结果表明，我国发表论文的篇均被引次数和高被引论文占比与美欧发达国家相比仍有一定的差距，说明我国学术研究水平仍有待进一步提高。

（2）从机构分析结果可以看出，3 种材料的世界重点机构前 10 位中都有中国的学术机构出现，说明中国研究机构已经形成了一定的研究实力。其中，中国科学院在聚乳酸研究机构中排名第 1，论文数量和总被引次数最多，篇均被引次数达到 6.6 次，展示出较高的学术影响力。此外，中国科学院近年来加强了与国内和国内机构的学术交流与合作，与国外领先研究机构如美国国家研究中心、加利福尼亚大学、新加坡国立大学，以及国内领先机构上海交通大学、复旦大学等都建立了较为密切的合作关系。

（3）通过关键词分析，结合文献调研结果可以看出，该领域的研发热点集中在化学与物理改性、聚合物制备工艺、生物酶与催化剂筛选等研究方向。其中，很多为交叉学科，说明该领域科研发展与其他领域如化工、医学和生物工程学科技进步密切相关。近年来出现的高频词汇数量众多，说明涌现了许多新兴的研究方向和热点，也说明该领域研究具有较高的活跃性。

（4）对生物基材料科技重点企业嘉吉公司专利的分析结果可以看出，近年来生物基材料相关主题已经成为该公司研发热点。2000 年以来，粮农产品和食品加工类 A23L、A23G 类的专利数量排名分列第 1 位和第 7 位，生物技术类 C12P 和 C12N 专利数量排在总体数量第 2 位和第 3 位，化学类 C07C 和 C07L 的专利数量排名第 6 位和第 10 位，而医药类 A61K 的数量排名第 4 位。这说明该公司除在传统农业领域占据技术优势外，生物技术、化工产品和医药技术开发也成为该公司的技术研发重点领域。从专利技术主题分析结果可以看出，生物塑料、多元醇、黄原胶及树胶等生物基材料科技都是该公司的研发热点。从该公司的近年来专利的合作伙伴多为生物技术和化工公司也能看出，该公司的研发重心正在向生物和化学产品方向转移。

随着生物基材料工艺的改进，成本下降，越来越多的产品已经走向市场，进入到人们的生活当中。从上述文献调研和计量分析结果可以看出，生物基材料产品的研发主要集中在生物高效发酵和转化过程技术，可再生原料的加工、处理，生物基材料性能的提升等几个方向。其中，生物基材料原材料已经向非粮食作物发展，而高效发酵菌株和酶筛选、材料机械和热化学性能的改良等则成为材料研究的重要前沿热点。新理论和方法的研发主体仍为大学高校，而对技术改良利用的主体则集中在企业。我国近年来的研发重心与热点基本与国际保持同步，并在某些领域已经取得了许多世界领先的研究成果。同时，我国生物基材料产业已经进入了快速发展阶段。许多新型的生物基材料产业基地和集群正在建设当中，而国内企业的产能也在日益增长，许多产品已经达到世界前列的水平。同时，我们也要看到我国的产业总体规模和研究水平与发达国家仍有较大的差距。

（1）核心技术和知识产权缺乏，关键原料受制于国外。虽然我国生物基材料单项的研究成果很多，但与发达国家的论文引用次数和高被引论文数量比例相比还是有一定差距，可以看出我国相关学科的影响力还有待进一步提高。同时，原料 1，3-丙二醇、丙交酯等还依赖于进口。而对于非粮食丁二酸、乳酸等核心菌种技术也滞后于国际水平（马延和，2013）。

（2）产品缺乏标准，政策激励力度有待进一步加强。近年来，欧美等国纷纷制定绿色工艺和产品新标准，以政府补贴、优先采购、绿色标签等方式促进生物基相关产业的发展。而中国这方面的标准制定还较为薄弱，相关配套政策还未到位。

（3）产业链建设力度不够，产业布局分散零散，未形成整体优势。近年来，山东、江浙多地在国家政策支持下开始建立生物基材料产业基地，这将有利于我国产业形成规模优势，提升地区竞争力。

根据前文的分析，对我国生物基材料未来发展提出以下建议。

（1）应该加强生物基材料科技相关政策支持力度，促进我国生物基材料的基础研究水平的进一步提升，激励自主知识产权技术的研发，形成自主创新与持续发展的能力；形成生物塑料、纤维、橡胶等成型改性和应用评价的创新体系；加快生物基材料科研成果的转化，大幅提升企业研发能力。

（2）加强生物塑料、生化纤维、木塑材料单体及聚合物的产业化关键技术的开发。在提升生产效率的同时着重降低生产成本和生产能耗，使我国产品具备更强的市场竞争力。进一步提升生物基材料的各项性能，使其能满足工农业生产、居民生活的各种特殊需求。

（3）加强产业战略布局设计，建设大型生产基地。推出原料保障到产品销售各个环节的优惠政策，使生物基材料产业能在优良的环境中成长；同时利用生物基产品多数可降解、生物相溶性好的特点，大力推广生物基产品在日用品、服装、医疗、包装和农业中的应用。

（4）以生物基材料的规模化应用为导向，推动生物基材料产业的技术革新、规模化、产业链协调发展，突破生物基材料发展的“瓶颈性”限制因素，大幅提高生物基材料的经济竞争力与规模化应用水平，是我国生物基材料产业发展的主要任务。

致谢：清华大学陈国强教授、江苏大学孙建中教授和中国科学院微生物研究所于波副研究员等专家对本报告初稿进行了审阅，并提出了宝贵修改意见，谨致谢忱！

参考文献

陈晓佩，张丽，顾夕梅，等. 2014. 米根霉无载体固定化发酵产 L-乳酸. 林产化学与工程，34（5）：127-132.

陈佑宁，樊国栋，张知侠，等. 2009. 聚乳酸的合成和改性研究进展. 科技导报，27（17）：106-110.

董团瑞，叶文婷，陈亚芍. 2010. 微波辐射法合成 L-聚乳酸. 陕西师范大学学报（自然科学版），38（2）：50-53.

付文，王丽，刘安华，等. 2010. 木塑复合材料改性研究进展. 高分子通报 3：61-65.

高颖，李成良，薛杰. 2014. 低密度聚乙烯/聚乳酸共混物性能的研究. 工程塑料应用，42（4）：19-22.

国家发展和改革委员会办公厅，财政部办公厅. 2014-09-03. 国家发展改革委办公厅 财政部办公厅关于组织实施 2014 年生物基材料专项的通知. http：//www.sdpc.gov.cn/gzdt/201409/t20140903_624821.html.

国家发展和改革委员会办公厅. 2007-12-11. 关于请组织申报生物基材料高技术产业化专项的通知. http：//giss.ndrc.gov.cn/xxingcv/xmxx/200712/t20071218-179581.html.

国家发展和改革委员会. 2014-09-04. 发改委发文力推生物基材料应用. http：//news.xinhuanet.com/fortune/2014-09/04/c_126953531.htm.

国务院. 2012-12-29. 国务院关于印发生物产业发展规划的通知. http：//www.gov.cn/zwgk/2013-01/06/content_2305639.htm.

国务院. 2012-07-20. 国务院关于印发“十二五”国家战略性新兴产业发展规划的通知. http：//www.gov.cn/zwgk/2012-07/20/content_2187770.htm.

何静，戴林，李丹，等. 2013. 纤维素接枝聚乳酸的制备及其降解性研究. 北京林业大学学报，36（2）：139-144.

黄霞，郑元锁，高积强，等. 2007. 生物降解氨酸衍生聚合物的研究进展. 化工新型材料，35（1）：22-25.

科学技术部. 2012-09-05. 科技部关于印发高性能膜材料科技发展“十二五”专项规划的通知. http：//

www. most. gov. cn/tztg/201209/t20120905_ 96614. htm.
李珊珊，陈晓松，张枝苗 . 2014. 高填充木塑复合材料耐化学腐蚀性研究塑料科技 . 塑料科技，42（11）：39-42.
李增生，张庆，徐世艾 . 2009. 搅拌和溶氧对黄原胶发酵的影响 . 食品科学，30（17）：253-257.
马延和 . 2013. 2013 工业生物技术发展报告 . 北京：科学出版社：3-9.
青岛财经日报 . 2014-10-11. 青能所实现新型聚氨酯“国产化”. http：//epaper. qdcaijing. com/cjrb/html/2014-10/11/content_ 181363. htm.
沙桐，王豪，韩丰，等 . 2014. 聚乳酸的合成与改性研究进展 . 化工管理，3：242-243.
山东省发展和改革委员会 . 2014-11-12. 潍坊市生物基材料产业化集群建设实施方案获得国家批复 . http：//www. sdfgw. gov. cn/art/2014/11/12/art_ 229_ 113575. html.
石晓，豆康宁 . 2014. 木瓜蛋白酶水解大豆蛋白的工艺优化研究 . 粮油食品科技，22（5）：80-83.
石油商报 . 2013-12-12. 巴斯夫首次商业化生产生物基丁二醇 . http：//www. pbnews. com. cn/system/2013/12/12/001462491. shtml.
苏州市政府 . 2014-06-11. “捷克技术中国中心”落户苏州 . http：//www. suzhou. gov. cn/news/bmdt_ 991/201406/t20140611_ 393626. shtml.
孙康，吴人洁 . 2004. 改性甲壳素纤维增强聚乳酸复合材料及其制备方法：中国，1488673.
谭天伟，苏海佳，杨晶 . 2012. 生物式材料产业化进展 . 中国材料进展，31（2）：1-6.
王义强，王启业，马国辉，等 . 2014. 戊糖乳杆菌发酵产乳酸及高产菌株诱变选育 . 生物技术通报，11：179-186.
于波，曾艳，姜旭，等 . 2013. 聚合级 L-乳酸的非粮生物质发酵研究进展 . 生物工程学报，29（4）：411-421.
张民，秦培军，刘丁玉 . 2011. 大豆分离蛋白成膜工艺优化 . 现代食品科技，27（1）：404-407，494.
张晓强 . 2013. 中国生物产业发展报告 2012. 北京：化学工业出版社：273.
赵丽娟，凌沛学 . 2014. 黄原胶生产工艺研究概况 . 食品与药品，16（1）：55-57.
郑环宇，张丽丽，董雅丽，等 . 2014. 纳米微粒对大豆蛋白胶粘剂性能的影响 . 大豆科技，22（5）：29-34.
中国纺织报网络版 . 2014-01-03. 生物基材料发展方案通过评审 . http：//paper. ctn1986. com/fzb/html/2014-01/03/content_ 450401. htm.
中国吉林网 . 2014-12-05. 推进生物基材料产业发展 . http：//www. chinajilin. com. cn/jlnews/content/2014-12/05/content_ 3471560. htm.
中国科学院 . 2015-01-12. 长春应化所攻关项目结硕果 . http：//www. cas. cn/cm/201501/t20150112_ 4297209. shtml.
中国石化新闻网 . 2014-05-06. 川维厂生物基乙烯产业化项目通过验收 . http：//www. sinopecnews. com. cn/b2b/content/2014-05/06/content_ 1403486. shtml.
朱大恒，张可可，陈彦好，等 . 2014. 乳杆菌发酵烟梗制备生物塑料前体物 L-乳酸的研究 . 烟草农学，8：78-81.
邹文中，温其标，杨晓泉，等 . 2014a. 十二烷基硫酸钠改性大豆蛋白塑料的性能和结构 . 粮食与饲料工业，6：35-38.
邹文中，温其标，杨晓泉，等 . 2014b. 大豆蛋白/高直链淀粉共混物的制备和表征 . 塑料科技，42（6）：80-84.
邹文中，温其标，杨晓泉，等 . 2014c. 大豆蛋白/谷朊粉复合材料的结构和性能 . 现代食品科技，30（3）：7-12.

Achmad F, Yamane K, Quan S, et al. 2009. Synthesis of polylactic acid by direct polycondensation under vacuum without catalysts, solvents and initiators. Original Research Article Chemical Engineering Journal, 151 (1/2/3): 342-350.

BBEU. 2014-01-27. EU Research Project "Nano3Bio" Kicks off. http://www.bbeu.org/sites/default/files/Press% 20release% 20kick-off% 20Nano3Bio.pdf.

BBI. 2014-08-01. EU-industry Partnerships Seek Innovation Boost with First € 1 Billion for Projects. http://www.bbi-europe.eu/news/eu-and-industry-partners-launch-% E2% 82% AC37-billion-investments-renewable-bio-based-economy. .

BBSRC. 2014-02-13. Biome Bioplastics attends the launch of the industrial Biotechnology Catalyst programme. http://www.biomebioplastics.com/ib-catalyst-launch/.

Biodiesel Manazine. 2012-04-06. Global Soy Chemicals Market to Reach $13 Billion by 2017. http://www.biodieselmagazine.com/articles/8426/global-soy-chemicals-market-to-reach-13-billion-by-2017 .

Cargill Inc. 2014-08-20. Cargill 2014 Annual Report-Delive Cargill at Work in the Global food System. http://www.cargill.com/wcm/groups/internal/@ccom/documents/document/na31674913.pdf.

de Sousa Costa L A , Campos M I, Druzian J I, et al. 2014. Biosynthesis of xanthan gum from fermenting shrimp shell: yield and apparent viscosity. International Journal of Polymer Science, (2014): 1-8.

DOE. 2014-02-12. Energy Department Announces $12 Million for Technologies to Produce Renewable Carbon Fiber from Biomass. http://energy.gov/eere/articles/energy-department-announces-12-million-technologies-produce-renewable-carbon-fiber.

El-Shekeil Y A, Sapuan S M, Abdan K, et al. 2012. Influence of fiber content on the mechanical and thermal properties of Kenaf fiber reinforced thermoplastic polyurethane composites. Materials and Design, (40): 299-303.

EPSRC. 2014-06-01. UK Research Pines for Bioplastic Project. http: www.prw.com/subscriber/headlines2.html?id=4429.

EU. 2014-03-04. Biochemicals for the Industry. http://www.plasteurope.com/news/BIOCHEMICALS_ t227688 html.

Global Industry Analysts Inc. 2011-10-19. Global Renewable Chemicals Market to Reach US $76.8 Billion by 2017. http://www.biofuelsdigest.com/bdigest/2011/10/19/rencwable-chemicals-us76-8-billion-by-the-year-2017-says-report.

Gunasekar V, Reshma K R , Treesa G, et al. 2014. Xanthan from sulphuric acid treated tapioca pulp: influence of acid concentration on xanthan fermentation. Carbohydrate Polymers, 102: 669-673.

Gupta A S, Lopina S T. 2005. Properties of l-tyrosine based polyphosphates pertinent to potential biomaterial applications original. Polymer, 46 (7): 2133-2140.

Gupta A S, Lopina S T. 2004. Synthesis and characterization of l-tyrosine based novel polyphosphates for potential biomaterial applications original research. Polymer, 45 (18): 4653-4662.

Kumar P, Sandeep K P, Alavi S, et al. 2010. Preparation and characterization of bio-nanocomposite films based on soy protein isolate and montmorillonite using melt extrusion . Journal of Food Engineering, 100: 480-489.

Lee J E, Kim K M. 2010. Characteristics of soy protein isolate-montmorillonite composite films. Journal of Applied Polymer Science, 118 (4) : 2257-2263.

Madzingaidzo L, Danner H, Braun R. 2002. Process development and optimization of lactic acid purification using electrodialysis. J. Biotechnol, 96 (3): 223-239.

Mestresl C, Boungoul O, Akissoë N, et al. 2000. Comparision of the expansion ability of fermented maize flour and cassava starch during baking. J. Sci. Food Agr. , 80 (6): 665-672.

NatureWorks. 2014-12-28. NatureWorks LLC Backgrounder. http: //www. natureworksllc. com/ ~/media/News_ and_ Events/Press_ Kit/NatureWorks-LLC-Background_ pdf.

Nguyen C M, Choi G J, Choi Y H, et al. 2013. D- and L-lactic acid production from fresh sweet potato through simultaneous saccharification and fermentation. Biochemical Engineering Journal, 81 (15): 40-46.

Nykänen V P S, Härköneno, Nykänen A, et al. 2014. An efficient and stable star-shaped plasticizer for starch: cyclic phosphazene with hydrogen bonding aminoethoxy ethanol side chains. Green Chemistry, 16 (9): 4339-4350.

Pednekar M, Das A K, Rajalakshmi V, et al. 2010. Radiation processing and functional properties of soybean. Radiation Physics and Chemistry, 79: 491-494.

Qin J Y. 2009. Non-sterilized fermentative production of polymer-grade L-lactic acid by a newly isolated thermophilic strain Bacillus sp 2-6. PLoS ONE. 4 (2): e4359.

Sarethy I P, Saxena Y, Kapoor A, et al. 2011. Alkaliphilic bacteria: applications in industrial biotechnology. J. Ind. Microbiol Biotechnol, 38 (7): 769-790.

Soccol C R, Stonoga V I, Raimbault M. Production of L-lactic acid by Rhizopus species. Microbiology and Biotechnology, 10: 433-435.

Su F, Yu B, Sun J B, et al. 2011. Genome sequence of the thermophilic strain bacillus coagulans 2-6, an efficeint producer of high-optical-purity L-lactic acid . Journal of Bacteriology, 193 (17): 4563-4564.

Suppakarn N, Jarukumjorn K. 2009. Mechanical properties and flammability of sisal/PP composites: effect of flame retardant type and content. Composites: Part B, 40 (7): 613-618.

USDA. 2014-02-26. 2014 Farm Bill Provides New and Expanded Funding for Section 9003 Biorefinery Assistance Program. http: //www. wsgr. com/WSGR/Display. aspx? SectionName = publications/PDFSearch/wsgralert-section-9003-0214. htm .

USDA. 2014-10-17. Why Biobased? http: //www. biopreferred. gov/files/WhyBiobased. pdf.

Wang L M, Cai Y M, Zhu L F , et al. 2014. Major role of NAD-dependent lactate dehydrogenases in the production of L-lactic acid with high optical purity by the thermophile Bacillus coagulans. Applied and Environmental Microbiology, 80 (23): 7134-7141.

7　城市化研究国际发展态势分析

王　宝　张志强　李恒吉　熊永兰

（中国科学院兰州文献情报中心）

摘　要　当前，人类经济社会活动空间分布格局已经进入以城市为主体的时代。在全球化、信息化、市场化、分权化及发展的可持续化等多种趋势的交汇与碰撞下，世界各地的城市发展正在发生着广泛而深远的变化，呈现出聚集与扩散并存、城市更新步伐加快、动力机制现代化、城市发展个性化和生态化等“新型”城镇化的发展趋势。在此背景下，我国作为最大的发展中国家，已经成为全球城市化的主要引擎之一，正经历着日益严峻的可持续性挑战。伴随城市化进程的快速推进和可持续发展意识的日益觉醒，城市化议题已被普遍认为是影响我国实现可持续发展目标的关键因素。因此，有必要正确把握城市化发展规律，总结发达国家城市化的成功经验，推进我国城市化健康发展。本报告从国际上有关城市化研究的重要计划与战略对策入手，研读与分析相关的研究报告和学术论文，结合文献计量分析方法，对城市化研究的发展态势、发展规律、阶段特征、影响因素及发展趋势进行分析、阐述，并结合我国城市化发展现状，为新型城镇化发展战略的有效实施提出科学建议。

从文献计量角度来看，从20世纪90年代以来，关于城市化方面的研究论文呈现快速增长趋势，特别是2005～2014年呈高速增长趋势，美国、中国、英国、澳大利亚、加拿大、印度及其他主要欧洲国家发文量较多，在一定程度上反映出这些国家的研究活跃度较高；城市化、土地利用、气候变化、城市、水质等是多数国家均比较关注的方面；大学是城市化研究的主体，研究主题主要集中于城市化、土地利用、中国城市化等方面；研究的领域涉及最多的是环境科学和生态学，其次是地理学、城市研究、水资源、地球科学及多学科研究、经济学等。从年度主题变化来看，1991～2013年，城市化、土地利用、中国、气候变化、城市、地理信息系统（GIS）、水质等研究主题增长变化明显，沉积物、农业、污染、鸟类、城市热岛效应等研究主题年度变化程度不大。从国家和机构之间的合作情况来看，美国、中国、英国、德国等与其他国家之间的合作研究比较广泛，中国科学院、马里兰大学、美国国家环境保护局、亚利桑那州立大学、美国地质调查局、佐治亚大学等与其他机构之间的合作研究较为频繁。

基于文献计量分析结果，结合国际上重要的城市化研究报告（《世界城市状况报告》《世界城镇化展望报告》《全球人类住区报告》）、重要计划（城市化与全球环境变化、

可持续城市发展计划、城市可持续发展集成创新研究资助计划、城市中国研究计划、城市健康与福祉计划)、发展战略("美国2050"空间战略规划、大伦敦空间发展战略、大芝加哥都市区2040区域框架规划、纽约2030规划)、国际重要城市行动组织(世界城市论坛、世界城市运动、全球市长论坛)及国际机构和组织关于中国城市化的研究报告(《中国：推进高效、包容、可持续的城镇化》《中国城市化的战略选择：主要研究结果》)等，本报告梳理归纳了城市化研究的4个热点领域，即可持续性城市发展、智能增长、城市资源风险管理、大都市区发展与治理、生态城市建设。

针对我国城市化研究的现状，建议：重视可持续的城市规划研究；加强实现城市精明增长的系统策略的研究；加强城市洪灾问题的管理研究；强化城市化的多学科与跨学科综合研究；加强城市化政策的研究。

关键词　城市化　城市规划　可持续发展　文献计量　研究前沿

7.1　引言

城市化是人口集聚、经济集聚的一种社会现象，是人类经济社会发展从农业文明、农业社会进入工业文明、工业社会的一种重要经济社会现象，是人类社会发展进入现代社会的主要表现形式。

现代意义上的城市化是随着工业革命而启动和发展的，是社会大生产的必然趋势。

城市的迅猛"长大"，正成为我国城市化进程的一个突出特征。从世界范围看，在国家从低收入转向较高收入水平的进程中，城市化是快速的收入增长和工业化的主要推动因素。因此，从较为广阔的角度和多学科领域去研究城市化的发展模式、趋势及可能带来的一系列问题显得至关重要。自1978年改革开放，尤其是进入21世纪以来，我国城市化高速发展，取得了其他国家无法比拟的辉煌成就。城镇化的发展不但保障和促进了我国大规模的工业化，还推动了我国经济走向世界，城镇居民生活得以大幅改善。但我国的城市化进程也暴露出越来越多的问题，城市发展面临速度相对过快虚高、产业升级缓慢、资源环境恶化、社会矛盾增多及可能落入"中等收入陷阱"等一系列新的挑战。另外，城市化过程中出现城市规划落后与城市结构畸形发展、城市规模恶性扩张(大量占用城市周边优质耕地资源，城市集约度不高)、城市交通排水等公共基础设施建设严重滞后、城市综合社会管理水平和社会公共服务水平不高、农民大量进城务工与市民化过程缓慢、社会治安恶化、城乡二元结构进一步凸显、城市资源环境承载力严重赤字等一系列严重的不和谐、不稳定等现象。

经济全球化正在深刻而全面地作用于城市化，在这样一个独特的时代，信息化城市、多中心大都市区、分裂的城市空间成为城市化的新特征。城市化研究的常规模型、经典理论越来越难以解释发达国家城市的景观及发展中国家城市化的过度城市化(overurbanization)过程和现象。诺克斯和迈克卡斯(Knox，McCarthy，2005)认为，城市化不仅包括城市和乡镇居住、工作人口的数量的增加，也是被一系列紧密联系的变化过程所推动的经济、人口、政治、文化、科技、环境和社会等的变化。城市化既受地理条件和自然资源的影响，同时也引起土地利用模式、社会生态学、建筑环境和城市生活方式的改变。总的来讲，目前全球城市化研究的关键问题主要集中正在以下 4 个方面：①城市化发展过程模拟和典型城市综合地理信息系统与动态演化；②城市化动力机制分析和不同情景预测的参数设定；③城市化过程中人口、产业、建设用地空间演变过程及其与资源环境的耦合作用机理；④城市化空间形态与区域资源环境因子的相互作用机理。政府决策、法律的变更、城市规划和城市管理可能最终解决城市化问题，各种因素轮流影响社会动态平衡，最终推动全面的城市化进程。

我国快速发展的城市化阶段，伴随着巨型城市的增长，要求我们必须从多维度视角关注社会、经济、人口、政治、文化、环境、技术和公共政策等进程与我国城市化结合研究。我国政府部门也已经致力于推进城市化进程的工作。党的十八大提出应突出注重质量、发展集约、智能、绿色、低碳的新型城镇化。2013 年 12 月召开的中央城镇化工作会议，在全面分析城镇化发展形势的基础上，制定了推进新型城镇化的指导思想、主要目标、基本原则、重点任务。并于 2014 年 3 月正式印发了《国家新型城镇化规划（2014－2020 年)》(国务院，2014)，明确了有序推进农业转移人口市民化、城镇化格局更加优化、城市发展模式科学合理、城市生活和谐宜人、城镇化体制机制不断完善等五大目标。可以看出，新型城镇化的推进实施已经成为新时期国家的重要战略任务之一。

我国城镇化水平仍明显滞后于工业化和经济发展水平，不仅远低于发达国家，而且低于世界平均水平。迫切需要深入开展城镇化过程的驱动机制与关键影响因素、规模调控与速度预测、城乡结构演变统筹模式、资源环境响应机制等方面的研究，建立健全城镇化发展的综合研究体系框架。因此，充分认识城市化规律的普遍性，借鉴和活用发达国家城市化的成功经验，对我国城镇化发展路径、政策机制改革及相关技术体系的建立和完善具有重要意义。

7.2 城市化领域研究发展态势

7.2.1 城市化研究发展回顾

城市化作为一个过程，图 7-1 提供了一个清晰有用的纲要。从图 7-1 可以清楚地看出，城市化不仅包括城市和乡镇居住、工作人口的数量的增加，它反映的内容要远远多于这些。城市化被一系列紧密联系的变化过程所推动，这些变化不仅涉及经济、人口、政治、社会、文化、科技和环境变更的影响，而且受到本地因素（如地形学和自然资源等）之间动力机制的直接影响，同时它们也存在一定的相互反馈。

20 世纪 30 年代以克里斯泰勒（Christaller，1933）提出的中心地理论，即“城市区位论”为代表，后继学者不仅对克氏的理论进行了修正和补充，而且在城市区位、城市体系、城市形成与发展动力等方面做了更加深入而广阔的研究。在空间区位理论看来，经济活动不仅涉及生产要素的配置、技术水平的选择、企业组织形式的安排等内容，而且会涉

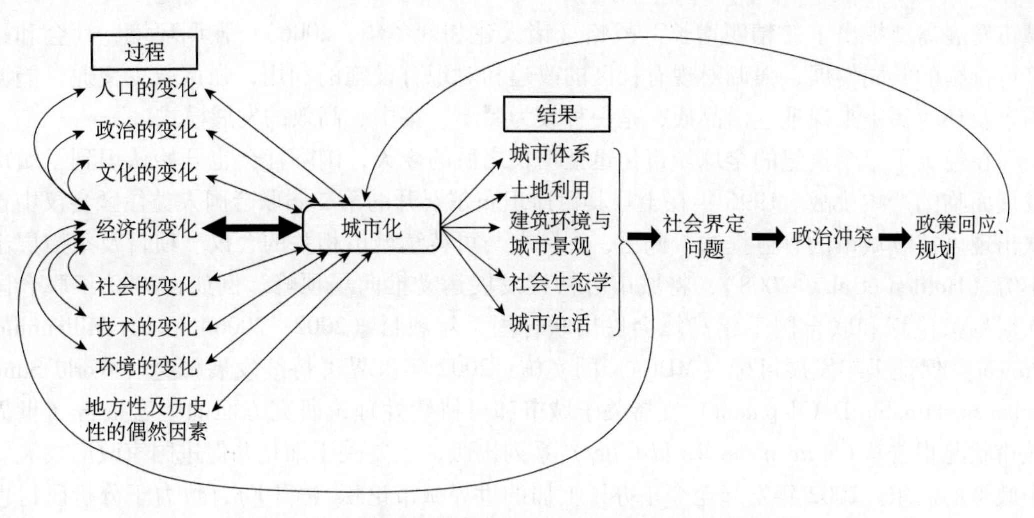

图 7-1　城市化及其作用过程（Knox and McCarthy，2005）

及空间区位的选择，后者还会对前述内容产生重要的影响。城市作为社会经济活动的空间载体，它的显著特征就是各种要素在空间上的高度集聚，并通过要素有规律的流动和集合，形成城市内部的结构及城市网络中的不同等级的节点。经济区位理论解释了城市和城市体系中经济活动的空间布局的原理，说明了城市发展在空间上的基本规律。

在城市化深入发展的过程中，资源环境的保护越来越受到重视。为了适应可持续发展的需要，创造良好的城市人居环境，兴起了生态学派、新城市主义、精明增长等新的学术理论思潮。1919 年英国田园城市与城市规划协会和霍华德共同明确了田园城市的概念（李德华，2010）。霍华德针对当时的城市问题，提出了关于城市规模、城市布局、人口密度、城市绿化等问题的开创性的设想，对现代城市规划思想具有重要的启蒙作用。20 世纪下半叶，在欧美发达国家，城市中出现了长期的郊区化低密度蔓延，不仅导致越来越严重的资源和环境压力，而且城市中心区不断衰退，贫富分化、社区隔离等问题突出。这种发展状况引起了规划师和政府部门对城市化蔓延的反思。在学者的倡导下，“新城市主义”（new urbanism）成为了城市规划建设过程中重要的价值取向与指导思想。在此思想的影响下，许多城市更加重视社区、紧凑空间和适宜步行的邻里环境建设，并且不断加强对历史建筑和整个城市街区的保护与恢复。英国城市规划专家汤普森教授指出，城市复兴（即新城市主义）指在再城市化的过程中要保留风貌，也要保护生活，还要延续发展，把那些旧城变成一个个适宜居住和可持续发展的复兴之城，使其重新获得生命的新理念（施岳群和庄金峰，2007）。

1972 年，以美国 Meadows 为首的研究小组出版了《增长的极限》（*The Limits to Growth*），指出了“地球的有限性”，极其严肃地向人们展示了在一个资源有限的星球上无止境地追求增长所带来的严重后果，就人类对气候、水质、鱼类、森林和其他濒危资源的破坏敲响了警钟，得出了“零增长”的悲观结论。后来经过不断完善，关于新发展观的思想逐步完善，对于经济增长、社会和谐、资源环境合理开发、代际公平和可持续发展有了一个整体的思想体系。与可持续发展观相适应的是从 20 世纪 90 年代起，美国针对可持续城市发展需要提出了“精明增长”战略（诸大建和刘冬华，2006），强调环境、社会和经济可持续的共同发展，强调对现有社区的改建和对现有设施的利用，强调减少交通、能源需求及环境污染来保证生活品质，是一种较为紧凑、集中、高效的发展模式。

在经历了半个世纪的全球城市化迅猛增长之后的今天，国际社会也开始认识到了城市发展面临的严峻挑战。1996 年在土耳其伊斯坦布尔召开的第二届联合国人类住区会议中首次出现可持续城市的官方提法。此后，国际上与可持续城市相关的会议、项目及举措层出不穷（Holden et al.，2008），将城市可持续发展运动推向了顶峰。例如，2000 年联合国人居专家论坛和联合国千年高峰会提出联合国千年项目（2002—2006）（UN Millennium Project）保证千年发展目标（MDGs）的实施；2002 年世界可持续发展峰会（World Summiton Sustainable Development）支持关于城市和可持续性理论研究方面的年度报告《世界城市状况报告》（*State of the World Cities*）系列出版，主要关于细化并促进国家政府发展城市政策的需求。2002 年发起至今举办了七届的世界城市论坛（WUF），致力于分析研讨世界城市发展过程中所遇到的主要问题，并对其管理层提供建议。

专栏 可持续城市化的目标

可持续城市化的环境目标：

（1）减少温室气体排放，实施减缓和适应严重气候变化行动；

（2）将城市扩张控制在最低程度，发展拥有公共交通的紧凑型城镇和城市；

（3）合理使用并保护非再生能源；

（4）可再生能源不被耗尽；

（5）减少每输出或消费单位的能源使用和废物产生；

（6）产生的废物要回收或以不破坏更大环境的方式进行处理；

（7）减少城镇和城市的生态足迹。

资料来源：部分改写自联合国人居署（UN-Habitat）和英国国际发展署（DFID）

7.2.2 国际城市化研究战略计划与行动

7.2.2.1 城市化与全球环境变化

国际全球环境变化人文因素计划（IHDP）是对地球系统进行集成研究的联合体——地球系统科学联盟（ESSP）的四大全球环境变化计划之一，侧重描述、分析和理解全球环境变化（GEC）的人文因素，阐明人类-自然耦合系统，探索个体与社会群体如何驱动局地、区域和全球尺度上发生的环境变化、影响及其如何减缓和响应这些变化。作为 IHDP 的 7 个核心科学计划之一，城市化与全球环境变化（UGEC）是要更好地理解全球环境变化与局地、区域和全球尺度的城市化进程之间的相互作用和反馈。策略是通过创新的概念和方法对这些因素进行研究，从而形成一个多学科的综合性的认识。

UGEC 致力于建立一套知识体系，以便更好地了解全球环境变化中城市地区的人文因素，其目标可以概括为：①促进概念框架和方法的研究，以支持对城市化与全球环境变化相互关系的分析；②以能更好地进行平行和比较交叉分析为最终目标，指导这项研究；

③识别城市系统中人类与环境间的因果关系，找出相互作用点、作用强度和变化的阈值；④促进科学成果的转化，将研究成果更好地传达给国际、国家和区域层面的各个城市的决策者、参与者和其他人。

UGEC 研究的优先科学问题（IHDP，2005）如下：城市土地利用和土地覆盖变化如何影响全球环境变化？城市布局和形态功能如何影响全球环境变化？郊区城市化如何影响全球环境变化？全球环境变化如何影响城乡土地的动态使用？在区域和全球层面上，城市应对全球环境变化机制的不同对温室气体排放、气候变化、土地利用和土地覆盖变化的影响？其影响是积极的还是消极的？城市管理机构如何应对全球环境变化的影响？

7.2.2.2 可持续城市发展计划

“可持续城市发展计划”（SCP）（UN-Habitat，1991）作为一个全球技术合作计划，旨在提高城市实施环境规划与管理能力及管理自然资源和控制环境危害的能力。SCP 已从启动初期的每年 10 万美元的计划成长成为拥有 3000 万美元的世界性计划，得到了联合国环境规划署（UNEP）、联合国开发计划署（UNDP）、世界卫生组织（WHO）、国际劳工组织（ILO）、世界银行（World Bank）、荷兰、丹麦、加拿大、意大利、英国等组织和国家的支持。

SCP 的目标是通过城市环境规划和综合管理方法及过程的有效实施，提升城市整体环境规划与管理能力。SCP 强调在环境问题上打破政府部门间的行政壁垒，开展部门合作，并通过城市环境问题利益相关者（政府、企业、非政府组织、公众、媒体等）的广泛参与合作，就环境问题制定城市统一的环境战略框架，共同提出并确定城市最为突出的环境问题，通过合作和示范项目寻求解决这些问题的有效方法和途径，并最终使这种过程和方法成为解决城市综合环境问题的有效机制。

1996 年以来，中国的武汉和沈阳也加入了这个计划。目前，经过前期积极商讨，由科学技术部批准，中国 21 世纪议程管理中心与联合国人居署于 2005 年 1 月 7 日签署合作协议，计划共同在中国推进和实施“中国可持续城市推广项目”（SCPⅡ）。该国际合作项目实施时间为 2 年（2005 年 1 月至 2006 年 12 月），将在中国的第二轮试点城市中实施 SCP，研究和总结出适合中国城市特色的 SCP 过程和方法模式，为中国未来推行地方 21 世纪议程提供政策、技术、经验、依据和支持。

7.2.2.3 城市可持续发展集成创新研究资助计划

在联合国气候峰会（UN Climate Summit）的背景下，全球环境基金（GEF）发布了关于城市可持续发展集成创新研究的资助计划（GEF，2014），其中包括支持全球协调、GEF 资助感兴趣的国家资源，以及配合国家的资源分配激励机制。该计划将提供一个安全的城市实验、响应和共享的空间，建立一个合理的、严格的分析框架。

该研究计划通过建立围绕气候减缓和适应、水、能源和交通的通用平台来共享解决方案，以促进众多的正在研究城市问题的伙伴进行合作，并支持几个重点城市自愿成为“有机”网络计划的试点，其核心设计将使拥有巨大潜力的城市减少当地和全球环境的恶化，同时开发强大的、适应力强的、公平的经济社区。该平台将结合两个关键要素：①可持续发展计划。GEF 将支持城市和城市地区发展，针对面临的挑战和机遇为所选的试点城市或城区提供一个地方的、约定的和经审查的清晰连续评估计划。②城市管理工具。这些工具包括能源和物质流经城市代谢评估的通用定量指标工具，用以帮助制订和实施城市可持续发展计划。

GEF 期望通过该计划和利用其前所未有的经验，提出多种环境问题投资的综合解决方案。此外，作为该计划的补充内容，GEF 还将围绕建立低排放和弹性城市系统为目标，为减缓气候变化重点领域提供一个 2.1 亿美元的指标性分配拨款，以支持城市干预显著减排潜力。符合支持的示范项目包括下列条件：①支持以公共交通为导向发展的综合土地利用规划；②纳入建筑节能规范的城市；③城市地区能源资源系统的分布式试点；④来自城市废物的能量回收。

7.2.2.4 城市中国研究计划

城市中国计划（UCI）由哥伦比亚大学（Columbia University）、清华大学公共管理学院和麦肯锡全球研究所（Mckinsey Global Institute，MGI）于 2010 年共同合作创建。该计划通过制订城市发展方案、组织各方交流对话、为国内外最优秀的中国城市学专家提供专业平台，旨在为解决中国城市化发展中遇到的问题提供最有效和创新的解决方案。为达到这一目标，城市中国计划承担了多类项目，包括城市可持续发展指数（Urban Sustainability Index，USI）、旗舰项目和研究资助。

城市中国计划有以下 4 项具体目标：①提供方案——提供针对中国城市发展问题的最新、最佳解决方案；②培育人才——为研究中国城市化的优秀国内外专家提供专业平台，吸引全球一流的思想家；③组织对话——在全国和省、市层面组织与召开关于城市化问题的精英对话；④建设试点——基于该计划的研究和对话结果，协助中国的城市决策者建设试点项目。

作为专业的城市研究智库，城市中国计划在 2011 年研究设计并发布了体现中国城市综合发展状况的 USI。该指数建立在一系列严格筛选的可持续性指标基础上，全方位反映了每个城市的经济、社会、资源和环境等各方面的真实表现，并且对不同分项之间的相互关系进行了精细的考量。《2013 城市可持续发展指数》（UCI，2014）报告通过对经济、社会、资源、环境等方面 23 个指标的计算分析，对 185 个中国地级和县级城市在 2005 ~ 2011 年的整体可持续发展水平进行了研究和排名。该报告的主要结论有以下几方面：①总体而言，近年来大多数中国城市的可持续发展水平都在逐步提高，尤其是社会和环境方面。②由于最早享受了经济开放的果实，充分利用了贸易和投资机会，并处于最好的地理位置，目前排名前 10 位的最具可持续发展优势的城市大部分位于沿海和东部地区。③长期来看，中国城市的可持续发展水平与经济发展水平正相关；同时，与人口规模、人口密度、外商直接投资和流动人口也存在一定的正相关关系，但其发展路径上存在明显转型拐点。④在过去几年间，中国大多数城市正在缓慢缩小与国际城市之间的差距，但是，国内城市发展路径上的人口规模拐点（约为 450 万人）、人口密度拐点（约为 8000 人/千米^2）并没有出现在国际案例的发展路径上。⑤处于经济发展初期的城市更有可能大幅度提升可持续发展水平。⑥城市未来的可持续性由自己决定，而其当前的 GDP、人口或密度的水平

并没有绝对影响。⑦当城市的经济发展达到一定的水平时，经济与社会和环境之间的矛盾会逐渐体现出来。⑧由于欠缺良好的经济基础和人口优势，小城市需要更好地与所在集群的大城市合作，充分借助集群优势发展自身的可持续性，同时也结合自身优势帮助集群共同发展。

7.2.2.5　城市健康与福祉计划

"城市健康与福祉计划"（Urban Health & Wellbeing Programme）是由国际科学协会理事会（ICSU）牵头、国际医学科学院组织（IAMP）和联合国大学（UNU）联合赞助，于2011年9月正式设立的为期10年的全球计划（ICSU，2011）。该计划旨在通过多学科交叉和多方合作，使用系统分析的建模方法，利用实际获得的研究数据，关注影响城市健康的各个方面。除了鼓励具体的研究项目实施外，还致力于开发新的方法论、找出现有知识和技术的差距、建立和增强相关领域的科研能力、方便信息的交流和推广，从而为各国的决策者们提供所需的科学知识和决策依据来管理城市、促进城市化的健康发展、解决由庞大的人口数量和快速的城市化所引发的一系列健康问题，从而改善健康水平，减少健康的不公，并提高城市居民的福利。

7.2.2.6　其他城市发展行动指南

自《21世纪议程》（*Agenda* 21）通过以来，各国政府已通过法律和体制强化对可持续发展的承诺，并进一步发展和履行国际、区域协定与承诺。全球经济实现了大幅增长，在消除贫困、推进城市化、节约集约利用资源等方面取得积极进展，但在有关国际公约和承诺的履行方面尚需付出巨大努力。"里约20周年峰会"（Rio + 20 Summit）的成果文件《我们想要的未来》（*The Future We Want*）（UN，2012）指出，提高能效、增加可再生能源及更清洁的高能效技术的比重，对可持续发展，包括应对气候变化，十分重要。同时需要在城市规划、建筑物、运输、货物生产与服务提供、产品设计等领域采取提高能效措施。并承诺：①促进以综合方式规划和建设可持续的城市和城市住区，为此须为地方当局提供支持，提高公众认识，使包括穷人在内的城市居民更多参与决策。②促进实施可持续发展政策，支持包容性住房和社会服务，为包括儿童、青年、妇女、老年人、残疾人在内的所有人创造安全健康的生活环境，提供负担得起、可持续的运输与能源，推广、保护和恢复安全绿色城市空间，提供安全清洁的饮用水和环卫设施，保持健康的空气质量，创造体面就业，改进城市规划和贫民窟改造工作。同时还支持通过减量、再用、循环方式可持续地管理废物。③城市规划必须考虑到减少灾害风险、回弹力和气候风险。我们注意到城乡均衡发展的努力。④强调必须使更多大都会地区和市镇实施可持续城市规划和设计政策，以有效应对未来数十年城市人口的预期增长。通过多利益攸关方参与，以及充分利用信息和按性别分类的数据，包括人口趋势、收入分配、非正式住区数据，将有助于开展可持续城市规划。⑤在制定可持续城市远景方面，从启动城市规划直至振兴老城市和老街区，市政府都发挥重要作用，其中包括在建筑物管理方面采纳提高能效方案，以及发展适合本地的可持续运输系统。进一步认识到必须开展混合用途规划，并鼓励非机动化交通，包括推广步行和自行车基础设施。

7.2.3 国际重要城市行动组织

7.2.3.1 世界城市论坛

世界城市论坛（WUF）是全球首要的城市大会，每两年召开一次，由不同的城市主办。该论坛是由 UN-Habitat 召集和组织的非立法性的技术论坛，旨在审视当今世界在人类住区领域面对的最紧迫的问题，包括快速的城市化及其对城市、社区、经济、气候变化和政策造成的影响。世界城市论坛推动合作伙伴及相关的国际项目、基金会和机构的大力参与，从而保障他们成为发现新问题、分享经验教训、交流最佳做法和优良政策的一分子。论坛汇聚了来自各领域的广大专家，为会议献计献策。论坛的参与者包括（但不限于）国家、地区和地方政府、非政府组织、社区组织、专业机构、研究机构和学术界、专业人员、私营部门、发展金融机构、基金会、媒体、联合国机构及其他国际机构等。

第七届世界城市论坛（WUF，2014）以“在发展中实现城市公平：生活型城市”为主题，讨论了当前世界城市的状况，同时还实质性地推动了《2015 年后发展议程》（*Post-2015 Development Agenda*）的筹备工作及 2016 年“第三届联合国住房和可持续城市发展大会”（United Nations Conference on Housing and Sustainable Urban Development）城市议程的审议工作。这届论坛的主办城市麦德林就是一个实现城市变革的国际范例。不论是在实体设施方面，还是在机制方面，麦德林都通过优先考虑贫困社区的解决方案展现了其榜样的风采，这些解决方案包括提供便利的交通、进行包容性治理和优质教育，以及在整个城市恢复公共空间和绿地等。

7.2.3.2 世界城市运动

世界城市运动（World Urban Campaign）作为一个平台，公共、私营和公民社会参与者可以通过它推行可持续城市化政策并分享实践工具。衡量该项运动成功与否的标志包括更具可持续性的国别城市政策、日益增加的投资和资本流量及对以上政策提供的扶持。因而，该项运动着重于为各国政府和合作伙伴网络提供一套宣传工具，他们可以借此倡导创造更加美好的城市未来这一共同愿景，并在其各自所在地区推进城市议程，以寻求将可持续城市化定位为国际社会的首要事项，并使其成为各成国国家政策中的首要议题。《城市宣言：我们所期待的城市未来》（*Manifesto For Cities*：*The Urban Future We Want*）（World Urban Campaign，2013）提出，城市是世界上追求可持续发展的最重要的财富。我们今天如何规划、建造并管理我们的城市将决定我们的未来。将城市作为一种财富加以利用需要所有人的承诺。我们宣布：我们是城市变革者。我们承诺采取行动，改变城市，以创建更美好的城市世界。

7.2.3.3 全球市长论坛

全球市长论坛（Global Mayors' Forum）于 2005 年创意发起，并联合全球著名城市组

织及企业共同组织的全球高端城市论坛。以绿色低碳、节约高效理念为导向，为减少碳足迹，高效组织各国地方政府决策者与企业领袖和专家，实现与各国地方政府和行业协会及企业合作，现已成为全球最具创意的高端会议举办模式。全球市长论坛旨在通过融通文化、共谋全球城市间可持续发展，①帮助城市间促成经济、文化交流与合作；②为城市找到可持续发展解决方案；③传播先进城市管理理念和技术；④以资源为先决条件，促进全球友好城市的缔结；⑤建立全球城市间相互学习和合作的网络；⑥实现全球和平下的城市文明与进步。

7.2.4　主要发展战略规划

7.2.4.1　“美国 2050”空间战略规划

2006 年由联邦政府提议，由洛克菲勒基金（Rockefeller Foundation）、福特基金（Ford Foundation）、林肯土地政策研究所（Lincoln Institute of Land Policy）等资助，由“美国 2050”国家委员会管理，联合美国区域规划协会（RPA）、研究所、大学等机构的专家、学者和政策制定者，共同研究构建美国未来空间发展的基本构架（刘慧等，2013）。目前已发布了许多阶段性研究成果。

“美国 2050”空间战略规划是美国政府为了应对 21 世纪美国国内人口的急剧增长、基础设施需求、经济发展和环境等问题的挑战，制定未来美国国土发展框架而采取的国家行动。到 21 世纪中叶，主要有七大因素影响美国未来国土空间框架的塑造，成为“美国 2050”国家空间战略制定的基本动因。

“美国 2050”空间战略规划的内容仍在不断细化和完善，从目前已发布的系列研究报告可以看出，“美国 2050”空间战略规划主要包括基础设施规划、巨型都市区域规划、发展相对滞后地区规划和大型景观保护规划 4 个方面的内容（RPA，2007）。巨型都市区域规划和发展相对滞后地区规划的主要内容如下。

1）巨型都市区域规划

作为未来新的全球经济竞争单元，巨型都市区域规划是“美国 2050”空间战略规划的重要内容。确定巨型都市区域的主要依据是：具有共享的资源与生态系统、一体化的基础设施系统、密切的经济联系、相似的居住方式和土地利用模式、共同的文化和历史（Hagler，2009）。巨型都市区域内各大都市之间的界限模糊，是一个更具全球竞争力的综合区域，是政府投资和政策制定的新的空间单元。

2007 年美国区域规划协会与林肯土地政策研究所发布了关于巨型都市区域规划的阶段性研究成果，包括加利福尼亚地区面临的挑战分析、得克萨斯三角地带的经济融合与交通走廊规划等（LILP，2007）。2011 年 4 月又发布了东北巨型都市区域“2040 年城市增长规划”（RPA，2011）。其他巨型都市区域也相继开展了一些规划工作。巨型都市区域已成为美国空间战略规划的一个基本区域单元。

2）发展滞后地区规划

为了实现地区相对均衡和可持续的增长目标，2009 年美国区域规划协会和林肯土地研究所联合发布了针对发展相对滞后地区的《区域经济发展战略》（RPA，2009）。该战略借鉴了欧盟国土凝聚计划的理念，提出了确定发展滞后地区范围的指标，包括1970～2006 年的人口变化、1970～2006 年的就业变化、1970～2006 年的工资变化和2006 年的平均工资。确定了发展相对滞后地区的划分标准，即若在以上 4 个指标中至少有 3 个指标排序在全国倒数 1/3 的位次，就可认定为发展相对滞后地区。发展滞后地区的确定包括两个空间尺度，一个是以县为单位的面状区域，另一个是以城市为单位划分的点状区域，划分标准相同。这样，由符合标准的县和城市共同组成了发展相对滞后地区。针对这些发展相对滞后地区提出国家投资战略和经济发展空间战略，以促进该区域的发展。

7.2.4.2 大伦敦空间发展战略

随着 21 世纪经济全球化和知识经济的深入发展，为了增强国际竞争力和提高城市治理能力，伦敦先后 3 次修订实施了《大伦敦地区空间战略规划》（Greater London Authority，2011）。作为综合性的城市空间发展战略规划，2011 年修订的《大伦敦地区空间战略规划》详尽阐述了未来 20～25 年伦敦的经济、环境、交通和社会的整体发展框架，涉及城市建设的方方面面。

（1）增强城市经济竞争力。伦敦将继续鼓励传统产业如金融业、信息与通信技术、交通服务、旅游经济等的发展，并利用丰富的研发与创新资源，不断推动新产业部门和新企业的持续增长及基于低碳经济发展目标的产业创新和政策创新。

（2）促进城市社会融合，伦敦将采取 4 个措施：①提供足够的多元化住房、就业机会和基础设施等，满足不同人群日益增长的物质文化需求；②增加对劣势群体的政策倾斜（住房发展战略、健康保障公平性战略），减轻贫困者负担；③提高就业者教育或技能水平、促进劣势地区经济复兴等，增加就业以解决社会贫困和公平分配；④设计多元化的融合社区，促进不同族群社会的和睦发展。

（3）保护城市生态环境。伦敦将通过“绿色城市”设计，鼓励绿化工程，增加城市绿地空间，来为城市“降温”，适应环境变化；通过“低碳城市”设计，应用分散化的能源网络和利用可再生能源来减少碳足迹，减缓气候变化；通过对自然环境和生物栖息地的强化保护，使城市充满活力、不断增长和实现多样化。

（4）空间分区战略导向。伦敦制定了潜力增长区、机遇增长区、强化发展区及复兴地区等特殊发展区域的分区战略，制订针对性的地区发展规划；通过对外伦敦、内伦敦及中央活动区的产业发展和交通网络的分析，为减缓不同圈层经济社会差异、区域协调发展和区域合作提供路径参考。

伦敦的城市规划要求全面均衡，而所有的规划都围绕一个贯穿始终的主题，即重视环境、经济和社会可持续发展。可持续发展既是伦敦规划应对城市发展资源短缺的一种对策，更是伦敦在城市发展模式、经济导向、社会平衡等更广泛的角度全面转型的主动选择。在伦敦规划的修订过程中对伦敦发展的要求越来越高，提出要按照最高的环境质量和生活质量标准建设伦敦，在应对气候变化的问题上，伦敦应当引领全球。该规划中可持续发展的具体政策见表 7-1。

表 7-1 伦敦规划中可持续发展的具体政策

政策		战略
降低碳排量	政策 1.1：缓和气候变化	到 2025 年，伦敦要减少 60% 的总碳排量（基于 1990 年的水平）
	政策 1.2：降低碳排量	到 2015 年，实现减排 55%；到 2031 年，实现零碳发展
建设标准	政策 1.3：可持续的设计和建设	在新的建设中，必须执行最高的可持续设计和建设标准
	政策 1.4：更新	现有的建筑必须按照新的可持续标准进行减排、提高能效和减少废物产生
能源使用	政策 1.5：分散的能源网络	到 2025 年，25% 的能源由分散的本地供应系统供应
	政策 1.6：新建设的项目分散能源网络	新建设的项目要与临近的能源供应点相衔接
	政策 1.7：再生能源	提高再生能源在能源中的比例
	政策 1.8：能源技术创新	鼓励使用新能源、减少化石能源的使用
	政策 1.9：热岛效应的应对	降低城市热岛效应，鼓励优化空间和场所的设计来降低热岛效应
绿化	政策 1.10：公共绿化	通过绿化种植缓和气候变化，2030 年 CAZ（伦敦中心区）的绿化增加 5%，2050 年再增加 5%
	政策 1.11：绿色屋面和场地种植	主要的建设项目应该在屋顶、墙面和场地进行绿化，以应对气候变化
排水	政策 1.12：洪水管理	建设项目必须符合相关洪水管理政策
	政策 1.13：可持续的排水	建设项目必须采用可持续的雨水排放系统，收集和再利用雨水，排放尽可能采取自然排放方式
	⋮	⋮

资料来源：Greater London Authority（2011）

7.2.4.3 大芝加哥都市区 2040 区域框架规划

伊利诺伊州东北规划委员会 2005 年 9 月公布的《大芝加哥都市区 2040 区域框架规划》(NIPC，2005)，旨在尊重地方规划决策权，促进区域各城市的合作，NIPC 寻求建立一个各方都认可的区域性指导框架，来协调地方层面的土地利用规划和区域层面的发展决策，以应对未来的人口和就业快速增长。

2040 区域框架规划建立在 3 个基本规划要素的基础上：确定不同层次的中心、使用多种交通模式的走廊连接中心、保护城市重要的绿地。规划的目标是使中心更富活力、更紧凑和更富多样性；使走廊具有多种模式，能为所有居民的交通需求提供支持、保护、加强；扩大绿地及其他重要的自然资源。

在“共识”项目的早期，参加者提出了 52 个区域未来发展的目标（图 7-2），这些目标涉及方面众多，包括从教育到供水、从交通到税收的广泛议题。有些目标和土地利用直接相关，如保护环境的平衡发展；其他则非直接相关，如满足服务需求，促进社会平等和经济竞争力。然而，所有的目标在深层次上都是互相联系的。在确定目标和核心主题的过程中，“共识”项目的参加者普遍关注目前发展模式的可持续性和区域内不可替代的自然资源的损失，特别关注在对现代人和后代人公平和平等的方式下，区域提供和维持高生活质量所需要的关键因素——住房、就业、教育和医疗的持续发展能力。52 个目标被分为 5 个核心主题：宜居社区、人口多样性、自然环境、全球竞争力和管理协作。每一个主题都有明确的定义和具体的阐述。区域未来35年共同的美好远景是：东北伊利诺伊将成为建立在人口多样性基础上的宜居社区，以及以健康的自然环境、全球竞争力和管理协作而闻名的区域。

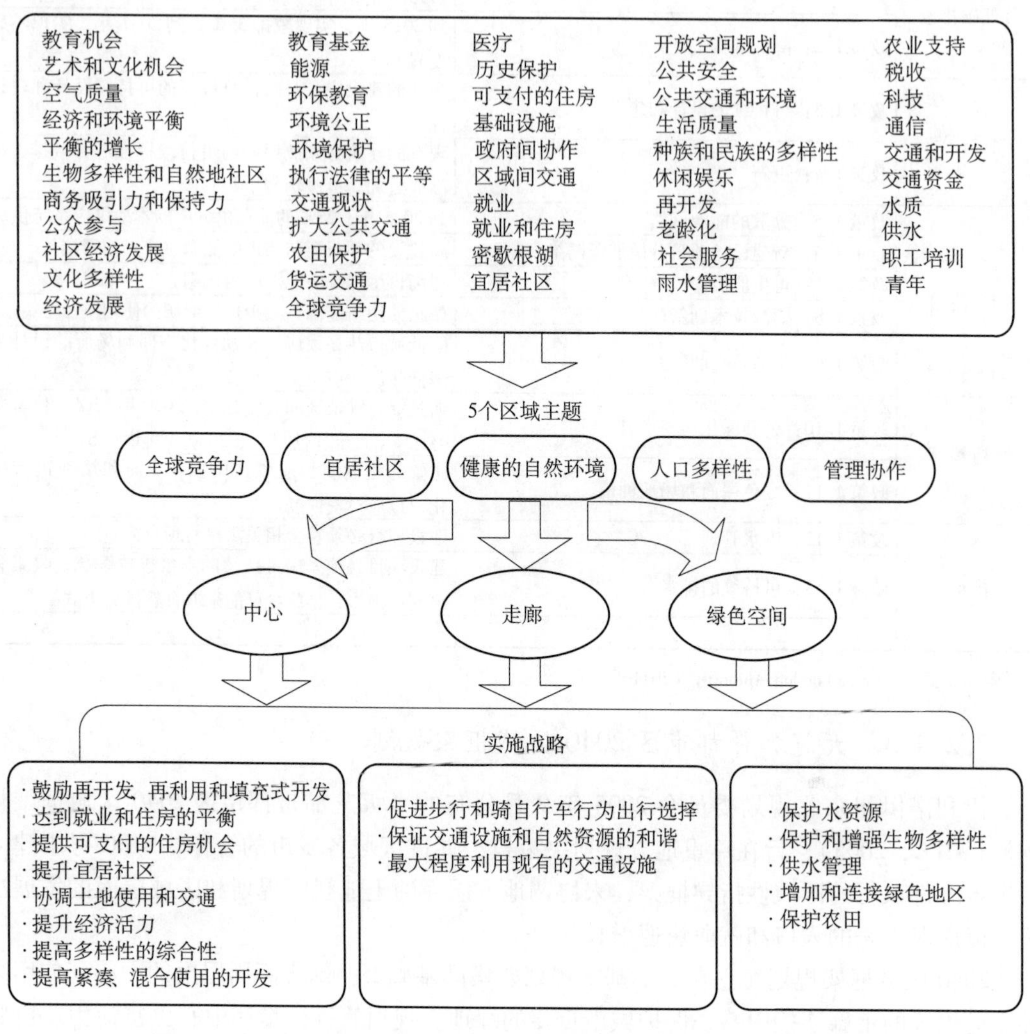

图7-2 大芝加哥都市区未来发展目标与实施战略示意图（NIPC，2005）

2040区域框架规划吸收、延续和深化了这些机构以往的很多研究成果，如2030区域交通规划、区域绿色基础设施规划、东北伊利诺伊水系廊道规划等。同时，2040区域框架规划反映了美国规划民主化和政策化的趋势，规划的目的不再是规划师创造城市的“终极蓝图”，而是通过公众参与的过程，使参与的各个团体达成共识的一系列改善行动指南。

7.2.4.4 纽约2030规划

进入21世纪以来，纽约进行了两次市级层面的综合规划以应对增长、基础设施老化

和全球气候变化对纽约城市发展的挑战。其中，《纽约城市规划：更绿色、更美好的纽约》（NYC，2011）是时任纽约市长的布隆伯格的施政纲领。该规划非常重视全球气候变化对城市发展的影响，提出了3个主要的挑战——增长、老化的基础设施和越来越不稳定的环境，并从土地、水资源、交通、能源、空气、气候变化六大方面（表7-2），制订了127项计划有针对性地解决纽约城市发展的问题。更重要的是，PlaNYC第一次将“可持续化”发展的理念贯彻到城市公共政策的制定中。

表7-2　纽约2030规划中主要的可持续发展举措

政策			举措
水	水质	政策1：继续实行基础设施升级改造	举措1：制订并实施长期控制性规划（LTCP）
			举措2：扩大污水处理厂雨天的处理能力
		政策2：寻求防止雨洪进入处理系统的成熟的解决方案	举措1：增加高水位雨洪排水管（HLSS）的使用
			举措2：扩大城市内绿色可渗透表面面积以减少雨水径流
			举措3：推广蓝带计划
		政策3：大范围推广、跟踪和分析新型最佳管理实践（BMPs）	举措1：使溢流减排和其他环境问题成为所有相关市政机构优先考虑的事宜
			举措2：即刻试行各种最佳实践并验证和评估其在纽约社区的成效
			举措3：规划停车场绿化
			举措4：提供建造绿色屋顶的激励机制
			举措5：保护湿地
	供水网络	政策1：保证饮用水的质量	举措1：继续实行水域保护项目
			举措2：为卡茨基尔系统和特拉华系统建造紫外线杀菌厂
			举措3：建造克罗顿过滤水厂
		政策2：为纽约市建造备用输水管道	举措4：启动一套新的节约用水计划
			举措5：充分利用现有设施
			举措6：评估新的水源地
		政策3：调整市内配水系统	举措7：完成3号输水隧道建设
			举措8：为史坦顿岛建造备用输水隧道
			举措9：加速主要供水基础设施的升级
空气	政策1：实现道路车辆的减排		举措1：捕捉交通运输规划中关于空气质量的效益
			举措2：提高私家车的燃料效率
			举措3：实现出租车、黑车和租赁车辆的减排
			举措4：替换、改造柴油货车并为其更新燃料
			举措5：实现校车的减排
	政策2：实现其他交通工具的减排		举措1：改造渡轮并且推进清洁能源的使用
			举措2：促进与港务局合作以实现港口设施的减排
			举措3：实现施工车辆的减排
	政策3：实现建筑物的减排		举措1：捕捉能源规划中关于空气质量的效益
			举措2：推广使用更清洁燃烧的取暖燃料
	政策4：寻求改善空气质量的自然途径		举措1：捕捉开放空间规划中关于空气质量的效益
			举措2：对公园用地的指定区域重新造林
			举措3：在一些地段上增加树木种植
	政策5：了解挑战的范围		举措1：开展地方协作性空气质量的研究

续表

	政策	举措
能源	政策 1：改善能源规划	举措 1：建设纽约市能源规划局
	政策 2：减少纽约市的能源消耗	举措 1：减少市政府的能源消耗
		举措 2：加强能源和建筑规范
		举措 3：建立能源效率机构
		举措 4：优化针对性激励机制的 5 个关键领域
		举措 5：扩大高峰负荷管理
		举措 6：开展节能意识和培训宣传
	政策 3：增加城市的清洁能源供给	举措 1：改建电力设施并建造发电厂和专用传输电缆
		举措 2：扩建清洁分布式发电
		举措 3：支持天然气基础设施的扩建
		举措 4：扶持可再生能源的市场
气候变化	政策：至少实现 30% 的温室气体减排目标	举措 1：创建一个政府间工作小组来保护城市的重要基础设施
		举措 2：与弱势社区合作来开发针对性的区域性战略
		举措 3：启动一个覆盖全市的战略规划来适应气候变化

资料来源：NYC（2011）

《纽约城市规划：更加强壮更具弹性的纽约》（NYC，2013）基于桑迪飓风灾情介绍和对气候的科学性分析，阐述了“Resilient”包含的两层含义，即在变化和灾难之后能够反弹恢复；具有在困境中准备，回应困境挑战，并从困境中恢复的能力。重点以城市基础设施与建成环境、社区重建与弹性规划为主体内容，同时还对资金来源和分配使用、规划实施进行了探讨。其中涉及议题涵盖海岸保护、建筑、经济复苏（私人房产保全、公共基础设施、液体燃料、卫生保健）、社区准备和回应（电信服务、交通服务、公园）、环境保护和补救（给排水、食物供给与配送网络）。社区重建和弹性规划包含了布鲁克林区和皇后区的滨水地区、曼哈顿南部地区及斯坦顿岛等。

7.2.5 国际城市化发展评估研究

7.2.5.1 世界城市状况报告

联合国人居署作为致力于推动“所有人都有合适的居所”和“在城市化过程中的可持续性人居发展”两大目标实现的主导机构，每两年编著出版一次《世界城市状况报告》（*The State of the World's Cities*），自 2001 年问世以来已经发行 6 版（分别为 2001、2004/2005、2006/2007、2008/2009、2010/2011、2012/2013）。该报告是联合国人居署根据城市人口和城市政策制定者所面临的现实问题，对人居议程所涉及的主要领域进行监测、分析的专门报告。

《2008/2009 世界城市状况报告：和谐城市》（UN-Habitat，2008）提出目前有一半的居民居住在城市中，20 年内城市居民将达到世界人口的 60%。发展中国家的城市发展速度最快，每月都会新增 500 万城市人口。随着城市规模不断扩大，人口不断增加，城市在空间、社会和环境方面的和谐程度及城市居民之间的和谐关系，就成为一个首当其冲的重要问题。该报告通过寻求城市层面的解决方案来体现国家层面关注的问题，着重于3个关键领域：空间或区域的和谐、社会经济的和谐及环境的和谐。报告还讨论了对城市和谐做出贡献的各种无形资产，如文化遗产、场所、记忆、复杂的社会与象征性关系等赋予城市意义的要素，这些代表了城市灵魂的无形资产与有形资产同样重要。

2010年在巴西首都里约热内卢举行的第五届世界城市论坛上，联合国人居署发布的《2010/2011世界城市状况报告：促进城市平等》（UN-Habitat，2010）报告采用“城市区分”框架，分析了城市环境中复杂的社会、政治、经济和文化动态，并指出当今世界数以百万计居民在越来越脆弱的城市环境中生活，超负荷城市基础设施、不适宜的住房、低水平健康保障体系、缺乏城市服务等问题困扰着城市家庭。在未来30年，将有70%的全球人口居住在城市，而其中约有1/3的人无处可居（这一数字尚未计算不断增加的难民数量）。因此，各国政府应当对此引起高度重视。报告特别提及城市权利及其实现途径，城市权利的议题主要集中在城市权利的主体、实现途径及可持续发展。报告还提出建立一个包容性的城市必须建立平等的经济、社会、政治和文化。如果把社会、政治、经济、文化4个方面的平等，从单纯的概念模式变成了现实，其必定是在以权力为基础的框架中实现的，这样方可施行。

2012年10月在意大利那不勒斯的第七届世界城市论坛上发布的《2012/2013世界城市状况报告：城市繁荣》（UN-Habitat，2012），提出转变全球重心，关注更有活力的发展理念，即突破几十年来主导着失衡的政策议程的经济增长之狭隘领域，把其他关键层面囊括进来，如生活质量、充足的基础设施、公正和环境可持续发展。未来城市应该能够把有形的繁荣和更多无形的繁荣融合起来，并在发展过程中，逐渐摆脱20世纪城市效率低下、不可持续的形式和功能，成为推动增长和发展的发动机。

报告基于当前城市与区域发展的趋势，反思了全球危机背景下的城市繁荣概念的转变需求，提出繁荣应包括以下因素：第一，一个繁荣的城市应对经济增长有贡献，创造收入和提供充足的满足全部居民生活标准的就业。第二，为了维持人口和经济的需要，一个繁荣的城市应配置基础设施，包括充足的供水设施、排水设施、电力供应、道路网络、信息和通信技术等。第三，为了提高生活水平，使居民发挥个人潜能，获得充实的人生，繁荣的城市应提供教育、健康、娱乐、安全和保障等社会服务。第四，繁荣的城市是公平并具有包容性的，利益和机会在城市里被公平地分配。第五，繁荣利益的创建和分配不会破坏环境，相反，城市的自然资产将被保存下来。为了衡量城市迈向繁荣发展的进展，联合国人居署提出了测度城市繁荣的新工具——“城市繁荣指数”（city prosperity index），该指数从生产力、基础设施、生活品质、公平与社会发展、环境可持续性5个维度，帮助决策者在通向繁荣的发展道路上确认机会和潜在领域。报告又以这5个维度构建了一个概念矩阵“繁荣之轮”（wheel of prosperity），在通向繁荣的发展道路上，控制城市增长的方向和节奏，保障公众利益高于其他任何利益，协助决策者设计清晰的政策干预举措。同时，报告还从生产力和城市的繁荣、城市基础设施和城市的繁荣、生活质量和城市的繁荣、公平和城市的繁荣、环境可持续性和城市的繁荣等方面，通过各大洲地方专家的问卷调查和案例分析，探讨城市繁荣不同维度对城市发展的影响，并指出了不同地区的当前缺失。

报告的核心内容在于从比较优势到城市繁荣、城市繁荣背后的相关因素、支持 21 世纪城市转型的创新、通过规划和设计创造城市繁荣、针对城市繁荣的法律和制度赋权 5 个方面提出了城市繁荣的新策略，超越了单一经济维度而拓展到其他重要的维度，指出在应对全球危机中必须允许城市发挥有力的作用，这包括：①在地方一级促进真正的经济部门提高生产力，同时带动就业和创收；②城市作为平台，通过联系、信任、尊重和包容构成应对危机的解决方案的一部分；③城市在地方一级的不同地区和空间发挥作用，其应对危机的举措可以整合纳入国家议程，实现更高的效率，获得更好的机会采取灵活性举措并带来更有利的影响；④建立新的合作伙伴关系，通过区域社会公约强化中央政府；⑤城市一级与中央政府、地方政府支出保持同步，促进市政府资金的流转和有效使用。

报告总结归纳了 21 世纪的城市应具备的条件，即降低贫民的灾害风险、提高贫民的抗灾能力，培养应对自然灾害的复原力；在繁荣的 5 个层面之间构建和谐，推动建设更美好未来的前景；刺激地方创造就业，促进社会多样化，保护环境可持续发展，承认公共空间发挥的重要作用；改变城市节奏、形象和功能，提供社会、政治和经济条件创建繁荣。

7.2.5.2 世界城市化展望报告

1）世界各地区城市化进程差距持续扩大

《世界城镇化展望》［*World Urbanization Prospects*（The 2009 Revision）］（UN，2010）报告指出，世界城市化水平和速度的区域差异不断扩大，城市居民数量不断增加，而中国城市化速度名列全球之首。该报告的关键结论包括以下方面。

（1）全球城市居民数量不断增加，城市化水平的地区差异显著。截止到 2010 年，全球有 35 亿居民（占全球总人口的 50.5%）生活在城市，世界人口总体上开始呈现城市人口多于农村人口的态势。其中，北美洲、拉丁美洲、欧洲和大洋洲处于高度城市化，城市化水平从大洋洲的 70% 至北美洲的 82% 之间不等。同时，预计这些地区城市化的水平将继续增加。预计到 2050 年，除大洋洲以外，这些地区的城市化水平有望超过 84%。而相比之下，2010 年非洲和亚洲仍以农村为主，分别只有 40% 和 42% 的城市化水平。预计到 2050 年，这些地区的城市化水平将远低于其他主要地区，非洲和亚洲的城市化水平将分别达到 62% 和 65%。

（2）世界人口分布极不均衡。全球有 12 亿的城市居民（约占城市人口的 1/3）生活在总人口低于 10 万人的小城市，6 亿人居住在总人口 10 万 ~ 50 万人的城市。总计约 52% 的城市人口居住在总人口不超过 100 万人的城市。而相比之下，只有 54 个城市的总人口超过了 500 万人，其中包括了 21 个大都市（大都市的总人口数不低于 1000 万人）。在人口不低于 50 万人的 961 个城市中，亚洲占有约 52% 的比重，是世界上所占份额最大的地区。

（3）中国的城市化进程居全球之首。在人口不低于 100 万人的所有城市中，中国占 25% 的份额。中国在城市结构方面正经历着重大的转型过程。从 20 世纪 90 年代开始，人口超过 50 万人的城市数量显著增长。在 20 世纪 80 年代，中国只有 51 个城市的总人口超过 100 万人，而在 1980 ~ 1995 年，这个数字正好翻了一倍。1995 ~ 2010 年，又有其他 134 个城市跨越了 50 万人的门槛。预计到 2025 年，中国将再增长 107 个人口超过 50 万人的城市。持续且快速的中等城市规模的增长，反映了中国快速的城市化进程。中国的城市化水

平从1980年的19%上升到2010年的47%，并有望在2025年达到59%。

2）城市人口增长和城市管理面临巨大挑战

2014年修订的《世界城镇化展望》（*World Urbanization Prospects*）（UN，2014）报告指出，1950年全球城市人口仅有7亿多人，到2014年增加到了39亿人。尽管亚洲的城镇化率较低，但由于人口基数大，仍然是世界上城镇人口最多的地区，有超过一半的世界城市人口居住在亚洲。到2045年，世界城镇人口预期将超过60亿人，大部分城镇人口的增长将发生在发展中国家，特别是非洲。这些国家将在满足不断增长的城镇人口住房、基础设施、交通、能源、就业、教育和医疗需求方面面临巨大的挑战。此外，报告还指出，城镇地区的管理已经成为21世纪世界面临的最重要的发展挑战之一。如果得到恰当管理，城镇将能够为经济增长带来契机，扩大为数众多的人口获得基础服务的渠道，包括医疗保健、教育，因为为居住密集的城镇人口提供公共交通、住房、电力、水和卫生设施要比为分散的农村人口提供同等水平的服务更便宜，而且对环境的损害更小。

7.2.5.3 全球人类住区报告

《城市与气候变化：全球人类住区报告（2011）》（*Cities and Climate Change*：*Global Report on Human Settlements* 2011）（UN-Habitat，2011），回顾了城市化与气候变化之间的关联、21世纪人类面临的两个重大挑战及它们的后果正以危险的方式相互交织。报告阐述了城市地区对气候变化所起的重要作用，同时强调了气候变化对城市人口的潜在的灾难性影响。基于上述分析，报告旨在使各国政府和公众进一步了解城市对气候变化产生的影响和气候变化对城市产生的反作用，以及各城市如何减缓和适应气候变化的情况，指出城市地区对缓解和适应气候变化起到关键作用，并确定了加强这一作用的战略和方法。

《可持续城市交通规划与设计：全球人类住区报告（2013）》（*Planning and Design for Sustainable Urban Mobility*：*Global Report on Human Settlements* 2013）指出，目前全球城市交通系统面临诸多挑战，其中最令人关注的是世界各地城市道路和高速公路上正在发生的交通拥堵现象。然而，大部分城市解决交通问题的办法都是建设更多的基础设施，很少有城市通过可持续发展的方式改善公共交通系统。新建基础设施不一定能够解决城市交通面临的各种挑战，如温室气体排放、噪声、空气污染和道路交通事故等。报告认为，发展可持续城市交通系统需要转变观念。“运输”和“交通”的目的在于抵达目的地、开展活动及获得服务和商品。因此，到达是交通运输的最终目标。所以，城市规划与设计的重点应放在如何将人和地点结合在一起，在建设城市时应当关注便利性，而不是单纯增加城市交通基础设施的里程或是增加人员或商品的流动。鉴于此，报告将城市形式和城市的功能性作为讨论的重点，强调了综合性土地利用和交通规划的重要性。报告提出了一些引人思考的观点，并就如何规划与设计可持续的城市交通系统给出了政策建议。

7.2.6 国际机构和组织对中国新型城市化的研究

7.2.6.1 可持续的城镇化研究

2014年3月25日，世界银行和国务院发展研究中心发布联合研究成果《中国：推进高效、包容和可持续的城镇化》（*Urban China*：*Toward Efficient*，*Inclusive*，*and Sustainable Urbanization*）报告（World Bank，Development Research Center of the State Council of the People's Republic of China，2013）指出，到 2030 年，中国的城市人口预计将达到 10 亿人，城镇化率将达到 70%。讨论如何通过深化土地、户籍、财政和金融等领域的改革实现中国新型城镇化愿景，提出了构建新型城镇化模式的六大优先领域：①改革土地管理制度。目前耕地面积已下降到接近 1.2 亿公顷，逼近保障粮食安全的"红线"。提高土地利用效率和征地补偿标准，建立将农村集体建设用地转化为城市用地的新机制，由市场价格来引导城市土地配置；地方政府征收农村土地用于公共用途，必须由法律规范。②改革户籍制度，推进基本公共服务均等化，促进具备技能的劳动者自由流动。人口管理服务体制要消除劳动力从农村向城市流动及在城市之间流动的障碍，提高劳动者工资水平。③将城市融资建立在更可持续的基础之上，同时建立有效约束地方政府的财政纪律。改革财政体制，通过设置不动产税和提高城市服务价格，扩大地方财政收入基础。④改革城市规划和设计。以市场为基础给工业用地定价，可以鼓励土地密集型工业企业向二、三线城市转移；在城市内部，制订灵活的分区规划，促进更小地块、更加混合的土地使用，实现更密集和更高效的开发；以交通基础设施加强主城区与外围地区的连接，加强城市之间的协调，有效治理交通拥堵和环境污染。⑤应对环境压力。中国已有严格的环保法律、法规和标准，推进绿色城镇化最重要的是严格执法；应更多地采用市场化的工具，如碳、空气、水污染及能源使用的税收和交易制度，来实现环保目标。⑥改善地方政府治理。调整地方官员的绩效评估体系，以激励更高效、包容和可持续的城镇化进程。

7.2.6.2 城镇化发展战略研究

1）亚洲开发银行

自 2004 年起，亚洲开发银行一直支持中国国家发展和改革委员会开展城市化战略研究。《中国城市化的战略选择：主要成果》（ADB，2013）依据的政策研究于 2011 ~ 2012 年完成，旨在为中国即将出台的全国城市化规划提供参考信息。该报告是 ADB 资助的技术援助项目——"城市化战略选择政策研究"的成果。报告就中国城市化相关问题主要开展了 5 个方面的研究，包括：①中国城市化路径和模式；②中国城市空间布局和结构的比较研究；③中国城市化所面临的环境挑战及应对措施；④中国城市化战略框架下的区域交通发展；⑤中国城市化主要相关机构。

该报告还考察了中国城市化面临的挑战，并就如何通过调整城市设计、融资、管理和社会融合来改善城市环境提供行动建议。具体为：为了应对大规模城市化带来的挑战，中国政府应当采取一种一体化、跨部门的城市发展策略，具体措施包括制定合理的城市管理框架、改善土地和房地产市场的绩效、拓宽人们获得社会服务的渠道，以及促进环境健康和居民友好型的城市发展。

2）中国工程院

由中国工程院和清华大学共同组织的重大咨询项目"中国特色城镇化发展战略研究"，自 2011 年 4 月启动以来，组织了 20 多位院士、100 多位专家对城镇化发展的速度与质量、空间规划与合理布局等问题，开展了深入研究和论证。该项目包括 1 个综合报告和 8 个子课题。

（1）中国城镇化道路的回顾与质量评析研究。研究内容主要包括全球城镇化历程与基本规律，中国城镇化发展阶段与主要特点，中国城镇化发展的成就、问题与质量评价，以及中国未来城镇化趋势判断等4个方面。

（2）城镇化发展空间规划与合理布局研究。通过大量的全国层面的分县数据研究，以及覆盖全国不同区域的规划案例重点分析，对我国城镇化发展历程、未来空间发展态势进行了系统性研究，在此基础上提出了城镇化空间合理布局的思路、总体布局与重要推进措施。

（3）绿色交通是未来城市交通的发展方向。就城市交通发展与城市空间发展的互动关系、城市群交通运输系统问题及交通与资源环境问题等展开全面研究，并分别对巨型城市交通系统案例、北京市和长江中游城市群交通系统规划案例进行研究，提出建议。

（4）城镇化与产业结构调整、升级研究。研究认为，工业化仍然是我国城镇化进程的主要拉动力，“四化”的良性互动、协同发展是我国城镇化进一步健康发展的关键。

（5）以生态文明理念为指导建设生态城市。研究认为，新型城镇化道路必须扭转片面追求发展速度的倾向，要以生态文明理念贯穿于城镇化发展全过程，将环境友好和资源节约作为城镇化发展的基本准则，全面落实到六大领域，采取8项措施推进中国特色的城镇化道路。

（6）积极推进“人的城镇化”。通过对国内30个省（直辖市和自治区）的人口抽样调查数据发现，将近70%的农民工“不打算回乡就业”；即便一定需要回乡就业，也更希望回到县城。特别是新生代农民工，只有极少数人选择回农村就业。

（7）城镇化进程中的城市文化研究。研究内容包括剖析城镇发展中存在的“千城一面”、“拆真造假”、“超高层建筑”、“层出不穷”等城市文化乱象，根据党的十八大提出的城乡发展新方向，探索人居视野中的新型城镇化等。

（8）城镇化进程中的城市治理研究。中国可持续城镇化发展的关键在于城市公共治理模式的创新及与其相适应的制度建设。有效的城市公共治理模式，能够在城市发展的多方利益主体之间形成集体行动，从而实现中国城镇化过程中的公平共享与人的现代化。

3）麦肯锡全球研究所

麦肯锡全球研究所（MGI）发布的《为十亿城市大军做好准备》（*Preparing for China's Urban Billion*）（Mckinsey Global Institute，2009）分析报告指出，集中式的城市化发展模式将最有可能减轻中国城市系统的压力，提高城市总体效率。集中式的发展模式将比分散式发展模式多实现20%的人均GDP增长，并将公共支出占GDP的比例降低一个百分点（集中式发展模式为16%，分散式发展模式为17%）。在未来，中国如果要管理好城市化并将其进程继续深入，成功的秘诀就在于通过最高效、最有价值地配置城市发展的各类资源（特别是劳动力和能源），将城市化战略和目标从唯GDP增长转变为关注提高城市效率的“高效城市化”。唯其如此，中国才能减轻城市化进程对财政、环境和社会的影响，并实现城市化所能释放的全部经济潜能。

7.3 城市化研究文献计量分析

本节主要利用文献计量学方法，通过TDA、Excel、SPSS、Ucinet等工具进行数据分析，揭示城市化研究的现状、发展态势、研究热点及其学科分布等内容。

7.3.1 文献数据来源

为了把握国际城市化研究的进展，深入揭示该领域的发展态势，本节分析采用数据库 WoS（SCI-E、SSCI），关键词结合领域分类法的方法检索了数据库中所有的城市化研究方面发表的论文，并剔除了与城市化发展无关的领域。检索式为 TS =（urbanization or the-urbanization or urbanism or urbanized or citification or urbanizing or urbanize or citify or municipalization or urbanization-course or city-urbanization or civic-urbanization or urbanization-advancement or urbanization-road or urbanization or citywards or urbanized-area or citified or urbanization-areas）。检索日期为 2014 年 8 月 10 日，检索时间设置为 1950 ~ 2014 年，共检索到有效数据 13 022 条。

7.3.2 城市化研究整体进展情况分析

7.3.2.1 研究论文年度分布

1950 ~ 2014 年，国际城市化研究论文总体呈现稳步增长趋势。1950 ~ 1990 年论文数量呈缓慢增长，论文发表数量较少，年均论文量为 20 篇左右；从图 7-3 可以看出，1990 ~ 2014 年，发文量呈现快速增长，特别是 2005 ~ 2014 年论文数量增长更快，年均发表论文量超过 930 篇。

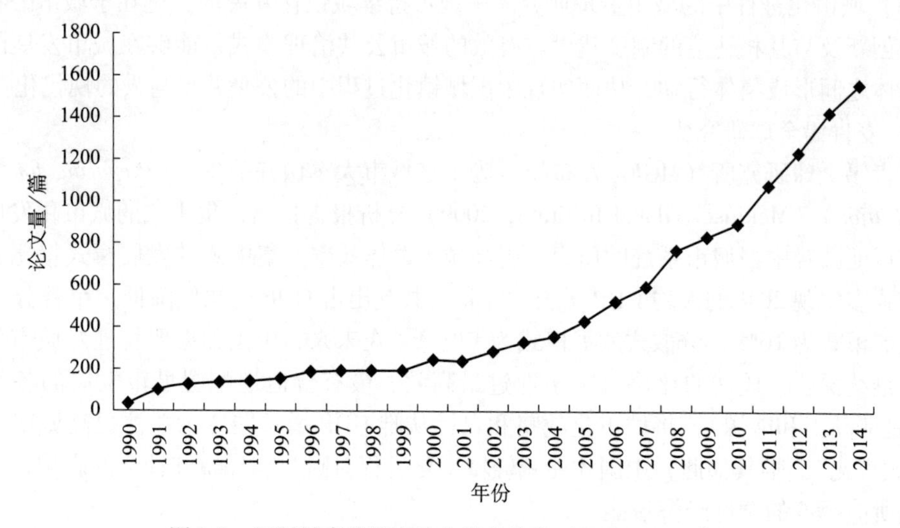

图 7-3 国际城市化研究论文增长趋势（1990 ~ 2014 年）

7.3.2.2 研究论文国家分布

1）主要国家的发文量对比分析

对 1950 ~ 2014 年所有数据按国家的发文情况进行分析得出，排名前 15 位的国家发表的论文数量占发文总量的 87.78%，表明城市化研究相对集中在这前 15 个国家，如图 7-4 所示，依次为美国、中国、英国、澳大利亚、加拿大、印度、德国、法国、荷兰、日本、意大利、巴西、土耳其、西班牙、南非。相比较美国在城市化方面研究的论文数量占绝对优势，1950～2014 年共发表 4054 篇文章，占世界发文总量的 31.13%。这在一定程度上说明美国在城市化研究方面最为活跃，且具有相当强的研究能力。中国、英国、澳大利亚依次排名第 2 位、第 3 位和第 4 位，发文量分别为 1861 篇、979 篇和 631 篇。

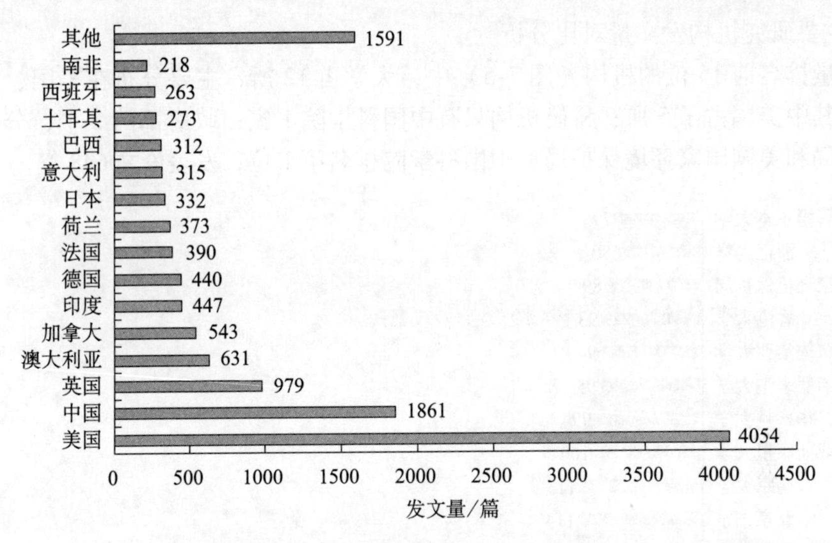

图 7-4 国际城市化研究论文数量前 15 位国家对比（1950～2014 年）

2）主要国家研究主题分析

通过对主要国家关注的研究主题来看（表 7-3，以词频由高到低的顺序列出了各国最受关注的前 10 个主题词），城市化、土地利用、气候变化、城市、水质等所涉及研究主题是多数国家共同且最为关注的，但各国的关注程度和研究水平等却不尽相同，这在一定程度上反映了各国研究的重点领域与方向。除共同关注的主题外，美国比较关注数据流，中国比较关注可持续发展，英国还比较关注绿地，澳大利亚比较关注海堤和暴雨，加拿大比较关注粮食安全等。

表 7-3 论文数量前 10 位的国家主要研究主题分布

国家	最受关注的主题词
美国	城市化、土地利用、城市、水质、气候变化、地理信息系统、数据流、土地覆盖、径流、流域
中国	城市化、中国、土地利用、重金属、遥感、北京、气候变化、珠江三角洲、沉积物、可持续发展
英国	城市化、土地利用、生物多样性、城市、气候变化、绿地、迁移、城市生态学、全球化、住宅
澳大利亚	城市化、城市生态学、澳大利亚、城市、水质、气候变化、破坏、栖息地破坏、海堤、暴雨
加拿大	城市化、土地利用、中国农业、加拿大、城市、水质、气候变化、粮食安全、破坏、污染
印度	重金属、印度、城市化、气溶胶、地理信息系统、地下水、空气污染、富集因子、地下水水质、水文地球化学
德国	城市化、土地利用、城市生态学、德国、适应、气候变化、生态系统服务、传染病学、大城市、城市增长
法国	城市化、鸟类、物种富集度、社区、法国、入侵、景观破坏、市区、城市生态学、农业集约化

续表

国家	最受关注的主题词
荷兰	城市化、荷兰、土地利用、气候变化、中国、欧洲、景观、建模、种族划分、医疗
巴西	城市化、巴西、沉积物、传染病学、病毒、多环芳香烃、生物多样性、保护、河口、森林砍伐、生态学研究

7.3.2.3 主要研究机构情况

1）主要研究机构发文量对比分析

发文量排名前15位的机构（图7-5）中，大学占12所，主要分布在美国、中国和澳大利亚，其中美国占了5所；科研机构只有中国科学院1家；政府部门2个，分别是美国地质调查局和美国国家环境保护局。中国科学院排名第1位，发表论文648篇。

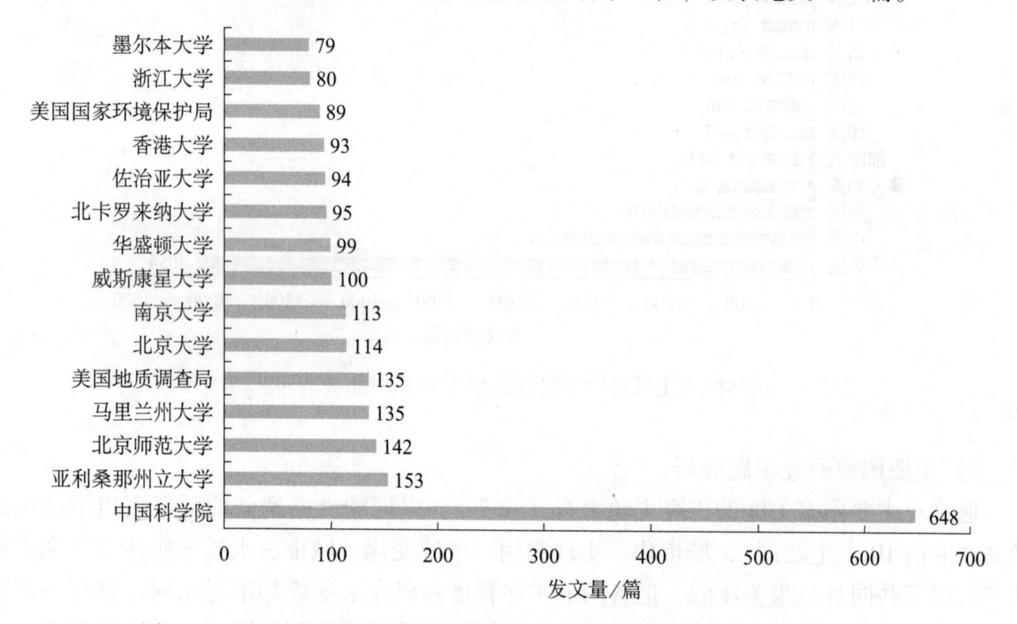

图7-5 国际城市化研究论文数量排名前15位机构对比（1950～2014年）

2）主要研究机构的研究主题分析

从主要研究机构关注的研究主题来看（表7-4，以由高到低的词频顺序列出了各机构最受关注的前10个主题词），城市化、土地利用、中国等研究主题仍然是各主要机构最为关注的，但关注的程度各有不同。此外，中国科学院还比较关注重金属、地理信息系统、遥感（RS）等，亚利桑那州立大学还比较关注索诺兰沙漠、植被、景观格局指数、可持续发展、城市生态学等，美国地质调查局还比较关注大型无脊椎动物、水质、农业等，马里兰大学还比较关注不透水面层、恢复、切萨皮克湾、多样性等，北京师范大学还比较关注国防气象卫星计划、干旱度指数、评估、白洋淀、北京地区、黑碳、元胞自动机等。总之，由于各机构的研究实力有所差异，各机构关注的研究主题词分布程度不同。

表 7-4 主要机构研究主题分布

机构	最受关注的主题词
中国科学院	城市化、中国、重金属、北京、土地利用、分布、地理信息系统、遥感、沉积物、气候变化
亚利桑那州立大学	城市化、土地利用、城市、索诺兰沙漠、植被、景观格局指数、可持续发展、沙漠、规模、城市生态学
美国地质调查局	城市化、大型无脊椎动物、水质、土地利用、农业、土地覆盖、藻类、海底大型无脊椎动物、鱼类
马里兰大学	城市化、土地利用、不透水面层、恢复、切萨皮克湾、多样性、土地覆盖、大型无脊椎动物、马里兰、氮
北京师范大学	城市化、北京、国防气象卫星计划、干旱度指数、评估、白洋淀、北京地区、黑碳、元胞自动机、化学分区
华盛顿大学	城市化、中国、土地覆盖、户口、不透水面层、城市生态学、华盛顿、北京、生物多样性、城市
北京大学	中国、城市化、土地利用、地理信息系统、湖区、归一化植被指数、遥感、农业生产、细胞自动机、华中地区
威斯康星大学	城市化、城市、决策树、土地覆盖、机器学习、遥感、阿巴拉契亚山脉、分类、环境、全球监测
佐治亚大学	城市化、城市、不透水面层、数据流、生态系统功能、生态系统服务、大型无脊动物、沉积物、水质、最佳管理办法
南京大学	城市化、中国、重金属、景观格局、可达性、农业土地流失、支付系统、湿地、城市规模、气候变化

7.3.2.4 论文的学科领域分布

在 Web of Science 中的 250 多种类别（收录在 Web of Science 中期刊的全部分类）中，与城市化研究相关的涉及众多研究领域且交叉频繁。在研究成果中，涉及最多的学科领域是环境科学和生态学，其次是地理学、城市研究、水资源、地球科学及多学科研究、经济学等（图 7-6）。

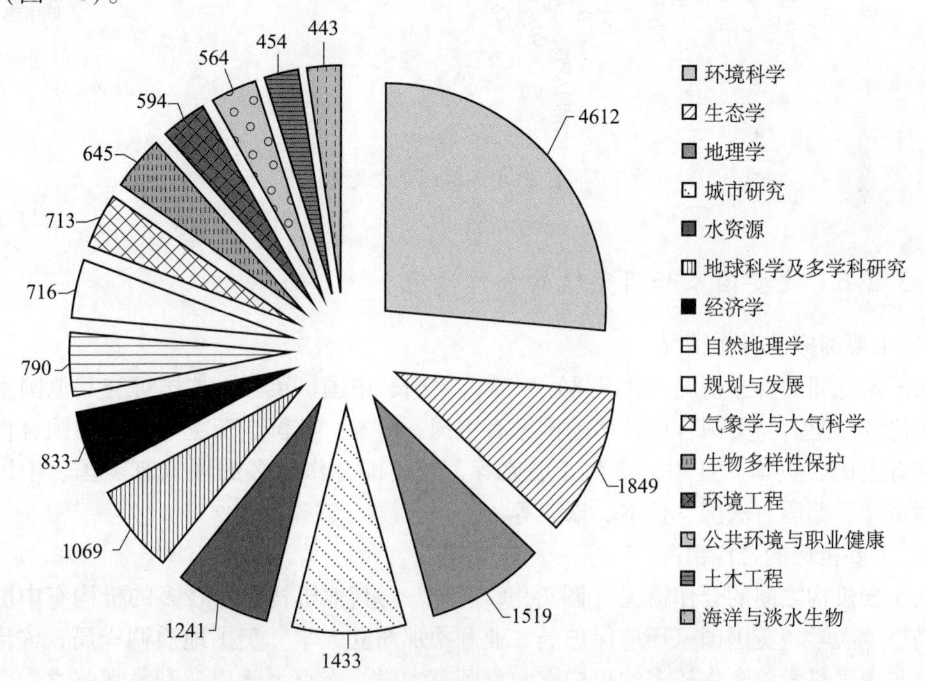

图 7-6 全球城市化研究领域的学科分布情况

7.3.2.5 研究主题的年度变化分析

对前20个关键词进行年度变化分析（图7-7）可以得出，1991～2013年，城市化、土地利用、中国、气候变化、城市、地理信息系统、水质等研究主题增长变化明显，但不排除个别年份存在小幅下降的情况；沉积物、农业、污染、鸟类、城市热岛效应等研究主题年度变化程度不大。

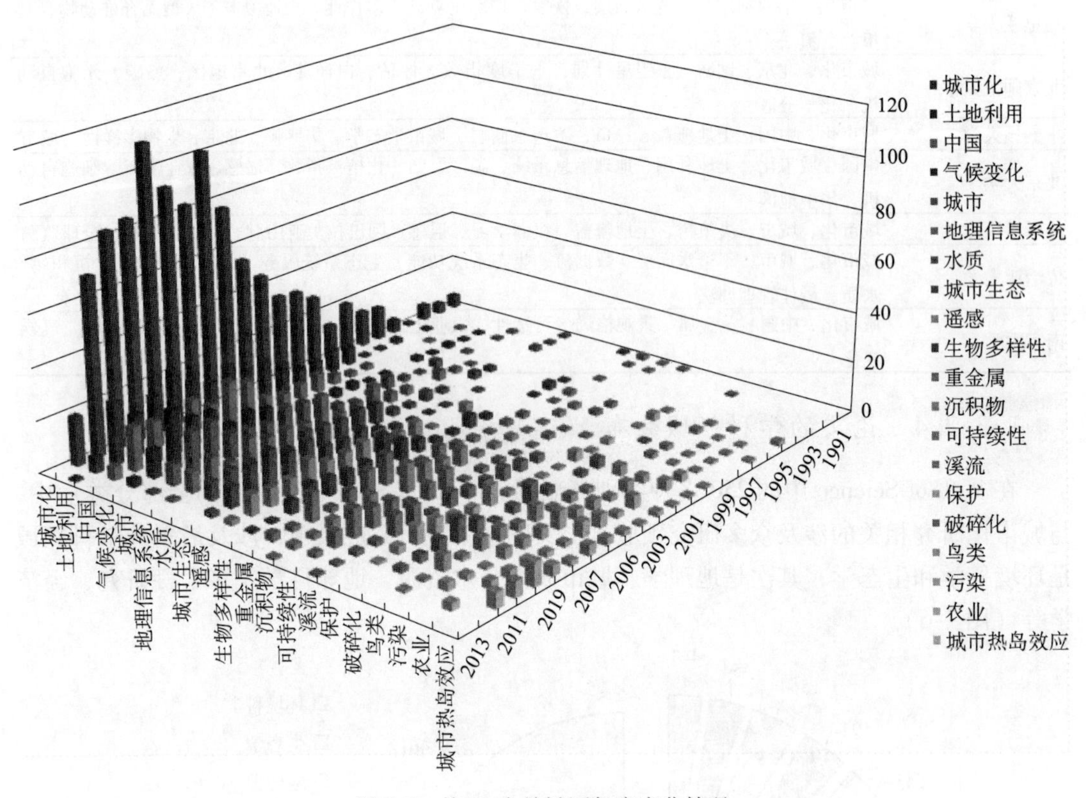

图7-7 前20个关键词年度变化情况

7.3.2.6 主要国家和研究机构合作情况

1）主要国家的合作情况

从国家之间的合作情况（图7-8）来看，美国、中国、英国、德国等与其他国家之间的合作比较广泛。与美国合作较多的国家有中国、日本、英国、荷兰等，与中国合作较多的国家有美国、英国、日本、荷兰、瑞典等，与英国合作较多的国家有美国、中国、荷兰、西班牙、德国、法国、日本、瑞典等。

2）主要机构的合作情况

从主要机构之间的合作情况（图7-9）来看，与其他机构合作较多的机构有中国科学院、马里兰大学、美国国家环境保护局、亚利桑那州立大学、美国地质调查局、佐治亚大学等。与中国科学院合作较多的机构有北京师范大学、南京大学、亚利桑那州立大学；与

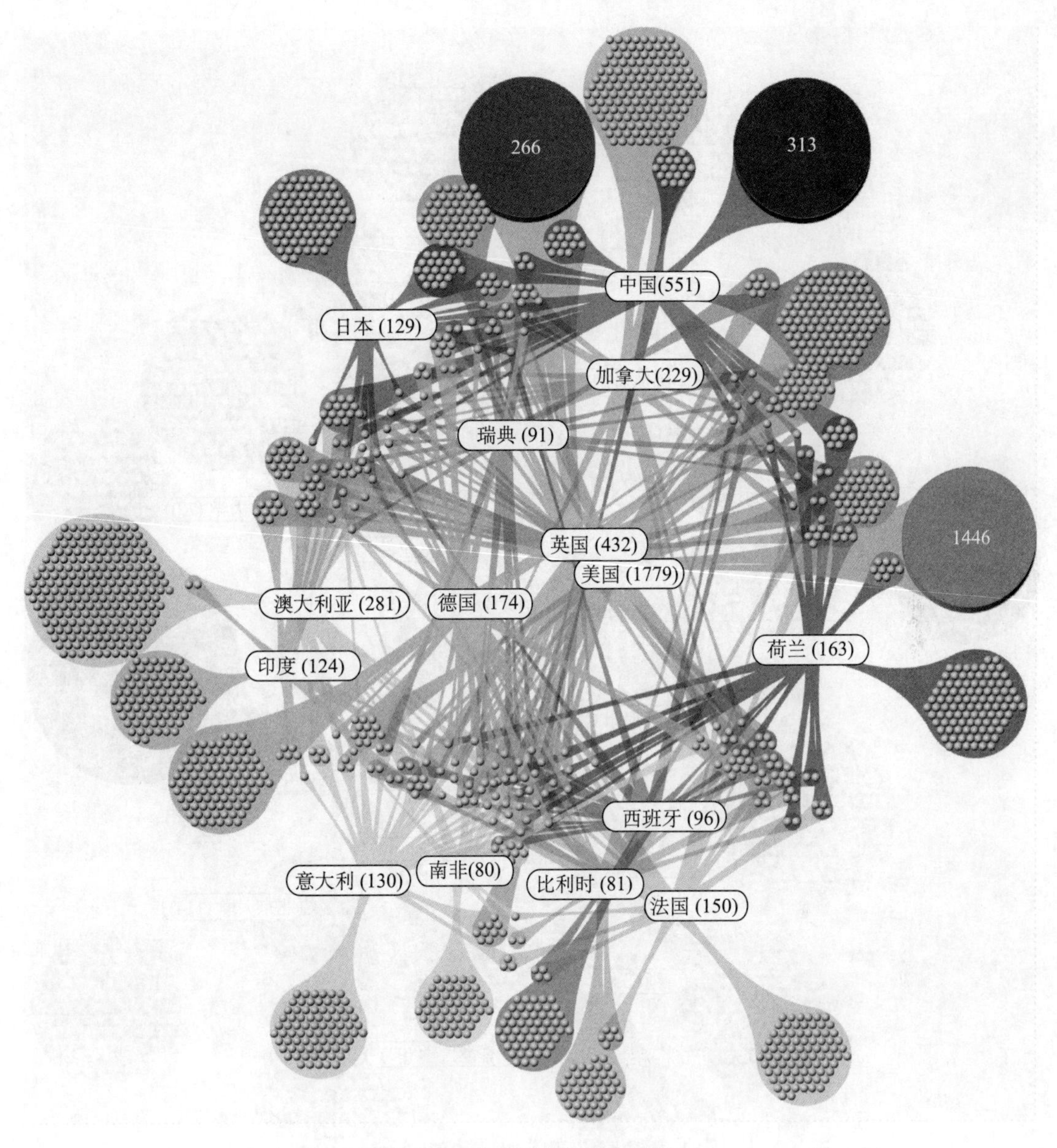

图 7-8 主要国家间合作情况

马里兰大学合作较多的机构有美国国家环境保护局、威斯康星大学、北卡罗来纳大学；与美国国家环境保护局合作较多的机构有马里兰大学、美国地质调查局、亚利桑那州立大学、北卡罗来纳大学；与亚利桑那州立大学合作较多的机构有中国科学院、北卡罗来纳大学、北京师范大学；与美国地质调查局合作较多的机构有美国国家环境保护局、马里兰大学、威斯康星大学、亚利桑那州立大学。

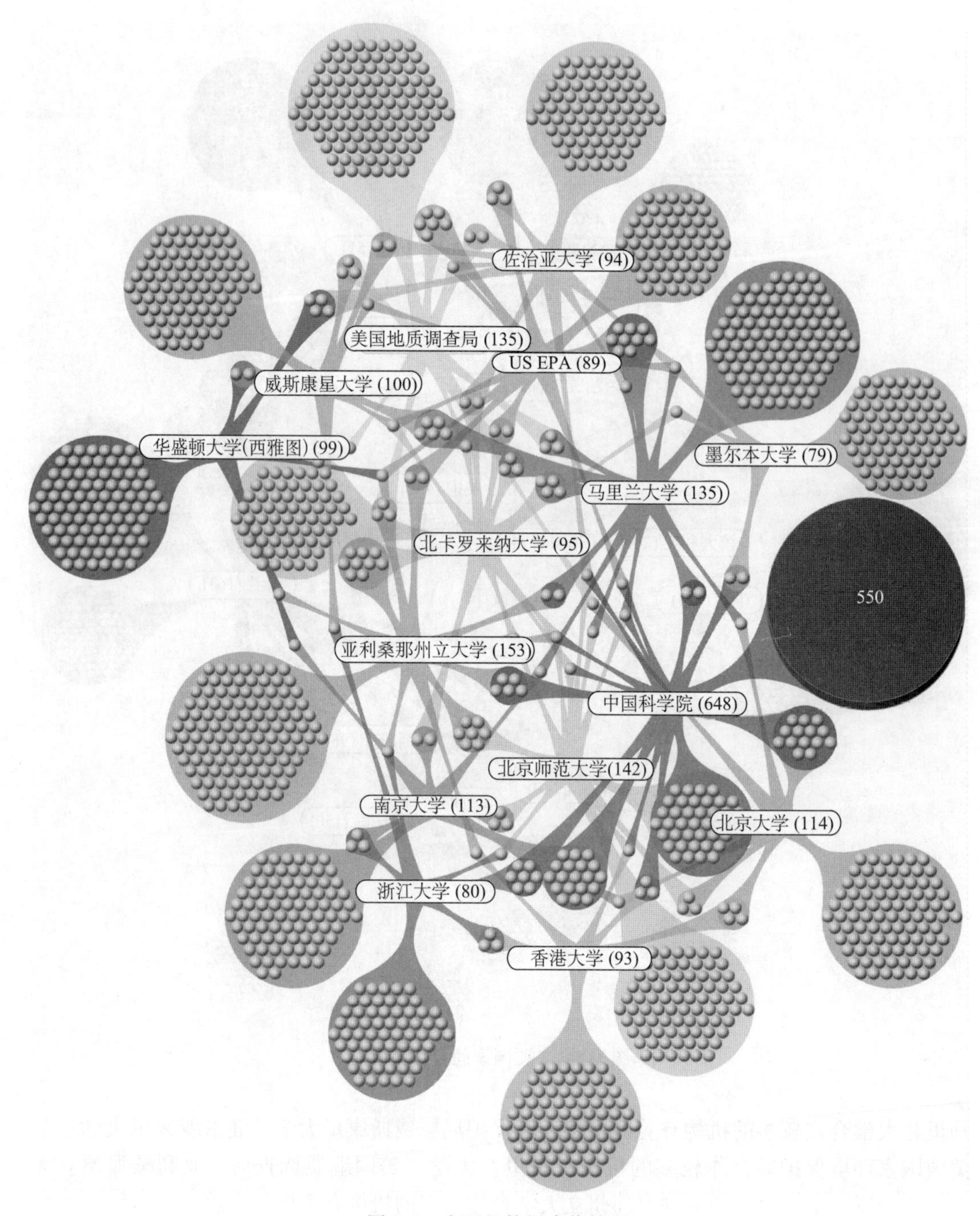

图7-9 主要机构间合作情况

7.4 城市化研究的前沿热点

在经济全球化过程中，流动人口迁移加剧、中产阶级数量激增以及资源分配不均等极端现象引起地理学者对城市化进程的重新审视和评价是近年来美国地理学家协会（Association of American Geographers，AAG）关注的一个重点（郭慧泉等，2013）。在纽约召开的AAG 2012 年会，探讨了如何运用先进的地理学方法和技术对城市化进程进行定量和定性分析，并从不同时间空间角度对比来评价城市化的影响和产生的问题。

（1）城市化的冲突和危机。着重讨论了城市化过程中城市文化和风貌流失带来的城市特色危机、小城市区独特的发展形态及其文化保留、地理学角度探讨选址冲突、非正规城市化（如贫民窟、棚户区等）带来的新机遇和潜在危险、政策变更和经济增长结构别变革导致农村和城镇就土地使用产生的冲突和争端、新开发区和城市绿地及农用地的分配冲突。

（2）人口和高层次技术移民。全球化和知识经济时代的到来预示着对高层次技术工人和企业家的需求增加，他们的流动模式受到越来越多的学者和决策者的关注。对高层次技术人员的竞争需求随着新经济体（如金砖国家，21 世纪以来成为经济界的新翘楚）的出现，演变得愈加激烈。AAG 学者们主要从统观当今各国国际移民及其相互联系、移民输出和移民接收国分析、发展中国家和发达国家针对高层次技术移民的政策要素、城市不同尺度下移民中心性形成研究、精英阶层的迁徙模式等几个方面对国际移民进行了探讨。

（3）城市规划和交通规划。随着城市扩张和郊区城市化，一方面呈现出城市居住和工作分布密度增加和间隔缩小，另一方面则表现为通勤距离和通勤时间增加。在这样的社会背景下，AAG 主要关注的是：城市住宅可购性和步行度及其周边负面因素（犯罪、止赎风险、低市场力和种族隔离）间的相互联系及可持续发展对住房政策的启示、探索城市扩张下新城区老城区通勤模式的变化、城市蔓延导致城市中心衰弱、对汽车的过度依赖及公共区域缺失等问题、城市外郊区廉价住宅成为低收入新移民的聚集地。

城市不断蔓延、大量能源消费、惊人且危险的气候变化影响、多种形式的不平等和排外现象、为所有人提供正当工作的困难加大等，在这个背景下，提出需要促进制定新的城市议程（WUF，2014），克服缺乏充足的法律框架和规划带来的挑战。新议程应该推动以人为本、基于“城市让生活更美好”的城市化模型，并要求新的技术、可靠的城市数据、综合性参与式规划举措，以便应对当前的挑战及未来城市的新兴需求。新城市议程应该：

（1）鼓励各国政府制定和使用各种方法，如国家城市计划和政策，把当前的城市发展与未来的需求联系起来，牢固地植根于公平正义和人权的基本原则。

（2）推动更强的社会凝聚力，打破社会壁垒，通过赋权社会的所有阶层，尤其是妇女、青年和原住民，促进公正。

（3）促进参与式、包容性的地方治理，赋权所有居民；承认各级政府的重要贡献，包括地区级、次区级和市级；加强正式协作机制；确认连带责任；向各级政府提供必要的资源和刺激手段，便于其有效地发挥各自的作用。

（4）基于促进青年参与、性别平等、均衡的区域发展的城市规划，促进可持续城市发展；加强城市韧性，应对气候变化和自然灾害；改造贫民窟并防止贫民窟滋生；提供住房、基本服务和保障土地使用权；提供安全、负担得起、便利、可持续的交通；向所有人提供安全的公共空间和服务。

（5）促进私营部门和公民社会的积极参与和专注努力，包括基层社区、通过伙伴关系联系的其他选区，以便保障广泛的经济和社会发展，目的是扶贫和为所有人创造就业机会。

SustainAbility 组织在 2010 年对全球 757 位具有资格的可持续发展专家关于新兴经济体的城市化和特大城市的问卷调查结果（图 7-10）显示：城市化对全球企业是有利的，但对社会将产生不利影响，水资源缺乏将会是面临的最大风险；全球企业应做好应对废弃物、经济发展和流动性的准备，企业应更多地关注城市环境的可持续问题。而应对这些挑战最大的障碍来自城市管理的缺乏和腐败。

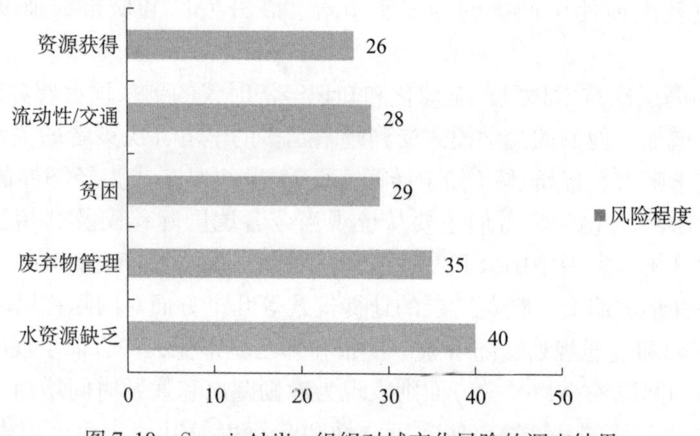

图 7-10　SustainAbility 组织对城市化风险的调查结果

综合国际上相关战略与计划关注焦点、重要机构和组织关于城市化研究趋势研判及文献计量的分析结果，可以概括出城市化研究的前沿热点内容主要集中在以下 5 个方面：可持续性城市发展、智能增长、城市资源风险管理、大都市区发展与治理、生态城市建设等。

7.4.1　可持续性城市发展

20 世纪 60 年代起，各国纷纷采取环保措施，治理污染，改善环境质量，但最初的环境问题不仅没有解决，反而不断恶化，环境问题打破区域和国家界限而演变成全球问题：全球气候变化、臭氧层耗减与破坏、生物多样性锐减、土地退化和荒漠化、酸雨等。也就是从那时开始，对环境问题的关注、对发展道路的反思和探索在世界范围内展开。今天，可持续发展思想已经成为全人类的共同理念，但如何实现资源环境与人类经济、社会发展的可持续性，在理论和实践上尚需开展长期深入研究和探索（张志强等，1999）。而在当前的城市化进程中正在面临的一个新的重大挑战是：城市消耗了全球 2/3 的能源供应和产

生了全球70%的二氧化碳排放量，全球19个最大的城市中有14个位于港口地区和沿海地区，约有3.6亿人居住在海平面低于10米的沿海地区城市，城市也特别容易受到气候变化的影响。因此，重新思考城市设计、增强城市恢复能力，并适应在可持续发展方面的要求，是未来城市规划面临的一项十分紧迫的任务。

7.4.1.1 可持续城市规划

1）可持续城市规划理念

从工业时代的城市化起步，到后工业化时代的全面发展，城市社区规划的思想发生了渐进性的转变，特别是20世纪70年代诞生的可持续发展理念为城市建设转型带来新的契机。目前全球有超过50%的人口生活在城市，城市是不可持续问题产生的现实根源，又是可持续发展理念未来应用的希望（杨东峰等，2010）。可持续城市的研究经历了从可持续城市发展目标、战略及相关政策方面的偏重环境、能源与经济问题研究，到近期主要关注城市的生态危机和社会危机问题的研究。

《新城市主义宪章》（*Charter of the New Urbanism*）的签署标志着新城市主义的宣言和行动纲领正式得以确立（CNU，1996）。新城市主义的核心思想是主张把第二次世界大战前美国城市设计的理念与现代环保、节能的设计原理结合起来，建造具有人文关怀、用地集约、适合步行的居住环境。美国绿色建筑委员会（USGBC）发起的可持续性的建筑性能和认证运动组织，即新城市主义大会（Congress for the New Urbanism）则是可持续城市规划改良源起的标志（Douglas，2008）。

2）规划体系的设计

在具体实践中，城市规划体系应从3个层面进行设计，首先应根据城市生态环境的特点、资源水平，对城市未来20～50年乃至更远的未来的可持续发展进行客观评价研究，制定出与可持续发展相一致的长远发展目标，从区域的角度对重要资源的配置及自然、环境的发展进行探讨。然后以此为长远目标指导，采用生态学方法，分阶段制订未来5～20年的“城市总体规划”，并同时运用战略环境评价理论对其进行可行性研究；最后按照“城市总体规划”，制订城市5年内的控制规划。在不同层面的规划设计中，应同时采用多种方式让公众全过程参与规划的制订与实施，听取各方意见并在规划中予以反映；并不断调整近期规划，建立反馈调整机制，使城市朝着所制订的长远目标方向发展；使城市的经济、环境、社会协调统一，实现城市的可持续发展。

3）规划的方法与工具

任何一种城市规划的方法都源自空间上的“特定地区”，因此，比较科学的利用方式应该是将这些经验与其他地区具体的城市规划问题结合起来进行思考。战略空间规划是一个指导性的长期空间规划和广义的概念性空间概念，而不是进行具体的空间设计。由于这种规划的战略性特征，它只关注对总体规划目标至关重要的部分或区域。按类型划分，比较典型的包括发达国家和发展中国家的战略空间规划、巴塞罗那模式等。在土地规范化和管理方面，城市规划面临的最具挑战性的问题，就是如何解决非正规性问题。在发展中地区和转型地区中出现的城市非正规区域的扩张问题，经常被看作不受欢迎的现象，需要消除和/或进行规划控制。新的规划理念提出消除非正规住区备选方案，如对此类住区进行规范和就地改造；对主要基础设施进行公共投资，以此影响发展模式；与非正规经济参与方合作，提供服务并对空间进行管理，而不是对街头商贩进行强制驱逐，或迁移至正规市场；抓住城市土地的升值以进行再分配。

7.4.1.2 城市发展与全球变化

在气候变化背景下，伴随着人口增长和城市化进程，发展中国家的许多城市暴露出城市发展与应对气候风险能力之间的巨大差距。气候变化带来的不确定风险，对于城市灾害风险管理提出了新的挑战，对此城市管理者需要一个学习和重新适应的过程。第一届“城市与适应气候变化国际大会”，提出建立“适应型城市”（resilient city）。2011 年第二届大会的“市长适应论坛”上，来自五大洲的35 位市长共同发表了《波恩声明》，呼吁城市管理者自下而上地推动地方适应气候变化和防灾减灾，增进城市和社区的适应能力与气候恢复力，建立城市适应资金机制，并且将适应气候变化纳入城市规划与发展项目之中（ICLEI，2011）。

为应对全球变化带来的影响，发达国家的城市规划提出针对适应型城市的新理念，许多城市规划学者呼吁将适应气候变化和气候风险管理纳入城市规划之中。2008 年，英国城乡规划协会（TCPA）出版了《社区能源：城市规划对低碳未来的应对导引》（*Community Energy*：*Urban Planning for A Low Carbon Future*）（TCPA，2008），针对低碳城市规划提出，在进行地方能源方案的规划时，应根据不同的社区规模，采用不同的技术来实现节能减排。同时应在充分考虑中心城市及郊区等不同区位情况的基础上，通过提高大型能源生产机构的可持续生产能力及促进能源的分散生产这种小规模的能源供应形式，来减少对化石能源的依赖，进而降低碳排放量。2011 年伦敦市政府推出《伦敦适应气候变化战略》（*The London Climate Change Adaptation Strategy*），提出城市适应规划的主要内容，以此编制适应路线图，包括：气候影响评估、脆弱性与风险评估、与气候变化相关的洪水、水资源短缺、热浪和空气污染等。纽约市“规划纽约”的中长期政策（NYC，2013），由25 个政府部门参与，明确将应对气候变化纳入城市规划和发展战略之中，提出城市减排30% 的低碳发展目标，更多的城市交通出行选择，提高建筑节能效率，改进防洪区划等政策目标。美国规划协会（APA）在《规划与气候变化政策指南》中建议通过政策和方法的创新，推动城市规划在应对气候变化风险中的积极作用，包括：制订和改进社区规划、优化交通体系、土地利用和生态保护建设，增强社会公众的风险应对意识，为决策者提供决策信息和技术支持等（APA，2011）。现代城市发展过程中面临着日益加剧的气候风险，城市发展的同时需要同步提高城市应对气候风险的能力，从城市可持续发展的角度，将防灾减灾、低碳发展、减排与适应协同考虑，已经成为全球城市共同的一个关注点。此外，Glaeser和 Kahn（2010）通过对美国66 个大都市区的研究发现，美国的城市发展与居民碳排放之间存在相应的规律，即同样收入水平的家庭，居住在城市郊区会比居住在城市中心排放更多的碳。这是因为郊区的住房密度低且面积大，同时郊区的居民更容易选择私家车的出行方式，且到就业地的距离也比较长。在大城市中这个区别表现得更加显著。

为减缓和适应全球变化带来的影响，未来城市规划必须应对的主要因素有：第一，气候变化和城市过度依赖石油驱动汽车带来的环境挑战；第二，快速城市化、萎缩的城市、老龄化及城市中不断增加的多元文化组合带来的人口挑战；第三，未来发展的不确定性及对以市场为主导的方法存在的基本疑虑所导致的经济上的挑战，以市场为主导的方法引起了目前的全球经济危机及城市活动中不断增长的非正规性；第四，不断增长的社会空间挑战，特别是社会和空间上的不平等、城市扩张、未经规划的城乡交错区的城市化及城市空间规模的不断扩大；第五，与施政和地方政府任务正在改变有关的机构方面的挑战。

7.4.2 智能增长

7.4.2.1 精明增长

2000年，APA联合60家公共团体组成了“美国精明增长联盟”（Smart Growth America），确定精明增长的核心内容是：用足城市存量空间，减少盲目扩张；加强对现有社区的重建，重新开发废弃、污染工业用地，以节约基础设施和公共服务成本；城市建设相对集中，空间紧凑，混合用地功能，鼓励乘坐公共交通工具和步行，保护开放空间和创造舒适的环境，通过鼓励、限制和保护措施，实现经济、环境和社会的协调。

精明增长虽然首先由政府提出，但学界的研究仍然引导了精明增长的热潮。Meglen等（2003）将精明增长定义为不同利益主体实现价值最大化的一种城市发展模式，并从政府管理者、土地开发者、水文学者、资源保护者的角度，建立了4种不同的目标函数，以美国马里兰州蒙哥马利县为例，分析得到了不同目标下的土地优化配置结果，从而为城市精明增长提供了科学依据。Gabriel等（2006）在考虑政府管理者、环境保护者、资源保护者、土地开发者等相关利益主体的基础上，应用多目标优化模型研究了美国马里兰州蒙哥马利县的精明增长问题，结合地理信息系统空间分析技术，最终实现了土地优化配置。

在大量而充分的理论研究和实践调研的基础上，尽管理论研究的争论并未停止，也没能阻止美国政府对于精明增长改革实践的推行。美国林肯土地政策研究院出版的《精明增长政策评估》（*Smart Growth Policies: An Evaluation of Programs and Outcomes*）对美国各州政府实施的精明增长政策进行了系统的评估。此次评估的目的在于检验达成精明增长的5个共同目标的政策有效性：促进紧凑发展、保护自然资源和环境质量、提供并促进多样化的交通选择、提供可支付住房、创造积极的财政影响。《空间扩张测算（2014年版）》（*Measuring Sprawl* 2014）报告（Smart Growth America，2014）以密度（每平方英里的人口与就业数量）、混合度（邻里家庭是否拥有混合性住房、工作及服务）、集中度（活动中心与市中心的力量）、路网连接度（路网的连接密度）4个因素统计测算了美国221个都市区域和994个郡的城市蔓延扩张的成本及精明增长的效益，第一次完整阐释了精明增长理念的重要意义。

7.4.2.2 智慧城市

自2008年IBM提出“智慧的地球”以来，引发全球智慧城市建设热潮。美国爱荷华州迪比克市与IBM共同宣布，将建设美国第一个智慧城市（IBM，2012）。IBM将采用一系列新技术武装的迪比克市，将其完全数字化并将城市的所有资源都连接起来，可以侦测、分析和整合各种数据，并智能化地响应市民的需求，降低城市的能耗和成本，更适合居住和商业的发展。《欧洲 2020 战略》提出了 3 项重点任务，即智慧型增长、可持续增长和包容性增长，并把“欧洲数字化议程”确立为欧盟促进经济增长的七大旗舰计划之一（EC，2010a）。《欧洲数字化议程》提出了七大重点领域：一是在欧盟建立单一的充满活力的数字化市场；二是改进信息通信技术标准的制定，提高可操作性；三是增强网络安全；四是实现高速和超高速互联网连接；五是促进信息通信技术前沿领域的研究和创新；六是提高数字素养、数字技能和数字包容；七是利用信息通信技术产生社会效益，如信息技术用于节能环保、用于帮助老年人等（EC，2010b）。欧盟的智慧城市评价标准包括智慧经济、智慧移动性、智慧环境、智慧治理等方面，目前瑞典、芬兰等北欧国家，以及荷兰、比利时、卢森堡、奥地利城市智慧程度较高。日本政府 IT 战略本部制定了《i-Japan2015 战略》（IT 战略本部，2009），旨在到 2015 年实现以人为本，“安心且充满活力的数字化社会”，让数字信息技术如同空气和水一般融入每一个角落，并由此改革整个经济社会，催生出新的活力，实现积极自主的创新。该战略包括电子政务、医疗和教育三大核心领域。《i-Japan2015 战略》提出整顿体制和相关法律制度以促进电子政府和电子自治体建设，为国民提供专用账号，让其能够放心获取并管理年金记录等与己相关的各类行政信息。国民还可经由各种渠道轻松享受广范围的一站式行政服务，参与电子政务。新加坡启动了一个为期 10 年的计划——iN2015 Masterplan（iDA，2006），计划投资约 40 亿新元，利用无处不在的信息通信技术将新加坡打造成一个智慧的国家、全球化的城市。到 2015 年，新加坡政府希望实现如下 6 个目标：90% 的家庭使用宽带网络；100% 的学龄儿童家庭拥有计算机；信息通信科技业带来 8 万个新增就业机会，其中 5.5 万个信息通信类工作和 2.5 万个附属类工作；信息通信增值产业的产值增倍，达到 260 亿新元，信息通信产业出口收入增长 3 倍，达到 600 亿新元，新加坡成为全世界成功应用信息通信技术为经济与社会创造增值首屈一指的国家。来自全球不同领域的一千多名学者、专家参加了由联合国欧洲经济委员会（UNECE）、格拉茨市和国际关系组织（OiER）联合召开的“未来城市”为议题的国际会议（UNECE，2014），会议讨论了：我们所居住的城市的未来在哪里，我们如何满足日益增长的城市居民的需要，我们如何看待城市发展和环境的关系与城市资源的配置的问题，以及智慧城市的发展的重点方向等。

随着城市化进程的增快，今天全球超过一半以上的人口居住在城市里，到 2050 年，全球将有 70% 的人口居住在城市里，75% 的全球经济活动将发生在城市里，城市将成为全球 GDP 和投资的主战场。智慧城市的发展是城市发展的必然选择，而新兴智慧城市的发展趋势和重点将主要集中在城市的机动灵活性、发达的沟通设施、良好的生活和健康的城市规划、资源和能源等领域。

7.4.3 城市资源风险管理

7.4.3.1 紧凑城市

20 世纪 80 年代后期以来，由于可持续性概念的引入，紧凑城市的概念在许多西方国家得到广泛的普及（Fulford，1996）。20 世纪 90 年代，许多欧洲国家对紧凑城市展开了广泛讨论，认为这是实现城市可持续发展目标的一种途径。欧洲共同体的《城市环境绿皮书》（CEC，1990）强调将环境和生活质量作为城市发展的政策目标，强烈提倡密集开发和混合利用。随着发展中国家城市化进程的加快，促进发展中国家城市紧凑型发展成为学术研究热点。但是，由于发展中国家和发达国家提出紧凑城市的背景不同，城市发展特征不同，紧凑城市的内涵也存在差异（Jenks，Burgess，2000）。从可持续的城市发展形态的角度分析，“紧凑”的内涵归纳为 3 个方面：①功能紧凑，指通过城市要素功能上的相互联系，相互作用，形成一个有机的功能实体，通过功能间互补作用，减少通勤量，以实现紧凑型城市的目标；②规模紧凑，指提高城市要素承载规模，如人口、建筑密度等，是实现功能紧凑的首要条件；③形态紧凑，指在规模及功能配置既定的条件下，通过城市空间分布模式的优化以达成城市的紧凑（洪敏，金凤君，2010）。

另外，紧凑城市还是一种可供选择并能较好解决新兴问题的政策工具。城市边缘地带的快速扩展、气候变化对城市威胁的加剧、城市人口的下降和老龄人口的增长、可持续经济增长的挑战等城市发展趋势加快了城市政策调整的进程。首先，持续的城市化直接影响城市空间的可持续利用，紧凑城市可以成为一种政策选择。其次，虽然有众多的政策工具可以应对气候变化，紧凑城市政策预期可以在减少交通和建筑的二氧化碳排放方面发挥重要作用，因为对交通和建筑而言，城市空间的利用直接影响其二氧化碳排放。紧凑城市政策可以减少城市地区对能源的依赖，从而提高城市的能源价格弹性，实现环境、社会和经济的可持续发展。英国政府在核心的规划政策文件（UK DCLG，2006）中将城市的紧凑度视为其可持续发展政策的核心要素。荷兰政府也将城市紧凑度视为可持续发展政策的核心。在挪威，中央政府开始实施密集开发的政策。在北美，精明增长的理念日渐普及，包括替代交通方式的组合、基础设施更新升级、更广泛的居住选择、更好的环境保护及城市中心更多的再投资。

目前实现绿色增长的过程中正面临包括城市蔓延、温室气体排放等在内的诸多挑战，尤其是在国家经济逐步走出经济危机的同时是否能够维持城市经济长期增长的结构性挑战。紧凑城市概念可以很好地回应这些挑战，这也是近年来国际组织和学术团体强调紧凑城市政策对政策制定者具有重要意义的原因。

7.4.3.2 城市灾害风险管理

快速的城市化运动产生了一些贫困街区，这些贫困街区缺乏适当的住房、基础设施和服务，极端天气和气候变化的影响使这些街区成为城市最易遭受灾害的地区。联合国教科文组织（UNESCO）和荷兰政府资助的“沿海城市防洪脆弱性研究”项目（Balica et al.，2012），通过综合考虑城市地形、水文条件、社会、经济、政治和行政因素构建脆弱性指数对 9 个样本城市进行了评估，明确指出我国上海是面对严重洪灾时防御能力最弱的城市。欧盟 FP7 资助了“城市区域洪涝灾害耐受度合作研究”（CORFU）（EU，2010）项目，完成了 8 个城市对洪涝灾害承受力的案例研究，为科学构建城市的洪涝防御工程体系提供了科学技术支撑。CORFU 项目主要围绕城市洪涝灾害问题开展了 7 个方面的工作：①整合研究资源；②探讨发生城市内涝灾害的驱动力；③提升城市降水模拟技术；④改进、扩充和整合现有的洪涝灾害影响评价模式；⑤强化现有的洪涝灾害风险管理策略；⑥灾害驱动力、洪灾影响评价模式及风险管理策略的实践应用；⑦项目统筹管理。亚洲开发银行出版了研究报告《洪水风险管理战略方法》（ADB，2013），从战略层面阐述了现代洪水风险管理的目标和特点、洪水风险管理实施面临的挑战、支撑洪水风险管理的决策工具和技术、制定洪水风险管理战略应遵循的原则等4个方面的关键问题。荷兰和美国科学家合作提出了基于多学科交叉的洪水治理战略评估方案（Jeroen et al，2014），并应用于美国最易受洪水影响的纽约市。基于对美国沿海郡县关键基础设施和疏散路线越来越容易受到海平面升高、暴风雨和洪水增加的影响的现状，美国白宫环境质量委员会发布关于确立联邦洪水风险管理标准和进一步征求并考虑利益相关者参与的流程的行政命令（CEQ，2015），通过建立新的“联邦洪水风险管理标准”（Federal Flood Risk Management Standard），以减少未来洪水灾害的风险和成本。

7.4.3.3 城市脆弱性

美国《科学》杂志发表的“可持续性科学”提出“特殊地区的自然-社会系统的脆弱性或恢复力”研究是可持续性科学的7个核心问题之一（Kates et al.，2001）。过度的人类活动或不恰当的人类活动及不合理的经济发展方式等都会导致城市地区的地理系统发展改变，达到脆弱点时，脆弱性就在某些地方出现，整个地理系统就进入脆弱性状态（Kochunov，李国栋，1993）。城市脆弱性是努力实现城市可持续发展亟须开展的重要研究内容。国外对于城市脆弱性的研究多关注特定外界环境背景下特定地点或地区的脆弱性，如地震、洪灾、飓风、海啸等灾害和全球气候变化等。研究内容主要是城市人群和城市区域应对灾害的脆弱性，并对脆弱性产生的原因和空间分布上的差异进行深入分析。

亚太地区近年来遭受自然灾害的数目呈增长趋势，使越来越多的民众暴露在风险之中，并加重了其脆弱性（UNISDR，2012）。为此，重点应开展将减少灾害风险工作纳入国家和区域发展的整体战略框架之中，加大优化早期预警系统的投资，提高社区防灾、减灾和抗灾能力，通过改善城市规划等预防手段增强应对灾害的韧性，为脆弱人口构建社会保障网，重点建设具有抗灾能力的学校、医院、卫生设施及道路交通，并在国家之间共享关于气候和灾害风险管理的信息、技术、良好做法和吸取的经验教训，通过区域合作加强抗灾能力建设。

联合国国际减灾战略将继续领导和支持全球、区域和国家间的协商，并通过协商制定了世界减轻灾害风险会议目的及成果的框架（UNISDR，2014）。在减少城市风险和增强应变能力方面，预期通过国家和地方政府的动员来达到：提高对减轻灾害风险和加强抗灾能力的认识和行动；扩大利益相关者对增强社区弹性的需求及投资；提高将减轻灾害风险作为气候风险管理和可持续发展规划不可或缺的一部分的认知；推进减轻性别敏感的灾害风险。

7.4.3.4 城市水资源管理

由于人口增长、气候变化和环境恶化，城市化进程中出现的水灾害加剧、水资源紧缺、水环境恶化等城市型水问题呈加剧趋势，全球多个主要城市面临前所未有的严重水污

染压力。如何获得充足而又清洁的供水是全世界的市长都要面对的一个重要课题，而气候变化给城市带来的影响也使这个问题变得更加紧迫。因此，加强城市水资源管理、促进城市用水健康循环和保障城市可持续发展具有重要意义。城市水资源管理是一项复杂的系统工程，其最终目标是水资源开发利用达到经济效益、社会效益和生态效益的协调统一，从中寻求最优的水资源利用方式，最大限度地满足城市国民经济各部门的需求，改善国民经济用水和生态环境用水的矛盾，实现水资源对国民经济发展和生态环境的支撑。《城市水蓝图》（The Nature Conservancy，2014）对全球530个大中型城市的2000处饮用水源地（河流、森林和其他生态系统）进行分析指出亚太地区城市因大部分用水来自易受污染的地表水源而面临严重缺水风险。报告分析了全世界大城市面临的水资源风险和行之有效并可广泛应用于自然景观和农耕区域的5种保护战略的潜力，提出加强对相关流域河流、森林和农田的科学保护和管理，是积极应对城市水源危机、防治水污染的重要举措。

7.4.3.5　城市环境与废弃物管理

随着城市化进程的加快及经济的高速发展，世界的能源消费需求正在不断增加。同时，在这一过程中城市生活固体废弃物总量的增加及处置过程中所产生的经济、社会、环境压力，迫使各国越来越重视城市生活固体废弃物的管理，并将其纳入城市的可持续发展管理之中。目前，欧盟、美国、日本等发达国家或地区都已经形成了相对成熟的城市生活固体废弃物管理模式，欧盟通过建立分层次的废物处理体系，对城市固体废物从产生到最终处置的各个环节进行了严格的管理。欧盟各国以更低的环境成本产生更大的经济效益，依多种提取自然资源更多价值的方法，实现了通过建立分层次的废物处理体系，对废物预防、回收、再利用、处理处置等，最终达到减少废物处理（EEA，2013）。为了遏制欧盟成员国垃圾产生量的增长趋势，2007年欧洲议会通过了一项废弃物减量框架指令法案，此项法案明确规定了欧盟各成员国实现垃圾减量和资源回收的目标，包括废物管理的一系列目标和至2020年更广泛的目标。近年来，这些重要的目标已经集成到欧洲环境政策中。

7.4.4　大都市区发展与治理

大都市区（metropolitan area）是城市化发展到一定程度的产物，是国家经济发展的主要动力，也是参与全球竞争的主要单元和战略平台。大都市区的治理结构及其治理模式是影响大都市区整体竞争力的重要因素之一（Paytas，2001）。然而，在大都市区快速发展的同时，一系列矛盾与问题也始终在挑战大都市区的治理能力。大都市区治理是在一个扩大的大都市的政治空间里，运用政府的制度和规程，在公众参与政策制定、资源分配及其一切事务的政治过程中的管理决策过程（NRC，1999）。新区域主义主张大都市区治理以合作关系为主要方式，从更广泛的大都市区范围出发，打破公私部门界限和地区界限，通过在相关主体间建立健全有效的协调机制以提高区域性竞争力，保证大都市区理性发展和缓解社会经济问题。实际上，新区域主义的一个重要主张就是号召郊区政府协助中心城市获得稳定和复苏。其主张的协助措施包括财政转移支付机制、生产管理政策、住宅公平分享法案、改善公众交通、政府组织与非政府组织之间的志愿合作等。例如，Pierre（1999）用合作与协作，包括区域内政府与私人及非营利组织之间的合作来定义和研究大都市区治理。《属于市民的城市：改善大都市管理方式》（*Cities for Citizens*：*Improving Metropolitan Governance*）研究报告（OECD，2001）也强调，大都市区的有效治理应该包括：从区域政府管理转向区域治理，参与式治理取代传统的自上而下的命令驱动体制，鼓励多种形式的参与和引入更透明的决策程序，建立包括公共部门间及公私部门间的伙伴关系等。

7.4.5 生态城市建设

随着全球城市化面临的资源环境瓶颈约束的不断增强，国际上生态城市建设成为城市化发展的一个根本方向。生态城市（eco-city）是联合国教科文组织发起的“人与生物圈”（MAB）计划研究过程中提出的一个概念，旨在用生态学的理论和方法来指导城市的研究和发展，正确处理城市化过程中人与自然的关系，其核心目标是“人与自然高度和谐”。Richard Register 在《生态城市伯克利：为一个健康的未来建设城市》（*Eco-city Berkeley*：*Building Cities for a Healthy Future*）（Register，1987）提出了所期望的理想生态城市应具有的 6 点特征，后于 1990 年他再次倡议“生态结构革命”（ecostructural revolution）的理念，并提出生态城市建设的 10 项原则。这 10 项原则比较全面地反映了西方社会生态城市建设的热点问题和发展趋势。第五届国际生态城市大会讨论通过了《生态城市建设的深圳宣言》，明确提出了 21 世纪城市发展的目标和生态城市的建设原则与行动措施，阐述了建设生态城市包含的 5 个方面的内容：①生态安全，即向所有居民提供洁净的空气、安全可靠的水、食物、住房和就业机会，以及市政服务设施和减灾防灾措施的保障。②生态卫生，即通过高效率、低成本的生态工程手段，对粪便、污水和垃圾进行处理和再生利用。③生态产业代谢，即促进产业的生态转型，强化资源的再利用、产品的生命周期设计、可更新能源的开发、生态高效的运输，在保护资源和环境的同时，满足居民的生活需求。④生态景观整合，即通过对人工环境、开放空间（如公园、广场）、街道桥梁等连接点和自然要素（水路和城市轮廓线）的整合，在节约能源、资源，减少交通事故和空气污染的前提下，为所有居民提供便利的城市交通。同时，防止水环境恶化，减少热岛效应和对全球环境恶化的影响。⑤生态意识培养，帮助人们认识其在与自然的关系中所处的位置和应负的环境责任，引导人们的消费行为，改变传统的消费方式，增强自我调节的能力，以维持城市生态系统的高质量运行。

1997 年日本通产省（现经济产业省）提出了“生态城市”的规划，以“零排放”为目标，在全国范围内积极推广循环城市建设。英国政府承诺到 2012 年在全国建立 10 个零碳生态城镇。澳大利亚的怀阿拉市在生态城市的公众参与方面为其他城市树立了典范。例如，怀阿拉生态城市咨询项目的中标方在各种场合宣传怀阿拉的生态城市项目，频繁在怀阿拉中小学宣传怀阿拉生态城市项目的内容和意义，并开展由年轻一代参与的短故事竞赛，让他们想象怀阿拉市的未来生态城市图景，以便从中获知年轻人的需要，从而有利于进行生态城市的设计。

7.5 对我国新型城镇化研究的启示

综观国际上城市化研究的发展，实现我国城镇化的科学与可持续发展，必须从城镇规划、城市经济社会生态统筹发展战略、城市人居环境与生态城市建设、城市洪涝灾害管理、城市综合管理服务、城镇化政策体系等多方面开展系统性研究。

7.5.1 重视可持续性城市规划研究

城市规划的本质是避免城市建设的无序化发展和短视行为、提高城市发展中的资源利用的集约化水平、降低城市发展的资源环境浪费、建设人与自然和谐的人居环境等。

随着城市规划的战略性、综合性日益加强，在国家可持续发展战略实施体系中，城市规划及其政策的作用日益凸现。近年来，我国先后提出了贯彻“科学发展观”和建立“和谐社会”的构想，并且相应要求在新型城镇化过程中进行探索与实践。其强调的实质就是人与人之间、人与环境之间和谐发展的问题，这与国际社会，尤其是发达国家对于可持续发展的认识和理解在内容上是一致的。从国家规划政策、地方城市规划编制到具体城市规划方案的制订，可持续发展有可能为城市规划带来新的理念、新的视角和新的思维，进而，结合各个地方创造性的实践，有可能推动新的城市规划理论与方法的发展，探索并发现各种途径、各具特色的城市规划可持续发展策略。

我国是一个气候条件复杂、生态环境脆弱、自然灾害频发、易受气候变化影响的国家，在全球气候变化已经成为事实的当下，必须加快推进应对气候变化的各项研究，全面提高我国城市应对气候变化的能力。城市规划作为引导城市发展与管理城市建设的重要手段，无论是其政策属性还是技术属性都决定了城市规划能够在加强城市应对气候变化能力的工作中发挥积极作用。对我国的城市管理者、规划制订者及研究者而言，需要在城市规划的研究制订与日常管理中，有意识地考虑适应气候变化、防灾减灾、环境治理、生态保护、社会公平等可持续发展的要求。对于这一新的议题，学界、政府和城市管理部门还需要进行持久深入的理论与方法探讨，以及实践经验的积累。

7.5.2 加强智慧城市的系统性研究

从国外智慧城市建设实践来看，智慧战略与规划、政府引导和示范工程、智慧技术的应用、基础设施建设等是智慧城市建设成功的关键。新一轮信息技术革命构成了智慧城市建设的两大背景，从研究现状来看，整体上智慧城市建设目标、智慧城市架构、智慧城市构建方案、智慧城市建设模式、智慧城市建设路径等还处于探索阶段，各国的智慧实践也多处于规划实施过程中，或单个智慧工程实践成效凸显阶段，还没有哪个城市或区域全面实现智慧化。但世界各国智慧城市的探索性实践为未来智慧城市理论构建奠定了基础，也为未来智慧城市建设实践提供了经验和借鉴。

首先，探索研究既能紧跟世界创新发展潮流，又能服务于我国未来发展需求，推动国家影响力和城市竞争力的提升，是智慧城市发展的最终目标。这要求对我国智慧城市建设理论和体系进行研究，以解决发展中国智慧城市所迫切需要理解的关键性理论问题，而不是成为商业性技术的盲目追随者。其次，我国与先期城镇化国家相比具有时代背景和技术背景上的巨大差异，其所直接导致的结果是我国在进入城市化社会时，面临着与150年前的英国、90年前的美国并不完全一致的城市问题和问题解决方式。需要研究我国特定空间背景下的城市社会特征，从社会驱动的角度研判我国在建设智慧城市过程中为应对国情需求而对技术发展进行哪些引导。这些基本国情差异，反映到智慧技术的应用上体现为对技术的不同需求。因此，我国的智慧城市必须依照我国自身的社会组织逻辑对世界上现有的智慧技术进行改造和发展，使之顺应我国城市发展的需求、国家战略的需求。

7.5.3 加强城市内涝管理研究

我国城市建设长期以来存在着“重地上、轻地下”、“重显性工程、轻隐蔽工程”的问题，对城市防洪基础设施建设投资不够重视，小洪小灾、大洪大灾现象十分普遍。《城市防洪工作现状、问题及其对策》（中国水利水电科学研究院，2013）显示，2008～2010年我国351个城市中有62%的城市发生内涝，其中内涝灾害超过3次以上的城市有137个，在发生过内涝的城市中，57个城市的最长积水时间超过12小时。城市内涝的频发暴露出各地城市缺乏洪涝防治经验，也忽视了对城市洪涝防治重要性的认识与科学防治措施的落实。基于国内外对城市洪灾问题的研究态势，我国城市洪灾的研究应重点关注：①开展城市“排水（雨水）防涝规划”，全面提高城市内涝灾害防御过程设防标准；②构建城镇防洪、排水和排涝3套工程体系，抵御暴雨、洪水和城市内涝灾害，提高工程防灾水平；③排水管网体系评估研究，确保排水系统的完整性，并积极进行应急工程建设，尽快减少城市内涝损失；④完善政策体系，建立完善的城市内涝责任奖惩制度；⑤加强管理体系建设，组建高标准城市排水防涝系统运行管理保障体系。

7.5.4 强化城市化的跨学科综合研究

城市化过程本身体现出的复杂的环境、社会和经济现象，决定了城市科学是建立在多专业学科交叉基础上而又超于专业学科的“前沿科学”。吴良镛院士曾指出，城市科学是交叉学科，是综合性、战略性、前瞻性很强的学科（张启成，1999）。例如，在全球气候变化已经成为事实的当下，应对气候变化的城市规划研究涉及气象学、环境学、经济学、生态学等多个学科领域，因此，突破传统规划学科的局限，借助其他学科的相关技术方法成为城市规划研究的必然选择，而多学科的融合也必将促进城市规划学科朝着更为科学化的方向发展。因此，解决城市化过程中出现的问题，不仅要依靠城市地理学、城市规划学、城市管理学等的基础理论与研究方法，更需要集理、工、文、经多学科交叉和融合，加强学科间研究方法和手段的借鉴，共同提出科学的、兼顾科领域问题的综合解决方案。

7.5.5　加强城镇化的区域性发展政策研究

城市政策是一个非常广泛的概念，由于受到各方面原因的影响，很难进行国家城市化政策的比较分析，但是从发达国家目前的研究已经可以总结出以下趋势：首先，区域性发展政策愿意采取更加务实的方式来实现平衡的地域发展这一概念，而这个概念往往有利于城市地区。在一段时间内，许多国家的中央政府倾向于认为过度城市集中具有负面性。其主要论点是人口及产出在大都市地区的集中对国民经济的整体发展产生负面影响，这是因为大都市将消耗其他地区的技能、资本及实物资源，从而拖累平衡的地域发展。基于这一论点，许多发达国家已执行（并且仍然正在执行）具体的政策来限制其最大都市区的发展。与发达国家一样，我国政府在过去数年多次调整城市政策。农村地区的经济发展成为首要任务，但不同类型区域的繁荣密切相关，因此我国政府加大了对城市发展的关注，包括主要城市群（珠江三角洲、长江三角洲及泛渤海大都市区域），并在最近的5年发展规划中首次明确提出这一点（Kamal-Chaoui et al.，2009）。其次，发达国家的城市政策正在变得更为积极主动并具有前瞻性。过去城市政策趋向于矫正（解决负外部性）并且不具有积极主动性（即在解决负外部性的同时培养聚集经济）。在20世纪80～90年代，城市政策的基本内容主要是如何挽救衰退的工业城市的措施，如应对城市基础设施陈旧、城市犯罪和社会问题。目前，在大多数发达国家，城市发展政策不再局限于重建衰落地区，而是致力于创建能够成为节点并在全球经济中最具创新性及活力的行业中具有竞争力的大城市空间。基于上述两方面的趋势，城市化政策的研究将是新型城镇化发展的热点研究领域，发达国家的城市化政策方面的研究经验仍具有重要借鉴价值。

7.5.6　加强生态城市建设研究与实践

目前我国现代化建设正处于快速城镇化时期，并伴随着农业转型和工业化进程，面临着国际金融危机和全球气候变化的压力，问题复杂严峻，建设生态城市、走生态文明之路是我国城市科学发展的正确选择，重点在于处理好基础设施建设与重视生态保护协调问题。城市基础设施状况是城市发展水平和文明程度的重要体现，是城市环境保护和经济社会协调发展的物质条件。城市基础设施除了传统的交通、能源、饮水、通信等方面外，还包括环境保护、生态服务、减灾防灾、信息网络等新的领域。当前，城市基础设施建设特别是与环境相关的基础设施建设滞后是影响生态城市建设的关键因素。城市各项基础设施系统之间是相互关联、相互影响的，必须整体规划与设计，并适度超前，避免建设的滞后性和盲目性，以确保基础设施各系统之间的协调性和对生态环境的支撑作用。

致谢：中国科学院地理科学与资源研究所高晓路研究员和刘盛和研究员、兰州大学资源环境学院杨永春教授、西北师范大学地理与环境科学学院石培基教授、南京大学建筑与城市规划学院徐建刚教授等专家、学者审阅了本报告初稿，并提供了许多重要而详尽的建设性修改意见，在此谨致谢忱！

参考文献

程茂吉．2012. 基于精明增长视角的南京城市增长评价及优化研究．南京师范大学博士学位论文．

第五届国际生态城市大会．2002. 生态城市建设的深圳宣言．城市发展研究，9（5）：78.

郭慧泉，张国友，何书金．2013. 近年来美国地理学研究热点问题．地理研究，32（7）：1375-1377.

国务院．2014. 国家新型城镇化规划（2014～2020年）．http：//www. gov. cn/zhengce/2014-03/16/content_2640075. htm［2014-08-15］．

洪敏，金凤君．2010. 紧凑型城市土地利用理念解析及启示．中国土地科学，7：10-13，29.

科学新闻．2014. 探寻中国特色城镇化之路．http：//www. science-weekly. cn/skhtmlnews/2014/7/2525. html［2014-09-10］．

李德华．2010. 城市规划原理．4版．北京：中国建筑工业出版社．

刘慧，樊杰，李扬．2013. "美国2050" 空间战略规划及启示．地理研究，1：90-98.

施岳群，庄金峰．2007. 城市化中的都市圈发展战略研究．上海：上海财经大学出版社．

杨东峰，毛其智，龙瀛．2010. 迈向可持续的城市：国际经验解读——从概念到范式．城市规划学刊，1：49-57.

张启成．1999. 城市发展与城市科学．城市发展研究，（2）：4-09，64.

张志强，孙成权，程国栋，等．1999. 可持续发展研究：进展与趋向．地球科学进展，14（6）：589-595.

中国水利水电科学研究院．2013. 城市防洪工作现状、问题及其对策．http：//ccfc. org. cn/news/html/?492. html［2014-09-11］．

诸大建，刘冬华．2006. 管理城市成长：精明增长理论及对中国的启示．同济大学学报（社会科学版），17（4）：22-28.

ADB. 2013. Flood Risk Management：A Strategic Approach. http：//www. adb. org/publications/flood-risk-management-strategic-approach［2014-08-10］.

ADB. 2013. Strategic Options for Urbanization in the People's Republic of China：Key Findings. http：//www. adb. org/sites/default/files/publication/30397/options-urbanization-prc-findings. pdf［2014-08-20］.

APA. 2011. Policy Guide on Planning and Climate Change. https：//www. planning. org/policy/guides/pdf/climatechange. pdf［2014-10-05］.

Balica S F，Wright N G，van der Meulen F. 2012. A flood vulnerability index for coastal cities and its use in assessing climate change impacts. Natural Hazards，64（1）：73-105.

CEC. 1990. Green Paper on the Urban Environment 1990. http：//ec. europa. eu/green-papers/pdf/urban_ environment_ green_ paper_ com_ 90_ 218final_ en. pdf［2014-07-24］

CEQ. 2015. FACT SHEET：Taking Action to Protect Communities and Reduce the Cost of Future Flood Disasters. http：//www. whitehouse. gov/administration/eop/ceq/Press_ Releases/January_ 30_ 2015［2015-03-04］.

Christaller W. 1933. Die zentralen Orte in Süddeutschland. Jena：Gustav Fischer.

CNU. 1996. Charter of the New Urbanism. http：//www. cnu. org/sites/files/charter_ book. pdf［2014-09-13］.

Douglas F. 2008. Sustainable Urbanism：Urban Design with Nature. Hoboken：John Wiley and Sons，INC.

EC. 2010a. EUROPE2020：A Strategy for Smart，Sustainable and Inclusive Growth. http：//eur-lex. europa. eu/LexUriServ/LexUriServ. do? uri = COM：2010：2020：FIN：EN：PDF［2014-10-02］.

EC. 2010b. Digital Agenda for Europe：Key Initiatives. http：//europa. eu/rapid/press-release_ MEMO-10-200_en. htm? locale = en［2014-10-02］.

EEA. 2013. Managing Municipal Solid Waste. http://www.eea.europa.eu/publications/managing-municipal-solid-waste [2014-10-16].

EU. 2010. Collaborative Research on Flood Resilience in Urban Areas. http://www.corfu-fp7.eu/home.html [2014-10-03].

Fulford M. 1996. The compact city and the market: the case of residential development//Jenks M, Burton K, Williams K. The Compact City: a Sustainable Urban Form? 122-133. Oxford: E & FN Spon.

Gabriel S A, Faria J A, Moglen G E. 2006. A multiobjective optimization approach to smart growth in land development. Socio-Economic Planning Sciences, 40 (3): 212-248.

GEF. 2014. The GEF commits US $100 Million for an Innovative Integrated Program on Sustainable Cities. http://www.thegef.org/gef/node/10826 [2014-08-08].

Glaeser E L, Kahn M E. 2010. The greenness of cities: carbon dioxide emissions and urban development. Journal of Urban Economics, 67 (3): 404-418.

Global Mayors' Forum. 2014. Living a Life of Health and Sustainability. http://www.globalmay orsforum.org/ch/about_ gmf.aspx [2014-08-02].

Global Water Forum. 2014. Making Cities More Resilient to Flooding. http://www.globalwaterforum.org/2014/06/10/making-cities-more-resilient-to-flooding/ [2014-08-25].

Greater London Authority. 2011. The London Plan: Spatial Development Strategy for Greater London. https://www.london.gov.uk/priorities/planning/publications/the-london-plan [2014-08-10].

Hagler Y. 2009. Defining U. S. Megaregions. http://www.america 2050.org/upload/2010/09/2050_ Defining_ us_ Megaregions.pdf [2014-09-01].

Holden M, Roseland M, Ferguson K, et al. 2008. Seeking urban sustainability on the world stage. Habitat International, 32 (3): 305-317.

Howard E. 1902. Garden Cities of Tomorrow. London: S. Sonnenschein & Co., Ltd.

IBM. 2012. City of Dubuque: Investing in Sustainability for Future Generations and Future Prosperity. http://www.ibm.com/smarterplanet/us/en/leadership/dubuque/assets/pdf/Dubuque.pdf [2014-10-03].

ICLEI. 2011. Local Leader Leverage Climate Adaptation and Urban Resilience. http://resilient-cities.iclei.org/bonn2011/mayors-adaptation-forum/ [2014-10-11].

ICSU. 2011. Health and Wellbeing in the Changing Urban Environment: A Systems Analysis Approach. http://www.icsu.org/what-we-do/interdisciplinary-bodies/health-and-wellbeing-in-the-changing-urban-environment [2014-08-28].

iDA. 2006. iN2015 Masterplan. http://www.ida.gov.sg/Infocomm-Landscape/iN2015-Masterplan [2014-10-03].

IHDP. 2005. Science Plan: Urbanization and Global Environmental Change (IHDP Report No. 15). Bonn: IHDP Secretariat.

IT 战略本部. 2009. i-Japan 战略 2015. http://www.soumu.go.jp/main_ content/000030866.pdf [2014-10-04].

Jenks M, Burgess R. 2000. Compact Cities: Sustainable Urban Forms for Developing Countries. USA & Canada: Spon Press.

Jeroen C J, Wouter W J, Kerry E, et al. 2014. Evaluating flood resilience strategies for coastal megacities. Science, 344 (6183): 473-475.

Kamal-Chaoui L, Leman E, Rufei Z. 2009. Urban Trends and Policy in China. http://www.oecd.org/china/42607972.pdf [2014-07-27].

Kates R W, Clark W C, Corell R, et al. 2001. Environment and development: sustainability science. Science, 292 (5517): 641-642.

Knox P，McCarthy L. 2005. Urbanization：An Introduction to Urban Geography. 2nd ed. Upper Saddle River：Pearson Prentice Hall.

Knox P. 2009. Urbanization. http：//www. sciencedirect. com/science/article/pii/B9780080449104011081［2014-10-18］.

Kochunov B，李国栋. 1993. 脆弱生态的概念及分类. 地理译报，(1)：36-43.

LILP. 2007. The Healdsburg Research Seminar on Megaregions. http：//www. lincolninst. edu/pubs/1282_ The-Healdsburg-Seminar-on-Megaregions［2014-07-28］.

Mayor of London. 2011. The London Climate Change Adaptation Strategy. http：//www. london. gov. uk/sites/default/files/Adaptation-oct11. pdf.

Mckinsey Global Institute. 2009. Preparing for China's Urban Billion. http：//www. mckinsey. com/~/media/McKinsey/dotcom/Insights% 20and% 20pubs/MGI/Research/Urbanization/Preparing% 20for% 20Chinas% 20urban% 20billion/MGI_ Preparing_ for_ Chinas_ Urban_ Billion_ full_ report. ashx［2014-08-11］.

Moglen G E，Gabriel S A，Faria J A. 2003. A framework for quantitative smart growth in land development. Journal of the American Water Resources Association，39 (4)：947-959.

NIPC. 2005. 2040 Regional Framework Plan. https：//www. csu. edu/cerc/researchreports/documents/2040RegionalFrameworkPlanNIPC2005. pdf［2014-09-15］.

NRC. 1999. Governance and Opportunity in Metropolitan America. Washington D C：National Academy Press.

NYC. 2011. PlaNYC：A Greener，Greater New York. http：//s-media. nyc. gov/agencies/planyc2030/pdf/planyc_ 2011_ planyc_ full_ report. pdf［2014-10-10］.

NYC. 2013. PlaNYC：A Greener，Greater New York. http：//s-media. nyc. gov/agencies/planyc2030/pdf/nyc_ pathways. pdf［2014-10-10］.

OECD. 2001. Cities for Citizens Improving Metropolitan Governance. http：//www. ocs. polito. it/sostenibilita/dwd/oecd_ gov-2001. pdf［2014-08-22］.

Paytas J. 2001. Does Governance Matter? The Dynamics of Metropolitan Governance and Competitiveness. http：//www. heinz. cmu. edu/download. aspx? id = 1332［2014-11-13］.

Pierre J. 1999. Models of urban governance：the institutional dimensions of urban politics. Urban Affairs Review，(3)：372-396.

Portney K E. 2003. Take Sustainable Seriously，Economic Development the Environment and Quality of Life in American Cities. Cambridge：MIT Press.

Register R. 1987. Eco-city Berkeley：Building Cities for a Healthy Future. Berkeley：North Atlantic Books.

RPA. 2007. Northeast Megaregion 2050：A Common Future. http：//www. rpa. org/pdf/Northeast_ Report_ sm. pdf［2014-08-12］.

RPA. 2009. New Strategies for Regional Economic Development. http：//www. america2050. org/2009/10/new-strategies-for-regional-economic-development. html［2014-08-20］.

RPA. 2011. Urban Growth in the Northeast Megaregion. http：//www. america2050. org/2011/03/urban-growth-in-the-northeast-megaregion. html［2014-08-20］.

Smart Growth America. 2014. Measuring Sprawl 2014. http：//www. smartgrowthamerica. org/documents/measuring-sprawl-2014. pdf［2014-10-05］.

TCPA. 2008. Community Energy：Urban Planning for A Low Carbon Future. http：//www. tcpa. org. uk/data/files/ceg. pdf［2014-08-14］.

The Nature Conservancy. 2014. Urban Water Blueprint. http：//water. nature. org/waterblueprint/dowm load. php? f = urban_ water_ Blueprint. pdf［2014-10-05］.

UCI. 2014. 2013 年城市可持续发展指数报告. http://www.urbanchinainitiative.org/zh/index php? m = Index&a = down&path = upload/contents/2014/06/20140617212518_ 21921.pdf&name =% E5% 9F% 8E% E5% B8% 82% E5% 8F% AF% E6% 8C% 81% E7% BB% AD% E5% 8F% 91% E5% B1% 95% E6% 8C% 87% E6% 95% B02013-Final_ e-version. [2014-08-24].

UK DCLG. 2006. Planning Policy Guidance 13: Transport. http://webarchive.nationalar chives.gov.uk/20120919132719/www.communities.gov.uk/documents/planningandbuilding/pdf/1758358.pdf [2014-09-15].

UNECE. 2014. UNECE Promotes Smart Urban Solutions for a Better Future. http://www.unece.org/index.php? id = 37441 [2014-08-05].

UNESCO. 1971. Man and the Biosphere Programme. http://www.unesco.org/new/en/natural-sciences/environment/ecological-sciences/man-and-biosphere-programme/about-mab/ [2014-08-17].

UNISDR. 2014. UNISDR Work Programme 2014-2015: Delivering Against the Strategic Framework. http://www.unisdr.org/files/36219_ unisdrbwp20142015.pdf [2014-08-20].

UNISDR. 2012. Reducing Vulnerability and Exposure to Disasters: The Asia-Pacific Disaster Report 2012. http://www.unisdr.org/files/29288_ apdrexecsummary.pdf [2014-10-04]

UN. 2010. World Urbanization Prospects (The 2009 Revision). http://www.ctc-health.org.cn/file/2011061610.pdf [2014-07-23].

UN. 2012. The Future We Want. http://www.uncsd2012.org/content/documents/727The% 20Future% 20We% 20Want% 2019% 20June% 201230pm.pdf [2014-07-25].

UN. 2014. World Urbanization Prospects (The 2014 Revision). http://159.226.251.229/videoplayer/WUP2014-Highlights.pdf? ich_ u_ r_ i = c1e26db4f778675a0fe4b49d318f8ccc&ich_ s_ t_ a_ r_ t = 0&ich_ e_ n_ d = 0&ich_ k_ e_ y = 1545028914750863312402&ich_ t_ y_ p_ e = 1&ich_ d_ i_ s_ k_ i_ d = 9&ich_ u_ n_ i_ t = 1 [2014-07-23]

UN-Habitat. 2008. State of the World' s Cities 2008/2009 - Harmonious Cities. http://mirror.unhabitat.org/pmss/getElectronicVersion.aspx? nr = 2562&alt = 1 [2014-08-13].

UN-Habitat. 2010. State of the World's Cities 2010/2011 - Cities for All: Bridging the Urban Divide. http://mirror.unhabitat.org/pmss/getElectronicVersion.aspx? nr = 2917&alt = 1 [2014-08-14].

UN-Habitat. 2011. Cities and Climate Change: Global Report on Human Settlements 2011. http://unhabitat.org/? wpdmact = process&did = NDM0LmhvdGxpbms = [2014-10-15].

UN-Habitat. 2012. State of the World's Cities 2012/2013, Prosperity of Cities. http://mirror.unhabitat.org/pmss/getElectronicVersion.aspx? nr = 3387&alt = 1 [2014-08-13].

UN-Habitat. 2013. Manifesto for Cities: The Urban Future We Want. http://mirror.unhabitat.org/images/WUC_ Manifestos/Manifesto% 20For% 20Cities_ English.pdf [2014-07-26].

UN-Habitat. 2013. Planning and Design for Sustainable Urban Mobility: Global Report on Human Settlements 2013. http://mirror.unhabitat.org/pmss/getElectronicVersion.aspx? nr = 3503&alt = 1 [2014-08-12].

UN-Habitat. 1991. Sustainable Cites Programme (SCP). http://ww2.unhabitat.org/programmes/sustainable cities/scppublications 2005.asp [2014-08-26].

World Bank, Development Research Center of the State Council of the People's Republic of China. 2014. Urban China: Toward Efficient, Inclusive, and Sustainable Urbanization. https://openknowledge.worldbank.org/bitstream/handle/10986/18865/881720PUB0REPL00Box385279B00PUBLIC0.pdf? sequence = 5 [2014-07-25].

World Urban Campaign. 2013. Manifesto for Cities: The Urban Future We Want. http://www.worldurbancampaign.org/wp-content/uploads/2013/07/Manifesto_ For_ Cities_ with_ PDF.pdf [2014-07-24].

WUF. 2014. Urban Equity in Development - Cities for Life. http://wuf7.unhabitat.org/ [2014-09-20].

8 海底热液系统研究国际发展态势分析

王金平 鲁景亮 王立伟 高 峰

（中国科学院兰州文献情报中心）

摘 要 海底热液研究不仅涉及生命起源和地球系统循环等科学命题，其丰富的资源潜力近年来也吸引了各海洋强国的广泛关注。在科学研究和资源前景的双重吸引下，各国和各相关国际组织持续加强在海底热液方面的投入和研究。此外，作为深海研究重要方面的海底热液研究，一方面可以提供重要的关于地球和生命的最新理论成果，另一方面由于对技术能力的高水平要求，其对其他技术领域的带动作用十分明显。近年来海底热液研究已成为一个海洋研究乃至地球系统研究中重要的前沿领域。

近年来，美国、日本、英国、加拿大和印度等国及各相关国际组织相继制订研究计划，加强海底热液研究，以期获得科学发现和了解资源状况。这些报告阐述了各自未来研究的方向和重点。这些研究计划包括：《科学大洋钻探：成就与挑战》（*Scientific Ocean Drilling: Accomplishments and Challenges*）、国际大洋中脊计划组织（InterRidge）公布的《国际大洋中脊第三个十年科学规划（2014～2023）》、国际海洋开发理事会（ICES）的《科学战略规划（2009～2013）》、美国国家海洋和大气管理局（NOAA）的国家海底研究计划、美国国家研究理事会（NRC）的《海洋变化：2015—2025 海洋科学10 年扫描》、日本《海洋基本计划》（2013～2017 年）和日本“海底资源研究计划”等。从这些研究计划的发展和演变，可以看出国际海底热液研究的整体状况和发展态势。

本报告以SCIE 中检索到的5822 篇热液研究相关文献为基础，分析了国际海底热液研究的主要研究主体（国家和机构）分布和不同时期的研究热点，结合对国际相关战略规划的分析，归纳出国际海洋生态系统的研究热点集中在四个方面：①海底热液在海洋物质能量循环中的角色；②海底热液喷口研究；③海底热液区资源勘探和研究；④海底热液区的生命现象。

综合国际研究计划、文献计量分析和相关文献调研的结果，总结了海底热液国际主要发展态势：①国际海底热液研究主要由美国、欧洲和日本等国家和地区主导；②作为深海研究的重要组成部分，海底热液研究水平已成为海洋强国的重要标志，未来主要海洋国家将更加重视相关考察和研究能力；③热液区资源将持续受到关注，成为各国进行科学考察的主要内容之一；④海底热液区生命现象的研究将对生命起源研究提供重要线

索；⑤海底热液系统研究是一个难度大、综合性强、涉及学科众多的前沿研究领域，相关研究的进步对其他领域的研究具有极强的带动作用。

最后结合我国的研究现状，对我国海底热液研究提出了四个方面的建议：①积极开展与国际先进国家的合作和交流，提高国际大型计划的参与度；②整合资金、人才资源，优化合作机制，提升研究水平；③根据国家战略需求，明确海底热液研究的定位和优先方向；④发展科考船、载人和遥控机器人技术、传感器和仿真模拟等技术。

关键词 热液系统 深海 文献计量 多金属结核 研究前沿

8.1 引言

海底热液，是大陆板块与海洋板块之间的火山口，高数百米，附近温度高达数百摄氏度。海底热液主要出现在大洋中脊和断裂活动带上，是一种含有铜、锌、铅、金、银等多种元素的重要矿产资源。科学界普遍认为，深海热液是海水侵入海底裂缝，受地壳深处热源加热，溶解地壳内的多种金属化合物，再从洋底喷出的烟雾状的喷发物冷凝而成的，被形象地称为“黑烟囱”。这些亿万年前生长在海底的“黑烟囱”拥有丰富的海底矿藏，具有良好的开发远景，而且很可能为生命起源研究提供重要参考，其所拥有的特殊生物资源具有巨大的医药价值。

1948 年，瑞典科考船“信天翁号”在红海中部的 Atlantis I 深渊附近发现了多金属软泥，首次解开了海底热液活动研究的序幕。现代海底的“黑烟囱”的研究始于 1978 年，美国的阿尔文（Alrin）号载人潜艇在东太平洋洋中脊的轴部采得由黄铁矿、闪锌矿和黄铜矿组成的硫化物。此后，美国、英国、德国、日本等国纷纷开始关注此研究区域。过去几十年由于技术手段的限制，研究进展缓慢。近年来由于深海探测技术的不断提升，近距离研究深海热液成为可能，各国对于该区域的研究力度明显加强，对于海底热液的认识水平不断提升，这些认识包括：深海热液活动在全球热盐环流的关键驱动力；热液区是地球系统内部物质能量交换的重要窗口，是形成和维持海水化学成分的主要因素之一；热液区具有独特的生命形式和生态系统，拓展了人类对生命形态的认识。海底热液研究为科学界提供了诸多全新视角和认识，对于重新深入认识海洋系统、生命形态和起源乃至整个地球系统的形成和演化都具有重要的意义。

海底热液的分布较为广泛，在太平洋、大西洋、印度洋等均有发现，全球已发现的热液活动地点有近 200 处。其中有 46% 的热液区分布在洋中脊，见图 8-1。从海域分布来看，太平洋的热液活动区最多，约占总数的 67% 左右，且主要集中在板块交界处（如胡安·德富卡洋中脊）。各海域发现热液活动区以太平洋最多，达 67%，全球海洋发现的海底热液所占比例，见图 8-2。从水深范围来看，约 62% 的热液活动区分布在 1500～3500 米范围内。

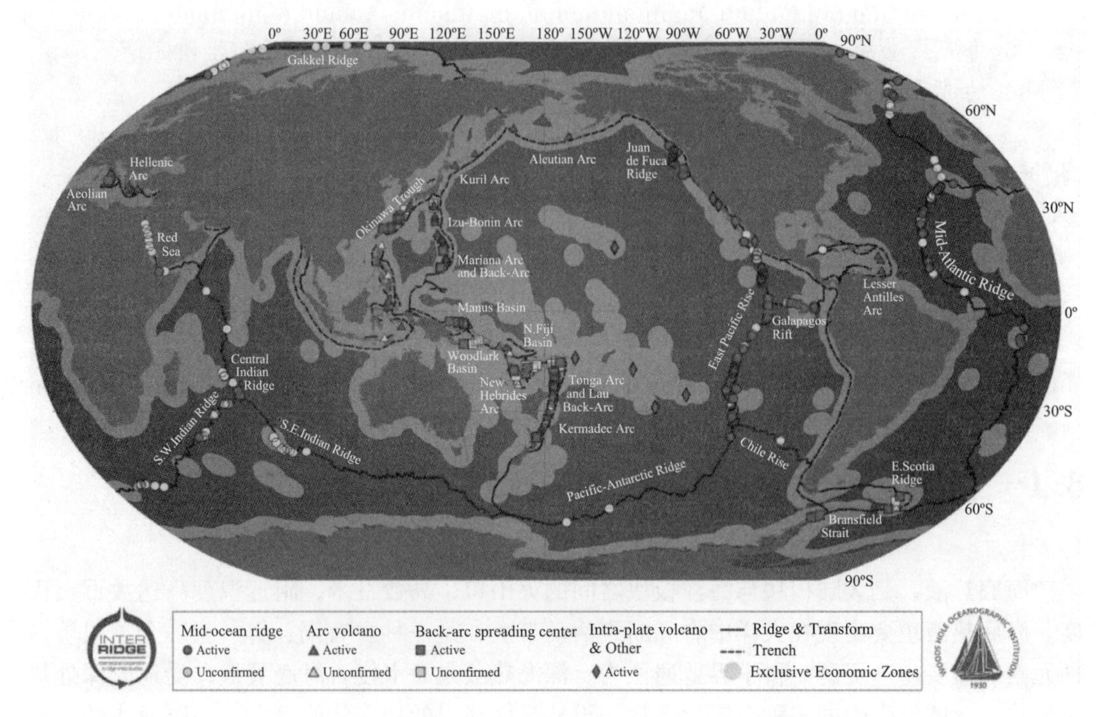

图 8-1 全球海底热液分布

资料来源：InterRidge

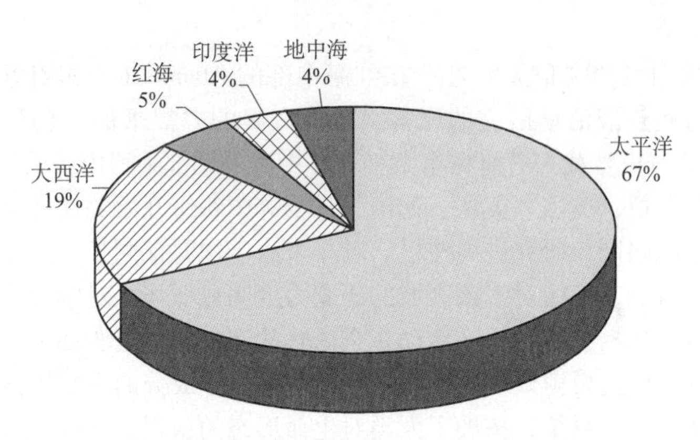

图 8-2 各主要海域海底热液区的分布比例（曾志刚，2011）

进入 21 世纪，随着人们对深海研究的战略性认识的提升，海底热液系统研究日益成为世界上海洋大国、海洋强国之间竞争的焦点。热液区域作为一个最具代表性的深海海洋研究区域，对于了解生命起源与演化、地球起源与演化等具有重要的意义。总体来讲，热液系统研究具有以下五个方面的意义：①海底热液连接岩石圈、水圈及生物圈，对研究地球的形成演化具有重要意义；②海底热液区具有独特的生态系统，对研究生命起源演化具有重要意义；③海底热液产物具有潜在的矿物资源开发潜力；④热液区独特的生态群落是重要的生物基因宝库；⑤热液系统研究高度依赖先进的深海技术，大力发展海底热液研究

可以提高我国海洋研究的整体实力。

8.2　国际主要研究计划和行动

8.2.1　国际

8.2.1.1　国际海洋发现计划

国家海洋发现计划（IODP）的发展经历了1968～1983年深海钻探计划（DSDP）、1983～2003年大洋钻探计划（ODP）和2003～2013年综合大洋钻探计划（IODP）3个发展阶段，2013年该计划更名为“国际海洋发现计划”，依然简称IODP。IODP计划长期将海底热液研究作为其重要的研究方向，图8-3为IODP的不同发展阶段及其对海底热液研究的关注。

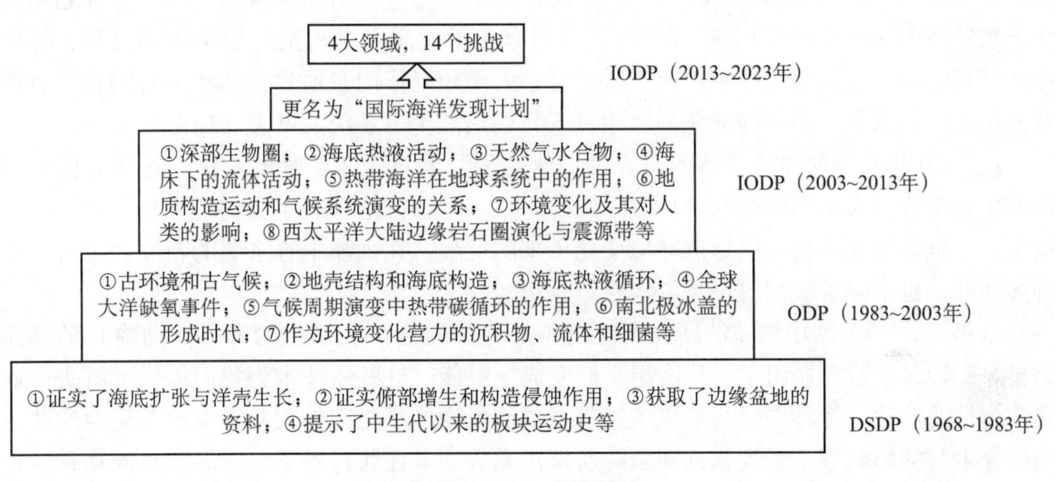

图8-3　IODP发展阶段

IODP在了解地球系统、地球历史方面做出了重大贡献。2012年，美国国家科学院（National Academy of Sciences，NAS）出版了《科学大洋钻探：成就与挑战》（*Scientific Ocean Drilling Accomplishments and Challenges*），对综合大洋钻探计划（IODP）取得的成就进行了总结和评述。其中，在固体地球循环方面：验证了海底扩张假说和板块构造学说；制定了过去150万年准确的地质时间尺度；确认了洋壳结构与扩张速率的关系；探究了海底大火成岩省的侵位历史；促进了对断裂陆缘研究，促成了大陆解体新学说；确定了俯冲带的存在及俯冲带下沉的发生。在海底流体活动和海底生命研究方面：现场勘测了大洋沉积物和基岩的流体流动过程、渗透率及孔隙度；描述了海底沉积物型和岩石型海底微生物圈；研究了活跃热液系统区海底海水—岩石相互作用及海底块状硫化物矿床的形成；探究了海洋沉积物中天然气水合物的分布和动力学。

2011年6月，《2013—2023年国际海洋发现计划》公布，该报告阐述了未来10年新的 IODP 计划重点发展的四大领域：气候与海洋变化、生物圈前沿、地球表面环境的联系和运动中的地球。报告阐述了新的 IODP 计划在这四个研究领域中未来发展面临的 14 个挑战。其中在热液区研究方面指出，20 世纪 70 年代晚期发现大洋中脊的深海热液喷口以来，科学界就认为海水的循环流动源于大洋中脊。事实上，这种流动不仅在流速大、温度高的大洋中脊发生，在大洋中脊侧翼也发生了数亿年。大洋中脊侧翼在较冷的海陆交界处释放出大量的热，促进了海洋和地下玄武岩的化学交换。另外，由于大洋地壳组成的不均质性，不同厚度地壳的化学元素交换速率也不尽相同。海水化学同位素的组成反映了元素供应的动态平衡，它们随着河流输入、热流交换、沉积物的变化而变化，变化程度主要受地球地质作用影响。通过钻探数据，我们可以定量地、持续地计算流体的变化程度，分析大洋地壳在地球重要化学元素循环中所起到的作用。

8.2.1.2 大洋中脊计划

2012 年，国际大洋中脊计划组织公布了《国际大洋中脊第三个十年科学规划（2014 ~ 2023）》，该计划对未来十年研究的重点方向进行了阐述。国际大洋中脊计划组织在未来的 2014 ~ 2023 年的主要科学研究方向有：①大洋中脊构造与岩浆作用过程；②海床与海底资源；③地幔的控制作用；④洋脊—大洋相互作用及通量；⑤洋中脊的轴外过程及其所造成的结果对岩石圈演化的作用；⑥海底热液生态系统的过去、现在与未来。

过去 30 年对海底热液群落的研究彻底改变了我们对深海生物的看法。这些有限空间内的生物量级远大于周围的深海环境。此外，很多生物群落含有丰富的地方性物种，既有微生物，也有后生动物，以适应环境变化带来的挑战。在大洋中脊系统的新发现丰富了物种多样性，也增强了我们对该系统的整体认识。

近年来，DNA 测序领域的新技术使得越来越多的物种（微生物和巨型动物）的基因组排序、转录、蛋白质组学、代谢组学研究成为可能。这些新技术为我们提供了解决海底热液物种的演化、物种选择与形成的过程、热液生物群落之间的关联、全球变化对这些生物组合生存的影响等一系列基础问题的新视角和数据。在此背景下，对海底热液物种演化和群落结构的驱动力的认识，以及对个体种的敏感性、热液生物群落和生态系统功能的人为影响的研究都显得日益重要。

8.2.1.3 ICES《科学战略规划（2009—2013）》

ICES 成立于 1902 年，总部设在丹麦首都哥本哈根，旨在推动和促进国际海洋，特别是海洋生物资源的研究。发展至今，ICES 辐射范围已经由设立之初的北大西洋及其邻近海域拓展至整个大西洋、波罗的海、地中海和南半球。目前 ICES 已成为全球最大的海洋及海洋生物资源研究网络，涉及全球 26 个国家和地区（20 个成员国及 6 个附属国）、200 多所研究机构及 1600 多名科学家。

在 2008 年总体战略规划及科学战略规划草案的基础上，并基于对其成员国新兴优先研究领域的考察和 ICES 科学团体的广泛协商，ICES 2009 年正式出台了最新一轮五年期科学战略规划——《科学战略规划（2009—2013）》。ICES《科学战略规划（2009—2013）》的既定目标覆盖了其总体战略规划目标中的 2 个，规划所确定的 ICES 在海洋学与海洋生

物资源领域未来三大主题领域16个重点方向成为该领域未来发展的风向标。

该战略规划在海底热液研究方面也有重点关注。该战略规划指出，稀有物种尤其值得关注，因为在相关海底生物栖息地取样过程中它们被严重遗漏。同时，在罕见构造带，如热液口及冷泉等处很可能存在尚不为科学所知的大量新物种。确认并绘制敏感生态系统地图是对其实施保护与管理的基础，进而涉及生物栖息地分类系统及其地图绘制工具的开发。渔业制度是对深海生物栖息地，如冷水珊瑚礁、珊瑚礁群、海绵聚集带等的最大威胁。与水循环、生产率及气候变化相关的上述生物栖息地物种生物学与生态学基础研究十分必要。

8.2.1.4 联合国环境规划署系列报告

2013年12月，联合国环境规划署（UNEP）全球资源信息数据库挪威阿伦达尔中心（GRID-Arendal）针对深海矿床研究发布了系列报告，分别论述了太平洋海域三种典型的深海矿床的概况（地质特征、开发技术等），并且探讨了深海矿床开发与绿色经济之间的关系，以及深海矿床开发的驱动力、限制因素、对环境和生态的影响等。此次发布的系列报告对海底热液矿床给予了重点关注。

在一些太平洋岛国国家司法辖区内已发现主要有三类深海矿床，分别为：海底块状硫化物矿床，含有一定浓度的铜、铅和锌，并伴有大量的金、银；锰结核矿床；富钴铁锰结壳矿床，包含显著浓度的镍、铜和钴，以及一定浓度的稀土和其他稀有金属。

海底块状硫化物矿床的特点包括：①海底块状硫化物形成于海底热液喷口释放的矿化水之上或之下；②大多数海底块状硫化物矿床沿洋中脊分布，在弧后盆地或沿着海底火山弧也有发现；③相比陆上矿床，迄今发现的海底硫化物矿床体积和吨位较小；④海底块状硫化物矿床相关的热液喷口代表对大多数动物有毒的极端环境，但目前一些物种已经进化到可以茁壮成长；⑤动物群落的梯度从热液喷口处低多样性和高丰度过渡到较高的多样性，而密度较低物种远离喷口。

矿床开采的影响：海底块状硫化物的开采可能会对矿场地区与周边地区产生永久性影响。在空间尺度，受影响区域难以估计，并且随着沉积物的体积、沉淀物粒度（细颗粒更容易被运输到更远的距离），以及底部流动机制不断变化而改变。而在热液系统排气活跃的地区，物种可以适应环境的自然变化，并且能够比更多区域的深海动物迅速地开拓其栖息地。

8.2.1.5 欧洲多学科海底观测计划

欧洲多学科海底观测计划（EMSO）包括深海地球物理学与海洋学和环境科学网络，该观测网络对欧洲海底研究具有重要的意义。EMSO在ESONET和ESONET NoE的具体规划和协调基础上，于2008年启动，该观测网络计划主要来自欧盟第七框架计划（Seventh Framework Programme，FP7）。

EMSO采用的方法是连接前期的自治系统，提供强大和长期的实时数据处理能力，并把移动和重新定位海底登录平台整合到系统中。EMSO观测站位于欧洲海岸附近的12个特定地点，将对欧洲地区的岩石圈、生物圈和水圈的环境过程进行长期实时的监控，获得地震、海底滑坡、海啸、海底风暴、生物多样性改变、污染和其他通过常规海洋学活动未被探测和监控到的事件，促进海底地质学、海洋生态系统和欧洲环境科学的发展。EMSO建立了中大西洋山脊的热液观测站，创建了Lucky Strike热液口的地区的分米级地图。图8-4为EMSO站点的分布情况。

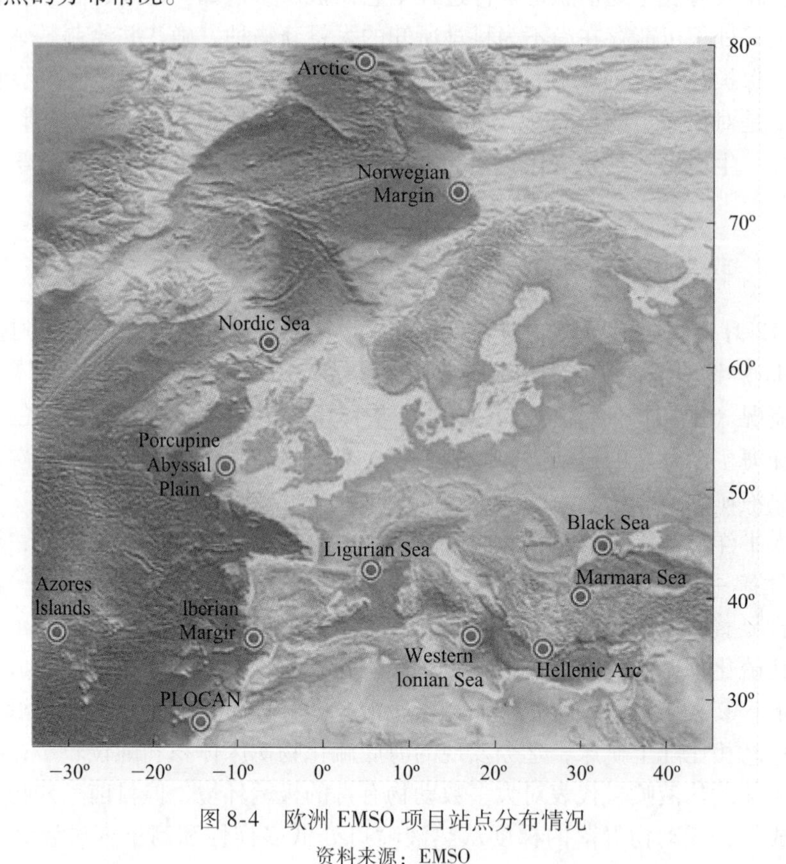

图8-4 欧洲EMSO项目站点分布情况

资料来源：EMSO

EMSO前四年为准备阶段（EMSO-preparatory phase project），其内容是建设一个具有海底测试设备的观察站网络。这些观察站将安置在深海中，位于欧洲海域，从北冰洋开始，经过地中海，一直到黑海等不同地点，并且通过卫星传送数据。

EMSO总体目标：建立一个在欧洲和以欧洲为中心的长期深海观察和调查的、供科学家和其他利益相关者共享的基础设施平台，并建立起EMSO相应的法律和管理结构。发展岩石圈、生物圈和水圈相互作用的科学研究，了解海洋循环、地球过程、深海环境和生态系统的进化过程的短期、中期、长期演化过程与演化周期及其突发事件。

8.2.2 美国

8.2.2.1 NOAA国家海底研究计划

NOAA国家海底研究计划（NOAA Undersea Research Program，NURP）开始于1970年，主要为美国的科学研究机构开发提供水下相关技术，为NOAA的多种优先

目标提供观测和数据服务。NOAA 优先目标与 NURP 的对接见表 8-1。

表 8-1 NURP 与 NOAA 战略目标的对接

NOAA 优先目标	NURP 响应
通过基于生态系统的管理（EBM）保护、恢复和管理海岸带与海洋资源利用	提供商业捕鱼、渔业影响、基本渔业栖息地、种群增长、生物多样性和生态系统变化方面的数据；减缓海岸带灾害；提供重要水下栖息地及其生物状况，包括浅水珊瑚礁、深水珊瑚、天然气水合物和热液喷口等信息
理解气候可变性及气候变化，加强人类的计划和响应能力	利用水下古海洋学数据描述过去气候和气候变化；理解海洋和海底热液喷口等在全球和区域气候与碳循环中的作用

海底热液研究是其一个重要的优先目标，研究内容主要包括：提供热液喷口相关信息；理解海洋和海底热液喷口等在全球和区域气候及碳循环中的作用；与美国国家科学基金会（NSF）等机构合作，更好地理解海底热液喷口附近的深海化能合成生物群落。这些研究方向服务于 NOAA 的优先目标，因此也是美国海洋研究的优先目标。该项目于 2007 年归入到 NOAA 海洋勘探和研究（OER）办公室，进行统筹管理。

8.2.2.2 美国《海洋变化：2015—2025 海洋科学 10 年扫描》

NSF 的海洋科学部（Division of Ocean Sciences，OCE）于 2013 年请求 NRC 海洋研究局（Ocean Studies Board，OSB）对未来十年海洋科学的研究方向进行调研，以确定优先研究方向。2015 年 1 月 30 日，NRC 完成并发布报告《海洋变化：2015—2025 海洋科学 10 年扫描》（*Sea Change*：2015-2025 *Decadal Survey of Ocean Sciences*），该报告首先分析了进入 21 世纪以来海洋科学的重点突破方向，并对未来优先科学问题进行了分析。在关于海底热液研究的论述中指出：不规则的洋脊和热液活动揭示了海底流体和岩浆的流动特征；海底热液研究对地球系统研究诸多问题具有重要意义。该报告还指出海底热液研究未来主要面临的问题是：断层在多大程度上控制了热液循环？断层和热液系统循环对深部生物圈种群分布的影响是怎样的？

8.2.2.3 NSF 资助深海热液柱研究

2014 年 4 月 1 日，美国佐治亚大学宣布该校富兰克林艺术和科学学院海洋科学系研究小组获得 NSF 资助，将展开对深海热液柱的系统研究，项目为期 3 年，资助经费 81.8 万美元。

该研究将专门开发用于收集深海热液柱数据的装置，这将为认识和理解潮汐、风暴等海洋现象及深海地震等地质事件对深海生态系统发展的影响提供长期数据支撑。长期数据是发现不同地球过程之间关联的关键依据。此前，NSF 基金会已经支持美国佐治亚大学研究人员开展了前期研究，首次利用声波探测装置对深海热液柱进行了为期 6 周的长时数据监测。基于此，研究人员将通过深海光纤与加拿大海洋观测网 NEPTUNE 海底观测站连接，实现对深海热液柱 24 小时连续监测。

利用声波探测装置，通过收集热液柱的温度及其水流速度数据，可以测算出被释放入海洋中的总热量。同时，研究人员还将借此开展对地震过程及地震事件如何影响热液柱等方面的研究。地震能够造成热液柱的关闭，同时在新的位置形成新的热液柱乃至巨型热柱。巨型热柱是由于洋壳发生大规模断裂，大量热液流短时间内被迅速释放入海洋时所形成的现象，而这种现象很难被实时观测。所以，该项目为全面认识和理解热液柱形成及其影响提供了难得的契机。

8.2.3 日本

8.2.3.1 日本《海洋基本计划》

2013 年 4 月 1 日，作为《日本海洋基本法》的进一步措施，日本内阁提出《海洋基本计划》（2013 ~ 2017 年）草案，在广泛征集修改意见基础之上，于 2013 年 4 月 26 日正式通过了《海洋基本计划》（2013 ~ 2017 年）的决议。决议明确了海洋政策的主要指导方针和新举措，包括推进海洋资源开发与利用、推进海洋科技研究开发、海洋产业振兴与强化海洋竞争力等。其中对海底热液区资源的关注引人注目。

（1）海底热液矿床：2023 ~ 2028 年逐渐扶持私营企业参与商业化项目；评价已有矿床的资源量、发现新矿床、掌握资源的大概储量，开发采矿机械技术、推动环境影响评价方法，并通过私营企业资助的方式将以上成果商业化。

（2）根据国际海底管理局制定的勘探条约，对锰结核与富钴结壳的资源量与生产技术开展调查研究。稀土作为未来资源，以其潜能开展基础科学调查与研究。

（3）开发并完善海底勘探船、无人勘探机及搭载最尖端遥感技术的勘探系统，加速新的勘探方法的研发。

8.2.3.2 日本“海底资源研究计划”

2012 年 4 月 1 日，日本海洋地球科学技术中心制订了“海底资源研究计划”。这个计划适应国家要求和社会的需要，进行了综合研究与评估，由日本海洋地球科学技术中心（JAMSTEC）领导研究计划。研究计划的目的是通过最先进的调查和研究获取海底资源利用不可欠缺的知识。日本拥有世界排名第 6 位的专属经济区，长眠于专属经济区的海底资源不仅能支持日本的经济增长，同时也是人类可持续发展的重要资源。

该项目分为 5 个子项目，分别是地球生命工程、海底热液系统、资源地球化学、资源成因和环境影响评价。整个项目由 5 个子项目组、调查研究推进组和调查研究计划调整组组成，在开展海底资源成因及甲烷生成研究的同时，利用遥控机器人（remotely operated vehicle，ROV）和自治无人水下机器人（autonomous underwater vehicle，AUV）等设备开展详细的资源探测。

在海底热液系统研究方面，通过跨学科研究组、技术开发组及技术应用组三位一体的研发方式，阐明现场环境和实验室环境下的海底热液循环、海底生命圈规模、存在方式及相互作用。科学的理解不仅是海底和金属硫化物矿床探测、开发、应用不可欠缺的要素，同时也是 JAMSTEC 实现科学目标、发挥主导作用的途径。具体的研究目标包括：海底及海底热液金属硫化物矿床的海洋探测及矿床学评价、海底热液循环系统规模及存在方式与

矿床成因、海底超大热液矿床探测及成因、海底热液循环系统及其热液驱动型海底生命圈、海底热液矿床及其热液驱动生命圈、海底热液循环系统与热液矿床中电气合成微生物生态系统的阐释。

8.2.3.3　日本的海底热液考察

近年来，日本明显加强了海底热液的科学考察力度。2013 年 1 月 5 日，搭载了“SHINKAI 6500”号潜水艇的 YOKOSUKA 科考船从日本横须贺港出发，开始了环球一周的“探寻极端环境生命”科学考察（Quest for the Limit of Life，QUELLE 2013）)，11 月 30 日，YOKOSUKA 与“SHINKAI 6500”结束科考任务返回日本。在近 1 年的时间里，QUELLE 2013 主要考察了印度洋、南大西洋、加勒比海及南太平洋。“SHINKAI 6500”号载人潜水艇探测了深海热液喷口、海底渗流部位、深海海沟及其他极端环境。此次科考将有望回答地球是怎样成为适合人类生存的星球这个问题。图 8-5 为 2013 年日本海底热液考察路线。

图 8-5　QUELLE 2013 年科学考察的考察路线

资料来源：JAMSTEC

QUELLE 2013 科学考察共分为四个阶段，其中在第一阶段和第三阶段的调查中，主要围绕海底热液的调查展开。

（1）第一阶段的调查海域是印度洋中脊和罗德里格斯三相点，科考队于 2013 年 1

月5日从日本出发，15日抵达新加坡，1月16日~2月1日在印度洋中脊和罗德里格斯三向联结构造区域的附近海域调查，2月5~25日开始在Kairei Field和Edmund Field区域，以及DODO Field和Solitaire Field进行潜海调查，2月28日~3月28日在印度洋中脊第1断层及罗德里格斯三相点区域进行潜海调查。在第一阶段的主要任务是探索初期的生命进化。调查了海域海底热液活跃，喷射的热液中含有高深度的氢，还栖息着含有硫化铁的鳞足蜗牛等特殊生物。研究人员通过对2个月的观测数据进行分析，研究海底形成过程、热液区化学合成生物的矿化作用、共生系统和发生机理，研究Kairei Field热液区周围数公里范围内为何会存在大量的超镁铁岩石，最终有望揭示“岩石—水—生命”的秘密。

(2) 第三阶段调查的海域是开曼群岛和加勒比海英国海域，2013年6月17日~7月3日在开曼群岛中部潜海调查。在该海域调查的主要任务是求证400℃的深海热液区域是否有生物存在。英国南安普敦大学和美国的伍兹·霍尔海洋地理学研究所参加了调查。2013年9月1日~10月3日，“CHIKYU”号在冲绳海槽热液区域的热液喷口周边进行钻探，通过柱状地质采样明确了热液活动区域的微生物群落数量和种类，以及该环境的生态系统情况。此次科考主要发现：海底有大面积的热液区及变质带；海底储存有大量的热液；热液硫化矿物的分布和组成与热液矿成因密切相关。2013年9月13~29日，在水深为900~1200米的伊平屋海岭北部，利用HYPER-DOLPHIN遥控水下机器人对嵌入了套管的深海钻探孔实施科学调查。通过嵌套形成人工热液喷孔，采集并分析海底以下100米的热液，调查海底热液生命圈的生存环境。钻探调查和潜航调查同时进行的科学考察，即使是在全球也是不多见的。

8.2.4 英国

2013年2月，英国科学家利用一个遥控潜水器（ROV）对加勒比海的开曼海沟（Cayman Trough）进行了探测。在深达5000米的海底一个未曾探测过的区域发现了一系列热液喷口。根据探测器提供的视频图像显示，热液喷口的烟囱高度达10米，温度超过400℃，与周围海水4℃的海温形成鲜明对比。ROV在水下工作了24小时，采集了水样和生物样本。此次探测是由英国自然环境研究理事会（Natural Environment Research Council, NERC）资助，利用James Cook号科学考察船作为平台开展的，并联合日本和美国的研究者对该热液喷口进行进一步的研究。此次考察聚焦两个关键问题：生命为什么能够在这种极端环境下生存进化？生命在这种极端环境下是怎样进化的？

值得一提的是，英国国家海洋学中心（NOC）拥有全球最先进的水下机器人Autosub6000。该中心的海洋地球科学研究组（Marine Geoscience Group）采用这些最尖端的技术进行地质和生物热点区域的高精度绘图，如热液喷口系统、海底黑烟囱和巨型滑坡区域。所绘图像与现场观测数据共同在多种时空尺度上提供地球化学和生物通量信息。经验观测数据与数值和实验模型为各种过程（如流体运移和滑坡海啸的产生）提供新的视角。

NOC近期主要成果包括：发现了全球最深的热液喷口、绘制了世界最大的海底沉积物重力流、评估了深海拖网对冷水珊瑚群落的影响。

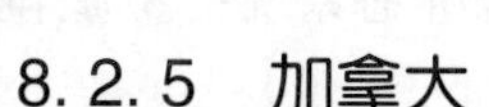

8.2.5 加拿大

2011 年 9 月，加拿大公布了《2011—2016 年加拿大海洋观测网络战略及管理计划》（*Ocean Networks Canada Strategic and Management Plan* 2011—2016）。加拿大海洋观测网络（Ocean Networks Canada，ONC）建立于 2007 年，该观测网络由两部分组成：维多利亚海底实验网络（VENUS Coastal Network）和加拿大海王星区域性电缆海洋观测网（NEPTUNE Canada Regional Network）。该网络使研究人员可以利用先进的技术进行变革性的海洋研究。该系统可以提供一系列长时间序列的物理、化学、生物和地质学参数的数据，这些数据对海洋系统科学的复杂过程和变化研究提供支持。该观测网络布设于海底活动活跃的区域，对于监测胡安德富卡洋中脊的海底热液活动具有重要意义。加拿大海底观测网络布局见图 8-6。

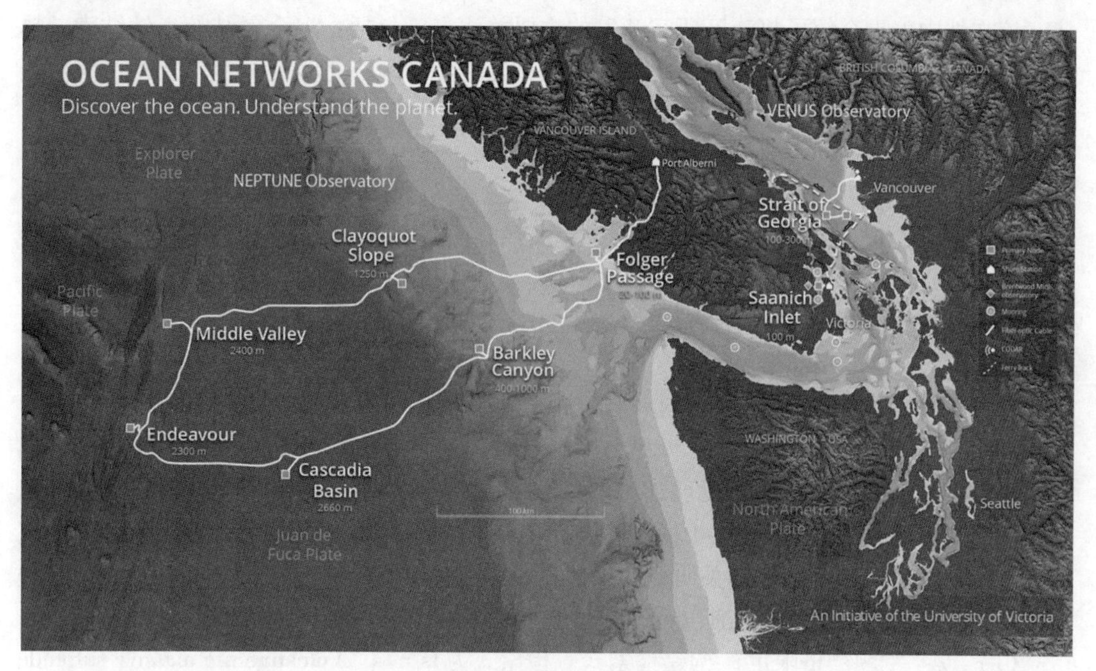

图 8-6 加拿大海洋观测网络的布设

资料来源：Ocean Networks Canada

该报告列举了加拿大海洋观测网络未来 5 年的愿景、使命、战略目标和优先管理事项，这些是对 2008 年最初 3 年计划的继承和发展。

加拿大海洋观测网络计划的愿景是：在海洋观测及技术创新领域处于世界领先地位。其使命是：使具有变革性的海洋研究成为可能，促进科学和技术的发展，扩展加拿大的利益。在未来的研究布局方面将深海热液系统研究作为其重点研究方向之一。

该观测网络计划未来重要研究方向包括：①太平洋东北地震网络；②太平洋东北海啸监测；③海底天然气水合物储藏稳定性研究；④深海热液系统多学科调查；⑤海洋地壳水

文地质学；⑥深海海底生态系统服务；⑦范库弗峰岛近海和大陆架生态系统；⑧海洋噪声对海洋动物的影响。

其中的“海王星”观测系统未来主要关注的领域包括：海底火山过程，热液系统；地震及海啸；矿物、金属及碳氢化合物；海气相互作用；气候变化；海洋中的温室气体循环；海洋生态系统；海洋生产力的长期变化；海洋动物；鱼类资源；污染和有毒藻华；海洋地壳水文地质学。

8.2.6 印度

2012 年 3 月，印度公布了其修订的《印度地球科学部 2012—2013 年度战略目标实施框架文件》（*Results-Framework Documentfor Ministry of Earth Sciences* 2012-2013），印度地球科学部在 2012 ~2013 年设定了 12 项主体战略目标。

该文件中着重介绍了热液区研究开发的主要关注点，包括：多金属结核、钴结壳、热液硫化矿、天然气水合物勘查与开发及专属经济区地形勘测，北印度洋地质及构造演化研究，以及与 IODP 相关的科研活动。

8.3 国际海底热液研究文献计量分析

8.3.1 检索策略

本报告文献信息来自美国科学信息研究所（Institute for Scientific Information，ISI）的 SCIE 数据库。SCIE 数据库收录了世界各学科领域内最优秀的科技期刊，其收录的文献能够从宏观层面反映科学前沿的发展动态。以 SCIE 数据库为基础，采用文献计量的方法对国际海底热液研究文献的年代、国家、机构及研究热点分布等进行分析，可以了解国际该研究领域的发展态势，把握相关研究的整体发展状况。

为了更加合理地对相关文献进行检索，我们采用以下三种不同的检索策略。

（1）以“主题严格限定”构建检索式。检索式为 ts = （“Volcanogenic massive sulphide ore deposit * ” or ((hydrothermal or hydrotherm or “hydrothermal-vent” or “black chimney” or (“vent field” or “vent fields”)) and (“deep-sea” or “deepsea” or “deep sea” or Submarine or seafloor or “sea floor” or “sea-floor” or seabed or “sea bed” or “sea-bed” or undersea or benthal or benthic or Abyssal))) 。

（2）以“标题限定为涉海” + “主题限定热液”构建检索式。检索式为 ti = （（ocean or sea or marine or " deep – sea" or " deepsea" or " deep sea" or Submarine or seafloor or " sea floor" or " sea – floor" or seabed or " sea bed" or " sea – bed" or undersea or benthal or benthic or Abyssal)) and ts = （" Volcanogenic massive sulphide ore deposit * " or (hydrothermal or hydrotherm or " hydrothermal – vent" or " black chimney" or (" vent field" or " vent fields") or (" black smoker" or " black smokers") or (" white smoker" or " white smok-

ers") or (" yellow smoker" or " yellow smokers"))) 。

(3) 以“研究领域限定为海洋学” + “研究内容为热液”构建检索式。检索式为 wc = oceanography and ts = (" Volcanogenic massive sulphide ore deposit * " or (hydrothermal or hydrotherm or " hydrothermal - vent" or " black chimney" or (" vent field" or " vent fields") or (" black smoker" or " black smokers") or (" white smoker" or " white smokers") or (" yellow smoker" or " yellow smokers"))) 。

在得到初步检索结果后，将数据进行合并、去重和清洗处理，最终得到得到 1975 ~ 2013 年 SCIE 数据库中“海底热液”相关研究论文 5822 篇，以此为基础从文献计量角度分析国际海底热液研究的发展态势。

从整体论文年度变化来看，海底热液研究从 20 世纪 80 年代末开始迅速升温，90 年代初增长最为迅速，之后整体呈稳步增长态势，2013 年达到顶峰，有 406 篇相关研究论文被 SCIE 数据库收录，见图 8-7。

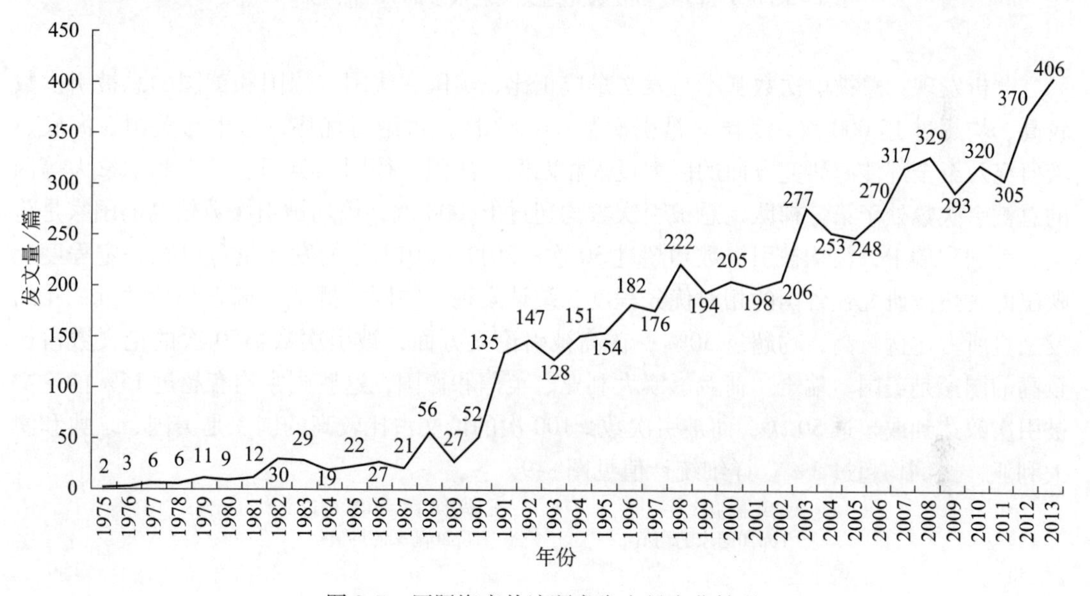

图 8-7　国际海底热液研究发文量变化情况

8. 3. 2　主要研究力量

8. 3. 2. 1　主要国家

在发文量方面来看，美国在海底热液研究论文占绝对优势，数量远远超过其他国家，在其他国家中，法国、德国、英国和日本的发文量较多，均超过 500 篇。中国发文量为 342 篇，排在第 7 位，见图 8-8。

为了更深入地了解各国在海底热液研究方面的影响力，我们从主要国家所发表的热液研究论文的总被引次数、篇均被引次数、高被引论文比例等方面进行了分析。

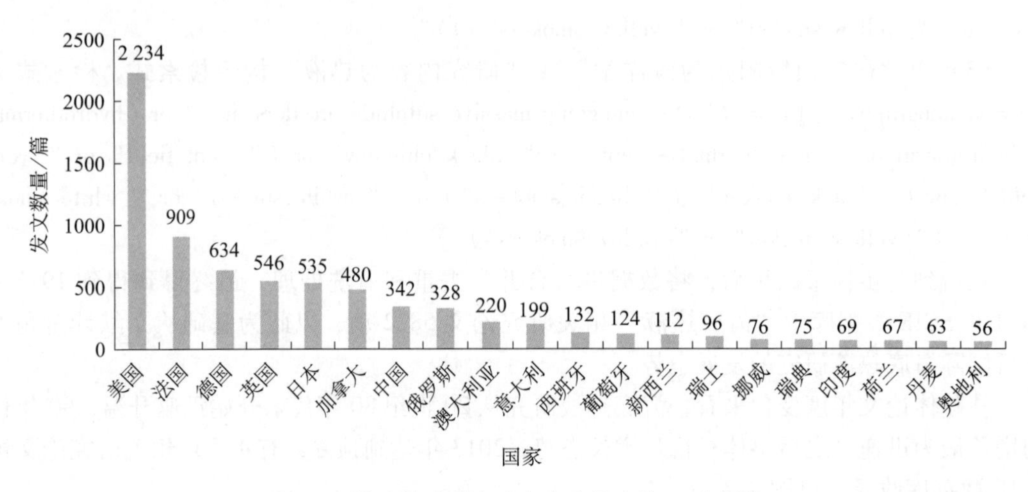

图 8-8　海底热液研究论文发表最多的 20 个国家

分析发现：总被引次数基本与发文量成正比，美国、法国、德国和英国的总被引次数较高，均超过 15 000 次，美国总被引次数 84 282 次，占绝对优势，这也与美国在海底热液研究乃至全部涉海研究方面的巨大投入相匹配；法国、德国、英国、日本和加拿大等国的总被引次数处于第二梯队，总被引次数均超过 10 000 次；篇均被引次数较高的国家是荷兰、美国和瑞士，篇均被引次数均超过 30 次；2011 ~ 2013 年的发文量可以在一定程度反映出海底热液研究在各国的相对优先程度，统计发现，中国、挪威、瑞士和荷兰近三年的发文量所占比例较高，均超过 30%；在高被引论文方面，被引次数≥50 次的论文数占比较高的国家是美国、瑞士、荷兰、澳大利亚、英国和德国，这些国家均有超过 15% 的论文被引次数达到或超过 50 次，而被引次数≥100 次的论文占比较高的国家是美国、瑞典和澳大利亚，比例均超过 5%。详细统计值见图 8-9。

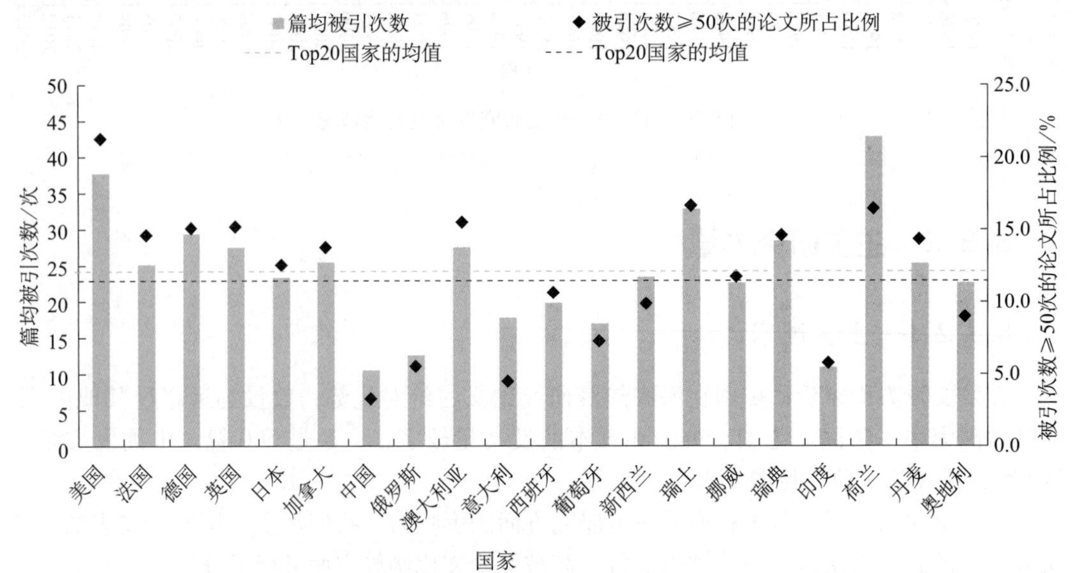

图 8-9　各国海底热液相关论文的相对影响力对比

综合各项指标来看，美国无论从研究论文数量和研究论文质量方面均是海底热液研究的实力最强的国家；德国和英国在研究论文数量和高被引论文比例上均具有较强的优势；荷兰和瑞士的研究论文数量较少，但文章的影响力很高。各国论文相对影响力可以直观地从图 8-9 中展现。

中国论文发文量排第 7 位，总被引次数处于第 9 位，篇均被引排名第 20 位，近三年发文量占比排在第 1 位，被引论文比例排在第 20 位，被引次数≥50 的论文占比排第 20 位，被引次数≥100 次的论文占比排第 19 位（表 8-2）。综合看来，中国海底热液研究相关论文具有一定的数量基础，从文献计量角度看，论文整体受关注度不高，学术界影响力较低，高被引论文数量很少。但考虑到中国 2011～2013 年的发文比例非常高，这对于论文的引用量有直接影响。因此，综合来看，中国的海底热液研究被引次数较低的问题可能是处于相对快速增长期的一个现象，但是这并不能排除相关研究整体质量不高的可能性。

表 8-2　主要国家海底热液发文量及影响力统计

	国家	发文量/篇	总被引次数/次	篇均被引次数/次	近三年发文量占比/%	被引论文比例/%	被引次数≥50 次的论文比例/%	被引次数≥100 次的论文比例/%
1	美国	2 234	84 282	37.73	19.02	97.22	21.22	7.48
2	法国	909	22 890	25.18	18.26	97.36	14.63	3.41
3	德国	634	18 619	29.37	23.34	96.69	15.14	4.73
4	英国	546	15 023	27.51	18.86	97.99	15.20	4.21
5	日本	535	12 546	23.45	19.25	95.51	12.52	3.93
6	加拿大	480	12 195	25.41	17.08	96.67	13.75	4.17
7	中国	342	3 596	10.51	39.18	80.99	3.22	0.88
8	俄罗斯	328	4 136	12.61	19.51	84.45	5.49	0.61
9	澳大利亚	220	6 062	27.55	26.82	94.09	15.45	5.45
10	意大利	199	3 558	17.88	26.13	95.48	4.52	1.51
11	西班牙	132	2 634	19.95	28.03	96.21	10.61	3.03
12	葡萄牙	124	2 100	16.94	29.84	97.58	7.26	2.42
13	新西兰	112	2 621	23.40	23.21	95.54	9.82	1.79
14	瑞士	96	3 151	32.82	34.38	96.88	16.67	4.17
15	挪威	76	1 720	22.63	38.16	97.37	11.84	2.63
16	瑞典	75	2 134	28.45	29.33	96.00	14.67	6.67
17	印度	69	754	10.93	23.19	89.86	5.80	1.45
18	荷兰	67	2 872	42.87	34.33	97.01	16.42	2.99

续表

	国家	发文量/篇	总被引次数/次	篇均被引次数/次	近三年发文量占比/%	被引论文比例/%	被引次数≥50次的论文比例/%	被引次数≥100次的论文比例/%
19	丹麦	63	1 597	25.35	25.40	96.83	14.29	3.17
20	奥地利	56	1 271	22.70	25.00	92.86	8.93	1.79
	平均值	364.85	10 188.05	24.16	25.92	94.63	11.87	3.32

在主要国家的海底热液研究合作中，美国处于合作的中心位置，是国际海底热液研究的首选合作国家，美国所拥有的巨大技术优势和研究实力是其成为全球合作中心的主要因素。此外，法国、德国和英国在国际合作中处于第二梯队的地位，在国际海底热液研究中也具有重要的地位。中国的主要合作对象是美国和中国台湾等，见图8-10。

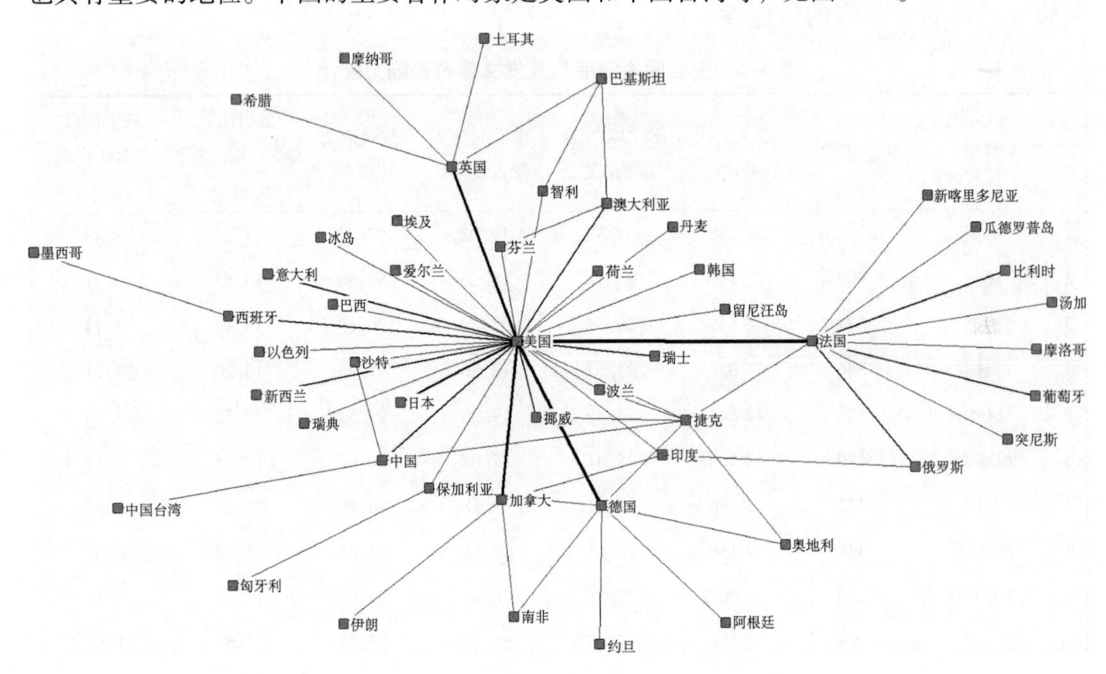

图8-10 发文量前50的国家合作情况

8.3.2.2 主要机构

在机构发文量方面，美国伍兹霍尔海洋研究所、法国海洋开发研究院（IFREMER）、俄罗斯科学院等机构发文量较多，中国的机构中，中国科学院排在16位，见图8-11。

为了更深入地了解各主要研究机构在海底热液研究方面的影响力，我们从主要机构所发表的热液研究论文的总被引次数、篇均被引次数、高被引论文比例等方面进行了分析，见表8-3。

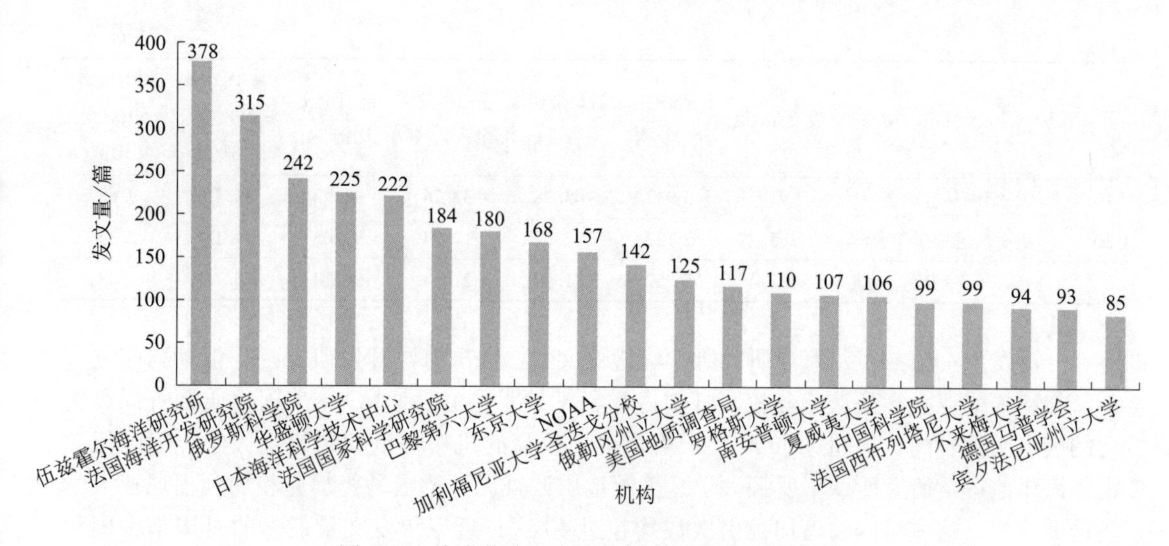

图 8-11　海底热液研究论文发表最多的 20 个机构

表 8-3　主要机构海底热液发文量及影响力统计

	机构	发文量/篇	总被引次数/次	篇均被引次数/次	近三年发文量占比/%	被引论文比例/%	被引次数≥50 次论文比例/%	被引次数≥100 次论文比例/%
1	伍兹霍尔海洋研究所	378	**18 049**	**47.75**	21.69	98.41	**26.98**	**11.38**
2	法国海洋开发研究院	315	8 880	28.19	17.14	98.41	15.56	4.13
3	俄罗斯科学院	242	2 959	12.23	20.25	84.30	4.96	0.41
4	华盛顿大学	225	**10 564**	**46.95**	13.78	99.11	**29.33**	**12.00**
5	日本海洋科学技术中心	222	5 733	25.82	25.23	96.40	15.32	5.86
6	法国国家科学研究院	184	4 942	26.86	22.83	96.74	17.39	2.17
7	巴黎第六大学	180	4 225	23.47	18.33	98.89	15.56	2.22
8	东京大学	168	3 271	19.47	23.21	97.02	10.71	1.19
9	NOAA	157	**5 513**	35.11	17.20	98.73	21.66	4.46
10	加利福尼亚大学圣迭戈分校	142	**5 912**	**41.63**	16.90	97.18	23.24	7.75
11	俄勒冈州立大学	125	**7 146**	**57.17**	20.00	98.40	**28.00**	**13.60**
12	美国地质调查局	117	**5 433**	**46.44**	16.24	96.58	25.64	9.40
13	罗格斯大学	110	3 782	34.38	18.18	98.18	25.45	5.45
14	南安普顿大学	107	2 145	20.05	**31.78**	97.20	9.35	2.80
15	夏威夷大学	106	3 888	36.68	15.09	99.06	21.70	7.55
16	中国科学院	99	770	7.78	42.42	76.77	1.01	1.01
17	法国西布列塔尼大学	99	3 243	32.76	13.13	96.97	22.22	3.03
18	不来梅大学	94	2 042	21.72	**36.17**	97.87	8.51	2.13

续表

	机构	发文量/篇	总被引次数/次	篇均被引次数/次	近三年发文量占比/%	被引论文比例/%	被引次数≥50 次论文比例/%	被引次数≥100 次论文比例/%
19	德国马普学会	93	3 932	**42.28**	**32.26**	98.92	**31.18**	9.68
20	宾夕法尼亚州立大学	85	2 722	32.02	12.94	97.65	21.18	2.35
	平均值	162.4	5 257.55	31.94	21.74	96.14	18.75	5.43

分析发现：伍兹霍尔海洋研究所、华盛顿大学、法国海洋开发研究院、俄勒冈州立大学、加利福尼亚大学圣迭戈分校、日本海洋科学技术中心、NOAA、美国地质调查局等机构的被引次数较高，均超过 5000 次；篇均被引较高的机构是俄勒冈州立大学、美国伍兹霍尔海洋地理学研究所、华盛顿大学、美国地质调查局、德国马普学会和加利福尼亚大学圣迭戈分校，这些机构的篇均被引次数均超过 40 次；近三年发文量最多的机构是中国科学院、不来梅大学、德国马普学会和南安普敦大学，均超过 30%；在高被引论文方面，德国马普学会、华盛顿大学、俄勒冈州立大学、伍兹霍尔海洋研究所、美国地质调查局和美国罗特格斯州立大学，均有超过 25% 的论文被引次数达到或超过 50 次，被引次数达到或超过 100 次的文章比例超过 10% 的机构是俄勒冈州立大学、华盛顿大学和伍兹霍尔海洋研究所。

综合各项指标来看，美国伍兹霍尔海洋研究所、华盛顿大学、俄勒冈州立大学的影响力较强。其中，美国伍兹霍尔海洋研究所总被引次数、篇均被引次数和高被引论文比例等多个指标均位居前列，研究影响力最强。各机构论文相对影响力可以直观地在图 8-12 中展现。

中国机构中，中国科学院总被引次数排在第 20 位，篇均被引次数排在第 20 位，2011 ~ 2013 年发文占比排在第 1 位，高被引论文（被引次数≥50 次和被引次数≥100 次）排在第 20 位和第 19 位。

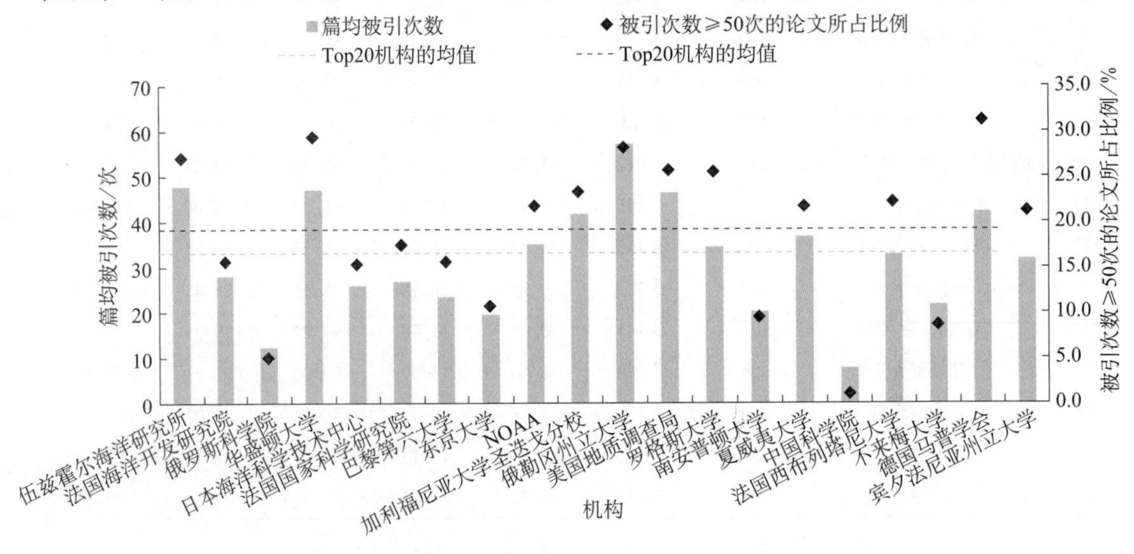

图 8-12 海底热液主要研究机构被引次数和高被引论文情况

在机构合作方面，美国伍兹霍尔海洋研究所是国际主要海底热液研究机构的主要合作机构，该机构与 NOAA 共同作为美国海底热液的核心机构，也是世界海底热液研究国际合作的核心机构。此外，法国海洋开发研究院、日本海洋科学技术中心、华盛顿大学、不来梅大学也具有一定的中心效应，见图 8-13。

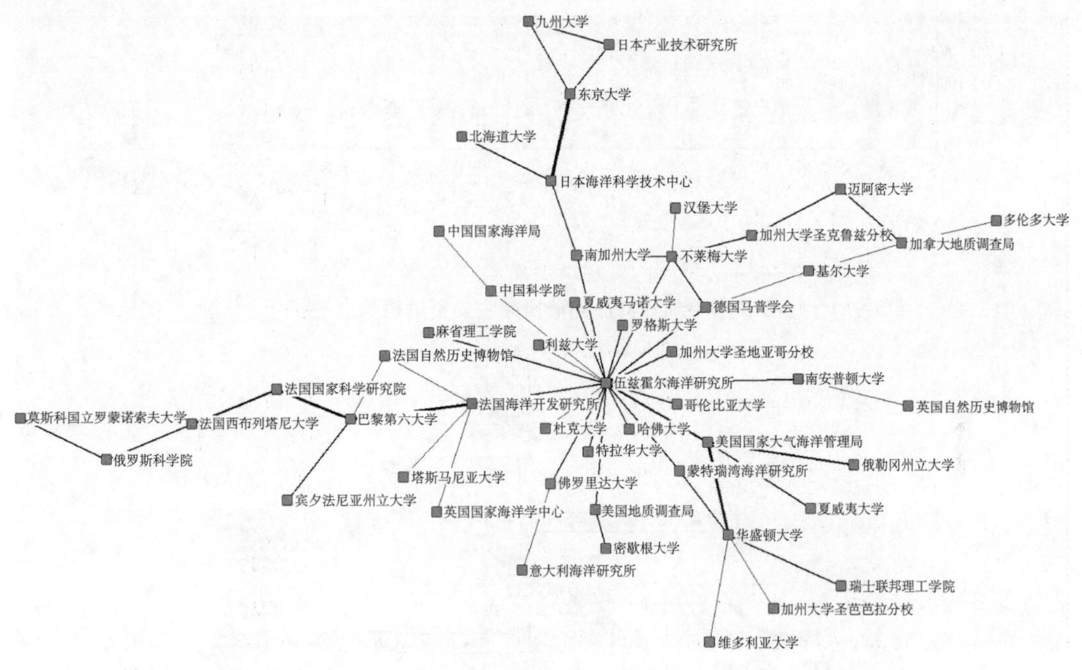

图 8-13　国际主要机构海底热液研究合作情况

美国研究机构和欧洲的合作主要渠道是通过法国海洋开发研究院，日本海底热液研究机构相对独立，主要通过南加利福尼亚大学等与欧美合作。

中国科学院与中国国家海洋局的合作最为紧密，在国际合作方面，主要通过与美国伍兹・霍尔海洋地理学研究所开展海底热液研究。

8.3.2.3　主要资助机构

从海底热液研究的资金资助渠道来看，NSF 是全球最大的热液研究资助机构，所资助发表的论文数量远远领先于其他资助机构。中国国家自然科学基金委员会（NS-FC）、美国国家航空航天局（NASA）、加拿大国家自然科学与工程基金（NSERC）、欧盟（EU）和 NOAA 等机构的资助也较为突出，见图 8-14。

中国国家自然科学基金委员会、国家重点基础研究发展计划（“973”计划）和中国大洋矿产资源研究开发协会是中国海底热液研究资助发文最多的机构，这三个资助机构除了彼此共同资助发文外，也与 NSF、法国国家科学研究院和伍兹・霍尔海洋地理学研究所等有一定的共同资助发文，见图 8-15。

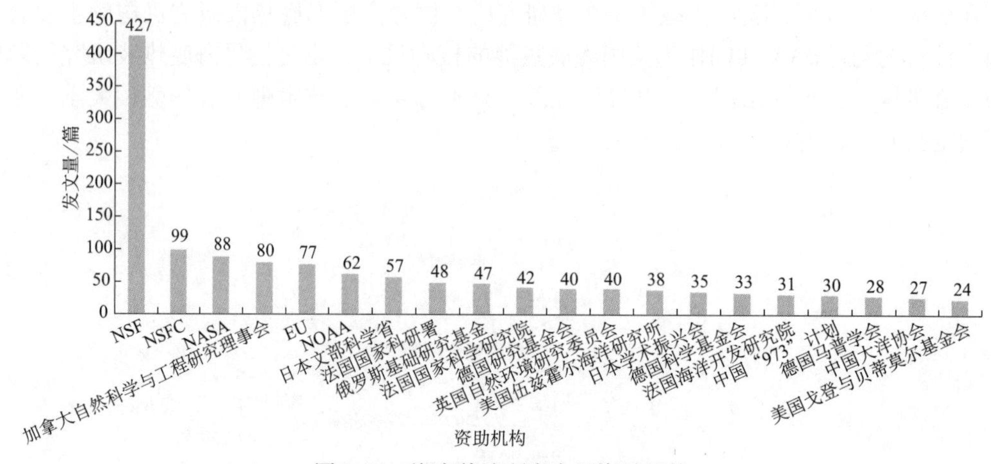

图 8-14 海底热液研究主要资助机构

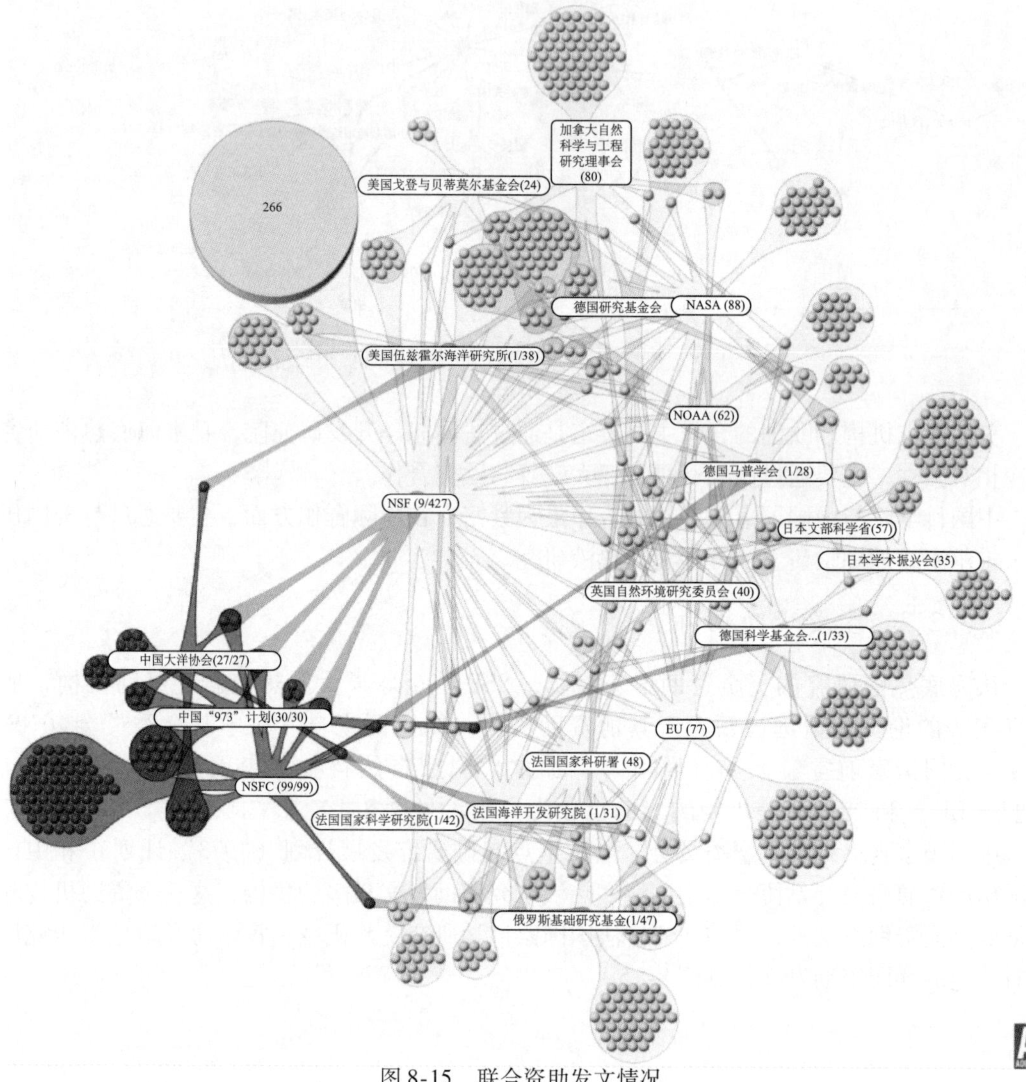

图 8-15 联合资助发文情况

8.3.3　从文献计量角度看研究热点变化

8.3.3.1　研究热点分析

从海洋生态系统研究相关文章所属学科看，海底热液研究所涉及的相关研究学科有：地球化学与地球物理学、地质学、海洋学和微生物学等，见表8-4。其中地球化学与地球物理学所占比重最大，有1550篇相关论文。而从各学科之间的交叉来看，地质学、海洋学、环境科学与生态学是海底热液研究的热点学科，见图8-16。

表8-4　国际海底热液研究主要涉及的研究领域

序号	学科领域	文章篇数/篇	序号	学科领域	文章篇数/篇
1	地球化学与地球物理学	1550	11	生物化学与分子生物学	190
2	地质学	1341	12	化学	173
3	海洋学	1096	13	动物学	152
4	微生物学	626	14	工程学	113
5	海洋与淡水生物学	584	15	矿业与矿物加工学	111
6	环境科学与生态学	430	16	古生物学	97
7	矿物学	347	17	进化生物学	70
8	科技-其他主题	305	18	遗传学	68
9	生命科学与生物医学-其他主题	210	19	天文学与天体物理学	55
10	生物技术与应用微生物学	199	20	自然地理学	42

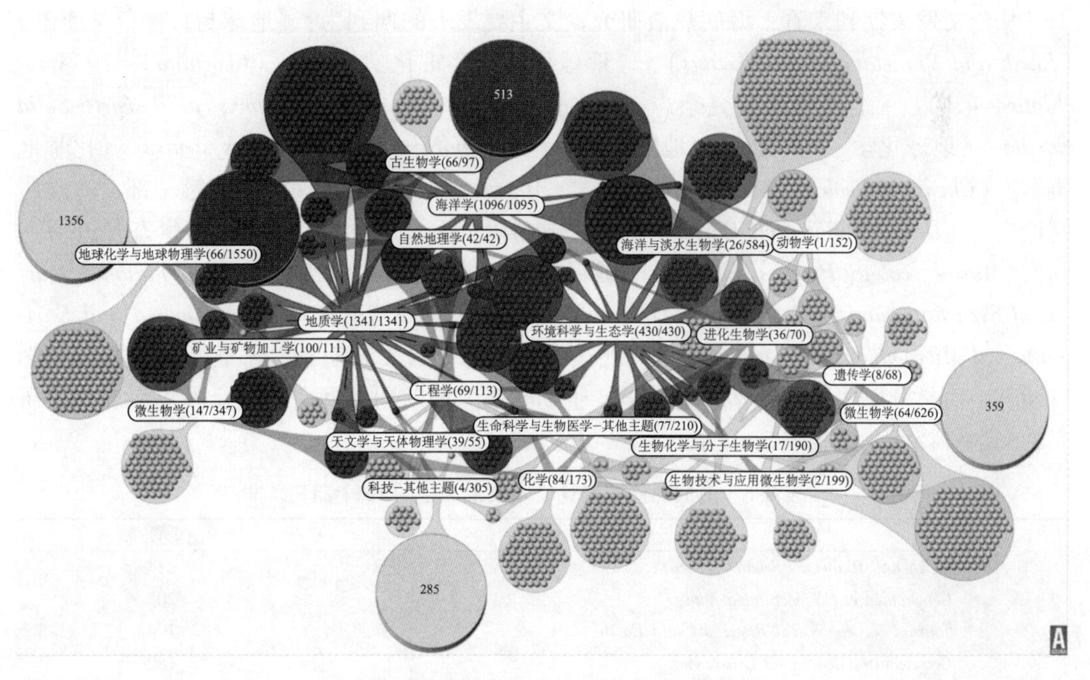

图8-16　海底热液研究主要学科之间的交叉

从学科年度发文数量变动来看，地球化学与地球物理学、地质学、海洋学和微生物学等主要学科稳步增长。环境科学与生态学、微生物学增长最为显著，见图 8-17。值得注意的是，近年来增长较为迅速的学科为矿物学，这与近年来国际社会开始重视海底资源的勘探开发有直接关系。

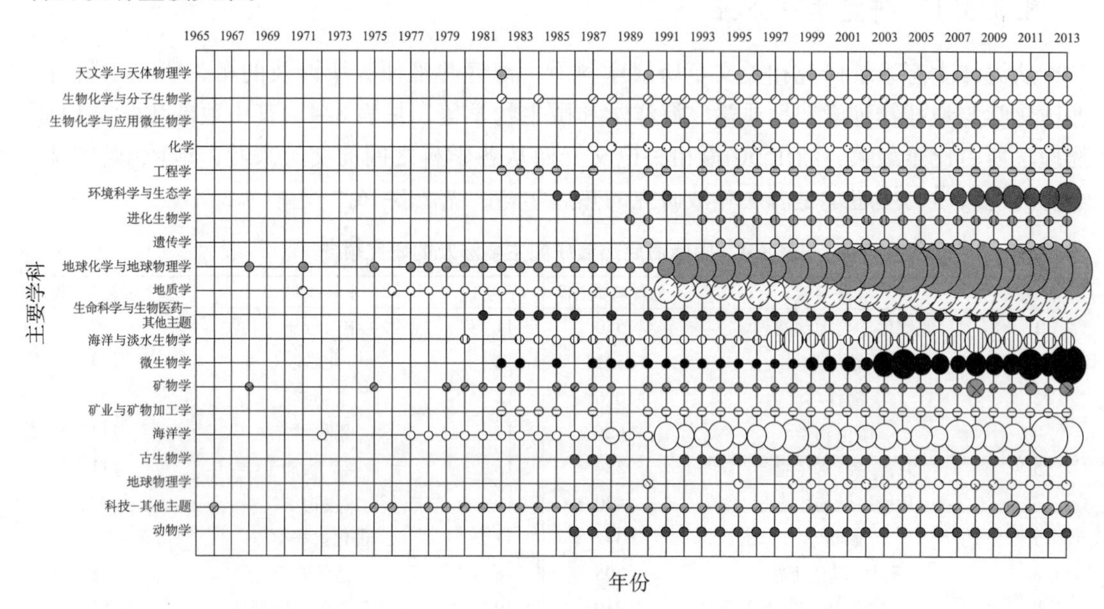

图 8-17　海底热液研究主要学科发文量年度变化

从论文发表期刊来看，海底热液研究论文主要发表的期刊为：《地球与行星科学通讯》(*Earth and Planetary Science Letters*)、《地球化学与宇宙化学学报》(*Geochimica et Cosmochimica Acta*)、《地球物理研究杂志——固体地球》(*Journal of Geophysical Research-Solid Earth*)、《地球化学、地球物理、地球系统》(*Geochemistry Geophysics Geosystems*)、《化学地质学》(*Chemical Geology*)、《海洋地质学》(*Marine Geology*)、《深海研究第一部：海洋研究论文》(*Deep-sea Research Part I: Oceanographic Research Papers*)、《海洋生态学进展丛刊》(*Marine ecology Progress Series*)、《国际系统与进化微生物学杂志》(*International Journal of Systematic and Evolutionary Microbiology*)、《应用与环境微生物学》(*Applied and Environmental Microbiology*)。总体来看，海底热液研究论文的发表期刊并不非常集中在单一学科期刊，而是分散在地球科学、地质学、生物学等多种期刊类型，这也反映出海底热液研究的多学科特征。见表 8-5。

表 8-5　海底热液研究论文发表最集中的 10 个期刊

	刊名	记录数/篇
1	*Earth and Planetary Science letters*	234
2	*Geochimica et Cosmochimica Acta*	205
3	*Journal of Geophysical Research-Solid Earth*	194
4	*Geochemistry Geophysics Geosystems*	182
5	*Chemical Geology*	155
6	*Marine Geology*	146

续表

	刊名	记录数/篇
7	*Deep-sea Research Part I: Oceanographic Research Papers*	137
8	*Marine Ecology Progress Series*	104
9	*International Journal of Systematic and Evolutionary Microbiology*	103
10	*Applied and Environmental Microbiology*	101

从有效关键词统计来看，热液喷口、硫化物、深海、大洋中脊等是出现次数最高的关键词。其中，热液喷口的出现次数最高，达486次。深海、硫化物、大洋中脊和大西洋中脊的出现次数也均超过了100次，见图8-18。

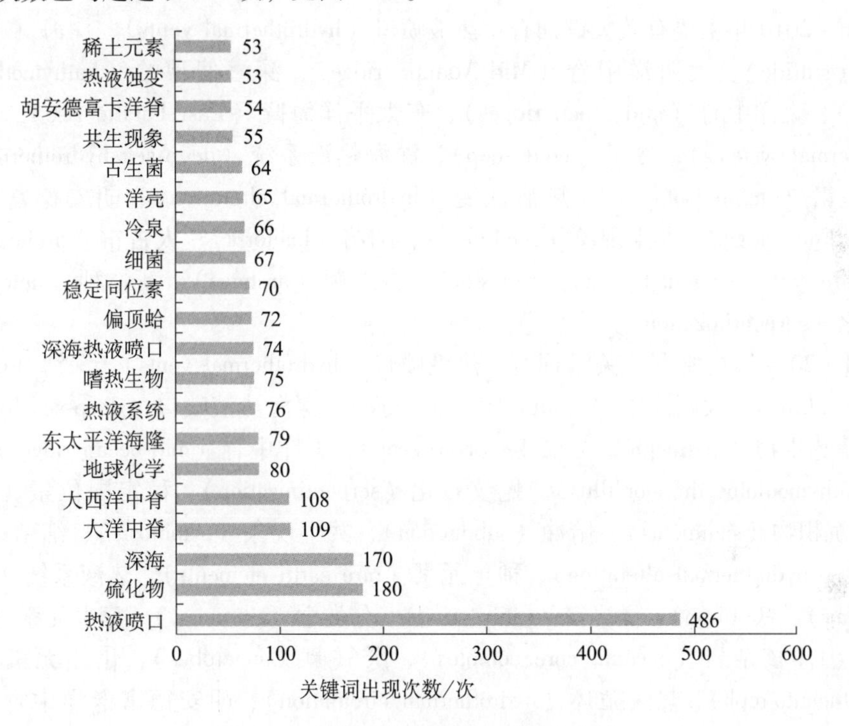

图8-18 海底热液研究论文关键词统计

8.3.3.2 热点变化

为了了解海底热液研究的热点变化情况，将1991~2014年划分为五个阶段，对其各阶段的主要关键词进行了统计。

统计发现，1991~1995年主要有效关键词有：硫化物（sulfide）、古细菌（archaea）、超嗜热菌（hyperthermophile）、胡安德富卡洋中脊（Juan de Fuca ridge）、深海蠕虫（alvinellidae）、细菌（bacteria）、静水力学（hydrostatic）、压强（pressure）、洋中脊（mid-ocean ridge）、海山（seamount）和稳定同位素（stable isotopes）。

1996~2000年主要有效关键词有：热液喷口（hydrothermal vents）、硫化物（sulfide）、深海（deep sea）、大洋中脊（mid-ocean ridges）、古细菌（archaea）、大西洋中脊（Mid-

Atlantic ridge）、东太平洋海隆（East Pacific rise）、蛇纹石（ophiolite）、嗜热生物（thermophile）、超嗜热生物（hyperthermophile）、深海热液喷口（deep-sea hydrothermal vent）、锰壳（manganese crusts）。

2001～2005 年主要有效关键词有：热液喷口（hydrothermal vents）、硫化物（sulfide）、深海（deep sea）、大洋中脊（mid-ocean ridges）、嗜热生物（thermophile）、洋壳（oceanic crust）、热液系统（hydrothermal systems）、稳定同位素（stable isotopes）、细菌（bacteria）、深海热液喷口（deep-sea hydrothermal vent）、大洋钻探（ocean drilling program）、东太平洋海隆（East Pacific rise）、大西洋中脊（Mid-Atlantic ridge）、冷泉（cold seep）、流体包裹体（fluid inclusions）、甲烷（methane）。

2006～2010 年主要有效关键词有：热液喷口（hydrothermal vents）、深海（deep sea）、硫化物（sulfide）、大西洋中脊（Mid-Atlantic ridge）、深海偏顶蛤（bathymodiolus thermophilus）、大洋中脊（mid-ocean ridges）、东太平洋海隆（East Pacific rise）、热液系统（hydrothermal systems）、冷泉（cold seep）、深海热液系统（deep-sea hydrothermal vent）、稳定同位素（stable isotopes）、热液蚀变（hydrothermal alteration）、胡安德富卡洋中脊（Juan de Fuca ridge）、共生现象（symbiosis）、细菌（bacteria）、太古宙（archean）、稀土元素（rare earth elements）、原位（*in situ*）、古细菌（archaea）、新物种（new species）、蛇纹石化（serpentinization）。

2011～2014 年主要有效关键词有：热液喷口（hydrothermal vents）、深海（deep sea）、硫化物（sulfide）、大西洋中脊（Mid-Atlantic ridge）、深海热液喷口（deep-sea hydrothermal vent）、嗜热生物（thermophile）、冷泉（cold seep）、大洋中脊（mid-ocean ridges）、深海偏顶蛤（bathymodiolus thermophilus）、蛇纹石化（serpentinization）、稳定同位素（stable isotopes）、沉积物（sediments）、俯冲（subduction）、共生现象（symbiosis）、细菌（bacteria）、热液蚀变（hydrothermal alteration）、稀土元素（rare earth elements）、热液系统（hydrothermal systems）、铁（iron）、洋壳（oceanic crust）、分类学（taxonomy）、痕量元素（trace elements）、海洋核杂岩（oceanic core complex）、厌氧菌（anaerobes）、化能无机自养生物（chemolithoautotroph）、热液循环（hydrothermal circulation）、胡安德富卡洋中脊（Juan de Fuca ridge）、块状硫化物（massive sulfide deposits）、甲烷（methane）、东太平洋海隆（East Pacific rise）、热液羽状流（hydrothermal plume）。

从各阶段的关键词可以看出，热液喷口、硫化物和嗜热生物等是持续的研究热点；大洋中脊、大西洋中脊、太平洋海隆和胡安德富卡洋中脊等是热液研究最为密集的地点；热液研究在近年来逐渐开始关注铁锰结核等矿物的研究和块状硫化物的研究（表 8-6）。

表 8-6 海底热液研究主题阶段变化情况

阶段	主题研究内容
1991～1995 年	hydrothermal vents、sulfide、hydrothermal、archaea、hyperthermophile、deep sea、Juan de Fuca ridge、geochemistry、alvinellidae、bacteria、hydrostatic、pressure、activity、midocean ridge、seamount、stable isotopes
1996～2000 年	hydrothermal vents、sulfide、hydrothermal、deep sea、mid-ocean ridges、archaea、Mid-Atlantic ridge、East Pacific rise、geochemistry、ophiolite、thermophile、hyperthermophile、deep-sea hydrothermal vent、hydrothermal processes、manganese crusts

续表

阶段	主题研究内容
2001～2005 年	hydrothermal vents、hydrothermal、sulfide、deep sea、mid-ocean ridges、thermophile、oceanic crust、hydrothermal systems、stable isotopes、bacteria、deep-sea hydrothermal vent、ocean drilling program、East Pacific rise、Mid-Atlantic ridge、cold seep、fluid inclusions、methane
2006～2010 年	hydrothermal vents、deep sea、sulfide、hydrothermal、Mid-Atlantic ridge、bathymodiolus thermophilus、mid-ocean ridges、East Pacific rise、hydrothermal systems、cold seep、deep-sea hydrothermal vent、stable isotopes、geochemistry、hydrothermal alteration、Juan de Fuca ridge、symbiosis、bacteria、archean、rare earth elements、*in situ*、archaea、hydrothermal activity、new species、serpentinization
2011～2014 年	hydrothermal vents、deep sea、hydrothermal、sulfide、Mid-Atlantic ridge、deep-sea hydrothermal vent、geochemistry、thermophile、cold seep、mid-ocean ridges、bathymodiolus thermophilus、serpentinization、stable isotopes、sediments、subduction、symbiosis、bacteria、hydrothermal alteration、rare earth elements、hydrothermal activity、hydrothermal systems、iron、oceanic crust、taxonomy、trace elements、biogeography、oceanic core complex、anaerobes、chemolithoautotroph、hydrothermal circulation、Juan de Fuca ridge、massive sulfide deposits、methane、East Pacific rise、hydrothermal plume

8.4　海底热液研究内容及现状

根据热液活动区输出热液流体的温度和热通量等特征，海底热液活动可大致被划分为三个阶段，即热液系统的生成阶段、持续阶段和衰退阶段（刘为勇等，2011）。事实上，热液研究的分支可以从多个方面进行划分，本报告采用按照热液结构划分的方法，即分为热液柱、喷口流体、热液产物和热液区生命。图 8-19 为海底热液按照结构划分的示意图。

8.4.1　热液柱研究

热液柱研究的重要性体现在两个方面：热液柱是了解地球上各圈层之间物质能量交换过程的一个重要渠道；热液柱的物质和能量对于依赖于此环境的生命活动有重要的研究价值。按照能否形成中性浮力面可以将热液柱分为两大类：成熟热液柱和非成熟热液柱。

成熟热液柱水深大于 200 米，具有中性浮力面，又可以进一步分为长期热液柱（黑烟囱型热液柱）和短期热液柱（巨型热液柱）。长期热液柱可达 100～300 米的高度，短期热液柱高度可达 1000 米，存活时间数天或数十天。

非成熟热液柱不具有中性浮力面，可以分为浅水热液柱和倒转热液柱。浅水热液柱水深小于 200 米。倒转热液柱密度相对较大，不具有上升浮力。

按照热液柱起源流体温度的高低，还可以分为高温热液柱和低温热液柱，顾名思义，高温热液柱是由高温热液流体形成，低温热液柱是由低温热液流体形成。热液柱具有一些独特的物理和化学特性，见表 8-7 和表 8-8。

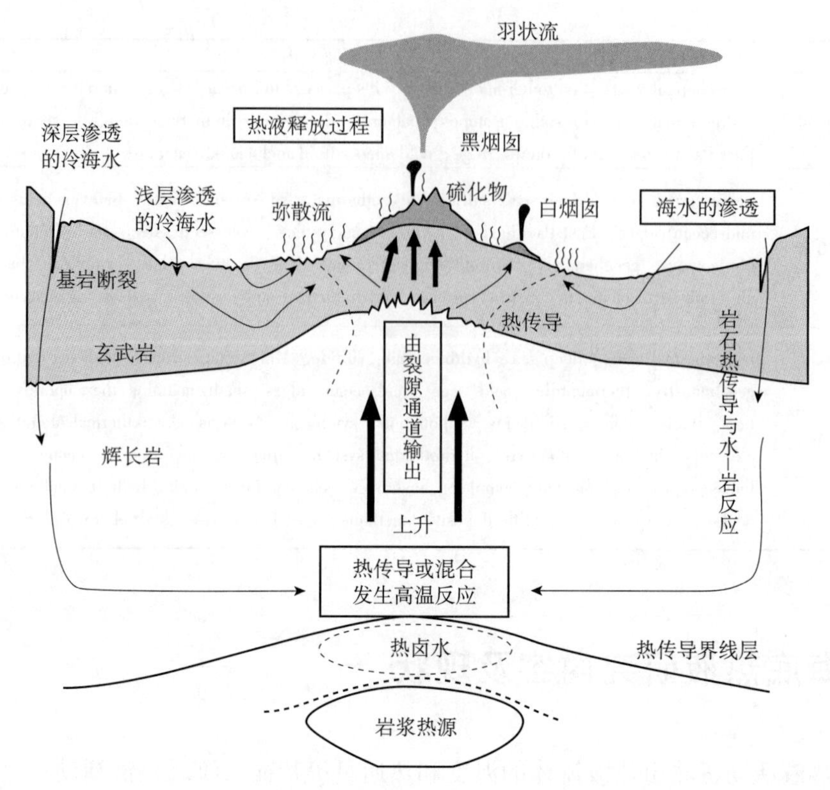

图 8-19　海底热液结构示意图（刘为勇等，2011）

表 8-7　热液柱的物理特征

类别	物理特征
形态	椭圆体、透镜体和不规则状
温度	热液柱的温度与周围海水温度有所差异，一般情况下差异值在 ±0.05℃，最高可达 0.4℃
浊度	浊度变化变化范围较大；空间上具有分层性；浊度异常往往与其温度、盐度和化学异常一致
光透射	热液喷口流体与周围海水混合时快速冷却并导致矿物的沉淀，所形成的矿物颗粒使光透射减小
光散射	热液柱的光散射强度与海底热液活动强度之间呈正相关关系，即海底热液活动越强，热液柱的光散射信号越强
盐度	热液柱盐度与周围海水有所差异

资料来源：曾志刚（2011）

表 8-8　热液柱的化学特征

类别	化学特征
He 同位素	He 元素在喷口流体和热液柱中浓度较高，存在时间较长
CH_4 含量	大多数热液柱 CH_4 的最小值都是海水背景值的 10 倍
NH_4 + 含量	无沉积物覆盖的热液系统中，热液流体具有较低的 NH_4 +
Mn 含量	Mn 含量高于海水背景值
Fe 含量	Fe 含量高，Fe 含量与颗粒物形成密切相关

资料来源：曾志刚（2011）

8.4.2 喷口流体研究

喷口流体的形成演化受到了地形、水深、构造、岩浆、岩石、沉积物和生物活动等多种因素的影响。热液喷口流体具有多种类型，按照温度划分包括：大于300℃为高温流体，100～300℃为中温流体，100℃以下为低温流体。按照化学组成包括：低Cl流体、Cl正常流体和高Cl流体。按照流体所含金属浓度可划分为：低Cu流体和高Cu流体；低Zn流体和高Zn流体；低Pb流体和高Pb流体；高Fe流体和低Fe流体。按照酸碱度可以分为酸性流体和碱性流体。按照烟囱体形态可分为黑烟囱流体、白烟囱流体、灰烟囱流体和黄烟囱流体。按照流体喷出状态可以分为聚合流体和扩散流体。见表8-9。

表8-9 热液喷口流体的类型

划分依据	类别
温度	大于300℃为高温流体，100～300℃为中温流体，100℃以下为低温流体
化学组成	低Cl流体、Cl正常流体和高Cl流体
金属浓度	低Cu流体高Cu流体；低Zn流体和高Zn流体；低Pb流体和高Pb流体；高Fe流体和低Fe流体
酸碱度	酸性流体和碱性流体
烟囱体形态	黑烟囱流体、白烟囱流体、灰烟囱流体和黄烟囱流体
流体喷出状态	聚合流体和扩散流体

资料来源：曾志刚（2011）

喷口流体的盐度相对于海水可以出现亏损、富集和正常三种情况。同一热液区喷口流体的化学组成可以相似也可以不同。喷口流体在海底下经历了复杂的深部过程，是海底多重作用的产物。喷口流体的化学组成及其元素比值可以反映出海底下的流体情况，以及流体岩石与周围环境之间的反应情况。

8.4.3 热液产物研究

从形态上，热液产物至少有六种：烟囱体、丘状体、脉体、网脉体、角砾和球体等。烟囱体是最常见的热液产物之一，烟囱体的大小形态差别较大，从几厘米到几十米不等。多个烟囱体常聚集成群，构成烟囱体群。表8-10是各类热液产物及其所含物质种类。

热液产物主要由各种硫化物、硫酸盐、碳酸盐、氧化物、氢氧化物、硅酸盐、卤化物、硫盐等多种物质组成（表8-10）。

表8-10 热液产物的类别

划分依据	种类
硫化物类	富Cu型热液硫化物；富Zn型热液硫化物；Pb-Zn型热液硫化物；Fe-Zn型热液硫化物；Fe-Cu型热液硫化物
硫化物+碳酸盐类	Ba-Zn-Pb型热液产物；Ba-Fe型热液产物；Ca-Cu型热液产物；Ca-Fe型热液产物；Ca-Zn型热液产物
硫酸盐类	富Ba硫酸盐型；富Ca硫酸盐型
碳酸盐类	富Ca碳酸盐型；碳酸盐-硫化物型

续表

划分依据	种类
其他类	Si-硫化物型热液产物；Si-硫酸盐型热液产物；Si-硫化物-碳酸盐型热液产物；Si-硫化物-硫酸盐型热液产物；Si 型热液产物；Fe-Mn 型热液产物；自然元素型热液产物

资料来源：曾志刚（2011）

热液硫化物的矿物组合可划分为三种类型：超过 300℃的高温矿物组合、100～300℃的中温矿物组合和小于 100℃的低温矿物组合。

在不同的环境中，热液产物的化学构成不尽相同，差别较大。其中常见的矿物组合是：黄铁矿+闪铁矿+黄铜矿+重晶石+非晶质二氧化硅。研究热液产物的分布特征和物理特性对于未来的资源评价、开发和矿石提取具有重要意义。

8.4.4 热液区生命研究

研究发现，海底热液区存在大量生命体，在这些生物中，至少存在一个新门（被套动物门），25 个新科、50 多个新属及 100 多个新种。生物的主要种类有管状蠕虫类、软体动物门蛤类、贻贝类、腹足类、节肢动物门虾类、蟹类、须腕动物门、棘皮动物门、环节动物多毛类、螠虫动物门、脊索动物门和蔓足类动物等。此外还发现了珊瑚类、水母类和粉红色鱼类等。图 8-20 展示了热液区生物分布的基本情况。

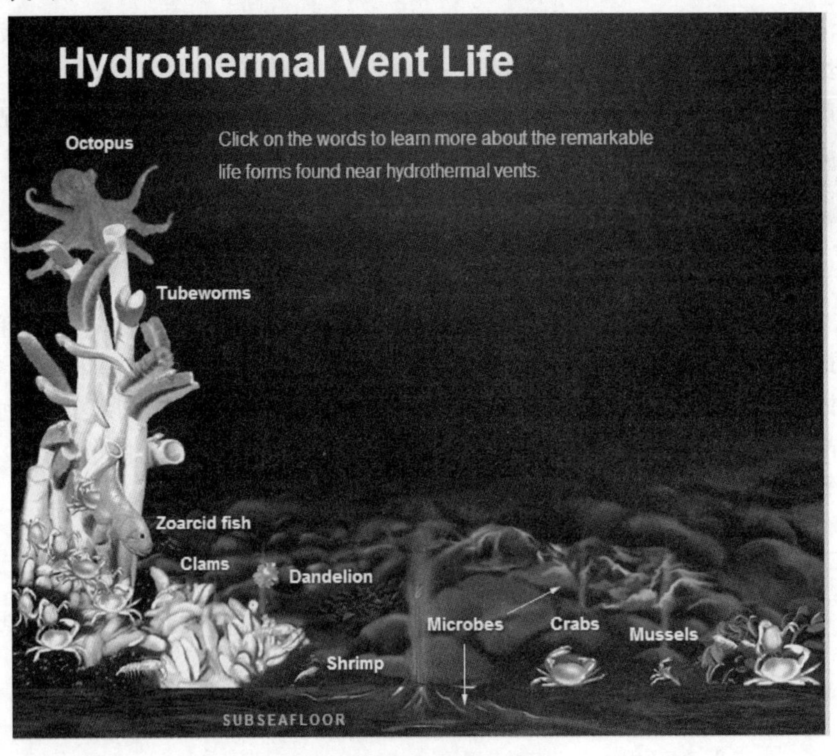

图 8-20　热液区的生物分布

资料来源：美国伍兹霍尔海洋研究所

热液喷口生物群落与海底热液环境密切相关，主要受三个因素影响：温度、压力和流体的物理化学性质。其中，温度控制着生物群落的分布。

8.4.5 海底热液调查方法

传统深海调查技术是早期海底热液活动调查的主要手段，其中包括：走航式探测技术、走航式拖网技术和定点柱状岩芯采样技术等。随着人们对现代海底热液研究的重视程度不断增加及研究的专业化程度不断深入，传统的深海调查技术已经远远不能满足海底热液活动研究的需要。

深海极端环境条件下的样品采集、相关参数的现场监测、喷口处动力学过程观测等均对热液研究的技术保障提出了挑战。近年来，多种新技术不断发展，包括直视采样技术、深潜器技术、定点监测技术、保真采样技术及模拟实验技术等不断进步，使人类对深海热液的认识不断深入。

现代海底热液活动涉及岩石圈和水圈等多圈层之间的物质交换和相互作用，是多种地质过程共同影响的复杂地质过程，仅仅利用一种或者几种调查研究技术不可能获取对海底热液活动的全面认识。海底观测网可以整合目前已有的热液活动调查技术，对海底热液活动进行全方位和长时间尺度的调查研究。因此，以构筑于海底的观测站或者观测网为工作平台，综合利用直视采样技术、深潜器技术、定点观测技术、保真采样技术和实验模拟技术等多种技术方式是全面认识和深入了解现代海底热液活动规律性的最有效手段，也是海底热液活动调查研究技术发展的方向（翟世奎等，2007）。

8.5 海底热液主要研究热点

海底热液研究由于其数据和样品获取难度极大、涉及学科众多等特点，近年来一直是海洋研究和地球科学研究的重要前沿。热液区具有重要研究价值的要素众多，要素之间又存在着各种联系，因此，将海底热液各要素统一起来，作为一个统一的热液系统进行研究是认识和解释热液区各种现象的根本方法。

海底热液尚未形成大规模的研究体量，相关研究尚处于探索阶段。国际上对于海底热液的研究关注点也不尽相同，各国、各机构有不同的侧重。例如，美国伍兹·霍尔海洋地理学研究所列出的海底热液研究的热点主题，包括四个主要方向，分别是：海底热液区地理特征的研究和命名；深海热液喷口细菌研究；热液区微生物与周围环境的关系及生命起源；深海热液喷口区动物区系的生物地理学研究。

综合来看，海底热液研究主要有以下四个研究热点：海底热液在海洋系统中的角色、海底热液喷口研究、海底热液矿物研究和海底热液区生命现象研究。这些研究之间并没有十分清晰的界限，大部分研究是相互交叉和彼此影响的，如热液区生命现象的研究离不开热液周围环境的物理化学特征的研究。

8.5.1 海底热液在海洋物质能量循环中的角色

深海加热作用是维持全球热盐环流系统的必要条件，对热量、营养物质、生物、化学的全球运输至关重要。深海冷水形成于极区，填充于洋盆 1000～5000 米的深度范围。只有将深海冷水加热，使其具有浮力并上升，才能形成环流系统。

大洋洋脊提供了三种机制驱动热盐环流系统：①潮汐或大规模洋流引起了深海水流与高低起伏地形的相互作用。②通过冷却新洋壳的方法进行深海直接加热；地球的热损失的大约 70% 与海洋岩石圈有关，其中大部分集中在扩张脊或者沿洋脊侧翼分布的新洋壳。③大洋中脊附近热液喷口的热液流体是混合作用的第三种类型。这一过程可能导致受热液柱影响的水量增加一万倍。图 8-21 反映了海底热液在海洋系统循环中的角色。

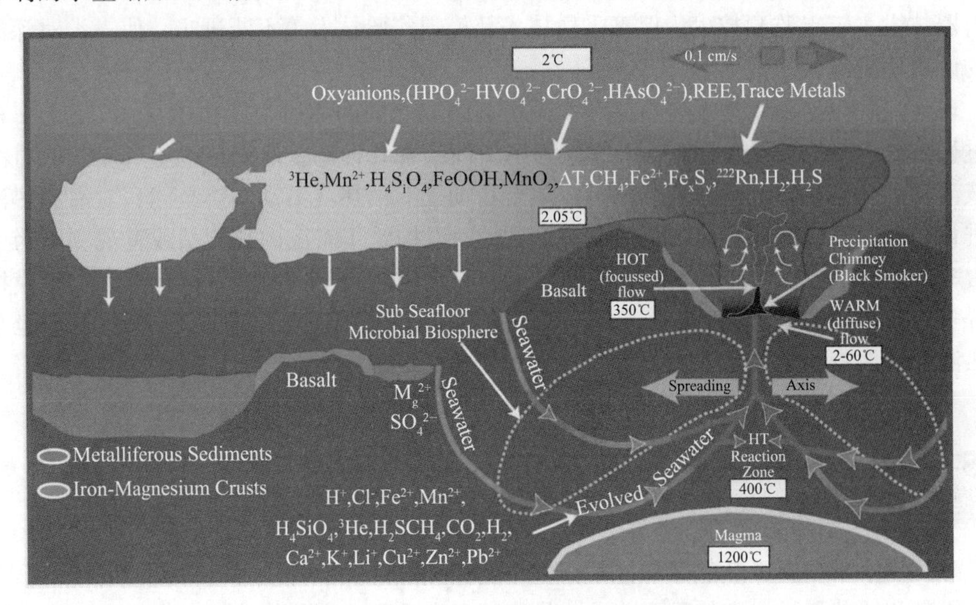

图 8-21 热液系统在洋壳和海水中的循环

资料来源：NOAA

进一步完善海底热通量和物质通量模型是一个重要的研究方向，而评估各种形式海底热液喷口的分布情况是完善模型所需解决的一大难题。海底热通量和物质通量存在强烈的时空变化，这也使得精确的建模难度加大。另外，洋壳上的热液羽流可能随扩张速率和扩张过程的变化而变化。需要确定来自深海的这些通量的性质和数量，才能进一步完善环流模型。

新形成洋壳的固结需要热液冷却，而这与热液流体控制的一些重要元素（如 Sr）进入大洋似乎形成悖论。解决这一悖论的方法是将高温和低温流体分开。主要的海底热液喷口控制着富含矿物和化学物质的热液流体进入大洋，这些热液喷口一般分布在洋中脊轴附近。

在过去的十年中，控制着低温热通量和低化学通量的分散型热液喷口，被确认分布于

洋脊侧翼。这些热液喷口具有较低的热通量和化学通量，以及不同的热系数和化学系数，但其分布可能更为广阔。低温热液喷口与热液系统的总热通量相关，其与热液系统的关系科学界仍然知之甚少。主要面临的研究问题包括：热通量和物质通量的比例关系是怎样的？如何定量研究低温、分散型流体的热通量？低温热液时空控制机理与高温热液的联系是怎样的？随着时间推移，热液系统是怎样从火山喷发事件演化为轴外作用的？

该部分研究重点包括：①建立新的高精度海洋环流模型；②长期观测洋脊及其侧翼，以监测火山周期的通量；③对物理、化学和生物数据进行集成高精度的研究；④在已有观测平台（如 ARGOS 漂流浮标和水下滑翔机）增加新的化学和生物传感器，以研究海洋内部结构（InterRidge，2012）。

8.5.2　海底热液喷口

根据《国际大洋中脊第三个十年科学规划（2014—2023）》报告的分析，过去的三十年中，对海底和海底以下热液系统的研究主要集中在洋中脊活动热液喷口上（本报告 8.3 部分文献计量结果也证明了这一点）。

活动的热液喷口成为重点关注方向的主要原因有：①活动的热液喷口的羽状流在公里尺度范围内便于探测，具有明显的标志特征；②活动的热液喷口存在着丰富而独特的生态系统，对探索生命形成和演化具有极大意义；③活动热液喷口为直接测量流量、组分和温度提供了良好的条件。目前对沿新生洋底火山分布的活动热液喷口数量和海底热液硫化物总量的估算仍主要基于活动热液系统。

然而，非活动的热液喷口点的数量及其硫化物的总量可能远远超过从活动热液喷口点发现和估计的量。科学界对热液系统活动停止后海底硫化物的变化缺乏认识，对海底硫化物的氧化速率或栖息于其中的生物群落也知之甚少。但是，由于其诱人的资源含量，研究非活动热液硫化物矿床的需求日益突显。另外，基于技术难度和环保方面的考虑，非活动热液硫化物金属资源的开发前景比活动热液硫化物更优。

未来对热液喷口的研究重点主要包括两个方面：采用大规模、高分辨率的方法，对洋脊段上整个热液区进行特征提取，并进行海盆尺度的建模；使用自主水下航行器 AUVs 和其他大洋观测平台等，进行高分辨率海底调查和监测。

8.5.3　海底热液区资源勘探和研究

海底资源对于未来全球发展具有重要战略意义，热液区矿床的价值已得到公认，近年来随着热液矿产资源的潜力不断得到确认，国际社会尤其是很多矿业公司对海底硫化物矿床越来越感兴趣，其勘探许可范围包括了热液活动和非活动地区。在不久的将来，开采的范围将更加扩大。对热液区资源的勘探和开发需要坚实的科学技术基础作为支撑，成矿理论和模型的水平决定了是否能够申请到有价值的开采区域，先进的技术决定了未来是否有能力进行商业化开采。

在海底热液区的资源勘探和开采将对附近的生态系统造成影响，这也是国内外科学界关注的重要方面。研究表明，硫化物为生物群落提供了生长环境，而对深海硫化物的开采必将对其产生长远而大规模的影响。由于目前深海实验性采矿作业已经开始，加强生物所受影响的评估和预测，以及对生物种群之间的联系、不同物种功能和生态学的研究显得十分必要。

热液区资源研究问题主要有以下几个方面（InterRidge，2012）。

（1）如何识别海底非活动热液硫化物矿床？在海底活动热液地区，通常使用羽状流调查等方法进行定位，然而，这些方法并不适用于非活动热液硫化物矿床，那里常常会与火山构造难以区分，而非活动热液硫化物矿床的资源潜力更佳。因此，采用高分辨率测量和遥测物探手段来寻找非活动热液硫化物矿床成为目前最为合理的选择。对于被埋藏的硫化物矿，需要提高遥测识别技术，以区分地下矿床和围岩。

（2）如何评估非活动热液硫化物的总量？近来有大量的研究估算了海底块状硫化物的全球总量，但几乎均基于活动热液区的情况，忽略了非活动热液硫化物，其评估数据并不能反映真实硫化物的总量。因此，我们需要针对不同海底构造环境的非活动热液矿产资源进行调查，以完善我们对全球资源量的估计。准确的评估对勘探海底硫化物资源及其为后续开发制定规则至关重要。

（3）如何确定海底块状硫化物矿的年龄？硫化物会沉积速率是多少，进入海水和沉积下来的硫化物数量情况是怎样的？典型海底热液系统的生命周期是怎样的？该周期与构造环境是否相关？具体的热液点上热液喷发是怎样变化的？

（4）非活动热液硫化物矿中生存的有机体类型？与活动热液硫化物矿床或正常玄武岩基底相比，非活动热液硫化物矿床的生态系统有何异同？

（5）非活动热液硫化物会最终演变成何种地质结构？非活动热液硫化物的氧化速率是多少？微生物对硫化物的分解有何作用？氧化速率与埋藏速率的对比关系是怎样的？

（6）基底岩性和水深对块状硫化物资源潜力和生物的影响？基性或超基性热液系统的海底块状硫化物（SMS）存在化学和金属含量方面的系统变化吗？慢速或超慢速扩张脊的化学和热通量是怎样的？它们是否随着构造扩张和大洋核杂岩组成的变化而变化？不同的基底岩石对海底热泉生物的影响有何差别？

（7）矿床和沉积物的化学毒性是怎样的？矿床及其相关沉积物中存在哪些具有生物活性的毒素？是否存在与流体扩散及氧化还原反应相关的二次富集作用，导致了沉积物毒性的增强？海底采矿带来的岩屑是否对深海生态造成影响？

8.5.4 海底热液的生命现象

海底热液生物群落是一大研究热点，为研究热液柱和大洋环流共同形成的热液喷口环境及其之间隐含关联提供了重要信息。动物的分布与热液活动所造成的环境息息相关。对动物生态、生理特征的认识有助于理解其分布方式，而分布方式与热液喷口附近水体的物理、化学性质密切相关，甚至物种的形成和演化序列都与热液喷口密切相关。生物群落的研究需要特定地点的大量标本来提供遗传学信息。尽管找到这些地点存在困难，但大洋环流、热液柱运移方式的高精度数字模型将会对其有所帮助。

（1）生物对海底热液环境的生理适应的分子基础与适应过程关键节点是什么？海底热液环境的缺氧、不稳定（有时高温）、有辐射、有重金属和硫化物等有毒物质、极端梯度等恶劣条件均给有机生命体的存活带来挑战。这至少部分解释了热液环境下物种的高度地方性特征。高通量基因组和转录组测序可以用以研究有机生命体适应热液环境时所发生的基因突变。在分析过程中重建生物原始状态有助于找到适应过程中的决定性时间点，并可以将其与环境改变、群落组成变化建立联系。类似的方法同样可应用于研究其产生过程及其分子级别的适应性。

（2）对海底热液环境的适应怎样影响并导致热液生物的多样性？物种形成这一复杂过程导致了海底热液区域的生物多样性，以及构造活动驱动下的种群次生关联。时空的小规模陡变梯度可能造成了快速的物种形成。可以在分子级别的层面上研究生物适应和物种形成之间的关系（部分或全部基因测序），并在板块构造地质历史的大背景下去理解种群之间的二次交流。

（3）历史全球变化（如全球性深海缺氧）如何影响物种演化？部分深海生物大灭绝是全球环境变化的结果。环境的变化不仅改变了温度，也改变了氧气浓度。中生代深海的普遍缺氧影响了深海动物群的演化。然而，海底热液生物物种及其适应性的起源、演化和分异之间存在着断点。尤其重要的是，从分支系统学的角度来看，海底热液生物群与其他深海生物群的关系并不明确。其谱系分析并不完善，能够明确的只有高级别分类单元。

（4）海底热液动力学性质对物种演化的影响是什么？海底热液烟囱和热液区持续的时间有限，生物群落也适应了短暂栖息地的生活。反复多次的灭绝和重现形成了连续的始祖效应，降低了局部生物分异度，但同时也促进了基因重组。这有利于自适应景观地的探索，同时对物种的演化具有重要意义。对外来物种的基因多样性及其与其他种群关系的研究不能只局限于研究程度较高的地点，在新地点的相关研究也很重要。

（5）海底热液物种和群落的环境适应机理及深海采矿的可能影响是什么？尽管海底热液生物适应了“幕式绝灭”方式，但大多数物种的扩散能力和群落规模的恢复能力还尚待考证。虽然我们掌握了部分物种的大量相关信息，但这些物种并不能代表全部，也不能代表全面的繁殖策略。换言之，对繁殖和扩散策略的研究应建立在大量不同物种的基础之上。海底热液特有的幕式扰动不可能均等地影响所有物种，因此，生态平衡对频繁而强烈的扰动非常敏感，而正是这种生态平衡维持了有相似壁龛、相似功能的物种得以共存。认识到这一点对于深海采矿来说非常重要。硫化物为生物群落提供了生长环境，而对深海硫化物的开采必将对其产生长远而大规模的影响。

（6）全球变化对热液生物的影响及其时间尺度是怎样的？一般认为全球变化对海底热液生态系统的影响不大，事实上这种结论并不可靠。尽管在今后的一段时间里，深海热液区域的海水似乎不会受到影响，但来源于极区的海水会因全球变化而温度升高，通过大洋环流最终必将影响深海热液生物群落。虽然热液区周围环境的剧烈活动状态会将海水变化所带来的影响最小化。然而，如果物种对环境的承受程度已经达到边缘，那么任何一个小小的改变都会产生决定性的影响，这在共生物种中体现得尤为明显。可以通过在大量不同物种中实施周密的生理机能实验来研究生物适应能力。与此同时，还需要重新评估种内基因分异度，以预测物种的适应性和生存能力；监测深海水体参数也将有助于研究生物群落周围的海底热液。

今后的研究重点主要包括以下四个方面：①重视高通量基因组和转录组测序，以促进关联性方面的研究。同时，这不仅对研究生物对海底热液环境的适应及其演化有益，也对了解热液生物类群和群落的发展历史有所帮助。只有了解物种的过去，才能预测其将来。②对大量不同物种生理机能极限的实验，是研究其适应能力的基础。③动物的压力生理机能实验技术仍有待提高，国际大洋中脊协会将帮助宣传这一技术。④热液生物的研究仅限于其中的部分物种。我们应全面掌握其生理机能、对环境容忍度、繁殖/传播途径和在群落中起到的生态作用。

（7）海底热液区是不是生命起源地？人类面临的一个最大的谜团是，生命是如何在地球上起源的。科学家大致确定了生命起源的时间（约 38 亿年前），但是在生命如何起源的问题上仍然存在很大的争议。近 20 年有一个可能性逐渐被人们接受——简单的代谢反应出现在古海底热泉附近，这种代谢是非生命世界向生命世界的一个跳跃。然而，伍兹霍尔海洋研究所的地球化学家 Eoghan Reeves 等完成的关于热液生命起源的研究对“基本新陈代谢”的基本假说进行了首次检验，他们发现研究比预先设想的要困难得多，但是此次研究结果可以为在其他星球上寻找生命提供帮助。科学家在热液附近发现了大量的甲硫醇(methanethiol)，甲硫醇被认为是生命起源的关键。此次研究的一个基本发现是：研究人员认为甲硫醇不能够通过无生命参与的单纯化学方法生成。这将使那些相信生命起源于热液原始新陈代谢的人感到失望。但是科学家发现甲硫醇可以作为微生物的分解产物轻而易举地形成，这提供了一个进一步的信息：生命在海底广泛存在。

8.6 国际海底热液研究发展态势

海底热液的研究经历了 30 多年的发展，已经取得了一些重要的研究成果，但是对海底热液的认识仍然处于探索阶段。海底热液研究中一些关键问题尚未解决，这些问题包括：海底热液活动的空间结构、分布规律及其多金属硫化物和生物资源状况问题；地球系统中海底热液活动的角色和作用问题；海底热液活动区是否是生命的发源地问题（曾志刚，2011）。这些问题是海底热液研究目前面临的主要挑战，也是未来相关研究的重点方向。综合来看，海底热液研究主要有以下研究趋势。

8.6.1 海洋强国引领海底热液研究

国际海底热液研究主要由美国、英国和日本等技术强国所引领。从文献计量的结果可以看出，美国是海底热液研究综合实力最强的国家；德国和英国其次，在研究论文数量和高被引论文比例上也均具有较强的优势；荷兰和瑞士的研究论文数量较少，但文章的影响力很高。在国际合作方面，美国是国际海底热液研究的首选合作国家，美国所拥有的巨大技术优势和研究实力是其成为全球合作中心的主要因素。

美国伍兹霍尔海洋研究所、华盛顿大学、俄勒冈州立大学的影响力较强。其中，美国伍兹霍尔海洋研究所总被引次数、篇均被引次数和高被引论文比例等多个指标上均位居前列，研究影响力最强。美国伍兹霍尔海洋研究所是国际主要海底热液研究机构的主要合作机构，法国、日本和德国相关机构成为第二层级的合作中心。

8.6.2　大型研究计划的作用十分突出

作为深海研究的重要组成部分，海底热液研究水平已成为海洋强国的重要标志，未来主要海洋国家将更加重视相关考察和研究能力。国际大型研究计划，如“大洋发现计划”和“大洋中脊计划”等都将海底热液研究作为一个重要研究主题，并不断取得重要进展，参与并主导相关考察研究是美国、英国、日本等海洋强国海洋学家积极争取的目标。主要海洋强国也逐渐开始在各自重要研究计划布局中将海底热液活动的考察研究作为重要研究方向，美国伍兹霍尔海洋研究所依赖其强大的海洋科研实力作为支撑，通过国际大型研究计划开展相关研究，是其海底热液研究的主要方式。各国利用国际海底热液相关研究计划开展研究将进一步得到加强，同时深海技术较为先进的国家也将更加侧重独立开展热液调查特别是热液区资源的研究。

8.6.3　热液区资源勘探开发前景广阔

热液区资源将持续受到关注，成为各国进行科学考察的主要内容之一。海底热液区所富含的多金属硫化物、锰结核和富钴结核等资源是未来人类发展必争的战略性资源。由于技术和成本因素的制约，热液区资源的大规模开发目前尚未开始。但是随着技术的不断进步和陆地资源的不断耗尽，海底热液矿产的商业化开发迟早会成为现实。对海底热液硫化物等资源，日本因陆地资源稀缺，长期以来对海底资源的勘察表现出极大的热情，先后出台的《海洋基本法》和《海洋基本计划》明确了海底蕴涵的各类资源对日本的重要性，并对海底热液等资源的探测开发进行了详细布局，甚至对商业化开采进行了布局。韩国和法国于 2012 年提交多金属硫化物矿区申请（温竹青和夏建新，2010），并在海底管理局第 18 届会议上获得核准。此后，2013 年，印度和德国政府提交其多金属硫化物勘探工作计划申请。加拿大、英国和挪威等也积极进行硫化物的调查和研究工作，为矿区申请做准备（公衍芬等，2014）。可以预见，今后会有更多的国家参与到热液硫化物探矿权的申请中。海底资源探测技术能力和装备水平在海底热液资源争夺中将起到关键作用。

8.6.4　热液区生命研究潜力巨大

海底热液区生命现象的研究将对生命起源研究提供重要线索。现代海底热液活动及有关的生命现象是最近 30 年来自然科学最重要的发现之一，给地质学、地球化学和生物学的研究提供了全新的视野。

在热液环境中，尽管现在的研究还没有完全确定细菌促进矿物形成的详细过程，但是细菌的生物成矿作用并非微不足道。这些生物不仅依存于现代海底热液活动，同时在热液成矿作用中起着重要的作用。

地下深部生物圈是地球生物圈的一个重要部分，迄今只有其中的一小部分受到鉴定，围绕地下深部微生物圈的起源、多样性和深度范围等问题都存在争论，对于深部生物圈详细情况我们还知之甚少，而海底黑烟囱是研究深部生物圈的窗口。

研究地下深部生物圈在生命起源理论上有极大意义，地下深部生物圈的物理与化学环境，如高温、高压、缺氧、丰富的还原性物质等，同生命起源时的环境十分类似，也许深部生物圈存在着最原始生命形式，是研究生命起源的理想场所。在地球外其他星球也存在类似环境，内部具备液态水存在的温压范围，有丰富的碳氢化合物，研究深部生物圈对于探索寻找地外生命具有重大意义（周怀阳等，2009）。

8.6.5 海底热液研究的辐射带动作用

海底热液系统研究是一个难度大、综合性强、涉及学科众多的前沿研究领域，相关研究的进步对其他领域的研究具有极强的带动作用。

目前为止，人类对海洋的认识远不及对太空的认识，然而相比太空距离，深海几乎是“近在咫尺”，但是人类对海洋的开发利用却主要局限于近海，对以深海热液区为代表的众多深层海洋问题的研究十分不足。也正因如此，人类对诸如海底热液区的探索研究具有巨大的发展空间。同时，对海底热液区的研究可以从海洋探测技术进步、认知生命起源、认识地球、海洋系统循环及认知地球演化等众多方面带动相关研究的突破。海底热液研究向科学界提出了海洋科学乃至地球科学所面临的最前沿问题。因此，对海底热液的研究将带动整个海洋科学的发展，从而促进地球科学及生命科学等的发展。

8.7 国际海底热液研究对我国的启示

8.7.1 我国主要研究现状

我国深海研究起步较晚，在各方面均落后于欧美等发达国家和地区。但近年来随着我国海洋战略的不断推进，我国对深远海的研究力度逐渐增强。

近年来随着我国对深海研究投入的不断加强，逐步开始取得一些关键的突破。2009 年我国自主研制的水下机器人“海龙 2 号”在东太平洋海隆海底发现罕见的巨大“黑烟囱”并成功取样；我国最新一代科考船“科学”号 2014 年在西太平洋冲绳海槽进行综合科考时，利用其搭载的水下缆控潜器发现了海底“黑烟囱”的线索，在一些海底火山口发现了阿尔文虾和毛瓷蟹等聚集的群落。

2013 年，中国科学院启动 A 类先导专项“热带西太平洋海洋系统物质能量交换及其影响”，也将深海热液系统作为一个重要的研究课题，2014 年又启动了 B 类先导专项“海

斗深渊前沿科技问题研究与攻关”，将在包括海底热液在内的深海研究领域实现关键突破。国家重点基础研究发展计划（“973”计划）也先后资助了“典型弧后盆地热液活动及其成矿机理”和“西南印度洋洋中脊热液成矿过程与硫化物矿区预测”等研究项目。可以预期，今后随着一些以海底热液为主题的综合性研究计划和项目的逐步展开，我国海底热液研究将会取得更大的突破，将为我国战略性资源保障提供科技支撑。

8.7.2　对我国的启示

海底热液是深海研究中一个最重要的研究主题，热液区所具有的独特的物理化学环境研究、热液形成的机理研究、热液在海洋环流中的角色、地球深部循环的联系、热液生物和热液区的矿物资源研究都是海洋科学乃至地球科学的最前沿研究问题。这些研究对研究地球的起源演化、生命的起源演化、海洋和地球系统的运行具有重要的意义。

国际主要海洋强国对海底热液研究的历史已经相当长，在研究中形成了一些成熟的认识和经验，深入了解国际海底热液研究的国际基本状况对我国海底热液研究的发展具有很好的借鉴意义。通过上述分析可以得到以下启示。

（1）积极开展与国际先进国家的合作和交流，提高国际大型计划的参与度。国际上海底热液研究的主要国家是美国、英国、法国和德国等，其中美国综合实力最强，机构方面综合实力较强的是美国伍兹霍尔海洋研究所、法国海洋开发研究院和俄罗斯科学院等机构。我国研究机构的整体水平不高，主要体现在发文的影响力不足和国际合作水平较低。因此，我国应进一步明确方向，积极寻求与国际先进国家和机构的合作和交流，通过提高国际大型研究计划（如 InterRidge）的参与度，加强对海底热液研究最前沿的跟踪，并借助或引进先进考察技术促进我国相关研究的快速进步。

（2）整合资金、人才资源，优化合作机制，提升研究水平。由于海底热液研究涉及的领域广泛、技术难度大，国际主要海底热液研究主要依托于大型研究计划，特别是国际性的综合研究计划，我国应在加强对海底热液研究的国际合作的同时，积极策划以我国为主的海底热液研究计划。近年来我国相关科研部门已经分别开展和资助了一些较大规模的海底热液相关研究项目和计划，这些研究已经取得了一些阶段性的重要成果，但是在国家层面上仍缺乏有效的协同，因此，可以通过整合科研资金配置和人才队伍，优化研究和考察的合作和共享机制等，使我国的海底热液研究形成合力，促进研究水平的进一步提升。

（3）根据国家战略需求，明确海底热液研究的定位和优先方向。国际海底热液研究在各方面由于受制于技术因素的制约，在各方面研究中面临的主要问题是样品和数据的获取难度极大，这也是制约热液研究的关键因素，所以多数的研究主要集中在样品和数据更加易于获取的研究区域（如活动的热液喷口区）。通过分析可以发现，海底热液研究主要聚焦于四个大的方面：海底热液的形成机理和运行机制及其在地球系统中的角色；海底热液物理化学环境研究；海底热液生命现象研究及其对生命起源的意义；海底矿物资源研究。

我国应依据整体国家战略对海底热液相关研究（如海底资源、海底生命研究等）的战略需求，以现有科技能力现状为基础，并研究借鉴国际主流研究方向，理清我国海底热液研究的定位和优先方向，从而为关键研究方向的突破提供指导。

（4）发展科考船、载人和遥控机器人技术、传感器和仿真模拟等技术。海底热液研究对于深海考察探测能力的要求极高，综合海洋考察能力决定了热液区科学采样、资源勘查和数据获取的水平，从而决定了相关研究的质量。因此，我国应继续加大深海探测考查能力的投入，在综合性科学考察船、极端环境采样装备、高精度传感器等核心技术领域寻求突破。努力提高科考船的装备水平和深远海探测能力、积极发展适应于深海极端环境的载人和遥控机器人技术、提高具有自主知识产权的传感器的性能和可靠性、发展海底热液过程仿真模拟技术等，是提高我国热液研究综合实力的重要方向。

致谢：中国科学院烟台海岸带研究所的刘芳华研究员、中国科学院三亚深海科学与工程研究所（筹）谢强研究员和彭晓彤研究员等对本报告初稿进行了审阅并提出了宝贵修改意见，在此表示感谢！

参考文献

陈新明，高宇清，吴鸿云，等 . 2008. 海底热液硫化物的开发现状 . 矿业研究与开发，28（5）：1-5.

丁六怀，陈新明，高宇清 . 2009. 海底热液硫化物深海采矿前沿探索 . 海洋技术，28（1）：126-132.

高爱国，赵冬梅 . 2011. 我国海底热水矿床研究回顾与展望 . 海洋地质前沿，27（1）：47-53.

公衍芬，刘志杰，杨文斌，等 . 2014. 海底热液硫化物资源研究现状与展望 . 海洋地质前沿，30（8）：29-34.

季敏，瞿世奎 . 2005. 现代海底典型热液活动区地形环境特征分析 . 海洋学报，27（6）：46 -55 .

科学技术部办公厅，国务院发展研究中心国际技术经济研究所 . 2008. 世界前沿技术发展报告 2007. 北京：科学出版社 .

刘为勇，郑连福，陶春辉，等 . 2011. 大洋中脊海底热液系统的演化特征及其成矿意义 . 海洋学研究，29（1）：25-33.

栾锡武，秦蕴珊 . 2002. 现代海底热液活动的调查研究方法 . 地球物理学进展，17（4）：592-597.

青岛海洋地质研究所 . 2013-06-28. 日本 JAMSTEC 制定以甲烷水合物为重点的海洋资源研究计划 . http：//www. qimg. cgs. gov. cn/UploadFiles/2013_ 06/28/20130628150527584. pdf.

日本综合海洋政策本部 . 2013-04-26. 海洋基本计划 . http：//www. kantei. go. jp/jp/singi/kaiyou/kihonkeikaku/130426kihonkeikaku. pdf.

汪品先 . 2007. 从海底观察地球——地球系统的第三个观测平台 . 自然杂志，29（3）：125-130.

王兴涛 . 2004. 现代海底热液活动的热液循环及烟囱体研究 . 青岛：中国海洋大学博士学位论文 .

温竹青，夏建新 . 2010. 深海硫化物资源评价方法及案例分析 . 海洋地质前沿，26（4）：46-54.

夏建新，李畅，马彦芳 . 2007. 深海底热液活动研究热点 . 地质力学学报，13（2）：179-191.

曾志刚 . 2011. 海底热液地质学 . 北京：科学出版社 .

翟世奎，李怀明，于增慧，等 . 2007. 现代海底热液活动调查研究技术进展 . 地球科学进展，22（8）：769-776.

周怀阳，李江涛，彭晓彤 . 2009. 海底热液活动与生命起源 . 自然杂志，31（4）：207-212.

Bischoff J L, Roserbauser R J. 1989. Salinity variations in submarine hydrothermal system by layered double-diffusive convection. Journal of Geology, 97: 613-623.

Deming J W, Baross J A. 1993. Deep-sea smokers: windows to a subsurface biosphere. Geochimica et Cosmochimica Acta, 57: 3219-3229.

European Multidisciplinary Seafloor and Water Column Observatory. 2014-12-01. EMSO Sites Description. http://www.emso-eu.org.

Fishe R C R, Takai K, Bris N L. 2007. Hydrothermal vent ecosystems. Oceanography, 20: 14-23.

Fon T L, Murton B J, Roberts S, et al. 2007. Variations in melt productivity and melting conditions along SWI R: evidence from ovline-hosted and plagioclase-hosted melt inclusion. Journal of Petrology, 48: 1471-1494.

Foustoukos D I, Seyfried Jr W E. 2004. Hydrocarbons in hydrothermal vent fluids: the role of chromium-bearing catalysts. Science, 304: 1002-1005.

Germanovich L N, Lowell R P, Astakhov D K. 2000. Stress dependent permeability and the formation of seafloor event plumes. Journal of Geophysical Research Atmospheres, 105: 8341-8354.

ICES. 2008-12-31. ICES Strategic Plan. http://www.ices.dk/iceswork/AVisionWorthSharing2008.pdf.

InterRidge. 2012-12-01. A Plan for the Third Decade of InterRidge Science. http://interridge.org/files/interridge/Third_ Decadal_ Plan_ website_ 0.pdf.

IODP. The Science Plan for the International Ocean Discovery Program 2013-2023. http://www.iodp.org/science-plan-for-2013-2023 [2011-10-01].

JAMSTEC. 2013-12-01. Quest for theLimit of Life An around-the-world voyage by the Shinkai 6500. https://www.jamstec.go.jp/quelle2013/e/pdf/brochure.pdf.

JI F W, Zhou H Y, Yang Q H. 2008. The abiotic formation of hydrocarbons from dissolved CO2 under hydrothermal conditions with cobalt-bearing magnetite. Origins of Life and Evolution of Biospheres, 38: 117-125.

Kashefi K, Lovely D R. 2003. Extending the upper temperature limit for life. Science, 301: 934.

Kelley D S, Baross S D, Delaney J R. 2002. Volcanoes, fluids, and life at mid-ocean ridge spreading centers. Annual Review of Earth and Planetary Sciences, 30: 385-491.

Lowell R P, Germanovich L N. 1994. On the temporal evolution of high-temperature hydrothermal systems at ocean ridge crests. Journal of Geophysical Research Atmospheres, 99: 565-575.

Ministry of Earth Sciences, Government of India. 2012. Results-Framework Document for Ministry of Earth Sciences 2012-2013. http://metnet.imd.gov.in/circulars/1199322012-03-27RFD%20MoES%202012-13.pdf [2012-03-05].

National Academy of Sciences. 2011-10-31. Scientific Ocean Drilling: Accomplishments and Challenges. http://www.nap.edu/catalog/13232/scientific-ocean-drilling-accomplishments-and-challenges.

National Academy of Sciences. 2014-03-09. Sea Change: 2015-2025 Decadal Survey of Ocean Sciences. http://www.nap.edu/catalog/21655/sea-change-2015-2025-decadal-survey-of-ocean-sciences.

Nisbet E G, Sleep N H. 2001. The habitat and nature of early life. Nature, 409: 1083-1091.

NOAA. 2014-12-01. NOAA Undersea Research Program. http://www.nurp.noaa.gov/About.htm.

Ocean Leadership. 2013-12-01. Deepest Undersea Vents Discovered by UK Team. http://www.oceanleadership.org/2013/deepest-undersea-vents-discovered-by-uk-team.

Ocean Networks Canada. Ocean Networks Canada Strategic and Management Plan 2011-16. 2012-12-01. http://www.oceannetworks.ca/sites/default/files/documents/onc_ strategic_ and_ mgt_ plan_ sept_ 29_ 2011_ final.pdf.

Reeves E R, McDermott J M, Seewald J S. 2014. The origin of methanethiol in midocean ridge hydrothermal fluids. PNAS, 111 (5): 5474-5479.

Robert F, Chaussidon M. 2006. A palaeotemperature curve for the Precambrian oceans based on silicon isotopes incherts. Nature , 443 : 969-972 .

Russel L M J , Hall A , Boyce A J, et al. 2005. On hydrothermal convection systems and the emergency of life. Economic Geology, 100 : 419-438.

Russell M J, Hall A J. 1988. Submarine hot springs and the origin of life. Science, 336: 117.

Schrenk M O, Keley D S, Delaney J R, et al. 2003. Incidence and diversity of microorganisms within the walls of an active deep-sea sulfide chim ney. Applied and Environmental Microbiology, 69: 3580-3592.

Shank T M. 2004. The evolutionary puzzle of seafloorlife. Oceanus, 42 : 78-85 .

Tivey M K. 1992. Hydrothermal vent systems. Oceanus, 34 : 68-74.

UNEP. 2014-12-01. Deep Sea Minerals Summary Highlights. http: //www. grida. no/publications/deep-sea-minerals.

WHOI. 2014-12-01. Hot Topics on Vent Science. http: //www. divediscover. whoi. edu/vents/hottopics. html.

Willis C, Humphris S, Shank T M, et al. 2008. Explosive volcanism on the ultraslow-spreading Gakkel ridge, Arctic Ocean. Nature, 453: 1236-1238 .

Woese C R, Fox G E. 1977. Phylogenet ic structure of the prokaryotic domain: the primary kingdoms. Science USA, 74: 5088-5090.

9　海洋防腐涂料国际发展态势分析

万　勇　黄　健　潘　璇　姜　山

（中国科学院武汉文献情报中心）

摘　要　海洋防腐蚀是海洋工程的关键技术之一，金属在海洋中腐蚀导致的应力腐蚀断裂、氢脆、腐蚀疲劳、晶间腐蚀等会使海工钢结构发生突然断裂，导致海洋生态环境灾难，造成巨大损失。此外，海工产品防腐涂层的提前失效和涂层维修带来的停工损失也相当大。因此，必须采取有效的防腐蚀技术予以解决这些问题，虽然各种耐海水腐蚀材料不断推出，各种防腐蚀施工技术也大有发展，但仍不能满足实际需求。我国对海洋工程结构设施的防腐蚀研究与国外发达国家有明显差距，一些关键技术尚未解决，没有形成具有我国自主知识产权的技术，而且缺少相应的防腐规范和标准，这些都严重影响了海洋工程结构的设计、建造和安全运行。因此，针对我国重点海域和重大海洋工程所面临的共性和关键防腐蚀问题，开展海洋工程结构设施的长效防腐蚀关键技术研究，不但可以防止腐蚀发生，避免或减少后期服役的维修、维护费用和因维修造成的经济损失，减少重大恶性事故的发生，而且能够极大提高海工设施的安全性，具有重大意义。

当今沿海国家，无论是世界性大国还是区域性大国，都高度重视海洋权益的拓展和海洋资源的开发，纷纷制定实施国家海洋发展战略，明确其在涉及海洋开发利用领域的国家意志。

本报告介绍了环氧树脂防腐涂料、聚氨酯防腐涂料、氯化橡胶防腐涂料、富锌防腐涂料、玻璃鳞片防腐涂料等几种常见的海洋防腐涂料的研究进展。

本报告以DII为数据源，从申请、保护、竞争等方面展开了海洋防腐涂料的专利计量分析。从国别来看，日本、中国和美国受理的专利数量占有绝对优势。专利申请数量前十位的机构中，日本企业占据了七席，显示出日本企业在海洋防腐涂料上的强大实力。

通过定性调研和文献计量分析，本报告提出以下建议：①加强基础研究，提高防腐涂料产品水平。各相关机构、涂料生产企业应加强新产品的研制，关注高耐候性配套涂料体系的开发、高效低毒防腐涂料的开发及海洋防腐涂料环保化等。②加强涂料涂装工艺的研究。从涂料涂装一体化出发重视涂料施工性能的研究，不断优化和提升涂料产品的综合性能，开发施工性能好、适应性强的涂料，提高配套涂料体系的科学性与合理性，以适应不同海工产品的不同涂装要求。③改进海洋防腐涂料的防腐性能和施工性能。

关键词　防腐涂料　政策计划　研究进展　专利计量

9.1 引言

应用于海洋环境中的涂料被称为海洋涂料，主要包括防腐涂料和防污涂料两大类。苛刻环境中使用的防腐涂料统称为重防腐涂料。涂料是船舶和海洋结构腐蚀控制的首要手段。海洋防污涂料的主要目的不是阻止金属电化学腐蚀，而是阻止海洋生物在物体表面的附着、污损，保持船底或海洋结构的光滑、清洁。无论是基于低表面能，还是自抛光，都需要在涂料中添加“毒素”——防污剂。由于海洋作业环境恶劣，海水具有较强的腐蚀性，因而防腐蚀是海洋工程的关键技术之一。钻井平台、跨海大桥、运输船舶、集装箱、输油管线等都需要进行腐蚀防护，而且均属于重防腐涂料的范畴。

随着我国海洋经济的迅猛发展，船舶和海洋工程设施防腐已成为发展中急需解决的重要课题。党的十八大报告提出了“提高海洋资源开发能力，发展海洋经济，保护海洋生态环境，坚决维护国家海洋权益，建设海洋强国”的发展战略。中国经济正发展成为高度依赖海洋的外向型经济，对海洋资源、空间的依赖程度大幅提高，同时维护海洋权益的需求日益迫切。这些都需要通过建设海洋强国加以保障。海洋工程及海洋工程材料是拓展海洋空间、开发海洋资源的物质前提，是实施海洋科技创新、建设海洋生态文明的物质基础，是提升海洋国防实力、维护海洋权益的物质保障。因此，加快海洋工程建设、培育海洋工程材料产业，对把我国建设成海洋强国具有重要的战略意义。

我国海洋开发正在不断深入，重大海洋基础设施，如海港码头、跨海大桥、海洋平台、海底管线，以及新型海上风电设施、各类舰船和潜艇等海洋交通和军用设施等正在建设。这些基础设施决定着海洋资源开发利用的水平。然而，海洋苛刻的服役环境，使得海洋基础设施出现极为严重的腐蚀问题，严重影响海洋基础设施的使用寿命和安全性。而且，海洋腐蚀情况复杂，不同服役区域具有不同的腐蚀速度，使得材料开发及防腐面临严峻挑战。当前，海洋腐蚀已成为影响近海工程和远洋设施服役安全性和使用寿命的重要因素。特别是我国南海地区高湿热、强辐射、高 Cl^-环境和微生物造成钢材严重腐蚀。深水压、高温（热液区）、低温（2℃）等复杂服役环境造成材料和装备开发困难，使得我国在南海油气资源的开发面临严峻挑战，急需解决南海特殊腐蚀环境下的腐蚀问题。

腐蚀是导致各种基础设施和工业设备破坏和报废的主要原因。我国每年由于腐蚀造成的损失约为 GDP 的5%，远高于美国（3.4%）和日本（<3%）。国内外公认，腐蚀损失超过所有自然灾害的总和。以 2012 年为例，按照 GDP 的 5% 估算，我国当年的腐蚀损失高达 2.6 万亿元，是所有自然灾害损失的 6 倍多。在 2008 年发生汶川大地震（损失约为 0.85 万亿元）的特殊自然灾害情况下，当年的腐蚀损失（1.57 万亿元）也高于所有自然灾害损失之和（1.18 万亿元）。国际公认，如果采取有效的腐蚀防护措施，可以避免 25% ~40% 的腐蚀损失。

虽然我国尚缺乏具体的海洋腐蚀损失量数据，但由于海洋环境的苛刻性，有理由相信海洋的腐蚀损失十分严重。海水中盐度高（一般在 3.5% 左右）、富氧，并存在着大量海洋微生物和宏生物，加之海浪冲击和阳光照射，海洋腐蚀环境较为严酷。在 ISO12944 中，大气腐蚀分为六类，海洋环境的腐蚀等级最高。受海水飞沫中含有氯化钠颗粒的影响，近海 200 米以内的陆地环境上的腐蚀也属于海洋环境腐蚀的范畴。

控制船舶和海洋工程结构失效的主要措施包括涂料、耐腐蚀材料、表面处理与改性、电化学保护、缓蚀剂、结构健康监测与检测、安全评价与可靠性分析、寿命评估等。

从腐蚀控制的主要类型来看（表 9-1），涂料（涂层）是最主要的控制方法，耐腐蚀材料次之，表面处理与改性是常用的腐蚀控制方法。电化学保护包括牺牲阳极与外加电流，是海洋结构腐蚀控制的常用手段。缓蚀剂在介质相对固定的内部结构上经常使用，结构健康监测与检测技术是判断腐蚀防护效果、掌握腐蚀动态，以及提供进一步腐蚀控制措施决策和安全评价的重要依据，腐蚀安全评价与寿命评估是保障海洋工程结构安全可靠使用和最初设计时的重要环节。建立全寿命周期防护的理念，结合海洋工程设施的特点及预期耐用年数，在建设初期就重视防腐方法，通过维修保养最小化实现耐用期内整体成本最小化，并保障安全性，是重大海洋工程结构值得重视的问题。

表 9-1 腐蚀防护方法及我国防腐蚀费用比例（从生产、制造方面计算的直接累加防蚀费）

防蚀方法	防蚀费比例/%
涂料与表面涂装	76.63
耐腐蚀材料	12.46
金属表面处理	11.66
防锈油	0.10
缓蚀剂	0.05
电化学保护	0.05

9.2 国内外海洋开发及海工装备战略与计划

9.2.1 国外海洋开发战略

9.2.1.1 建设法规体系

美国成立海洋协调机构，建立政府级海洋政策委员会及其附属机构，负责向总统和政府部门首脑提供海洋事务相关政策的制定和执行方面的咨询和建议，制定国家解决海洋问题的战略原则，协调各部门的海洋活动，全面负责美国海洋政策的实施。同时协调管理现有机构，对政府行政部门海洋科学技术问题进行协调，设立国际海洋问题跨部门协调论坛等。另外，美国实施新海洋政策，2004 年公布《世纪海洋蓝图》，指明海洋政策的四项原则和主体内容，在此基础上制定《美国海洋行动计划》，作为实施海洋蓝图的具体措施。

加拿大早在 1868 年就制定颁布了第一部《渔业法》，1869 年通过了《沿海渔业保护法》，这两部法律是加拿大渔业管理的法律基础。1997 年颁布《海洋法》，使其成为世界上第一个进行综合性海洋立法的国家。一系列的法规法案共同构成了统一联系的加拿大海洋法律体系。这些法律内容广泛，涵盖了海洋资源及产业管理等各个方面，为加拿大海洋开发管理工作提供了有力的法律保障。此外，加拿大还签署了一些与海洋资源及产业有关的国际公约和协定，共同构成了有机联系、统一完整的加拿大海洋资源与产业管理的法律体系。加拿大政府发布了一系列战略与计划，如 2005 年的“加拿大海洋行动计划”和“联邦海洋保护区战略”、2007 年的“健康海洋引导计划”、2009 年的“我们的海洋，我们的未来：联邦计划和行动”，其目的是保证海洋的可持续开发。

日本政府设立海洋开发审议会作为最高咨询机构，以保证政府对海洋经济发展的主导地位及决策的科学性与正确性。

英国成立了海洋科学技术协调委员会，负责制定英国海洋科技发展规划，协调各部门海洋科技的发展；改组有关自然环境研究委员会的研究所和皇家研究所，加强人员整合调整，增强科研实力。英国拥有众多海上领土且分散在世界各地，各海岛具有显著的政治、经济、文化的多元性特征。因此，在海岛的管理上，英国形成了创新且具体的管理方式，通过立法方式，颁布针对每个海岛地理、文化、历史特色的法案，对海岛上的产业结构、人口素质、经济政策等均予以调整，保持管理体制和政治法律制度高度的统一性。

9.2.1.2 发展海洋科技

美国注重海洋技术的开发和研究，政府针对不同的海洋发展重点，有针对性地投资建设科学研究机构，并以不同区域的海洋资源为依托兴办了不同形式的海洋科技园区。例如，在密西西比河口区和夏威夷开办的两个海洋科技园。美国政府采取了一系列措施加速海洋产业研究成果的商品化过程，一方面建立完善的海洋产业技术转让机制，提高科研成果上市的速度，为陆地产业涉海创造条件；另一方面注重和私营企业合作，将海洋经济发展一切可调动的因素联系到一起，保证开发推广的资源、资金、服务和市场。

日本海洋科技涉及海洋环境探测技术、海洋再生能源实验研究、海洋生物资源开发工程技术、海水资源利用技术和海洋矿产资源勘探开发技术等，构筑了新型的海洋产业体系。例如，港口及海运业、沿海旅游业、海洋渔业、海洋油气业等四种海洋产业已占日本海洋经济总产值的 70% 左右，其余为海洋土木工程、船舶修造业、海底通信电缆制造与铺设、海水淡化、海洋测量、矿产勘探、海洋食品、海洋生物制药、海洋信息等。日本海洋卫星成为海岸观测系统和全球海洋观测系统的重要组成部分，每年通过互联网向全国和全世界提供大量的图像。

韩国将海运、港口、造船和水产等传统海洋产业提升为以高科技为基础的海洋产业，计划到 2030 年，将海洋科学水平提升到世界领先地位。引导和培育海洋水产风险型创新企业、海洋旅游业、海洋和水产信息等高附加值的高科技产业。此外，还要实现将“捕捞型渔业”向“资源管理和养殖型”转变。

俄罗斯政府制定了到 2020 年前俄船舶工业的长期发展规划，力图大力发展船舶制造业。造船业的主要任务是要最大限度地满足俄罗斯国内市场对各类型船舶的需要。联邦国防部、水文气象和环境监测局及其他政府部门还将合作建设海洋信息保障系统。

9.2.1.3 重视可持续发展

美国在遵循海洋生态学规律的基础上，把海洋经济系统和谐地纳入海洋生态系统中，

以“减量化、再利用、再循环”为原则，以海洋资源高效利用和循环利用为核心，实现海洋经济的“资源—产品—废弃物—再生资源”的增长模式，以尽可能小的海洋资源消耗和海洋环境成本，获取尽可能大的海洋经济效益和海洋环境效益。通过增加政府财政拨款、设立海洋信托基金、强化渔业补贴、完善海洋环境污染责任保险制度等方式改进海洋管理工作，启动海洋资源保护政策项目，保障海洋经济和海洋循环经济发展。

加拿大海洋战略在保证海洋健康、安全和繁荣的目标下确定了海洋资源的可持续开发，海洋资源的综合管理，保护海洋的预防措施等三项基本原则。同时确立了海洋管理的三项基本目标：认识和保护海洋资源；最大限度地利用海洋经济的潜能，确保海洋的可持续开发；力争使加拿大在海洋开发、保护和管理方面处于世界领先地位。

俄罗斯加强和扩大原有的海洋原料基地，加强对专属经济区和大陆架的勘探、开发；巩固和加强对海底、海底矿层和海水层内的生物和非生物自然资源的主权和管辖权。保障对海水、海流和海风资源的管理和开发利用，加强人工岛屿、礁石、设施和建筑的建造和使用，及时预防和消除海洋活动对环境造成的负面后果。

澳大利亚海洋战略提出海洋生态可持续发展的核心目标是：遵循保障后代福利的经济发展道路，提高个人和社团的福利；为现代人和后代人提供平等的权利；认识和保护澳大利亚海洋生物多样性、海洋环境和资源，维护重要的生态过程和生命保障系统，确保海洋使用和生态可持续发展。

9.2.1.4　组建战略合作联盟

海洋产业的技术创新战略联盟从20世纪90年代开始兴起，有美国、英国、澳大利亚等海洋强国率先构建。随后也有一些海洋大国加入其中，如巴西、中国等。早期的战略联盟出现在海洋油气业，目的是联合开采海底的油气资源，分担风险、技术互补。其后，战略联盟倾向于技术的研究、开发和共享，以共同攻克海洋资源开发面临的技术瓶颈和分担技术研发的巨大投入，比较多地应用于海洋船舶制造、海洋运输、海洋渔业等产业。表9-2列举了海洋油气业有代表性的技术创新联盟的情况。

表9-2　海洋油气开采行业部分技术创新战略联盟

时间	联盟企业	联盟项目	联盟方式
1997年4月	〔法〕Coflexip Stena、〔美〕Cal Dive	联合开发墨西哥湾海底石油与天然气	合资公司
1999年9月	〔美〕Fluor Daniel、〔英〕AMEC	提供整合的海上石油与天然气项目	合资公司
2007年5月	〔日〕Marubeni、〔挪威〕FOP	在亚洲地区开展浮式生产储油船项目	研发
2011年2月	〔俄〕Rosneft、〔英〕BP	开发北极圈的碳氢化合物	发放许可证
2011年8月	〔美〕Exxon Mobile、〔俄〕Rosneft	开发黑海与西伯利亚西部的油气	合资公司

9.2.2　中国海工装备战略规划

海洋工程装备是人类在开发、利用和保护海洋所进行的生产和服务活动中使用的各类装备的总称，具有技术含量高、可靠性要求高、产品成套性强，以及多品种、小批量的特点。海洋资源丰富，各种资源的开发和利用，都需要相应的海洋资源开发装备。其中，海洋油气资源的勘探开发技术较为成熟，数量规模大，是未来一段时期海洋工程装备制造业的主要产品。其他如海上风能发电、潮汐能发电、海水淡化和综合利用等方面的装备技术也基本成熟，发展前景较好。随着波浪能、海流能、海地金属矿产、可燃冰等海洋资源的开发技术的不断成熟，相关装备也得到发展。

2011年3月，《关于加快培育和发展战略性新兴产业的决定》明确指出，面向海洋资源，大力发展海洋工程装备。

2011年8月，国家发展和改革委员会（简称国家发改委）、科学技术部（简称科技部）、工业和信息化部（简称工信部）和国家能源局联合发布了《海洋工程装备产业创新发展战略（2011—2020）》。该战略论述了我国发展海洋工程装备产业的战略意义，明确了我国发展海洋工程装备产业的发展目标、战略重点，并提出了实现发展目标、战略重点的战略实施途径及保障措施。

2012年3月，工信部会同国家发改委、科技部、国务院国有资产监督管理委员会（简称国资委）、国家海洋局制定了《海洋工程装备制造业中长期发展规划》。该规划提出，经过十年的努力，使我国海洋工程装备制造业的产业规模、创新能力和综合竞争力大幅提升，形成较为完备的产业体系，产业集群形成规模，国际竞争力显著提高，推动我国成为世界主要的海洋工程装备制造大国和强国。

2012年5月，《高端装备制造业“十二五”发展规划》提出，面向国内外海洋资源开发的重大需求，以提高国际竞争力为核心，重点突破3000米深水装备的关键技术，大力发展以海洋油气为代表的海洋矿产资源开发装备。

2012年5月15～17日召开的香山科学会议以“深海极端环境下材料腐蚀科学理论与关键实验技术”为主题，与会专家一致认为急需开展海洋腐蚀领域的研究。

2012年8月，《海洋工程装备产业创新发展战略（2011—2020）》为增强海洋工程装备产业的创新能力和国际竞争力，推动海洋资源开发和海洋工程装备产业创新、持续、协调发展指明了方向。

2013年4月11日，国家海洋局发布了《国家海洋事业发展“十二五”规划》。该规划所指海洋事业，涵盖海洋资源、环境、生态、经济、权益和安全等方面的综合管理和公共服务活动。该规划提出，我国要在2015年实现海洋科技创新能力大幅提升；在2020年，实现海洋科技自主创新能力和产业化水平大幅提升。

2014年4月，国家发改委、财政部、工信部会同科技部、国家海洋局、国家能源局、国资委、教育部、国家知识产权局等部门联合编制了《海洋工程装备工程实施方案》。该方案的目标提出，需要加强新型海洋工程装备开发，提升设计建造能力；加强关键配套系统和设备技术研发及产业化，提升配套水平。其中，生产包括防腐材料在内的各类海洋工程材料是实现该方案目标的基础。

9.3 海工装备及涂料市场现状

海洋工程装备具有高技术含量、高投入、高风险的特征，对生产厂商的技术能力和资

金实力要求非常高，行业进入壁垒高筑。当前，全球海洋工程装备市场已经形成了三层级梯队式的竞争格局（图 9-1），欧美垄断了海洋工程装备研发设计和关键设备制造，处于产业价值链的高端；韩国和新加坡凭借自身在造修船方面的优势，已经在自升式平台、半潜式平台、钻井船和浮式生产系统等主流海洋工程装备领域占据较大的市场份额，并具备部分产品的关键设计能力，推出的产品也已经为国际主流所接受；而中国、巴西和阿联酋等主要从事浅水装备建造，并开始向深海装备进军。

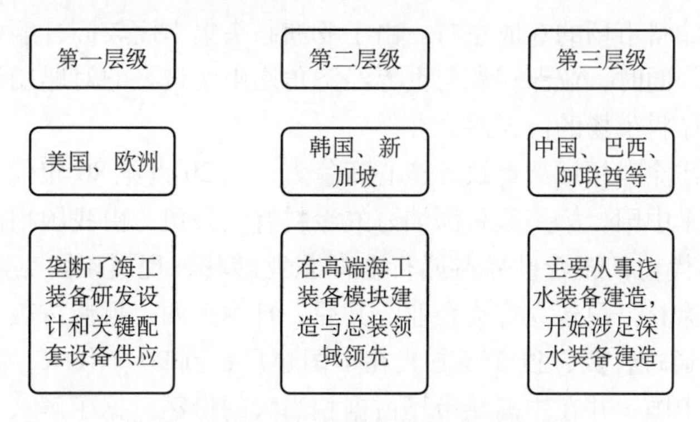

图 9-1　海洋工程装备产业全球竞争格局

第一层级，美国及欧洲，是全球最早发展海洋工程的国家和地区，具备超强的研发和设计能力。在全球产业转移的背景下，欧美企业已经基本退出了海洋工程装备总装建造领域，但凭借其长期开发海洋油气实践所积累的工程经验和技术储备，仍掌握着市场主导权。在总承包领域，如 Transocean、SBM、Prosafe、ENSCO 等掌握着世界大多数海洋油气田的开发方案设计、装备设计和油气田工程建设的主导权。在设计领域，Gusto MSC、Ulstein、F&G（已被中交股份收购）等占据主导地位。同时，欧美企业仍是关键配套设备的供货商，如钻井包、动力定位系统和推进系统等专用设备。

第二层级，韩国和新加坡，具备超强的建造和改装能力，较强的研发设计能力和工程总包能力，主要从事高端海洋油气钻采装备的模块建造与总装、设备安装调试、部分产品的设计与工程总包。

第三层级，中国、巴西、阿联酋等，具备一定的建造能力和研发设计能力，主要从事浅水装备的建造，开始进军深水装备建造领域，并从事装备的改装和修理。中国企业经过多年发展，在海洋工程装备领域已经粗具规模，虽然总体上还与韩国和新加坡的企业有一定的差距，但部分已经开始进军高端装备，如中集来福士、上海外高桥船厂等已经在建造第六代半潜式钻井平台上具备一定的经验，中远船务也承接了国内首艘钻井船的生产订单。2013 年年底，中船集团上海船厂总承包，与七〇八所联合设计，独立建造的 Tiger 钻井船下水，该船不但是中国首批自主研发、设计、建造的海洋工程项目之一，而且是全球首制船，更是中船集团公司首个总包海工项目。巴西则投入巨资开发深海大油田，并借此振兴国内的造船业，通过以市场换技术来实现发展。阿联酋的船厂在建造自升式钻井平台领域粗具规模，在阿拉伯湾和印度具备一定的区域优势。

海洋工程装备开发的重要基础领域之一是海洋防腐涂料技术。有效的海洋防腐涂料能够延长设备使用寿命，降低事故发生率，因此具有广阔的市场空间。

全球船舶涂料市场的研产始于20世纪后半叶，荷兰Sigma（已被PPG收购）和丹麦Hempel、英国国际油漆（现属于荷兰阿克苏诺贝尔涂料）、挪威佐敦等欧洲涂料企业，开始引领全球船舶涂料市场进入纵深发展领域。在亚洲，日本政府对于基础设施建设不惜投入巨资，包括海底隧道、跨海大桥、造船业等的鼓励性政策，都促进了亚洲在海洋涂料研发生产的实质性进展。日本关西涂料公司的旭硝子、玻璃鳞片涂料等都在当时占据了相当的海洋涂料市场份额。近年来，亚洲海洋涂料市场以6%的年增长率在发展。数据表明，亚洲占据全球海洋涂料市场的6成左右。由于亚洲码头集中度较高，船舶等海洋设施的维护需要大量的涂料。同时，亚洲在参与世界经济角逐中所带来的对船舶设备的运行和维护也将继续激发海洋涂料市场的巨大潜力。

我国企业在海洋涂料领域严重缺乏核心竞争力。从20世纪80年代中期开始，国外大型涂料企业开始进军中国。第一家是深圳海虹涂料有限公司，由我国招商局与丹麦赫普公司合资组建；90年代初，随着世界造船行业向东亚转移，现属于阿克苏诺贝尔公司的英国国际涂料与上海涂料公司建立合资企业。其后，日本关西、挪威佐敦、美国杜邦、韩国KCC等纷纷跟进，通过合资、独资等方式在中国建厂；到90年代末，国际著名的海洋涂料公司基本都登陆中国，并在中高端市场占据相当大的份额。据了解，目前世界排名前十的涂料公司中，基本均在我国拥有3家以上的独资或合资涂料生产企业。我国95%的船舶涂料市场为国外公司垄断。

我国海洋涂料的开发始于1966年。1966年4月18日，为了解决海军用舰船涂料的短缺，由周恩来批示，海军、船舶总公司、中国科学院和化工部共同组建了“四一八”舰船涂料攻关协作组（海洋化工研究院的前身），开辟了我国生产海洋涂料的历史。1973年，上海江南造船厂在上海开林造漆厂、上海涂料所、振华造漆厂等的配合下进行车间底漆的攻关。目前，我国海洋涂料企业有100余家，主要集中在青岛、大连、上海、天津、常州、广州及厦门等地，但产品结构偏于低端，所占市场份额很小。国产海洋涂料主要用于军船市场、国内低端民用船舶及渔船。

由于船舶涂料占到全部海洋涂料需求量的90%以上，随着造船量跃居世界首位，我国已成为世界海洋涂料使用量第一的国家。除了船舶和集装箱外，作为海洋开发基础设施的跨海大桥也正不断新建，这些海洋基础设施都需要有较长的防腐年限，这为海洋防腐涂料带来巨大的市场。随着海底油田的大量开发，输送油气的管道也相继出现，这些管、线、平台、井等都要用大量的防腐涂料。另外，我国港口基础设施建设明显加快；国家还在积极规划与建设海上风电；部分沿海省份还出台了海洋经济国家级发展规划，这些都为海洋涂料市场带来了巨大的发展契机。

9.4 海洋防腐涂料研究进展

以海洋钢结构用防腐涂料为例。按成膜物质，分为沥青漆、醇酸树脂漆、酚醛树脂漆、环氧树脂漆、氯化橡胶漆、乙烯类漆、聚氨酯漆、高氯化聚乙烯漆、无机硅酸盐富锌底漆等系列涂料。其中，沥青漆、醇酸树脂漆、酚醛树脂漆是早期开发的普通型涂

料，漆膜总厚度小、保护时间短、耐电位性能差，主要用于不装阴极保护的小型船舶，多用于水线以上的上层建筑。环氧树脂漆、氯化橡胶漆和乙烯类漆是后来开发的新型高性能涂料，近年来发展很快，已在海洋工程结构中普遍应用。其漆膜总厚度大（可达300～400微米），大大提高了涂层的使用寿命，具有良好的耐海水腐蚀性、耐碱性和耐电位性能。采用电化学保护的大型船舶和海洋结构及不能维修的海上金属结构物等，均可选用这类高性能涂料。聚氨酯漆是近年来发展的新品种，它干燥迅速、附着力强，漆膜坚硬且富有弹性，耐磨性好，具有耐汽油、耐化学药品、耐海水、耐油水变替的特性，耐候性、耐水性、耐酸性、耐碱性都很出色，但有一定的毒性，造船中主要用作船舱漆。高氯化聚乙烯漆具有氯化聚烯烃（氯化橡胶、氯磺化聚乙烯、过氯乙烯、氧化乙烯-醋酸乙烯共聚物等）通常的高耐候性、耐化学介质、耐臭氧、耐海水等特性。价格是最突出的优势，新一代高氯化聚乙烯漆——丙烯酸改性高氯化聚乙烯涂料已研制成功。无机硅酸盐富锌底漆由于和钢铁表面形成化合物附着，其附着性非常好。含有的锌粉具有电化学保护作用，防锈性能好、漆膜坚硬、耐磨、耐冲击、耐热性和耐候性好，是海洋钢结构最广泛应用的底漆。表9-3列出了海洋钢结构常用防腐涂料的种类和性能。

表9-3 海洋钢结构防腐涂料的种类与性能

成膜机理	一般名称	主要成分	用途	耐候性	耐水性	耐酸性	耐碱性	价位	备注
氧化聚合	醇酸漆	油改性醇树脂	船舶上部结构（包括生活舱）	○	×	▽	×	中	
	酚醛漆	酚醛树脂	船舶外板（外舷、水线部）	▽	√	√	▽	中	
溶剂挥发	氯化橡胶漆	改性氯化橡胶	船舶外板（船底、外舷）	○	√	√	○	中	涂覆附着性好
	乙烯类漆	氯代乙烯类树脂	石油钻井装置等暴露部分	○	√	√	○	高	耐磨性好，难成厚膜
聚合干燥	环氧漆	环氧树脂、多元胺	船舶内外、储罐内、石油平台	○	√	√	√	高	可成厚膜，低温干燥差
	焦油环氧漆	沥青、环氧树脂、多元胺	同上（特别在海中）、海底管道	▽	√	√	√	中	附着性及耐磨性好，低温干燥差
	玻璃片聚酯漆	聚酯树脂、玻璃鳞片	储罐、海洋钢结构	○	√	○	○	高	耐冲击性好
	聚氨酯漆	聚氨酯树脂	海洋钢结构	√	√	√	√	高	耐磨性好、附着性好，有毒
	有机富锌漆	锌粉、硅酸盐、环氧树脂	船舶、港湾设施、预涂底漆	○	○	×	×	高	面漆可选择性差
	无机富锌漆	锌粉、硅酸钠或聚硅酸乙酯	海洋钢结构最通用的底漆、石油钻井装置等	√	√	×	×	高	柔韧性差、面漆可选择性差

注：√极好；○好；▽差；×极差

以下介绍几种常见的海洋防腐涂料的研究进展。

9.4.1 环氧树脂防腐涂料

环氧树脂涂料是目前应用数量最多、范围最广的重防腐涂料，适用于海上、海岸、工业区等严重腐蚀环境中钢铁构筑物的涂装，尤其适用于各种储罐内表面的涂装。

用特种橡胶和煤焦沥青、石油树脂等对环氧树脂进行改性，既可以保持环氧涂料的优点，又可以提高耐水性，并降低涂料成本。在港口工程、水利水电工程、海洋石油钻井平台、船舶设施和钢筋混凝土结构等领域，具有较大的应用范围。

以若干种环保型环氧树脂防腐涂料为例。在水性环氧树脂防腐涂料方面，近年来，研究人员在缩短水性环氧涂料施工周期、改善性能和研究非离子型等方面做了很多努力。闫世友等（2014）采用单组份水性环氧树脂为成膜物质，三聚磷酸铝、磷酸锌为复合防锈颜料，改性蛭石为防腐功能填料，研究了颜填料配方体系对涂料防腐性能的影响。结果表明，采取磷酸锌：三聚磷酸铝 =3：2 的配比时，防锈性能最佳。席发臣等合成了一种阴离子非离子复合型反应型水性环氧乳化剂，在其中引入双酚 A 链段、羧基、环氧基，增强了乳化能力，且自身可参与固化反应，消除了该组分对水性环氧防腐涂料耐水性能的影响。此外，聚苯胺、聚吡咯等导电高分子材料，以及 SiO_2、ZrO_2 等纳米粒子等作为防腐填料也已成功应用在环氧涂料中。水性环氧涂料在应用性能上还存在一些不足，如表干时间长、水的表面张力较高、难以润湿基材；颜填料易于聚集沉淀；水的导电率高，易使金属腐蚀；固化不充分等。因此，要使水性环氧树脂涂料得到更加广泛的应用，必须解决这些问题。

在无溶剂环氧树脂防腐涂料方面，目前国内外研制的无溶剂型环氧防腐涂料主要有两种：粉末涂料和液态无溶剂环氧涂料。前者是一种以中相对分子质量或高相对分子质量的固体环氧树脂制成的固态粉末状涂料，后者是用反应性活性稀释剂作为溶剂，溶剂在固化过程中不会挥发，而是与环氧树脂发生固化反应，最终成了漆膜中的一部分。无溶剂环氧树脂防腐涂料仍然存在一些问题，如体系黏度大，导致施工适用期和表干时间之间存在矛盾，给施工带来不便；生产设备投资大，涂料价格昂贵；机械性能不理想以及抗阴极剥离性能达不到要求等。针对这些问题，不少研究人员做出了一些尝试努力。何小玉（2014）等利用正交试验方法分别对改性环氧树脂、活性稀释剂、纳米 TiO_2 分散液、颜填料、助剂用量以及颜基比进行优化，获得了制备纳米 TiO_2 无溶剂环氧防腐涂料的最佳配方，在最优条件下配制的涂料，附着力 0 级，柔韧性 1 毫米，冲击强度 >50 千克·厘米，耐海水、耐原油试验 720 小时以及耐盐雾试验 168 小时后涂层不起泡、不生锈，具有较好的机械性能和优良的防腐性能。

在高固体分环氧树脂防腐涂料方面，不同涂料体系要求的固含量不同，至今尚无统一标准，我国多采用质量分数作为衡量标准，而国外多采用体积分数作为标准，一般认为，固体含量在 70% 以上的涂料是高固体分涂料。高固体分环氧涂料也存在着一些不足，如干燥时间长，加入催化剂加快干燥易于导致流挂、缩孔、平流差、表干里不干等现象，仍含有一定量的挥发性有机溶剂，不符合环保要求，而且使得生产、运输和使用过程中存在安

全隐患。因此，高固体分环氧涂料应用范围受到了一定限制。近年来，国内外学者对此进行了相关的研究工作。王小刚等（2014）采用小分子量环氧树脂和大分子量环氧树脂复配作为基料，以腰果壳油改性酚醛胺为固化剂，配制出质量固含量大于85%、体积固含量大于75%，并且具有良好耐介质性的高固体分环氧防腐涂料。

2012年，来自英国和苏格兰的研究人员研发了环氧碳纳米管复合材料，发现该材料在摩擦和损耗测试中表现优异可应用于如海洋轴承、轴、螺栓和齿轮的防腐防磨损涂料。

2014年，葡萄牙的研究人员合成了一种环氧氧化硅-氧化锆溶胶凝胶涂层应用于EN AW-6063铝合金的防腐中，并引入硝酸铈掺杂。该涂料在酸性溶液中表现一般，但在碱性中性环境中表现良好。

未来几年，船舶涂料、石油钻井平台与集装箱涂料，化工用防腐涂料，铁路、公路桥梁及钢结构防腐涂料，城市基础设施用涂料等依旧是市场热点，环保型环氧树脂防腐涂料需跟上时代的步伐，满足市场要求。严格意义上来说，高固体分环氧防腐涂料只是一种过渡环保产品，但是由于其施工方便，仍然具有一定的市场，未来将会逐渐被无溶剂型环氧防腐涂料所取代。无溶剂环氧树脂防腐涂料和水性环氧树脂防腐涂料是未来发展的重点。

9.4.2 聚氨酯防腐涂料

聚氨酯涂料通常可以分为双组分聚氨酯涂料和单组分聚氨酯涂料。双组分聚氨酯涂料一般是由含异氰酸酯的预聚物和含羟基的树脂两部分组成的，按含羟基的不同可分为：丙烯酸聚氨酯、醇酸聚氨酯、环氧聚氨酯等。单组分是利用混合聚醚进行脱水，加入二异氰酸酯与各种助剂进行环氧改性制成的。

聚氨酯涂料对各种施工对象和环境的适应性很强，可以在潮湿环境和底材上施工，也可以在低温下固化。聚氨酯涂料与环氧底漆配合使用可以成为重防腐涂装体系，卓越的综合性能使其在包括海洋工程在内的多种防腐工程中得到广泛的应用。与其他涂料相比，聚氨酯涂层系统的生命周期成本最低，并能达到欧美关于有机挥发物高要求的排放标准。其优秀的化学性能、较好的经济效益及低有机挥发物标准赢得越来越多的专业人士和用户的认可。

聚氨酯与聚脲的原料、结构相似，相容性良好。研究人员通过端羟基聚醚多元醇与端氨基聚醚多元醇掺杂混用，合成出具有聚氨酯-脲的分子结构。郭辰等（2014）制备了具有氨基甲酸酯-脲混杂的硬段结构的聚氨酯-脲防腐涂料，探索了硬段含量对聚氨酯-脲韧性、强度等性能的影响，并在曹妃甸海水淡化试验工厂进行了工程验证。

由北京工业大学与蓬莱蔚阳新材料有限公司联合研发生产的ZY系列重防腐涂料系列产品获得挪威船级社“海水压载舱涂层保护系统”（K-5720）型式认证，该产品执行的是替代品验收标准，在涂层厚度仅为常规要求75%的情况下，不仅检验指标全部通过，而且附着力数值达到了7兆帕，高于常规要求3.5兆帕的一倍，耐阴极剥离4毫米，仅为常规要求8毫米的1/2；阴极保护电流为1.55毫安/米^2，低于常规要求的5毫安/米^2。该产品具有在腐蚀环境恶劣的海水压载舱条件下达到15年的目标使用寿命，填补了国内油漆产品在此项认证领域的空白，我国在金属重防腐领域达到一新高度。

Medeiros和Helene（2009）通过对几种常用涂料的性能试验后表明，聚氨酯的抗氯离子渗透性明显好于斥水性涂料和丙烯酸涂料，而且它降低氯离子扩散系数高达 86% 。

2014 年，中国宁波的研究人员研发了一种大规模制造聚氨酯防腐涂料的新方法：先在钢材上电弧喷涂一层铝，再通过悬浮火焰喷涂工艺沉积一层聚氨酯/纳米 Al_2O_3 复合材料，此涂料表现出耐腐蚀超疏水性，于海洋基础设施保护层的应用上十分有前景。

为了解决目前无溶剂环氧聚氨酯涂料生产中原材料异氰酸酯有毒，以及对湿度敏感等问题给生产与运输带来的不便，有研究人员以环氧树脂与二氧化碳反应制得的环氧-环碳酸酯为 A 组分，以端氨基聚醚和端巯基乙酸一缩二乙二醇酯为 B 组分，配以适当的颜填料和助剂，制备了一种新型双组分重防腐涂料。实验结果表明，该重防腐涂料具有良好的施工性能，理化和机械性能都达到重防腐涂料的行业标准（程原等，2013）。

9.4.3 氯化橡胶防腐涂料

氯化橡胶涂料在船舶上应用广泛，不仅用于水线以上，还大量用于水线以下。然而，由于固体成分低，不耐晒，高温下会释放出 HCl 气体，对人体有很大的刺激作用。同时，在生产过程中，采用 CCl_4 作为溶剂，副产品为 HCl，排放废水和废气，对环境污染较为严重，因此在许多国家受到限制。

李石等（2014）利用中、长油度醇酸树脂、环氧树脂、钛白粉、附着力促进剂及耐紫外线助剂对氯化橡胶涂料进行改性研究，开发出一种适用于海洋环境的船舶、海上采油平台及钢构件用的高光氯化橡胶防腐蚀涂料，其涂层具有优异的装饰性、耐光老化性、耐盐雾性及附着力。

2013 年，来自埃及的研究人员发现在氯化橡胶涂料中的离子交换膨润土表现出很高的抗腐蚀性能，尤其是含有锶的膨润土表现尤为突出。

2013 年，来自巴基斯坦的研究人员通过系统的测试证实氯化橡胶涂料表面在自然环境中尤其是海洋环境中，比加速测试中表现出更严重的腐蚀现象。

高氯化聚乙烯防腐涂料作为氯化橡胶涂料的替代产品，其生产过程符合《蒙特利尔公约》的要求，具有环保优势及优异的性价比，已经广泛应用于化工设备及管道、海洋舰船、污水处理等设施。溶剂法氯化橡胶作为重防腐涂料的重要原料，一直受到行业的广泛关注。目前，水相法氯化橡胶还不能完全替代溶剂法氯化橡胶。国内外对用新溶剂代替 CCl_4 生产氯化橡胶技术做了大量研究工作，代用溶剂大都是二氯乙烷溶剂，在实验室中用二氯乙烷做溶剂合成氯化橡胶已取得成功。但由于二氯乙烷沸点低、蒸汽压高、在空气中爆炸范围宽，在生产过程中的每一个环节上都会形成爆炸性气体，所以目前尚未实现工业化。用新溶剂代替 CCl_4 生产氯化橡胶技术仍然是行业研究的热点，也是行业发展的未来趋势。

9.4.4 富锌防腐涂料

富锌涂料分为无机和有机两种类型，无机富锌涂料使用硅酸乙酯、碱性硅酸盐为基料，有机富锌涂料主要采用环氧树脂为基料。前者因为对金属表面处理要求不高、环境因素影响小、附着力强等特点，在各领域得到广泛应用；后者对金属有极好的附着力和防锈

作用，且在导电性、耐热性、耐溶液性、防锈性等方面都优于前者，但无机类比有机类具有更好的耐久性和防腐性。

无机富锌涂料应用最为典型的成功案例是澳大利亚 Morganwyalla 长达 250 千米的油管工程，其防腐采用了单层水性无机富锌涂层，涂层历经 50 余年仍保持着良好状态，无腐蚀发生。

齐杉等（2014）以硅丙乳液、硅溶胶、氢氧化钾、鳞片状锌粉为主要原料，分别添加经 $HOOC(CH_2)_{17}NH_3^+$ 有机改性的蒙脱石、经 $CH_3(CH_2)_{17}NH_3^+$ 有机改性的蒙脱石作抗沉剂，制备改性的硅酸钾富锌防腐涂料。结果表明，添加端基含有-COOH 的有机蒙脱石作抗沉剂的富锌防腐涂料综合性能优于以端基含有 $-CH_3$ 的有机蒙脱石作抗沉剂的富锌防腐涂料，后者的综合性能优于未添加抗沉剂的富锌防腐涂料。以经 $HOOC(CH_2)_{17}NH_3^+$ 改性的有机蒙脱石作为抗沉剂，加入量为涂料总质量的 0.3% 所配制的涂料涂层表面平整、致密且机械性能及耐腐蚀性能优异。

袁高兵等（2014）研究了水性无机富锌涂料中，润湿分散剂、流变助剂、附着力促进剂、防锈助剂的筛选及其相互作用对涂料体系分散程度稳定性及涂膜重防腐性能的影响。试验结果显示，分散剂、流变增稠剂的选择对涂料的抗沉降性、贮存稳定性有很大影响；偶联剂的选择添加对涂膜附着力、耐盐雾等性能提高有很大帮助；高性能防腐助剂石墨烯的添加对涂膜耐盐雾性能有质的提高。

2014 年，美国的研究人员通过实验证实与传统涂料相比，富锌涂料可以降低装甲钢的腐蚀损坏，但是在海水浸泡中比未涂覆的钢会加速裂纹的扩展速度。

2013 年，西安的研究人员发现富锌涂料能通过阳极保护防止钢腐蚀，并随着锌含量的增加其抗腐蚀性能也会提高。

开发低污染甚至无污染的高效复合型多功能涂料是富锌涂料的总体发展趋势。可以考虑如何在保持富锌涂料优点的基础上，克服弥补其调制困难、施工不便、干膜机械性能差、硬度不足等弊端，以及降低锌粉含量、减少污染等缺陷与不足之处。富锌涂料未来的研究方向有以下几点：①对富锌涂料用树脂进行改性、互穿网络化等处理，降低锌粉的含量，使涂层既能够保持良好的防腐蚀性，又具有较好的表面效果，使富锌涂料具有“底面合一”的功能；②加入化锈剂、稳锈剂等活性颜料，把活性的锈蚀惰性化，可对锈蚀较轻的基材直接进行涂装，无需事先除去表面锈蚀，简化喷涂操作；③富锌涂料作为多体系复杂涂层中底漆的防锈功能，以及与其他面漆配合使用的相容性问题等。

9.4.5 玻璃鳞片防腐涂料

玻璃鳞片是用特殊的玻璃（国外称为 C 玻璃，国内称为碱玻璃）经 1700℃高温熔融，再经吹制变得很薄，然后骤冷，最后经破碎、筛选分级而成。玻璃鳞片的化学惰性，使其具有良好的配伍性，可与氯化橡胶、氯磺化聚乙烯、环氧树脂、环氧煤沥青、酚醛环氧树脂、不饱和聚酯树脂和乙烯酯等多种树脂组成防腐涂料。

玻璃鳞片涂料是一种新型、高效的防腐涂料，在使用这种玻璃鳞片涂料时，都要在钢材等金属物体表面预先涂上一层处理基底的打底材料，然后在涂布上一层 200 ~ 1000 微米的玻璃鳞片涂料。因其隔离能力强、防腐性能好，适用于腐蚀非常严重的海中和海浪飞溅区的钢结构物的防护。

有研究人员以环氧树脂为基料、有机胺为固化剂、中碱玻璃鳞片为耐腐蚀屏蔽材料，制备了一种高固含厚浆型环氧玻璃鳞片涂料。探讨了鳞片品种、大小、用量对涂料性能的影响，检测了涂层对盐雾、人工海水、紫外—盐雾—冷冻—干热循环多种海洋环境腐蚀介质的防腐蚀性能，考察了涂层的抗阴极剥离性能。试验表明，制备的环氧玻璃鳞片适用于海洋环境的钢结构保护（李敏等，2010）。

研究人员以光固化环氧丙烯酸酯为成膜物质，以玻璃鳞片为耐蚀颜料，制备得到紫外线固化环氧玻璃鳞片防腐涂料，并研究了玻璃鳞片表面处理工艺、目数、添加量及涂层厚度对于光固化涂层耐蚀性能的影响。结果表明，添加10%的100目经硅烷偶联剂处理的玻璃鳞片，涂层厚度为100微米时，该环氧玻璃鳞片涂料的耐蚀性能最佳（谈素芬，鲁钢，2014）。

2011年，中国的研究人员发明了一种环境友好、抗腐蚀并且防紫外线的玄武岩平面玻璃鳞片，并证实此种材料性能优于传统的C-玻璃鳞片和玄武岩玻璃陶瓷鳞片。

2014年，中国的研究人员发现海洋交替静水压力（AHP）环境会使环氧玻璃鳞片的涂层/钢系统吸水量增加，加速涂料和钢材的腐蚀。

9.4.6 其他涂料

1）氟树脂涂料

氟树脂涂料是以氟烯烃聚合物或氟烯烃与其他单体为主要成膜物质的涂料，又称氟碳涂料、有机氟树脂涂料、氟碳漆等。氟树脂涂料因其良好的防腐、防污、超耐候、耐化学试剂、附着力、吸水性等特性，成为绿色环保涂料的典范，广泛应用于航空航天、船舶、桥梁、车辆等高新技术领域。

广东明阳风电开创了国内应用氟树脂涂料于海上风电设备的先河，首次将氟树脂涂料设计应用于海上风电场。2013年启动的相关项目研究将系统研究各类涂料在我国湿热海洋下的环境适应性规律，明确适合海上风电的涂料防护方案。

氟树脂涂料尽管在装饰性、施工性能方面与聚氨酯涂料近似，但受到了单价较高、使用客户不多等因素的制约。

2）聚脲涂料

喷涂聚脲弹性体（SPUA）由异氰酸酯组分与胺基化合物反应生成，是国内外继高固体分涂料、水性涂料、辐射固化涂料、粉末涂料等低或无污染涂料技术之后，为适应环保需求而研制、开发的一种新型无溶剂、无污染的绿色施工涂料。

聚脲涂料在山东青岛海湾大桥的两个桥墩试用以来，取得了良好的效果。

9.4.7 海洋防腐涂料的发展方向

1）长寿命

由于越来越多的超大型钢结构及所处海域特点不具备直接重涂或返岸施工的条件，所

以要求开发具有超长使用寿命的海洋防腐涂料，最理想的是涂层使用寿命包括现场直接涂装维修后的延续使用寿命等同于钢结构设备的使用寿命，即涂层与设备同寿命设计，使用中只需进行少量维修，免重涂。

2）低表面处理

由于涂装前处理费用占到总涂装成本的60%，所以低表面处理涂料已成为防腐涂料的重要研究方向之一。低表面处理涂料主要包括可带锈、带湿涂装的涂料，以及可直接涂覆在其他种类旧涂层表面的涂料。这类涂料主要是环氧类，它们具有在潮湿带锈钢材表面上直接涂装的功能，有超强的附着力，挥发性有机化合物（VOC）含量小于340克/升，一次无气喷涂膜厚可达200微米以上，施工性能优良。

3）高固体分、无溶剂

体积固含量在70%以上的为高固体分涂料，固含量为100%的为无溶剂涂料。由于少用甚至不用有机溶剂，从而使高固体分涂料可减少VOC的排放，符合环保要求，且一次施工即可获得所需膜厚，因而减少了施工道数，节省了重涂时间，提高了工作效率。由于无溶剂挥发降低了涂层的孔隙率，从而提高了涂层的抗渗能力和耐腐蚀能力。

4）水性化

水性化是涂料研发的另一个重要方面。其VOC含量低，对节能减排、发展低碳经济、保护环境及可持续发展都有重要意义。目前，水性涂料的研发主要在水性无机富锌、水性环氧、水性丙烯酸、水性氟碳体系等领域。其中，水性丙烯酸、水性环氧、水性无机富锌涂料品种的工业化应用在一定程度上已取得成功。

5）环保新材料

环保型新材料主要是采用低毒、无毒的材料，如以复合磷酸盐防锈颜料代替有毒、有污染的红丹、铬酸盐等防锈颜料，严格控制颜料中铅、镉、铬、汞、砷等重金属的含量。

6）聚脲弹性体

聚脲涂层是近年来兴起的无溶剂、无污染的高性能重防腐涂料，为双组分、100%固含量、对环境友好，其固化速度快，对湿度、温度不敏感，且施工时不受环境湿度影响；固化后涂膜弹性及强度、耐候性、热稳定性优异，户外长期使用不开裂、不脱落，对钢铁附着力好，具有优异的耐腐蚀性能。但对被涂基材的表面处理要求极为严格，钢材要进行彻底的喷砂，处理后必须马上涂装。

9.5 海洋防腐涂料相关专利计量分析

本报告以DII为数据源，通过测试和修改，设定合适的检索策略，得到全球40多个国家和地区受理的与海洋防腐涂料研究相关的专利申请和授权数据，从申请、保护、竞争等方面展开分析。

9.5.1 总体发展趋势分析

从图9-2可以看出，自2000年以来海洋防腐涂料相关专利申请数量持续增长（由于专利的公开或授权存在一定的滞后期，近 3 年数据仅供参考），表明海洋防腐涂料相关技术越来越受到关注，相关研发正在快速发展。

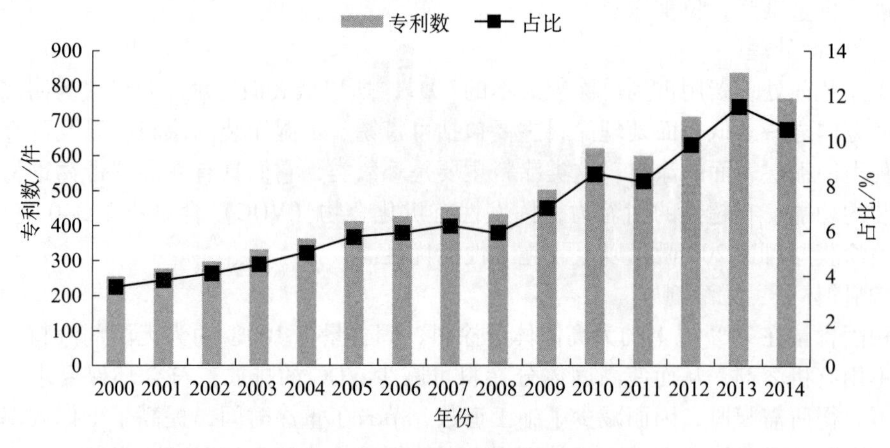

图 9-2 海洋防腐专利年度趋势

9.5.2 海洋防腐涂料专利国家/机构分析

海洋防腐涂料相关专利的国家/机构分布较为集中，前十名国家/机构（包括世界知识产权组织）的专利数占全球专利数的 81.3%，且主要集中在日本（2300 件）、中国（1867 件）和美国（1474 件）等国家（图 9-3）。

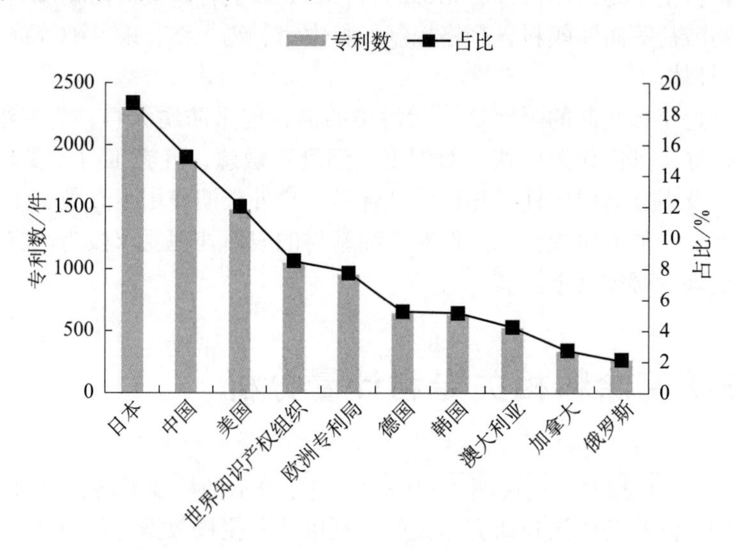

图 9-3 海洋防腐涂料相关专利国家/机构分布图

虽然中国的专利总量量相比于日本较少，但是在近两年增长非常迅猛，2009 年当年专利数（281 件）已经超过美国（271 件）和日本（260 件）成为世界第一（图 9-4）。

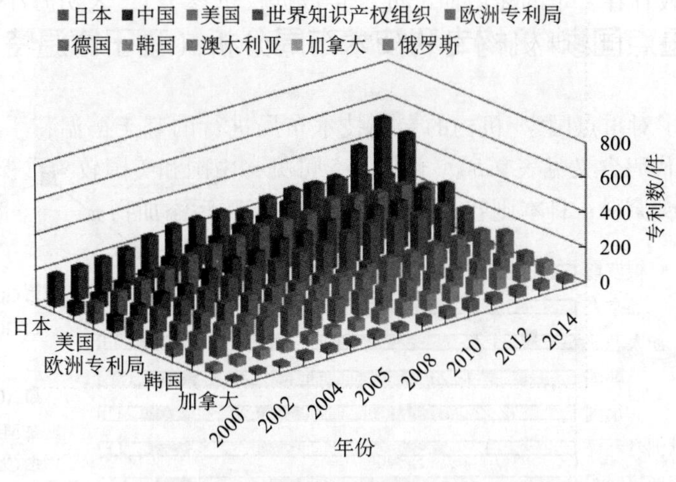

图 9-4　海洋防腐涂料相关专利年度分布图

9.5.3　重要国家/机构近 3 年专利数活动情况

通过分析主要国家/机构最近 3 年专利数量占其专利总数的比例来揭示重要国家/机构最近 3 年在 3D 打印领域的活跃程度。结合图 9-4 和表 9-4 可以看出，专利数量最多的前 10 个国家/机构中，近 3 年最为活跃的国家/机构包括中国（近 3 年专利占其全部专利总量的 36.40%）、韩国（近 3 年专利占其全部专利总量的 26.40%）、加拿大（近 3 年专利占其全部专利总量的 26.80%）。总体来看，除德国和澳大利亚以外的所有国家近 3 年的专利占专利数的比例都超过了 20%。

表 9-4　专利数前十名国家/机构最近 3 年专利申请情况

国家/机构	近 3 年专利数占其全部专利数百分比/%
日本	21.10
中国	36.40
美国	23.60
世界知识产权组织	25.40
欧洲专利局	23.80
德国	13.00
韩国	26.40
澳大利亚	17.50
加拿大	26.80
俄罗斯	25.70

9.5.4 重点国家/机构专利技术布局分析（基于德温特手工代码）

图 9-5 给出了对重点国家/机构的专利技术布局进行的基于德温特手工代码的统计分析（德温特手工代码含义见表 9-5）。由图 9-5 可见，中国和美国较为重视防污涂料，中国尤其重视金属防腐涂料，日本则较为重视涂料及油漆防污添加物。

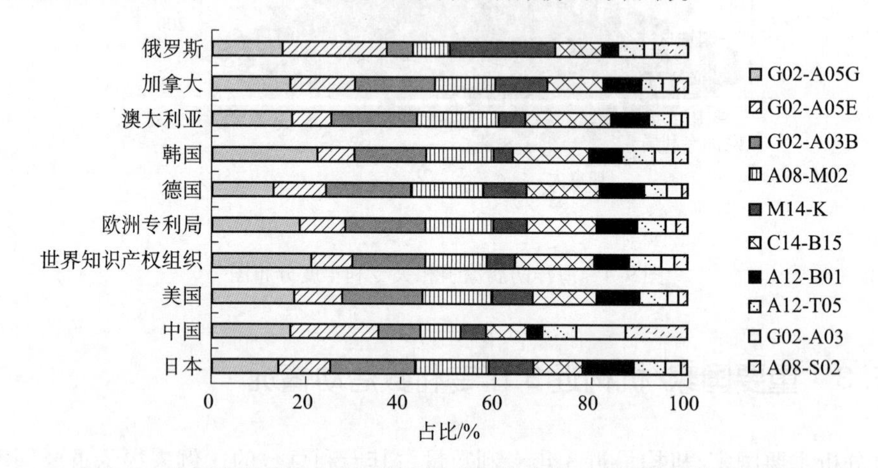

图 9-5 重点国家/机构专利受理的技术领域分布（基于德温特手工代码）

表 9-5 德温特手工代码技术方向说明

德温特手工代码	说明
G02 - A05G	防污涂料
G02 - A05E	金属防腐涂料
G02 - A03B	涂料及油漆防污添加物
A08 - M02	防腐剂、杀菌剂及动物驱避剂
M14 - K	腐蚀防护
C14 - B15	防污
A12 - B01	涂料及油漆
A12 - T05	装备涂料及油漆
G02 - A03	涂料及油漆防污添加物
A08 - S02	溶剂、溶胀剂

9.5.5 海洋防腐涂料专利机构分析

海洋防腐涂料相关专利数量最多的前十名机构如表 9-6 所示。日本涂料、拜耳和中国涂料株式会社分别位列前三名。前十名中日本企业占据了七席，显示出日本企业在海洋防腐涂料上的强大实力。

表 9-6 海洋防腐涂料专利数量机构排名

专利权人名称	专利数/件
日本涂料	208
拜耳	122
中国涂料株式会社	119
川崎钢铁公司	116
新日本制铁株式会社	105
关西涂料	91
三菱化学	78
陶氏化学	55
日本油脂公司	54
美国海军	48

9.5.6 主要专利申请机构年度变化趋势

图 9-6 显示了从 1990 年以来主要专利申请机构专利申请量的年度变化趋势。海洋防腐涂料专利申请量最大的新日铁住金和日本涂料专利数量各年度数据较为平稳，拜耳公司的专利申请则主要出现在 2000 ~ 2006 年，中国石油相关专利从 2006 年以来经历了一段快速增长时期，2012 ~ 2014 年当年新增专利数量位居全球第一。

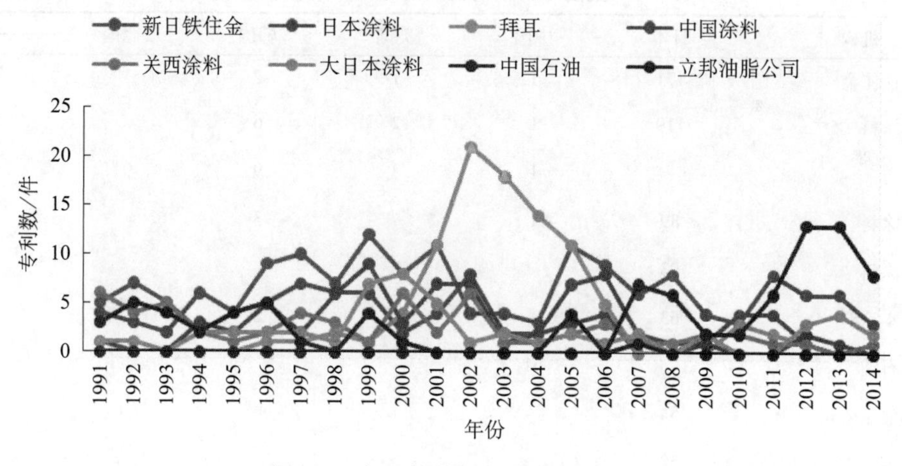

图 9-6 主要专利申请机构年度变化

9.5.7 主要专利申请机构的申请活跃程度

图 9-7 显示了海洋防腐涂料相关专利主要申请机构近 3 年的活跃度（由于 2014 年数据不全，所以采用的是 2011 ~ 2013 年数据）。可以看出，中国石油在最近 3 年内的专利申请活跃度明显高于其他机构，立邦油脂公司 2011 ~ 2013 年则没有新增专利。

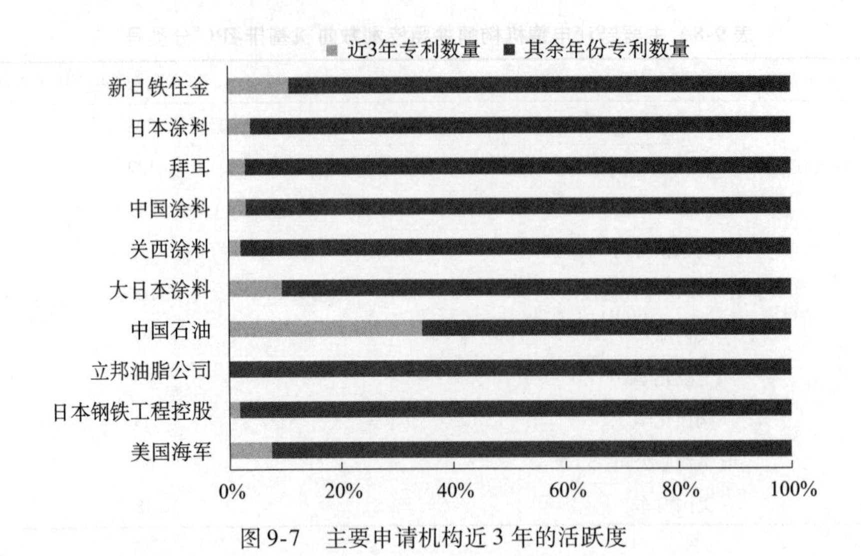

图 9-7 主要申请机构近 3 年的活跃度

9.5.8 主要专利申请机构的专利申请保护策略

从主要专利申请机构提交申请量最多的受理国家分布（表 9-7）可以看出，各国企业都非常重视本国的专利申请保护，而在其他国家专利申请保护不足。

表 9-7 主要专利申请机构的专利申请保护策略

机构	日本	中国	美国	韩国	德国	英国
新日铁住金	171	1	1	2		1
日本涂料	119	1	2	6		2
拜耳		1	3	9	91	
中国涂料	89	1		3		
关西涂料	93		2			1
大日本涂料	63	1		2		
中国石油		61				
立邦油脂公司	54		1		1	
日本钢铁工程控股	53					
美国海军			49			

9.5.9 主要专利申请机构的主要技术方向

表 9-8 以 IPC 分类号为基础，分析了主要专利申请机构的技术方向。新日铁住金较为侧重金属表面涂层材料及工艺，日本涂料、中国涂料、大日本涂料等企业展现了相当一致的技术方向（即防腐蚀涂料），德国拜耳公司则偏重防止微生物腐蚀技术。

表 9-8　主要专利申请机构的主要技术方向（基于 IPC 分类号）

主要专利申请机构	手工代码	专利数量/件	手工代码代表的技术方向
新日铁住金	B32B－015/08	60	合成树脂的层状产品
	B05D－007/14	36	对金属的涂覆
	B05D－007/24	25	涂布特殊液体或其他流体物质
日本涂料	C09D－005/16	56	防污涂料；水下涂料
	C09D－005/14	48	含杀生剂的涂料，如杀菌剂、杀虫剂或农药
	C09D－007/12	20	其他涂料添加剂
拜耳	A01N－043/34	38	具有带 1 个氮原子作为仅有的环杂原子的环
	A01N－043/72	32	具有带氮原子及氧原子或硫原子作为环杂原子的环
	A01N－043/40	30	六元环作为环原子的杂原子的最高数目
中国涂料	C09D－005/16	49	防污涂料；水下涂料
	C09D－007/12	25	其他涂料添加剂
	C09D－005/14	24	含杀生剂的涂料，如杀菌剂、杀虫剂或农药
关西涂料	C09D－005/14	35	含杀生剂的涂料，如杀菌剂、杀虫剂或农药
	C09D－005/16	23	防污涂料；水下涂料
	B05D－007/14	18	对金属的涂覆
大日本涂料	C09D－005/16	31	防污涂料；水下涂料
	C09D－007/12	19	其他涂料添加剂
	C09D－005/08	19	抗腐蚀涂料
中国石油	F16L－058/02	12	通过内部或外部涂层防止管子或管子附件的腐蚀或积垢
	C09D－005/08	11	抗腐蚀涂料
	C09D－007/12	8	其他涂料添加剂
立邦油脂公司	C09D－005/14	32	含杀生剂的涂料，如杀菌剂、杀虫剂或农药
	C09D－005/16	24	防污涂料；水下涂料
	C09D－143/04	13	含硅单体的均聚物或共聚物

9.5.10　被引次数最高的专利

表 9-9 给出了海洋防腐涂料相关领域总被引次数最高的专利。由表 9-9 可以看出日本

涂料公司、日本涂料株式会社等日本企业除了在专利数量上遥遥领先外，在专利总被引次数上也占据着优势。

表 9-9　总被引次数排名前十的海洋防腐涂料专利

序号	专利公开号	专利名称	申请人	优先权年份	总被引次数
1	EP0204456	一种可水解的树脂及含有该树脂的防污涂料	日本涂料公司	1985	74
2	WO8402915	海洋防污涂料	中国涂料株式会社	1983	73
3	US4021392	海洋涂料	国际油漆公司（英国）	1974	55
4	JP63128008	一种制备应用在船底防污涂料中的含有金属的树脂组合物的方法	日本涂料公司	1986	49
5	CN1167797	涂料组合物	日本油脂株式会社	1996	45
6	WO9606870	水解性金属树脂防污涂料	日本涂料公司	1994	39
7	CN1041772	防污涂料	库尔脱沃兹涂料有限公司（英国）	1988	35
8	CN1103883	涂料组合物	日本 NOF 株式会社	1993	33
9	NO996489	含有甲硅烷基的丙烯酸酯共聚物的防污涂料组合物	中国涂料株式会社	1998	32
10	CN1337982	抗海洋附生的方法和组合涂料	保尔斯公司（美国）	1996	32

9.6　结语与启示

目前，海洋工程上使用的防腐涂料大部分为国外跨国公司品牌的产品，国内涂料产品很少使用。不论在涂料产品质量方面，还是在质量控制机制方面，国内涂料产品与国外产品都有很大差距。究其原因主要是我国海洋防腐涂料发展时间短，没掌握核心技术，缺乏研究资金，研究人员的水平不高等，这些不足极大地制约了国产涂料进入国际海工市场，也削弱了国产品牌的竞争力。

基于海工产品的使用环境，对其必须采取防腐蚀保护措施，对离岸的海工产品防腐涂层而言，服役期内很难在海上进行修复或重涂，延长防腐涂层的耐久年限，以及防腐涂层与海工产品使用寿命同步是海工防腐研究的最终目标。因此，研发在海洋环境中具有 15 年以上耐久年限的海洋重防腐涂料和涂装技术，设计可在海洋环境中达到 15 ~ 30 年耐久年限的金属涂层 + 有机涂层配套体系、多层有机或无机涂层配套体系，不仅是国家海洋开发战略海工防腐蚀需要研究的重点，也是国家“十二五”规划中海工防腐涂装技术工作的研究方向，而研制阴极保护效率高的底漆、屏蔽效果好的中涂漆和耐候性好的面漆，以及与之适宜的涂层配套设计则是防腐蚀涂层配套体系的技术关键。

海洋工程防腐蚀涉及国家海洋开发的战略，因此希望能从国家层面由国家相关部门或行业组织牵头组织有关单位、整合社会资源，就海洋防腐涂料和涂装技术需要解决的关键

难题开展协作攻关，并提供必要的资金支持。建议加强以下方面的研究工作。

1）制定相关政策和措施

倡导环保型等先进防护技术的发展及产业化，强制性限制有毒有害的涂料。推动全寿命周期的防护。启动一批海洋防腐涂料关键核心技术的重大科技攻专项攻关，提高防腐涂料产品水平。我国海洋防腐涂料要想上一个新台阶，则各相关机构、涂料生产企业应加强新产品的研制，关注高耐候性配套涂料体系的开发、高效低毒防腐涂料的开发及海洋防腐涂料环保化等。此外，还需采取先修后造、先军后民、先小后大、先（国）内后（国）外等步骤，支持和培育国内海洋涂料生产厂家逐步成长为民族品牌。

2）建立海洋防腐涂料科研与企业协同创新中心

海洋防腐涂料的设计、研发和应用是一个系统工程，涉及科研、企业和用户等单位，建议由相关高校及国家重点实验室、国家工程实验室、国家工程技术中心等研究机构及行业重点企业牵头，以防腐涂料为研发和应用重点，联合设计部门，建立海洋防腐涂料协同创新中心，对防腐涂料进行联合攻关，并推动其市场应用。

3）完善海洋腐蚀与防护实验站建立

海洋腐蚀是长期存在的自然现象，发展海洋防腐涂料技术需要有长久的规划。为了更好地发展海洋防腐涂料，需要对各种工程材料进行腐蚀及污损的实验研究，尤其是在实际的海洋环境下进行腐蚀评价试验。在我国已有的海洋腐蚀试验站的基础上，建立在东海、南海等典型海域建立针对不同海深的腐蚀试验站，开展浅海和深海腐蚀试验，开发试验方法，积累第一手的实验数据。

4）加强人才队伍建设

以国家科技重大专项、战略性新兴产业重大项目等为载体，加大人才培养力度，积极推进创新团队建设，形成高层次科技人才和管理人才的梯队集聚；以国家新型工业化示范基地为载体，促进创新型、复合型技能人才的培养。鼓励多层次、多渠道、多途径的国际科技交流与合作，引进海外研发团队领军人才及高水平复合型人才等。研究机构及企业也需营造良好的人才发展环境，优化人才培养及使用机制。

5）值得重视的研究课题

（1）加强涂料涂装工艺的研究。从涂料涂装一体化出发重视涂料施工性能的研究，不断优化和提升涂料产品的综合性能，开发施工性能好适应性强的涂料，提高配套涂料体系的科学性与合理性，以适应不同海工产品的不同涂装要求。通常涂料涂装一体化由第三方来实施，即海工建造商将其所有涂装生产全部外包给专业的涂装工程企业：第三方，自己只负责监督和检验。目前，一些有实力的涂料公司和涂装设备公司推出了 BOT 服务模式，即海工建造商的涂装车间由涂料公司或涂装设备公司投资建设，并负责生产管理，根据海工建造商的生产计划进行涂装生产，实现涂料涂装一体化，最终提供的是合格的涂层而不是液态或粉状的涂料，而海工建造商只需制定技术标准和验收监督涂装产品质量，依据涂装质量和涂层面积进行结算。此模式这将成为涂料涂装一体化的发展趋势。

（2）改进海洋防腐涂料的防腐性能和施工性能，加强研制耐高温烧蚀（ >800℃）的车间底漆，具有高固分含量、低黏度特性且施工方便的无溶剂防腐涂料，性能更好的自干或低温烘干水性无机富锌底漆、水性丙烯酸、环氧防腐涂料和可一次性涂覆 300 ~ 500 微米的环氧厚浆涂料，可在水下进行涂装施工的重防腐涂料，防腐蚀性能更好的单组分富锌底漆和湿固化聚氨酯防腐涂料，防腐蚀性能和耐老化性能更好的无机或无机改性防腐涂料等。

致谢：中国科学院宁波材料技术与工程研究所李晓伟副研究员、上海电力学院闵宇霖教授、武汉大学李晓拓博士后对本报告提出了宝贵的意见和建议，谨致谢忱！

参考文献

财政部 . 2014 关于印发海洋工程装备工程实施方案的通知 . http：//www. mof. gov. cn/zhengwuxinxi/zhengcefabu/201405/t20140512_ 1078064. htm［2014-12-24］.

程原，赵本波，袁晓艳 . 2013. 无溶剂环氧非异氰酸酯聚氨酯重防腐涂料的研制 . 涂料工业，43（6）：27-31.

郭辰，员荣平，田齐芳，等 . 2014. 海水淡化工程用聚氨酯-脲防腐涂料 . 聚氨酯工业，29（4）：35-38.

何小玉，陈砺，严宗诚，等 . 2014. 纳米 TiO_2 无溶剂环氧防腐涂料的研制 . 电镀与涂饰，33（2）：41-45.

姜靖 . 2014-03-16. ZY 系列重防腐涂料获挪威船级社认证 . 科技日报，第 3 版 .

李敏，王秀娟，刘宝成，等 . 2010. 海洋环境防腐蚀玻璃鳞片涂料的研制 . 涂料工业，40（1）：49-53.

李石，段绍明，郭晓军，等 . 2014. 船舶用氯化橡胶防腐蚀涂料的研制 . 上海涂料，52（4）：17-21.

齐杉，李三喜，王松 . 2014. 有机蒙脱石对改性硅酸钾富锌防腐涂料性能的影响 . 硅酸盐通报，33（8）：2089-2094.

谈素芬，鲁钢 . 2014. UV 环氧玻璃鳞片涂层耐蚀性评价 . 腐蚀与防护，35（3）：261-264，270.

王小刚，马宁博，武建斌，等 . 2014. 一种高固体分环氧防腐涂料的研制 . 中国涂料，29（1）：27-30.

席发臣，李志宝，冯俊忠，等 . 一种具有优异耐水性和耐盐雾性水性环氧防腐涂料的制备：中国，201010545038. 9. 2011-04-20.

闫世友，郝斌，张杰强，等 . 2014 . 新型水性环氧防腐涂料的制备与性能研究 . 化学工程与装备，（9）：1-4.

袁高兵，李少香，刘来运 . 2014. 水性无机富锌涂料助剂的筛选及其对涂料性能的影响 . 中国涂料，29（11）：46-49.

AhmedN M，EmiraH S，Tawfik H M. 2013. Anticorrosive efficiency of ion-exchanged bentonites in chlorinated rubber paints. Pigment & Resin Technology，42：186-194.

Bano H，Khan M I，Kazmi S A. 2013. SEM-EDX and FTIR studies of chlorinated rubber coating. Chem. Soc. Pak，35：95-108.

Chen X. 2014. Large-scale fabrication of superhydrophobic polyurethane/nano-Al_2O_3 coatings by suspension flame spraying for anti-corrosion applications. Applied Surface Science，311：864-869.

FontinhaI R. 2014. Influence of pH on the corrosion protection of epoxy-silica-zirconia sol-gel coatings applied on EN AW-6063 aluminium alloy. ECS Transactions，58：9-16.

Huawu L，Kaifang X，Zongbin Y，et al. 2011. The advantages of basalt glass flake coating for marine anticorrosion. Advanced Materials Research，332-334：1619-1622.

Koul M A，Sheetz A，Ault P，et al. 2014. Effect of Zn-rich coatings on the corrosion and cracking resistance of high-strength armor steel. Corrosion，70：337-350.

LeH R，Howson A，Ramanauskas M，et al. 2012. Tribological characterisation of air-sprayed epoxy-CNT nano-

composite coatings. Tribology Letters，45：301-308.

Medeiros M H F，Helene P. 2009. Surface treatment of reinforced concrete in marine environment：influence on chloride diffusion coefficient and capillary water absorption. Construction and Building Materials，(23)：1476-1484.

TianW L. 2014. The failure behaviour of an epoxy glass flake coating/steel system under marine alternating hydrostaticpressure. Corrosion Science，86：81-92.

Zheng L，Skuroda S，Liu H，et al. 2013. Applied Materials and Technologies for Modern Manufacturing. Stafa-Zuerich：Trans Tech Publications Ltd：169-172.

10 神经形态计算研究国际发展态势分析

唐 川 徐 婧 张 娟 王立娜 房俊民

（中国科学院成都文献情报中心）

摘 要 神经形态计算（neuromorphic computing）是一种通过构建类似动物大脑结构的计算架构以实现能够模拟神经生物过程的智能系统的新型计算模式，它能极大提升计算系统的感知与自主学习能力，可以应对当前十分严峻的能耗问题，并有望颠覆现有的数字技术。在进行了长期前沿探索后，科研界有关神经形态计算的研发工作在近年取得了快速进步，在互联网上不断升温，并引发著名媒体的关注。在咨询公司的预测中，神经形态计算正处于上升发展阶段，与其相关的多项技术与产业有望在5～10年内达到成熟期。为把握神经形态计算研究的国际发展态势，本报告定性调研了相关机构的研发动态，定量分析了重点研发领域及热点，并提出了发展建议。

近年来美国与欧盟对神经形态计算都投入了大量研发资源，布局了许多重大项目，并取得了快速进步。美国国防部高级研究计划局（DARPA）、国家科学基金会（NSF）、空军研究实验室（AFRL）等已投入上亿美元支持相关研发，IBM、高通、Brain公司等企业也已开发出了相关产品，其中DARPA支持的“自适应伸缩可塑电子神经形态系统”（SyNAPSE）项目旨在开发形式、功能和架构与哺乳动物大脑类似的认知计算机，以及创建智能水平能与老鼠或猫相媲美的机器人，该项目参与机构多、持续时间长、投入经费高，并在各个阶段都取得了若干成果，是美国神经形态计算研发项目的典型代表。欧洲也开展了多项神经形态计算研发项目，相关研发经费超过两亿欧元，其中欧盟人脑计划（Human Brain Project，HBP）将神经形态计算作为一项关键内容，不仅从神经形态计算、认知架构、神经信息学、大脑仿真、神经机器人研究等五个方面开展研究，还将构建研发平台，为研究者和应用开发者提供所需的硬件和设计工具。HBP为神经形态计算研发分配了至少1.56亿欧元的经费，为目前支持力度最大的研发项目。

从专利的角度来看，美国处于整体领先水平，专利申请总量大幅领先于其他国家，近10年的申请量占全球前十国家申请量的49%，且优势日益扩大。日本申请总量目前处于全球第二，但由于其未能把握技术研发重点与热点的迁移，近年来已逐步落后。中国起步较晚，但进步很快，近10年申请量仅落后于美国。从专利申请人来看，神经形态计算研发的领导者和主力是企业，尤其是美国的IBM和高通等。美国和日本等主要通过企业开展相关研发，而中国、法国、俄罗斯等则主要通过公立科研机构开展相关研发。从专利分类来看，1972～2014年，神经形态计算研发最主要的重点领域是在“通用数字计算机”的范畴下研发学习机器等技术，第二大重点领域则主要研发用于模拟生物神经系统的模拟计算机或模拟器。而随着研发重点发生转移，“基于生物学模型的计算机系统”已成为2005～2014年最主要的重点领域。

从科研论文的角度来看，美国依然是最领先的国家，日本、英国、中国等分列其后，其中中国进步较快，近10年发文量仅次于美国。从研究机构来看，瑞士苏黎世大学、英国爱丁堡大学、美国南加利福尼亚大学等处于领先水平，而来自中国的华中理工大学和中国科学院最近几年都有相关论文产出，进步较快。此外，机构间也形成了若干合作网络，显示相关研究的规模与影响正在扩大。从研究主题来看，近年来关注最高的热点方向有神经形态计算、神经形态芯片、忆阻器、膜计算、单神经元计算等，而一些前期的重要研究主题已不再是研究热点，包括模式识别、超大规模集成电路、联想式记忆、反向传播、演化计算等。

基于以上发展态势及我国情况，本报告建议：①充分重视神经形态计算蕴涵的重大机遇；②加强中长期战略研究与规划，以重大项目推动创新突破；③关注当前研发热点，密切跟踪前沿发展态势；④帮助企业成为研发主力并取得突破；⑤中国科学院应根据“率先行动”计划整合研发资源与力量，及早展开研究布局。

关键词 神经形态计算　发展态势　重大项目　研发重点与热点

10.1 引言

近两年，神经形态计算这一新兴技术得到了全球多家重要媒体的关注。2013年8月，英国著名的《经济学人》杂志以《计算机脱胎换骨》为题，报道了来自欧洲和美国的多项以人类大脑为模仿对象构建新型计算系统的研发工作，并认为目前神经形态计算还处于初级阶段，但一旦达到预期目标，便能够制造出和人类一样聪明（甚至比人类更聪明）的计算机（The Economist，2013）。2013年12月29日，美国《纽约时报》发文称，计算机已进入能够从经验中自我学习的阶段，并将颠覆现有的数字技术（Markoff，2013）。2014年1月2日，美国《华盛顿邮报》提出2014年应当关注的首个热点科技词汇是“神经形态”（neuromorphics），并宣称从2014年起科研人员将开发出能够像人类一样思考和行动的计算机（Basulto，2014）。2014年4月，美国麻省理工学院《技术评论》网站在其评选出的10项“2014年突破性科学技术”中重点介绍了“神经形态芯片”（neuromorphic chips）（Robert D H，2014）。2014年8月，《科学》杂志发表了《具有独立心智的机器人》一文（Robert F S，2014），提出神经形态计算将在近期赋予机器人类似人类的感知能力和自主能力。2014年12月，《科学》杂志又将神经形态芯片评为2014年十大突破之一（Science，2014）。

来自互联网的数据也显示，神经形态计算的关注度越来越高。由图10-1可见，从2005年起，互联网上每年出现的含有“neuromorphic computing”的网页数量（Google索引，2014 年 12 月 10 日检索）一直呈上升趋势，2011～2014 年增长尤其迅速。

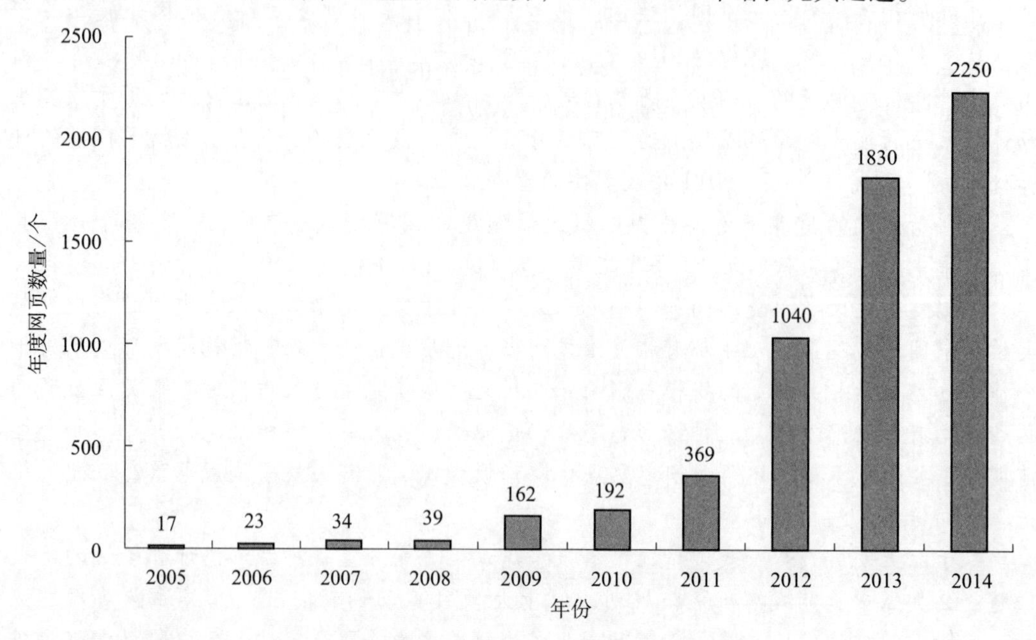

图 10-1　神经形态计算年度网页数量（Google 索引）

神经形态计算是一种新型计算模式，它通过仿照人类大脑的结构来构建极度相似的计算架构，使得基于神经形态计算的智能系统能够模仿自然物种的神经生物过程，并在模式识别、行为建模、查找目标、智能自动化数据处理、智能分析等多方面具有应用潜力。与传统的、基于冯·诺依曼结构的数字计算机不同，神经形态计算系统能够模拟大脑结构和神经突触的可塑性，以及大脑的事件驱动、分布式和并行的处理方式，通过积累经验进行学习，发现事物之间的相互联系，在处理感官数据、学习数据变化等方面具有明显优势（表 10-1）。

表 10-1　神经形态芯片与传统芯片特点比较

技术形态	善于处理	适宜处理
神经形态芯片	发现和预测隐含在复杂数据中的规律和模式，能耗较低	适用于视觉数据和听觉数据较为丰富的应用，以及需要计算机根据与外界互动情况进行自我调整的任务
传统芯片（冯·诺依曼结构）	能够可靠地执行精确计算	适用于可以被简化为数值问题的所有任务，但在处理复杂任务时需要消耗更多电力

神经形态计算的相关设想最早可追溯至 1907 年（Lapicque，1907），当时法国科学家 Lapicque 提出利用电阻和电容来模拟神经元。其后出现了多种旨在模拟神经元和神经突触的设想。例如，Fitz-Hugh 在 1966 年利用模拟信号计算机构建了单个神经元的模型，并获得了对神经元的运作机制的详细认识；Runge 等在 1968 年利用 145 个传感器和 381 条神经模拟电路构建了鸽子视网膜的模型。这些早期系统仅是针对特定系统开发的研究模型，其复杂程度和成本都较高，不易于大规模开发，无法满足更加

通用的用途。

1989 年，加利福尼亚理工学院的 Carver Mead 在其著作 *Analog VLSI Implementation of Neural Systems* 中阐述了如何设计出能够模仿神经系统的芯片的方法，并提供了声学和视觉处理方面的重要案例。该书指明了在超大规模集成电路（VLSI）中实现神经系统模型的方法，利用这种方法设计的芯片能够以较低成本大规模生产，从而为研发现代意义上的神经形态计算奠定了基础。Carver Mead 在其研究中指出：模拟芯片不同于只有二进制结果（开/关）的数字芯片，可以像现实世界一样得出各种不同的结果，可以模拟人脑神经元和突触的电子活动。基于 Carver Mead 提出的设想与思路，许多企业、科研机构和团队开展了进一步探索。

目前，欧美发达国家的多家领先企业和顶级科研机构正在积极开展相关研究，IBM 公司、高通公司、加利福尼亚修斯研究实验室（HRL）、斯坦福大学、德国海德堡大学、英国曼彻斯特大学等机构已分别取得多项成果，甚至有企业即将推出商业化产品。为这些企业和科研机构提供研发资助的有美国国防部、HBP、美国人脑地图计划等重要部门和重大计划。

在美国，IBM 公司在 1956 年就创建了含有 512 个神经元的人脑模拟器，并一直坚持从事对类人脑计算机的研究，神经形态芯片是其相关研究的重要组成部分。在美国国防部高级研究计划局的资助下，IBM 于 2014 年 8 月宣布研制出超大规模神经形态计算芯片，含有 100 万个可编程神经元、2. 56 亿个可编程突触，每消耗 1 焦耳能量就可进行 460 亿突触运算（Merolla et al. , 2014）。除了 IBM 外，美国 HRL 实验室、高通公司等也开展了较多的神经形态芯片开发工作，其中高通公司的芯片预计最早会在 2015 年上市。此外，美国佐治亚理工学院的研究人员制定了一份神经形态计算“路线图”（Hasler , Marr, 2013），阐述了具有人脑认知能力的计算机系统的发展情况，介绍了有望创建实用神经形态计算机的创新模拟技术，分析了大规模神经形态智能系统的前景。

在欧洲，由 130 家有关脑神经科学、生命科学、临床医学、大型计算机和机器人技术科研机构参与的 HBP 在 2016 年前构建神经形态计算等 6 大科研平台。HBP 已为德国海德堡大学和英国曼彻斯特大学等机构的研究者提供了超过 1 亿欧元的经费来研究神经形态计算。

长远来看，神经形态计算可为各种计算机系统提供更为智能和低功耗的处理器，成为新型计算机、机器人、智能系统的关键部件，并可望在科研、民用、商业、国防等部门得到广泛应用。据 Gartner 公司发布的“技术成熟度曲线（2014）”显示，神经形态硬件（neuromorphic hardware）的发展正处于上升期（Brant, Austin, 2014），而另有几项相关的新兴技术正处于萌芽期（图 10-2）（Gartner, 2014），其中智能机器人（smart robots）、自动驾驶汽车（autonomous vehicles）将在 5 ~ 10 年内达到成熟期，神经商业（neurobusiness）有望在 10 年后达到成熟期。神经形态计算可作为这些新兴技术的使能技术，届时将获得广阔的应用市场。

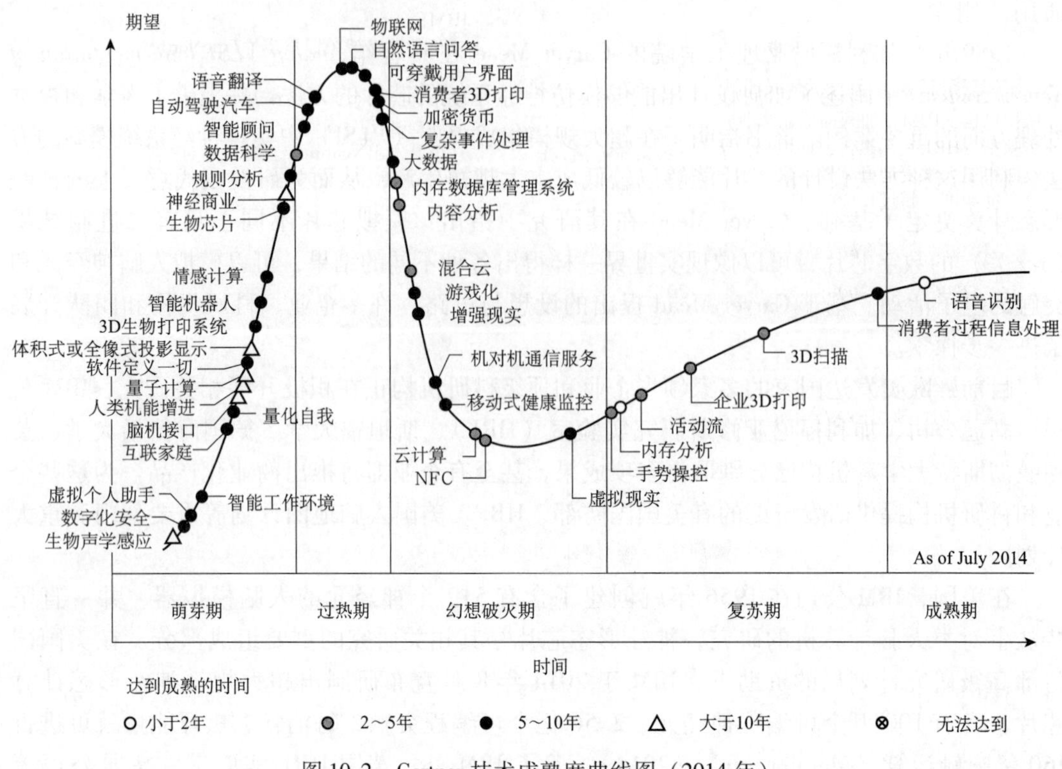

图 10-2　Gartner 技术成熟度曲线图（2014 年）

资料来源：Gartner（2014）

然而，我国科技主管部门还没有设立过神经形态计算方面的重大研究项目，仅支持过清华大学、北京大学、哈尔滨工业大学、天津大学、西南大学等科研院校的少量相关研究。同时，相关研究缺乏企业力量的投入，总体落后于欧美发达国家，亟须奋力追赶。为了把握神经形态计算研究的国际发展态势、了解相关机构的研发动态、明确相关技术的研发热点与趋势，中国科学院成都文献情报中心信息科技团队拟通过定性定量的情报研究方法，完成《神经形态计算研究国际发展态势分析》，为我国在相关领域的工作提供有益参考。

10.2　重要机构与研发计划

10.2.1　美国

神经形态计算在美国得到了科研界与企业界的高度重视，美国国防部高级研究计划局、NSF、空军研究实验室等已投入上亿美元支持多家顶尖大学和企业开展相关研发，IBM、高通、Brain 公司等企业也已开发出了相关产品（图 10-3）。

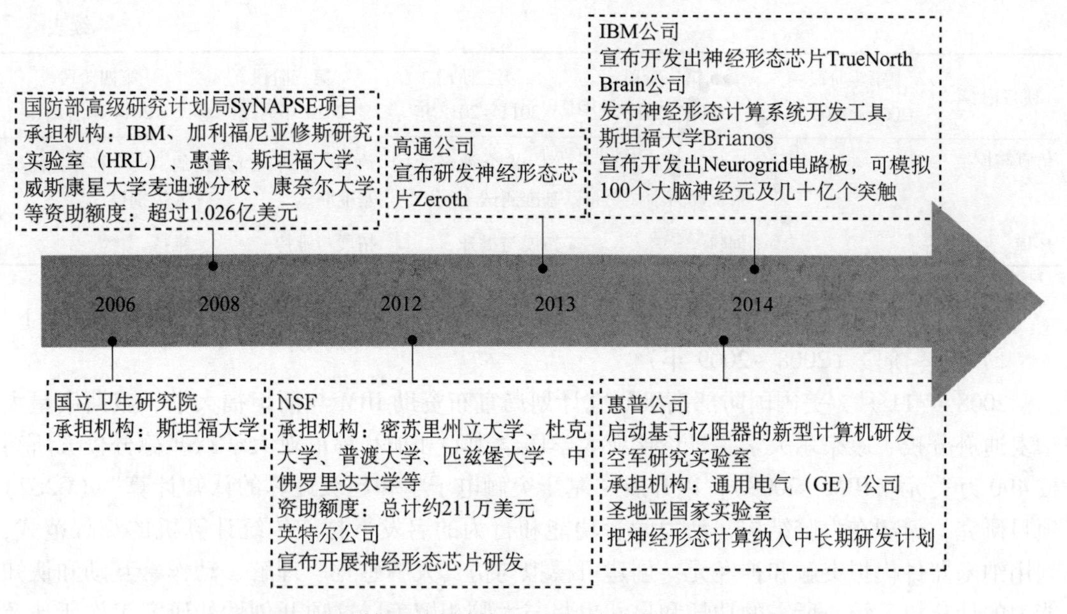

图 10-3 美国神经形态计算主要项目与机构（2006～2014 年）

10.2.1.1 国防部高级研究计划局

2008 年 11 月，美国国防部高级研究计划局启动了为期五个阶段的 SyNAPSE 项目（表 10-2），旨在开发形式、功能和架构与哺乳动物大脑类似的认知计算机，创建智能水平与老鼠或猫相媲美的机器人。该项目计划持续到 2016 年左右，所涉及的学科领域包括计算神经科学、人工神经网络、大规模计算、信息科学、认知科学、材料科学、非传统纳米尺度电子学、CMOS 设计与制作等。SyNAPSE 主要从四个方面开展研究：①硬件，主要研究 CMOS 器件、新型突触元件、硬接线与可编程/虚拟互联的组合，以支持生物系统中的关键信息处理技术，如动作电位编码及时间相关可塑性。②架构与工具，将支持生物系统中的关键结构和功能，如连通性、分层组织、核心组件电路、竞争性自组织、调节/加固系统。与生物系统一样，处理技术需具有最大限度的分布、非线性、固有噪声和缺陷容差的特性。③模拟与仿真，利用大规模数字模拟电路来验证组件和整个系统的功能，展现整个神经形态系统的研发进展。④环境，为智能机器在感知、认知和响应各个方面的训练与评估创建不断发展的虚拟平台。

表 10-2 SyNAPSE 项目各阶段研发目标

研发内容	第零阶段 2008～2009 年	第一阶段 2009～2011 年	第二阶段 2011～2012 年	第三阶段 2013 年启动	第四阶段 2014 年启动
硬件	组件开发	工艺与组件电路开发	CMOS 工艺集成	约 10^6 个神经元组成的单芯片	约 10^8 个神经元组成的多芯片机器人
架构与工具	微电路架构开发	系统级架构开发	10^6 个神经元的仿真设计和硬件布局	10^8 个神经元的仿真设计和硬件布局	综合设计能力

续表

研发内容	第零阶段 2008～2009 年	第一阶段 2009～2011 年	第二阶段 2011～2012 年	第三阶段 2013 年启动	第四阶段 2014 年启动
仿真与模拟	—	模拟大规模神经子系统动力学	约 10^6 个神经元的基准测试	约 10^8 个神经元的基准测试	约 10^{10} 个神经元的类人级别设计
环境	—	创建	拓展与提升	拓展与维持	维持

表 10-2 列出了 SyNAPSE 项目各个阶段的总体研究目标，其具体研究内容与成果如下。

1）第零阶段（2008～2009 年）

2008 年 11 月，美国国防部高级研究计划局宣布资助 IBM 与斯坦福大学、威斯康星大学麦迪逊分校、康奈尔大学、哥伦比亚大学医学中心和加利福尼亚大学默塞德分校五所高校 490 万美元（IBM，2008），以开展“基于突触电子学和超级计算的认知计算”（C2S2）项目研究，希望在大脑结构、动力学、功能和行为的启发下打破传统计算机的编程范式，利用纳米器件模拟突触和神经元，创建可模拟与仿真大脑感觉、理解、动作、互动和认知能力的计算机系统，所需的功耗和尺寸也将与大脑相媲美。这项开创性的研究工作所涉及的领域包括突触电子学、材料科学、神经形态电路、超级计算模拟和虚拟环境，初步研究内容侧重于展示低功耗的纳米尺度类突触器件，揭示大脑的功能性微电路，长期使命是开发接近哺乳动物智力水平的低功耗、小型认知计算机。此前，IBM 认知计算科研人员已经利用 BlueGene 超级计算机运行认知计算算法，实现了小型哺乳动物大脑的近实时模拟，这为科研人员探索大脑的核心微观与宏观计算电路奠定了稳固的基础。

作为 SyNAPSE 的另一项子课题，DARPA 于 2008 年 10 月资助 HRL、产业界和学术界合作伙伴 590 万美元，以开展功能类似生物大脑的神经形态电子器件研究，旨在结合新颖的模拟电路设计和神经启发架构创建低功耗、小型、具有认知能力（感知、规划、决策和行动控制）的电子芯片。在 SyNAPSE 的前两个阶段，科研人员着重把生物皮层的神经和突触功能转化为类似的微电子功能。该课题重点关注设计、制造、表征突触和神经元，并将其组合成高密度的互联微电子网络，同时开发把神经脑模型与测试视觉感知等一系列任务的虚拟环境相集成的模拟方法。项目的后续阶段着重于创建新技术，实现由约 1 亿个神经元和 1 万亿个突触所组成大脑的神经系统功能。

2009 年 11 月，IBM 宣布了其在 SyNAPSE 项目上所取得的研究进展。其中，IBM 与劳伦斯伯克利国家实验室的科研人员联合首次实现了对由 10 亿个神经元和 10 万亿个突触组成的大脑皮质的近实时模拟，该模拟是利用皮质加速器在劳伦斯·利弗莫尔国家实验的 Dawn Blue Gene/P 超级计算机上进行的；IBM 与斯坦福大学科研人员携手开发了利用 Blue Gene 超级计算机架构的新算法，以利用磁共振弥散加权成像技术在人脑中非侵入性地测量、绘制所有皮质和副皮质之间的连接关系。这两大里程碑式的研究成果表明了创建认知计算芯片的可行性。

在第零阶段中，HRL 科研人员解决了突触的密度和持久力问题，开发了具有突触功能的新颖纳米器件，其突触密度为每平方厘米 100 亿个、持久力高于 1 亿次、在 10 赫兹平均运行速度下的寿命为 5～7 年。

2）第一阶段（2009～2011年）

继成功实现第零阶段的研究目标后，美国国防部高级研究计划局于2009年8月资助IBM及大学合作伙伴1610万美元开展第一阶段研究工作。本阶段重点关注组件、类脑架构和模拟，以模拟和创建由电子突触和存储电路组成的芯片原型。

2009年10月，美国国防部高级研究计划局同样为HRL提供了1007万美元以开展第一阶段的研究工作（HRL Laboratories，2009），重点通过结合突触和神经元来制造、验证"皮质集成电路"，通过与环境的交互来模拟简单的大脑功能，验证大脑模型的行为能力。

2011年8月，IBM推出了处于实验室阶段的新一代神经突触计算机芯片。该芯片利用受神经生物学启发的数字硅集成电路来配置集内存（相当于突触）、计算（相当于神经元）和通信（相当于轴突）于一体的"神经突触核心"，可执行导航、机器视觉、模式识别、联想记忆和分类等简单的认知计算任务，所需的功耗及尺寸比当时计算机低几个数量级。IBM此次研发的两个原型芯片均采用45纳米SOI-CMOS工艺制作而成，包含256个神经元，不同之处在于二者分别含有262 144个可编程的突触和65 536个学习突触。

在第一阶段中，HRL的科研人员开发了世界上首个功能性CMOS兼容模拟忆阻器阵列，为大规模、高密度模拟存储器开辟了道路；首次开创了多个可模拟方向与颜色识别、2D导航的软件模型；设计了受哺乳动物大脑启发的大规模神经架构，以最终利用硬件实现类似大脑的智能行为。

3）第二阶段（2011～2012年）

2011年7月，HRL获资1790万美元开展第二阶段的SyNAPSE项目研究工作（HRL Laboratories，2011）。本阶段重点开发全集成的神经形态芯片，以确保硬件可扩展支持大规模神经形态架构，通过大脑架构与虚拟环境的集成来展示视觉感知、决策规划和导航方面更复杂的行为能力。

2011年8月，IBM获资约2100万美元开展第二阶段的SyNAPSE项目研究工作（IBM，2011），目标是创建由神经突触计算芯片组成的认知计算机系统，使其不仅能够快速分析来自多种感官方式的复杂信息，还能够在与环境的交互过程中不断学习、找出相互关系、创建假设、记住并借鉴结果，进而模仿大脑结构和突触可塑性。

2013年8月，IBM为采用受大脑启发的新一类分布、高度互联、异步、并行、大规模认知计算架构的硅芯片设计了一个突破性的软件生态系统，在软件模拟器、神经模型、编程模型、程序库等方面取得了一系列的突破性研究成果，能够支持从设计到开发、调试、部署的整个编程周期中的所有环节。

4）第三阶段（2013年启动）

2013年3月，美国国防部高级研究计划局资助IBM、康奈尔大学与iniLabs公司1200万美元开展第三阶段的SyNAPSE项目研究工作（IBM，2013），旨在创建由1000万个神经元组成的芯片，利用多个芯片模拟并设计由1亿个神经元组成的仿造大脑。同月，密歇根大学获得了美国国防部高级研究计划局570万美元的资助，以开展SyNAPSE的子项目"用于传感和分析的稀疏自适应局部学习"。该项目创建的计算机硬件处理图像和视频的速度将比现有系统快1000倍，而能耗仅为现有系统的万分之一。

2014年8月，IBM的科研人员开发出了一款非冯·诺依曼架构、可模拟人脑的神经突触芯片，有望变革传统计算技术，相关研究成果已发表在《科学》杂志上（IBM，2014）。这种神经突触芯片具备 100 万个可编程的神经元、2.56 亿个可编程的突触，每秒每瓦可进行 460 亿次突触操作。芯片采用了三星的 28 纳米制程工艺（具备致密的片上存储器和低泄漏晶体管），具有 54 亿个晶体管，这一数量超过之前任一款 CMOS，且功耗仅为 70 兆瓦。该技术可用于视听觉和多感官应用，有望实现认知计算机，改变科学、技术、商业、政府和社会。新的芯片架构是一个由 4096 个数字化、分布式的神经突触内核组成的二维片上网状网络，每一内核模块都集成了存储、计算和通信元件，并能以事件驱动、并行和容错的方式运行。多个此款芯片可以无缝互联、进行扩展，从而为开发未来的神经突触超级计算机打下基础，如 IBM 已开发出了一台具有 16 个芯片的系统。这一新的设计具有完整的认知型硬件和软件生态系统，可变革传统计算技术，为移动应用、云计算、超算和分布式传感等应用开辟新的计算前沿。

5）第四阶段（2014 年启动）

在第四阶段，SyNAPSE 项目计划利用多芯片仿造大脑创建机器人，仿真和模拟由约 100 亿个神经元组成的仿造大脑。目前美国国防部高级研究计划局尚未透露第四阶段的进展信息。

10.2.1.2 NSF

NSF 在 2012 ~ 2014 年先后资助了多项神经形态计算研究项目。

（1）超图灵计算和类人脑智能。2012 年 7 月 1 日，NSF 资助密苏里州立大学约 45 万美元开展“超图灵计算和类人脑智能”项目研究工作（NSF，2012a），旨在通过开发首个类人脑的超图灵计算系统来显著地推动人工智能技术的发展。该项目重点关注系统能力的理解及超图灵与图灵系统的差别，开发一种超图灵数学模型，并在光学模拟神经网络计算机上进行实施。

（2）面向纳米尺度神经形态系统建模、分析与控制的神经动态编程方法。2012 年 9 月 15 日，NSF 资助杜克大学 24 万美元开展“面向纳米尺度神经形态系统建模、分析与控制的神经动态编程方法”项目研究工作（NSF，2012b），旨在开发新型神经动态编程学习算法，控制 CMOS/忆阻器中神经元级活动和突触级可塑性，进而使随后的系统级响应得到预期的感觉行为目标。本项目着重开发一种把突触级可塑性转变为功能级可塑性的模型，以实现更高水平的行为目标和问题解决能力。

（3）基于自旋器件的超低功耗神经形态计算。2013 年 8 月 1 日，NSF 资助普渡大学 50 万美元开展“基于自旋器件的超低功耗神经形态计算”项目研究工作（NSF，2013a），旨在从器件到架构角度研究以自旋为基础的神经形态计算。该项目的主要研究目标包括为神经形态计算建立自旋器件技术的优势，协同探索自旋器件、电路和架构，并和已有的研究成果结合。

（4）跨越数字和神经形态计算的下一代信息处理系统。2013 年 9 月 15 日，NSF 资助匹兹堡大学 45 万美元开展“跨越数字和神经形态计算的下一代信息处理系统”项目研究工作（NSF，2013b），旨在为受人类大脑皮层启发的下一代信息处理系统创建基本架构和设计方法，通过利用位于忆阻器交叉开关阵列上的、以大规模推理为基础的数据处理和计

算加速技术来集成神经形态计算加速器和传统计算资源。该项目通过开发软硬件协同设计平台来解决各种设计挑战；有助于计算机架构和高性能计算团体克服传统架构日益增长的技术挑战，加速传统计算机技术与认知计算模型的融合；同时推动人工智能技术在当代计算机架构中的应用，激励软硬件的创新。

（5）广阔时间尺度上的脑启发计算模型的神经演化。2014 年7 月1 日，NSF 资助中佛罗里达大学约47 万美元开展“广阔时间尺度上的脑启发计算模型的神经演化”项目研究工作（NSF，2014），以利用新的进化技术来实现进化算法的自然规模演变，获得显著超越本领域现状的机器人行为、代理形态和决策能力。该项目将开发一个新的工具集、自主控制和决策的演进能力集，提高大数据和大计算对计算机模拟演化影响的理解。

10.2.1.3 国立卫生研究院

2006 年9 月，美国斯坦福大学科研人员 Kwabena A. Boahen 获得美国国立卫生研究院（NIH）的资助（NIH，2006），以开展“神经网格（Neurogrid）：模拟大脑皮层中的百万神经元”项目研究工作，并为深入模拟大脑皮层的内部工作开发专用硬件平台。

2011 年9 月，Kwabena A. Boahen 再次获得美国国立卫生研究院的资助，开展“面向神经义肢的完全可植入且可编程的编码器”项目研究工作（NIH，2011），拟开发一种可植入人脑的芯片，以把微电极记录的信号转换为机械手臂的控制信号。

在上述资金的资助下，美国斯坦福大学的科研人员于 2014 年 4 月研制出了一款基于人脑构造的高速、节能的微型芯片，其速度为普通电脑的 9000 倍，而所需的能量远低于普通电脑。相关成果发表于 *IEEE* 上（Benjamin et al.，2014）。该集成电路名为“Neurogrid”，由 16 个定制的芯片组成，这些芯片能够模拟 100 万个大脑神经元及几十亿个突触的连接。Neurogrid 的高速和低能耗特性使其不仅能帮助人们更好地了解大脑的奥秘，还可以被用于控制可媲美人类肢体的假肢，可极大地促进机器人行业的发展，也能帮助人们更好地了解大脑。目前 Neurogrid 集成电路的造价约为 4 万美元，利用现代制造过程和芯片量产，造价可能降至 400 美元。下一步，科研人员拟研究如何降低其成本和开发编译器软件，使没有神经科学知识的工程师和计算机科学家也能利用 Neurogrid 来解决问题，如控制一个类人机器人。不过即使 Neurogrid 的能效是模拟 100 万个大脑神经元的个人电脑的 10 万倍，但人类大脑的神经元是 Neurogrid 的 8 万倍，所需的能量仅为 Neurogrid 的 3 倍。实现这样的能效同时提供更好的可配置性是神经元工程师所面临的最终挑战。

10.2.1.4 空军研究实验室

2014 年1 月，美国空军研究实验室与通用电气公司签订一份合同（Defense News，2014），以设计可模拟人类神经系统的信息通路的高性能嵌入式计算（HPEC）系统，实现面向自适应学习、大规模动态数据分析和推理的神经形态架构与算法的开发和部署。该系统每秒将可执行 20 万亿次的浮点运算，并为美国国防部的“高性能计算现代化项目”（HPCMP）提供支持，有助于下一代雷达技术的开发。此外，所开发的 HPEC 系统将利用 NVIDIA 公司的图形处理单元（GPU）加速器进行并行处理运算，通过先进神经形态架构来提供高带宽雷达数据的实时处理。

10.2.1.5 圣地亚国家实验室

2014 年 5 月，美国圣地亚国家实验室制订了一项长远计划（Sandia National Laboratories，2014），以开发未来的计算机系统，一个重要方向便是神经形态计算机。圣地亚国家实验室具备研发神经形态计算机所需的经验和条件，包括一处能生产大规模互联计算元件的设施、一个计算机架构研究团队，以及拥有丰富的超级计算机的设计与研制经验、在认知神经科学领域具有强大的研究能力、拥有神经形态算法的专业知识等。

神经形态计算机与传统计算机在架构方面存在根本差别，它不将任务分解成一连串进程来依次处理，而是同时处理所有问题，因而效率很高、速度很快。神经形态计算技术能够发现任务模式和异常问题，非常适用于控制无人飞机、机器人、远程传感器，以及解决大数据问题。可能神经形态计算机无法解决整个问题，但可以从大量数据中发现寻找答案的正确方向。圣地亚国家实验室的科研人员认为花几年时间可以开发出一个神经形态计算架构的样品，但需要十年以上的时间才能研制出更为复杂的神经形态计算系统。

10.2.1.6 高通公司

美国高通公司正在开发一种突破传统模式的全新计算架构，希望打造一个全新的计算处理器，通过模仿人类的大脑和神经系统，使终端拥有大脑模拟计算驱动的嵌入式认知。2013 年 10 月，高通公司研发出了 Zeroth 芯片（Qualcomm Inc.，2013），使“脑启发计算”成为现实。Zeroth 的结构模仿了生物神经细胞，能对外界刺激做出被动反应，等待神经脉冲返回相关信息，成为更高效的通信结构。该芯片可应用于不同装置，或者整合到 SoC 中。目前的 Zeroth 还不能取代常规处理器，其改进工作仍在进行之中，高通希望能在 2015 年发布正式产品。

高通公司称，Zeroth 芯片有三个主要目标。一是实现仿生式学习，即 Zeroth 不仅可以模仿类似人类的感知，而且还拥有学习生物大脑如何活动的能力。二是使终端能够像人类一样观察和感知世界，Zeroth 能够尽力再现人类的感官和大脑交流信息的效率。神经科学家已构建出了能精确描绘生物神经元在发送、接收或处理信息时行为特征的数学模型。神经元仅在生物细胞膜中达到特定的电压阈值时才精准地发出电脉冲，也称“尖峰脉冲”（spike）。在感官从环境中收集信息继而由大脑进行信息处理和整合过程中，这些脉冲神经网络（SNN）能够对数据进行高效编码和传输。三是定义神经处理单元（NPU），Zeroth 的最终目标是创造、定义和规范这一新的处理架构——即 NPU。NPU 将应用于多种不同的终端，未来也可并行运行在 SoC 上，实现类似人类的互动和行为。

10.2.1.7 Brain 公司

美国 Brain 公司受美国国防部高级研究计划局和高通风险投资公司资助，开发出了能模仿人脑工作方式的神经形态软件 BrainOS（Brain Corporation，2014）。BrainOS 将视觉功能划分为多个不同的网络，类似于视网膜、外侧膝状体和大脑视觉皮层。把这些网络的输出信号集成起来就能实现一种能够根据观察对象自动实现对焦的机器人视觉系统，如在灰

色地毯上滚动的白球。

BrainOS 的另一个创新在于其无需在超级计算机上运行，而是被集成在茶杯垫大小的 bStem（brainstem）主板上，只需要配置一颗高通公司的骁龙处理器。骁龙处理器是一种用于手机的移动处理器，通过把不同任务分配给专用的处理器来降低能耗。这种分布式的架构非常符合神经形态的处理方式。

Brain 公司计划于 2015 年年初推出 BrainOS 套件产品，包括一套软件工具、可 3D 打印的设计及一个基于高通处理器的硬件电路板。该产品的目标是使第三方机器人开发商能够更容易地为家庭和企业快速生产出定制服务机器人。

10.2.1.8 英特尔公司

2012 年 6 月，英特尔宣布启动了一项模拟人类大脑活动的技术研究工作。英特尔俄勒冈州的电路研究实验室的查尔斯·奥古斯丁和几位同事发表了一篇文章，透露了神经形态芯片设计。他们的设计基于两项技术：横向自旋阀（lateral spin valves）和忆阻器。

横向自旋阀是一种金属线连接的小型磁铁，能根据通过的电子自旋方向开关。忆阻器则是有记忆功能的非线性电阻器。英特尔工程师设计的芯片架构工作方式类似神经元，能复制出大脑处理能力。横向自旋阀工作的终端电压在毫伏内，远低于传统芯片，因此消耗的电力要少得多。

英特尔公司研发的忆阻器采用相变化内存（phase-change memory，PCM）技术。这是利用热将光滑的材料，从非结晶的状态转化至结晶型状态的过程，来达到记忆储存的效果。相变化内存技术也具有闪存的特性，在电源关闭情况下仍有保存数据的效果。

10.2.1.9 惠普公司

惠普公司一直致力于忆阻器的研发。惠普在 21 世纪初就提出了忆阻器的基本理论，并于 2008 年成功设计出了原型方案。2014 年 6 月，惠普公司宣布推出一个名为“机器”（The Machine）的计算平台，并宣称将彻底革新计算技术。惠普 CEO 表示，“机器”是一个由硬件、开源操作系统和硅光子技术组合而成的系统，其中开源操作系统还尚待开发。通过对内存技术的大幅改进，“机器”可以帮助用户用更少的资源完成更多的计算任务。

“机器”将许多技术集成到了一起，包括忆阻器这一“通用内存”的关键组件。惠普 CTO 称，惠普忆阻器的执行速度在零皮秒到一皮秒（一皮秒等于一万亿分之一秒），这项技术具有极大提高计算密度，同时显著降低运行功耗的潜力。

除了硬件开发工作，惠普表示他们目前还在为其新的非易失性内存类别设计 Android 优化版本，同时着手开发一款能够适应忆阻器特殊属性的全新开源操作系统——也就是 The Machine OS。惠普实验室在 2014 年开始开发“机器”所需的开源操作系统，而计划在 2015 年推出忆阻器的样品和原型。惠普预计能在 2017 年实现操作系统的公测，并在 2019 年正式推出基于“机器”的产品和服务。

10.2.2 欧洲

2005 年以来，欧洲也启动了若干神经形态计算研发项目，相关经费投入超过两亿欧元，包括瑞士和英国各自支持的本国项目，欧盟支持的多项大型项目，特别是欧盟 HBP 将神经形态计算作为一项关键研发内容（图 10-4）。与美国不同，欧洲的这些研发项目基本由大学与公立科研机构承担。

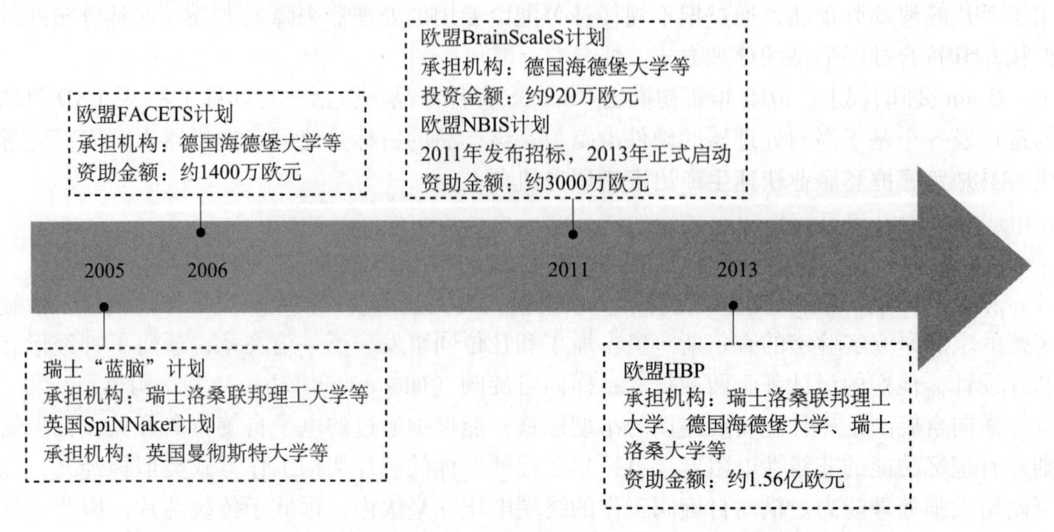

图 10-4　欧洲神经形态计算主要研发项目（2005～2013 年）

10.2.2.1　欧盟 HBP

2013 年，欧盟 HBP 入选欧盟的未来和新兴技术旗舰项目，获得了 10 亿欧元的资金支持，其中至少 1.56 亿欧元将被用于支持神经形态计算的相关研发（HBP，2014）。

1）研发目标及影响

HBP 共设 13 个子项目，包括神经形态计算、认知架构、神经信息学、大脑仿真、神经机器人等五个密切相关的项目。此外，HBP 还计划为这些子项目构建大规模研发平台。HBP 计划构建的神经形态计算平台将为研究者和应用开发者提供所需的硬件和设计工具，同时还会提供基于大脑建模的多种设备及软件原型。借助此平台，开发者能够开发出许多紧凑的、低功耗的设备和系统，而这些正在逐渐接近人类智能。神经机器人系统则为科研人员提供开发工具和工作流，使科研人员可以将精细的人脑模型连接到虚拟环境中的模拟身体上，而以前科研人员只能依靠人类和动物的自然实验来获取研究结论。该系统为神经认知学家提供了一种全新的研究策略，帮助科研人员洞悉隐藏在行为之下的大脑的各种多层级的运作原理。从技术角度来说，该平台也将为开发者提供必备的开发工具，帮助科研人员开发一些有接近人类潜质的机器人，而以往的此类研究由于缺乏这个“类大脑”化的中央控制器，这个目标根本无法实现。

HBP 在神经形态计算和神经机器人学方面的研究工作会促使低功耗系统加速发展，以逐渐接近人类水平。虽然这些技术不会取代过去 50 年驱动欧洲发展的传统计算机技术，但它们深具潜力的应用范围和战略意义也同样重要。HBP 如果可以在此领域占据领先地位，则将会帮助欧洲在世界经济竞争中保持领先地位。

2）研究项目

HBP 共有 13 个研究子项目，其中神经形态计算预算为 1.56 亿欧元，占总预算的 14%。

HBP 的神经形态计算平台基于欧洲 FACETS 项目、BrainScaleS 项目及英国 SpiNNaker 项目。HBP 的目标是设计并实施一个神经形态的运算平台，该平台将会应用最新的电子元件、技术及理论成果，同时将提供构建大型模型的硬件条件，并与高性能计算平台紧密集成。

HBP 发展神经形态计算系统的策略是将神经形态硬件与不同级别的大脑模型的生物细节相结合。HBP 将系统地研究神经形态系统计算性能与模型复杂性之间的关系，以及在保持计算性能的前提下降低复杂性的方法。大多数方法都依赖于高性能计算。

拟开发的神经形态计算平台将汇集两种互补的神经形态计算方法：第一种是基于非传统的物理仿真神经回路；第二种是基于经典的编程的多核方法。该平台将具备以下功能：

（1）通过物理模拟人脑模型进行神经形态计算。项目可实现脑细胞、电路和功能的物理仿真。这项功能可以满足那些对空间要素需要系统性探索的实验，以及模拟生物在长时间内的学习和发展。

（2）数字多核脑模型仿真神经形态计算。此外，项目还会开发模型来实现可扩展的多核数字 ASCI 器件结构。该设备将提供芯片上的浮点运算和内存管理，以及快速轻量级的分组交换网络，有可能实际应用在实时操作上。这也是 HBP 改变计算机技术的重要部分。

（3）通用软件工具与 HPC 集成。该平台包括一套支持神经形态系统应用程序设计和开发的软件工具，包括导入和简化脑部模型的工具、开发可执行文件系统的工具，以及测试物理和仿真系统的工具。

（4）神经形态电路新技术。HBP 也将研究新的硬件方法实现神经形态电路，包括分布式存储器技术、纳米级开关、高密度组装技术、三维硅集成及新设计的神经形态的超大规模集成电路。在适当的境况下，该项目将作为整合技术平台的第一步。

（5）神经形态计算平台。神经形态计算平台将全面整合神经形态计算系统的工具和技术，以供 HBP 之外的科学家利用。这个平台项目包括平台硬件和软件架构的开发、组件开发（传统和非传统系统）、部件装配、操作维护服务的平台及用户培训与技术支持服务。

10.2.2.2　欧盟 NBIS 计划

2011 年 9 月，欧盟第七框架计划宣布开展“神经生物系统”（Neuro-Bio-Inspired Systems，NBIS）项目。

NBIS 的目标是：更多地认识神经元芯片的结构、动力学、功能与组装线之间的关系，以及信息在大脑中是如何表达或编码的；以动力学和复杂系统领域的成果为基础，探索更加深入和全面的神经处理理论；促进数据、理论和新型计算的跨学科研究，填补神经科学和工程学之间的鸿沟。

其目标成果包括：①开发并应用革新的神经感测、图像或接口概念和设计，以便更深入地理解神经信息处理；②有关神经表示的新的多尺度动力学理论，以用于开发神经元生物 ICT 系统，这种系统能完成诸如鲁棒物体识别或分类的高级任务；③开发并实现结合神经处理单元的计算架构的原型，以便更好地理解脑功能并促使用于实时和优化性能的更复杂处理系统的实现；④实现在该领域内一流的全球研究合作及联盟，实现与欧洲范围以外类似行动的联系，尤其是与美国和日本的参与者的联系。

最终，NBIS 共资助了 9 个子项目，总体经费为 3056 万欧元，如表 10-3 所示。

表 10-3 NBIS 资助的 9 个子项目

项目名称	时间	总经费/欧盟经费/欧元	协调单位	研究内容
CORTICONIC	2013. 1 ~ 2015. 12	308 万/240 万	西班牙 IDIBAPS 研究所	确定大脑皮层底层网络动态模式的计算原理
GRIDMAP	2013. 3 ~ 2016. 2	435 万/292 万	挪威科技大学	利用“网格细胞”的编码指标实现计算机体系下的基本工作原则
MAGNETRODES	2013. 1 ~ 2015. 12	222 万/170 万	法国原子能暨替代能源委员会	开发用于神经元层面电磁测量和光谱的新一代神经科学工具
NEUROSEEKER	2013. 1 ~ 2016. 12	920 万/618 万	德国弗赖堡大学	定位细胞皮质层并根据每个动作电位产生的时空指纹来确定细胞类型
RENVISION	2013. 3 ~ 2016. 2	291 万/221 万	意大利技术学院	理解视网膜视觉信息编码原理，开发出基于视网膜原理的计算方法
SI ELEGANS	2013. 4 ~ 2016. 3	357 万/272 万	意大利技术学院	构建出包括普遍神经系统功能工作原理的普适框架，为探索和完善新的神经模拟计算概念提供基础
SPACECOG	2013. 3 ~ 2016. 2	200 万/152 万	德国开姆尼茨工业大学	探索人类是如何处理必要更新，以及通过何种机制跟踪重要信息和提取相关环境信息
VISUALISE	2013. 4 ~ 2016. 3	217 万/167 万	英国阿姆斯特大学	创建自然视觉环境下的视网膜功能，加强视网膜生物信号处理模型及下一代仿生异步视觉传感器的视网膜功能
CSNII	2013. 3 ~ 2016. 2	106 万/95 万	西班牙庞培法布拉大学	推进 NBIS 项目中仿生学和神经技术的定义和整合研究

10. 2. 2. 3 欧盟 FACETS 计划

欧盟“具有突发瞬时状态的快速模拟计算”（Fast Analog Computing with Emergent Transient States，FACETS）项目启动于 2006 年，于 2010 年 8 月底结束，耗资约 1400 万欧元。该项目汇集了来自奥地利、法国、德国、匈牙利、瑞典、瑞士和英国等 7 个国家的 15 个机构的科研人员，德国海德堡大学为协调机构。

FACETS 项目的目标是为实现新的计算模式创建新的理论和实验基础。项目中生物实验、计算机建模和硬件仿真之间的持续相互作用和科学交流也形成了一种独特的研究基础设施，为观察大脑计算方式提供了一种新的方法。

FACETS 项目取得了丰硕的成果。项目开发了一种网络描述语言 PyNN，可以独立访问仿真软件和神经形态系统，目前已被 HBP 使用。项目在硬件开发上遵循两条开发线路：实时模拟实现一个具有数字可塑性和高度可配置性的类似 HodgkinHuxley 的神经元，以及

一个可实现大范围用户定义的大规模并行结构通用功能计算基体。硬件系统访问可以通过PyNN语言，提供整个工作流程网络与硬件的无缝访问。

FACETS的技术基于标准180纳米CMOS工艺的混合信号超大规模集成电路来实现。局部计算的神经元和突触主要由小型定制的模拟电路实现，通过二进制动作电位（尖峰）以异步方式交换进行通信。FACETS项目最后阶段的目标是通过晶片型设备实现混合信号的人工神经网络。该项目已经在单一晶片中成功组装了20万个神经电路和5000万个塑料突触，包括一个可自由配置的通信结构，其在加速模式下的运行速度为生物实时处理速度的1000～10万倍。

10.2.2.4 欧盟BrainScaleS计划

2011年1月启动的BrainScaleS项目建立在FACETS项目基础之上，并获得了欧盟“未来和新兴技术”计划（FET）的资助，历时4年，总资助金额达920万欧元。项目由德国海德堡大学基尔霍夫物理研究所主导，15个研究机构参与合作（Heideberg University，2010）。

BrainScaleS计划的目标是基于活体内实验、计算分析和计算合成来理解大脑信息处理的多个空间和时间维度。BrainScaleS项目计划设计和建设了基于电子神经微电路系统模型的“神经形态”研究设施。设计面向中枢神经系统，意味着其完全不同于传统的高性能计算数字仿真，具有一些大脑的重要性质，包括容错能力、学习能力和低能耗。设施将通过连接多达100多万个电子生物刺激神经元和10亿个自适应突触来实现架构。该系统工作速度将是其他生物模型的1万倍。因此它也是实施其他网络架构的理想设备。

10.2.2.5 英国SpiNNaker计划

2005年，英国曼彻斯特大学史蒂夫·弗伯（Steve Furber）发起了SpiNNaker（Spiking Neural Network Architecture）计划。SpiNNaker计划的目标是实现一种新的大规模并行计算机体系结构，其灵感来自人类大脑的基本结构和功能。目前，SpiNNaker被纳入HBP中的神经形态计算平台。

SpiNNaker计划的目标包括以下两方面：一是提供一个高性能大规模并行计算并适合模拟实时神经网络的平台，可以作为神经学家、计算机科学家和机器人研究学者的研究工具；二是提出新的计算机体系结构，打破传统超级计算机的处理规则，并从根本上实现新的高能效大规模并行计算原理。

SpiNNaker计划由英国工程与自然研究理事会（EPSRC）提供资金，英国曼彻斯特大学、南安普顿大学、剑桥大学、谢菲尔德大学、安谋国际科技（ARM）公司、希利斯提克斯公司、泰雷兹公司参与了该计划。其中，曼彻斯特大学的APT小组负责系统体系结构和SpiNNaker芯片的设计，南安普顿大学负责软件部分，谢菲尔德大学和南安普顿大学负责开发技术显示，剑桥大学负责开发以FPGA1为基准的替代品以对SpiNNaker进行评估，ARM公司提供SpiNNaker芯片的ARM968处理器核心，希利斯提克斯公司提供的异步互连芯片用来连接处理器到外部存储器和数据包的路由器。

SpiNNaker开发出的计算机的基本构建模块是SpiNNaker多核芯片，该芯片是具有18个ARM 968处理器节点的一个全局异步局部同步（GALS）系统，配备一个轻量级的分组交换异步通信基础设施。处理器间的通信来自高效的组播基础设施，其灵感来自神经生物学，它使用一个分组交换网络来模拟生物系统的高效连接。数据包是源路由，即它们只将信息发出者和所需经过的网络基础设施信息发送至目的地。通信设施的核心是定制的多播路由器，它能够在必要的时候复制数据包并将相同的数据包发送到不同的目的地。SpiN-Naker 芯片有 6 个双向的芯片之间的链路，它可以使用各种网络拓扑结构。芯片间通信使用自定时通道，虽然使用昂贵的导线，但是比同类宽带同步链接更省电。

10.2.2.6 瑞士蓝脑计划

2005 年，瑞士洛桑联邦理工大学脑科学中心与 IBM 合作发起了一项名为“蓝脑”（Blue Brain）的计划，致力于利用超级计算机虚拟重建一个哺乳类动物大脑，可为神经科学家认识大脑及神经系统疾病提供辅助。“蓝脑”计划参与机构包括瑞士洛桑联邦理工学院、以色列耶路撒冷希伯来大学、IBM 公司、波士顿圣伊丽莎白医疗中心、西班牙马德里理工大学、英国伦敦大学、美国内华达雷诺大学和美国耶鲁大学。IBM 提供蓝色基因（BlueGene/L）超算机来建立这一虚拟大脑。

蓝脑计划最终研制出了一款微芯片，能够实时模拟大脑的信息处理。科研人员证实了复杂识别能力如何结合电子系统，形成一种神经形态芯片，他们能够组装和配置这些电子系统，使其具备真实大脑的功能，能够实时执行复杂的感官认知任务。其技术核心是模拟生物神经细胞。科研人员证实该微芯片能够完成一项需要短暂记忆和决策判断的任务，这是认知测试所必要的典型特征。研究小组在计算机网络中结合神经形态细胞，能够执行神经处理模块，其作用相当于“有限状态机器”——描述逻辑处理或者计算机程序的数学概念。

10.2.3 中国

目前，我国在神经形态计算领域的研究部署较少，其中国家自然科学基金委员会于 2012 年资助了“基于 STDP 规则和忆阻器突触的神经形态系统及 VLSI 实现”项目研究工作，并拟在 2015 年资助北京大学应用电子学研究所开展的“神经形态系统的通用学习算法及其电路与光学实现”项目研究。此外，北京大学信息科学技术学院微纳电子研究院康晋锋教授课题组从 2012 年开展了基于阻变器件的神经网络应用研究工作，在神经突触结构与实现方面取得了系列成果（北京大学，2014），相关研究工作得到国家重点基础研究发展计划（“973”计划）、国家自然科学基金和中国博士后科学基金等的资助。

10.3 技术研发态势分析

10.3.1 专利计量分析

为了剖析神经形态计算研发的国际竞争格局、主要研发机构、重点领域及热点等情况，本部分利用 Web of Science 平台的 DII（Derwent Innovations Index）数据库，检索和分

析了神经形态计算的相关专利。本次数据采集时间为 2014 年 9 月 23 日，经过甄别和筛选后，共选取 931 件专利进行计量分析。本次分析利用的数据挖掘和可视化工具是 TDA。

10.3.1.1 专利申请量年度变化趋势

根据专利申请量的年度变化趋势（图 10-5），全球神经形态计算研发活动大致经过了以下四个阶段。

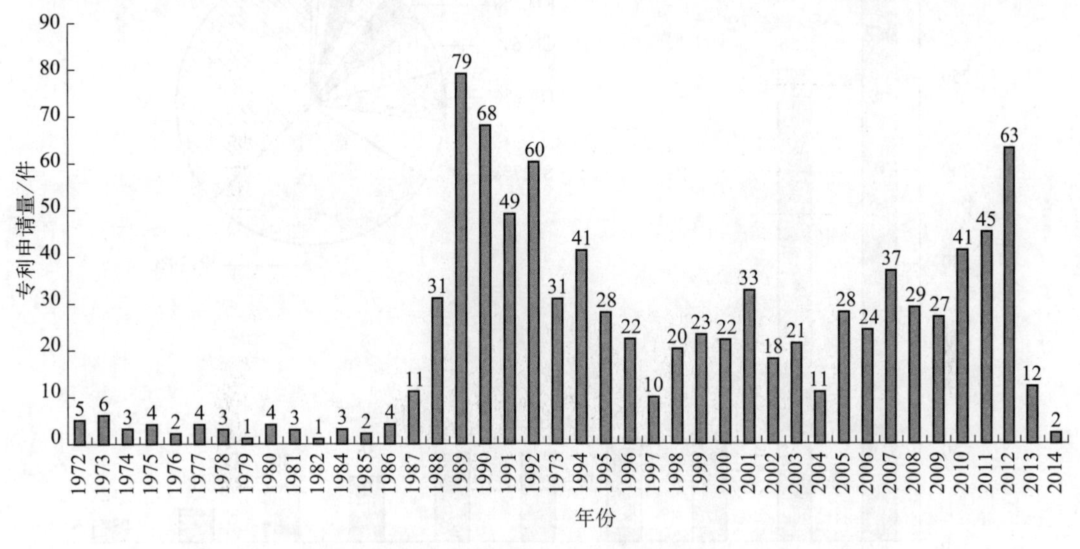

图 10-5 全球神经形态计算专利申请量年度变化趋势（1972～2014 年）

（1）探索阶段（1972～1986 年）：从 1972 年首次出现相关专利申请至 1986 年，全球年均申请量为 3 件，且年度申请量均未超过 6 件，反映神经形态计算的研发处于探索阶段。

（2）爆发阶段（1987～1992 年）：1987 年起，全球相关专利申请出现了成倍增长的爆发态势，1987～1989 年年均增长速度超过 200%，至 1989 年已达 79 件，此阶段的年均申请量为 50 件。

（3）调整阶段（1993～2009 年）：从 1993 年起，全球相关专利申请量开始不断回落，然后进入了起伏不定的调整阶段，此阶段的年均申请量为 25 件。

（4）复苏阶段（2010～2012 年）：2010 年起，全球相关专利申请量开始稳步上升，此阶段的年均申请量约 50 件，出现了复苏态势（由于专利申请公开周期与数据库收录滞后等因素，2013～2014 年的专利数量可能无法真实反映该时段相关研发活动，所以在此不作分析）。

参照专利数量的变化趋势与技术成熟度的相关研究（Mann，1999；张换高，2003），全球神经形态计算技术正处于从发展期向成熟期过渡的阶段。

根据图 10-5 所呈现出的阶段特征，以下部分将从 1972～2014 年和 2005～2014 年两个时间段，对主要申请国家/地区、主要研发机构和技术研发的重点领域及热点进行分析，以分别反映神经形态计算的历史发展脉络和近期研发趋势。

10.3.1.2 主要国家/地区

从最早优先权国/地区分布来看（图 10-6），1972～2014 年申请量排名全球前 10 位的国家/地区依次是美国（US）、日本（JP）、前苏联（SU）、德国（DE）、中国（CN）、俄罗斯（RU）、法国（FR）、韩国（KR）、欧盟（EP）和英国（GB），其中美国（325 件）和日本（256 件）分别占前 10 位国家/地区申请总量的 37% 和 29%，远远领先于其他国家/地区。

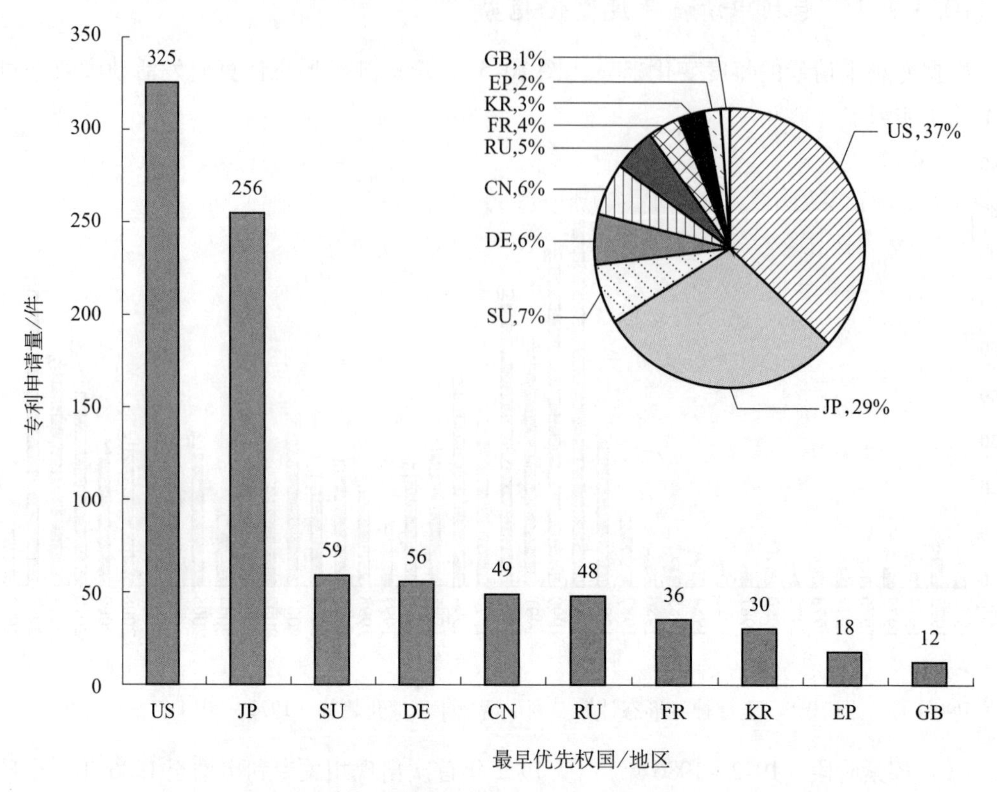

图 10-6　Top 10 最早优先权国/地区申请量及占比（1972 ~ 2014 年）

图 10-7 展示了 1972 ~ 2014 年全球前 10 位国家/地区的年度申请量变化趋势。

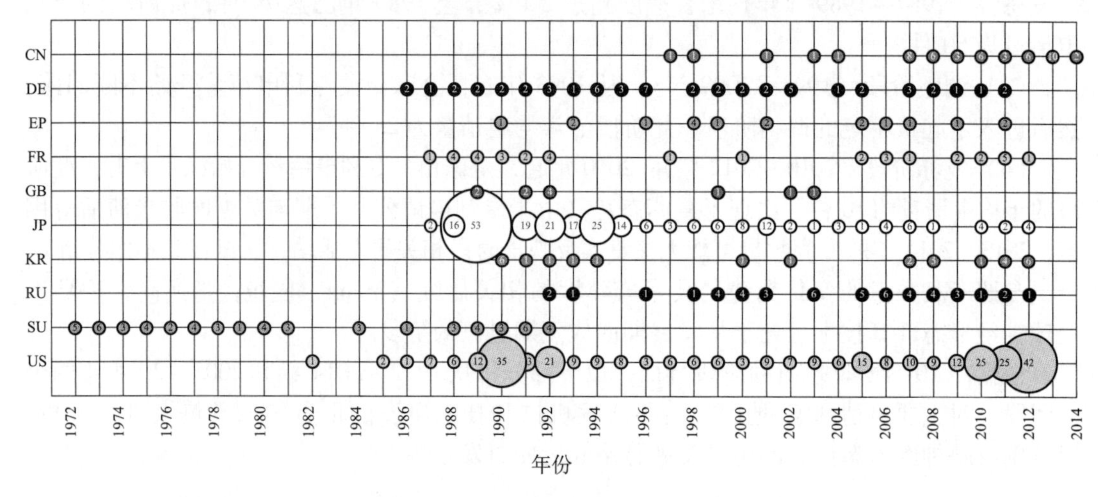

图 10-7　Top 10 最早优先权国/地区年度申请量变化趋势（1972 ~ 2014 年）

总申请量排名第一的美国截至目前出现了两次申请高峰，第一次高峰期为 1989 ~ 1992 年，在此阶段美国年均申请量约为 20 件，并在 1989 年爆发性地申请了 35 件。美国第二次申请高峰出现在 2010 ~ 2012 年（因专利数据滞后，2013 年、2014 年数据不作分析），期间年均申请量约为 30 件，并在 2012 年申请了 42 件，显示美国重新加大了对神经形态计算研发的投入，并取得了新成果。

日本的总申请量排名第二，申请高峰为 1988 ~ 1995 年，其中在 1989 年爆发性地申请了 53 件，高峰期间年均申请量约为 23 件，领先于其他国家，显示日本在这个阶段对神经形态计算非常重视，开展了大量相关研发活动。日本的此次申请高峰与美国的第一次申请高峰大致出现在同一时间段，并在持续时间、年均申请量、最高申请量方面稍强于美国，可见日本在当时处于全球领导地位。然而从 1996 年至今，日本的申请量一直在低水平徘徊，显示日本在前阶段的研发活动没有得到维持，可能遭遇了重大障碍，至今未得到改善。

值得注意的是，苏联于 1972 年首先开始申请神经形态相关专利，至少早于其他国家 10 年，并在 1972 ~ 1992 年申请了 59 项专利。俄罗斯在 1992 ~ 2014 年申请了 48 项专利，可见苏联为俄罗斯提供了坚实的研发基础，而俄罗斯也继承和保持了较强的研发实力。

从最早优先权国/地区分布来看（图 10-8），2005 ~ 2014 年申请量排名全球前 10 位的国家/地区依次是 US、CN、RU、JP、KR、FR、DE、WO 专利（WO 代表通过专利合作条约 PCT 途径申请的专利）、EP 和 IN，其中 US（148 件）占前 10 位国家/地区近 10 年申请总量的 49%，远远领先于其他国家/地区。

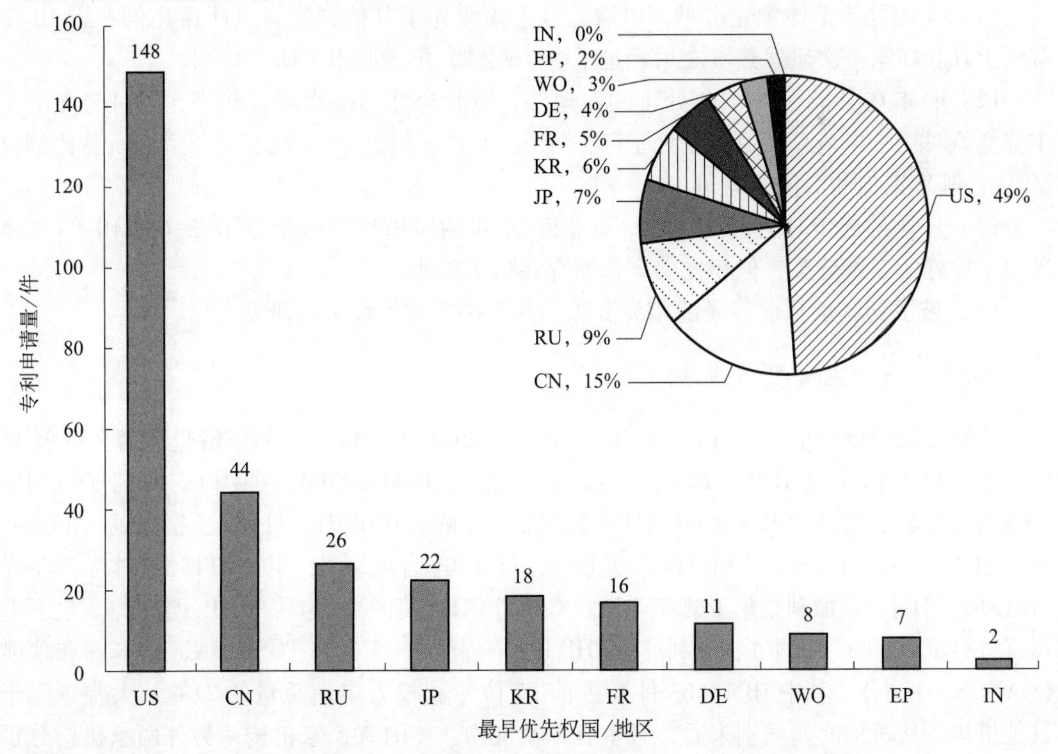

图 10-8　Top 10 最早优先权国/地区申请量及占比（2005 ~ 2014 年）

从年度变化趋势来看（图10-9），美国在2009～2012年迎来了一个明显的增长期，表现出强劲的发展势头。中国在2007～2014年每年都有相关申请，俄罗斯在2005～2012年每年都有相关申请，体现出了良好的延续性。

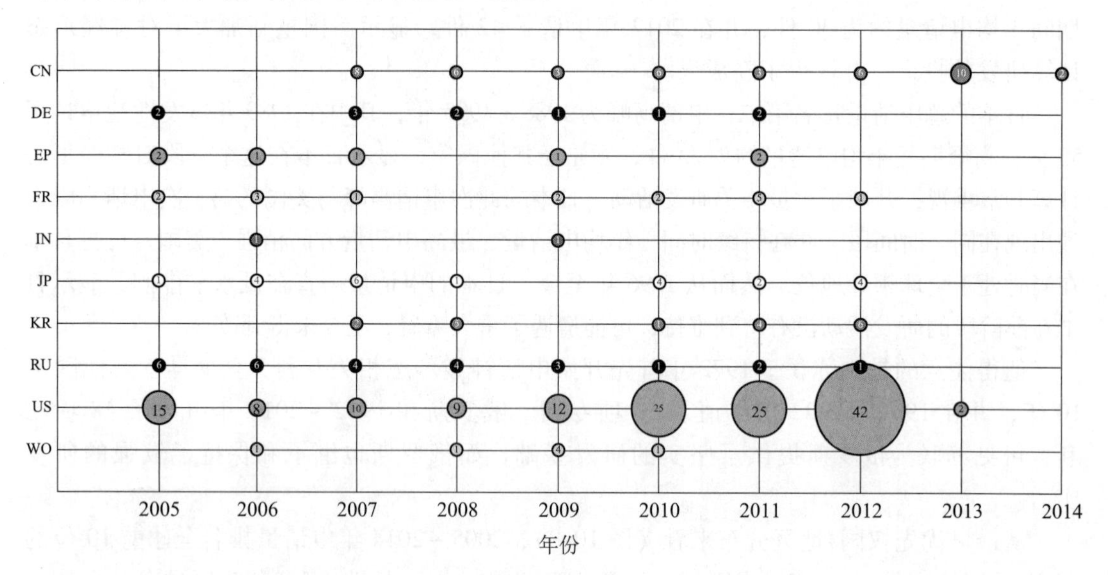

图10-9　Top 10最早优先权国/地区年度申请量变化趋势（2005～2014年）

对比1972～2014年和2005～2014年各主要国家的表现，可以发现：

（1）美国处于整体领先水平，申请总量大幅领先于其他国家，且所占比例在近10年有所上升。在第一次研发热潮之后经过了多年调整，再次迎来了研发热潮。

（2）日本在1988～1995年处于领先地位，掀起全球第一次研发热潮，当时与美国是主要竞争对手，申请总量目前也处于第二（图10-6），但近10年已显著下滑，所占比例仅7%，已基本退出和美国的竞争。

（3）中国的起步时间相对较晚，不过近10年的申请量位居全球第二（图10-8），体现出了较好的发展势头，但相比美国依然存在很大差距。

（4）俄罗斯继承了前苏联的相关资源，并保持着较为稳定的研发产出。

10.3.1.3　主要研发机构

从研发机构申请量来看（图10-10），1972～2014年，相关专利申请量排名全球前15位的专利权人依次是IBM（IBM，美国）、高通（QUALCOMM，美国）、西门子（SIEMENS，德国）、日立（HITACHI，日本）、三菱（MITSUBISHI，日本）、富士通（FUJITSU，日本）、Brain公司（BRAIN，美国）、日本电信电话公司（NTT，日本）、理光（RICOH，日本）、加利福尼亚理工学院（CALTECH，美国）、惠普（HP，美国）、松下电器（MATSUSHITA，日本）、飞利浦（PHILIPS，荷兰）、东芝（TOSHIBA，日本）和佳能（CANON，日本），其中IBM（63件）占前15位专利权人申请总量的21%，大幅领先于其他机构。从机构所属国别来看，日本有8家机构，美国有5家机构，另外两家机构分别来自德国和荷兰。前15家机构中只有一所大学，其余14家皆为企业，表明神经形态计算

具有很强的产业属性，并且公立机构的研发产出相对较少。

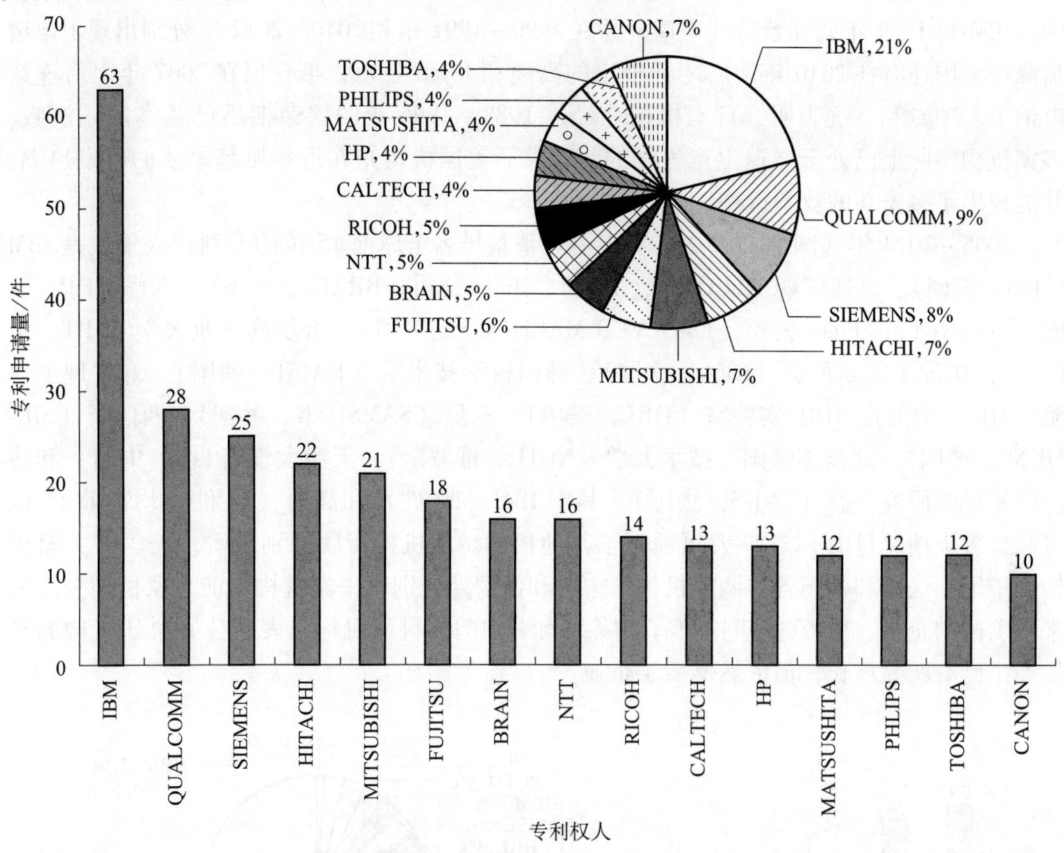

图 10-10 Top 15 专利权人申请量及占比（1972～2014 年）

从专利权人年度申请量变化情况来看（图 10-11），日立、三菱、富士通等日本机构

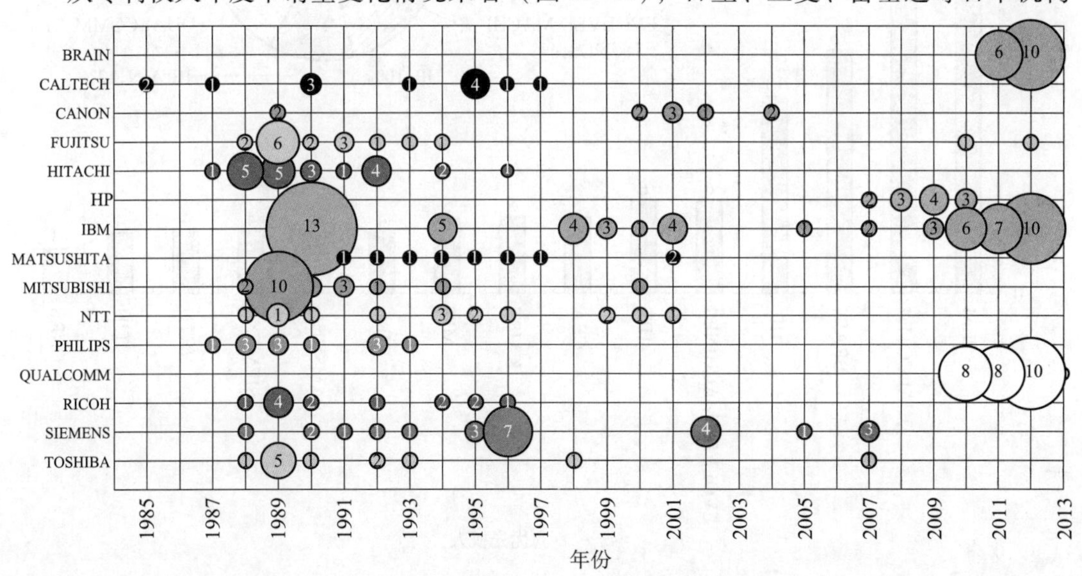

图 10-11 Top 15 专利权人年度申请量变化趋势（1972～2014 年）

的申请主要集中在 1988～1995 年，此后只断断续续地申请了少量专利。来自美国的机构中，IBM 自 1989 年就开始持续申请，并在 1990～1991 年和 2010～2012 年分别出现了申请高峰；美国还有在 2010 年前后才涌现出的高通和 Brian 公司，惠普也在 2007 年之后连续申请了多项专利。这表明，日本机构在经过 1988～1995 年的繁荣期后已基本陷入沉寂，多家机构实际上已处于“退出竞争”的状态，而美国机构则在近年掀起了新的研发热潮，并涌现出了多家新的竞争机构。

2005～2014 年（图 10-12），相关专利申请量排名全球前 15 位的专利权人依次是 IBM（IBM，美国）、高通（QUALCOMM，美国）、Brain 公司（BRAIN，美国）、惠普（HP，美国）、Evolved Machines 公司（EVOLVED MACHINES，美国）、哈尔滨工业大学（HIT，中国）、法国原子能委员会（CEA，法国）、韩国科学技术院（KAIST，韩国）、麻省理工学院（MIT，美国）、HRL 实验室（HRL，美国）、三星（SAMSUNG，韩国）、西门子（SIEMENS，德国）、北高加索国立技术大学（NCTU，俄罗斯）、天津大学（TJU，中国）和法国国家科学研究中心（CNRS，法国）。其中 IBM（29 件）和高通（28 件）均占前 15 位专利权人申请总量的 21%，大幅领先于其他机构。从机构所属国别来看，美国有 7 家机构，中国、法国和韩国各有两家机构，德国和俄罗斯分别有一家机构。前 5 家机构全部是来自美国的企业，后 10 家机构中有 8 家为大学和国立科研机构，表明公共科研机构的研发产出已有明显增长，但依然落后于企业。

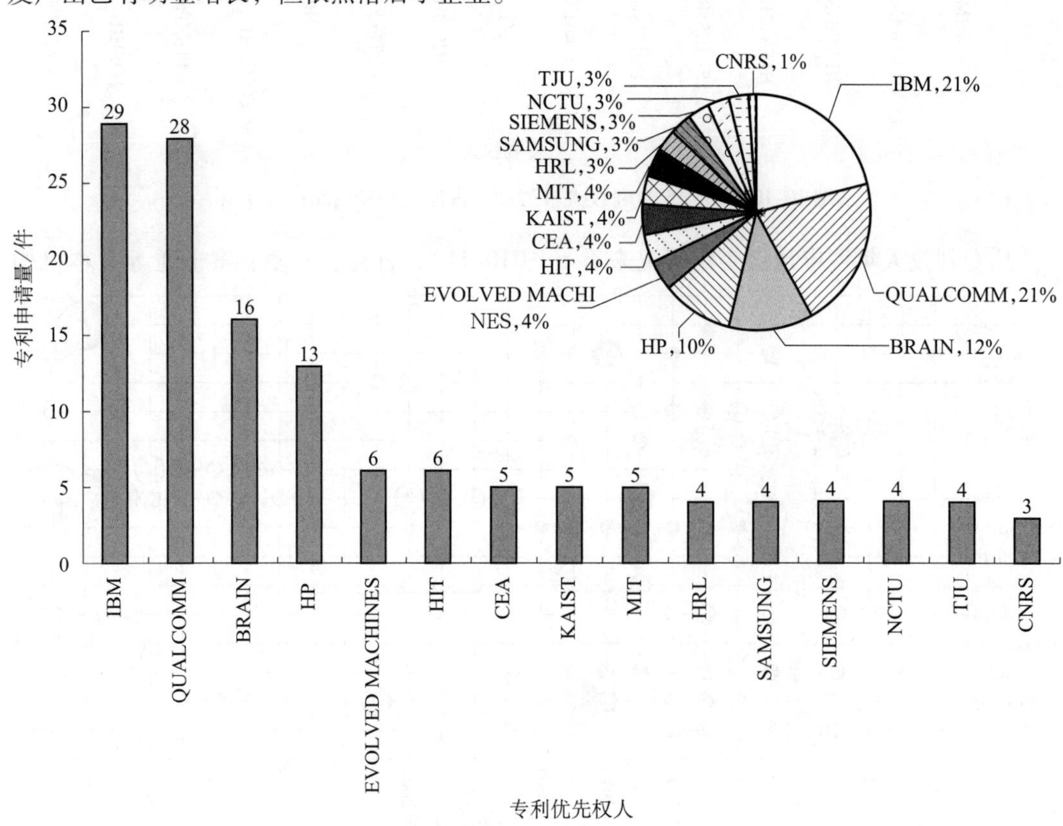

图 10-12　Top 15 专利权人申请量及分布（2005～2014 年）

从2005～2014年年度申请量变化情况来看（图10-13），美国的IBM、高通和Brain公司在2010～2012年掀起了新的研发热潮，其中高通和Brain公司是首次申请相关专利，惠普自2007年起也已经申请了13项专利，是当前最活跃的几家研发机构，其余机构在2005～2014年的申请相对较少。

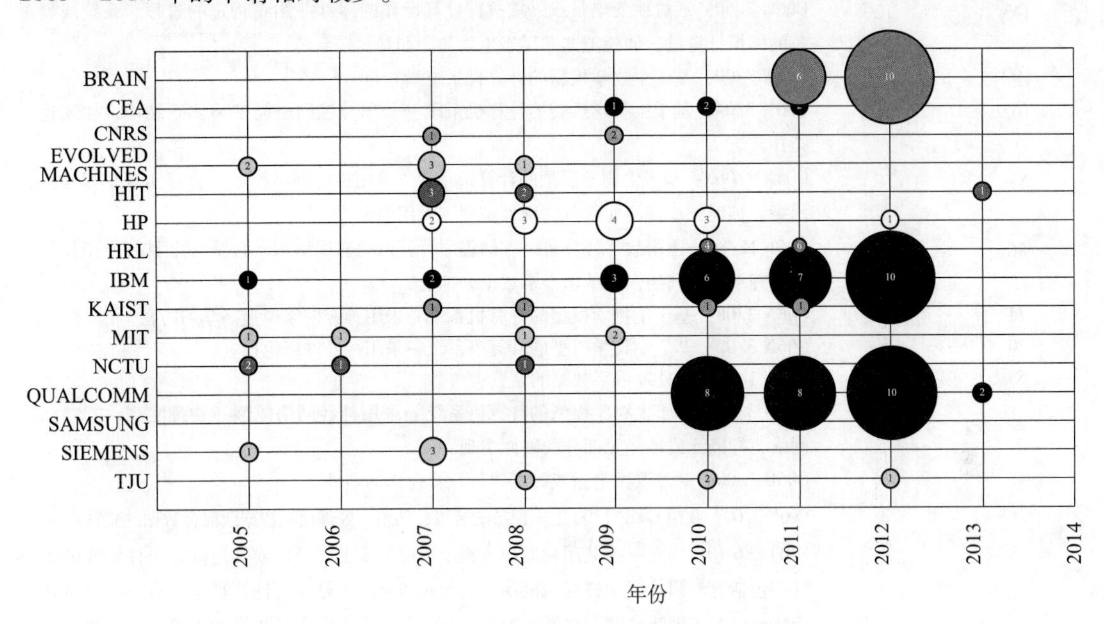

图10-13　Top 15专利权人年度申请量变化趋势（2005～2014年）

对比1972～2014年和2005～2014年各主要研发机构的表现，可以发现：

（1）企业是神经形态计算研发的领导者和主力，IBM是神经形态计算发展早期和近期最重要的研发机构，近期涌现的高通、Brain公司和惠普等企业迅速展现出了很强的研发实力。

（2）日本机构在早期曾十分活跃且取得了大量成果，但目前已基本上退出了竞争行列。

（3）公立科研机构对神经形态计算越来越重视，中国、法国、俄罗斯等国主要通过公立科研机构开展相关研发，美国、日本等则主要通过企业开展相关研发。

10.3.1.4　重点领域及热点

通过分析神经形态计算相关专利的国际专利分类（IPC）属性，可以了解其技术研发的重点领域及热点。表10-4是神经形态计算专利申请量居前15位的IPC小类（一般而言，一件专利文献会标引一个以上IPC分类号，因此汇总各分类号下的专利文献的数量可能会数倍于专利文献的实际数量），可见在1972～2014年神经形态计算研发最主要的重点领域为G06F 15/18，该领域在“通用数字计算机”的范畴下研发学习机器等技术，共296件专利申请，遥遥领先于其他IPC小类。第二大重点领域是G06G 7/60（143件专利申请），主要研发用于模拟生物神经系统的模拟计算机或模拟器。

表 10-4　Top 15 IPC 分类及其含义（1972～2014 年）

申请量/件	所占比例/%	IPC 分类及其含义
296	24	G06F 15/18：通用数字计算机→其中，根据计算机本身在一个完整的运行期间内所取得的经验来改变程序；学习机器
143	12	G06G 7/60：通过改变电量或磁量执行计算操作的器件→用于特定的过程、系统或设备的模拟计算机，如模拟器→用于生物的，如其神经系统
109	9	G06N 3/00：基于生物学模型的计算机系统
102	8	G06N 3/04：基于生物学模型的计算机系统→采用神经网络模型→体系结构，如互连拓扑
88	7	G06N 3/063：基于生物学模型的计算机系统→采用神经网络模型→物理实现，即神经网络、神经元或神经元部分的硬件实现→采用电的
86	7	G06F 15/80：通用数字计算机→存储程序计算机的通用结构→包括一个具有公用控制的处理单元阵列的，如单指令多数据处理器
74	6	G06N 3/08：基于生物学模型的计算机系统→采用神经网络模型→学习方法
70	6	G06N 3/02：基于生物学模型的计算机系统→采用神经网络模型
53	4	G06E 1/00：只处理数字数据的装置
51	4	G06N 3/06：基于生物学模型的计算机系统→采用神经网络模型→物理实现，即神经网络、神经元或神经元部分的硬件实现
42	3	G06G 7/00：通过改变电量或磁量执行计算操作的器件
36	3	G06E 3/00：在组 G06E 1/00 中不包括的装置，如用于处理模拟数据或混合数据的装置
27	2	H01L 27/10：由在一个共用衬底内或其上形成的多个半导体或其他固态组件组成的器件→包括有专门适用于整流、振荡、放大或切换的半导体组件并且至少有一个电位跃变势垒或者表面势垒的；包括至少有一个跃变势垒或者表面势垒的无源集成电路单元的→其衬底为半导体的→在重复结构中包括有多个独立组件的
24	2	G06F 15/00：通用数字计算机
22	2	G11C 11/54：以使用特殊的电或磁存储元件为特征而区分的数字存储器；为此所用的存储元件→应用模仿生物细胞的元件的，如模仿神经细胞的元件

据图 10-14 显示，神经形态计算的研发活动首先从 G06G 7/60 开始，到第一次研发热潮时（1988～1996 年）扩展到了多个其他领域，当时主要的重点领域包括 G06F 15/18、G06F 15/80 和 G06G 7/60，其后研发重点转移至 G06N 3/00（2005～2009 年），并在近年转移至当前的 G06N 3/63、G06N 3/08、G06N 3/02 和 G06N 3/04（2010～2012 年）。

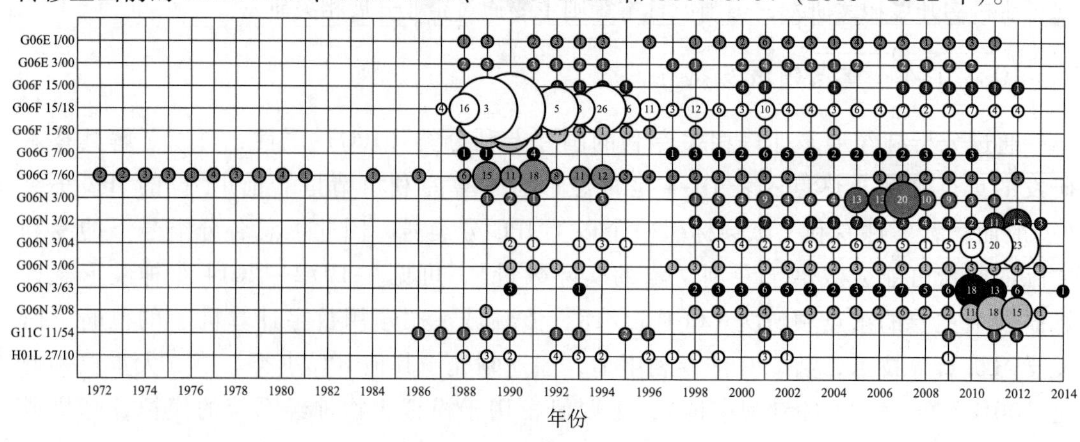

图 10-14　重点领域年度申请量变化趋势（1972～2014 年）

2005～2014年，神经形态计算主要的技术创新领域有G06N 3/04（75件）、G06N 3/00（69件）、G06N 3/063（61件）、G06N 3/08（59件）等，都涉及“基于生物学模型的计算机系统”（表10-5）。

表10-5　Top 15 IPC分类及其含义（2005～2014年）

申请量/件	所占比例/%	IPC分类及其含义
75	16	G06N 3/04：基于生物学模型的计算机系统→采用神经网络模型→体系结构，如互连拓扑
69	15	G06N 3/00：基于特定计算模型的计算机系统→基于生物学模型的计算机系统
61	13	G06N 3/063：基于生物学模型的计算机系统→采用神经网络模型→物理实现，即神经网络、神经元或神经元部分的硬件实现→采用电的
59	13	G06N 3/08：基于生物学模型的计算机系统→采用神经网络模型→学习方法
51	11	G06N 3/02：基于生物学模型的计算机系统→采用神经网络模型
41	9	G06F 15/18：通用数字计算机→其中，根据计算机本身在一个完整的运行期间内所取得的经验来改变程序；学习机器
25	5	G06N 3/06：基于生物学模型的计算机系统→采用神经网络模型→物理实现，即神经网络、神经元或神经元部分的硬件实现
19	4	G06E 1/00：只处理数字数据的装置
13	3	G06G 7/00：通过改变电量或磁量执行计算操作的器件
13	3	G06G 7/60：通过改变电量或磁量执行计算操作的器件→用于特定的过程、系统或设备的模拟计算机，如模拟器→用于生物的，如其神经系统
12	3	G06N 3/10：基于生物学模型的计算机系统→采用神经网络模型→在通用计算机上的仿真
9	2	G06E 3/00：在G06E 1/00中不包括的装置，如用于处理模拟数据或混合数据的装置
9	2	G06K 9/62：用于阅读或识别印刷或书写字符或者用于识别图形，如指纹的方法或装置→应用电子设备进行识别的方法或装置
8	2	G06F 17/00：特别适用于特定功能的数字计算设备或数据处理设备或数据处理方法
8	2	G06K 9/00：用于阅读或识别印刷或书写字符或用于识别图形，如指纹的方法或装置

图10-15显示，2005～2009年的创新热点有G06N 3/00，2010～2012年间的创新热点有G06N 3/02、G06N 3/04、G06N 3/63和G06N 3/08。这些热点都属于“基于生物学模型的计算机系统”类别，可见当前研发热点在于将计算机科学与生物学相融合。

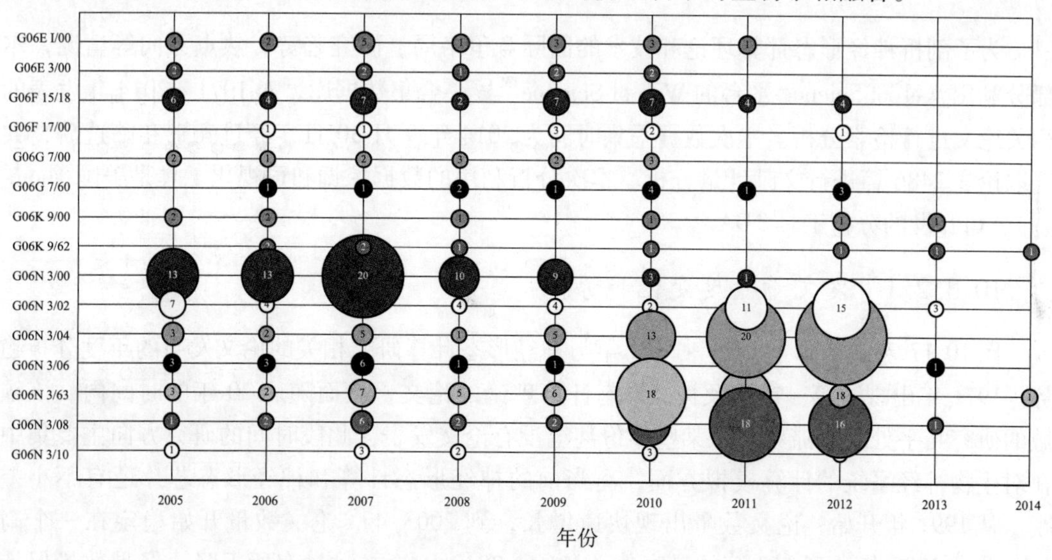

图10-15　重点领域年度申请量的变化趋势（2005～2014年）

在 2005 ~ 2014 年的主要研发机构中（图 10-16），IBM 和高通在 G06N 3/04、G06N 3/06 和 G06N 3/08 领域都有较多专利申请，Brain 公司在 G06N 3/04 和 G06N 3/08 领域也有一定量的申请，因此这三个方向是当前竞争最激烈的重点研发领域。Brain 公司和高通还在 G06N 3/02 和 G06F 15/18 有一定量的申请。其余研发机构的领域分布较为分散，还不能在某方向对 IBM、高通和 Brain 公司形成挑战。此外，哈尔滨工业大学在前 15 的 IPC 分类中没有任何申请，显示其并未选择目前主要的研发方向进行创新。

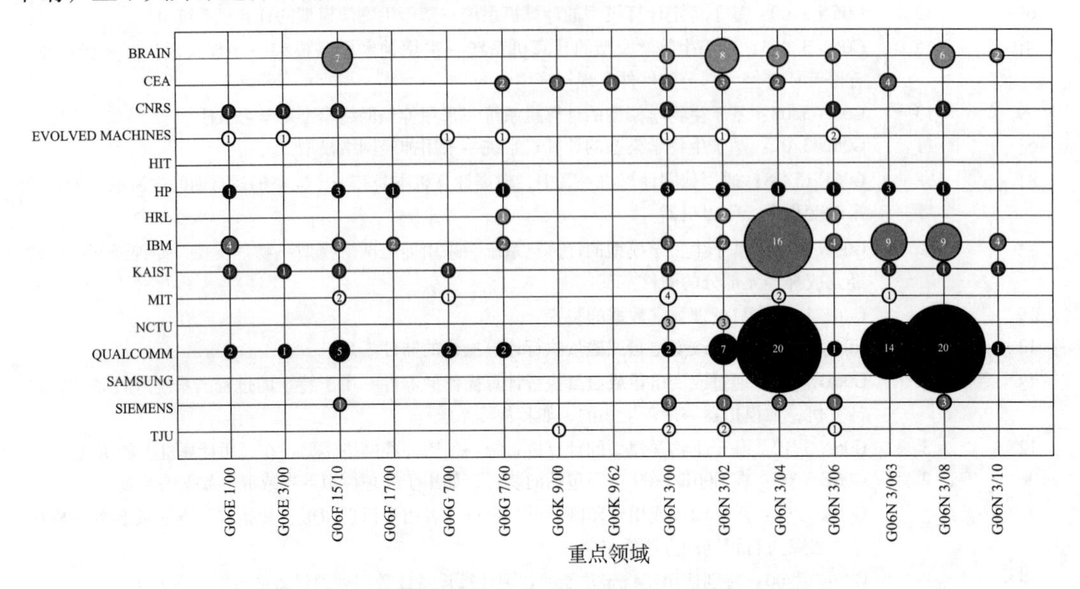

图 10-16　主要研发机构的重点领域分布（2005 ~ 2014 年）

10. 3. 2　文献计量分析

为了剖析神经形态计算理论和技术的国际竞争格局、研究趋势、热点方向等情况，本部分利用 Web of Science 平台的 Web of Science™核心合集数据库，对 1971 ~ 2014 年发表的相关论文进行检索分析。本次数据采集时间为 2014 年 9 月 30 日，经过甄别和筛选后，共选取论文 2486 篇进行文献计量分析。本次分析利用的数据挖掘和可视化工具是美国 Thomson 公司开发的分析工具 TDA。

10. 3. 2. 1　发文量年度变化趋势

图 10-17 宏观揭示了 1971 ~ 2014 年与神经形态计算研究相关的论文发布的年度分布趋势。1971 年出现了第一篇涉及神经形态计算理论的论文，然而随后 20 年的时间内，该领域的研究几乎处于停滞状态，某些年份甚至没有论文发表，此段时间的研究方向主要集中在对生物神经系统的计算模拟方面，离当前的神经形态计算和神经形态芯片还有不小差距。从 1991 年开始，论文数量出现快速增长，到 2003 年，论文数量开始稳定在一个高位，并在 2009 年达到 169 篇的最高值。2010 ~ 2013 年论文数量有所下降，但是数量保持

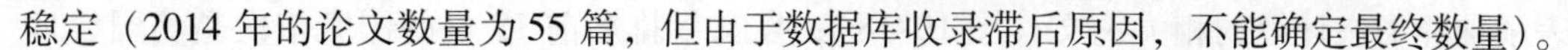

稳定（2014 年的论文数量为 55 篇，但由于数据库收录滞后原因，不能确定最终数量）。

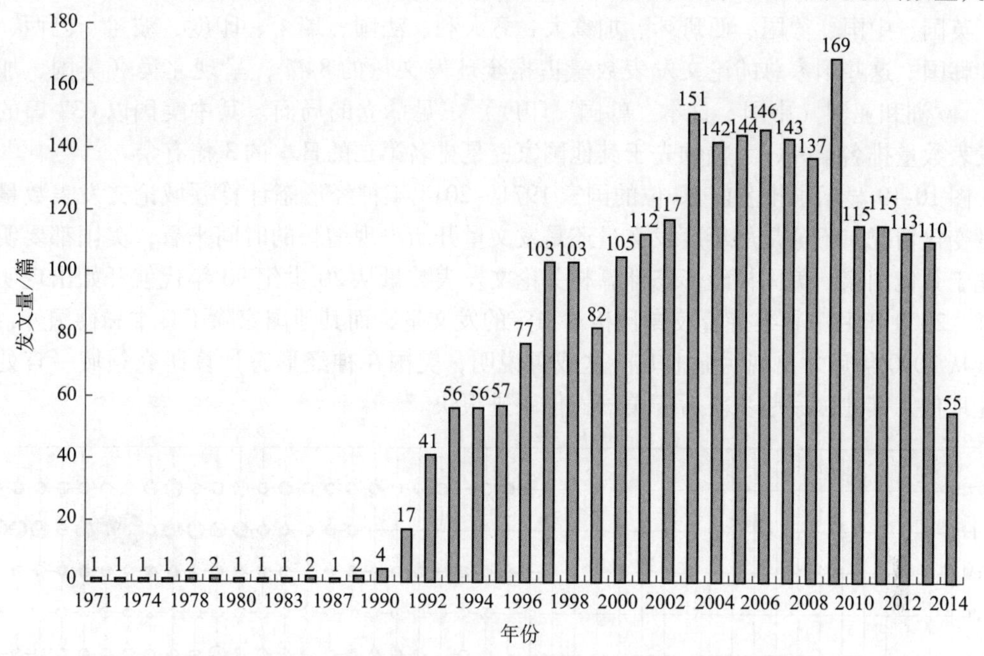

图 10-17　1971 ~ 2014 年神经形态计算研究论文数量年度分布趋势

10. 3. 2. 2　主要国家/地区

论文发表数量在一定程度上显示了国家的科研实力，1971 ~ 2014 年总共有 69 个国家

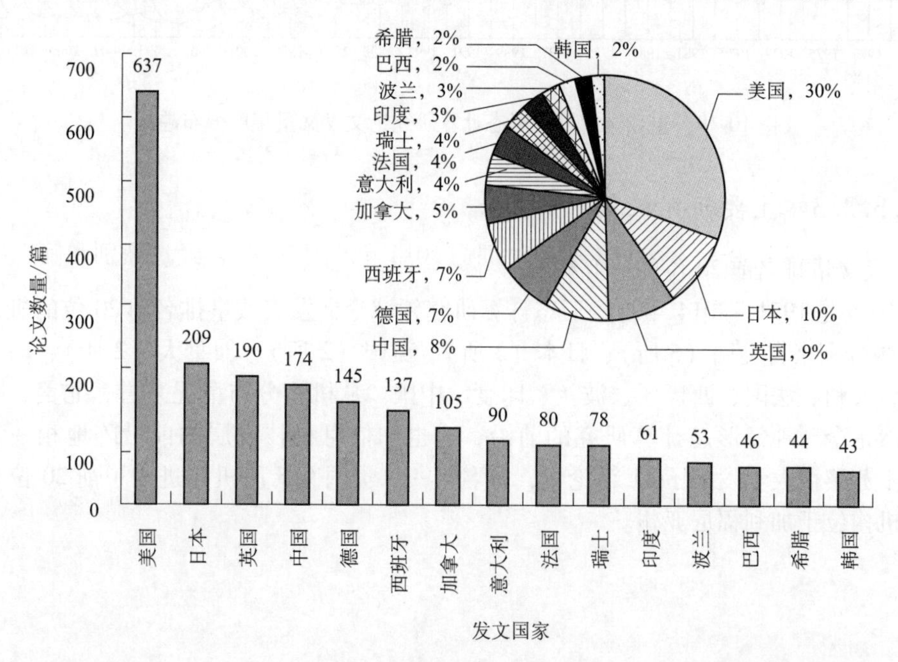

图 10-18　1971 ~ 2014 年各国神经形态计算研究论文发文量及其所占份额

发表了神经形态计算的相关论文（图 10-18），发文量排名前 15 位的国家依次是美国、日本、英国、中国、德国、西班牙、加拿大、意大利、法国、瑞士、印度、波兰、巴西、希腊和韩国。这些国家总的论文发表数量占据全球发文量的 84%，呈现北美（美国、加拿大）、欧洲和亚洲（中国、日本、韩国、印度）三足鼎立的局面。其中美国以 637 篇的论文发表数量排名第一，大幅领先于其他国家，是排名第二的日本的 3 倍有余。

图 10-19 显示了排名前 10 位的国家 1971 ~2014 年神经形态计算领域论文发表数量的年度变化情况。不论是从年度发文量还是发文量开始出现增长的时间来看，美国都要明显领先于其他国家。美国神经形态计算相关论文发表数量从 20 世纪 90 年代就开始出现明显增长，2000 年后一直维持着较高且相对稳定的发文量，而其他国家除了日本和德国外，发文量从 2000 年后才出现明显上升。这或可说明，美国在神经形态计算研究领域一直处于领先地位，其他国家起步落后于美国，但跟进很快。

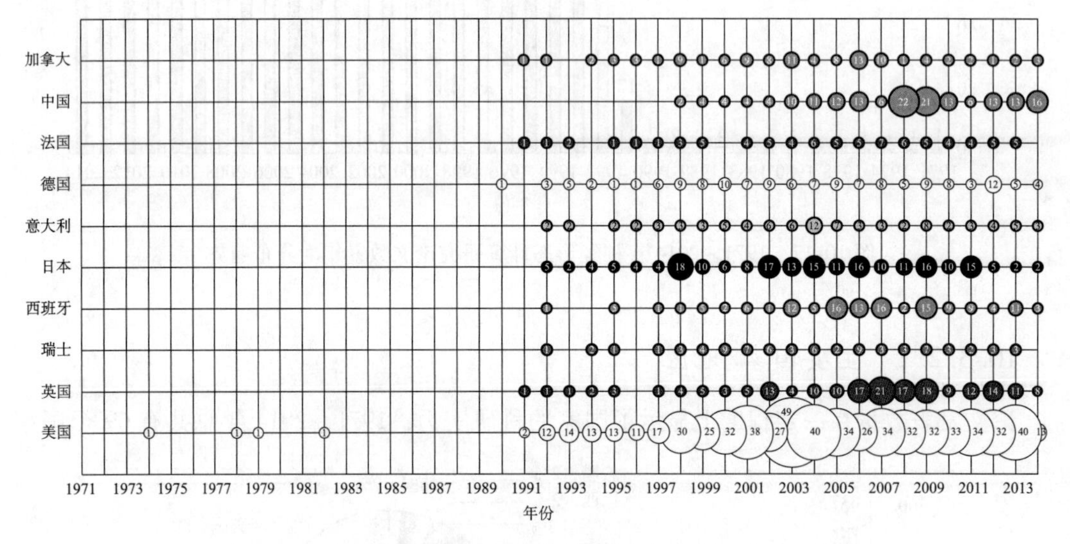

图 10-19　重点国家神经形态计算研究论文发文量年度分布趋势

10.3.2.3　主要研究机构

1）发文量排名前 20 位的研究机构

表 10-6 是 1971 ~2014 年神经形态计算研究领域论文发表数量排名前 20 位的机构。这 20 所机构分别来自美国（5 所）、日本（3 所）、英国（2 所）、加拿大（2 所）、瑞士、奥地利、意大利、法国、西班牙、波兰、印度、中国。从机构分布情况来看，北美、欧洲和日本依然是全球神经形态计算研究的前沿，这也和信息科技发展的前沿阵地相一致。其中，瑞士苏黎世大学发表了 41 篇论文，排名第一。美国有 5 所机构进入了前 20 位，其中有 4 所机构位于加利福尼亚州。

表 10-6　1971 ~ 2014 年发文量排名前 20 位的机构及其发文数量

排名	机构		发文量
1	瑞士苏黎世大学	University of Zurich	41
2	英国爱丁堡大学	University of Edinburge	32
3	美国南加利福尼亚大学	University of Southern California	30
4	美国加利福尼亚理工学院	California Insitute of Technology	26
5	奥地利格拉茨科技大学	Graz University of Technology	26
6	日本理化学研究所	Institute of Physical and Chemical Research	24
7	美国加利福尼亚大学伯克利分校	University of California, Bekeley	24
8	加拿大曼尼托巴大学	University of Manitoba	24
9	加拿大阿尔伯特大学	University of Alberta	23
10	意大利热那亚大学	University of Genoa	23
11	法国国家科学研究中心	National Center for Scientific Research	22
12	美国加利福尼亚大学圣迭戈分校	University of California, San Diego	21
13	西班牙塞维利亚大学	University of Seville	21
14	印度理工学院	Indian Institute of Technology	20
15	美国约翰霍普金斯大学	Johns Hopkins University	20
16	波兰科学院	Polish Academy of Sciences	20
17	日本东北大学	Tohoku University	20
18	日本东京大学	University of Tokyo	19
19	中国华中理工大学	Huazhong University of Science and Technology	18
20	英国伦敦大学	University of London	18

图 10-20 展现了 Top 20 机构在神经形态计算领域发文量的年度分布趋势。由于这 20 所机构的发文量主要集中在 20 世纪 90 年代以后，图 10-20 中仅展现了 1991 ~ 2014 年的发

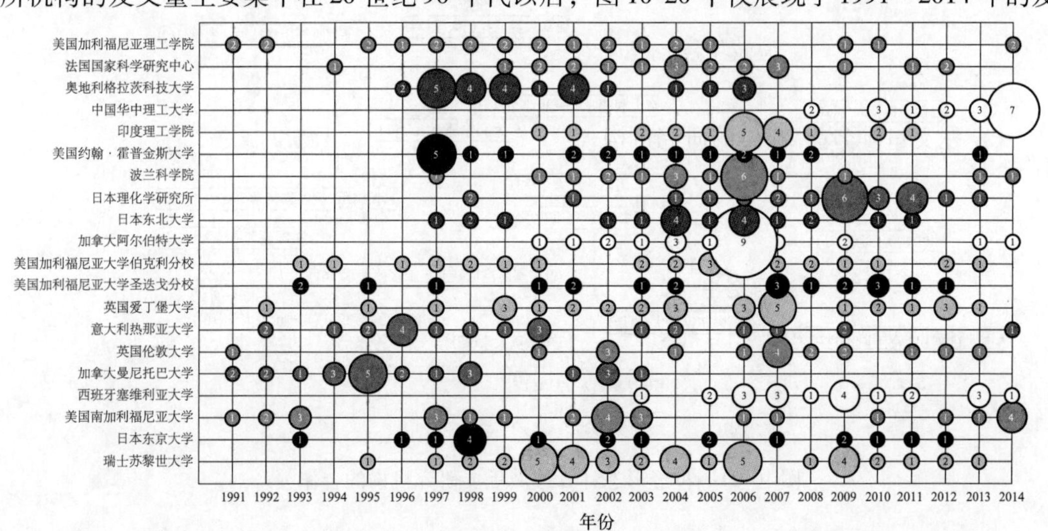

图 10-20　Top 20 机构神经形态计算研究论文发文量年度分布趋势

文量年度分布趋势。从图 10-20 中可以看出，部分机构的发文量一直处于相对持续和平稳的状况，如加利福尼亚理工学院、加利福尼亚大学伯克利分校、加利福尼亚大学圣迭戈分校、南加利福尼亚大学、东京大学、苏黎世大学、爱丁堡大学，这或可说明这些机构在该领域的研发实力和引领地位。另有部分机构的发文量主要集中在 2000 年以后，2005 年以后发文量更是出现了一些高峰，如法国国家科学研究中心、日本理化学研究所、伦敦大学、波兰科学院、阿尔伯特大学、塞维利亚大学，这些机构都是本国甚至全球实力雄厚的高校和科研院所，它们的加入，可以说展示了神经形态计算正在成为研究前沿和热点。

值得一提的是排名第 20 位的华中理工大学，首次相关论文出现在 2008 年，2010 年开始每年都发表了相关论文，而且 2014 年在数据库的论文收录尚未完备的情况下发文量多达 7 篇。此外，排名第 21 位的中国科学院自 2001 年起，每年几乎都发表了相关论文。这或可说明，中国在神经形态计算研究领域正在迎头赶上。

2）重要研究机构的合作

对 1971 ~2014 年神经形态计算研究领域发表的论文进行分析发现，排名靠前的 33 所研究机构间存在着疏散的合作关系（图 10-21）。其中，地理位置相邻的机构间的合作相对活跃，如美国加利福尼亚州的南加利福尼亚大学、加利福尼亚理工学院、加利福尼亚大学圣迭戈分校；日本的理化学研究所、东京大学、东北大学；中南欧的苏黎世大学、苏黎

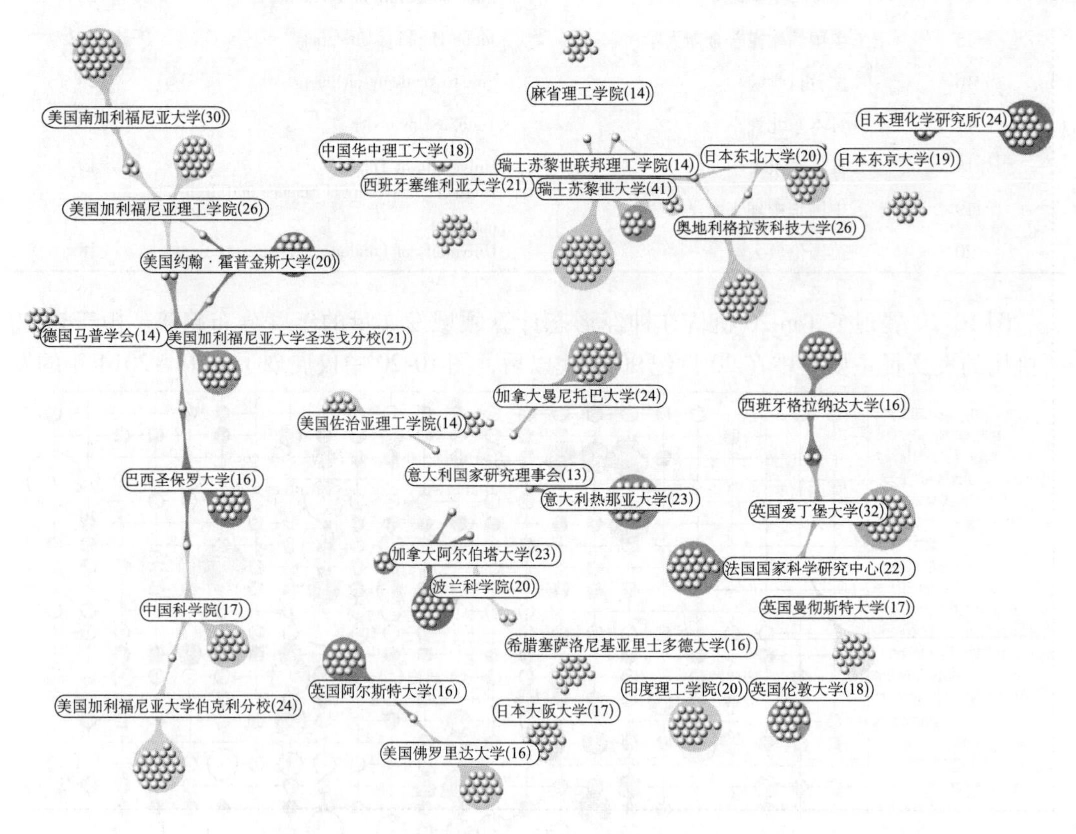

图 10-21　神经形态计算领域重要研究机构的合作关系

世联邦理工学院、格拉茨科技大学、塞维利亚大学；西欧的法国国家科学研究中心、爱丁堡大学和曼彻斯特大学等。作为小范围合作的中心，加利福尼亚理工学院、瑞士的两所大学、意大利国家研究理事会展现了更高的开放性。尤其是意大利国家研究理事会，其合作机构除了国内的热那亚大学，还包括美国、加拿大、波兰的四所机构。此外，伦敦大学、大阪大学等四所机构未展现出合作关系。

10.3.2.4　重点领域及热点

论文关键词表达文献的主题内容，对高频关键词的统计分析可以反映出其所涉及学科的研究重点和发展方向。通过对1971～2014年发表的2486篇论文进行关键词清洗、整理和统计，共得到作者提供的关键词3796个，而出现次数大于15的关键词共34个。此外，为展现近年来神经形态计算领域的研究重点和方向的变化，又对2009～2014年发表的677篇论文进行了分析，得到作者提供的关键词1637个，出现次数大于10的关键词共16个。表10-7和表10-8分别列出了1971～2014年及2009～2014年出现次数排名前25位的关键词。对比表10-7可以发现表10-8中排名靠前的25个关键词有10个是近几年新出现的，如神经形态计算、神经形态芯片、忆阻器、膜计算、单神经元计算等；而表10-7中的模式识别、超大规模集成电路、联想式记忆、反向传播、演化计算等关键词则退出了前25强之列。这反映了神经形态计算研究方向和重点的一些迁移与变化。

表10-7　1971～2014年神经形态计算领域论文高频关键词统计

排名	1971～2014年论文高频关键词		词频
1	神经网络	neural networks	214
2	神经计算	neurocomputing	97
3	计算机模拟与建模	computer simulation & modeling	75
4	人工神经网络	artificial neural networks	57
5	神经处理器与神经芯片	neuroprocessor & neurochip	41
6	脉冲神经网络	spiking neural network	41
7	脉冲神经元	spiking neurons	40
8	模式识别	pattern recognition	32
9	学习	learning	30
10	并行处理与并行计算	parallel processing & parallel computing	30
11	模拟超大规模集成电路	analog very large-scale integration	29
12	分类	classification	29
13	神经元	neuron	27
14	脉冲时间相关的突触可塑性	spike timing-dependent plasticity	27
15	现场可编程门阵列	field programmable gate array	25
16	遗传算法	genetic algorithms	25
17	超大规模集成电路	very large-scale integration	24
18	联想式记忆	associative memory	22
19	优化	optimization	21

续表

排名	1971~2014年论文高频关键词		词频
20	整合-发放模型	integrate-and-fire model	20
21	递归神经网络	recurrent neural networks	20
22	反向传播	backpropagation	18
23	计算神经科学	computational neuroscience	18
24	演化计算	evolutionary computation	18
25	海马	hippocampus	18

表10-8　2009~2014年神经形态计算领域论文高频关键词统计

排名	2009~2014年论文高频关键词		词频	变化
1	神经网络	neural networks	44	—
2	人工神经网络	artificial neural networks	31	↑2
3	脉冲神经网络	spiking neural network	30	↑3
4	神经计算	neurocomputing	26	↓2
5	计算机模拟与建模	computer simulation & modeling	24	↓2
6	脉冲神经元	spiking neurons	18	↑1
7	脉冲时间相关的突触可塑性	spike timing-dependent plasticity	16	↑7
8	学习	learning	12	↑1
9	忆阻器	memristor	12	新出现
10	分类	classification	11	↑2
11	现场可编程门阵列	field programmable gate array	11	↑4
12	机器学习	machine learning	11	新出现
13	膜计算	membrane computing	11	新出现
14	图形处理器	GPU	10	新出现
15	神经元	neuron	10	↓2
16	单神经元计算	single neuron computation	10	新出现
17	神经形态计算	neuromorphic computing	9	新出现
18	神经处理器与神经芯片	neuroprocessor & neurochip	9	↓13
19	并行处理与并行计算	parallel processing & parallel computing	9	↓9
20	脉冲神经P系统	spiking neural P system	9	新出现
21	突触	synapse	9	新出现
22	遗传算法	genetic algorithms	8	↓6
23	神经形态芯片	neuromorphic chips	8	新出现
24	非线性动力学	nonlinear dynamics	8	新出现
25	递归神经网络	recurrent neural networks	8	↓4

10.4 总结与建议

10.4.1 总结

长期以来，研制出能像人类大脑那样学习和思考的机器是科研界一直在探索的设想。随着相关科技不断取得突破，特别是近年来各国对信息科技与脑科学投入了丰富的研发资源，科研界与企业界正在快速推动神经形态计算的发展，其巨大的应用前景正在浮现。据国际数据公司（IDC）预测，2019 年全球智能 IT 系统市场将超过一万亿美元（IDC, 2014），而神经形态计算技术已经到了可以进入商业应用和大规模生产的转折点（Thanos, 2014），一旦发展成熟则有望占据较大份额。神经形态计算已引起重要媒体关注，在互联网中的影响力也在日益扩大，这将有助于吸引更多资源投入到相关研发工作中，并为培育市场做好准备。本报告通过对美国、欧洲等在神经形态计算领域的研究现状进行定性调研分析，结合对专利和论文的定量分析，发现国际神经形态计算研究呈现出以下态势。

（1）在美国，神经形态计算得到了科研界与企业界的高度重视，美国国防部高级研究计划局、国家科学基金会、空军研究实验室等已投入上亿美元支持多家顶尖大学和企业开展相关研发，IBM、高通、Brain 公司等企业也已开发出了相关产品。美国国防部高级研究计划局设立了一项共计五个阶段的研发项目 SyNAPSE，从硬件、架构与工具、模拟与仿真、环境这四大方面开发形式、功能和架构与哺乳动物大脑类似的认知计算机。目前 SyNAPSE 已耗资一亿多美元，并取得多项重要进展，包括 IBM 开发出的神经形态芯片 TrueNorth。高通、Brain 公司、惠普等企业也纷纷研制出了相关芯片、软件等产品。

欧洲也启动了若干神经形态计算研发项目，相关经费投入超过两亿欧元，包括瑞士和英国各自支持的本国项目、欧盟支持的多项大型项目，特别是欧盟 HBP 将神经形态计算作为一项关键研发内容，其支持力度已超过美国国防部高级研究计划局的 SyNAPSE 项目，成为当前投入最多的神经形态研发项目。与美国不同，欧洲的这些研发项目基本由大学与公立科研机构承担。

（2）自 20 世纪 70 年代起，全球神经形态计算专利研发活动经历了探索、爆发、调整、复苏等四个阶段，目前相关技术研发水平正在从发展期向成熟期过渡。

从各国竞争格局来看，美国处于整体领先水平，申请总量大幅领先其他国家，且所占比重在近 10 年有所上升。日本申请总量目前处于全球第二，并曾在 1988 ~ 1995 年处于领先地位，但近 10 年显著下滑，已基本退出与美国的竞争。中国的起步时间相对较晚，近 10 年的申请量位居全球第二，体现出了较好的发展势头，但相比美国依然存在很大差距。此外，俄罗斯（含苏联）的申请总量目前位居第三，前苏联是最早出现相关专利申请的国家，俄罗斯在继承其相关资源的基础上保持了较为稳定的研发产出，也值得关注。

从研发机构竞争格局来看，企业是神经形态计算研发的领导者和主力。IBM 在早期和近期都是最重要的研发机构；近年涌现的高通、Brain 公司和惠普等企业则迅速展现出了很强的研发实力。日本机构在早期曾十分活跃且取得了大量成果，但目前已基本退出了竞争行列。公立科研机构对神经形态计算越来越重视，中国、法国和俄罗斯等国主要通过公立科研机构开展相关研发，美国和日本等则主要通过企业开展相关研发。

从各领域（IPC 专利分类）专利申请数量来看，截至目前神经形态计算最主要的研发主题为 G06F 15/18，该研发主题在“通用数字计算机”的范畴下研发学习机器等技术，第二大研发主题 G06G 7/60 则主要研发用于模拟生物神经系统的模拟计算机或模拟器。但近 10 年的重点研发主题已发生转移，2005 ~ 2014 年最主要的研发主题有 G06N 3/04、G06N 3/00、G06N 3/063、G06N 3/08 等，都属于“基于生物学模型的计算机系统”类别，可见当前研发热点在于将计算机科学与生物学相融合。

此外，在 2005 ~ 2014 年的主要研发机构中，IBM 和高通在 G06N 3/04、G06N 3/06 和 G06N 3/08 领域都有较多专利申请，Brain 公司在 G06N 3/04 和 G06N 3/08 领域也有一定量的申请，因此这三个方向是当前竞争最激烈的重点研发主题。Brain 公司和高通还在 G06N 3/02 和 G06F 15/18 有一定量的申请。其余研发机构的研发主题分布较为分散，还不能对 IBM、高通和 Brain 公司形成挑战。

（3）学术界对神经形态计算的研究活动在近年保持活跃状态，2000 年后全球每年相关的 SCI 发文量一直维持着较高且相对稳定的水平。美国不仅论文总量大幅领先于其他国家，每年的发文量也明显高于其他国家，可见美国在神经形态计算研究领域一直处于领先地位。中国的相关研究起步较晚，但进步较快，论文总量排名第四，且 2008 年后的发文量仅次于美国。

从机构竞争格局来看，瑞士苏黎世大学论文总量排名第一，其后是英国爱丁堡大学、美国南加利福尼亚大学。发文量排名前 20 的机构全部是大学和国立科研机构。

从论文关键词的出现次数来看，1971 ~ 2014 年最主要的研究主题有神经网络、神经计算、计算机模拟与建模、人工神经网络、神经处理器与神经芯片等；2009 ~ 2014 年新出现的热门研究主题有神经形态计算、神经形态芯片、忆阻器、膜计算、单神经元计算等；而模式识别、超大规模集成电路、联想式记忆、反向传播、演化计算等曾经受到重点关注的研究主题在近几年已退出了前 25 强。

10.4.2 建议

近几年，我国在神经形态计算专利与论文方面取得了显著进步，表明有不少机构和科研人员投入到了相关研究中，各方也开始重视对相关问题的研究与布局。中国科学院院长白春礼在 2014 年 9 月强调，中国科学院将以深入推进“率先行动”计划为契机，聚焦国家需求，在科学技术部有关部委的规划和指导下，不断加强在脑科学信息化领域的科研布局与科技攻关，力争成为领跑者和开拓者，为提高国家的科技创新能力和创新水平贡献力量。2014 年 12 月，中国科学院计算机网络中心举办了“计算助力脑科学研究专家研讨会”，来自中国科学院神经科学研究所、中国科学院心理研究所、中国科学院自动化研究所、中国科学院沈阳自动化研究所、华中科技大学、清华大学、复旦大学等多家科研机构的专家，围绕神经计算和信息处理机制的可视化、脑模拟与类脑计算、高性能计算与“高智能”计算、模拟脑等前沿热点展开了探讨。2015 年 1 月，中国科学院院士和中国工程

院院士将 IBM 研制的 TrueNorth 神经形态计算芯片评选为“2014 年世界十大科技进展”之一，认为这类芯片可能给计算机行业带来革命。然而，我国科研部门还未设立重大研发计划，缺乏阶段性规划，也未见企业参与。与领先的美国和欧洲相比，我国在规划布局、项目组织、技术成果等方面还存在较大差距。为改善我国在神经形态计算领域的研究局面，根据目前的国际发展态势，本报告提出以下建议。

（1）充分重视神经形态计算蕴涵的重大机遇。从信息科技发展历史来看，新兴技术的重大突破往往会催生相关产业的变革性发展。神经形态计算的潜力正在获得认可，不少著名的咨询公司和媒体也看好其前景。虽然美国和欧洲目前处于较为领先的水平，但其他国家依然还有竞争空间。我国应重视和把握这一重大发展机遇，延续近年来在专利和论文方面的突出表现，尽早取得关键技术突破，并转换为产品，以抢占领域制高点，否则一旦错失良机，将再次面临被欧美国家压制的局面。

（2）加强中长期战略研究与规划，以重大项目推动创新突破。神经形态计算技术正在从发展期向成熟期过渡，我国虽然起步较晚，但进步很快，应抓住时机，加强中长期战略研究与规划，制订神经形态计算研发与产业发展计划。由于神经形态计算的前沿性，美国和欧洲目前都通过大型的国家项目来支持科研院所与企业来开展研究，建议我国通过设立重大项目，凝练目标，将相关研发力量组织协调起来，争取在重要科学问题方面取得创新突破。

（3）关注当前研发热点，密切跟踪前沿发展态势。当前研发热点在于将计算机科学与生物学相融合，特别是“基于生物学模型的计算机系统”，美国和欧洲都已划拨巨资支持脑科学重大研究计划，并大力促进计算机科学与脑科学的融合研究。建议我国围绕神经形态计算、神经形态芯片、忆阻器、膜计算、单神经元计算等当前热点研发主题投入研发资源，壮大技术力量，争取建立技术优势。日本的神经形态计算研发曾处于领先水平，但并未把握前沿发展动向，以致当前处于落后地位；美国则把握住了技术发展趋势，做出了正确的调整。因此，我国还需密切跟踪前沿发展态势，从而及时做出方向调整。

（4）帮助企业成为研发主力并取得突破。在美国和日本，神经形态计算研发的领导者和主力是企业。企业担负着挖掘市场潜力的重任。目前我国神经形态计算的研发活动集中在学术界，企业对这种前瞻性技术的探索和研发不够积极。建议制定激励政策，鼓励科研院所和高等学校与企业共同开展研发项目，帮助优秀企业及早突破核心和关键技术，并做好专利和标准布局，从而为争夺市场奠定基础。

（5）中国科学院应根据“率先行动”计划充分结合相关研发资源与力量，及早展开研究布局，以成为神经形态计算的领跑者与开拓者。中国科学院在神经形态计算所涉及的脑科学、计算科学、电子工程、数学、物理等领域拥有雄厚的研发力量，并正在推进“面向感知中国的新一代信息技术研究”与“脑功能联结图谱”两项战略性先导科技专项，在国内拥有开展神经形态计算重大项目的先发优势。建议中国科学院相关部门结合“率先行动”计划与“创新 2020”有关部署，围绕神经形态计算组织策划阶段性研究规划，及早突破和掌握相关关键核心技术，使我国能在这个新兴的科技与产业竞争领域获得国际领先的竞争力。

致谢：中国科学院计算机网络信息中心的迟学斌、陆忠华与顾蓓蓓等专家对本报告提出了宝贵的意见与建议，在此谨致谢忱！

参考文献

北京大学 . 2014. 信息科学技术学院康晋锋课题组在基于阻变器件的神经网络应用研究方向取得重要进展 . http：//pkunews. pku. edu. cn/xxfz/2014-11/19/content_ 285935. htm［2014-11-19］.

科学网 . 2015. 两院院士评选中国世界十大科技进展新闻揭晓 . http：//news. sciencenet. cn/htmlnews/2015/1/312680. shtm［2015-01-31］.

西南大学 . 2013. 基于STDP规则和忆阻器突触的神经形态系统及VLSI实现 . http：//ceie. swu. edu. cn/viscms/ceieidex/jiaoshoujieshao5422/20131028/59681. html［2013-10-28］.

张换高 . 2003. 基于专利分析的产品技术成熟度预测技术及其软件开发 . 河北工业大学硕士学位论文 .

中国科学院 . 2014. 科技部和中科院召开脑科学信息化重大专项座谈会 . http：//www. cas. cn/xw/zyxw/yw/201409/t20140910_ 4200503. shtml［2014-09-10］.

中国科学院计算机网络信息中心 . 2014. 网络中心举办计算助力脑科学研究专家研讨会 . http：//www. cnic. cn/xw/news/201412/t20141212_ 4274741. html［2014-12-12］.

Basulto D. 2014. Neuromorphics：The First Big Tech Buzzword of 2014. http：//www. washingtonpost. com/blogs/innovations/wp/2014/01/02/neuromorphics-the-first-big-tech-buzzword-of-2014/［2014-01-02］.

Benjamin B V，Gao P，McQuinn E，et al. 2014. Neurogrid：a mixed-analog-digital multichip system for large-scale neural simulations. IEEE，102（5）：699-716.

Bluebrain. 2014. Bluebrain. http：//bluebrain. epfl. ch/［2014-11-10］.

Brain Corporation. 2014. Brains for Robots. http：//www. braincorporation. com/products/［2014-12-05］.

BrainScaleS. 2014. BrainScaleS. http：//brainscales. kip. uni-heidelberg. de/public/［2014-11-10］.

Brant K F，Austin T. 2014. Hype Cycle for Smart Machines. https：//www. gartner. com/doc/2802717［2014-07-18］.

Chen B，Wang X，Gao B，et al. 2014. Highly compact（4F2）and well behaved nano-pillar transistor controlled resistive switching cell for neuromorphic system application. Scientific Reports，（4）：1-5.

DARPA. 2014. Systems of Neuromorphic Adaptive Plastic Scalable Electronics. http：//www. darpa. mil/Our_ Work/DSO/Programs/Systems_ of_ Neuromorphic_ Adaptive_ Plastic_ Scalable_ Electronics_ （SYNAPSE）. aspx［2014-09-10］.

Defense News. 2014. GE Wins Neuromorphic Computer Contract. http：//www. defensenews. com/article/20140108/C4ISRNET14/301080014/GE-wins-neuromorphic-computer-contract［2014-01-08］.

Defense Systems. 2008. DARPA Seeks to Mimic in Silicon the Mammalian Brain. http：//defensesystems. com/articles/2008/11/DARPA-seeks-to-mimic-in-silicon-the-mammalian-brain. aspx［2008-11-26］.

EC CORDIS. 2014a. CORTICONIC. http：//cordis. europa. eu/project/rcn/106963_ en. html［2014-11-10］.

EC CORDIS. 2014b. CSNII. http：//cordis. europa. eu/project/rcn/106902_ en. html［2014-11-10］.

EC CORDIS. 2014c. FACETS. http：//cordis. europa. eu/project/rcn/80613_ en. html［2014-11-10］.

EC CORDIS. 2014d. FP7：FET Proactive Intiative：Neuro-Bio-Inspired Systems（NBIS）. http：//cordis. europa. eu/fp7/ict/fet-proactive/nbis_ en. html［2014-11-10］.

EC CORDIS. 2014e. GRIDMAP. http：//cordis. europa. eu/project/rcn/106314_ en. html［2014-11-10］.

EC CORDIS. 2014f. MAGNETRODES. http：//cordis. europa. eu/project/rcn/106238_ en. html［2014-11-10］.

EC CORDIS. 2014g. NEUROSEEKER. http://cordis. europa. eu/project/rcn/106690_ en. html [2014-11-10].

EC CORDIS. 2014h. RENVISION. http://cordis. europa. eu/projects/rcn/106295_ en. html [2014-11-10].

EC CORDIS. 2014i. SI ELEGANS http://cordis. europa. eu/project/rcn/107031_ en. html [2014-11-10].

EC CORDIS. 2014j. SPACECOG http://cordis. europa. eu/projects/rcn/106239_ en. html [2014-11-10].

EC CORDIS. 2014k. VISUALISE http://cordis. europa. eu/project/rcn/106346_ en. html [2014-11-10].

FACETS. 2014. The FACETS Project. http://facets. kip. uni-heidelberg. de/images/4/48/Public—FACETS_15879_ Summary-flyer. pdf [2014-11-10].

FitzHugh R. 1966. An electronic model of the nerve membrane for demonstration purposes. Journal of Applied Physiology. 21 (1): 305-308.

Gao B, Bi Y, Chen H Y, et al. 2010. Ultra-low energy three-dimensional oxide-based electronic synapses for implementation of robust high accuracy neuromorphic computation systems. ACS Nano, 8 (7): 6998-7004.

Gartner. 2014. Gartner's 2014 Hype Cycle for Emerging Technologies Maps the Journey to Digital Business. http://www. gartner. com/newsroom/id/2819918 [2014-08-11].

Hasler J, Marr B. 2013. Finding a roadmap to achieve large neuromorphic hardware systems. Frontiers in Neuroscience, 7: 118.

HBP. 2012. The Human Brain Project A Report to the European Commission. https://www. humanbrainproject. eu/documents/10180/17648/TheHBPReport_ LR. pdf/18e5747e-10af-4bec-9806-d03aead57655 [2012-04-26].

HBP. 2014. Human Brain Project Sub-projects. https://www. humanbrainproject. eu/discover/the-project/sub-projects [2014-11-10].

Heidelberg University. 2010. Brain-Inspired Computer Architectures. http://www. uni-heidelberg. de/presse/news2010/pm20101222_ computerarchitekturen_ en. html [2010-12-20].

HRL Laboratories. 2008. HRL to Begin Pioneering Research on Neuromorphic Electronics that Function Like the Biological Brain. http://www. hrl. com/hrlDocs/pressreleases/2008/prsRls_ 081022. html [2008-01-22].

HRL Laboratories. 2009. HRL Researchers to Build Brain-Like Microcircuitry to Power a New Generation of Intelligent Machines. http://www. hrl. com/hrlDocs/pressreleases/2009/prsRls_ 091026. html [2009-10-25].

HRL Laboratories. 2011. HRL To Develop Neuromorphic Chip For Intelligent Machines In DARPA's SyNAPSE Programs. http://www. hrl. com/hrlDocs/pressreleases/2011/prsRls_ 110707. html [2011-07-07].

IBM. 2008. IBM Seeks to Build the Computer of the Future Based on Insights from the Brain. http://www-03. ibm. com/press/us/en/pressrelease/26123. wss [2008-11-20].

IBM. 2009. IBM Moves Closer To Creating Computer Based on Insights From The Brain. http://www-03. ibm. com/press/us/en/pressrelease/28842. wss [2009-11-18].

IBM. 2011. IBM Unveils Cognitive Computing Chips. http://www-03. ibm. com/press/us/en/pressrelease/35251. wss [2011-08-17].

IBM. 2013. IBM Research Creates New Foundation to Program SyNAPSE Chips. http://www-03. ibm. com/press/us/en/pressrelease/41710. wss [2013-08-08].

IBM. 2014. New IBM SyNAPSE Chip Could Open Era of Vast Neural Networks. http://www-03. ibm. com/press/us/en/pressrelease/44529. wss [2014-08-07].

IDC. 2014. Intelligent Systems to Exceed $ 1 Trillion in 2019 as the Market Continues to Disrupt Traditional Industries Including Manufacturing, Energy, and Transportation. http://www. idc. com/getdoc. jsp? containerId = prUS25204914 [2014-10-16].

Lapicque L. 1907. Recherches quantitatives sur l'excitation électrique des nerfs traitée comme une polarisation.

J. Physiol. Pathol. Gen, 9 (1): 620-635.

Mann D. 1999. Using S-curves and trends of evolution in R&D strategy planning. http://www. triz – journal. com/using – s – curves – trends – evolution – rd – strategy – planning/ [1999 – 07 – 22].

Markoff J. 2013. Brainlike Computers, Learning from Experience. http://www. nytimes. com/2013/12/29/science/brainlike-computers-learning-from-experience. html? _ r = 0&hp = &adxnnl = 1&adxnnlx = 1388329360-JR3 + CNoiZXaQOOiL + lQ + zA [2013-12-29].

Mead C. 1990. Neuromorphic electronic systems. IEEE, 78 (10): 1629-1636.

Mead C, Ismail M. 1989. Analog VLSI Implementation of Neural Systems. Boston: Kluwer Academic.

MedSci 资讯 . 2014. 神经形态系统的通用学习算法及其电路与光学实现 . http://www. medsci. cn/sci/nsfc _ show. asp? q = b9b23e38095b [2014-10-09].

Merolla P A, Arthur J V, Alvarez-Icaza R, et al. 2014. A million spiking-neuron integrated circuit with a scalable communication network and interface. Science, 345 (6197): 668-673.

Network World. 2009. IBM Gets $ 16 Million to Bolster Its Brain-on-a-chip Technology. http://www. networkworld. com/article/2246373/security/ibm-gets—16-million-to-bolster-its-brain-on-a-chip-technology. html [2009-08-05].

NIH. 2011. 2011 Transformative R01 Award Recipients. http://commonfund. nih. gov/TRA/recipients11 [2011-10-09].

NIH. 2012a. Collaborative Research: A Neurodynamic Programming Approach for the Modeling, Analysis, and Control of Nanoscale Neuromorphic Systems. http://www. nsf. gov/awardsearch/showAward? AWD _ ID = 1227877&HistoricalAwards = false [2012-09-15].

NIH. 2012b. Super-Turing Computation and Brain-Like Intelligence. http://www. nsf. gov/awards/award_ visualization_ noscript. jsp? org = ECCS®ion = US-MO&instId = 0025031000 [2012-07-01].

NIH. 2006. NIH Director Announces 2006 Pioneer Award Recipients. http://www. nih. gov/news/pr/sep2006/nigms-19. htm [2006-09-19].

NIH. 2013a. NeoNexus: The Next-generation Information Processing System across Digital and Neuromor phic Computing Domains. http://www. nsf. gov/awardsearch/showAward? AWD_ ID = 1337198&Hist oricalAwards = false [2013-09-15].

NIH. 2013b. Ultra Low Power Neuromorphic Computing with Spin-devices. http://www. nsf. gov/awardsearch/showAward? AWD_ ID = 1320808&HistoricalAwards = false [2013-08-01].

NIH. 2014a. Neuroevolution of Brain-Inspired Computational Models Over Vast Timescales. http://nsf. gov/awardsearch/showAward? AWD_ ID = 1421925 [2014-07-01].

NIH. 2014b. Neurogrid: Emulating a Million Neurons in the Cortex. http://commonfund. nih. gov/pioneer/fundedresearch [2014-10-09].

NSF. 2012a. Super-Turing Computation and Brain-Like Intelligence. http://www. nsf. gov/awards/award_ visualization_ noscript. jsp? org = ECCS & region = US-MO&instId = 0025031000 [2012-07-01].

NSF. 2012b. Collaborative Research: A Neurodynamic Programming Approach for the Modeling. Analysis, and Control of Nanoscale Neuromorphic Systems. http://www. nsf. gov/awardsearch/show Award? AWD _ ID = 1227877&HisroricalAwards = false [2012-09-15].

NSF. 2013a. Ultra Low Power Neuromorphic Computing with Spin- devices. http://www. nsf. gov/awardsearch/showAward? AWD_ ID = 1320808&HistoricalAwards = false [2013-08-01].

NSF. 2013b. NeoNexus: Thte Next- generation Information Processing System across Digital and Neuromor phic Computing Domains http://www. nsf. gov/awardsearch/show Award? AWD_ ID = 1337198&His torical-

Awards = false [2013-09-15] .

NSF. 2014. Neuroevolution of Brain-Inspired Computational Models Over Vast Timescales. http: //nsf. gov/awardsearch/showAward? AWD_ ID = 1421925 [2014-07-01] .

Qualcomm Inc. 2013. Introducing Qualcomm Zeroth Processors: Brain-Inspired Computing. https: //www. qualcomm. com/news/onq/2013/10/10/introducing-qualcomm-zeroth-processors-brain-inspired-computing [2013-10-24] .

Robert D H. 2014. Neuromorphic Chips. http: //www. technologyreview. com/featuredstory/526506/neuromorphic-chips/ [2014-04-23] .

Robert F S. 2014. Minds of their own. Science, 346 (6206): 182-183.

Robinson R. 2014. Neuromorphic Computing "Roadmap" Envisions Analog Path to Simulating Human Brain. http: //www. news. gatech. edu/2014/04/16/neuromorphic-computing-roadmap-envisions-analog-path-simulating-human-brain [2014-04-16] .

Runge R G, Uemura M, Viglione S S. 1968. Electronic synthesis of the avian retina. Biomedical Engineering, IEEE Transactions on Biomedical Engineering, (3): 138-151.

Sandia National Laboratories. 2014. The Brain: Key to a Better Computer. https: //share. sandia. gov/news/resources/news_ releases/brain_ computer/#. U3nRsY1NiTU [2014-05-15] .

Science Magazine. 2014. Minds of Their Own. http: //www. sciencemag. org/content/346/6206/1full? sid = 48f3b05d - -ca6e-4789-8253-5a573603da34 [2014-11-23].

Science. 2014. Science Breakthrough of the Year 2014. http: //www. sciencemag. org/site/special/btoy2014/ [2014-12-19] .

Sharad M, Augustine C, Panagopoulos G, et al. 2012. Proposal for neuromorphic hardware using spin devices. arXiv preprint arXiv: 1206. 3227.

SpiNNaker. 2014. SpiNNaker Home Page. http: //apt. cs. manchester. ac. uk/projects/SpiNNaker/ [2014- 11-23].

Spintronics-Info. 2012. Intel's New Neuromorphic Chip Design Uses Multi-input Lateral Spin Valves and Memris tors. http: //www. spintronics-info. com/intels-new-neuromorphic-chip-design-uses-multi-input-lateral-spin-val ves-and-memristors [2012-06-30].

Stanford University. 2011. NIH Awards for Innovation, Creativity Go to Five Stanford Researchers. https: //biox. stanford. edu/highlight/nih-awards-innovation-creativity-go-five-stanford-researchers [2011-09-20] .

Stanford University. 2014. Stanford Bioengineers Create Circuit Board Modeled on the Human Brain. http: //news. stanford. edu/news/2014/april/neurogrid-boahen-engineering-042814. html [2014-04-28] .

Technology Review. 2014. Intel's New Neuromorphic Chip Design Uses Multi-input Lateral Spin Valves and Memristors. http: //www. technologyreview. com/view/428235/intel-reveals-neuromorphic-chip-design/an-diego/2014/11/13/brain-corporation-builds-brainos-to-train-and-democratize-robots/ [2014-11-13].

Thanos M A. 2014. Entrepreneurial Risks of Adopting Scientific Innovations: Neuromorphic Design. https: //tasmania. ethz. ch/index. php/Entrepreneurial_ risks_ of_ adopting_ scientific_ innovations: _ Neuromorphic_ Design [2014-05-25] .

The Economist. 2013. The Machine of a New Soul. http: //www. economist. com/news/science-and-technology/21582495-computers-will-help-people-understand-brains-better-and-understanding-brains [2013-08-03] .

Theregister. 2011. DARPA Shells Out $ 21m for IBM Cat Brain Chip. http: //www. theregister. co. uk/2011/08/18/ibm_ darpa_ synapse_ project [2011-08-18] .

V3. co. UK. 2014. Rise of The Machine: HP Looks to Reinvent the Computer. http: //www. v3. co. uk/v3-uk/news/

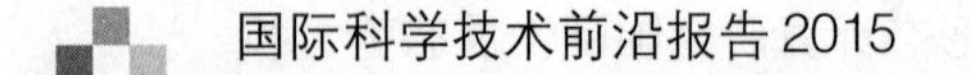

2349694/rise-of-the-machine-hp-looks-to-reinvent-the-computer [2014-06-05].

Venture Beat. 2011. IBM Produces First Working Chips Modeled on the Human Brain. http://venturebeat.com/2011/08/17/ibm-cognitive-computing-chips [2011-08-17].

Xconomy. 2014. Brain Corporation Builds BrainOS to Train and Democratize Robots. http://www.xconomy.com/s [2014-11-10].

11 空间生命科学研究前沿发展态势分析

王海名 杨 帆 郭世杰 韩 淋

（中国科学院文献情报中心）

摘 要 空间生命科学是伴随人类空间探索活动，特别是载人探索而产生和发展起来的新兴交叉学科。开展空间生命科学研究可以为航天事业可持续发展提供基础理论和技术支持；同时可深化对生命现象的认识，补充和丰富已有生命科学知识体系；此外，还有助于提高人类的生活质量和健康水平。当前世界主要国家都将空间生命科学作为国家空间科学发展战略的重要组成部分，不断推出新的战略规划和任务，以期占据空间生命科学研究的制高点，助力社会和经济的发展。

本报告立足于在空间环境下开展的生命科学研究，尝试利用文献计量和文本挖掘方法，描绘国际空间生命科学研究的发展全貌，重点分析空间生命科学各研究方向科学实验的开展情况、科研产出和最新进展，并结合美国、欧洲、俄罗斯和日本的发展历程、战略和最新规划，总结空间生命科学研究的经验和教训，展望未来发展趋势，为我国未来开展空间站空间生命科学研究提供参考和借鉴。建议我国相关部门加强顶层设计，结合国家战略需求明确空间生命科学研究的优先发展，并行支持自由探索和任务驱动两类重点研究，通过协同创新促进空间生命科学的发展，构建空间生命科学实验数据管理和共享系统，加强空间实验和地面模拟相互验证，充分利用空间站、返回式卫星、纳卫星等多种研究平台和实验机遇，重视空间生命科学研究潜在的经济价值。

关键词 空间生命科学 空间生物学 航天医学 宇宙生物学 国际空间站

11.1 引言

空间生命科学是空间科学和生命科学的交叉学科，主要研究地球之外生命存在的可能和生命的起源演化等基本科学问题，以及地球生物包括人类进入空间后在空间特殊条件下的响应、生存、变化和适应等活动规律，还关注空间生物技术和转化应用问题、支撑载人空间探索活动的应用问题及支撑空间生命科学研究的特殊方法和相关技术等。空间生命科学研究既包括在真实的空间环境下开展的有人和无人操作的生命科学研究，也包括在地面模拟空间环境下的生命科学研究、在真实的空间环境处理的生物样本返回地面后的后续研究及相应的地面转化和应用研究。

空间生命科学包括空间生物学和航天医学、空间生物技术与转化应用、宇宙生物学、空间生命科学实验技术与装置四个主要领域。空间生物学和航天医学是探索包括动物(人)、植物和微生物等地球生物体在空间特殊环境下的生命现象及其活动规律的基础研究学科，涵盖重力生物学、辐射生物学、重力生理学、空间微生物学、空间生物力学等基础生物学领域，是空间生物技术和先进环控生命保障系统的基础，并与航天医学密切相关，是服务于载人航天活动中人类健康的生物学的理论基础，同样也是利用载人航天活动中人的参与而进行的科学研究活动。空间生物技术及其转化应用研究旨在开发新的生物资源，服务于人类社会的发展，提高人类健康水平，支持人类拓殖空间的载人航天事业的可持续发展。宇宙生物学研究宇宙（包括地球）生命起源这一迄今为止最大的科学谜团，是“在宇宙进化框架下了解导致生命起源、演化及分布的过程”，并涉及生命可居住性、形成生命的元素和分子、生物的早期进化等问题。空间生命科学实验技术与装置以地面技术为基础，结合空间实验的全过程的特殊要求，研究航天器内的生物实验平台、空间在轨生物样品预处理系统、空间生物实验检测与监控系统、在线测试分析系统、样本和产品储存和包装运输系统及地基模拟技术等。

本报告立足于在空间开展的研究，从空间生物学和航天医学研究、宇宙生物学两个角度对世界空间生命科学发展态势进行研究和分析，与空间生物学和航天医学研究关系紧密的空间生物技术与转化应用和空间生命科学实验技术与装置的相关内容也放在空间生物学和航天医学研究中一并讨论。

11.2 主要国家和国际组织空间生命科学发展战略和计划

11.2.1 美国的空间生命科学发展战略和计划

11.2.1.1 空间生物学和航天医学研究

1）NASA 空间生命科学研究战略目标

2014 年 4 月 7 日，美国国家航空航天局（NASA）发布《NASA 2014 战略规划》，其中三个战略目标中与空间生命科学研究相关的战略目标是强调对空间领域知识、能力与机遇的拓展（NASA，2014a），其子目标包括以下内容。

（1）扩大人类在太阳系的出现及火星表面的活动，推动探索、科研、创新、人类福祉及国际合作。NASA 计划于 2020 年之前进行无人火星探索，任务还将进行火星样品返回实验，以分析火星上是否有生命存在或者曾经存在。NASA 计划于 2016 年之前发射“起源、光谱分析、资源识别与安全——风化层探测器”（OSIRIS-REX），并利用机器人系统完成小行星采样返回任务。预期任务将有助于研究太阳系的构成和生命的起源问题。火星任务远超当前生命保障技术的能力，需要克服辐射和火星尘埃等给健康带来的潜在风险。NASA 和国际空间站（ISS）合作伙伴计划在 2015 年执行为期一年的航天员长期驻留任务。

（2）继续在 ISS 开展研究，使未来的空间探索成为可能，促进空间商业经济发展，并

推进基础生物学研究，造福人类。延长ISS的使用期限，对NASA乃至美国能否取得在科学、技术和载人飞行领域的战略目标至关重要。NASA决定至少延长ISS的使用年限到2024年，这将使空间站的潜力最大化，并且保证美国在空间领域的领先地位。NASA将完善ISS的研究和技术研发使用的设备，这些设备是未来载人深空探索任务的实验之根本，同时也能改善人类在空间的生活质量和工作效率。ISS上的乘组成员将利用特有的微重力环境继续进行空间生命科学研究，为未来的载人空间探测奠定基础，推动商业空间经济，并且为了全人类的利益提高基础生物学的研究水平。

（3）确定太阳系的组成、起源与演化，以及在太阳系某处存在生命的可能性；揭示和探索宇宙的运行机制及起源、演化机制，并在其他恒星周围寻找生命。机器人探索是太阳系探索的主要方法，每一次任务都促使人们对星际的形成、太阳系的历史、维持生命的条件及其他星球上是否存在生命这些问题有更好的了解。

2）NASA“基础空间生物学”计划

2010年NASA发布“基础空间生物学”（FSB）计划（NASA，2010），将从三个方面对基础空间生物学进行研究，具体包括：细胞和分子生物学及微生物学，研究重力和空间环境对细胞、微生物和分子过程的影响；有机体与比较生物学，研究和比较整个生物体及其系统对微重力环境的响应；发育生物学，研究空间环境如何影响多细胞生物的生殖、发育、成熟和衰老。

FSB计划设定的NASA未来十年空间生命科学主要发展目标为：①有效利用空间环境的微重力和其他特性，以增强对基础空间生命过程的理解；②为将来的安全、富有产出的长期载人和探索任务提供科学和技术基础；③应用在此过程中获得的知识和技术，提高美国的竞争力、人民教育和生活水平。为了实现上述重要发展目标，报告还提出了未来十年（2010～2020年）的发展路线图。路线图的内容、目标和任务列于表11-1中，计划所辖各任务的优先级汇总在表11-2中。

表11-1　FSB计划路线图（2010～2020年）

FSB计划元素	2010～2011年	2012～2013年	2014～2015年	2016～2017年	2018～2020年
研究：①细胞生物学和微生物学；②组织和比较生物学；③发育生物学					
地面研究	NASA研究公告（NRAs）	NRAs	NRAs	NRAs	NRAs
ISS实验	飞行NRAs		飞行NRAs		
	飞行实验	飞行实验	飞行实验	飞行实验	飞行实验
Bion实验	Bion M-2 AG，啮齿动物	Bion M1 Fit实验，啮齿动物	Bion M2 Fit实验，Bion M3	Bion M3 Fit实验，在轨辐射	美/俄待定
Dragon/其他飞行器实验	利用现有实验测试	待定	待定	待定	待定
纳卫星/微卫星实验	MoO-1、MoO-2	飞行NRAs	MoO-3、MoO-4	飞行NRAs	MoO-5、MoO-6

续表

FSB 计划元素	2010~2011 年	2012~2013 年	2014~2015 年	2016~2017 年	2018~2020 年
硬件开发					
ISS 动物栖息地	Phase A/B 至关键设计评审	2013 飞行实验	在长期任务中验证栖息地	在空间实验中应用	在空间实验中应用
ISS 植物栖息地	评估需求和已有能力；Phase A/B 至关键设计评审	完成硬件和飞行资质认证，2013 年尝试空间应用	在空间实验中应用	在空间实验中应用	在空间实验中应用
手套箱	评估需求和已有能力；Phase A/B 至关键设计评审	制造、资质认证、运抵 ISS	在空间实验中应用	在空间实验中应用	在空间实验中应用
用于模式生物研究的新硬件	对用于 ISS 的 CCM、SLCC、ADF 和 EMCS 线虫 & 果蝇进行资质认证	在空间实验中应用	在空间实验中应用	在空间实验中应用	在空间实验中应用
先进技术规划	研讨会	研讨会	研讨会	研讨会	研讨会
先进技术开发	原位观测/分析，形成设备	原位观测/分析，形成设备	原位观测/分析，形成设备	在空间实验中应用	在空间实验中应用
政策活动	与部分资助项目、GSRP 和博士后项目集成	进行中	进行中	进行中	进行中

注：①2010~2020 年，每两年最多选择 4 个高优先级任务；②每个 NASA 研究公告的优先任务从 FSB 计划元素的高优先级科学问题中产生。硬件开发将服务于最高优先级科学任务。新型先进技术通过专家研讨会和 FSB 计划推动产生

表 11-2 FSB 计划的优先级（2011~2020 年）

优先级	2011~2015 年	2016~2020 年
高	ISS 上的细胞、微生物和分子生物学研究	ISS 上的动物和植物研究
	开发植物和动物栖息地	ISS 上的细胞、微生物和分子生物学研究
	扩展地面研究：动物、植物及细胞研究	自由飞行器：Bion-M3
	自由飞行器：Bion-1、Bion-M2	微卫星
中	微卫星	地面研究-发育生物学
	用于 ISS 和自由飞行器的先进技术	地面研究-植物、动物、细胞
	地面研究-发育生物学	用于 ISS 和自由飞行器的先进技术
	教育和推广	教育和推广
低	飞行研究-发育生物学	亚轨道研究

在 2012 年和 2013 年，分别有 15 项和 31 项空间生物学研究获得了 FSB 计划的资助。

3）NASA《航天医学路线图：载人空间探索风险降低策略》

NASA 在2005 年发布了航天医学路线图——《航天医学路线图：载人空间探索风险降低策略》（NASA，2005）。在路线图中，NASA 对执行三种不同类型的空间任务，即 ISS、载人登月及载人登陆火星时所面临的各种类型的航天医学问题进行了系统评估，确定了 NASA 航天医学研究和技术发展的优先顺序（表 11-3）。

表 11-3　航天医学路线图提出的参考任务及相关参数

参数	参考任务		
	ISS（1 年）	载人登月（30 天）	载人登陆火星（30 个月）
乘员	2 人 +	4 ~ 6 人	6 人
发射时间	不早于 2006 年	不早于 2015 年，不晚于 2020 年	不早于 2025 ~ 2030 年
任务持续时间	12 个月	10 ~ 44 天	30 个月
抵达目的地耗时	2 天	3 ~ 7 天	4 ~ 6 个月
任务在目的地持续时间	12 个月	4 ~ 30 天	18 个月
返回时间	2 天	3 ~ 7 天	4 ~ 6 个月
通信时间延迟	0 +	1.3 秒 +	3 ~ 20 分钟 +
低重力	0 G	1/6 G 重力持续 30 天	1/3 G 重力持续 1 个月
内环境	14.7 磅/平方英寸（约合 101 千帕）	待定	待定
舱外活动	每次任务 0 ~ 4 次	2 ~ 3 周；4 ~ 15 天/人	2 ~ 3 周；180 天/人

路线图将航天医学问题分为五个领域（表 11-4），并对这些领域涉及的相关科目的风险等级进行了评估，希望通过加强重点技术研究的方式提出实际且高效的应对方案。路线图还指出载人登陆火星任务所面临的最重要的健康和医学问题包括：保持行为健康和社会心理功能、辐射防护、自我治疗能力、骨丢失最小化、登陆后保持感觉运动能力以执行任务、合理的营养、环境污染物的监测和控制，以及提供有效且可信赖的健康和医学支持硬件。而载人登月任务所面临的最重要问题则包括：开发环境生命支持和居住技术、提供远程医疗能力，以及提供足够的辐射防护。

表 11-4　载人空间任务所面临的航天医学问题的学科领域及涉及的科目

学科领域	涉及科目
人体健康和对策（HHC）	骨流失、心血管变化、环境健康、免疫与传染、骨骼肌变化、运动感知的适应、营养
行为健康和行为表现（BHP）	空间环境下行为健康和行为表现
辐射健康（RH）	辐射
自治的医疗保健（AMC）	临床能力
先进人类支持技术（AHST）	先进环境监测与控制技术、先进舱外活动技术、先进食品技术、先进生命支持技术、空间人为因素的工程设计

2006 年，美国国家研究理事会（NRC）对 NASA 发布的航天医学路线图做出评估，并给出《载人空间探索风险降低策略：NASA 航天医学路线图评估》的评估报告（NRC，

2005）。NRC 评估委员会给出如下的几条重要建议：加速对策措施和相关技术的开发；为所有相关的航天医学风险设定安全辐射暴露水平；将相关航天医学风险按照其严重程度进行划分，并使用标准不确定度分析技术来量化风险的不确定性；确保该路线图是一个动态的、与时俱进的路线图。

4）NASA“人体研究计划”

2005 年，NASA 启动“人体研究计划”（HRP），通过总结美国数十年来获得的航天员医疗保健经验，以及在空间生命科学和生物医学方面取得的研究成果，针对空间环境对航天员生理功能产生的影响，制定解决未来长期载人空间飞行中航天员健康、安全和高效工作问题的措施；通过空间辐射、航天员健康、医学能力等方面的研究，降低影响航天员健康和绩效的风险，并以此制定航天员空间飞行的健康标准（NASA，2014b，2013）。HRP 的主要目的是通过预防和减轻人类在空间探索任务中及任务后的健康和绩效风险，来保证航天员成功完成探索任务。HRP 由 6 个重要研究方向组成，即医学能力探索、人体健康对策、ISS 医疗项目、空间人为因素和宜居性、空间辐射、行为健康和绩效（强静等，2010a，2010b；周维军等，2013）。

医学能力探索的任务是解决空间探索任务期间尚未被充分认识的疾病的治疗能力和受伤风险降低能力；建立健康管理模式，并评估可行性；研发信息管理技术，保证医疗保健模式和决策系统的可用性。人体健康对策旨在改善空间探索中的人体的生理功能，提高工作效率。ISS 医疗项目的目标是利用 ISS 和其他航天平台，就持续时间较长的空间飞行对人体系统的影响进行评估、规划和策略验证，以确保航天员个人和团队的最佳行为和能力。空间人为因素和宜居性致力于了解飞船中微生物暴露的潜在风险；减少飞行器携带食品的质量和体积，提供改善备用食品营养和存储的技术；设计航天服、航天器、乘组人员居住地等。空间辐射研究的任务是制定航天员允许暴露辐射剂量限值的标准，制定减少遭受辐射暴露的对策措施，以确保航天员任务期间和结束后的安全健康。行为健康和绩效研究包括三方面内容：一是由睡眠不足、疲劳等身体因素而导致的绩效问题；二是由团队选拔不当、搭配不良等因素导致的绩效问题；三是行为和精神病风险。

参与 HRP 的主要研究机构是 NASA 下辖的空间中心，此外，众多科研机构和合作伙伴以各种方式参与到 HRP 的研究中，如欧洲空间局（ESA）、德国宇航中心（DLR）等。HRP 研究经费主要来源为政府预算和企业资金，此外还包括根据市场机制和基于绩效拨付的经费和募捐款等。HRP 每年预算费用基本维持在 1.5 亿美元左右。

5）NRC 对 21 世纪生命科学研究的发展建议

2011 年，NRC 发布咨询报告《重掌未来的空间探索：新时代的生命科学与物理学研究》，综述了当前美国尤其是 NASA 及其他国家对微重力环境空间生命科学与物理科学领域的研究，为美国未来十年（2010～2020 年）的空间生命科学和空间物理科学的研究提供了发展建议（NRC，2011）。

该报告阐述了美国相关领域面临的严峻局面，包括：研究经费大幅削减；研究项目大幅减少；研究的优先级已经降低到危害未来探索任务成功的水平。专家组认为要重掌未来的空间探索，必须建立生命和物理学研究计划，强化研究管理的规划性问题，建议的空间生命科学领域相关举措包括：明确生命科学研究在 NASA 内的地位；提升生命科学研究在

空间探索活动中的优先级；建立稳定并充分的资金基础；改进征集和评审高质量研究的程序；通过培训和顾问程序重建强大的智力资本通道；通过多学科转化程序连接自然科学与空间任务能力；发展商业部门与科学、技术和经济增长的互动；加强国际合作。

该报告建议空间生命科学重点研究方向包括植物与微生物学、行为与心理健康、动物和人类生物学及人类在空间环境中的交叉问题。该报告还为每一重点研究方向建议了若干最高优先级的研究领域，详情见表 11-5。

表 11-5　《重掌未来的空间探索：新时代的生命科学与物理学研究》报告提议的最高优先级研究领域

研究方向	最高优先级研究领域
植物与微生物学	ISS 多代微生物种群动态研究
	植物和微生物的生长和生理反应
	在长期生保系统的微生物和植物子系统中的作用
行为与心理健康	与任务相关的行为表现的测度
	长期任务的模拟
	遗传、生理和心理因素在抵御压力过程中的作用
	对孤立自主环境下团队行为表现因素的研究
动物和人类生物学	骨保存/骨流失的可逆性因素和对策研究，包括药物疗法的研究
	空间飞行中动物骨流失及其对策研究
	骨骼肌蛋白平衡和更新机理研究
	单系统和多系统训练对策原型研究
	空间飞行中肌肉再训练模式
	长期空间飞行任务中脉管/间质压力变化
	长期低重力环境对生物体行为表现和立位耐力的影响
	临床不显的冠状心脏病筛查策略
	低重力环境下气溶胶在人类和动物的肺中的沉积研究
	长期空间飞行中，T 细胞活化和免疫系统变化的机制
	空间中动物免疫系统的变化
	空间中啮齿类动物的多世代功能和结构变化
人类在空间环境中的交叉问题	着陆后导致立位不耐受性的综合和多重机制
	人工重力环境下测试
	失压效应
	航天员的食物、营养和能量平衡
	辐射效应对航天员和动物的短期和长期影响
	辐射对细胞的影响
	空间飞行生理效应的性别差异
	热平衡的生物物理学原理

在空间生命科学的每一个发展阶段，NASA 的发展方向规划都发挥了重要指导作用。早期的三个方向，“航天医学，包括空间环境对人类的影响”被放在了第一位“基础生物学”位列第二位，明显地反映出研究定位取向是“人进入空间可能遭遇的极端环境”而不是科学本身。2010 年调整的新规划中，基于服务于长期载人深空探测的国家战略，受控生态生命系统的研究被提上更重要的地位，但不难看出大的学科研究方向还是围绕人而发展相关基础生物学问题。

11.2.1.2 宇宙生物学研究

美国是宇宙生物学研究的发源地，该领域相关研究基本由 NASA 主导。以包括火星和整个太阳系探索为主的空间探索项目是 NASA 宇宙生物学研究的主要部分。

1）NASA 宇宙生物学路线图

NASA 分别于 1998 年、2003 年和 2008 年公布其宇宙生物学研究的路线图（Smith，2005；Marais et al.，2003；Marais et al.，2008）。在最近一次发布的路线图《NASA 宇宙生物学路线图 2008》中，NASA 为其未来五年的宇宙生物学研究设定了以下基本目标和优先任务，详见表 11-6。

表 11-6 《NASA 宇宙生物学路线图 2008》设定的基本目标和任务

基本目标	优先任务
1.0 星球宜居性	1.1 宜居星球的形成和演化模型
	1.2 宜居星球的直接和间接天文学观测
2.0 太阳系中的生命	2.1 火星探测
	2.2 外太阳系行星
3.0 生命的起源	3.1 导致生命起源的物质和催化器
	3.2 生物功能分子的起源和演化
	3.3 能量转移现象的起源
	3.4 具有细胞结构的系统和生物原型系统的产生
4.0 地球早期生物圈和环境	4.1 地球早期生物圈
	4.2 复杂生命的建立
	4.3 地外事件（如陨石和彗星）对地球生物圈的影响
5.0 生命的进化机理和环境限制因素	5.1 环境依赖的微生物分子进化
	5.2 微生物群落的协同进化
	5.3 极端环境下的生物化学适应
6.0 地球（或地球之外）生命的未来	6.1 动植物、群落及生态系统导致的环境变化和元素循环
	6.2 非地球环境下生命的进化和适应
7.0 生命的印记	7.1 在太阳系物质中寻找生命的印记
	7.2 在太阳系之外的物质中寻找生命的印记

2）NASA“宇宙生物学研究所”计划

目前，NASA 正在开展的宇宙生物学计划由 4 个子计划组成，分别是“宇宙生物学科学与技术-行星探索”（ASTEP）计划、“宇宙生物学科学与技术-设备开发”（ASTID）计划、“地外生物学和进化生物学”（EXOBIOLOGY）计划和“NASA 宇宙生物学研究所”（NAI）计划（李一良，2011）。

ASTEP 计划旨在促进科学问题驱动的潜在宜居环境机器人探索，拓展对生命的理解，开发检测过去或现在存在的生命的方法。ASTID 计划致力于开发用于宇宙生物学研究的设备，预期大部分设备将用于火星、土卫六和木卫二的原位探索任务，尤其是用于有机、无

机生物标志物的分析。EXOBIOLOGY 计划研究极端环境下（如南极冰盖下的湖泊、冰川、富盐温泉、模拟火星条件等）的生物学，研究的主题包括：产甲烷细菌在高盐环境中的生存和耐辐射性，火山、高盐环境下的砷代谢微生物，岩内微生物群落中 D-氨基酸的聚集等。

NAI 计划影响最为广泛、参与研究机构众多。1998 年，作为发展宇宙生物学并为飞行任务提供科学构架的一种创新思路，NASA 决定实施 NAI 计划。根据计划设立的 NAI 是一个虚拟的分布式研究组织，由数个通过竞争获选的来自大学、研究所、NASA 中心及其他政府实验室的研究团队组成，开展协作式跨学科研究和人才培养计划，其总部设在 NASA 埃姆斯研究中心（ARC）（Blumberg，2003）。

NAI 主要开展的研究包括：①跨学科的地理学研究；②外空间生物和进化生物学研究；③宇宙生物学和技术设备研究；④新的原始的宇宙生物相关设备研究；⑤宇宙生物学和探测星球研究；⑥新的原创性的宇宙生物学地外探测设备研究（NASA，2014c）。

NAI 每 5 年发布一次资助机会公告，每一个获选团队可以获得每年约 100 万美元，持续 5 年的经费资助。2014 年 10 月 6 日，NASA 宣布未来 5 年将资助美国 7 个跨学科研究团队，开展生命起源、演化、分布和未来的研究，资助金额共计 5000 万美元。迄今为止，已经完成或正在进行中的研究团队选拔（CAN）已经进行了 7 次，先后共有来自 32 个知名研究机构的 53 个/次研究团队获得了 NAI 的资助。此次进行的第 7 轮（CAN 7）选拔中，加利福尼亚大学河滨分校和蒙大拿大学首次入选 NAI 计划（表 11-7）。

表 11-7　NAI 历次选拔（CAN 1 ~ 7）获资助的机构信息

	CAN 1	CAN 2	CAN 3	CAN 4	CAN 5	CAN 6	CAN 7
资助期	1998. 07 ~ 2003. 10	2001. 07 ~ 2006. 06	2003. 11 ~ 2008. 10	2007. 11 ~ 2012. 10	2009. 02 ~ 2015. 01	2013. 01 ~ 2017. 12	2015. 01 ~ 2019. 12
总体情况	先后共有来自 32 个知名研究机构的 53 个研究团队获得了 NAI 的资助						
CAN 1 ~6 入选机构	地外文明搜寻研究所、NASA 埃姆斯研究中心、NASA 戈达德空间飞行中心、NASA 喷气推进实验室、NASA 约翰逊航天中心、宾夕法尼亚州立大学、哈佛大学、海洋生物实验室、华盛顿大学、华盛顿大学虚拟行星实验室、华盛顿卡内基研究所、加利福尼亚大学伯克利分校、加利福尼亚大学洛杉矶分校、科罗拉多大学博尔德分校、伦斯勒理工学院、罗德岛大学、麻省理工学院、蒙大拿周立大学、密歇根州立大学、南加利福尼亚大学、斯克里普斯研究所、威斯康星大学、夏威夷大学马诺阿分校、亚利桑那大学、亚利桑那州立大学、伊利诺伊大学厄巴纳-香槟分校、印第安纳大学伯明顿分校、佐治亚理工学院						
CAN 7 入选机构	NASA 戈达德空间飞行中心、NASA 埃姆斯研究中心、NASA 喷气推进实验室、地外文明搜寻研究所、科罗拉多大学博尔德分校、加利福尼亚大学河滨分校、蒙大拿大学						

3）美国其他科研机构的研究资助重点

除 NASA 之外，美国的公立或私立研究机构资助，如美国国家科学基金会（NSF）、美国国立卫生研究院（NIH）、能源部（DOE）甚至农业部（USDA）等也资助了大量的宇宙生物学研究项目。

NSF 和 NASA 对宇宙生物学项目的资助理念不同：NSF 倾向于资助假说驱动的研究，因此较少资助以发现为目标的项目；而 NASA 以项目驱动，因此鼓励进行探索研究。NIH 和 NSF 的资助理念类似。DOE 和 USDA 支持宇宙生物学研究中与基因组学相关的项目。DOE 和 USDA 都有各自的基因测序计划。这些基因组令人信服地反映了生物祖先的物理和生物环境历史变化情况，包括生物的大规模灭绝和气候的重大变化（Smith，2005）。

最为知名的进行宇宙生物学研究的私立机构是“地外文明搜寻研究所”。该机构致力于用射电望远镜等先进设备接收从空间中传来的电磁波，从中分析有规律的信号，希望借此发现地外文明。

11.2.2 欧洲的空间生命科学发展战略和计划

11.2.2.1 欧盟“框架计划”空间生命科学重点项目

欧盟“框架计划”（FP7）中与空间生命科学研究相关的项目共计 20 项，项目预算总额 2123.2 万欧元，其中欧盟出资总额 1939.2 万欧元。主要研究内容包括宇宙中生命起源、寻找火星生命存在的证据、系外行星、航天医学等。FP7 资助的与空间生命科学研究相关的项目详见表 11-8。

表 11-8 欧盟 FP7 资助的空间生命科学研究项目

起始年份	项目名称	资助期限/月	总预算/万欧元	欧盟出资/万欧元	组织国	主要研究内容	状态
2008	系外行星和地球早期大气研究：理论与模拟（E-3ARTHS）	60	72	72	法国	旨在研究系外类地行星的大气，包括对宜居世界的起源、演化和鉴定，以及搜索生物标志物；采用早期地球模型以更好地理解生命起源；使用自适应 3D 工具进行行星际环境建模	完成
2008	围绕冷恒星的岩石行星（ROPACS）	48	321	321	英国	围绕冷恒星的小型岩石行星可能是温暖的宜居星球。本项目旨在开发和利用新的工具寻找行星，并提供一个初步培训网络，用以培训参与行星探测和表征的人员	完成
2008	用于航天员辐射暴露测定的 MATROSHKA 人体模型（HAMLET）	37	138	107	德国	对 ESA 的人体模型项目 MATROSHKA 进行数据处理，提高项目产出。MATROSHKA 于 2004 年 1 月发射，配备了 6000 多个辐射传感器，以评估 ISS 的辐射环境对模拟的航天员躯干的影响	完成
2010	面向人类的空间探索：欧洲战略（THESEUS）	28	94	81	法国	制定一个集成生命科学研究路线图：①确定学科的研究优先级；②专注于具有较高地面应用价值的领域；③建立欧洲合作网络，使欧洲科学家能够根据 ESA 的空间探索框架规划自己的项目和未来的空间活动	完成

续表

起始年份	项目名称	资助期限/月	总预算/万欧元	欧盟出资/万欧元	组织国	主要研究内容	状态
2011	与空间相关的栖息地生物污染建模（BIOSMHARS）	24	74	49	法国	通过计算气流和温度分布等因素预测封闭环境（如ISS）中生物气溶胶的传播和生物污染，并制定相应对策	完成
2011	减压病的病理学：减压过程中血管内气泡形成的危险因素（PHYPODE）	48	340	340	法国	项目致力于制定跨学科的教育和研究框架，通过流行病学、临床和基础研究三个途径进行联合研究以应对减压病，强调对年轻研究人员的支持和培养	在研
2011	关于平衡功能障碍治疗的前庭耳石功能的理论和实验研究（OTOLITH）	24	9.7	9.7	比利时	耳石系统是人类探测重力的器官，项目旨在研究不同条件下（旋转、离心等）耳石系统的响应	在研
2011	生命科学受控环境实验室（CELLS）	24	27	27	爱尔兰	项目主要目标是技术转移转化，如将空间LED灯增加作物产量和营养价值的技术转移到地面应用。目标包括：①向爱尔兰转移水培和环境控制技术；②开发用于生产和分析生物活性产品的设施；③研究利用非破坏性手段评估作物质量的能力等	完成
2012	宇宙生物学和空间任务地图（ASTROMAP）	36	66	50	西班牙	为欧洲行星科学共同体提供欧洲空间科学和宇宙生物学路线图，项目目标包括：①梳理出能够在空间任务帮助下解答的重大科学问题；②确定未来空间任务	在研
2012	星际空间中的冷碰撞和生命的产生（ASTROLAB）	60	148	148	德国	建立低温存储环装置，使用低温低密度环境模拟星际空间环境，研究离子-中性分子碰撞，以探索来自小行星和彗星的水和生物前有机分子在行星上的聚集过程	在研
2012	用于理解星际介质的分子复杂性的新颖分析（NATURALISM）	24	19	19	荷兰	通过实验手段研究星际冰块类似物中大型、复杂分子结构形成的化学过程，帮助理解生命起源	完成
2012	光子生物传感器的空间应用（PBSA）	29	190	147	西班牙	通过光子集成技术制造诊断芯片，可进行生物标记物、基因和DNA检测，也能够监测感兴趣的分子。设计时将考虑到支持ESA的ExoMars火星任务，因此芯片具有较小体积、功耗，能承受极端辐射和温度。在地面还可用于病原体诊断等	在研
2012	行星栖息地模拟（PLANHAB）	36	244	188	斯洛文尼亚	研究低氧和持续卧床对人体生理系统的综合作用。使用位于斯洛文尼亚的缺氧设施，可容纳20名受试者，模拟在不同海拔氧气含量下的反应。测试内容包括缺氧卧床休息、常氧卧床休息、缺氧下地活动等，进行了有关代谢、心肺、肌肉骨骼等的实验	在研

续表

起始年份	项目名称	资助期限/月	总预算/万欧元	欧盟出资/万欧元	组织国	主要研究内容	状态
2012	用于预防立位耐受不良的微循环调节机制的模型研究(ARTHEROSPACE)	36	22	22	德国	通过实验和一维血压波传播模型，研究微循环系统对静水压变化的调节机制，以更好地理解心血管系统对变化的静水压力的反应，为航天员立位耐力问题制定对策	在研
2013	嗜极微生物群落光感受器的筛选和功能分析（EXTREMOPHIL）	12	1.5	1.5	阿根廷	调查安第斯山高海拔湖泊（HAAL）的微生物群落，包括浅水区、沉积物、火烈鸟粪便、叠层石等，研究其活跃的DNA修复系统、进行对蓝光驱动的酶活动的筛选和分子分析，调查其光化学特性，提供早期的生命信息	完成
2013	早期的生命的痕迹、演变及其对宇宙生物学的影响（ELITE）	60	147	147	比利时	目标包括：①通过确定年代的前寒武纪岩石确定生命的早期迹象和它们的保存条件；②确定它们的生物亲和性，包括研究微纳尺度超微结构、对化石和模拟材料的化学分析等；③生物演化的主要步骤的时间分析；④分析观察到的进化现象与生物突变、生态系统演化、环境（包括氧气含量、冰川、地质构造、海洋养分）之间的联系	在研
2014	寒冷和潮湿的早期火星：提出、验证并解释早期火星环境的新理论（ICY-MARS）	60	141	141	西班牙	有证据显示火星曾存在液态水。本项目旨在分析火星挪亚纪的冰冷水环境形成原因、特点和结果，分析当时水文循环留下的地貌、矿物学和地质化学的证据，揭示探索火星的新途径	在研
2014	火星挥发物研究(MARSVOLATILES)	24	22	22	英国	研究火星内部、表面和大气的挥发性元素随地质时期改变而变化的情况，确定火星与地球的相似性	在研
2014	液体的合成(SLIMPICODA)	24	30	30	英国	通过实验模拟宇宙尘埃超高速撞击的过程。制造含有薄硅/水合物外壳和挥发性有机物/水的内核的微纳尺度的粒子，通过将冰微粒加速、撞击，研究星球上的挥发性物质，特别是水的形成过程	在研
2014	了解洞穴中黑色沉积物的性质和起源：对宇宙生物学有价值的微生物和次生矿物的新见解（DECAVE)	24	17	17	西班牙	根据形态、地球化学和矿物学手段研究西班牙Ardales洞穴和Canary群岛的黑色沉积物、熔岩管，确定和描述其中的微生物群落，研究其中的微生物-矿物相互作用、生物矿化过程，确认生物矿物、微生物化石的宇宙生物学价值，提供地球生命起源的证据	在研

下面简要介绍FP7重点项目的基本情况。

（1）围绕冷恒星的岩石行星。

以前的地外行星搜索主要集中在搜寻围绕类似太阳的恒星周围的类地行星，但是近期研究认为冷恒星宜居带内的岩石星球也可能是温暖的宜居星球。“围绕冷恒星的岩石行星”项目旨在使用地面和空间望远镜，采用凌星和径向速度技术，对围绕冷恒星的岩石行星进行搜寻。项目的主要目标包括：开发新的工具用以搜索凌星行星；制定后续的观测活动（依据多个望远镜）来完善候选凌星行星列表；开发径向速度搜寻技术，提高搜索灵敏性；使用新开发的技术搜索围绕冷/临近恒星的新行星；测量当系外行星从前/后方穿过其围绕恒星时发生的初级/次级日食；开发最新的理论模型研究系外行星和其主恒星的性质；进行ESA宇宙愿景提出的系外行星科学任务。

（2）系外行星和地球早期大气研究：理论与模拟。

“系外行星和地球早期大气研究：理论与模拟”项目旨在对系外类地行星（ETP）的大气进行仿真和表征。ETP的可观测特性及其能够支持生命的能力是通过其大气特性决定的，其大气化学、辐射传输和气候等特性通常是天体物理、地球物理和生物机制共同作用的结果。

该项目将采用跨学科和国际合作的方式，与天文台过境搜寻调查等观测行动进行合作，使用自适应3D工具对真实行星环境进行建模，研究对宜居星球的起源、演化、识别，并对类地行星的生物标志物进行搜索。该项目还将根据最新的关于地球形成和太阳演化历史的研究结果，分析早期地球模型，以更好地理解地球生命的起源。

（3）光子生物传感器的空间应用。

“光子生物传感器的空间应用”致力于使用芯片实验室（LoC）技术进行空间生命探测任务。精通免疫化学技术、CMOS光子集成电路技术、微流体技术的研究人员将合作进行诊断芯片的研发，并由空间技术专家完成最终的控制电子学和系统集成工作。该项目通过光子集成技术制造的诊断芯片可进行生物标记物、基因和DNA检测，也能够监测感兴趣的分子。

该项目在设计芯片时考虑到将其应用在空间时要求具有更小的体积、更低的质量和功耗，以及更高的鲁棒性。项目结果可以应用在ESA的ExoMars火星任务，用于检测火星上的生命迹象。除了应用于空间生命科学外，项目成果还可以应用于河流和海洋的环境监测、预防生物恐怖主义的实时病原体监测等。

11.2.2.2　THESEUS

THESEUS是欧盟委员会FP7计划资助的一项协调行动，于2008年年初启动，历时4年完成，最终形成了旨在为欧洲人类空间探索战略提供跨领域的、以生命科学为基础的路线图。为实现这一目标，THESEUS围绕5个主要研究领域设置了14个专家组进行讨论，领域包括集成系统生理学、心理学和人-机系统、空间辐射、栖息地管理和医疗保健。经过专家广泛讨论，THESEUS识别出99个关键问题作为需要在“研究与创新框架计划2014~2020”（Horizon 2020，亦称FP8）中关注的高优先级科学主题，反映了人类空间探索存在的挑战和机遇。为了研究识别出的关键问题，THESEUS路线图制订了三个主题途径，分别给出以下建议。

1）主题 1：制定关于人类对空间环境适应的综合视图

建议 1：确定并量化人类在执行空间探索任务时面临的各种环境压力，并评估它们对人类的潜在危害。

建议 2：综合调查人类对空间探索中复杂空间环境的适应能力，评估航天员面临的风险，制定减轻风险的有效措施。

建议 3：根据性别差异、遗传因素和其他个体特征制定个体暴露在空间探索任务的复杂空间环境中产生的响应的清单。

建议 4：进行人类探索任务的综合风险评估，评估对象包括暴露在多压力源环境中的风险、航天员对这些压力源的交互适应、个体差异响应等。

2）主题 2：制定多压力源的对抗措施的综合视图

建议 5：一些用于减轻来自环境压力源的特定不良影响的策略应当在空间探索任务的计划阶段就开始实施，如设计更加合适的居住设施、开发训练方法等。

建议 6：制定综合了人体功能和个体间差异的优化应对措施和程序，考虑不同应对措施之间可能的相互影响，开发研究动物和人体的地面模拟设备，以进行系统研究。

3）主题 3：开发工具和方法的综合视图

建议 7：制定标准化协议和程序用以综合研究人类在空间探索任务中对空间环境的适应能力，并开发有效应对措施。

建议 8：根据标准化协议和程序，建立地面和空间综合人类研究结果数据库；建立由欧洲主要利益相关方协调下的数据管理和分发系统；构建向合格的研究者开放匿名航天员健康数据的协议。

建议 9：使用数学、物理、生物和神经认知模型来理解和预测与探索任务相关的航天员所面对的各种风险，以通过各种手段将这些风险降低至可接受的水平。

总体而言，根据 THESEUS 路线图提出的主题和建议、途径去规划可以使能载人探索的研究，相关计划应当在整个欧洲层面上协调、实施，并考虑直接资助、网络合作、知识交流，同时优化对欧洲研究基础设施的利用。在这种情况下，通过有针对性的、专门的研究项目征集活动，使这些研究进程可以在中长期内保持一致性。

人类在低地球轨道上的空间任务中所面临的问题与地球上人们所面临的问题具有共性。THESEUS 所梳理出的关键问题与众多社会挑战直接相关，如老龄化、营养、民生安全、个人安全及可持续发展。尽管一些问题在地球上已经得到了充分解决，但是空间探索在环境、技术限制、操作和安全要求等方面与地面完全不同，因此可以提供与地球上不同的科学与技术视角，为地球应用提供新的附加值。医疗诊断、健康监测设备的小型化是这种附加值的很好的实例（ESF，2012a）。

11.2.2.3 ESA ELIPS 计划重点项目

2001 年 11 月，ESA 正式确定开展“欧洲空间生命和物理科学”（ELIPS）计划。ESA 发布的《ELIPS 计划执行摘要》报告详述了 ELIPS 计划的总体目标、研究目标和优先领域、实施方案及计划内容。

ELIPS 的总体战略目标是“利用空间特殊条件、特别是 ISS，开展生命和物理科学领域的基础和应用研究”，4 大顶层科学与应用目标是探索自然、改善健康、创新科技与工艺和保护环境。ESA 委托欧洲科学基金会（ESF）研究可促成实现这些目标的具体领域，ESA 依据其建议凝练成覆盖 6 个学科的 14 个研究基石，其中与空间生命科学研究相关的内容包括：生物学领域的生物技术、植物生理学、细胞与发育生物学；生理学领域的综合生理学、肌肉与骨骼生理学、神经科学；宇宙生物学与行星探索领域的生命的起源、演化和分布，为载人行星探索做准备。

ELIPS-1 中与空间生命科学相关的研究主题包括空间生物学、生理学，以及宇宙生物学和行星探索。空间生物学方面的研究基石包括生物技术、植物生理学和细胞与发育生物学，其研究重点是：失重环境下与控制细胞分化相关的介质的跨膜和细胞间通量、与重力感应相关的机械感觉元素、重力对细胞和全身发育和繁殖的影响等。生理学方面的研究基石包括综合生理学、骨骼和肌肉生理学和神经生理学，其研究重点是：利用空间极端条件研究重力和压力对植物神经调控的影响，失重或减重力环境下负荷对人体骨骼和肌肉的影响，重力对姿态、运动和认知控制的影响等。宇宙生物学和行星探索方面的研究基石包括生命的起源、进化及分布和载人行星探索准备工作，其研究重点是：地球和空间极端环境下微生物（嗜极生物）的生存能力、空间辐射对人体的影响、高压力环境下孤独对航天员的影响、原位资源利用模拟等（ESA，2011）。

ELIPS-1 各研究基石对探索自然、改善健康、创新科技与过程及保护环境的贡献列于表 11-9 中。ELIPS-1 与空间生命科学相关的研究基石涉及的项目数也列于表 11-9 中。值得指出的是，在 ELIPS-1 的全部 229 个项目中，与空间生命科学研究相关的研究项目总数达 121 项，凸显了 ESA 及 ELIPS 计划参与国对空间生命科学研究的重视。

表 11-9　ELIPS-1 研究基石对其科学/应用目标的贡献

科学/应用目标	空间生物学			生理学			宇宙生物学和行星探索	
	植物生理学	细胞和发育生物学	生物技术	综合生理学	骨骼和肌肉生理学	神经生物学	生命的起源、进化及分布	载人行星探索准备工作
探索自然	关键	重要	重要	重要	重要	关键	关键	重要
改善健康	—	关键	重要	关键	关键	重要	—	重要
创新科技与工艺	—	—	关键	—	—	—	—	重要
保护环境	重要	—	重要	—	—	—	—	重要
项目数/项	6	16	15	27	18	11	14	14

ELIPS-2 计划与空间生命科学相关的研究主题包括生物学、生理学及宇宙生物学。生物学方面的研究基石包括分子和细胞生物学、植物生物学和发育生物学。生理学方面的研究基石包括综合重力生理学、航天生理学和对策。宇宙生物学方面的研究基石是生命的起源、进化和分布和载人行星探索准备工作（ESF，2005）。

ELIPS-3 着重选择了那些已经在国际范围内拥有一定的研究基础，并预期可以产生显著成果的关键问题，其中与空间生命科学相关的研究主题包括生物学、生理学及宇宙生物学。生物学方面的研究基石包括分子和细胞生物学、植物生物学和发育生物学，其研究重点是：重力如何改变器官的发育和绩效、细胞对重力的感知机理、重力如何影响从胚胎发育到衰老的整个生命周期、细胞对多重应激物的响应等。生理学方面的研究基石包括综合重力生理学、非重力因素生理学和对策，其研究重点包括：变重力条件下组织系统相互作用和恢复机制、影响身体活动和认知能力的因素、人体对多重应激物的响应等。宇宙生物学方面的研究基石是生命的起源、进化和分布，其研究重点是：有机物和矿物质在空间条件下的相互作用，空间条件下的聚合、稳定及复制过程，嗜极生物对地外环境的生存和适应机制等（ESF，2008；ESA，2011）。

ELIPS-4 将于 2013 ~ 2016 年进行，其中与空间生命科学相关的重要研究领域列于表 11-10 中（ESF，2012b；ESA，2012）。

表 11-10 ELIPS-4 计划中与空间生命科学相关的重要研究领域

研究方向	最高优先级研究领域
人体生理学和表现	可变重力环境下，组织器官系统的相互作用机制和恢复（系统动态平衡）
	身体和认知能力的影响因素
	对策
	辐射
生物学	细胞、植物和动物对重力的感受性：①感知和适应的分子机制；②多细胞结构的形成；③器官系统的发育和行为表现；④从胚胎发育到衰老的生命周期
	对多重应激物的生物响应
宇宙生物学	有机化合物和矿物的相互作用
	对聚合、稳定性和复制的研究
	生命形成以前，生命分子对地外环境的响应
	嗜极生物的生存和适应机理

11.2.3 俄罗斯的空间生命科学发展战略和计划

俄罗斯是空间强国之一，在空间活动方面十分活跃。由于载人的需要，空间生命科学着重研究空间环境飞行因素对人体的影响，寻找保障人在空间健康生活和有效工作的措施。在生物学方面研究地球生物在空间条件下的生命活动和行为，探寻宇宙中生命物质的存在、分布、出现和进化，拟定在宇宙飞船内及行星上建立居民环境的原则和方法（汤章诚，1995）。

早期封闭的前苏联时代相关空间科学的研究规划，知之甚少。2005 年俄罗斯联邦政府第 635 号命令正式批准的《俄联邦 2006 ~ 2015 年航天计划》中有关空间科学发展的整体规划包括：2025 年前实现载人登月；2027 ~ 2032 年在月球建立永久考察基地；以月球作为远征火星的跳板，在 2035 年后开始载人火星之旅。而没有更细化的、直接与空间生命科学相关的规划发表。但从俄罗斯和前苏联的卫星计划和载人航天计划的各项工程中，仍可以窥视其空间科学研究的发展脉络，成为了解其空间生命科学研究的窗口。

11.2.3.1 2020年前及以远俄罗斯空间生命科学发展战略和计划

2008年4月24日，俄罗斯总统批准了《2020年前及以远俄罗斯联邦航天活动领域国家政策原则的基本纲要》，其中为俄罗斯设定的总体空间战略中与空间生命科学研究相关的战略包括以下内容（United Nations office for Center Space Affairs，2010）：

（1）俄罗斯空间医学与生物学研究接受任何将来的空间活动发展方案，但需要持续不断的优先发展基于有人参与和自动空间任务方面的基础和应用研究。

（2）面向月球和火星有人参与任务的医学支持，开展一定的理论和实验基础研究，新的科学技术将被用于载人探索任务中更多的生物医学问题研究。

该基本纲要设置的与空间生命科学研究相关的任务包括以下内容：

（1）继续开展基于ISS、空间运输系统和无人飞船的空间基础和应用生理学及生物学研究，包括基于国际合作的研究：研究生命对空间飞行和空间环境特定因素生理性适应的机制；研究目前在轨飞行及将来载人任务（面向月球和火星）过程中如何降低潜在的医学风险；发展和测试新的途径和方法，用于预防生命体出现不利改变或保护生命体免遭空间辐射的有害影响。

（2）积累与长期有人参与的在轨飞行及将来航天员面向月球及火星飞行有关的新的生物医学数据。

（3）为将来开发有人参与新型空间系统提供医学工程及工效学方面的支持。

（4）改善人类空间医学支持系统。

11.2.3.2 2030年前及以远俄罗斯空间生命科学发展战略和计划

2013年4月19日，俄罗斯总统普京批准了《2030年前及以远俄罗斯联邦航天活动领域国家政策原则的基本纲要》（Russian Federal Space Agency，2013）。该基本纲要设置的与空间生命科学研究相关的任务包括：

（1）至2015年，研究失重和其他空间因素对分子和细胞的影响机制，参与月球、火星和木星探索的国际航天项目。

（2）至2020年，开展月球和火星重力的生物学效应研究，开展高远地点轨道飞行中的失重和电离辐射的组合生物学效应研究。

（3）至2030年，在近地轨道开展对有机体产生影响因素的研究。

（4）在2030年后，开展与天体物理学和太阳研究相关的航天研究计划，对类地行星进行深入研究，实施自动航天器到距离遥远的行星的飞行，开展研究以获取人类在地球磁场以外空间飞行的科学数据。

预期任务的执行结果包括：

（1）确保俄联邦乘组在空间长期居留，解决航天员在空间环境下长期生存、保持工作能力的一系列主要问题，利用ISS开展未来航天设备的试验研制。

（2）至2030年，积极参与使用无人航天器对火星、金星、木星、土星及小行星进行的探索，获取关于生物体在空间飞行中能否长期生存的科学数据（Russian Federal Space Agency，2013；China National Space Administration，2014）。

11.2.4 日本的空间生命科学发展战略和计划

11.2.4.1 JAXA 空间生命科学发展愿景

2005 年 3 月，日本宇宙航空研究开发机构（JAXA）发布了 2005 ~2025 年的航天新构想——《JAXA 2025 愿景》，其中与空间生命科学研究相关的愿景“为了人类的希望和更美好的未来，促进知识的发展和扩展人类活动的疆域”旨在实现观测宇宙、探测太阳系及勘测和利用月球。在 21 世纪，JAXA 要实现两个重要目标，包括确定宇宙起源和构成，以及时空的特性；研究宇宙其他地方生命存在的可能性。目前这些问题还没有确切的答案。JAXA 将利用空间观测和太阳系探测回答这两个基本的问题，即研究宇宙结构和组成物质（物质、暗物质和暗能量）及它们随时间的演化，阐释太阳系形成的环境和地球上适于繁衍生命的环境的形成。

另一个与空间生命科学研究相关的愿景“发展本土能力，独立开展航天活动”旨在建立自己的载人航天技术体系，以获得和保持国际合作和竞争的能力，作为平等的合作者在国际社会中发挥适当的作用。利用“日本实验舱”在 ISS 执行长期任务，进行空间生命科学研究（夏光，2006）。

11.2.4.2 “希望”号实验舱至 2020 年利用方案的生命科学研究目标

ISS“希望”号实验舱第一阶段应用计划已完成，目前已启动第二阶段应用计划，进入多领域重点应用阶段，并开展了 72 项实验，其中生命科学研究 27 项、航天医学研究 17 项（JAXA，2014a）。这些项目中有些已经完成了阶段性目标，取得了显著的成果。例如：通过空间生命科学实验的开展，日本取得了大量重要的医学数据；在 ISS 长期活动期间，日本航天员尝试使用对破骨细胞有抑制作用的二磷酸盐制剂，取得了非常好的效果；通过研究空间中的非洲蟾蜍肾脏细胞，对空间中生物细胞的形态变化及其原因进行了解析；培育出导致肌肉萎缩症的蛋白质的高品质晶体，通过解析蛋白质结构开发了针对性的药物，目前正准备把这种药物推向市场。

2013 年 3 月，JAXA 发布了《至 2020 年“希望”号实验舱应用方案》，为 ISS 上的“希望”号实验舱确定了三大优先研究领域，以满足其延长运行至 2020 年的空间应用需求，其中与空间生命科学相关的研究领域包括生命科学和航天医学两大领域。JAXA 依据两个标准凝练各领域的优先方向和目标：一是只有利用“希望”号实验舱才能开展的前沿科学研究；二是可用于未来空间活动的基础研究与开发。

该方案为其生命科学研究制定的主要目标是实现对生物适应空间环境过程的综合理解，以及开发科学技术、拓展人类在空间的活动。设定的研究领域包括：对植物、微生物、细胞、脊椎动物（鱼类）、哺乳动物等模型生物开展优先研究；重力生物学，即对生物的重力感应和响应机制研究；辐射生物学，即研究压力舱内空间辐射环境下的生物效应（JAXA，2012a；JAXA，2012b；JAXA，2014b）。为航天医学研究制定的主要目标是提高适用于航天员的医疗技术，研究空间飞行对人类和动物影响的基本机理，设定的优先研究领域包括生理对策、生理支持、针对空间辐射的医疗技术、空间环境医学及空间遥医学等（表 11-11）。

表 11-11　《至 2020 年“希望”号实验舱应用方案》在空间生命科学领域的目标

领域	只有利用“希望”号实验舱才能开展的前沿科学研究	可用于未来空间活动的基础研究与开发
生命科学	①探明生物体内重力感知系统的机理；②空间环境对基因的综合影响和表观遗传学影响；③研究微重力和放射线的相互作用；④研究生物的环境适应性和基因进化；⑤评估空间环境对血液、神经、激素、代谢的长期综合影响	①空间环境压力的生物医学研究；②宇宙线的长期影响；③在空间长期停留的基础研究；④生命支持技术
航天医学	①研究预防肌肉萎缩、骨质疏松和监测生物节律、睡眠质量等生理问题的解决对策；②提出缓解疲劳和压力等心理问题的对策；③辐射剂量测量技术；④水、空气、微生物和噪声检测等舱内环境管理技术；⑤在轨远距离医疗技术	①研究肌肉萎缩、骨质疏松的治病机理并研制抑制这些疾病的方法；②研究循环系统、前庭神经系统、免疫系统对空间环境的压力反应；③评估辐射对老鼠、鱼等模式生物后代的影响；④开发生物指标评估低剂量长期辐射的影响；⑤研究如何防护辐射

11.3　空间生命科学领域研究与产出发展态势

本研究针对美国、欧洲、日本、俄罗斯、法国、英国、德国、意大利、中国等国家（地区）依托航天器平台开展的主要空间科学任务（包括历史任务、正在进行的任务和规划中的任务），利用 Thomson Reuters 科技集团的 Web of Science（简称 WOS）数据库，对相关任务产出的期刊论文、会议论文和综述 3 类研究成果进行主题检索（涵盖研究成果的标题、摘要、关键词），获得 2001 ~ 2013 年的数据，以此作为描述和评价空间生命科学领域整体学科发展水平的样本数据，并开展相关的统计分析。同时对目前空间生命科学最大的在轨研究平台——ISS 的空间生命科学研究态势与进展进行深入分析，ISS 实验数据信息来源于 NASA ISS 计划网站，论文数据来源于 WOS 数据库。

11.3.1　空间生命科学领域整体产出态势

进入 21 世纪以来（2001 ~ 2013 年），空间生命科学领域的 SCI 论文总量达 4664 篇，年均增长率为 5.3 %。2011 年（481 篇）比 2001 年（258 篇）的发文量增加了 86.4 %，其中宇宙生物学论文数量整体呈平稳增长态势，空间生物学和航天医学研究论文数量大致保持稳定（图 11-1）。

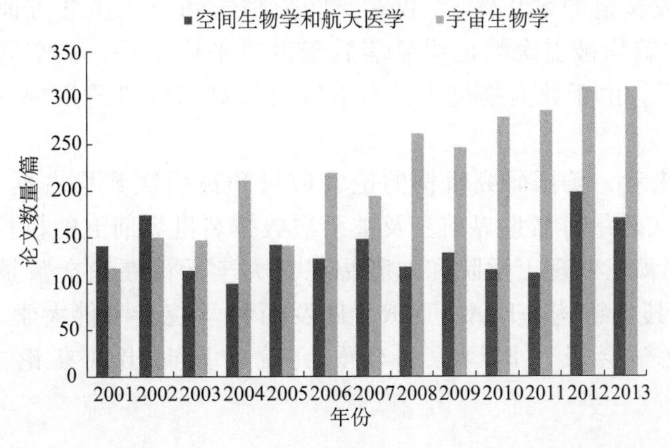

图 11-1　2001 ~ 2013 年空间科学领域 SCI 论文年度分布情况

在重大产出方面，2001～2013 年，*Nature* 和 *Science* 上分别发表了 17 篇和 27 篇空间生命科学领域的论文，其研究聚焦于宇宙生物学研究。

论文和引文可以分别从研究规模和影响力水平两个角度反映研究水平的主要现状。2001～2013 年空间生命科学领域的论文数量、被引次数统计数据（表 11-12）表明：美国在空间生命科学领域的绝对优势地位无可撼动，产出了超过世界总量一半的论文。在全世界共计 4664 篇论文中，有 2532 篇论文为美国研究人员的成果，约占总量的 54.3 %。德国、日本、俄罗斯、意大利、法国等国家在空间生命科学领域均具有较强的实力。

表 11-12　2001～2013 年空间生命科学领域论文排名 TOP 10 国家及中国的相关数据

国家汇总	空间生物学和航天医学		宇宙生物学		总发文/篇	排名	总引文/次	排名	篇均被引次数/次
	发文/篇	引文/次	发文/篇	引文/次					
美国	827	11 089	1 609	34 115	2 436	1	45 204	1	18.56
德国	264	3 281	348	8 780	612	2	12 061	3	19.71
法国	136	1 348	423	12 480	559	3	13 828	2	24.74
英国	68	1 008	365	7 973	433	4	8 981	4	20.74
意大利	179	1 555	217	4 165	396	5	5 720	5	14.44
荷兰	107	754	193	4 541	300	6	5 295	7	17.65
日本	151	1 354	116	1 619	267	7	2 973	12	11.13
俄罗斯	186	1 549	71	1 454	257	8	3 003	11	11.68
西班牙	54	674	194	4 845	248	9	5 519	6	22.25
加拿大	97	902	103	2 631	200	10	3 533	10	17.67
中国	65	298	61	684	126	11	982	18	7.79

在被引次数指标上，美国的研究成果的影响力规模远远高于其他国家，总被引次数为排名第二的法国的 3.3 倍（表 11-12）。此外，美国还在庞大的研究规模基础上，获得了高达 18.56 次的篇均被引次数，与在空间科学领域研究同样颇具特色的法国、德国、英国、意大利、西班牙和加拿大并驾齐驱。

中国在空间生命科学领域的研究实力较为薄弱：2001～2013 年的总发文量仅有 126 篇（是美国发文量的 5.0 %），仅在空间生物学和航天医学方面的发文量排名进入世界第 10 位；篇均被引次数也明显落后于世界平均水平，在空间生命科学研究领域“缺乏存在感”。由于数据集过小，本报告没有对国内科研机构的发文和引文情况进行分析。

从机构方面来看，美国研究机构的论文数量和被引次数均占据了世界 TOP 10 机构中的 5 席：论文总量排名世界前三及被引次数排名世界前五的机构均是美国研究机构。NASA、加利福尼亚理工学院和加利福尼亚大学无论在论文数量还是在被引次数上都遥遥领先于其他机构。ESA、DLR、俄罗斯科学院、哈佛大学、亚利桑那大学、马克思·普朗克学会及法国国家科学研究院均同时出现在论文榜和引文榜前列(表 11-13)。

表 11-13 2001～2013 年空间生命科学领域论文排名 TOP 10 机构相关数据

机构汇总	国家/地区	空间生物学和航天医学		宇宙生物学		总发文/篇	排名	总引文/次	排名	篇均被引次数/次
		发文/篇	引文/次	发文/篇	引文/次					
NASA	美国	308	3 983	470	14 049	778	1	18 032	1	23.18
加利福尼亚理工学院	美国	14	291	374	11 337	388	2	11 628	2	29.97
加利福尼亚大学	美国	93	1 902	224	9 140	317	3	11 042	3	34.83
ESA	欧洲	75	641	123	2 609	198	4	3 250	15	16.41
DLR	德国	95	1 462	92	1 917	187	5	3 379	14	18.07
俄罗斯科学院	俄罗斯	116	1 001	52	1 041	168	6	2 042	27	12.15
哈佛大学	美国	14	195	148	8 243	162	7	8 438	4	52.09
亚利桑那大学	美国	6	272	140	5 691	146	8	5 963	5	40.84
马克思·普朗克学会	德国	10	498	121	4 386	131	9	4 884	7	37.28
法国国家科学研究院	法国	25	288	100	2 752	125	10	3 040	16	24.32

11.3.2 ISS 空间生命科学研究态势与进展

11.3.2.1 ISS 生命科学实验近期研究态势

按照 NASA 的分类体系，ISS 上进行的空间生命科学研究可分为两大研究方向，分别是用于航天探索的人体研究及生物学和生物技术研究。ISS 0～40 批考察组的空间科学任务，共进行了 788 项实验，其中 218 项为生物学与生物技术研究，145 项为人体研究项目（表 11-14 和表 11-15）。与空间生命科学相关的研究项目占 ISS 各研究领域总实验项数的 46.1%，所占比例足见其重要性（NASA，2014d）。

表 11-14 ISS 0～40 批远征任务生物学与生物技术领域研究项目统计

研究方向	NASA	Roscosmos	ESA	JAXA	CSA	总计
动物生物学——无脊椎动物	7	5	2	6	1	21
动物生物学——脊椎动物	9	0	0	4	0	13
植物生物学	22	4	6	8	2	42
细胞生物学	24	8	10	8	0	50
大分子晶体生长	30	9	1	3	0	43
微生物学	18	16	4	6	0	44
微胶囊化	1	0	0	0	0	1
疫苗开发	4	0	0	0	0	4
总计	115	42	23	35	3	218

表 11-15　ISS 0 ~ 40 批远征任务人体科学领域研究项目统计

研究方向	NASA	Roscosmos	ESA	JAXA	CSA	总计
骨骼和肌肉生理学	12	3	4	1	0	20
心血管和呼吸系统	11	7	11	1	2	32
生保系统	4	0	1	1	0	6
宜居性和人类因素	1	0	0	0	0	1
人类行为和绩效	7	2	3	2	1	15
人类微生物组学	1	0	1	0	0	2
免疫系统	8	0	1	0	0	9
综合生理学和营养	10	7	2	2	0	21
神经和前庭系统	6	3	12	1	4	26
辐射对人类的影响	3	2	2	1	1	9
视力	2	0	0	0	1	3
总计	65	24	37	9	9	144

注：有一项人体科学实验为企业开展的实验，因此未纳入统计

2010 ~ 2012 年 ISS 开展的空间生命科学研究（远征任务 21 ~ 32）情况请参见已发表的文献（韩淋等，2011，2012a，2012b，2013；王海霞等，2010）。2012 年 9 月至 2014 年 9 月，ISS 共进行了 8 次远征任务（远征任务 33 ~ 40），共计进行实验 307 项，其中与空间生命科学相关的实验共计 107 项。其中生物学与生物技术实验 56 项，人体研究实验 51 项。在此期间，ISS 主要参与机构资助的空间生命科学实验总数量和新实验数量情况见表 11-16。

表 11-16　ISS 远征任务 33 ~ 40 开展的空间生命科学实验情况统计　　单位：项

资助机构	实验总数量		新实验数量	
	生物学与生物技术	人体研究	生物学与生物技术	人体研究
NASA	32	26	29	12
Roscosmos	8	4	0	0
JAXA	15	6	10	1
ESA	1	13	1	2
CSA	0	2	0	1
合计	56	51	40	16

1）远征任务 33 ~ 40 生物学和生物技术领域开展的新实验

（1）ESA 资助开展的“重力感应的阈值加速-2”实验在微重力环境中对扁豆幼苗的根系施加不同水平的离心加速度，结合观察到的根弯曲程度，来确定根反应的加速度阈值。

（2）JAXA 资助开展的“青鳉鱼破骨细胞 2”研究微重力对破骨细胞的影响及青鳉鱼的重力感应系统。“微生物-A1”实验旨在提供一种快速有效的空间站微生物在轨监测系统。“骨骼肌细胞的重力感应器：质膜的张力波动的生理相关性-1”实验旨在确认骨骼肌细胞的

重力感应，并依此开发肌肉萎缩的治疗对策。实验将在“希望”实验舱培养 L6 肌管/成肌细胞，测量细胞膜上通道和/或蛋白酶的活性及 L6 细胞肌管的形成。“骨骼肌细胞的重力感应器：质膜的张力波动的生理相关性-2”将致力于研究非洲爪蟾细胞在不同张力下的表现，以确认骨骼肌细胞的重力感应，并依此开发重要的空间健康问题——肌肉萎缩的治疗对策。“重力对斑马鱼肌肉质量的影响”研究微重力是否导致斑马鱼肌肉萎缩及其原因。

（3）NASA 资助开展的“纳米机架-发现任务”系列教育实验分别研究了抗生素氨苄西林对抑制大肠杆菌生长的有效性及黏菌在 ISS 中可以生长到何种尺寸。“空间中抗生素的效果-1”实验研究空间中抗生素对抑制微生物生长的效果。“空间中的人成纤维细胞微 RNA 表达”实验首次研究了微重力如何影响非分裂细胞的基因表达和物理性状，这是理解空间飞行对器官、组织乃至整个人体的影响的重要一步。“纳米机架-CellBox-微重力环境下的人体巨噬细胞”实验旨在研究空间飞行对巨噬细胞的长期改变以更好地理解空间飞行对免疫系统的影响。实验还对细胞的分泌物和代谢产物进行了分析。“纳米机架-CellBox-微重力对人类甲状腺癌细胞的影响”实验旨在找出基因组（遗传信息）、蛋白质组（蛋白质表达）或分泌组中的新的生物标志物，以更好地理解甲状腺癌发展的机制，从而开发新的甲状腺癌抗癌药、提出甲状腺癌治疗新对策。“纳米机架-调控和增强免疫系统的对策”实验研究了苯并呋喃羧酸是如何通过增强免疫细胞来抵抗空间飞行带来的不良影响的。“老龄化 T 细胞的活化”实验将通过分析 T 细胞的基因响应变化来从分子层级上确定微重力对免疫系统的影响。“微重力下 Huntingtin Exon 1 结晶实验”试图在微重力下获得较高质量体积较大的亨廷顿蛋白晶体，以便精确测量其结构，开发治疗药物。“微重力下膜蛋白结晶实验”尝试制取囊性纤维变性蛋白、囊性纤维变性跨膜传导调节蛋白及其他密切相关的蛋白质的高质量大尺寸晶体，以便进行后续的药物研发。“商业蛋白质晶体生长-高密度蛋白质生长改进实验”旨在制备在地面上难以获得的大体积的膜蛋白晶体。“抗体结晶的微重力生长以确认结构”实验旨在制备人体免疫细胞产生的一类特殊蛋白质——人类单克隆抗体的晶体。“对医学和经济上的重要目标的在轨晶体结构研究”实验旨在制备 4 种与乳腺癌、皮肤癌、朊病毒病和氧化应激（涉及多种癌症和神经障碍）密切相关的蛋白质的晶体。“用于中子衍射的反扩散法无机焦磷酸酶复合物大体积晶体生长”实验旨在获得无机焦磷酸酶复合物（IPPase）的晶体，并通过中子衍射研究其结构，以确定它是如何发挥作用的。“优化用于酶动力学研究的蛋白质晶体生长”实验旨在利用微重力环境制备三种与医学研究密切相关的蛋白质晶体，并提高它们的质量和产量。“微重力下医学相关蛋白质的结晶研究”旨在利用 ISS 微重力环境制备钙离子非依赖型磷脂酶（PLA2G6）和凝血酶原的高质量晶体。“在人类空间飞行中带入的病原细菌多重抗药性的发展”研究的重点是微重力条件下幼苗的生长发育。幼苗将被化学固定并返回地面后做飞行后评估。“纳米机架-空间飞行中的果蝇研究实验”以模式生物果蝇为材料，研究空间飞行中心脏功能和健康问题，研究 ISS 潜在的长期风险——空间飞行对航天员心血管系统的不良影响，如心跳节律和功能的改变。“高等植物实验-02-2”旨在了解真核生物（酵母菌）细胞如何适应空间环境的独特机制。“纳米机架-微重力下微生物群落样本生长速率和 DNA 表征对比”研究来自地面微生物群落样品在 ISS 微重力条件下的生长状况，并对空间站微生物取样。“Biotube-磁力诱导根曲率”研究微重力环境中磁场对植物根生长方向的潜在影响。

“植物适应空间环境的机制”研究模式植物（拟南芥）中 AtIRE1 蛋白在逆境中对基因表达的调控，来抵抗空间飞行产生的相关逆境。“空间飞行环境中植物发育的分子生物学”实验在分子和基因水平研究有无重力、光线对拟南芥根生长机制的影响。“蔬菜硬件验证测试”实验旨在为 ISS 营造空间花园，可为航天员提供新鲜食物，并用于休闲及教育推广。

2）远征任务 33 ~ 40 人体研究领域开展的新实验

（1）加拿大空间局（CSA）资助开展的“长期空间飞行后返回地球时在途测量晕厥风险的简单方法”实验旨在通过测量人体动脉血压研究空间飞行对人体血压调节的负面影响，研究有望用于预测哪些航天员可能在长期空间飞行后返回地球时较易发生晕厥风险。实验的另一个目标是通过分析手指血压的波形，建立对航天员在飞行前和飞行后心排血量进行准确估计的方法。

（2）ESA 资助开展的“皮肤-B”实验旨在研究在空间中极大加速的皮肤老化现象，对理解人体其他器官的衰老过程也有重要意义，实验研究成果有望应用在未来的载人登月及火星等更具挑战性的长期载人飞行任务中。“软骨”实验研究长期微重力环境对航天员软骨（尤其是膝盖和手肘）的削弱程度，研究有望帮助航天员保持健康，也可以用于地球上类似疾病的预防和康复工作。

（3）JAXA 资助开展的“复合训练”实验初步评估复合训练方法对 ISS 航天员肌肉骨骼系统的失用性萎缩的影响。

（4）NASA 资助开展的“便携式负荷监测装置飞行演示——阶段 1”实验旨在验证一种测量航天员利用“先进耐力锻炼装置”（ARED）进行锻炼过程中的运动负荷的装置 ForceShoes。“通信延迟对行为健康和绩效的影响：利用 ISS 进行的自主运行检查”旨在确定在长期任务（如前往小行星或火星的任务）中极有可能发射的通信延迟（通信质量的指标）是否会导致个人和团队的临床表现或绩效显著降低。“在轨航天器中短距、盲眼活动——非引力动力学中的空间高度参考”研究 ISS 独特空间环境下航天员的身体感知和运动变化情况。航天员活动手臂，并设想他们在地球或是微重力环境下抛出一个想象中的球。“生物化学轮廓”旨在建立用于评估和监测航天员关键生理系统的生物标志物体系。“心血管系统氧化”研究长期空间飞行中和飞行后航天员的氧化和炎症应激生物标志物与动脉粥样硬化风险之间的关系。“长时间空间行走后椎间盘损伤的风险”实验利用最先进的成像技术表征和量化空间飞行引起的腰椎间盘形态、生化、代谢和运动学变化。实验数据对由空间飞行导致的腰背痛和腰椎间盘损坏机制的建立有重要意义。“可行性研究：骨监测的定量计算机断层扫描模式——空间飞行应对策略对髋骨子区域的影响”实验利用定量计算机断层扫描（QCT）监控空间飞行中髋关节结构的变化情况，将有助于确定空间飞行及返回地球后髋关节结构的反应。“ISS 航天员眼部健康的前瞻性观察研究”实验旨在系统地收集生理数据以表征由微重力引起的视觉障碍/颅内压风险。实验聚焦于监控飞行过程中航天员视觉的变化及飞行后视觉的恢复情况。“空间飞行物理变化的定量分析——人体测量和人体中立位”实验对空间飞行前、飞行中及飞行后航天员的胸部、腰部、臀部、手臂和腿的形状和大小变化情况进行记录。“长期空间飞行对航天员微生物组学的作用研究”实验通过对航天员身体不同部位和 ISS 的特殊环境进行定期采样，研究了长期空间飞行对航天员的免疫系统和人体微生物组学的影响。“长时间空间飞行之后的操作者熟练度评估”实验旨在研究长时间空间飞行对航天员感知系统的影响，并将在此基础上提出相应对策。“长时间暴露在微重力环境中对先天免疫的唾液腺标记的影响”实验旨在通过采集分析空间飞行前、中、后航天员的血液、唾液及尿液，以确定空间飞行是否会诱导免疫系统失调并导致航天员健康风险显著提高。

除了新实验之外，几项持续开展的实验取得了新的研究成果。其中，“脊柱超声”实验近期证实脊柱超声技术可以提供在颈椎及腰骶部脊柱进行手术的必备信息，这种技术未来有望用于急救或医疗资源短缺的区域。“利用双磷酸盐对抗空间飞行诱导的骨量流失”实验发现，航天员在5.5个月的空间飞行过程中，通过摄入胺丁羟磷酸盐并辅以锻炼，有效抑制了骨质量和强度的下降。“ISS医疗监测”实验取得了多项研究进展，如在空间飞行后航天员的尿液中检测到肾组织和尿蛋白、通过微重力环境中静脉和动脉的血流动力学变化预测人的立位耐力、俄罗斯航天员在空间飞行后免疫系统变化情况等。“监控航天员在扩展空间飞行期间的互动”实验研究结果表明在长时间的空间飞行后，航天员团队成员之间的关系变得更为融洽，而俄罗斯籍航天员则显得相对较为疏远，这一现象可能是航天员固有认知模式的不同而导致的。这一发现对于未来改进ISS航天员的训练提出了建议，尤其是对不同国籍航天员的合练应该加强，以增强航天员之间的跨文化互动。“呼吸及心脏收缩功能自主调节的影响”实验近期研究了人体对空间飞行的适应性响应和个体对空间飞行的自主反应之间的关系，该实验对于航天员自主调节类型的研究有助于判断航天员对空间飞行因素的潜在反应。

11.3.2.2 ISS生命科学研究设备

ISS多学科科研与应用实验的有序、高效开展得益于各种资源、科研设备和能力的有力支持。目前，美国“命运”、ESA“哥伦布”、日本“希望”及俄罗斯“黎明”和“探索”五个实验舱构成了ISS上科学实验资源的主体。除俄罗斯实验舱设备外，可支持空间生命科学实验开展的相关研究设备主要包括“命运”实验舱、“哥伦布”实验舱及部分ISS外部暴露设备（JAXA，2014b）。

1）与人体研究相关的设施

（1）人体研究设施。目前ISS上搭载了两个人体研究设施（HRF）机架，即HRF-1和HRF-2。两个HRF机架均位于ISS“哥伦布”实验舱。

HRF-1研究长期空间飞行对人体的影响，包括一个临床超声波仪器（Ultrasound）和一个空间线性加速度质量测量设备（SLAMMD）。Ultrasound使用高分辨率成像对航天员进行超声检查，帮助开发空间和地球上的空间医学策略。SLAMMD遵循牛顿第二定律，两根弹簧产生的已知力，方向与扩展臂上的航天员相反，产生的加速度可以计算物体的质量。在90~240磅（约40~110千克）范围内，器件精度为0.23千克。HRF-2设备包括一个冷却的离心机、测量血压和心脏功能的器件及测量肺功能的肺部功能系统。载荷计算机和视频操作可由地面或在空间站上控制。航天员对所有线路和硬件进行周期检查，并在必要时执行载荷操作。

HRF的其他通用硬件还包括：①Actiwatch，防水、非侵入性、戴在手腕上的睡眠/叫醒活动监视器，目标运动时微型单轴加速计会产生信号，数据存储在非侵入的存储器中准备下载并分析。②Holter，心电图监视器，由电池供电，长期（最多24～48小时）精确计算和非侵入性测量心率。③UMS，尿液检测系统，收集航天员尿液，精确测量尿量，并在采集样品后把剩余尿液排入废物和卫生组件（WHC）。

（2）肌肉萎缩运动研究系统。ESA部署在哥伦布实验舱的肌肉萎缩运动研究系统（MARES）用于研究肌肉骨骼、生物力学和神经肌肉的人体生理学，更好地理解微重力对肌肉系统的影响。MARES安装在“哥伦布”实验舱的过道，不用时由航天员收回放在HRF的MARES机架中。使用时，参与实验的航天员坐在MARES椅子上，使用MARES膝上电脑操作设备，还要安装任何需要的外部装置，如经皮电肌肉刺激器（PEMS Ⅱ）或肌动电流图装置（EMG，测量肌肉的电脉冲）。

（3）欧洲生理学模块。欧洲生理学模块（EPM）是由ESA发起，法国航天中心（CNES）、DLR和NASA共同参与研制的用于失重状态下人体生理研究的设施，可开展的实验包括对人体的心血管、肌肉、心肺生理学、神经系统科学及骨骼生理学等实验。项目自2008年2月启动以来，子模块逐年增多，EPM目前包括5个子模块，即神经系统科学模块、心血管实验模块、肌肉模块、内分泌模块和骨代谢模块。EPM是ESA在ISS欧洲舱段进行的主要实验项目，目前已经用于航天员健康在轨实时监控。

2）空间生物学和宇宙生物学研究设施

（1）生物实验室。生物实验室（Biolab）是ESA部署在“哥伦布”实验舱的多用户研究设备，可开展微生物、细胞、组织培养、小型植物和小型无脊椎动物的空间生物学实验，更好地理解微重力和空间辐射对生物有机体的影响。

Biolab实验平台主要由一个生物培养箱、一组分析仪器（显微镜和分光计各一台）、一个生物手套箱、两个温控单元、一套操作机械装置、一组生物样品自动温控存储装置、一个视频记录仪、一台计算机等部分组成。Biolab的核心部分是生物培养箱，生物培养箱内部包括2台独立的离心机，可以装载12个独立的生物实验单元，每个实验单元都由独立的生命保障系统（LSS）提供环境条件保障，有4个实验单元具备照明部件，可以利用视频相机和近红外观察相机进行监视和检测。Biolab配置有光学显微镜和分光光度计两种分析仪器。分析仪器与操作机械装置结合使用，可以对50～150微升的微量生物样品进行自动分析，获取的测量数据和图像信息通过航天器平台数据传输系统实时传送到地面；每次实验结束后，用于观测的生物样品室被蒸馏水自动清洗洁净。

生物手套箱为生物实验提供可控环境下的人工操作。操作时将生物实验预备单元连接到生物手套箱上，可为冷藏细胞提供活细胞所需要的环境条件。生物手套箱内部可安装两个标准生物实验单元、或者一个先进生物实验单元、或者两个自动温控存储系统、或者一个生物实验预备单元。生物样品可通过生物手套箱的主舱门或者手套箱两侧的两个舱口放入后进行操作。

操作机械装置是一套机器人设备，可以对生物实验单元进行各种不同操作，是生物实验单元和自动温度控制储存装置或分析仪器之间进行液体传输的接口，采用单容器或双容器注射模式，通过推出、拉进和旋转等动作在生物样品单元内完成对生物样品的操作，操作控制方式分为自动方式和遥控方式。

Biolab的操作模式从结构配置上分为自动操作和人工操作两个部分。自动操作部分包

括生物培养箱、操作机械装置、生物样品自动温控存储装置、显微镜和分光计；人工操作部分包括生物手套箱、温控单元、视频记录仪和微型计算机。地基生物学研究人员利用自动操作模式和遥科学控制方式对空间实验进行操控，航天器平台乘员利用人工操作模式开展空间实验，丰富了空间实验模式，提高了空间实验效率。

（2）蔬菜生长系统。蔬菜生长系统（Veggie）是 NASA 部署的可展开的植物生长装置，可为航天员提供安全可口的新鲜食物（沙拉类）来源，同时也是一个休闲工具。Veggie 可以放在过道或中层锁柜或 EXPRESS 机架上，如果安装在锁柜或机架上，需要一个转接安装盘来固定。如果电子设备需要空气冷却，转接管必须附着在 Veggie 冷却空气的入口和出口处。动力电缆插在 Veggie 的前端面板上。植物的种子插销安装在根部席子中，再放到 Veggie 风箱中，然后注满水。照明和风箱围栏的高度都可调节，风扇和通风孔为发芽的植物提供新鲜空气，风速还可调节。植物生长过程中，Veggie 需要一些维护，包括检查根部的水量并在必要时添加，拉伸风箱增加植物生长空间的高度、调节气流等。植物成熟后，可食用部分被清洗干净并在需要时供航天员食用，剩下的不可食用部分被丢掉。如果根部席子可重复使用，种子插销从存储设备上取下放到席子中，生长过程循环进行。

（3）欧洲模块化培养系统。由 ESA 开发的欧洲模块化培养系统（EMCS）可以在温度、气体成分、水供给和照明条件完全可控的情况下，开展有航天员帮助的生物学实验，以及生物学实验的仿真。EMCS 有两个离心机，可以提供 0～2 克的人工重力。除了建立实验、交换再补给容器（水和气等消耗品）需要航天员的参与之外，EMCS 可以自主运行。实验设施可以通过地面的遥科学支持中心指令控制，或者由航天员利用 EXPRESS 膝上电脑进行干预。EMCS 将保障植物（拟南芥菜和其他小型种类）进行长期生长。它将能够保障多代种子到种子的研究，以及重力阈值、重力感应性及重力传导等方面的实验。另外，还有望进行细胞和组织培养及昆虫或两栖类等方面的实验。

（4）商业植物生物工艺学设备。商业植物生物工艺学设备（CPBF）是 NASA 开发的进行植物生物科学研究的全自动设备，占有 EXPRESS 下半部分再加上两个 ISIS 抽屉，提供环境受控的工作室。航天员要将 EXPRESS 适当温度的循环冷却水与 CPBF 相连，来为 CPBF 散热。CPBF 的电和动力接口由 28 伏直流 EXPRESS 动力连接插头，数据/视频连接插头和动力开关组成，航天员利用这些连接插头为 CPBF 及其子系统供电。航天员通过由 LCD 接触屏组成的 CPBF 用户界面，监视 CPBF 的运行状态，改变环境状态的设置点，并在发生故障时进行诊断。

（5）水生动物生境。水生动物生境（AQH）由 JAXA 负责研制，拟用于养殖淡水和海水动物。该装置不仅可用来研究无脊椎动物如海胆和蜗牛，还可用来进行两栖类和鱼类等脊椎动物的研究，甚至还能保障水生植物的生长。AQH 具有 6 个相同的饲养室，每个室有其独立的水质管理系统。水的温度、溶氧浓度和 pH 均可进行测控，可在严格控制的实验条件下监测其发育和生理过程。利用 AQH 可在发育生物学、神经生理学、辐射生物学、感觉/行为生物学和密闭生态生保技术等学科领域展开研究，这将有可能回答诸如重力对早期发育和基因表达的效应及重力对性成熟和衰老的效应等空间生物学中的若干关键问题（郭双生等，2003）。

（6）暴露设施。暴露设施（EXPOSE-R）由 ESA 研制，在“进步”号货运飞船第 31 次飞行中运往 ISS，在 2009 年 3 月的一次空间行走中，被连接到俄罗斯“星辰”号服务舱外面的欧洲外部设施平台上。它涵盖光化学、光生物学和宇宙生物学等领域的多项实验，需要暴露于外部空间环境中，可同时记录温度和辐射光谱数据。这些实验中的样品至少暴露在空间 1.5 ~3 年以上。

该设施包括以下子系统：整体构造和机械装置；快门；托盘（包括窗口、密封件、阀门和连接器）；样品托架（包括窗口、过滤器和控制器）；暴露控制单元（控制电机、阀门及进行数据采集）；传感器（温度、压力、紫外线和接近度传感器）；热控制系统；欧洲技术暴露平台（EuTEF）数据处理和电源装置的电子 I/F 转换等。

实验托盘用于支撑和密封科学有效载荷结构，托盘配有四方形凹槽，可放入的样品托架尺寸为 77 毫米 ×77 毫米 ×26 毫米。每个托盘可容纳 4 个样品架，用光学窗口密封或开放于空间环境中。托盘与结构之间的机械接口方便了快门的使用，可以全方位观察样品架，不存在边缘或突出部位的遮挡。

目前，Expose-R 有效载荷包括 9 个实验，配备了 3 个托盘，承载多种生物样品，包括植物种子及细菌、真菌和蕨类孢子，将在恶劣的空间环境中暴露约一年半的时间。暴露实验结束后，托盘将利用航天飞机返回地球，样品将送往德国科隆的微重力用户支持中心（MUSC），从那里样品将分发给相关科学家进行进一步分析。

3）一般支持设施

除了上述用于空间生命科学研究的专属设施之外，ISS 上还有大量的空间生命科学研究一般支持设施，包括：温度控制存储、化学固定、质量测量、辐射监测、视频影像、离心机、手套箱和样品操作、显微镜等设施。

11.3.2.3 ISS 论文产出态势

截至报告数据统计日，SCI 数据库收录的与 ISS 空间生命科学研究相关的论文数量为 785 篇，论文的逐年发表情况见图 11-2：论文数量整体呈增长态势，2012 年被 SCI 数据库收录的论文数量达到历史性的 104 篇。

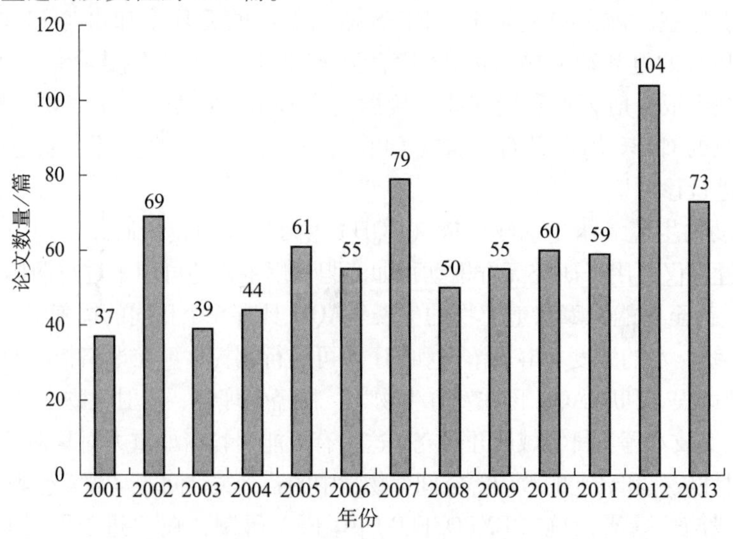

图 11-2 2001 ~2013 年 ISS 空间生命科学研究领域 SCI 论文年度分布

美国在与ISS相关的空间生命科学研究中保持绝对领先地位，发文量接近其他论文排名TOP 10国家的发文量总和，占该领域论文总量的49.2 %。德国、俄罗斯的研究规模处于第二梯队，发文量均超过或接近100篇（表11-17）。

表11-17 2001~2013年ISS空间生命科学领域论文排名TOP 10国家相关数据

国家	论文数量/篇	世界排名	引文数量/次	世界排名	篇均被引次数/次
美国	377	1	4 688	1	12.44
德国	121	2	1 349	2	11.15
俄罗斯	97	3	734	3	7.57
意大利	86	4	641	4	7.45
日本	79	5	552	5	6.99
荷兰	63	6	424	7	6.73
法国	60	7	459	6	7.65
比利时	41	8	350	8	8.54
加拿大	39	9	277	9	7.10
瑞典	27	10	225	11	8.33

由于中国不是ISS计划参与国，所以在基于ISS开展的空间生命科学研究数量较少，篇均被引次数也明显落后于世界平均水平。

美国研究机构在空间生命科学领域的研究实力无可撼动：论文排名TOP 10机构中有3家美国机构，DLR和俄罗斯科学院只能分别屈居第三位和第四位；在引文排名TOP 10机构排行榜中美国更是包揽了前三席。NASA和威尔实验室无论在论文数量还是在被引次数上都遥遥领先于其他机构。美国加利福尼亚大学、ESA等机构均同时出现在论文榜和引文榜前列（表11-18）。

表11-18 2001~2013年ISS空间生命科学领域论文排名TOP 10机构相关数据

机构	国家/地区	论文数量/篇	世界排名	引文数量/次	世界排名	篇均被引次数/次
NASA	美国	166	1	2 260	1	13.61
威尔实验室	美国	64	2	1 183	2	18.48
DLR	德国	54	3	480	5	8.89
俄罗斯科学院	俄罗斯	54	4	370	9	6.85
ESA	欧洲	44	5	345	8	7.84
加利福尼亚大学	美国	40	6	908	3	22.70
日本宇宙航空研究开发机构	日本	35	7	202	16	5.77
俄罗斯公共卫生部	俄罗斯	27	8	288	7	10.67
罗马第二大学	意大利	26	9	194	17	7.46
国立原子物理学研究所	意大利	26	10	180	18	6.92

11.3.2.4 ISS 空间生命科学实验研究重要成果

1）重要科学成就

2013 年 9 月，NASA 发布“ISS 10 大科学成就”，评选标准包括成果发表的科学期刊质量、受其他科学家推荐的情况、创新性及是否给人类带来益处等几方面。表 11-19 列出了 10 大成就中与空间生命科学研究相关的科研成果（NASA，2013b）。

表 11-19 NASA 评选的 ISS 十大科研成果中与空间生命科学相关的成果

排名	科学成就	ISS 上的研究或技术	学科	获选理由
1	化疗药物新型靶向输送方法目前正在用于乳腺癌临床试验	微囊化静电处理系统（MEPS）	生物/生物技术	MEPS 是一项在 2002 年开展的生物实验，经过 5 年的后续地面研究，在 2007 年获得专利授权，近期有望开展临床试验
5	细菌病原体变得高致病性的途径	多项微生物实验研究项目	生物/生物技术	通过长期在空间站开展相关多个研究项目，确定细菌在空间中确实更加容易致病，结果可对空间任务和地球都带来益处
9	理解骨质疏松症的机理及开发新的治疗药物	商业生物测试模块——骨保护素对微重力下骨质维持的影响（CBTM）及后续系列实验	生物/生物技术	商业公司 AMGEN 将小鼠送往空间站，研究骨保护素的效用。利用研究成果开发的新抗骨质疏松药物 Prolia 已经投入市场
10	通过饮食和锻炼预防在空间中骨质流失的发生	多项人体研究实验	人体研究	这项研究是 ISS 数年研究累积的成果，发现通过饮食和锻炼可预防在空间中骨质流失的发生。后续将研究如何利用这项研究成果造福更多人

（1）化疗药物新型靶向输送方法目前正在用于乳腺癌临床试验。

为了寻找对抗乳腺癌的新药，2002 年，研究人员开始在 ISS 上进行“微型胶囊静电处理系统研究”，旨在寻找针对乳腺癌的靶向化疗给药新方法。研究人员发现在微重力环境下，装有化疗药物的微型胶囊能够更加简单地直达肿瘤部位。由于不能在空间中进行临床实验，研究人员未来 5 年的工作目标是在地面实验室的环境下研制出数量和纯度都满足要求的微型胶囊，可能需要 10 年才能真正大规模付诸临床治疗。

（2）细菌病原体变得高致病性的途径。

地面研究表明一些细菌如沙门氏菌在进入空间之后可能会变得更加致命。在 ISS 进行的研究证实沙门氏菌在空间中确实变得更易导致疾病，这对飞行中的航天员来说至关重要。研究人员还确认了这些病菌的基因在微重力下发生变异的途径，这种变异与离子穿透培养基的方式有关。后续研究还对培养基中没有离子介质时细菌的致病力进行了研究，相关论文已经发表在《美国科学院院刊》上（Wilson et al.，2007）。目前研究人员还在研究其他种类的细菌，试图了解致病力增加是否是一个普遍现象。

（3）理解骨质疏松症的机理及开发新的治疗药物。

作为目前全球最大的生物技术制药公司，AMGEN 制药公司在 ISS 上实施了一项名为“商业生物医学试验模块：微重力下的骨质疏松症效应”（CBTM）的实验。研

究表明，经过骨保护素治疗的小白鼠，比未进行保护的小白鼠，其骨吸收明显降低。目前，经过空间环境验证过的骨保护素已经进入地面临床试验阶段。这项有关骨质疏松症的机理研究和药物治疗的实验，为人类在空间环境下的骨健康和骨质疏松症的治疗带来了曙光。实验开发的药物商品名为Prolia，能抑制破骨细胞活化和发展，减少骨吸收和增加骨密度。2010年6月1日，Prolia在欧洲上市后，又被美国食品药品管理局（FDA）批准上市，如今已成为被广泛使用的骨质疏松症治疗药物。研究人员正在ISS上进行该项目的第2和第3阶段的试验，研发治疗乳腺癌或前列腺癌病患的骨转移的药物。

（4）通过饮食和锻炼预防空间中骨质流失的发生。

航天员在空间环境下会出现骨质流失的现象，对这个问题的研究从未间断，并在近几年达到了顶峰。早期研究发现ISS航天员的骨密度流失率达到了每月1.5%。在确定了流失率之后，研究人员发现锻炼有助于缓解骨质流失的程度。研究人员随后开始寻找通过饮食和锻炼预防骨质流失的方法，并且不断升级锻炼的器械。研究发现，通过周期性的高强度锻炼，辅以一定剂量富含维生素D的配餐和正确的作息，在返回地面时航天员不会损失大量的骨密度。几个不同的研究小组为此发表了十余篇相关论文（Smith et al.，2012）。这些论文得出一个惊人结论：无论在哪儿，健康的生活方式胜过一切药物。通过这项研究，我们能够更好地理解，在日常生活中伴随着人类的衰老，骨密度是如何发生变化的，以及如何避免由衰老引发的类似在空间这种情况的发生。虽然目前将ISS上的研究成果应用在地球上的人类尚需时日，但这仍然是一项非常有前景的骨质疏松症解决方案。

2）2013年ISS最佳研究成果

2014年6月17日至19日，美国宇航学会（AAS）、NASA和空间科学促进中心（CASIS）在第三届ISS研究和发展大会上宣布蛋白质结晶生长等14项研究和技术开发成果荣获2013年ISS最佳研究成果，其中有5项与空间生命科学研究相关（NASA，2014e）。表11-20列出了获选最佳研究成就中与空间生命科学研究相关的科研成果。

表11-20　ISS 2013年度与空间生命科学相关的最佳研究成就

奖项	研究机构	研究成就
2013年最受关注的研究成果	NanoRacks公司	采用先进的商业化方法在微重力下自动生长高品质蛋白质晶体，其生长情况优于地面对比组
	美国陆军环境健康研究中心	采用多组学方法发现微重力如何改变宿主体外免疫反应
	得克萨斯大学西南医学中心	探索长期处于微重力环境中，心脏萎缩的机理和影响。研究发现心脏可较好地适应微重力环境
生物技术、健康和教育类研究成果	美国退伍军人事务部，杜克大学医学院	通过国家实验室探路者——疫苗系列实验对控制细菌的致病性有新的理解
	NASA约翰逊空间中心	开发训练措施，提高航天员适应新的重力环境的能力

（1）微重力条件下生长高品质蛋白质晶体。

来自纳米机架公司（NanoRacks LLC）的Carl Carruthers，Jr. 由于在微重力条件下蛋白质晶体生长方法方面的杰出工作获得 2013 年度最受关注研究成果奖项（NASA，2014f）。这项工作是“纳米机架-蛋白质晶体生长-1”（NanoRacks-PCG-1）实验的一部分，是美国国家实验室资助的实验之一（NASA，2014g），实验被安排在长期考察组 33/34 和 35/36 期间开展（从 2012 年 9 月至 2013 年 9 月）。

该研究形成的论文《微重力下的一种微流体、高产量蛋白质晶体生长方法》发表在 2013 年 11 月出版的 *PLOS ONE* 上（Carruthers et al.，2013）。实验利用当前最先进的商业化方法在微重力下生长高品质蛋白质晶体。这种生长方法采用了名为“晶体卡”（Crystal-Cards™）的一种小型载玻片，以冷冻状态运送至 ISS，在轨解冻后晶体即开始生长，航天员按需检查，实验完成后返回地球。在轨实验 70 天后，25 个晶体卡中的 16 个生长出晶体，而地面控制组只有 12 个生长出晶体；此外，微重力下生长出的高品质晶体也多于地面组空间，表明空间生长情况优于地面。这些结果验证了系统的可用性，并为在地面生长状况不佳的大蛋白质晶体生长提供了新的研究机遇。

（2）“基于高通量全景式分析（panomic）方法研究微重力对皮肤血管内皮细胞对损伤响应的影响”实验。

已有的研究表明，持续暴露在微重力环境下会导致宿主的免疫系统损伤，从而显著延缓伤口愈合过程。微重力环境有利于细菌细胞的生长，因此损害愈合面临进一步的挑战。NASA 和 DOD 共同资助了“基于高通量全景式分析方法研究微重力对皮肤血管内皮细胞对损伤响应的影响”（STL-MRMC）实验，试图通过研究变重力环境下内毒素攻击皮肤细胞这一体外模型系统，帮助理解重力改变如何影响宿主对损伤的响应，确定与表皮/真皮血管内皮细胞等细胞损伤相关的分子特征。

STL-MRMC 实验被安排在远征任务 27/28（2011 年 3 月至 9 月）进行。实验在专门为研究微重力环境对细胞培养的影响而开发的全自动化的“细胞培养模块”（CCM）硬件中进行。STL-MRMC 将内皮细胞接种至中空纤维生物反应器中并进行灌注，随后内毒素将注入试样。反应将在两个不同的时间间隔停止，进行高通量基因、micro-RNA、代谢物和蛋白质表达分析，以表征变重力下与内皮细胞对内毒素的瞬态响应相关的分子标记，同时地面也将进行对照实验。

这一研究将揭示出与内毒素诱导的内皮细胞损伤有关的关键生物网络/节点/下游“疾病足迹”等生物学标记。对地面和空间损伤模型的研究也有望帮助指导制定变重力环境下受损愈合过程的早期治疗措施，并在地面真正获得对级联到伤口愈合过程的监管节点/网络的清楚理解（NASA，2014h），有望为地面的健康研究提供极大帮助。目前的实验结果已经揭示出了一些具有临床意义的生物标记，相关成果荣获美国宇航协会 2013 年度最受关注研究成果奖（NASA，2014f）。

（3）“综合心血管”实验。

NASA 资助开展的，由得克萨斯大学、约翰逊空间中心（JSC）、西北大学等机构共同进行的“综合心血管”（ICV）实验旨在定量研究与长时间空间飞行相关的心肌萎缩的程度、时间进程及临床意义，确定心肌萎缩的机制及对进行长期空间任务的航天员的功能性影响。实验结果还将用于确定正常重力（地球）和变重力（火星和月球）环境下的心脏充盈动力学、立位耐力，以及在 ISS 和返回地球后的运动耐量和心律失常易感

性。实验研究成果有望帮助确保航天员在未来的长期空间探索任务，如火星或小行星任务中保持健康（如避免心功能和心律失常的风险），协助制定减轻空间飞行对心血管系统的影响的对策。空间实验获得的结果有望在地面用于长期卧床或慢性身体活动减少患者及某些改变心脏刚度（如充血性心脏衰竭、缺血性心脏病和正常衰老）的疾病的治疗（NASA，2014f，2014i）。

ICV实验结果显示人类的心脏对于微重力有较强的适应性。飞行早期，心脏体积变小，血液流速变慢，但最终可以克服这个初始失调反应。研究还回答了一个令人担忧多年的问题，即空间飞行本身并不会引起心律失常。在地球上心跳异常的航天员在空间中也会有类似现象，但心跳次数和强度并不会因空间环境而增加，心脏的基本电性能也不会发生改变。Ben Levine等也因为在该实验中的突出贡献而荣获美国宇航协会2013年度最受关注研究成果奖项（NASA，2014f）。

（4）"国家实验室探路者-疫苗系列"实验。

美国杜克大学主持开展的"国家实验室探路者-疫苗系列实验-调查"（NLP-Vaccine-Survey）由STS-125运抵ISS（2009年3月至9月，远征任务19/20）（NASA，2014j）。进入空间前，微生物和用于实验的秀丽隐杆线虫分开放置，进入空间后将其充分混合。NLP-Vaccine-Survey实验研究了微重力环境对多种微生物（包括铜绿假单胞菌、肺炎克雷伯菌、变形杆菌、肺炎链球菌、单核细胞增生李斯特氏菌、粪肠球菌和白色念珠菌等）的致病力的影响，以期协助开发针对上述微生物的疫苗，简化并加快地球上的疫苗和疗法的开发（US Patent & Trademark Office，2010；Hammond et al.，2013）。"国家实验室探路者-疫苗系列实验-沙门氏菌"（NLP-Vaccine-Salmonella）实验从远征任务16（2007年10月）开始，至远征任务27/28（2011年9月）结束（NASA，2014k）。实验采用了和NLP-Vaccine-Survey相似的研究方法，重点研究了微重力环境对沙门氏菌致病力的影响，评估空间飞行平台加速重组减毒沙门氏菌疫苗开发的能力（Hammond et al.，2013）。远征任务17（2008年4月）至远征任务25/26（2011年3月）开展的"国家实验室探路者-疫苗系列实验-耐甲氧西林金黄色葡萄球菌"（NLP-Vaccine-MRSA）实验研究了另一种对最常用抗生素都具有耐药性的耐甲氧西林金黄色葡萄球菌在微重力环境下致病力的变化情况，以便开发出潜在的预防感染疫苗（NASA，2014l）。

NLP-Vaccine系列实验的开展可以帮助科学家们更清楚地理解如何降低航天员在空间中感染和患病的风险。对于地面应用而言，NLP-Vaccine系列实验研究的微生物目前在地面均没有可用的疫苗，因此上述研究的开展有望帮助开发针对这些威胁生命的微生物的疫苗。

（5）"功能性任务测试"实验。

空间飞行后，人体的心血管功能、平衡，步态和眼球运动控制，以及肌肉质量、力量和耐力等多个生理系统会发生显著变化。为了评估这些变化对航天员表现的影响，JSC的神经科学、运动生理学、肌肉研究、心血管系统等多个实验室、高校空间研究协会（USRA）及Wyle实验室等研究机构协作进行了"功能性任务测试"（FTT）实验，旨在通过这一跨学科的测试方案，评估短期（如航天飞机）和长期空间飞行（如ISS远征任务）后航天员的表现及相关的生理变化，以便给出相应的解决方案（NASA，2009；2014m；SpaceRef，2013）。

FTT实验中的功能性测试实验包括爬梯、打开舱门、台阶上跳下、手工操作对象和使用工具、安全疏散和避障、从摔倒状态恢复站立及重物平移等。与之对应的生理学测试包括心血管系统的血浆量测量；感知运动系统的平衡、姿势和步态控制、动态视力、精细运动控制；以及肌肉系统的直立不耐受、上/下半身肌肉力量、耐力、控制和神经肌肉驱动等。

实验数据表明，航天员着陆后，功能性测试中航天员的心率比飞行前增加。6天后在11项测试任务中仍有6项测试会令航天员心率超过飞行前水平。着陆后，副交感神经调制减弱，而交感平衡则增加。此外，在着陆后6天进行的站立实验期间，副交感神经调制仍然受抑制，心率仍然高于飞行前水平。着陆30天后，心率水平和飞行前已无明显不同。延迟的心率和副交感神经调制恢复时间充分表明了评估长时间空间飞行后航天员的功能表现对保障航天员健康和安全的必要性，相关成果发表在《宇航学报》（*Acta Astronautica*）上（Arzeno et al.，2013）。

11.4 空间生命科学未来任务部署与展望

11.4.1 空间生物学和航天医学研究

随着ISS于2011年基本建成并步入全面应用时代，ISS主要参与国规划的绝大多数空间生物学和航天医学研究实验均是基于ISS平台开展。下面简要介绍ISS平台未来将开展的空间生物学和航天医学研究。

11.4.1.1 ISS空间生命科学研究的未来部署

1）NASA FSB计划近期资助的提案

2014年8月21日，NASA公布了FSB计划近期将资助的26个研究提案，资助总额为1260万美元（NASA，2014n）。有别于前两批项目兼顾空间研究和地面研究，本次遴选仅支持利用ISS研究微生物、细胞、植物和动物对重力变化的响应的提案。这些提案的研究重点聚焦于5个方面：①哺乳动物对长期微重力环境的适应机制及返回地球后的再适应机制；②空间中哺乳动物细胞、组织和器官的生成和退化；③空间中无脊椎动物的多代和发育生物学；④植物和微生物生长及对空间环境的生理学响应；⑤长期生保系统中微生物—植物系统的作用研究等（NASA，2014o）。预期此次获选研究将有助于发现新的基本知识，帮助研究人员解决人类探索空间时面临的问题，还可以开发适用于地面的新的生物工具或技术。

此次获选的研究提案来自9个州的17所研究机构，其中16位首席科学家是第一次获得FSB的资助。26项研究提案的部分信息如表11-21所示。

表 11-21 NASA 新资助的 26 项空间生物学研究

项目名称	研究机构
空间飞行中免疫系统如何影响生殖功能和跨代乳腺发育	劳伦斯伯克利国家实验室
P21 / CDKN1A 通路对微重力诱导的骨组织再生的阻滞作用	NASA 埃姆斯研究中心
成体干细胞成骨分化：微重力条件下 CDKN1A/P21 对骨髓间充质干细胞的增殖、分化和再生作用	NASA 埃姆斯研究中心
空间中枯草芽孢杆菌种群的进化	NASA 埃姆斯研究中心
空间中衰老的自由基理论	NASA 埃姆斯研究中心
微重力条件下产电微生物的生理学和健康研究	NASA 埃姆斯研究中心
空间飞行环境诱导的小鼠视网膜的血管网络和神经胶质细胞重构	洛玛连达大学
微重力对神经干细胞及其衍生的少突胶质细胞增殖的影响	加利福尼亚大学
微重力对曲霉次级代谢产物生产的影响	南加利福尼亚大学
空间飞行对眼部的氧化应激和血-视网膜屏障的影响	佛罗里达大学
早期植物如何适应空间飞行	佛罗里达大学
针对空间飞行拟南芥表观遗传的变化	佛罗里达大学
空间飞行诱导的耐药性的细胞应激机制全转录谱识别	佛罗里达大学
在 ISS 上对小鼠的免疫/应力相关组织的收集	堪萨斯州立大学
女性生殖健康：空间飞行引起的卵巢及雌激素信号传导功能障碍、适应和恢复	堪萨斯大学医学中心
微重力条件下哺乳动物胚胎干细胞研究	明尼苏达大学
表征空间飞行对白色念珠菌的适应性反应的影响	蒙大拿州立大学
基于水熊识别多代空间飞行应激的生物对策	北卡罗来纳大学教堂山分校
微重力条件下的幼苗发育的转录和转录后规则	北卡罗来纳州立大学
空间飞行导致的膝关节和髋关节退化的对策研究	维克森林大学
空间飞行是否会改变果蝇寄生虫的毒力	纽约城市大学城市学院
空间微重力条件下血管健康研究	得克萨斯医疗中心
微重力对 C57/BL6 小鼠胃肠系统淋巴增殖和运输效率的影响	得克萨斯 A&M 大学健康科学中心
组织共享（B7）：微重力适应对头淋巴功能和相关的水肿的发展和免疫功能的影响	得克萨斯 A&M 大学健康科学中心
空间飞行诱导的缺氧/活性氧信号	威斯康星大学麦迪逊分校
利用短柄草研究单子叶植物如何适应空间飞行	威斯康星大学麦迪逊分校

2）未来将开展的空间生命科学实验

根据 NASA 网站公布的信息，ISS 正在进行（远征任务 41/42，43/44）或已经确认将开展的空间生物学和生物技术实验共计 27 项，人体研究共计 11 项（NASA，2014p）。

1）生物学与生物技术领域开展的实验情况

（1）ESA 资助开展的“基因、免疫和细胞对单一和复杂空间飞行条件的响应-B”实验将在分子水平比较脊椎动物（啮齿动物）和无脊椎动物（贻贝）在微重力环境下的免疫功能，研究空间飞行和辐射对微重力下脊椎动物细胞免疫功能的影响。实验将用于评估空间飞行中辐射响应恶化和免疫功能障碍的细胞机制。随着对空间中免疫系统的深入了解，有望开发出针对地面上人类遭受的免疫系统减弱的新的治疗对策。

（2）JAXA资助开展的“微重力下线虫肌纤维的改变”实验使用秀丽隐杆线虫研究微重力条件下肌肉无力、骨密度降低和代谢变化如何发生及其原因。理解空间飞行过程中人体发生的类似变化将更好地了解航天员肌肉萎缩和骨质密度损失，以及帮助开发对抗衰老和长期卧床而引发的人体生理变化的药物。“空间飞行对秀丽隐杆线虫衰老的研究”实验研究空间飞行对模式生物（秀丽隐杆线虫）诸多生理变化的影响。实验将了解微重力对空间任务中微生物衰老过程的影响，保证长期空间任务的进行。实验中研究发现的长寿因子对新药开发有指导意义。“ISS长期空间辐射下小鼠胚胎的寿命遗传效应”研究空间辐射环境对动物整个机体的影响，如寿命、癌症发展和基因突变。实验将了解空间辐射如何致癌，研究辐射的隔代遗传，为空间任务设计新的防护措施，还将有助于了解地面上放疗方法的风险。“ISS微生物检测-KIBO”实验对ISS的空气微生物环境进行取样研究，检测空气洁净度。实验将观察空间站微生物环境，帮助设计抗菌技术，并在地面制药和食品工业中对微生物进行程序监控。“利用微重力条件检验重力感应器形成的细胞过程和重力感应的分子机制”研究微重力条件下植物重力感应的分子机制，并检验了重力感应形成的细胞过程。实验将有助于开发未来火星或小行星航行所需的食物并提高地面农作物产量和治疗骨质疏松和肌肉萎缩。“利用微重力条件检验重力感应器形成的细胞过程和重力感应的分子机制”研究微重力条件下生长的植物是否可以感知重力加速度的改变，并改变植物细胞内的钙浓度。实验将在变重力条件下使种植在空间的植物像在地球上一样生长并获得产量，在地面培育出生长方式不同的作物新品种，并将帮助治疗肌肉萎缩、骨密度丢失等疾病。“植物螺旋生长及其对重力响应的依赖”实验研究微重力对植物螺旋生长的影响。实验将帮助建立更好的空间生境或为空间种植选择合适的植物种类。在地面有望实现在更小的空间有效的生长农作物或减少施肥、提高产量。“‘骨桥蛋白假说’检验”实验将评估微重力下骨桥蛋白缺失小鼠和野生型对照小鼠的骨髓基质细胞的成骨细胞分化，以澄清骨桥蛋白是否是调节失重骨丢失的关键因素。实验在空间中有助于开发微重力造成的骨质疏松的有效治疗方法，地面的骨质疏松症及多种慢性疾病，如心脏病、中风和神经变性疾病都将受益于该实验的研究结果。

（3）NASA资助开展的“生物培养系统验证”在轨验证用于在空间中进行长期细胞和微重力生物研究的生物培养系统，确保其自动功能和手动运行功能是否正常。该生物培养系统使科学家能够进行长期的实验，这对于理解短期和长期生活在空间环境中的差异非常重要。此外，长期细胞研究有助于研究人员了解空间中和地球上与疾病和感染相关的分子过程。“二甲双胍作为抗肿瘤剂：微重力下的酿酒酵母研究”实验在微重力下研究酿酒酵母中二甲双胍的药物代谢，以了解该药物如何作用于肿瘤及确认二甲双胍是否可以成为抗癌药物。微重力下的药物行为有别于在地球上，这一研究工作对于在长期空间任务中保持航天员健康有重要意义。在基因水平上研究二甲双胍对酵母细胞的影响，有望启发新的抗癌药物或新的治疗靶点。“纳米机架-低重力环境下的共生结瘤”实验研究微重力对宿主植物和共生菌之间的细胞-细胞信号传导和结节形成的影响。实验将直接对苜蓿根瘤菌的固氮能力在微重力下得到加强这一假设进行验证。在空间构建豆科植物根瘤菌固氮系统将对用于长期空间任务和行星表面任务的植物培育至关重要。对共生系统的研究将提高地面作物的产量、降低氮肥需求、维护水体、减少农业废弃物。“引力因素对成骨细胞的基因组学与代谢的影响”实验旨在通过比较成骨细胞和破骨细胞的基因表达来确定磁悬浮装置是否可以精确模拟微重力下的自由落体条件。实验将帮助制定更有效的策略，以防止长期空间任务中的骨流失。实验还将帮助实现更好的预防性治疗或治疗由骨流失引起的骨疾病，如骨质减少的患者。“骨细胞和机械性转导”实验旨在通过对鼠骨细胞的物理表现和基因表达的分析，研究微重力对骨细胞功能的影响。实验对骨细胞在微重力下的功能和行为的研究将为寻找航天员骨密度丢失的原因做出贡献。实验的研究成果同样将造福于地球上的骨质减少等疾病。“纳米机架-埃及抗丙型肝炎病毒微重力蛋白质晶体生长”是埃及首个在ISS上进行的微重力蛋白质晶体生长实验，将尝试制备构成丙型肝炎病毒的蛋白质的晶体。实验不仅将制备用于研究丙肝病毒的高质量晶体，还将促进非洲国家和国际空间计划之间的联系，并极大地加深对组成丙肝病毒的多种蛋白质的理解。“纳米机架-用于治疗研究的微重力蛋白质晶体生长”实验测试微重力是否可以提高可用于治疗心脏疾病和癌症的蛋白质的结晶过程，即前蛋白转化枯草杆菌/可欣类型9（PCSK9）和髓系白血病细胞分化蛋白1（MCL1）。实验将获得高质量、大体积的蛋白质晶体，以用于相关药物开发和医学研究。实验还将帮助开发治疗冠心病和癌症的新型药物，改善健康，挽救患者生命。“重力和地磁场对扁形虫再生的作用”实验研究这些微生物在微重力条件下在再生其组织时使用的信号传导机制。实验将帮助实现自愈和自我修复，可降低紧急情况发生时的风险，还将帮助在地面治疗脊髓损伤等疾病，实现组织甚至手指或肢体的再生。“纳米机架- Ames 果蝇实验”研究空间飞行中果蝇神经行为变化，实现对空间中多细胞动物（如果蝇）对空间飞行的行为和反应的深入表征。实验还将帮助实现动物适应新环境和氧化应激等主题的研究。“骨骼密度硬件验证”实验评估空间飞行对小鼠骨骼密度的影响，并进一步开发用于治疗骨密度降低的方法。实验将构建用于研究空间中人类骨密度降低的模型并帮助在地面开发新药物和疗法、治疗骨密度降低等疾病。“转基因鼠肌肉萎缩”研究小鼠肌肉萎缩，希望了解更多的生物机制帮助开发新的药物靶标。实验有助于未来开展微重力对哺乳动物的长期影响研究，同时对人类衰老和疾病研究有显著帮助，有助于研发新药。“啮齿动物研究硬件和运行验证”实验旨在为ISS进行啮齿动物的长期实验提供平台，包括运输工具、鼠类栖息场所、获取单元和操作验证。实验有助于在未来开展微重力对哺乳动物的长期影响研究，同时对人类衰老和疾病研究有显著帮助，有助于研发新药。“啮齿动物研究-2：空间飞行对主要和次要抗体反应的影响”实验研究注射疫苗激活啮齿动物免疫系统的反应。实验将帮助了解各种与空间飞行相关的应力如何影响免疫系统和血管，同时对地面高血压、免疫系统弱化等患者有重要意义。“啮齿动物研究-2：颅内压增高”实验旨在确定空间飞行期间血脑屏障发生的变化。实验有助于了解空间飞行是如何引起脑血管系统的生理变化，还将帮助治疗地面脑损伤或神经疾患的病人。“高等植物实验03-1”研究微重力对高等植物（拟南芥）幼苗根和细胞发育的影响。实验将帮助了解微重力对高等植物调节生长发育的影响，同时帮助在地面设计更高效作物。“转基因拟南芥基因表达系统-胞内信号传导架构”实验研究拟南芥幼苗在空间环境的生长和发育。实验涉及的样品储存液和在轨绿色荧光蛋白成像技术对各种空间生物学研究极有价值，实验结果对提高地面作物产量也有帮助。“罐中生物学研究-19”研究空间中萌发的拟南芥的生长、发育和基因活性的变化，并与地面的生长情况相比。了解植物在微重力条件下的生长有助于开发空间中能茁壮生长的作物和提高地面农产品的产量。“幼苗生长－2”实验研究微重力和光对植物生长发育、细胞增殖/细胞周期的影响。实验将有助于开发未来载人飞行任务中的生物再生式生保系统及优化植物的光感应并利用生物技术改良作物品种。

2）人体研究领域开展的实验情况

（1）ESA 资助开展的“气道监测”实验利用高灵敏度的气体分析仪来分析呼出气体，并依此作为航天员气道炎症的指示器。实验将帮助确定加剧/减轻气道炎症的环境，优化长期空间任务中航天员的健康和绩效，并帮助在地面对哮喘和其他呼吸道炎症性疾病的诊断。

（2）JAXA 资助开展的“对长期空间任务后姿态控制的重新适应的阐述”实验旨在检查航天员腿部的血流量和骨骼肌的电活性，以确定如何使航天员重获直立和行走的能力。实验将帮助确定空间飞行后小腿的比目鱼肌如何再适应重力。实验结果还将帮助医生为长期卧床、老人或行动不便的患者制定康复方法。

（3）NASA 资助开展的“空间任务中唾液标记的代谢变化”实验通过对飞行前、中、后航天员的唾液、血液和尿液的测试来验证唾液测试可否作为一种可靠的健康监测手段。实验有望开发代替血液测试的快速自动化空间飞行前、中、后测试设备。同时该方法也有望在地面成为一种简单的自动化非侵入式临床工具。“脑排液实验的应变仪体积描计分析及微重力环境下的评估”实验旨在使用特制的颈部卡圈测量血液从脑部的流出量，以帮助研究人员理解体内的何种物理过程可以补偿缺失的重力，以确保血液的正常流动。实验将帮助更好地理解微重力下确保血液正常流动的机制，以及航天员的日程如何影响血液的流动。在地面该方法有望成为监测心脏病或脑疾病患者的理想工具。“结构化运动训练作为空间飞行导致的立位耐受不良的对策”实验将测试航天员空间任务前后的立位耐力。飞行前后对立位耐力的持续非侵入式记录有助于评估运动保健活动的有效性。实验还将改进地球上的活动受限患者（如必须卧床休息的患者）的康复方法。“用于微重力环境睡眠的可穿戴监测系统”实验将验证一种可用于监控航天员睡眠时心律和呼吸方式的新型穿戴式设备。这种可穿戴设备有望成为不影响航天员正常活动的监测装置，同时还有望成为首个可同时监控植物神经及机械心脏活动和呼吸的可穿戴设备。“医用耗材跟踪”实验旨在跟踪 ISS 上的药物和医药用品使用情况。实验将帮助确定未来的长期空间任务需要配备何种及多少药品和医疗用品，在地面实验成果有望用于需要对库存进行远程监控的领域。“长期空间任务中影响食物接受和消耗、情绪及压力的因素”实验旨在研究空间飞行期间情感、情绪、压力和饮食之间的关系，以期实现减少饮食状况方面的压力，使航天员对食物更满意。研究成果可以为航天员备餐时间提供决策信息，同时帮助在地面提供带来积极情绪的饮食行为建议，有助于人们选择有益情感福祉的膳食。“用于空间飞行疲劳评估的个性化实时神经认知评估工具包”实验旨在开发验证实用的系列测试软件，验证其对疲劳和疲劳对策的敏感性，确定航天员测试的规范及评估空间飞行测试的可行性。未来的任务可以使用认知软件更有效地评价航天员的绩效。实验成果在地面可用于测试疲劳或其他应激因素是否会影响一个人思考和行动的能力。“空间飞行对神经认知的影响：范围、持续时间和神经基础”实验旨在研究长期空间飞行是否会导致大脑的改变，包括脑结构和功能、运动控制及多任务处理等。实验将确定空间飞行对航天员大脑的影响进而可以帮助医生制定有

效的恢复策略。实验还将帮助在地面深入理解大脑针对新刺激的重新布线和重构，为研究行为和生理变化的神经机制提供新的信息。“长期空间飞行体液转移及其对颅内压和视觉障碍的影响”实验研究了从下半身转移到上半身及退出细胞和血管的体液的量和确定这些变化对头部流体压力、视力和眼睛结构的影响。研究结果有助于开发针对空间中持续性视力和眼损伤的预防措施。实验还将提高研究人员对脑血压如何影响眼睛形状和视觉的理解。由长期卧床或疾病导致的颅内压增高患者也将受益于该研究。

11.4.1.2　即将运往 ISS 的生命科学实验设备

1）生物培养系统

生物培养系统（Bioculture System）根据曾安装在航天飞机上的“细胞培养模块”（CCM）的技术基础建造。已于 2015 年 3 月运往 ISS，能够通过自动运行或手动操作的方式进行细胞生物学、微生物学、药物测试等研究。

Bioculture 提供 10 个独立的培养盒，具有引入新介质、去除旧培养基、自动取样、溶液注射等功能，并能够提供低温环境。细胞在一个流动的液体环境中培养，液体流动速率、泵的运行模式、样品的收集量、溶液注射体积、自动化操作的时间表都可以由用户制定。液体流动通路可以由航天员接触，提供了较高的实验灵活度和再补给能力。使用额定电源可以进行短期实验和长达 60 天的长期实验。

Bioculture 能够帮助学术研究机构和生物技术/制药公司利用 ISS 所提供的独特环境。可进行的生物学研究包括：基本细胞生理学、遗传学和基因表达、细胞周期、细胞分化、3D 细胞培养、组织生物学、宿主-病原体相互作用、免疫细胞功能、潜伏病毒激活、癌症相关辐射、药物发现等。可进行的微生物学研究包括：基本微生物生理学和分子分析、微生物毒力、长持续时间生长遗传学、药物治疗对策分析、生物膜研究等。

2）T 细胞生长系统

T 细胞生长系统（T-CGS）可用于培养来自小鼠、大鼠和人的胸腺组织，研究在长时间空间飞行中白细胞减少对航天员的影响。T-CGS 由一个石英盘系统、密封件、石英盖、毛细硅基瓦片、微孔滤膜纸、生长介质容器室等构成，可以提供坚固、隔热、非渗透的环境。设计目标是研究微重力环境对细胞发育的影响，尤其是对免疫前体细胞的影响。装置大小为 7.6 厘米 ×7.6 厘米 ×3.8 厘米，装配质量为 15 千克，抵达 ISS 后需要由航天员放置在恒温箱中。

3）可移植空间培养箱

可移植空间培养箱（PASC）是小型、轻质、低功耗的便携式设备，由两个相同的植物生长室组成，设计目标是在 75 天的周期中培育植物，以研究植物能否在微重力环境中完成整个生命周期（从种子到种子）的生存，确定为了在空间培育植物，植物生长室需要满足的最低条件。PASC 的两个独立生长室的面积不同：一个根系生长面积为 252 平方厘米，高度为 17.8 厘米；另一个面积为 110.7 平方厘米，高度为 3.3 厘米。根系生长在多孔材料基底中，水分和营养物质经过毛细管作用被植物吸收。每个生长室支持实时数据遥测、遥控、视频下载，可将植物健康状态数据和视频传给地面科学家。PASC 只需航天员在根系生长的托盘中加注水和营养物质。PASC 使用的是 ISS 舱段环境的空气，以控制

PASC 内部的温度和湿度，降低所需功耗。

4）先进植物栖息地硬件

2010 年“NASA 基础空间生物科学”计划强烈推荐研制一项能够在 ISS 上开展大型植物研究的设备（NASA，2010），在国际空间生命科学工作组 2014 年发布的“空间生命科学实验飞行信息集”（FEIP）中（JAXA，2014a），该设备被命名为“先进植物栖息地硬件”（APH）。NASA 预期在 2015 年以后为 APH 选择首席科学家，将至少制造两台 APH，一台用于 ISS 在轨实验，另一台用于地面对照实验，还将生产一台模型提供科学家操作和航天员培训。

APH 预计在 2016 年完成，总幼苗生长面积为 2290 平方厘米，总根系生长面积为 2052 平方厘米，最大可拍摄高度为 43 厘米，根模块高度为 5 厘米，生长体积为 109 933 立方厘米，可提供一个大型、封闭、环境可控的生长室。在运行方面，从地面和 ISS 都可以对 APH 的温度、湿度、光照强度等参数进行控制，能够连续支持 135 天的植物实验。航天员能够在实验的任何阶段获得样品用于授粉、化学保鲜、冷冻保存等，还可从 APH 的内部储水池和根部获得水样，从芽和根部获得气体样本。植物的生长状态、耗水量和其他生理参数将通过测量装置内环境氧气、二氧化碳等无创手段间接获得。透明前面板及摄像机可以使地面及 ISS 上的航天员对植物进行直接观察。

11.4.2 宇宙生物学研究

11.4.2.1 美国

NASA 规划了多项以搜寻地外生命存在的证据或可能性为主要目标的太阳系探索和空间天文任务，将在未来渐次开展。任务的具体信息列于表 11-22 中。下面简要介绍确定要开展的涉及宇宙生物学研究的重点项目的基本情况。

表 11-22 美国规划的涉及宇宙生物学研究的空间任务

任务名称	机构	预计发射年份	任务简介
詹姆斯·韦伯空间望远镜（JWST）	NASA	2018	新一代空间望远镜，将研究太阳系（包括地球）的形成和演化历史、物理和化学性质，探索地外行星等，推测生命的基石可能在何处出现等
火星 2020（Mars 2020）	NASA	2020	新一代火星车，将探测火星表面和地下结构、检测有机物以搜寻火星生命，还将验证从火星大气中获得氧气的技术
Red Dragon	SpaceX	2018	2013 年提出的低成本任务，计划 2018 年发射，将向火星发射登陆器、完成火星取样返回，测试载人登陆火星所需的设备。
Icebreaker Life	NASA	2018 ~ 2020	若入选则计划在 2021 年发射，与 2008 年成功进行的凤凰号（Phoenix）任务相似，在火星北部平原地区的冰结地区钻孔取样，寻找有机分子，以及过去或现有火星生命存在的证据
NASA Europa Clipper	NASA	2025	研究木卫二的宜居性，探测其冰壳和海洋结构、海洋成分和化学性质、表面地质活动和形貌等

续表

任务名称	机构	预计发射年份	任务简介
凌日系外行星巡天卫星（TESS）	NASA	2017	寻找系外行星
ATLAST 概念研究	NASA	2025～2035	先进技术大口径空间望远镜，主镜直径 8～16 米，寻找系外生命
宽视场红外巡天望远镜（WFIRST-AFTA）	NASA	待定	寻找系外行星

1）詹姆斯·韦伯空间望远镜

詹姆斯·韦伯空间望远镜（JWST）是继哈勃空间望远镜（HST）之后的新一代空间望远镜，计划于 2018 年发射。JWST 的主镜片口径为 6.5 米，面积为 HST 的 5 倍以上。JWST 的科学主题中与空间生命科学研究相关的内容是“行星系统和生命的起源”研究，即研究太阳系（包括地球）的物理和化学性质，推测生命的基石可能在何处出现。具体包括：搜寻地外行星，通过光谱判别地外行星的年龄、质量，确定其他恒星周围可以形成行星的盘状物质的成分；研究地球的形成和演化历史，行星如何到达自己的稳定轨道，太阳系中的巨行星如何影响较小的行星（如地球）；研究彗星和太阳系其他冰状天体，寻找太阳系早期和地球起源的线索等。

2）火星 2020

火星 2020（Mars 2020）是 NASA 的一项正在研议中的火星探测车任务概念，设想的发射时间在 2020 年。Mars 2020 将使用在“好奇”号（Curiosity）任务中验证过的技术。Mars 2020 将携带比 Curiosity 更尖端的升级硬件和新的设备，对火星车的着陆地点展开地质评估，测定环境的潜在宜居性，还将直接搜寻古代火星生命的迹象。科学家还将利用 Mars 2020 辨认和筛选一批岩石和土壤样本，它们会被存储起来，留待未来的任务带回地球。

2014 年 7 月 31 日，NASA 公布了 Mars 2020 将携带的 7 项载荷，显示出 Mars 2020 除了将通过探测火星表面和地下结构、检测有机物等手段搜寻火星生命之外，还将验证从火星大气中获得氧气的技术，开始为人类前往火星做先期准备（NASA，2014q）。

11.4.2.2 欧洲

1）火星宇宙生物学

火星宇宙生物学（ExoMars）是由 ESA 发起的一项非载人火星探测任务，该计划最初是与美国合作，2013 年 3 月起俄罗斯代替美国加入计划（表 11-23）。ESA 将提供 2016 年任务中的“痕量气体轨道器”（TGO）和“再入、下降及着陆演示模块”（EDM），负责建造 2018 年任务中的运送航天器和漫游车。Roscosmos 负责在 2018 年任务的下降模块和长寿命火星表面研究平台，并为两次任务提供“质子”号运载火箭。合作双方将提供科学仪器，并将就任务科学探索进行密切合作。

表 11-23　ESA 规划的涉及宇宙生物学研究的空间任务

任务名称	机构	预计发射年份	任务简介
火星宇宙生物学	ESA / Roscosmos	2018	寻找火星过去和现有生命的任务，2016 年将发射“ExoMars 痕量气体轨道器”（TGO），以及名为“Schiaparelli”的进入、下降和着陆模块
木星冰月探测器	ESA	2022	研究木星的三颗卫星：木卫三、木卫四和木卫二的潜在宜居性，包括冰壳、海洋、星球表面、大气层、磁场、生命必备的化学条件等
表征系外行星卫星（CHEOPS）	ESA	2017	系外行星研究
行星掩星和星震探测卫星（PLATO）	ESA	2024	寻找系外类地行星

ExoMars 主要的科学任务包括：寻找火星生命在过去或现在在火星上的生物标记；确定火星表面下浅层的火星上的水和地球化学分布模式；研究火星环境以研判未来载人火星任务的危险性；调查火星表面下与地下深处以更加了解火星的演化和适居性；逐步实现将火星样本取回的任务。

2）木星冰月探测器

2012 年 5 月初，ESA 正式宣布将斥资 10 亿欧元打造木星冰月探测器（JUICE）任务，探究木星卫星上存在生命的可能性。JUICE 也是人类继 NASA 的“伽利略”（Galileo，1989—2003）号探测器任务之后，首次对木星进行全面探测（ESA，2014）。

Galileo 的探测结果显示：木星卫星的冰壳下面可能蕴藏着液态海洋，这些卫星与木星及其活跃的磁层之间存在着复杂的相互作用。作为欧洲未来最重要的大型科学计划之一，JUICE 的任务就是要对木星冰月的表面进行观测，对其内部进行勘察。

JUICE 是 ESA《宇宙憧憬 2015—2025》计划的首个大型任务，预计 2022 年发射，2030 年抵达木星。任务将至少利用 3 年时间探测木星及其三大卫星：木卫三、木卫四和木卫二。此外，由于木星及其冰月构成了一个“迷你”太阳系，任务还将对这些卫星的海洋之中是否可能存在生命进行评估，了解地球以外星体上可能的宜居环境的相关信息。

11.5　启示与建议

未来 20 年正值我国空间站建设和运营使用阶段，如何建好和用好我国的载人空间站，利用空间资源服务国家安全和社会发展，是一个非常值得思考的问题。通过本报告的分析，结合相关研究，得到如下几点启示和建议。

（1）在战略上高度重视空间生命科学的发展。由于空间生命科学研究对于揭示生命本质、拓展人类的探索边界具有重要意义，当前世界主要国家都将空间生命科学作为国家空间科学战略的重要部分，不断推出新的战略规划和任务，抢占空间研究的制高点，助力社会和经济的发展。但我国鲜有重点围绕空间生命科学发展的系统规划和重大任务部署。作为世界空间大国之一，我国也应加强相关战略部署，努力在当前空间生命科学与技术的竞争中占据重要的一席之地，以打造和保持空间研究与应用能力，并充分利用我国自己的空

间站推动航天事业发展、惠及民智民生。

（2）结合我国的重点需求，明确空间生命科学研究的优先发展方向，采取多样化的资助模式。以美国为例，NSF 和 NASA 对宇宙生物学项目的资助理念不同：NSF 倾向于资助假说驱动的自由探索研究，而 NASA 则更多以资助大型项目或任务的方式推动宇宙生物学研究，两种方式相得益彰。为推动相关学科的发展，我国也必须首先明确空间生命科学研究的优先发展顺序，并在此基础上充分调动多方资源，选择性地并行支持自由探索和任务驱动两类重点研究。

（3）通过协同创新促进空间生命科学的发展。以美国为例，为推动宇宙生物学的发展，NASA 通过竞争性选拔大学、研究所、NASA 中心及其他政府实验室的研究团队，建立影响广泛、参与研究人员众多的分布式虚拟研究所，开展协作式跨学科研究和人才培养计划。ESF 也指出，人员和环境监控及航天员医疗问题将有望受益于生物传感器和环境传感器、纳米药物、迟钝和冬眠研究、人类压力因素、合成生命等领域的技术进步，建议加强对相关技术的吸收和引导（ESF，2014）。不难看出，协同创新对于空间生命科学的发展可能产生深远影响。

（4）构建空间生命科学实验数据管理和共享系统，让研究成果充分发挥效益。本研究发现，NASA、ESA 等机构均已建立了空间生命科学实验综合数据存储和管理系统，共享的数据库（需签订使用协议）为航天员生理方面的各个关注点，如辐射、免疫学、矿物质代谢的深入研究奠定了基础。利用这些数据可为航天员在轨关键性、高质量的医疗保健奠定基础，无疑也有利于长期空间飞行医疗方案的提出。我国的空间生命科学实验数据极其有限，同时又缺乏充分共享，为了最大限度地利用这些研究成果，非常有必要参考国际先进经验建设相关实验数据的管理和共享平台。

（5）注重空间实验和地面模拟实验的相互验证，通过地面研究和空间研究的结合产生高水平的空间生命科学研究成果。主要空间生命科学研究机构不但进行了大量的载人和非载人空间生命科学研究，而且早在几十年前就建立起了大量的各种类型的地面模拟研究设施，构成了强大的空间生命科学研究基地。例如，ESA 在充分利用 ISS 哥伦布舱详细分析微重力对人体的影响的同时，还开展了大量地面模拟实验，包括南极康科迪亚工作站、卧床实验、洞穴实验等，对空间实验成果进行了验证和补充。

（6）拓展研究平台，挖掘研究机遇。目前，空间生命科学天基研究主要借助空间站等空间平台，因此费用高昂，机会难得。纳卫星低廉的制造和发射成本或可满足低成本开展空间生命科学研究和探索的需求。鉴于国际上已成功进行了数次纳卫星空间生命科学任务（邓素芳等，2014），我国也可以考虑开展基于纳卫星平台的空间生命科学研究。

（7）重视空间生命科学研究潜在的经济价值。以美国乔治·华盛顿大学空间政策研究所的一项研究为例，该机构对承接了 NASA 空间生命科学技术转移的 15 个美国公司进行的调查表明：在空间生命科学技术的帮助下，过去的 25 年中上述企业累计获得了 15 亿美元的额外收入，NASA 为开发这些技术投入了 6400 万美元，企业则针对性地投入了 2 亿美元的研发经费，这一投入产出比充分表明空间生命科学研究中蕴涵着重大的经济价值（George Washington University Space Policy Institute，1998）。

致谢：西北工业大学商澎教授、中国科学院力学研究所龙勉研究员、中国科学院空间应用工程与技术中心刘迎春研究员、北京航空航天大学庄逢源教授、清华大学陈国强教授等专家、学者审阅了本报告初稿，提供了宝贵的修改意见，谨致谢忱！

参考文献

邓素芳，张翔，陈敏，等. 2014. 利用纳卫星搭载开展空间生命科学研究进展. 中国农学通报，30（30）：241-245.

郭双生，傅岚，艾为党. 2003. 国际空间站生命科学实验装置研制与应用进展. 航天医学与医学工程，18（6）：459-462.

韩淋，王海名，杨帆，等. 2013. 2012 年国际空间站科学研究与应用进展. 载人航天，19（4）：90-96.

韩淋，杨帆，王海霞，等. 2011. 2010 年国际空间站科学实验简析. 载人航天，17（5）：58-64.

韩淋，杨帆，王海霞，等. 2012a. 2011 年国际空间站科学研究与应用进展（上）. 载人航天，18（2）：90-96.

韩淋，杨帆，王海霞，等. 2012b. 2011 年国际空间站科学研究与应用进展（续）. 载人航天，18（3）：93-96.

李一良. 2011. 天体生物学概要. 科技导报，29（1）：66-74.

强静，周鹏，管春磊. 2010a. NASA 人体研究项目进展分析（上）. 中国航天，（7），28-33.

强静，周鹏，管春磊. 2010b. NASA 人体研究项目进展分析（下）. 中国航天，2010，（8），35-40.

汤章城. 1995. 空间生命科学研究进展. 中国科学院院刊，10（2）：128-133.

王海霞，韩淋，吕晓蓉，等. 2010. 国际空间站科学实验发展态势分析. 科学观察，4（4）：1-14.

夏光. 2006. 日本 2005 ~ 2025 年航天新构想. 国际太空，（1）：20-29.

周维军，刁天喜，李丽娟，等. 2013. 美国航空航天局“人体研究计划”的管理和研究方向. 军事医学，37（12），932-935.

Arzeno N M，Stenger M B，Bloomberg J J，et al. 2013. Spaceflight-induced cardiovascular changes and recovery during NASA's Functional Task Test. Acta Astronautica，92（1）：10-14.

Blumberg B S 2003. The NASA astrobiology institute：early history and organization. Astrobiology，3（3）：463-470.

Carruthers Jr C W，Gerdts C，Johnson M D，et al. 2013. A microfluidic，high throughput protein crystal growth method for microgravity. PLoS ONE，8（11），e82298.

China National Space Administration. 2014-08-20. Main Provisions of the State Policy of the Russian Federation in the field of Space Activities for the Period up to 2030 and Beyond. http：//www. cnsa. gov. cn/n1081/n392929/n396367/548798. html.

ESA. 2012-07-23. ELIPS-4 ESA Thematic Information Day. http：//www. belspo. be/belspo/space/doc/eupolicy/2012_ 07_ 03/elips. pdf.

ESA. 2001-11-01. ELIPS：Life & Physical Sciences in Space. Executive Summary. http：//www. esa. int/esapub/br/br183/br183. pdf.

ESA. 2011-05-19. Human Spaceflight：Life and Physical Science in Space. http：//www. iap. fr/elixir/Documents/ESTEC/Stefano_ Mazzoni_ ELIXIR. pdf.

ESA. 2014-12-31. JUICE - JUpiter ICy moons Explorer. http：//sci. esa. int/juice/.

ESF. 2012-03-25a. Towards Human Exploration of Space：a EUropean Strategy - Roadmap. http：//www. esf. org/

fileadmin/Public_ documents/Publications/RoadMap_ web_ 01. pdf.
ESF. 2012-12-13b. Independent Evaluation of ESA's Programme for Life and Physical Sciences in Space (ELIPS). http://www. esf. org/fileadmin/Public_ documents/Publications/elips_ 01. pdf.
ESF. 2008-02-10. Scientific Evaluation and Future Priorities of ESA's ELIPS Programme. http://www. esf. org/fileadmin/Public_ documents/Publications/elips. pdf.
ESF. 2005-08-01. Scientific Perspectives for ESA's Future Programme in Life and Physical Sciences in Space. http://www. esf. org/fileadmin/Public_ documents/Publications/Scientific_ Perspectives_ for_ ESA_ s_ Future_ Programme_ in_ Life_ and_ Physical_ Sciences_ in_ Space. pdf.
ESF. 2014-07-01. Technological Breakthroughs for Scientific Progress (TECHBREAK). http://www. esf. org/uploads/media/techbreak. pdf.
George Washington University Space Policy Institute. 1998-09-30. Measuring The Returns To NASA Life Sciences Research And Development. https://www. gwu. edu/~spi/assets/docs/lifesci. htm.
Hammond T G, Stodieck L, Birdsall H H, et al. 2013. Effects of microgravity on the virulence of listeria monocytogenes, enterococcus faecalis, candida albicans, and methicillin-resistant staphylococcus aureus. Astrobiology, 13 (11): 1081-1090.
Hammond T G, Stodieck L, Birdsall H H, et al. 2013. Effects of microgravity on the virulence of salmonella toward caenorhabditis elegans. New Space, 1 (3): 123-131.
JAXA. 2014-12-31b. Experiments in Kibo. http://iss. jaxa. jp/kiboexp/field/scientific.
JAXA. 2014-05-09a. Space Life Sciences Flight Experiments Information Package (FEIP) 2014. http://iss. jaxa. jp/kiboexp/participation/application/documents/life_ med_ 2014/feip2014. pdf.
JAXA. 2012-06-29a. Kibo Utilization Scenario toward 2020 in the Field of Life Science. http://iss. jaxa. jp/en/kiboexp/scenario/pdf/life%20science. pdf.
JAXA. 2012-06-29b. Kibo Utilization Scenario toward 2020 in the Field of Space Medicine. http://iss. jaxa. jp/en/kiboexp/scenario/pdf/space%20medicine. pdf.
Marais D J D, Allamandola L J, Benner S A, et al. 2003. The NASA astrobiology roadmap. Astrobiology, 3 (2), 219-235.
Marais D J D, Nuth J A, Allamandola L J, et al. 2008. The NASA astrobiology roadmap. Astrobiology, 8 (4), 715-730.
NASA. 2005-02-01. Bioastronautics Roadmap: A Risk Reduction Strategy for Human Space Exploration. http://ston. jsc. nasa. gov/collections/trs/_ techrep/SP-2005-6113. pdf.
NASA. 2009-09-02. Functional Task Test (FTT). http://ntrs. nasa. gov/archive/nasa/casi. ntrs. nasa. gov/20090029986. pdf.
NASA. 2010-11-04. The NASA Fundamental Space Biology Science Plan 2010-2020. http://www. nasa. gov/pdf/541222main_ 10-05-17%20FSB%20Sci%20Plan-Signed_ 508. pdf.
NASA. 2013-02-05a. Human Research Program. Program Plan. https://www. nasa. gov/pdf/503445main_ HRP-Program-Plan. pdf.
NASA. 2013-10-18b. Could You Choose Just One? Top International Space Station Research Results Countdown. http://blogs. nasa. gov/ISS_ Science_ Blog/2013/10/18/could-you-choose-just-one-top-international-space-station-research-results-countdown/.
NASA. 2014-04-18a. NASA Strategic Plan 2014. http://science. nasa. gov/media/medialibrary/2014/04/18/FY2014_NASA_StrategicPlan_ 508c. pdf.
NASA. 2014-06-17f. 2013's Most Compelling International Space Station Results Announced. http://www.

nasa. gov/mission_ pages/station/research/news/2013_ most_ compelling_ awards/.

NASA. 2014-07-26e. Partners Announce Top Achievements in Space Station Research. http: //www. nasa. gov/content/nasa-partners-announce-top-achievements-in-space-station-research/.

NASA. 2014-07-01b. Human Research Roadmap. http: //humanresearchroadmap. nasa. gov/intro/.

NASA. 2014-08-21n. NASA Selects 26 Space Biology Research Proposals. http: //www. nasa. gov/press/2014/august/nasa-selects-26-space-biology-research-proposals/#. VAWVY6N4Rj8.

NASA. 2014-08-22o. Spaceflight Research Opportunities in Space Biology. http: //nspires. nasaprs. com/external/solicitations/summary. do? method = init&solId =% 7BD80646FF-AA2A-4579-645F-23604A6219B3% 7D&path = open.

NASA. 2014-09-17j. National Laboratory Pathfinder - Vaccine - Survey (NLP-Vaccine-Survey) . http: //www. nasa. gov/mission_ pages/station/research/experiments/803. html.

NASA. 2014-09-17k. National Laboratory Pathfinder - Vaccine - Salmonella (NLP-Vaccine-Salmonella) . http: //www. nasa. gov/mission_ pages/station/research/experiments/739. html.

NASA. 2014-09-17l. National Laboratory Pathfinder - Vaccine - Methicillin-resistant Staphylococcus Aureus (NLP-Vaccine-MRSA) . http: //www. nasa. gov/mission_ pages/station/research/experiments/789. html.

NASA. 2014-09-17m. Physiological Factors Contributing to Postflight Changes in Functional Performance (Functional Task Test) . http: //www. nasa. gov/mission_ pages/station/research/experiments/126. html.

NASA. 2014-09-17h. High Throughput Pan-omic Approaches to Study the Effect of Microgravity on Responses of Skin Endothelial Cells to Insult (STL-MRMC) . http: //www. nasa. gov/mission_ pages/station/research/experiments/899. html.

NASA. 2014-09-24p. Biology and Biotechnology Hardware. http: //www. nasa. gov/mission_ pages/station/research/experiments/experiments_ hardware. html#Biology-and-Biotechnology.

NASA. 2014-10-21i. Cardiac Atrophy and Diastolic Dysfunction During and After Long Duration Spaceflight: Functional Consequences for Orthostatic Intolerance, Exercise Capability and Risk for Cardiac Arrhythmias (Integrated Cardiovascular) . http: //www. nasa. gov/mission_ pages/station/research/experiments/652. html.

NASA. 2014-10-28a. Mars 2020 Will Continue Search for Habitability. http: //astrobiology. nasa. gov/articles/2014/10/28/mars-2020-will-continue-search-for-habitability/.

NASA. 2014-11-19g. NanoRacks-Protein Crystal Growth-1 (NanoRacks-PCG-1) . http: //www. nasa. gov/mission_ pages/station/research/experiments/1157. html.

NASA. 2014-12-19c. About NAI. NASA Astrobiology. http: //astrobiology. nasa. gov/nai/about/.

NASA. 2014-12-31d. Space Station Research Experiments. http: //www. nasa. gov/mission_ pages/station/research/experiments_ category/index. html.

NRC. 2005-10-20. A Risk Reduction Strategy for Human Exploration of Space: A Review of NASA's Bioastronautics Roadmap. http: //www. nap. edu/catalog/11467/a-risk-reduction-strategy-for-human-exploration-of-space-a. 2006.

NRC. 2011-04-05. Recapturing a Future for Space Exploration: Life and Physical Sciences Research for a New Era. http: //www. nap. edu/catalog/13048/recapturing-a-future-for-space-exploration-life-and-physical-sciences.

Russian Federal Space Agency. 2013-04-19. Основные положения ОСНОВ государственной политики Российской Федерации в области космической деятельности на период до 2030 года и дальнейшую перспективу, утвержденные Президентом Российской Федерации. http: //www. federalspace. ru/115/.

Smith D. 2005. Astrobiology in the United States. // Ehrenfreund P, Irvine W, Owen T, et al. Astrobiology: Future Perspectives, 305: 445-465.

Smith S M, Heer M A, Shackelford L C, et al. 2012. Benefits for bone from resistance exercise and nutrition in

long-duration spaceflight：evidence from biochemistry and densitometry. Journal of Bone and Mineral Research，27（9）：1896-1906.

SpaceRef. 2013-09-06. NASA Spaceline Current Awareness 6 September 2013（Recent Space Life Science Research Results）. http：//www. spaceref. com/news/viewsr. html? pid =44615.

United Nations Office for Outer Space Affairs. 2010-02-01. Advances of Space Medicine and Biology Research in Russia. http：//www. oosa. unvienna. org/pdf/pres/stsc2010/tech-13. pdf.

US Patent & Trademark Office. 2009-10-15. Vaccine Development Strategy Using Microgravity Conditions. http：//appft1. uspto. gov/netacgi/nph-Parser? Sect1 = PTO2&Sect2 = HITOFF&p = 1&u =% 2Fnetahtml% 2FPTO% 2Fsearch-bool. html&r = 1&f = G&l = 50&co1 = AND&d = PG01&s1 = 20090258037. PGNR. &OS = DN/20090258037&RS = DN/20090258037.

Wikipedia. 2014-12-03. Europa Clipper. http：//en. wikipedia. org/wiki/Europa_ Clipper.

Wikipedia. 2014-12-31. Icebreaker Life. http：//en. wikipedia. org/wiki/Icebreaker_ Life.

Wikipedia. 2014-11-19. Red Dragon（spacecraft）. http：//en. wikipedia. org/wiki/Red_ Dragon_（spacecraft）.

Wilson J W Ott C M，Bentrup K H Z，et al. 2007. Space flight alters bacterial gene expression and virulence and reveals a role for global regulator Hfq. Proceedings of the National Academy of Sciences of the United States of America，104（41）：16299-16304.

彩　　图

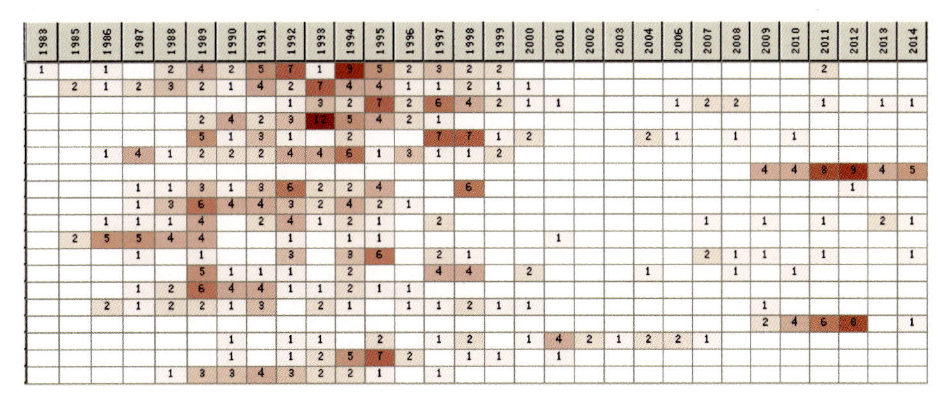

图 2-3　甲烷氧化偶联制乙烯 SCI 论文主要研究作者发文时间图

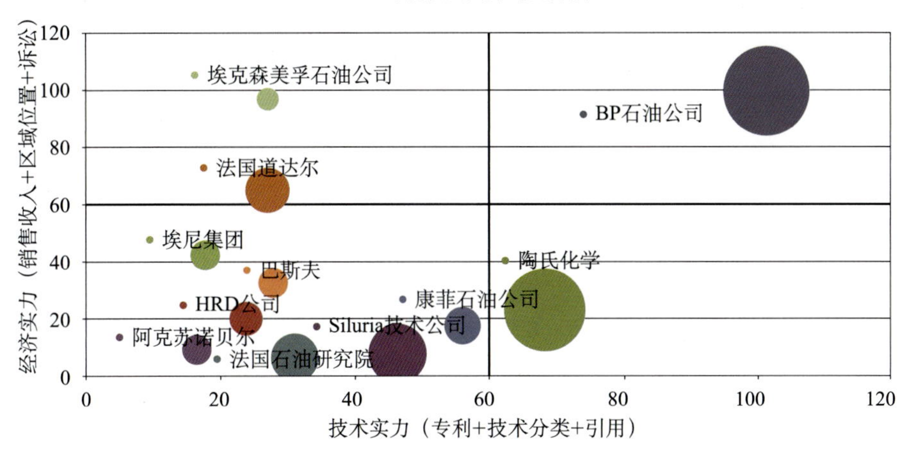

图 2-7　甲烷氧化偶联制乙烯专利权人实力对比

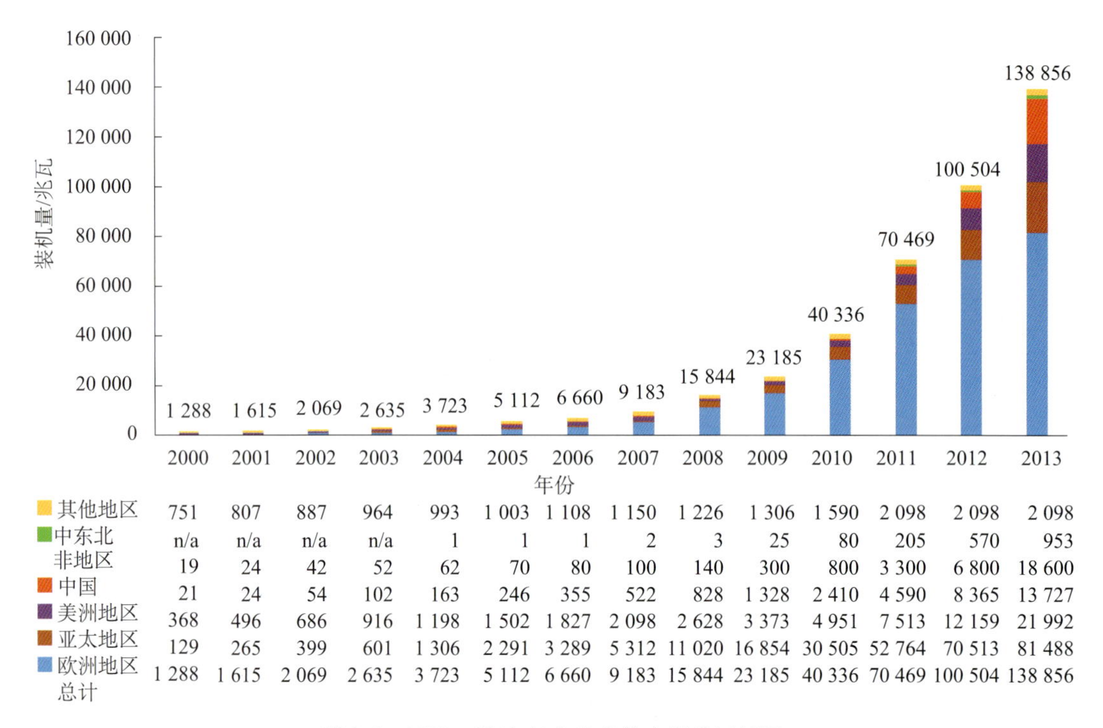

	2000	2001	2002	2003	2004	2005	2006	2007	2008	2009	2010	2011	2012	2013
其他地区	751	807	887	964	993	1 003	1 108	1 150	1 226	1 306	1 590	2 098	2 098	2 098
中东北非地区	n/a	n/a	n/a	n/a	1	1	1	2	3	25	80	205	570	953
中国	19	24	42	52	62	70	80	100	140	300	800	3 300	6 800	18 600
美洲地区	21	24	54	102	163	246	355	522	828	1 328	2 410	4 590	8 365	13 727
亚太地区	368	496	686	916	1 198	1 502	1 827	2 098	2 628	3 373	4 951	7 513	12 159	21 992
欧洲地区	129	265	399	601	1 306	2 291	3 289	5 312	11 020	16 854	30 505	52 764	70 513	81 488
总计	1 288	1 615	2 069	2 635	3 723	5 112	6 660	9 183	15 844	23 185	40 336	70 469	100 504	138 856

图 3-1　2000～2013 年全球光伏市场发展情况

资料来源：European Photovoltaic Industry Association(2014)

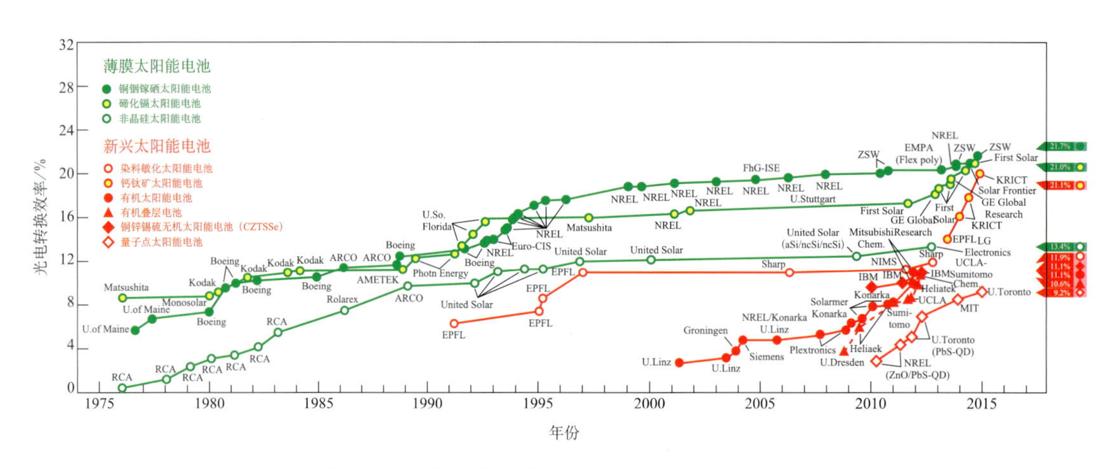

图 3-2　PSCs 光电转换效率的演变及与其他薄膜太阳能电池的对比

资料来源：National Renewable Energy Laboratory(2014)

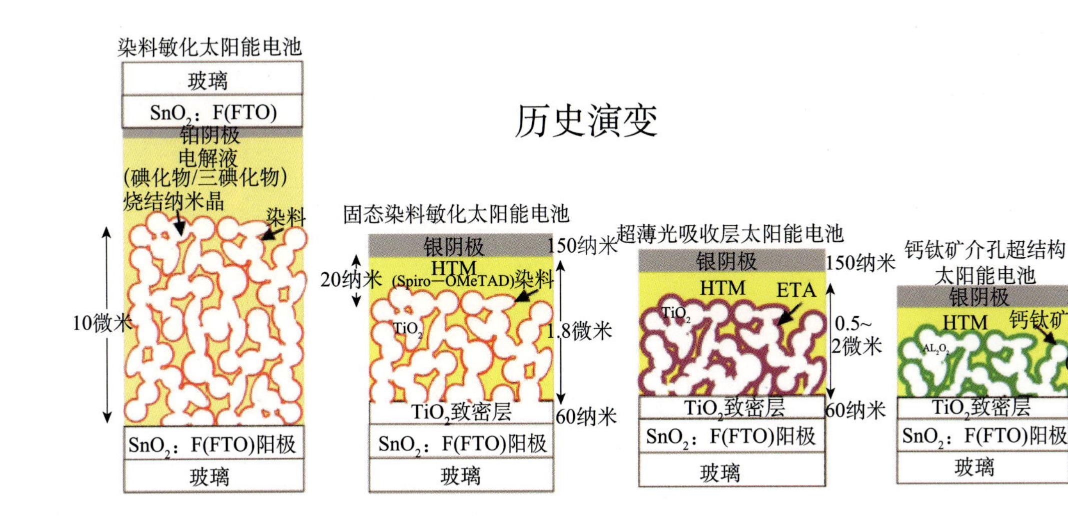

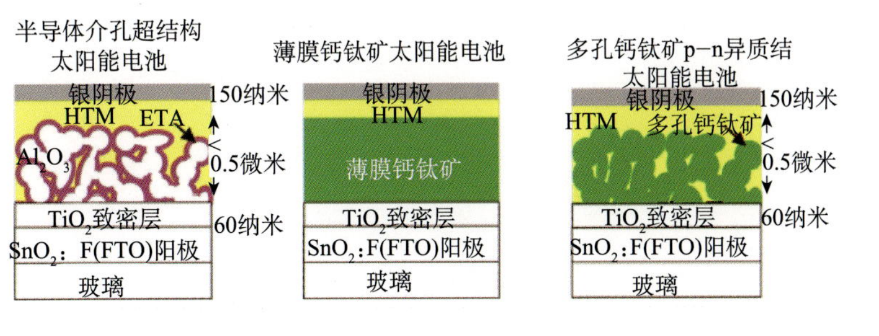

图 3-4　PSCs 结构设计发展历程

ETA——超薄光吸收层

资料来源：Snaith（2013）

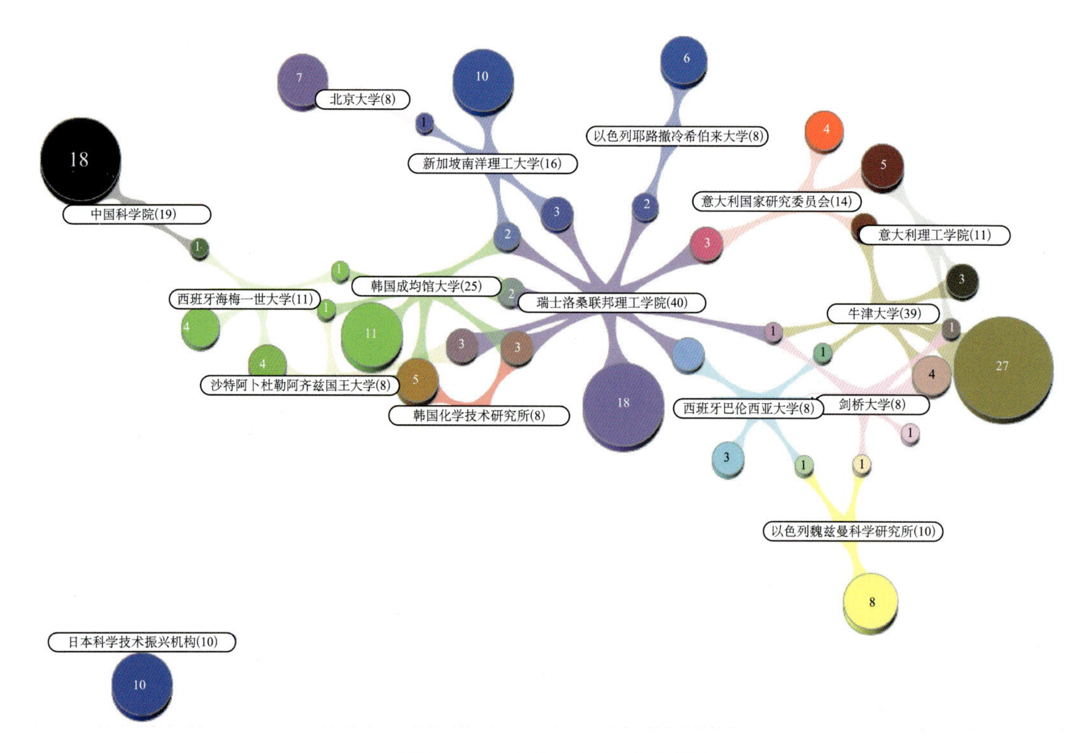

图 3-7 主要研究机构合作网络

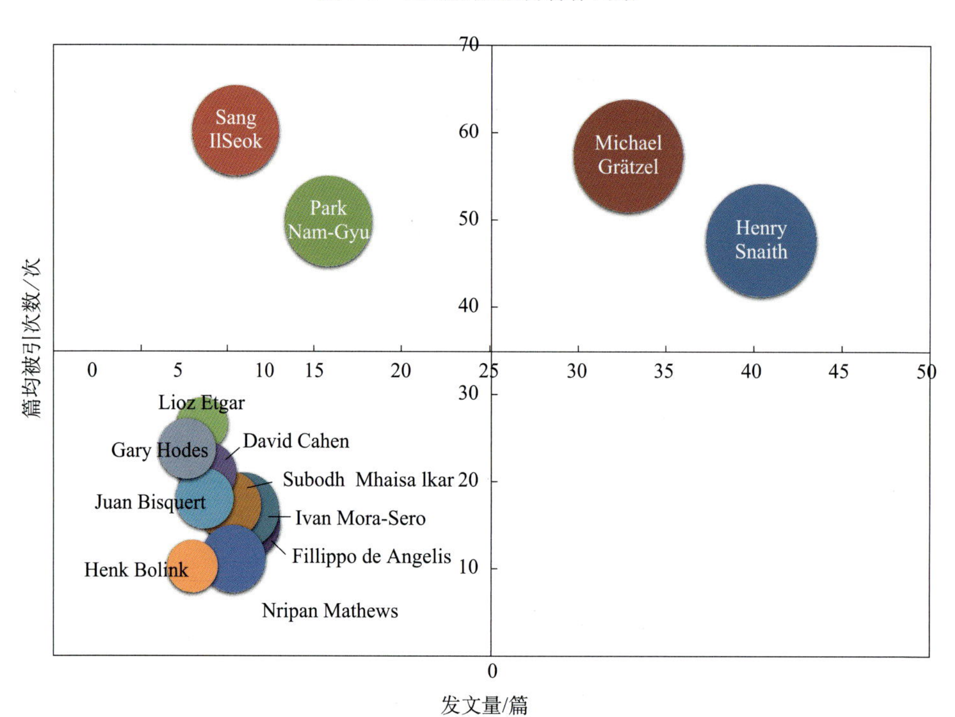

图 3-8 主要研究人员综合比较

圆圈大小代表研究人员的 H 指数

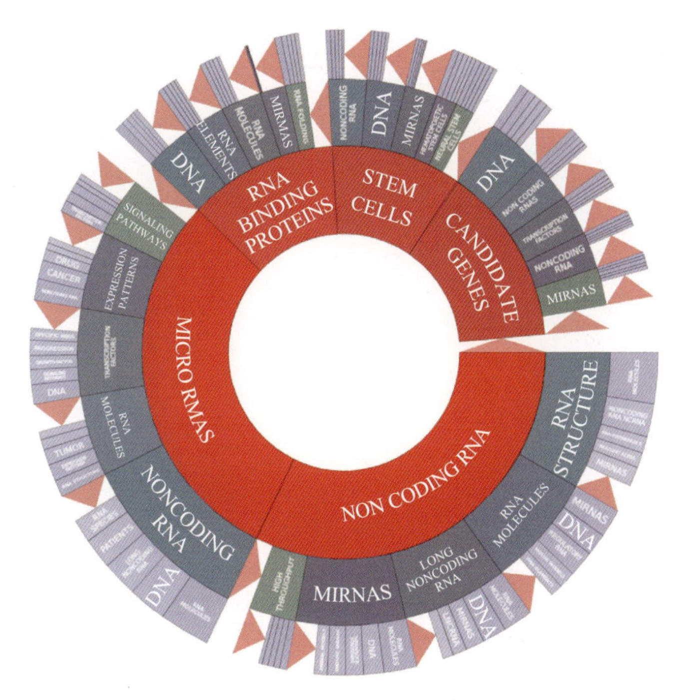

图 4-5　2003～2014 年 NIH 资助的 ncRNA 相关项目主题分布图

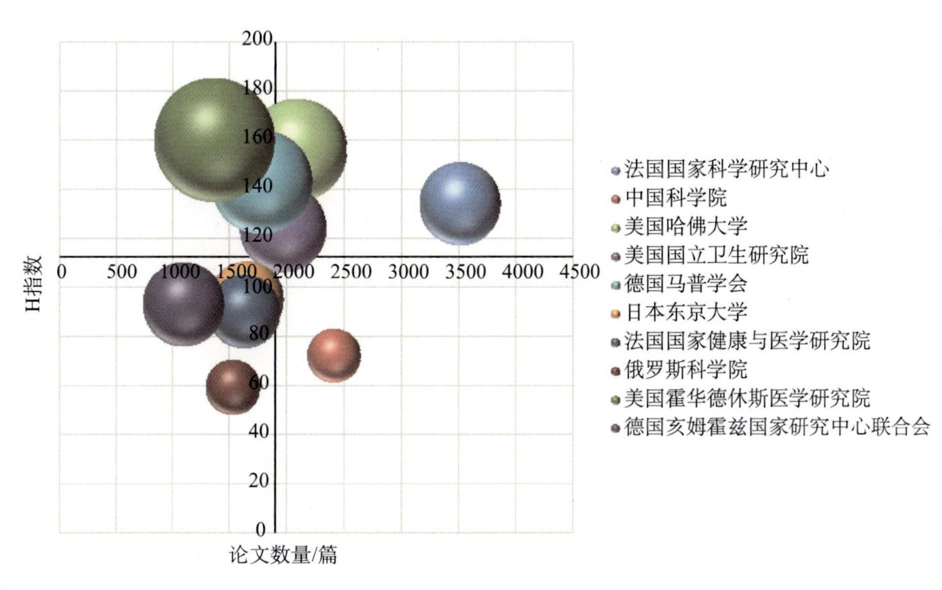

图 4-13　全球 ncRNA 相关论文数量排名前十机构的学术情况对比

气泡越大，说明机构的篇均被引频次越高；两坐标轴交点为前十机构的论文数量与 H 指数的平均值，因此气泡越靠近右上角说明机构的综合学术影响力越强

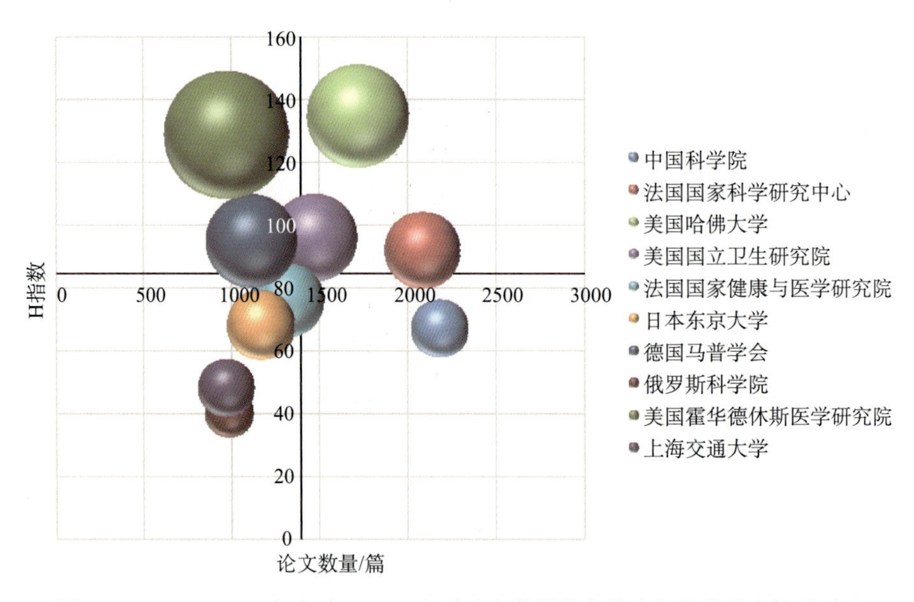

图 4-14　2005～2014 年全球 ncRNA 相关论文数量排名前十机构的学术情况对比

气泡越大，说明机构的篇均被引次数越高；两坐标轴交点为前十机构的论文数量与 H 指数的平均值，因此气泡越靠近右上角说明机构的综合学术影响力越强

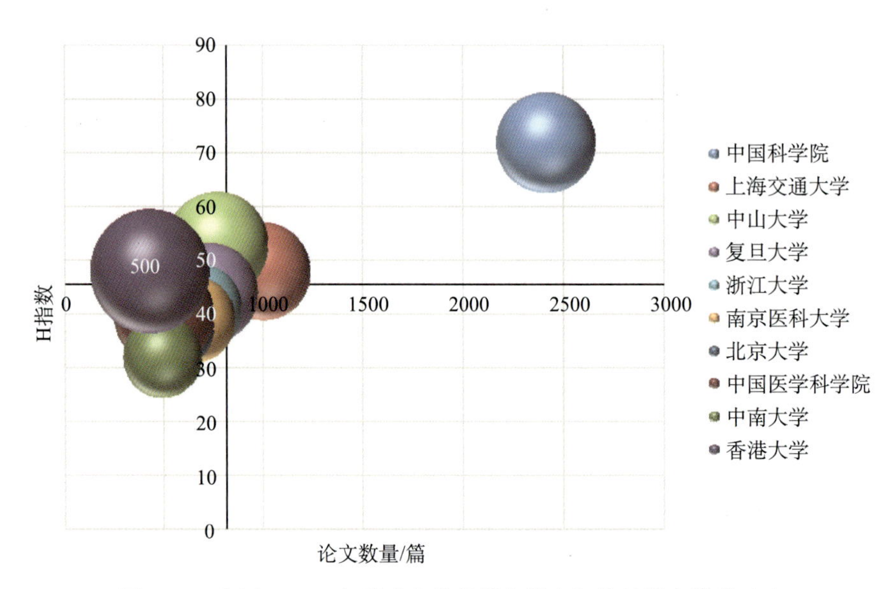

图 4-15　中国 ncRNA 相关论文数量排名前十机构的学术情况对比

气泡越大，说明机构的篇均被引次数越高；两坐标轴交点为前十机构的论文数量与 H 指数的平均值，因此气泡越靠近右上角说明机构的综合学术影响力越强

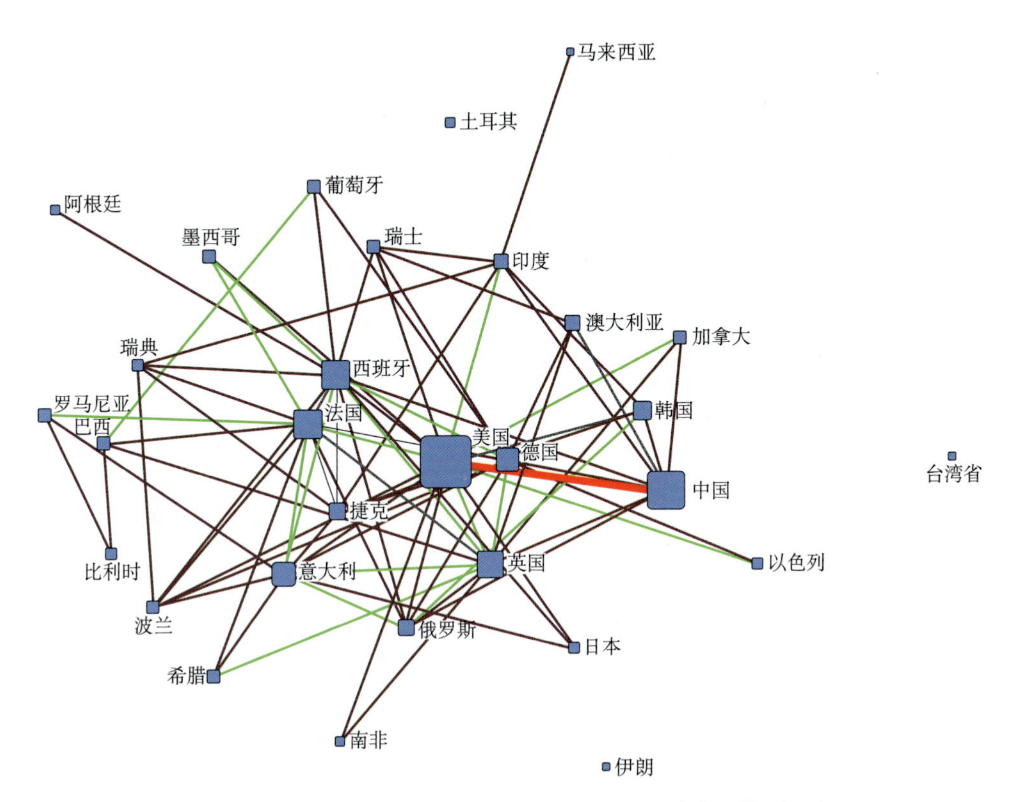

图 5-8　发文量前 30 位的国家/地区的论文合作网络图

国家/地区节点大小代表度数中心度，即根据合作次数计算的中心度，节点之间连线的颜色和粗细代表合作的次数，棕色连线代表合作次数大于 1 次，绿色代表合作次数大于 4 次，红色代表合作次数大于 8 次，连线越粗合作次数越多

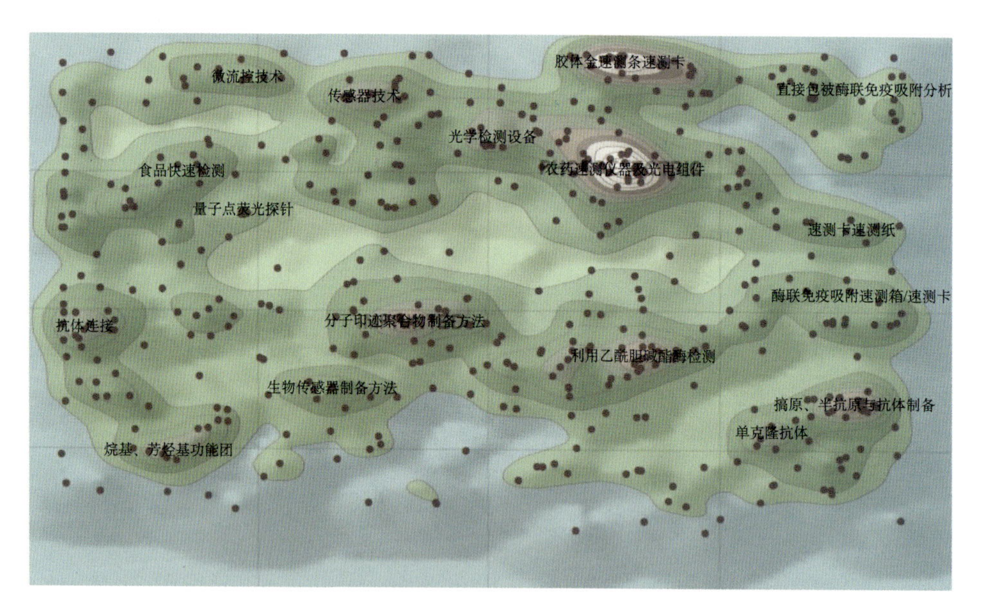

图 5-13　基于专利的农药残留快速检测技术热点分布图

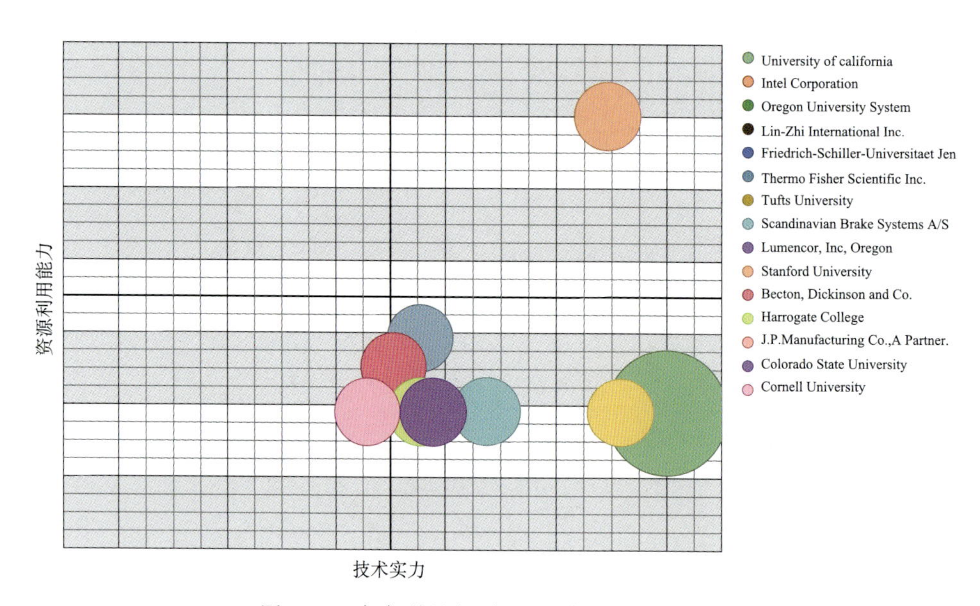

图 5-16　高专利强度（大于 8）专利权人气泡图

图中横轴包括专利权人专利总量、IPC 分类号数量、单篇引用的相对数量的综合信息，在图中越靠右，表示目标公司越关注和参与到所分析的技术领域中。纵轴包含专利权人总收入、诉讼量和发明人区域相对数量等综合信息，图中越靠上，表明该公司利用专利的能力就越强。气泡大小表示专利权人的专利量

图 6-13　嘉吉公司专利技术主题分布

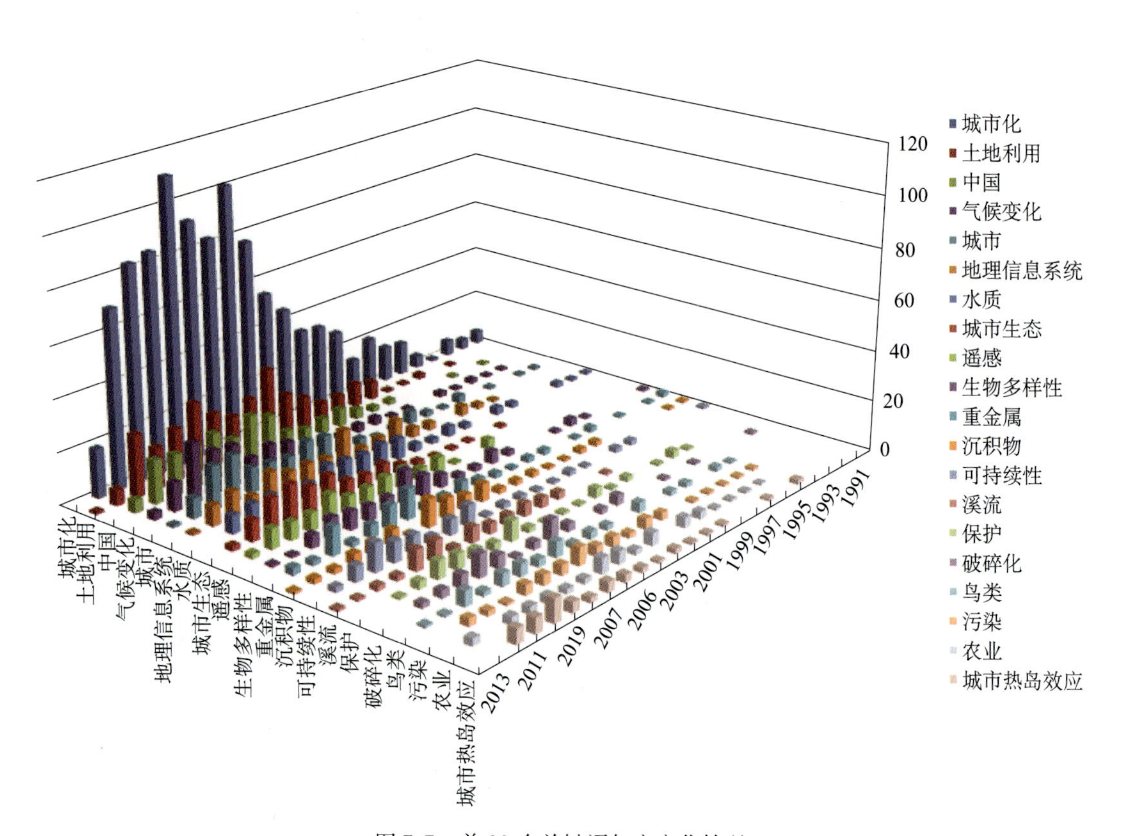

图 7-7　前 20 个关键词年度变化情况

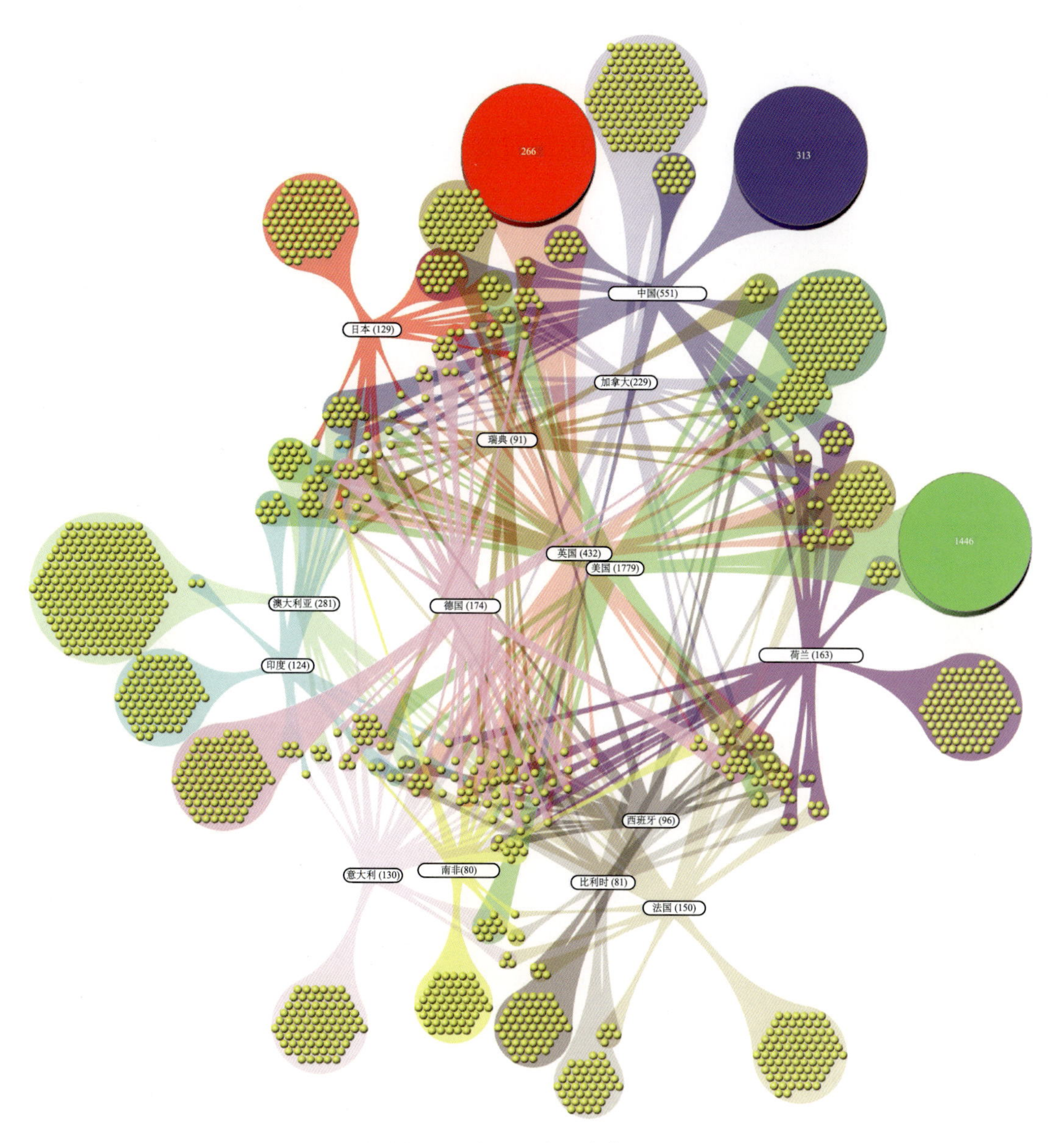

图 7-8 主要国家间合作情况

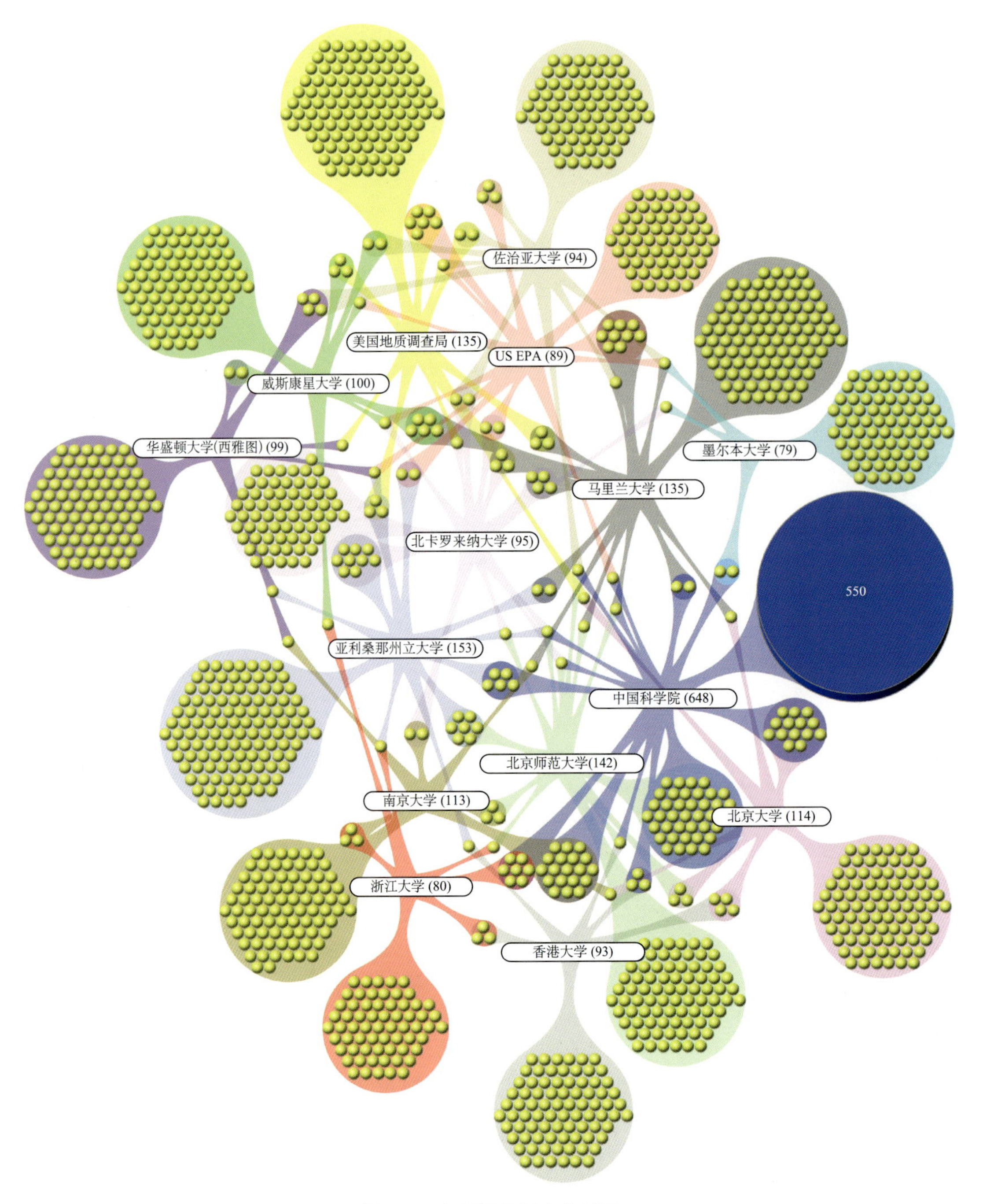

图 7-9　主要机构间合作情况

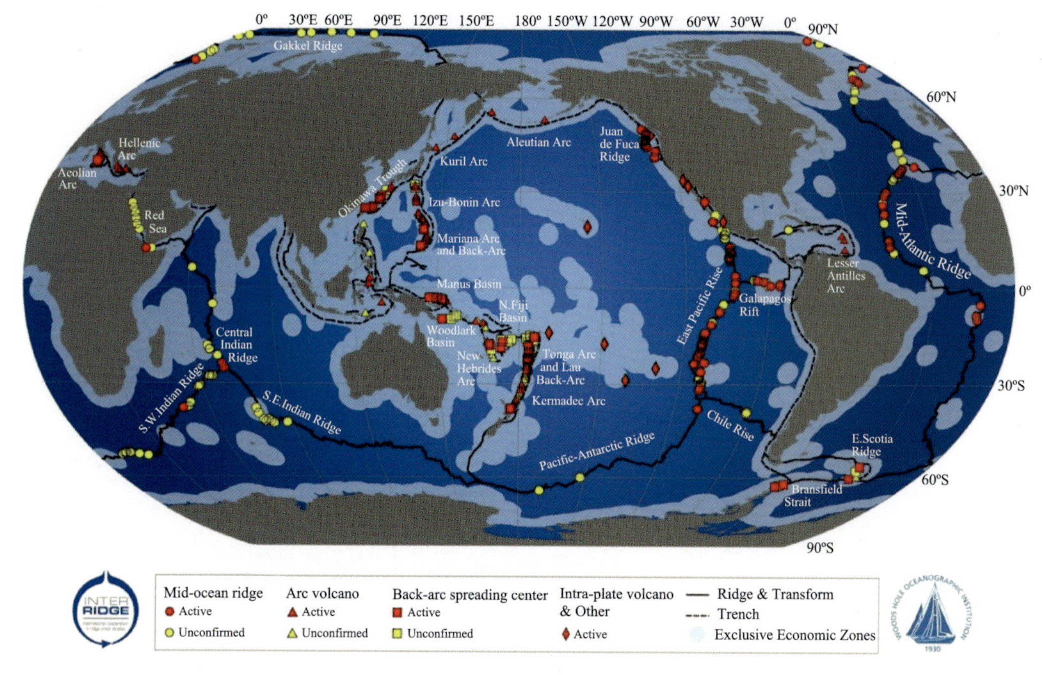

图 8-1 全球海底热液分布

资料来源：InterRidge

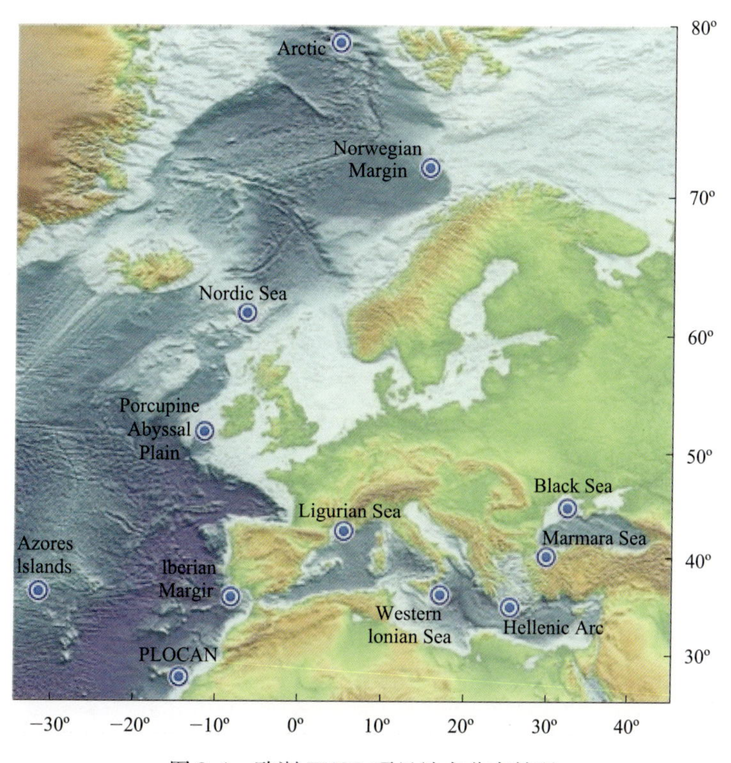

图 8-4 欧洲 EMSO 项目站点分布情况

资料来源：EMSO

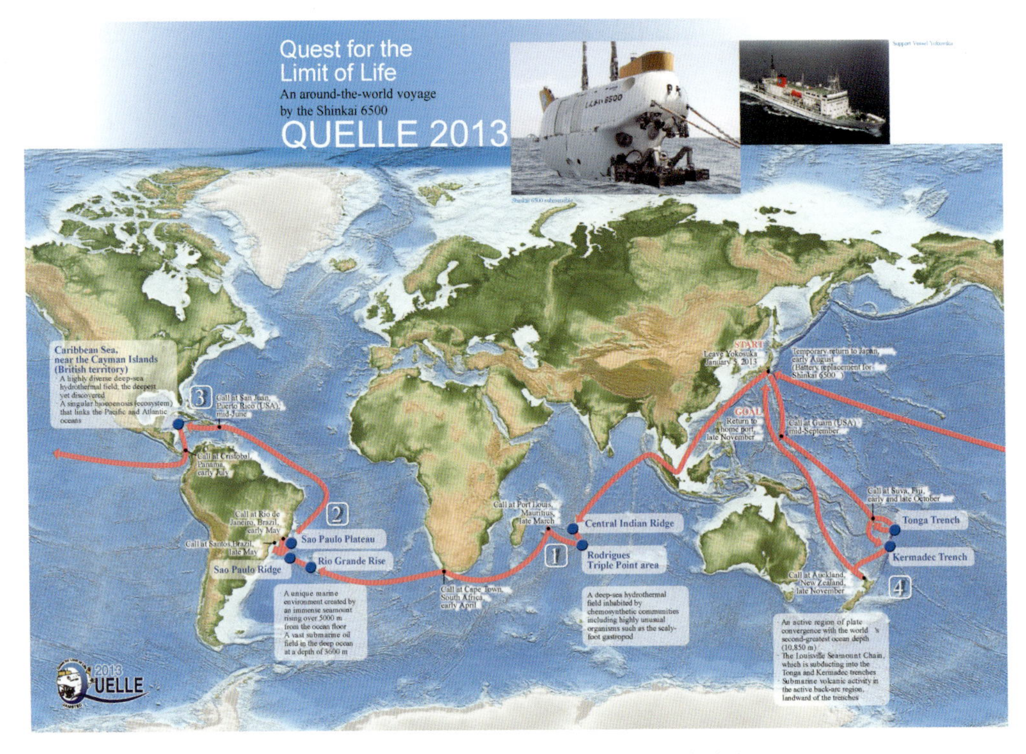

图 8-5　QUELLE 2013 年科学考察的考察路线

资料来源:JAMSTEC

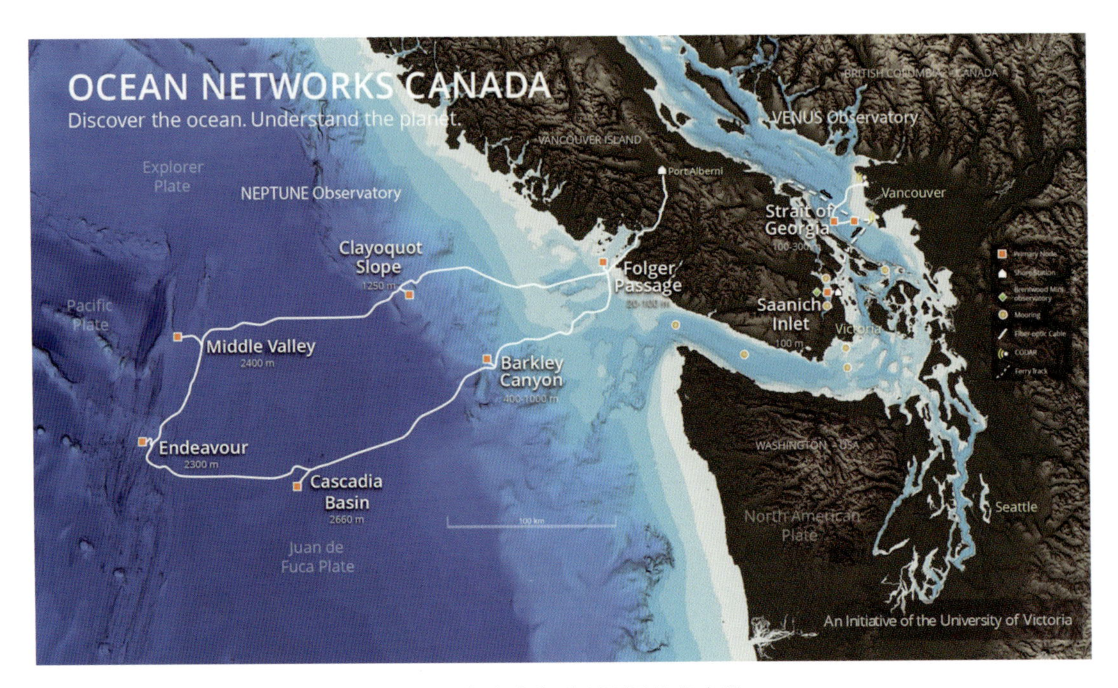

图 8-6　加拿大海洋观测网络的布设

资料来源:Ocean Networks Canada

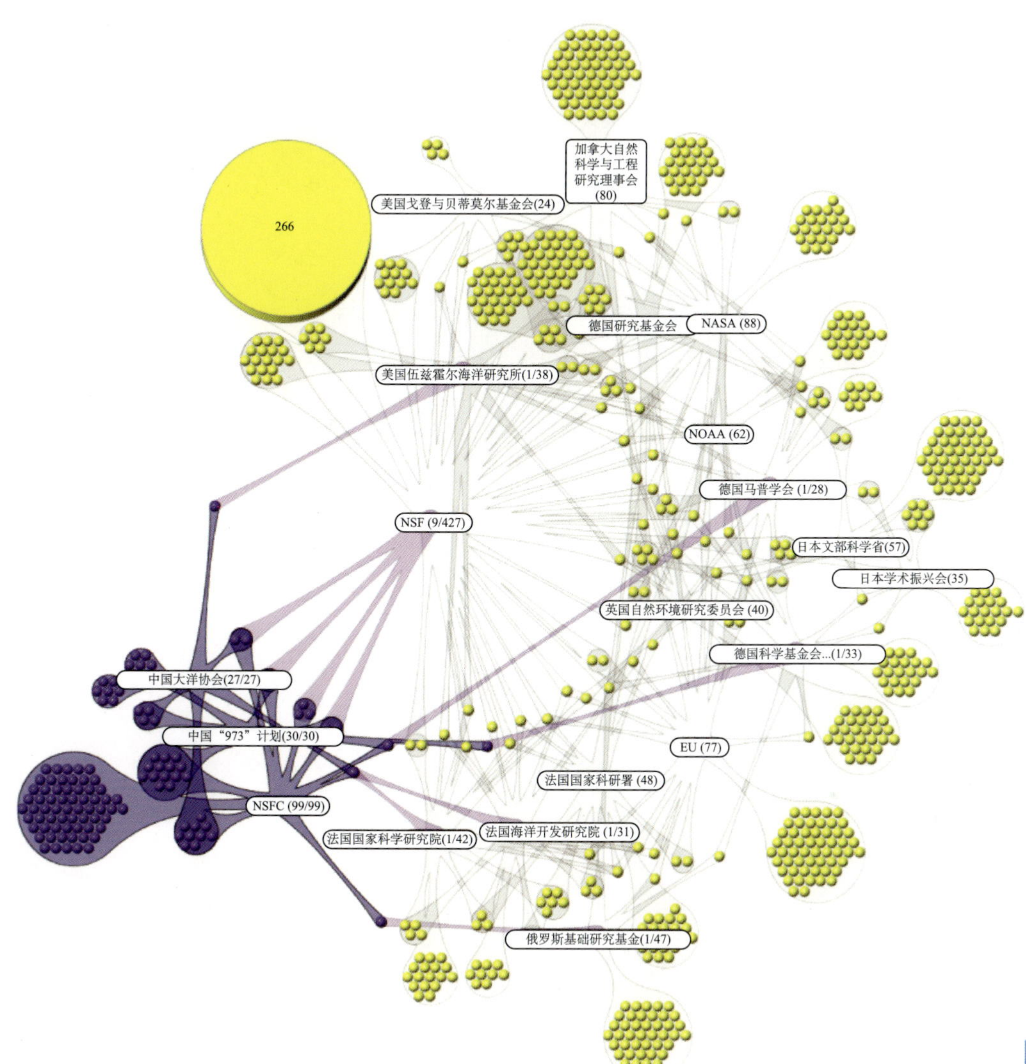

图 8-15　联合资助发文情况

图 8-16　海底热液研究主要学科之间的交叉

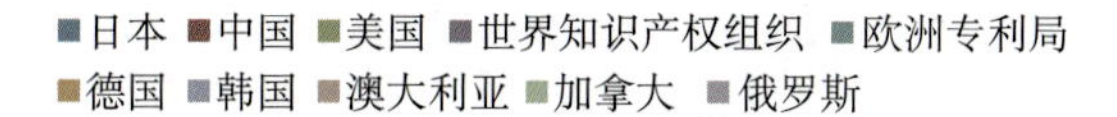

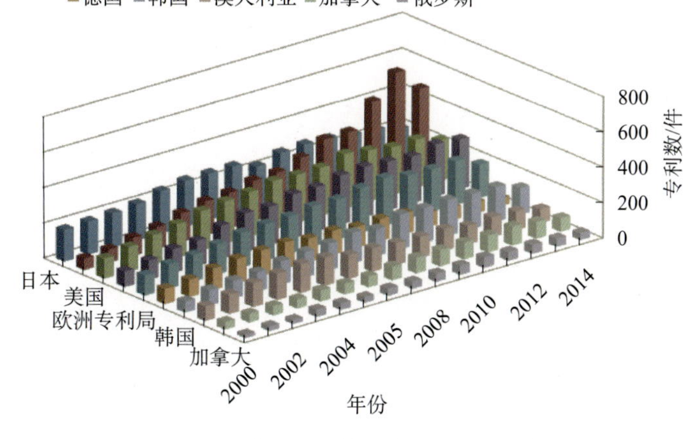

图 9-4　海洋防腐涂料相关专利年度分布图

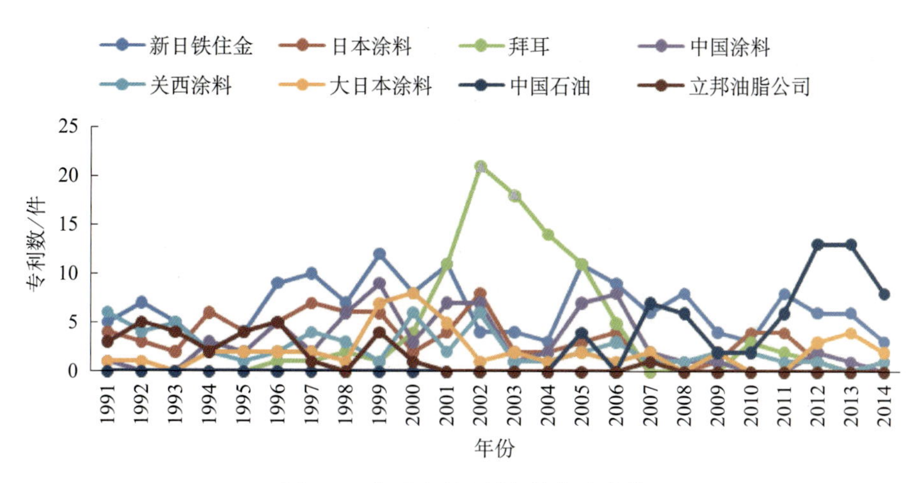

图 9-6　主要专利申请机构年度变化

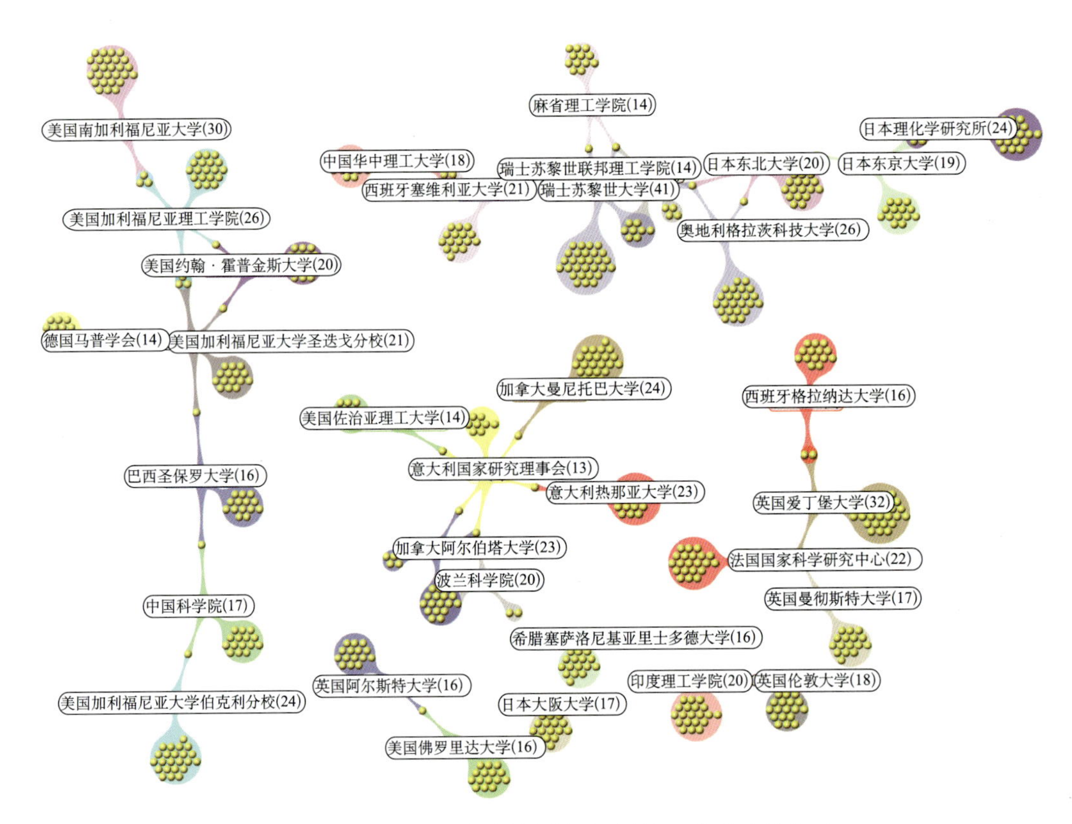

图 10-21　神经形态计算领域重要研究机构的合作关系